Nr. 48 1954
S. 10867—11102 1. Dezember

Chemisches Zentralblatt

Vollständiges Repertorium für alle Zweige der reinen und angewandten Chemie

1830 gegründet. 1897—1945 von der Deutschen Chemischen Gesellschaft fortgeführt.
Im Auftrage der Deutschen Akademie der Wissenschaften zu Berlin, der Chemischen Gesellschaft in der Deutschen Demokratischen Republik, der Akademie der Wissenschaften zu Göttingen und der Gesellschaft Deutscher Chemiker

herausgegeben von Prof. Dr. **Maximilian Pflücke**

125. Jahrgang

1954

Chefredakteure: Dr. Eugen Klever und Prof. Dr. Maximilian Pflücke

Akademie-Verlag GmbH., Berlin — Verlag Chemie, GmbH., Weinheim/Bergstr.

Inhalt

Namenregister

Chemisches Zentralblatt

1954 Nr. 48 1. Dezember

A. Allgemeine und physikalische Chemie.

A_1. Kernphysik und Kernchemie.

Max Born, *Die begriffliche Situation in der Physik und der Ausblick auf deren weitere Entwicklung.* Chronolog. Rückblick auf die theoret. Physik der letzten 50 Jahre u. Hinweis auf die zahlreichen noch ungelösten Probleme der Kernphysik. (Proc. physic. Soc., Sect. A **66.** 501–12. 1/6. 1953. Edinburgh, Univ., Dep. of Math. Phys.) GERHARD SCHMIDT. 80

Lloyd Motz, *Nichterhaltung von Ruhmasse und die Dirac-Gleichung.* Mathemat. Ansätze für die Einführung einer Fundamentallänge in die Quantentheorie durch Betrachtung eines Syst., bei dem die Ruhmasse m_0 nicht erhalten bleibt. (Physic. Rev. [2] **93.** 901–02. 15/2. 1954. New York, Columbia Univ., Rutherford Observ.) GERHARD SCHMIDT. 80

Banesh Hoffmann, *Die Abbildungstheorie der Relativität und die Dirac-Schrödinger-Gleichung von Elektronen.* 2. Mitt. (1. vgl. C. **1953.** 5126.) Das l. c. angeführte Variationsprinzip wird in drei Stufen modifiziert. Durch Beseitigung einer numer. Diskrepanz werden die Gleichungen der JORDANschen Theorie für den leeren Raum als ein Spezialfall der gegenwärtigen Theorie erhalten. (Physic. Rev. [2] **91.** 751–52. 1/8. 1953. Flushing, N. Y., Queens Coll.) GERHARD SCHMIDT. 80

A. Petermann, *Divergenz der Störungsentwicklung.* Vf. bringt einen Beweis für die Divergenz der Potenzreihe nach der Renormalisierung u. berechnet eine GREEN-Funktion der Elektrodynamik. Der Anteil der Eigenenergie n. Näherung überschreitet einen gewissen Wert beim Grenzübergang, wodurch die Reihe divergent wird. Vf. beschränkt sich auf eine skalare Theorie. (Physic. Rev. [2] **89.** 1160–61. 1/3. 1953. Genf, Univ., Phys. Dep.) M. WIEDEMANN. 80

A. Petermann, *Divergenz der Störungstheorie.* In Ergänzung vorst. referierter Arbeit wird der einfache Fall der skalaren Theorie mit Photonen der Restmasse Null untersucht. Zunächst berechnet Vf. die Zahl der Diagramme nach FEYNMAN in der 2n-ten Approximation der GREEN-Funktionen, sie wird asymptot. (n–1)! Anschließend werden die Integrale der Eigenenergie in der 2n-ten Approximation ermittelt. Das allg. Glied der Störungsentw. wird asymptot. const. $(ln)^{-n}\, n^{-n/2}$ u. damit die Reihe divergent. (Arch. des Sci. **(58) 6.** 5–23. 1953.) M. WIEDEMANN. 80

M. E. Nahmias, *Astrophysik und Kernphysik.* Allg. gehaltener Bericht über den Zusammenhang kernphysikal. u. astrophysikal. Prozesse, bes. der Höhenstrahlung. (Astronomie Bull. Soc. astronom. France **66.** 45–65. Febr. 1952. Paris, Coll. de France, Chim. nucl.) GERHARD SCHMIDT. 85

E. Fenyves und **O. Haiman,** *Messung der Höhenstrahlung unter der Erdoberfläche.* In einem Kohlenbergwerk in einer 650 m W. entsprechenden Tiefe werden in einer Koinzidenzzählrohrschaltung 2-, 3- u. 4fache Koinzidenzen gemessen. Die 3fachen u. 4fachen Koinzidenzen sind etwa gleich häufig, aber wesentlich seltener als die 2fachen. Dieser Unterschied zwischen 2- u. 3fachen Koinzidenzen, welcher richtungsunabhängig ist u. durch 5 mm Pb auf die Hälfte geschwächt wird, wird auf örtliche Radioaktivität zurückgeführt. Aus Messungen der Absorption in Pb wird geschlossen, daß die 3- u. 4fachen Koinzidenzen durch Mesonen verursacht werden. (Acta physica Acad. Sci. hung. **2.** 93–95. 1952. Budapest, Zentralforschungsinst. für Phys., Abt. für kosm. Strahlung.) LENZ. 85

S. B. Treiman, *Das Höhenstrahlalbedo.* Ausführliche Darst. der C. **1954.** 9677 referierten Arbeit. Ergänzend wird mitgeteilt, daß am Äquator 40% der eintreffenden Teilchen als Albedoprimärteilchen mit isotroper Verteilung angenommen werden. (Physic. Rev. [2] **91.** 957–59. 15/8. 1953. Princeton, Univ., Palmer Phys. Labor.) M. WIEDEMANN. 85

M. Ferretti Sforzini, *Über das Problem der Mesonenerzeugung und den Einfluß der geographischen Breite.* 2. Mitt. (1. vgl. Nuovo Cimento [9] **7.** [1950.] 196.) Unter Verwendung der l. c. abgeleiteten Funktion Λ (W, E, λ) für Mesonen, die in Seehöhe aus allen Richtungen kommen u. durch ein Nucleon von der Energie W in einer Breite λ mit einer Energie E erzeugt worden sind, u. Berechnung der Funktion F(W, E) für die Erzeugung von Mesonen nach Annahme einer Mehrfacherzeugung (HEISENBERG) berechnet Vf. die Gesamtintensität, bezogen auf die Mesonenstrahlung in Abhängigkeit von λ. Der Vgl. der erhaltenen Werte mit den experimentellen ergibt als Zahlenwert für den Exponenten des Potenzgesetzes für das Spektr. den Wert 3. (Nuovo Cimento [9] **8.** 909 bis 912. 1/12. 1951. Roma, Centro di Fis. nucl. del C. N. R.) R. K. MÜLLER. 85

G. W. Clark, *Scintillationszählermessungen der Absorption der N-Komponente.* (Sitzungsbericht.) Als Detektor für Sterne niedriger Energie wurde ein Doppelscintillationszähler aus zwei NaJ-Kristallen konstruiert. Unter 10 g/cm² Pb überschreitet die Zunahme der n-Sterne 5% nicht. Die Schwächungsweglänge für n-Sterne beträgt in *Pb* 350 ± 15, in *C* 260 ± 35 u. in Luft 148 ± 2 g/cm². (Physic. Rev. [2] **90.** 368. 15/4. 1953. MIT.) M. WIEDEMANN. 85

G. Pfotzer und **H. M. Weiss,** *Zum Übergangseffekt der neutronenauslösenden Komponente der kosmischen Ultrastrahlung in Kohlenstoff.* Vff. berichten über experimentelle Ergebnisse einer Versuchsreihe mit Kohle als Absorber, bei der an Stelle der Photoplatte eine 1 bzw. 2 cm starke Pb-Schicht eingesetzt u. der Nachw. der in dieser Schicht ausgelösten Kernverdampfungen durch Zählung der hierbei emittierten Neutronen vorgenommen wird. Der Hauptanteil lokal erzeugter Neutronen stammt aus Kernverdampfungen, so daß die unter geeigneten Versuchsbedingungen ermittelte Neutronenintentisät der Sternhäufigkeit in einer wohldefinierten Materieschicht proportional gesetzt werden darf. Gemessen wurden die in einem Pb-Strahler von der Stärke 1 bzw. 2 cm erzeugten Neutronen als Funktion der Dicke des darübergeschichteten Kohleabsorbers. Als Anzeigeinstrument diente ein BF_3-Proportionalzähler von 8 cm Durchmesser u. 70 cm effektiver Länge, der in einem zur Abbremsung der Neutronen dienenden Paraffinblock eingebettet war. Die Messungen wurden in 445 m Höhe ausgeführt. In dem graph. wiedergegebenen Ergebnis hebt sich der Übergangseffekt Luft–Kohle der sternerzeugenden Komponente ab. Beide Kurven bei 1 bzw. 2 cm Pb zeigen ein Maximum von ca. 25% bei 14 g/cm², entsprechend 9 cm Kohle. (Naturwissenschaften **41.** 107–09. März 1954. Weißenau, Max-Planck-Inst. für Phys. der Stratosphäre.) GERHARD SCHMIDT. 85

E. J. Althaus und **R. D. Sard,** *Eine Nebelkammeruntersuchung der Neutronenerzeugung durch Höhenstrahlung in Seehöhe unter besonderer Berücksichtigung der Abbremsung von μ-Mesonen in Blei.* Aus Zählrohrverss. folgern Vff., daß bei der Abbremsung von negativen μ-Mesonen in Pb Neutronen mit mehreren MeV ausgelöst werden. In einer großen Nebelkammer, die abwechselnd mit äquivalenten Pb- u. C-Platten durchsetzt ist, können Mesonen von Elektronen u. Protonen unterschieden u. π-Mesonen aus der Statistik ausgeschlossen werden. Die Kammer ist zum Nachw. der Neutronen von Paraffin u. BF_3-Zählrohren umgeben. Sie wird ausgelöst, wenn eine Koinzidenz des Zählrohrteleskops mit mindestens einer Neutronenanzeige zusammen auftritt. Unter 1207 Aufnahmen zeigten 14 Mesonenabbremsung in Pb. Dies bestätigt die Erzeugung von Verdampfungsneutronen beim Einfang von μ-Mesonen durch Pb. Auf den Aufnahmen lassen sich Elektronenschauer, die „Riesenresonanz" von 15 MeV-Photonen in Pb u. energiereiche Kernwechselwirkungen erkennen. Ferner wurde ein V^0-Zerfall mit stark ionisierenden Gabelungen ($Q = 30-55$ MeV) beobachtet. (Physic. Rev. [2] **91.** 373–84. 15/7. 1953. St. Louis, Mo., Washington-Univ.) POLLERMANN. 85

Norman C. Francis und **Kenneth M. Watson,** *Die Wechselwirkung von π-Mesonen mit Atomkernen.* Die Wechselwirkungen von π-Mesonen mit Atomkernen werden zusammengestellt u. nach der Theorie von SERBER für Kern-Rkk. bei hohen Energien zu deuten gesucht. Dies fordert die Einführung einer mittleren freien Weglänge für die Streuung u. Absorption von Mesonen in Kernmaterie. Diese Größen werden im Zusammenhang mit entsprechenden experimentellen Daten diskutiert. Ein Vgl. mit dem „opt. Modell" für Kernstreuung wird gegeben. (Amer. J. Physics **21.** 659–72. Dez. 1953. Bloomington, Ind., Indiana Univ.) WEIGEL. 90

K. A. Brueckner, M. Gell-Mann und **M. Goldberger,** *Über die Herabsetzung der Bildung virtueller Nucleonenpaare in der pseudoskalaren Mesonentheorie.* Die Anwesenheit eines Mesonenfelds mit starker Kopplung setzt durch Strahlungskorrekturen die Bldg. von Nucleonenpaaren stark herab, auch der Mesonenpaarkopplungsterm wird erniedrigt. Die übrigen Terme, die keine Nucleonenpaarbldg. einschließen, werden verstärkt. (Physic. Rev. [2] **90.** 476–78. 1/5. 1953. Bloomington, Ind., Indiana Univ.; Chicago, Ill., Univ. of Chicago.) M. WIEDEMANN. 90

Peter Havas, *Die klassischen Bewegungsgleichungen von punktförmigen Teilchen.* 2. Mitt. (1. vgl. C. **1954.** 1398.) Die Beziehung zwischen der Feldtheorie u. der Theorie der Wrkg. auf Entfernung wird für die ladungssymm. Mesonentheorie untersucht.

Die Schlußfolgerungen sind ähnlich denen im neutralen Fall. (Physic. Rev. [2] **91.** 997–1007. 15/8. 1953. Bethlehem, Pa., Lehigh Univ., Dep. of Phys.)
M. WIEDEMANN. 90

Peter Havas, *Über die klassische Theorie von Teilchen in Wechselwirkung mit elektromagnetischen und Mesonenfeldern.* 1. Mitt. (Vgl. C. **1953.** 643.) Vf. stellt die klass. Bewegungsgleichungen von Teilchen, die einfache Pole des elektromagnet. u. neutralen Mesonenfeldes sind, für die Feldtheorie u. für die Fernwirkungstheorie auf. Diese Gleichungen werden zur Diskussion der Feldbeiträge zur M. der Teilchen, zur Streuung elektromagnet. Strahlung, Photomesonenerzeugung, meson. Erzeugung elektromagnet. Strahlung u. zu den elektromagnet. Korrekturen für die Mesonenstreuung benutzt. (Physic. Rev. [2] **93.** 882–88. 15/2. 1954. Bethlehem, Pa., Lehigh Univ., Dep. of Phys.)
GERHARD SCHMIDT. 90

Gerard G. Harris und **T. J. B. Shanley,** *Die γ-Strahlen beim Einfang negativer μ-Mesonen in Blei.* Mittels einer in einem Magnetfeld von 2000 Gauß befindlichen zählrohrgesteuerten Nebelkammer wurde das Spektr. der Elektronen untersucht, die durch die beim Einfang negativer μ-Mesonen in Pb entstehende γ-Strahlung niedriger Energie erzeugt werden. Insgesamt wurden 4530 ± 300 μ^+- u. 3580 ± 300 μ^--Bahnen beobachtet. Vff. nehmen an, daß die Elektronen durch Photonen mit 0,75–7 MeV erzeugt werden. Die γ-Strahlen entstehen einerseits bei Übergängen des Kerns nach dem Einfang des μ^-, andererseits werden sie bei Übergängen des Mesons in den BOHRschen Bahnen emittiert. (Physic. Rev. [2] **89.** 983–90. 1/3. 1953. Princeton, N. J., Princeton Univ., Palmer Physic. Labor.)
M. WIEDEMANN. 90

Glenn H. Peebles, *Schwächung von γ-Strahlen.* 2. Mitt. *Durchlässigkeitswerte für verschiedene Substanzen und Geometrien.* (1. vgl. C. **1954.** 8273.) Die Rechnungen über die Durchlässigkeit für γ-Strahlen werden auf Platten aus Substanzen beliebiger Ordnungszahl ausgedehnt. Für *Fe* u. *Pb* werden die Photonendichten in einer unendlichen homogenen Anordnung abgeschätzt, wenn eine punktförmige, eine lineare oder eine ebene Quelle vorliegt. Die Ergebnisse werden graph. dargestellt. (J. appl. Physics **24.** 1437–47. Dez. 1953. Santa Monica, Calif., Rand Corp.)
G. HERRMANN. 90

Janusz Dabrowski, *Winkelkorrelation dreier sukzessiver γ-Quanten.* Vf. stellt Matrizen für die Winkelkorrelation dreier sukzessiv emittierter γ-Quanten auf, wobei von der Annahme ausgegangen wird, daß jedes γ-Quant von vorgegebener Multipolarität ist. Für Dipolübergänge werden die numer. Werte der Korrelationskoeffizienten angeführt. Der sich auf RACAH stützende Formalismus beschreibt auch den Fall, bei dem einige der Emissionsprozesse durch Absorptionsprozesse ersetzt werden. (Acta physica polon. **12.** 64–75. 1953. Warszawa, Univ., Inst. of Theoret. Phys. III, Nat. Inst. of Math.)
GERHARD SCHMIDT. 90

Jerzy Gierula, *Winkelverteilung von Compton-Koinzidenzen.* Vf. untersucht die Winkelverteilung der von einem γ-Strahlenbündel hervorgerufenen Koinzidenzen in einem aus zwei GEIGER-MÜLLER-Zählern bestehenden Teleskop. Bei einem Winkel von 30° zwischen der Teleskopachse u. dem γ-Bündel besteht ein Maximum der Koinzidenzgröße. Aus den Messungen folgt, daß die Winkelverteilung der gestreuten γ-Strahlen für eine Energie von 2,62 MeV sehr gut mit der KLEIN-NISHINA-Formel übereinstimmt. Die relativ hohe Wirksamkeit eines Doppelteleskops für isotrope γ-Strahlung wird erläutert. (Acta physica polon. **11.** 36–48. 1951. Kraków, Mining Acad., Physic. Labor.)
GERHARD SCHMIDT. 90

Paul Maignan, *Streuung und Absorption von γ-Strahlen.* Die Absorption u. Streuung von γ-Strahlung wird für eine monochromat. punktförmige Quelle in einem homogenen oder kugelsymm. Medium behandelt. Es wird das Spektr. u. der Fluß durch eine Kugelfläche vom Radius r berechnet, u. zwar nach außen sowie nach innen infolge Rückstreuung. Vf. beschränkt sich auf Energien von 1–5 MeV. Die Messungen wurden mittels Zählrohren mit Cu-Wänden u. unter Verwendung von Pb-Folien durchgeführt. In W. wurde für r zwischen 50 u. 200 cm beim Fluß nach außen Übereinstimmung zwischen Theorie u. Experiment erhalten, die Meßwerte sind vielleicht etwas niedriger. Beim Rückfluß konnten rechner. wie experimentell nur Näherungswerte erhalten werden, die Größenordnung ist die gleiche. Als Quelle diente RdTh. (Ann. Physique [12] **8.** 202–58. März/April 1953. Paris.)
M. WIEDEMANN. 90

A. Simon und **T. A. Welton,** *Erzeugung polarisierter Teilchen bei Kernreaktionen.* Es werden allg. Formeln für die Polarisation abgeleitet, die auf jeden Zusammenstoß zwischen 2 Teilchen anwendbar sind, solange die Zahl der erzeugten Teilchen ebenfalls nur 2 ist. Als Beispiele werden die Rk. $^6Li(n,\alpha)^3He$ u. die Streuung von Neutronen an ^{4}He durchgerechnet. (Physic. Rev. [2] **90.** 1036–43. 15/6.; Sitzungsbericht: [2] **89.** 886. 15/2. 1953; Berichtigung: [2] **93.** 1435. 15/3. 1954. Oak Ridge, Tenn., O. R. N. L.)
KIRSCHSTEIN. 90

A. Simon und **T. A. Welton,** *Erzeugung und Nachweis polarisierter Teilchen bei Kernreaktionen.* (Vgl. vorst. Ref.) (Sitzungsbericht.) Skizzierung der l. c. durchgeführten Rechnungen mit ihren Ergebnissen. (Physic. Rev. [2] **91.** 453. 15/7. 1953.) KIRSCHSTEIN. 90

A. Nordsieck, *Reduktion eines Integrals in der Theorie der Bremsstrahlung.* Vf. red. ein Matrixelementintegral für Bremsstrahlung oder Paarerzeugung ohne BORNsche Approximation auf eine gewöhnliche hypergeometr. Funktion durch Integrationsmethoden. (Physic. Rev. [2] **93.** 785—87. 15/2. 1954. Urbana, Ill., Univ. of Illinois.) GERHARD SCHMIDT. 90

H. A. Bethe und **L. C. Maximon,** *Theorie der Bremsstrahlung und Paarerzeugung.* 1. Mitt. *Differentieller Wirkungsquerschnitt.* (Vgl. C. **1953.** 3669 u. **1954.** 3386.) Mathemat. Interpretation der l. c. entwickelten Meth., wobei angenommen wird, daß die Energie groß ist im Vgl. zu mc^2 sowohl im Anfangs- als im Endzustand. Der Fehler in der Berechnung der Wirkungsquerschnitte wird zu $1/\varepsilon$ angenommen, wo ε die Energie des Elektrons (Endzustand) in der Bremsstrahlung ist. (Physic. Rev. [2] **93.** 768—84. 15/2. 1954. Ithaca, N. Y., Cornell Univ., Labor. of Nucl. Stud.) GERHARD SCHMIDT. 90

Handel Davies, H. A. Bethe und **L. C. Maximon,** *Theorie der Bremsstrahlung und Paarerzeugung.* 2. Mitt. *Integraler Wirkungsquerschnitt für Paarerzeugung.* (1. vgl. vorst. Ref.) Für kleine Z ist die Korrektur an der BORNschen Approximation proportional Z^2, die Konstanz der Proportionalität ist gegeben. Die Korrektur für schwere Elemente ist etwas kleiner, als es das Z^2-Gesetz anzeigt. (Physic. Rev. [2] **93.** 788—95. 15/2. 1954.) GERHARD SCHMIDT. 90

R. L. Gluckstern, M. H. Hull jr. und **G. Breit,** *Polarisation der Bremsstrahlung.* Vff. berechneten die Abhängigkeit des differentiellen Wirkungsquerschnitts für Bremsstrahlung von der Photonenpolarisation, u. zwar nach derselben Annäherung, mit der BETHE u. HEITLER (Proc. Roy. Soc. [London], Ser. A **146.** [1934.] 83) Formeln für die Summe über die Polarisationen hergeleitet hatten. Es wurde eine Gleichung aufgestellt für den differentiellen Wirkungsquerschnitt für Bremsstrahlung als eine Funktion der Photonenpolarisation für ein einzeln angegebenes Photonenmoment K u. für das Elektron, welches in einer Richtung innerhalb des Elementes unter einem Winkel $d\Omega$ austritt. Die Strahlung besteht aus einer Mischung einer unpolarisierten u. einer linear polarisierten Komponente. Es wird die Beziehung der Meth. der Zwischenzustände zu der Meth. der Übergänge zwischen stationären Zuständen explizit auseinandergesetzt. (Physic. Rev. [2] **90.** 1026—29. 15/6. 1953. New Haven, Conn., Yale Univ.) GOTTFRIED. 90

R. L. Gluckstern und **M. H. Hull jr.,** *Polarisationsabhängigkeit des integralen Bremsstrahlungsquerschnitts.* (Vgl. vorst. Ref.) Vff. integrieren den l. c. hergeleiteten differentiellen Wirkungsquerschnitt für Bremsstrahlung über die Richtung des austretenden Elektrons. Sie finden, daß Gebiete merklicher Polarisation nahe den Enden niedriger u. hoher Energie des Photonenspektr. auftreten. Es wurden Berechnungen für die Polarisationsabhängigkeit der Strahlung für einfallende Elektronen von ~0,1, 0,5 u. 2,5 MeV durchgeführt, u. zwar mit u. ohne für Al berechnete angenäherte Abschirmkorrekturen. Die Polarisationsabhängigkeit des differentiellen Wirkungsquerschnitts für Paarerzeugung u. des über die Elektronen- oder Positronenrichtung integrierten Wirkungsquerschnitts erhält man aus den Ergebnissen für Bremsstrahlung nach dem Verf. der Änderungen von dem positiven zum negativen Energiezustand. (Physic. Rev. [2] **90.** 1030—35. 15/6. 1953.) GOTTFRIED. 90

L. H. Lanzl und **A. O. Hanson,** *Z-Abhängigkeit und Winkelverteilung von Bremsstrahlung aus 17 MeV-Elektronen.* (Vgl. C. **1952.** 2622.) Vff. beschießen eine Reihe von Targetmaterialien (*Be, Al, Cu, Ag* u. *Au*) mit 17 MeV-Elektronen aus einem Betatron u. messen den relativen Querschnitt für die Erzeugung von Bremsstrahlung für den oberen Teil des Spektr. als Funktion von Z. Als Detektor wird die in Cu durch die Rk. $^{63}Cu(\gamma, n)$ induzierte Aktivität mit dem Schwellenwert 10,9 MeV verwendet. Die Ergebnisse stimmen innerhalb von 1% mit der BETHE-HEITLERschen Theorie für Elektron–Nucleon-Wechselwrkg. überein. Elektron–Elektron-Wechselwirkungen liefern nur 75% der Intensität von Elektron–Proton-Wechselwirkungen. Der Gesamtquerschnitt für den Strahlungsenergieverlust von Elektronen wird mit einer Ionisationskammer gemessen. Die beobachtete Z-Abhängigkeit der relativen Querschnitte deutet darauf hin, daß die Ausbeute bei Au für einen gegebenen Wert von $N(Z^2 + Z)$ etwas kleiner ist als für Elemente mit kleinem Z. Die Winkelverteilung für ein Be- u. mehrere Au-Targets läßt sich durch die MOLIÈREsche Mehrfachstreuungstheorie darstellen. Die zentrale Intensität des Bremsstrahlbündels als Funktion der Targetdicke stimmt angenähert mit theoret. Berechnungen überein, bei denen der Energieverlust der Primärelektronen berücksichtigt wird. (Physic. Rev. [2] **83.** 959—74. 1/9. 1951. Urbana, Ill., Univ. of Illinois, Dep. of Phys.) Weigel. 90

G. Breit und **H. A. Bethe,** *Einfallende Wellen im Endzustand von Streuproblemen.* Vff. verfolgen die weitere Erklärung des Grundes, die Modifizierung der einfallenden Welle in Termen einer zeitlichen Folge von Ereignissen zu verwenden. Die Relationen, die eine allg. Begründung für die Wahl der Endzustandsfunktion liefern, werden aufgestellt. (Physic. Rev. [2] **93.** 888—90. 15/2. 1954. New Haven, Conn., Yale Univ., Sloane Phys. Labor.; Ithaca, N. Y., Cornell Univ., Inst. for Nucl. Stud.) Gerhard Schmidt. 90

E. C. Raka, C. L. Hammer und **R. W. Pidd,** *Streuung energiereicher Elektronen an Kernen.* 1. Mitt. (Sitzungsbericht.) Über Streumessungen am inneren Elektronenbündel eines Synchrotrons wird berichtet. Als Target dient eine Drahtsonde, die in eine der geradlinigen Strecken der „race track"-Elektronenbahn vertikal an einem Radius eingeführt wird, der der inneren Grenze des Synchrotronführungsfeldes entspricht. Die prim. Elektronenenergie kann kontinuierlich von 20—100 MeV variiert werden. Nach der Streuung treten die Elektronen durch ein $5 \cdot 10^{-3}$ in. Al-Fenster aus der Vakuumkammer aus u. werden nach Durchlaufen eines Pb-Kollimators u. eines Magnetanalysators in einem Zählerteleskop nachgewiesen. Das Nachweissyst. ist von 45—135° zum Primärbündel drehbar angeordnet; ein 2. Syst. gleicher Art unter 90° dient als Monitor. Durch Pb- u. Lucite-Abschirmung wird der Untergrund herabgedrückt. (Physic. Rev. [2] **90.** 341. 15/4. 1953. Univ. of Michigan.) Weigel. 90

C. L. Hammer, E. C. Raka und **R. W. Pidd,** *Streuung energiereicher Elektronen an Kernen.* 2. Mitt. (1. vgl. vorst. Ref.) (Sitzungsbericht.) Für energiereiche Elektronen weichen die Ergebnisse von der auf einem punktförmigen Coulomb-Kern beruhenden Mottschen Formel ab. Im Energiebereich von 20—100 MeV ist die de Broglie-Wellenlänge des Elektrons mit der Kerngröße vergleichbar. Bei 20 MeV gemessene Werte stimmen mit dem Befund von Lyman u. Mitarbeitern (C. **1952.** 5362) überein, wonach Abweichungen von der Punktstreuung bei 15,7 MeV auftreten. Die relativen Querschnitte lassen sich in Abhängigkeit vom Winkel exakt durch Vgl. der im Monitor u. beweglichen Detektor gemessenen Intensitäten erhalten. (Physic. Rev. [2] **90.** 341. 15/4. 1953.) Weigel. 90

Howard Boyet und **Sidney Borowitz,** *Streuung von Elektronen an Wasserstoffatomen.* (Sitzungsbericht.) Mit Hilfe der Schwingerschen Variationsmeth. wird der Stoßquerschnitt für Elektron–Proton-Stöße im Bereich von 0—10 V berechnet, wobei Austauschkräfte nicht berücksichtigt werden. Mit probeweisem Ansatz eines Bornschen Feldes läßt sich der Effekt virtueller Übergänge zu höheren Zuständen, einschließlich Kontinuum, genau berücksichtigen. Das Verf. wird auf die Berechnung der elast. Streuung am stat. Feld des H-Atoms angewendet. Durch Vgl. mit den gemessenen Querschnitten wird gezeigt, daß das Verf. bei den betrachteten Energien gegenüber der u. Bornschen Näherung wesentlich bessere Werte liefert. (Physic. Rev. [2] **90.** 341. 15/4. 1953. New York, N. Y., Univ.) Weigel. 90

G. M. Temmer und **N. P. Heydenburg,** *Präzisions-α-α-Streuung bei niedrigen Energien.* 2. Mitt. (1. vgl. Cowie u. Mitarbeiter, C. **1953.** 6611.) (Sitzungsbericht.) Vff. dehnen die Unterss. über die elast. Streuung von van de Graaff-α-Teilchen an He nach sehr kleinen Energien u. bis zu ~3 MeV nach oben hin aus. Durch bes. sorgfältige Ausmessung im Gebiet von 74—91 keV wird der Effekt der 180°-Phasenverschiebung bei der S-Wellenstreuung erfaßt, bei den höheren Energien der D-Wellenanteil an der Streuung durch Messung der absol. differentiellen Querschnitte bestimmt. (Physic. Rev. [2] **90.** 340—41. 15/4. 1953. Nat. Bur. of Stand.; Dep. of Terrestr. Magnetism.) Weigel. 90

Ferdinand Cap, *Eine neue Spinortheorie der Elementarteilchen.* (Vgl. C. **1954.** 10633.) Vf. dehnt die l. c. entwickelte Meth. auf die Berechnung elektromagnet. Wechselwrkg. oder die Streuung von Teilchen mit Spin s durch ein Coulomb-Feld aus u. zeigt, daß die Meth. die Grundlage für eine vereinheitlichte nichtlineare Spinortheorie sämtlicher Elementarteilchen liefert. (Physic. Rev. [2] **93.** 907. 15/2. 1954. Innsbruck, Univ., Inst. für Theoret. Phys.) Gerhard Schmidt. 90

H. A. S. Eriksson, *Raumreflexion, Zeitumkehr und Ladungskonjugation von Spinorfeldern.* Vf. verwendet den Lagrange-Formalismus u. die Spinornotation. Er erhält als Zahl der möglichen Darstellungen der Raumreflexion ($x \rightarrow -x$, $t \rightarrow t$) 2, falls die Zeitumkehr ($x \rightarrow x$, $t \rightarrow -t$) in die Lorentz-Transformation inbegriffen wird, andernfalls 4. (Ark. Fysik **6.** 349—58. 1953. Stockholm, KTH, Dep. of Mechan. II.) M. Wiedemann. 95

M. Cini und **S. Fubini,** *Adiabatisches Kernpotential für große Werte der Kopplungskonstante.* Vf. schlägt eine Meth. zur Berechnung des adiabat. Potentials zwischen zwei gebundenen Nucleonen vor, die eine Folge von Approximationen ergibt, bei denen in jeder Stufe eine begrenzte Zahl von Mesonen u. Paaren berücksichtigt wird. Mittels eines Variationsprinzips wird das adiabat. Potential mit einer Folge von Polynomteilen in g^2 approximiert. Die Koeffizienten dieser Polynome enthalten nur die von Lévy u. Klein mit Störungsmethoden berechneten Potentiale. (Nuovo Cimento [9] **10.** 1695—1703. 1/12. 1953. Torino, Univ., Ist. di Fis., Ist. Naz. di Fis. Nucl.)
Gerhard Schmidt. 95

Jules Duchesne und **André Monfils,** *Neue Effekte bei Quadrupolresonanz des Kerns.* Vff. benutzten ein Schwingungssyst. mit sinusförmiger Modulation zur Registrierung der Ableitung der Profilkurven der reinen Absorptionsstrahlung. Auf die theoret. Bedeutung der erhaltenen Kurven wird hingewiesen. Das Signal/Rauschen-Verhältnis beträgt ∼60 für die Strahlen größter Intensität. Untersucht werden die Intensitätsänderung des Resonanzstrahls von p-$C_6H_4{}^{35}Cl_2$ in Abhängigkeit von der Konz. des *p-Dibrombenzols* u. die Kinetik der Phasenumwandlung in *p-Dichlorbenzol* bei 21°. Im letzten Fall wird die Existenz der beiden kristallinen Phasen, deren Strahlen bei 34,282 u. 34,255 MHz liegen, bestätigt. (C. R. hebd. Séances Acad. Sci. **238.** 1801—03. 3/5. 1954.)
Gerhard Schmidt. 95

Teinosuke Kanda, *Präzisionsbestimmung des magnetischen Moments von ¹⁹F.* Vf. berichtet über eine Präzisionsmessung des Frequenzverhältnisses der kernmagnet. Resonanz von F zu der von Protonen in wss. HF-Lsg. bei einem magnet. Feld von 1800 Oe. Es wurde ν_F/ν_H zu 0,940816 ± 0,000009 bestimmt. Die Fehlergrenze ist wesentlich kleiner als bei früheren Messungen anderer Autoren. (J. physic. Soc. Japan **7.** 296—98. Mai/Juni 1952. Osaka, Univ., Fac. of Sci., Dep. of Phys. [Orig.: engl.])
v. Harlem. 95

A. M. Lane und **L. A. Radicati,** *Untersuchungen über mittlere Kopplung.* 2. Mitt. *Strahlungsübergänge bei leichten Kernen.* (1. vgl. C. **1954.** 7579.) Vff. entwickeln Gleichungen für die Matrixelemente bei den verschied. Arten von Strahlungsübergängen von niedrigzahligen Vielfachpolen (E1-, E2- u. M1-Übergänge), die bei leichten Elementen meist auftreten. Wie l. c. wird das Kernschalenmodell benutzt. Für extreme Kopplungsverhältnisse stimmen die berechneten Werte nicht mit den experimentellen überein, wohl aber bei der Annahme einer mittleren Kopplung. Die Strahlungsübergänge von ^{13}N werden eingehend untersucht, sie fordern sowohl für E1 wie für für M1 die Annahme von 50% LS- u. 50% jj-Kopplung. (Proc. physic. Soc., Sect. A **67.** 167—80. 1/2. 1954. Birmingham, Univ., Dep. of Math. Phys.) Nelkowski. 95

B. L. Moiseiwitsch, *Über die Elektronenaffinitäten von atomarem Fluor, Sauerstoff und Lithium.* Die Elektronenaffinitäten von atomarem *F, O* u. *Li* wurden unter Verwendung der Ritzschen Variationsmeth. berechnet zu 3,05 bzw. 1,12 bzw. 0,75 eV. Die experimentellen Werte sind 3,57 (F) u. 2,2 (O). (Proc. physic. Soc., Sect. A **67.** 25—32. 1/1. 1954. Belfast, Queen's Univ., Dep. of Appl. Math.) Fuchs. 95

John Lennard-Jones und **J. A. Pople,** *Die räumliche Anordnung von Elektronen in Atomen und Molekülen.* 1. Mitt. *Helium und ähnliche Zweielektronensysteme in ihren Grundzuständen.* (Vgl. Proc. Roy. Soc. [London], Ser. A **210.** [1951.] 190.) Aufstellung der exakten Wellengleichung für 2 Elektronen u. näherungsweise Lösung durch Reihenentwicklung. Daraus wird die Energie des He-Atoms mit weniger als 2‰ Abweichung vom experimentellen Wert berechnet. Befinden sich die Elektronen in Kernnähe, so sind ihre Abstände meistens gleich; in größerer Entfernung ($r > 0,75$ Å) sind Abstände verschieden. Für den wahrscheinlichsten Winkel zwischen den Elektronen wird eine Formel abgeleitet. (Philos. Mag. [7] **43.** 581—91. Mai 1952. Cambridge, Univ., Dep. of Theoret. Chem.)
Kirschstein. 95

G. J. Plain, J. C. McLaughlin und **F. K. Odencrantz,** *Experimentelle Versuche zur Auffindung von Radioaktivität, die durch Beschuß mit Hafthohlladungen induziert wurde.* Zur Nachprüfung der bei der Detonation von Hohlladungen auftretenden Kernumwandlungen (vgl. Fonberg, C. **1954.** 2328) wurden 9 verschied. Hohlladungen auf Targets aus Bronze, *Al, Ag, Zn* u. *Li* abgeschossen. Bereits am Ort des Abschusses wurde eine Prüfung auf Radioaktivität vorgenommen, die im Labor. mit empfindlicheren Geräten u. mittels photograph. Selbstaufnahme wiederholt wurde. In keinem der untersuchten Fälle konnte irgendeine Radioaktivität nachgewiesen werden. (J. chem. Physics **20.** 1049. Juni 1952. Inyokern, China Lake, Calif., U. S. Naval Ordnance Test Stat.)
Rumpf. 103

Joseph J. Devaney, *Theorie des α-Zerfalls.* 1. Mitt. Vf. dehnt die Theorie von Feshbach, Peaslee u. Weisskopf auf den Zerfall von virtuellen Kernzuständen

aus u. leitet die Formeln für den α-Zerfall ab, wobei weder auf ein Modell des Kerns noch auf eins der Kernkräfte zurückgegriffen wird. Die Ableitung enthält den Abfall der logarithm. Ableitung der Wellenfunktion in Abhängigkeit von der Energie als den einzigen auf die Kernstruktur bezogenen Faktor. (Physic. Rev. [2] **91.** 587–93. 1/8. 1953. Los Alamos, N. Mex., Univ. of California, Los Alamos Scient. Labor.)
Gerhard Schmidt. 103

Charles Martin, *Über eine gemeinsame lineare Eigenschaft für die α-strahlenden Elemente der natürlichen Familien.* Verallgemeinerung der Unterss. von I. Curie u. Fournier über die Relation zwischen der Größe 3/4 A–Z u. der Zerfallskonstanten, wobei A die Anzahl der Nucleonen ist. Diese Analyse läßt eine gemeinsame Regelmäßigkeit bei den natürlichen Radioelementen von Po bis U erkennen u. zeigt den Einfl. der Kernstruktur in der Nähe der mag. Zahlen, 82 Protonen u. 126 Neutronen. (C. R. hebd. Séances Acad. Sci. **231.** 1467–68. 18/12. 1950.)
Gerhard Schmidt. 103

J. B. Warren und **G. M. Griffiths,** *Die γ-Strahlen aus der Reaktion $T(p,\gamma)^4He$.* (Sitzungsbericht.) Nach einem Scintillationszählerverf. wurde die γ-Energie der Rk. $T(p,\gamma)^4He$, bezogen auf die Rk. $^7Li(p,\gamma)^8Be$, bei 90° zur Bahn der einfallenden 800 keV-Protonen zu 20,3 ±0,4 MeV bestimmt. Dieser Wert entspricht einem Q-Wert von 19,7 ±0,4 MeV in Übereinstimmung mit dem Massenwert. Vorläufige Daten für die Winkelverteilung deuten auf eine nahezu reine $\sin^2 \Theta$-Verteilung hin, die bei $E_p = 800$ keV durch $\sin^2 \Theta + 0{,}13 \pm 0{,}03$ wiedergegeben wird. (Physic. Rev. [2] **92.** 1084. 15/11.; Bull. Amer. physic. Soc. **28.** Nr. 5. 12. 2/9. 1953. Univ. of Brit. Columbia.)
Gerhard Schmidt. 103

G. M. Griffiths und **J. B. Warren,** *Die γ-Strahlen aus der Reaktion $D(p,\gamma)^3He$.* (Vgl. vorst. Ref.) (Sitzungsbericht.) Die mit einer Scintillationszähleranordnung gemessene γ-Strahlenenergie genügt der Relation $E_{\gamma(90°)} = (5{,}50 \pm 0{,}03 + 2/3 \cdot E_p)$ MeV. Die Doppler-Verschiebung der γ-Frequenz als eine Funktion des Winkels nimmt den vollen Wert an, der unter der Annahme einer kurzen γ-Emissionszeit im Vgl. zur Bremszeit erwartet wird. Die Anregungsfunktion von 250 keV bis 1,8 MeV Protonenenergie wird aufgenommen, der Wirkungsquerschnitt bei 1 MeV ist $\sim 6 \cdot 10^{-30}$ cm². Die Winkelverteilung zeigt eine kleine Ausbeute bei 0° u. besitzt die Form $\sin^2 \Theta + b$. Bei $E_p = 1$ MeV ist $b = 0{,}046 \pm 0{,}005$, bei $E_p = 1{,}75$ MeV ist $b = 0{,}025 \pm 0{,}006$. (Physic. Rev. [2] **92.** 1084. 15/11.; Bull. Amer. physic. Soc. **28.** Nr. 5. 12. 2/9.1953.)
Gerhard Schmidt. 103

Robert J. Mackin jr., *γ-Strahlen und innere Paare aus $^9Be + {}^1H$.* (Sitzungsbericht.) Mit einem Magnetlinsenspektrometer mit 1,9% Auflösung untersucht Vf. die der Rk. $^9Be(p,\alpha)^6Li^*$ folgende γ-Strahlung, die bei $E_p = 2{,}565$ MeV Resonanz aufweist. Aus Compton- u. Photoelektronenspektren wird die γ-Energie zu 3572 ±12 keV bestimmt. Die Subtraktion einer 26 keV-Doppler-Verschiebung wird für erforderlich gehalten. Das innere Paar(Positron)-Spektr. stimmt bis auf 4,5% mit der Zuordnung der Strahlung als magnet. Dipol überein. Die Einfangstrahlung aus der gleichen Resonanz ist 10^{-3} mal so intensiv u. besitzt eine Energie von 8,1 ±0,2 MeV, was auf einen 0,72 MeV-Zustand von ^{10}B zu führen scheint. (Physic. Rev. [2] **92.** 1084. 15/11.; Bull. Amer. physic. Soc. **28.** Nr. 5. 12. 2/9. 1953. California Inst. of Technol., Kellogg Radiat. Labor.)
Gerhard Schmidt. 103

G. C. Neilson, D. B. James und **C. A. Barnes,** *Die Winkelverteilungen der langreichweitigen α-Teilchen aus $^{15}N(p,\alpha)^{12}C$.* (Sitzungsbericht.) Mit einem He-gefüllten Proportionalzähler werden die Winkelverteilungen der langreichweitigen α-Teilchen der Rk. $^{15}N(p,\alpha)^{12}C$ für Protonenenergien zwischen 0,5 u. 1 MeV untersucht. Die elektrostat. beschleunigten Protonen treffen auf KNO_3 (60% ^{15}N)-Targets von ∼20 keV Dicke. Die Winkelverteilungen, normalisiert auf I (90°) = 1, werden mit der Ausbeute bei 90° multipliziert u. in der Form $A + B\cos\Theta + C\cos^2\Theta$ analysiert. Die Werte für die Konstanten A, B u. C sind für E_p von 0,500 MeV A = 1,13 ±0,03, B = –0,37 ±0,01, C = –0,11 ±0,04; 0,750 MeV 1,40 ±0,09, –0,90 ±0,06, –0,11 ±0,13; 0,850 MeV 3,00 ±0,13, –2,46 ±0,09, –0,45 ±0,19; 0,900 MeV 4,10 ±0,18, –3,57 ±0,11, –0,53 ±0,24; 0,950 MeV 6,50 ±0,17, –3,86 ±0,12, –2,64 ±0,24 u. von 0,975 MeV 7,60 ±0,26, –3,87 ±0,08, –3,76 ±0,38. Eine vorläufige Analyse deutet darauf hin, daß die 0,338 MeV-Resonanz einem ^{16}O-Zustand mit J = 0 +, gebildet mit p-Wellenprotonen, u. die 1,05 MeV-Resonanz einem ^{16}O-Zustand mit J = 1 –, gebildet durch s- u. d-Wellenprotonen, entspricht. (Physic. Rev. [2] **92.** 1084. 15/11.; Bull. Amer. physic. Soc. **28.** Nr. 5. 12. 2/9. 1953. Univ. of Brit. Columbia.)
Gerhard Schmidt. 103

R. W. Peterson, W. A. Fowler und **C. C. Lauritsen,** *Winkelverteilungen der Reaktion $^{19}F(p,\alpha)^{16}O$.* (Sitzungsbericht.) Vff. untersuchen die Winkelverteilungen der drei kurzreichweitigen α-Gruppen aus der Rk. $^{19}F(p, \alpha)^{16}O$ bei den Protoneneinfangresonanzen von 874 keV bis 1,69 MeV. Mit Kernemulsionsplatten werden die α_2- u. α_3-Gruppen unter verschied. Winkeln bei der 874 keV-Resonanz mit großer Auflösung beobachtet. Das nach dem α-Teilchenmodell vorausgesagte Dublett mit dem 2^--Zustand läßt sich nicht nachweisen. Für die maximale Aufspaltung eines solchen Dubletts wird eine obere Grenze bei 3 keV angenommen. Die Anregungsenergiereichweiten von 7,1—7,94 MeV u. von 8,11—9,12 MeV in ^{16}O werden mit negativem Ergebnis untersucht. (Physic. Rev. [2] **92.** 1085. 15/11.; Bull. Amer. physic. Soc. **28.** Nr. 5. 13. 2/9. 1953. California Inst. of Technol., Kellogg Radiat. Labor.) GERHARD SCHMIDT. 103

H. E. Gove und **E. B. Paul**, *γ-Strahlen aus der Reaktion $^{31}P(p,\gamma)^{32}S$.* (Sitzungsbericht.) Vff. untersuchen die γ-Strahlen aus der Rk. $^{31}P(p, \gamma)^{32}S$ bei Protonenenergien von 1,03—2,1 MeV. Als Detektor wird ein NaJ-Kristallscintillator (2 in. Durchmesser, 2 in. Länge) mit 5819-Photomultiplier benutzt. Beobachtet werden 15 Resonanzen, bei 3 Resonanzen werden die γ-Übergänge zum Grundzustand (I) u. 1. Anregungszustand (II) von ^{32}S untersucht. Bei 1,17 u. 1,27 MeV sind die Übergänge zu II mindestens um den Faktor 10 häufiger als diejenigen zu I. Die Winkelverteilungen sprechen bei beiden einfangenden Zuständen für $J = 2\pm$, wenn für II $J = 2+$ angenommen wird. Bei 1,90 MeV ist der Übergang zu II $< 1/7$ desjenigen zu I, die Winkelverteilung deutet für diese Resonanz auf $J = 1-$. (Physic. Rev. [2] **92.** 852. 1/11.; Bull. Amer. physic. Soc. **28.** Nr. 4. 16. 18/6. 1953. Chalk River Labors.) WEIGEL. 103

G. J. Plain, H. L. Morrison, P. H. Pitkanen und **F. T. Rogers jr.**, *Das β-Spektrum von ^{35}S aus $C_2H_5{}^{35}SH$ unterhalb von 33 keV.* (Sitzungsbericht.) Vff. untersuchen den niedrigen Energiebereich des β-Spektr. von ^{35}S mit Hilfe von markiertem Äthylmercaptan in einer kontinuierlich arbeitenden Nebelkammer (vgl. PITKANEN, C. **1954.** **10409**), untersucht werden 1400 β-Bahnspuren niedriger Energie aus insgesamt 35000 registrierten β-Bahnen. Nach Anbringung einer Korrektur für die Kammergeometrie ergibt sich ein unterer Schwellenwert bei 10 keV. Vergleichsverss. mit T-haltigem W. zur Prüfung der Ansprechwahrscheinlichkeit auf β-Teilchen liefern für ^{35}S einen Wirkungsgrad von ~100% für $E_\beta > 10$ keV. Das gleiche allg. Verh. bei niedrigen Energien zeigen auch die Unterss. anderer Autoren an verschied. Substanzen ($^{14}CO_2$, $^{210}Bi(CH_3)_3$, $Ba^{14}CO_3$ u. $Na_2{}^{35}S$). (Physic. Rev. [2] **92.** 529—30. 15/10. 1953. Inyokern, U. S. Naval Ordnance Test Stat.) WEIGEL. 103

D. N. Kundu und **M. L. Pool**, *Anregungsfunktion für das 6,7 Stunden-^{107}Cd durch (p, n)- und (d, 2n)-Reaktionen aus ^{107}Ag.* (Sitzungsbericht.) Vff. beschießen einen Stapel von Ag-Folien (jede $0,3 \cdot 10^{-3}$ in. dick) mit 5 MeV-Protonen u. 10 MeV-Deuteronen innerhalb eines Spezialtargets. Aus den Aktivitätsmessungen, die bis zu Dicken jenseits der Reichweite des Beschußteilchens durchgeführt werden, wird die Anregungsfunktion für die 6,7 Std.-^{203}Cd-Aktivität aufgestellt. Die Schwellenwerte für die Rkk. $^{107}Ag(p, n)$ u. $^{107}Ag(d, 2n)$ liegen bei 3,15 bzw. $4,50 \cdot 10^{-3}$ inch. Der Verlauf der (p, n)-Kurve beim Durchgang durch den Folienstapel wird skizziert. (Bull. Amer. physic. Soc. **25.** Nr. 4. 11. 21/6.; Physic. Rev. [2] **80.** 126. 1/10. 1950. Ohio State Univ.) GERHARD SCHMIDT. 103

H. Albers-Schönberg, F. Hänni, E. Heer, T. B. Novey und **P. Scherrer**, *Wirkung der elektrischen Quadrupolwechselwirkung auf die γ-γ-Richtungskorrelation in ^{111}Cd.* 1. Mitt. Vff. zeigen die Wrkg. einer Wechselwrkg. zwischen dem elektr. Quadrupolmoment des Zwischenzustandes u. einem äußeren inhomogenen elektr. Feld auf die Winkelkorrelation der γ-γ-Kaskade von ^{111}Cd. Als Strahlenquellen werden metall. *In*-Einkristalle benutzt, die akt. ^{111}In enthalten. Aussagen über die quadrupole Wechselwrkg. lassen sich noch nicht gewinnen. (Physic. Rev. [2] **90.** 322—23. 15/4. 1953. Zürich, ETH.) GERHARD SCHMIDT. 103

H. Albers-Schönberg, E. Heer, T. B. Novey und **R. Rüetschi**, *Wirkung der elektrischen Quadrupolwechselwirkung auf die γ-γ-Richtungskorrelation in ^{111}Cd.* 2. Mitt. (1. vgl. vorst. Ref.) Winkelkorrelationsmessungen in Quellen, in welchen keine inhomogenen elektr. Felder in radioakt. Kernen bestehen, sollen die ungestörte Korrelation gemäß der von Vff. aufgestellten Quadrupolhypothese anzeigen. Verss. werden mit kub. Kristallen, Lsgg. u. Schmelzen durchgeführt. Im Falle von ^{111}Cd können die für die verschied. Typen von Quellen erhaltenen Ergebnisse größtenteils oder vielleicht völlig durch die Quadrupolwechselwirkungshypothese erklärt werden. (Physic. Rev. [2] **91.** 199—200. 1/7. 1953.) GERHARD SCHMIDT. 103

H. Albers-Schönberg, K. Alder, O. Braun, E. Heer und **T. B. Novey**, *Wirkung der elektrischen Quadrupolwechselwirkung auf die γ-γ-Richtungskorrelation in ^{111}Cd.* 3. Mitt. (2. vgl. vorst. Ref.) Aus der Theorie des Einfl. der äußeren Felder auf die Winkelkorrelation einer γ-γ-Kaskade folgt, daß die Korrelationsfunktion in komplizierter

Weise von der Orientierung der Symmetrieachse des Feldes in bezug auf die beiden Zähler abhängt. Vereinfachungen der Formeln zur Berechnung des Kernquadrupolmomentes werden angegeben. (Physic. Rev. [2] **91.** 1287—88. 1/9. 1953.)
Gerhard Schmidt. 103

L. M. Langer, R. D. Moffat und **H. C. Price jr.**, *Verbotener Verlauf des β-Spektrums von ^{124}Sb.* (Vgl. C. **1951.** II. 335.) (Sitzungsbericht.) (Bull. Amer. physic. Soc. **25.** Nr. 4. 11. 21/6.; Physic. Rev. [2] **80.** 126. Okt. 1950.) Gerhard Schmidt. 103

R. Montalbetti, L. Katz und **J. Goldemberg**, *Photoneutronen-Wirkungsquerschnitte.* (Vgl. C. **1953.** 4639.) Vff. messen die Photoneutronenquerschnitte von Isotopen der Elemente *C, O, Na, Mg, Al, P, S, Mn, Te, Co, Cu, Zn, As, Mo, Nb, Ag, In, Sb, J, Au, Pb* u. *Bi* vom Schwellenwert bis zu einer Betatronenergie von 23 MeV. Als Neutronendetektor diente ein in einen Paraffinzylinder eingebetteter BF_3-Zähler. Die Ausbeutekurven werden durch die Photonendifferenzmeth. analysiert, um den Gesamtquerschnitt $\sigma = (\sigma_{\gamma,n} + \sigma_{\gamma,np} + 2\,\sigma_{\gamma,2n})$ als eine Funktion der Photonenenergie anzugeben. In einigen Fällen läßt sich dieser Querschnitt in seine Komponenten unter Verwendung von Schwellenbetrachtungen u. Hilfsdaten auflösen. Unter Betrachtung der Systematik der (γ, n)-Rkk. lassen sich einige allg. Folgerungen ableiten. (Physic. Rev. [2] **91.** 659—73. 1/8. 1953. Saskatoon, Saskatchewan, Univ. of Saskatchewan.)
Gerhard Schmidt. 103

J. Kyles, C. G. Campbell und **W. J. Henderson**, *Eine Untersuchung des β-Teilchen-Spektrums von Mesothorium 2.* Bei Verwendung eines Doppel-β-Spektrometers mit permanentem Magneten untersuchen Vff. das β-Spektr. von MsTh 2 nach der Scintillationsmethode. Partielle Spektren mit Endpunkten bei 2,18, 1,85, 1,70, 1,11, 0,64 u. 0,45 MeV werden beobachtet. Eine Tabelle der Konversionslinien wird mit einer Analyse in bezug auf die γ-Strahlen aufgestellt. Das vorgeschlagene Niveauschema stimmt mit den β–β, β–γ- u. γ–γ-Koinzidenzmessungen überein. Der Grundzustand-Grundzustand-Übergang wird nicht beobachtet, das partielle Spektr. höchster Energie entspricht einem angeregten Zustand von 57 keV, der mit einer Halbwertszeit $>2 \cdot 10^{-2}$ Sek. metastabil ist. (Proc. physic. Soc., Sect. A **66.** 519—32. 1/6. 1953. Edinburgh, Univ., Dep. of Natural Philos.) Gerhard Schmidt. 103

P. Verzaux, *Das Tritiumisotop des Wasserstoffs der Masse 3. Bibliographie und Herstellung.* Übersicht über die verschied. Methoden der Herst. von T, über seine radioakt. Eigg., die hauptsächlichsten Kern-Rkk. u. Anwendungen dieser Rkk. als Quelle monoenerget. Neutronen. Es wird ein Abriß der Theorie gegeben, die Aussagen über die Bindungsenergie u. das magnet. Moment des Tritons gestatten. Einige physikal. Eigg. von T werden mit denen der anderen Isotope von H verglichen. (J. Physique Radium **13.** 94—106. Febr. 1952. Lyon, Univ., Inst. de Phys. Atom.)
Gerhard Schmidt. 104

John Keene Major und **Pierre Süe**, *Abtrennung von Radiochlor durch den Szilard-Chalmers-Effekt.* CCl_4 u. C_2Cl_6 im festen Zustand u. in C_6H_6 gelöst wurden mit Neutronen der Intensität $10^{10}/cm^2/Sek.$ bestrahlt u. die Ausbeuten beim Szilard-Chalmers-Effekt an ^{38}Cl (38 Min.) geprüft, um Rückschlüsse auf die Ausbeute an ^{36}Cl (10^6 Jahre) zu ziehen. Zur Abtrennung wurde ohne Zusatz von Träger mit W. ausgeschüttelt. Die Ausbeuten sind im fl. Zustand höher als im festen, bei 2 Std. Bestrahlung 51%, gegenüber 8% bei C_2Cl_6. Im Gebiet zwischen 10 mg/cm³ u. der Sättigung ist die Konz. ohne Einfluß. Die Ausbeute der Trennung nimmt mit der Bestrahlungsdauer exponentiell ab. (C. R. hebd. Séances Acad. Sci. **232.** 52—54. 3/1. 1951.) M. Wiedemann. 104

Masayoshi Ishibashi, Yuzuru Kusaka und **Jieh-Chun Lee**, *Chemische Untersuchungen über radioaktive Indicatoren.* 14. Mitt. *Darstellung von radioaktivem Mangan (^{56}Mn).* Die Darst. von ^{56}Mn durch $^{55}Mn(n, \gamma)$-Rk. u. seine Abtrennung nach Szilard-Chalmers-Rk. in $KMnO_4$-Lsg. wird beschrieben. 150 g chem. reine $KMnO_4$-Lsg. (Konz. nicht angegeben) werden mit einem Wassertank umgeben, 3 Std. mit Neutronen aus einem Cockcroft-Walton-Generator bestrahlt u. das durch Szilard-Chalmers-Rk. gebildete $^{56}MnO_2$ a) durch Abnutschen über ein doppeltes Filter oder b) nach Zusatz von Filterschleim u. Umschütteln durch Absaugen in einem asbestgefütterten Gooch-Tiegel abgetrennt. Ausbeute 0,4—0,6 μC ^{56}Mn. Die Retention bei der Filtrationsmeth. b) ist halb so groß wie diejenige bei Meth. a). (Bull. Inst. chem. Res., Kyoto Univ. [Kagaku Kenkyusho Hokoku] **28.** Nr. 3. 53. März 1952. Ishibashi Labor. [Orig.: engl.]) Weigel. 104

C. Van de Casteele, *Beispiele für die industrielle Anwendung radioaktiver Isotope.* Allg. Überblick über die Eigg. u. verschied. Anwendungsmöglichkeiten radioakt. Isotope in der Industrie. (Rev. techn. luxembourg. **46.** 28—35. Jan./März 1954. Bruxelles, Soc. E. G. E. A.) G. Herrmann. 106

Leo Seren, Milton Birnbaum, Erich Harth und **Ralph Tobin,** *Die Wirkung der Magnetflußamplitude auf die Energie-Kontrolle eines Betatrons mittels Flußintegrator.* (Sitzungsbericht.) Die Bremsstrahlungsenergie eines 22 MeV-Betatrons mit einer bestimmten Flußintegratoreinstellung erweist sich als eine Funktion der Magnetflußamplitude. Eine Formel für die Einstellung des Flußintegrators zur Erzielung einer bestimmten Bremsstrahlenenergie wird angegeben u. experimentell bestätigt. (Physic. Rev. [2] **91.** 474. 15/7. 1953.) Weigel. 112

Henri Bruck, *Über die Technik der Monochromatisierung eines aus einem Beschleuniger kommenden Ionenstrahls.* Für den Fall, daß in einem Monochromator die Eintrittsspaltblende in die Ebene der Austrittsspaltblende abgebildet wird, wird unter Berücksichtigung der Abbildungsfehler theoret. abgeleitet, wie man die Breiten von Eintritts- u. Austrittsspalt sowie die Apertur des Ionenstrahls wählen muß, damit man für gegebene Werte des chromat. Auflösungsvermögens, der Vergrößerung bei der Abb. des Eintritts- auf den Austrittsspalt u. der chromat. Dispersion maximale Intensität durch den Monochromator schicken kann. Diskussion der Ergebnisse im Hinblick auf verschied. Typen von Monochromatoren. Für die Erzielung eines hohen chromat. Auflösungsvermögens erscheint bes. der elektrostat. Monochromator mit radialem Feld geeignet. Ein chromat. Auflösungsvermögen von $V/\Delta V = 10^5$ wird damit für erreichbar gehalten. (J. Physique Radium **14.** 251—56. April 1953. Comm. à l'Énergie atom., Serv. des Accélérateurs.) Lenz. 112

J. Sommeria, *Ein neues Ausblendungsverfahren bei Ionenquellen. Anwendung auf verschiedene Quellentypen.* (Vgl. C. **1952.** 3119.) Ergänzende Vorschläge zu den l. c. angeführten Verff. unter Verwendung von Ionenquellen mit transversaler u. longitudinaler Ausblendung. Als Funktion von H_2 werden die Gasausbeute, die elektr. sowie die Ionenausbeute angegeben. Die beiden ersten betragen für eine Ionenquelle vom Typ Heil-von Ardenne 10 bzw. 7% u. für eine solche vom Finkelstein-Typ 10 bzw. 30%. Die Ausblendungsspannung u. das Spannungsgefälle zwischen der Ionisationskammer u. der Blendenelektrode liegt bei ~15000 V. (J. Physique Radium **13.** 491. Okt. 1952. Ivry, Labor. de Synth. atom.) Gerhard Schmidt. 112

Goro Miyamoto, *Über das Spiralbahn-Spektrometer mit zwei konvergierenden Kreisen.* Kurze Beschreibung einer Massenspektrometerkonstruktion mit zwei so angeordneten Magnetpolpaaren, daß das Vektorpotential des Magnetfeldes zwei Maxima bei verschied. Radien hat. Mit der Anordnung können zwei Teilchensorten mit verschied. Impulsen gleichzeitig gemessen werden. (J. physic. Soc. Japan **6.** 68—69. Jan./Febr. 1951. Tokyo, Univ., Fac. of Sci. [Orig.: engl.]) Rudolph. 112

A. A. Bartlett und **K. T. Bainbridge,** *Ein gut arbeitendes β-Spektrometer.* (Sitzungsbericht.) Inhaltlich ident. mit C. **1953.** 3350. (Physic. Rev. [2] **82.** 316—17. 15/4.; Bull. Amer. physic. Soc. **26.** Nr. 1. 29—30. 1/2. 1951. Harvard Univ.) H. Hauswald. 112

H. Ess und **J. Rossel,** *Über die Stossionisation und den Mechanismus des Ladungstransportes im Diamanten.* Vff. untersuchten die Brauchbarkeit eines *Diamanten* (I) bei dessen Verwendung als Zähler für α-Teilchen u. γ-Strahlen; daneben wurde auch der Mechanismus des Ladungstransportes innerhalb I untersucht. Von 75 untersuchten I-Proben erwiesen sich nur 2 als brauchbar (das heißt das Prod. aus der Elektronenbeweglichkeit μ u. der Dauer τ des Aufenthaltes des Elektrons im Leitungsband ist für Beobachtungen bei Feldstärken von 1000 V/cm genügend groß). Bei der einen Probe ist μ bei tiefer Temp. bes. von Verunreinigungen abhängig, während bei der anderen vor allem Verschiebungen im I-Gitter die Eigg. bestimmen. Der Durchgang von α- u. γ-Strahlen durch I kann infolge der Ionisationswrkg. mit einem Kathodenstrahloscillographen sichtbar gemacht werden. Die α-Energie E betrug bis zu 5,3 MeV, die der γ-Strahlen bis zu 2,6 MeV. Für α-Teilchen ist die in I erzeugte Ladung Q proportional E (bis zu E = 5,3), bei γ-Strahlen steigt Q mit wachsendem E zunächst steil an, nähert sich dann aber ab ca. 2 MeV einem Grenzwert. Zum Abtrennen eines Elektrons in I ist bei α-Teilchen eine Energie von mindestens 25 u. bei γ-Strahlen von 18 eV erforderlich; diese Werte schwanken stark von Ort zu Ort auf derselben I-Oberfläche u. erst recht bei Messungen an verschied. I-Proben. Bei Verwendung von Feldstärken größer als 2000 V/cm werden 100% α-Teilchen gezählt, bei γ-Strahlen aber nur 0,5% (= 30% der theoret. zu erwartenden). Aus den Verss. folgt, daß sich die Empfindlichkeit von I auf Bereiche von ca. 0,5 mm linearer Abmessungen beschränkt. Ferner wurden auf Grund der Sättigungskurven für die Elektronen u. die positiven Löcher die Größen $\mu\tau$ u. eE/Q bei 90, 200 u. 290° K bestimmt. Hieraus folgt, daß zwei Arten von Fallen der Konz. 10^{16} cm^{-3} vorliegen müssen; die Wirksamkeit der Fallen hängt in verschied. Weise von der Temp. ab. Bei Feldstärken >5000 V/cm u. unterhalb 200° K wurde eine Elektronenvervielfachung beobachtet. (Helv. physica Acta **24.** 247—78. 10/7. 1951. Neuchâtel, Univ., Inst. de Phys.) FUCHS. 112

Robert M. Kloepper und **M. L. Wiedenbeck,** *Über plastische Scintillationsphosphore.* Durch Polymerisation der Lsgg. von 5% *p-Terphenyl* (**I**), 10% *Stilben* oder 5% *Anthracen* in Polystyrol wurden plast. Scintillationsstoffe hergestellt, von denen die I-Lsgg. die wirksamsten waren. Die Polymerisationstempp. lagen zwischen 110 u. 125°. Der polymerisationsbeschleunigenden Wrkg. des **I** wegen war ein Katalysator überflüssig, jedoch wurden $^1/_4$% Tri-o-kresylphosphat als Weichmacher zugesetzt. Blasenbldg. ist durch kräftiges Schütteln zu Anfang der Polymerisation vermeidbar. Nach 70—90%ig. Polymerisierung wird 4—6 Tage auf erhöhter Temp. von 130° erhitzt u. dann langsam auf 70—75° abgekühlt u. 8 Std. auf dieser Temp. gehalten. Es wurden zylindr. Scintillationsmassen $5^1/_4$ in. lang u. $2^1/_4$ in. im Durchmesser hergestellt, deren Gleichmäßigkeit u. deren Impulshöhenverteilung für ^{137}Cs-β-Strahlen gemessen werden. (Rev. sci. Instruments **23.** 446—47. Aug. 1952. Ann Arbor, Mich., Univ., Dep. of Phys.) RUDOLPH. 112

E. W. Jackson und **L. Garrard,** *Ionenaustauschende Gefäßoberflächen zur Verhinderung der Adsorption radioaktiver Substanzen.* Vff. finden, daß Filme von nichtplast. Polystyrol (hergestellt durch Bestreichen der Fläche mit einer 30%ig. Lsg. von „Distrene" in Toluol) eine sehr geringe Adsorption von radioakt. Spaltprodd. (liegen als Nitrate in wss. Lsg. vor) aufweisen. Die Versuchsergebnisse mit Polystyrol u. sulfoniertem Polystyrol (erhalten durch Einw. von SO_3 für 2 Min.) — als nicht ionenaustauschende (**I**) bzw. ionenaustauschende Oberfläche (**II**) — werden in einer Tabelle wiedergegeben. Wie diese Ergebnisse jedoch zeigen, ist die Adsorption der Spaltprodd. an **II** größer als an **I** u. ihre Aktivität kann auch durch nachfolgendes Eluieren nicht bis zum Wert von **I** verringert werden. (Nature [London] **171.** 442. 7/3. 1953. Teddington, Middlesex, Admiralty Res. Labor.) GEDSCHOLD. 112

Niels Bohr and **Jens Lindhard,** Electron capture and loss by heavy ions penetrating through matter. (Det kongelige danske videnskabernes selskab. Matematiskfysiske meddelelser, bd. 28, nr. 7). København: Munksgaard. 1954. (32 S. m. Abb.) kr. 4,—.

J. F. Duncan and **G. B. Cook,** Modern radiochemical practice. New York: Oxford. 1952. (350 S. m. Abb., Diagr.) $ 8,50.

A$_2$. Optisches Verhalten der Materie.

Richard N. Thomas und **William C. White,** *Die physikalische Theorie der Meteore.* 4. Mitt. *Untersuchungen über das Strahlungsproblem. — Ein Laboratoriumsmodell.* (3. vgl. Astrophysic. J. **116.** [1952.] 203.) Es wird die Ähnlichkeit der Spektren von echten u. künstlichen Meteoren diskutiert. Zum Vgl. werden Linien des *Fe, FeI, NiI, Al, AlI, Mg, MgI, CaI, CaII, NaI, MnI, CrI* herangezogen. Der Strahlungsmechanismus ist wahrscheinlich in beiden Fällen ein unelast. Atom–Atom-Stoß. (Astrophysic. J. **118.** 555—67. Nov. 1953. Inyokern, Calif., Univ. of Utah, Harvard Coll. Observ. and U. S. Naval Ordnance Test Stat.) GUDZENT. 113

Philip M. Mostov und **Sidney Borowitz,** *Strahlungseinflüsse und die Rotations–Translations-Relaxationszeitkonstante.* (Sitzungsbericht.) Vff. berichten, daß man die Deutung u. Auswertung der sogenannten Rotations–Translations-Relaxationszeitkonstante unter vereinfachenden Bedingungen erhält, wenn man die Differenz zwischen den Gleichungen der Rotations- u. Translationstemp. nimmt. Um die Einflüsse möglicher Strahlungen zu u. von den Moll. in Rechnung zu stellen, wurden Strahlungsterme in die 2 Temperaturgleichungen eingeführt. Sind die Dichten so niedrig, daß die mittlere Zusammenstoßzeit mit der effektiven Periode der Strahlungsquelle vergleichbar ist, dann sollte man für merkliche Zeiten Unterschiede zwischen den Rotations- u. Translationstempp. haben. (Physic. Rev. [2] **91.** 465. 15/7. 1953. New York, N. Y., Univ.) GOTTFRIED. 114

Kurt Larché, *Die Strahlung des Xenon-Hochdruckbogens hoher Leistungsaufnahme.* 1. Mitt. *Experimentelle Ergebnisse für die Lichtstrahlung.* Einem Vorschlag vom Vf. u. SCHIRMER zufolge, nach dem die kontinuierliche Strahlung der Xe-Hochdruckentladung für den Fall opt. dünner Schichten als graue Strahlung zu behandeln sei, wird eine Prüfung der experimentellen Ergebnisse für die Lichtstrahlung von Xe-Hochdruckbögen hoher Leistungsaufnahme durchgeführt. Es werden Lichtstärke, Leuchtdichte, Absorptionsgrad sowie der Wirkungsgrad der Lichterzeugung u. die Bogentemp. aus Leuchtdichte u. Absorptionsgrad bestimmt. Die experimentellen Werte stimmen mit den berechneten Ergebnissen überein. Zu dem höchsten gemessenen Leuchtdichtewert $1{,}17 \cdot 10^6$ cd/cm^2 gehört ein Absorptionsgrad von 86%. Somit ist die Bogensäule eines Xe-Hochdruckbogens dieser Leuchtdichte als prakt. opt. dick anzusehen. (Z. Physik **136.** 74–86. 1953. Berlin, Osram-Studiengesellschaft für elektr. Beleuchtung.) D. Hahn. 118

Herbert Schirmer, *Die Strahlung des Xenon-Hochdruckbogens hoher Leistungsaufnahme.* 2. Mitt. *Theoretische Grundlagen der Bestimmung der Plasmatemperatur und Anwendungen.* (1. vgl. vorst. Ref.) Es wird gezeigt, daß Leuchtdichte u. Strahlung eines Xe-Hochdruckbogens, der als Graustrahler aufgefaßt wird, von der jeweiligen Temp. u. dem Absorptionskoeff. der Säule abhängen. Vf. untersucht die Änderung des Absorptionskoeff. mit der Temp. u. berechnet die Absorption einer Xe-Säule, wenn die Temp. bekannt ist. Es ist möglich, mit Hilfe des temperaturabhängigen Absorptionskoeff. aus einer Leuchtdichtemessung allein bei beliebigen Xe-Hochdruckentladungen auf die Temp. zu schließen, was eine große Bedeutung für die Unters. der Eigg. der Plasmakugeln hat. (Z. Physik **136.** 87–104. 1953.) D. Hahn. 118

H. Maecker, *Die Übergangswahrscheinlichkeiten einiger C I- und C II-Linien, gemessen am alkoholstabilisierten Bogen.* Zur Best. der Übergangswahrscheinlichkeiten einiger C-Linien wird ein alkoholstabilisierter Bogen benutzt. Es werden die Intensitäten durch Anschluß an ein Strahlungsnormal ihrem Absolutbetrage nach gemessen, die Temp. in der Bogenachse durch Absolutmessung der Intensität des H-Kontinuums ermittelt u. die Anzahl der C- u. C^+-Teilchen aus der chem. Zus. des A. sowie den Massenwirkungsgesetzen berechnet. Die Übergangswahrscheinlichkeiten lassen sich dann nach der Gleichung für Linienintensitäten berechnen. Die Ergebnisse der Messungen sind in einer Tabelle zusammengefaßt. (Z. Physik **135.** 13–22. 1953. Erlangen, Siemens-Schuckert-Werke, Forschungslabor.) D. Hahn. 118

Marianne Schütte, *Über das Bandenspektrum des Calciumchlorids.* In einer $Ca-CaCl_2$-Dampfentladung wurden zwischen λ 4600 u. 5500 Å in Emission neue Banden des CaCl-Mol. gefunden u. analysiert. Es handelt sich um 3 Dublett–Banden-Systeme mit den Übergängen $F(^2\Pi) - A(^2\Pi)$, $G(^2\Delta) - A(^2\Pi)$ u. $F(^2\Pi) - B(^2\Sigma)$, wobei F u. G 2 neue Niveaus des CaCl sind. Die Schwingungskonstanten der neuen Zustände $G^2\Delta$ u. $F^2\Pi$ werden angegeben. Ferner werden die Schwingungskonstanten der bekannten Zustände $B^2\Sigma$, $A^2\Pi$ u. $X^2\Sigma$ aus Arbeiten anderer Autoren u. aus den vorliegenden Messungen berechnet u. als übereinstimmend gefunden. (Naturwissenschaften **40.** 528. Okt. 1953. Berlin, Humboldt-Univ., I. Physikal. Inst.) Heinsohn. 118

Charles Delbecq, Peter Pringsheim und **Philip Yuster,** *α- und β-Banden in Kaliumbromidkristallen.* Analog zu den früher an KJ gefundenen α- u. β-Banden (C. **1952.** 1125), wobei β photochem. oder durch additive Verfärbung neben F erzeugt u. F u. β in α umgesetzt werden können, werden in KBr gefunden: F (600 mμ), α (203 mμ) u. β (193 mμ). Mit α ist wahrscheinlich die von Thomas (Ann. Physique **38.** [1940.] 601) durch Ausbleichen der U-Bande erzeugte U'-Bande ident.; β ist wahrscheinlich sehr ähnlich wie die dabei außerdem aus U entstehende Bande bei 192 mμ (Martienssen C. **1954.** 9688), wenn nämlich das bei photoelektr. Ionisation eines U-Zentrums zurückbleibende H^0 das Gitter ähnlich stört wie eine Anionenlücke. (J. chem. Physics **20.** 746–47. April 1952. Chicago, Ill., Argonne Nat. Labor.) P. Brauer. 118

Joe Ham, *Die Spektren von Jodlösungen.* 1. Mitt. *Die Wirkung von tiefen Temperaturen auf Jodkomplexe.* Die opt. Absorption der Lsgg. von J-Komplexen mit *Bzl., Toluol, p-Xylol, Mesitylen, Hexamethylbenzol, Hexaäthylbenzol, Hexen-(1), Cyclohexen, Tetramethyläthylen, tert.-Butylalkohol, Diäthyläther, Tris-[cyclopenteno]-benzol* u. *symm.-Dodekahydrotriphenylen* in 2 Gläsern wurden bei Zimmertemp u. der Temp. des fl. N_2 untersucht. Die sichtbaren Banden der J-Komplexe werden bei tiefer Temp. zu kurzen Wellen verschoben. Das 1. Glas aus *3-Methylpentan* u. *Isopentan* erzeugte in den charge-transfer-Banden der Benzol- u. Toluolkomplexe bei Abkühlung eine durch die Änderung der Refraktion hervorgerufene mäßige Verschiebung zum Langwelligen, während das 2. Glas aus *Methylcyclohexan* u. Isopentan in diesen Fällen sehr starke Rotverschiebungen u. keine Verschiebungen, bzw. sogar Blauverschiebungen bei anderen Komplexen verursachte. Durch Messungen bei Zwischentempp. konnte gezeigt werden, daß in den Fällen mit starken Verschiebungen diese auf dem Erscheinen von neu auftauchenden Banden beruhen, die einem durch das Methylcyclohexan entstandenen Komplex zugeordnet wurden. Die bei tiefer Temp. beim Hexaäthylbenzolkomplex auftauchende starke Blauverschiebung gehört wahrscheinlich zu 2 verschied. Formen des J-Komplexes, die durch starke Störungen der Äthylgruppe entstehen. Die Gründe für die Verschiebungen der sichtbaren u. ultraroten Banden durch Komplexbldg. u. Abkühlung werden diskutiert. (J. Amer. chem. Soc. **76.** 3875–80. 5/8. 1954. Wilmington, Del.) Heinsohn. 118

Joe Ham, *Die Spektren von Jodlösungen.* 2. Mitt. *Der Einfluß hoher Drucke auf Jodkomplexe.* (1. vgl. vorst. Ref.) Die Absorptionsspektren verd. Lsgg. von J-Komplexen mit *Bzl., Toluol* u. *Mesitylen* in *n-Heptan* wurden bei 2000 at Druck untersucht u. Verschiebungen der charge–transfer-Banden um ca. 4 mμ zu längeren Wellen gefunden. Die Verschiebungen werden als Folge der Vergrößerung der Refraktion durch Kompression des Lösungsm. gedeutet. Durch Unterss. an diesen Komplexen in nichtpolaren Lösungsmitteln bei n. Druck wird diese Vermutung bestätigt. Die Erhöhung der Absorption der charge–transfer-Banden wird einer vergrößerten Konz. der Komplexe, die durch eine Gleichgewichtsverschiebung in den Lsgg. durch den hohen Druck verursacht wird, zugeordnet. (J. Amer. chem. Soc. **76.** 3881—85. 5/8. 1954.) HEINSOHN. 118

Joe Ham, *Die Spektren von Jodlösungen.* 3. Mitt. *Der $^3\Pi_1$ — $^1\Sigma^+$-Übergang des Jodmoleküls in der Lösung.* (2. vgl. vorst. Ref.) Die Absorption durch den $^3\Pi_1$—$^1\Sigma^+$-Übergang des J-Mol. in Heptanlsg. wurde bei 690 mμ gefunden u. die Oscillatorstärke zu f = 2,9·10^{-4} bestimmt. Das obere Niveau gehört zu der gleichen Elektronenkonfiguration wie die oberen Niveaus der $^3\Pi_0{}^+$—$^1\Sigma^+$- u. $^1\Pi$—$^1\Sigma^+$-Übergänge. Bei tiefen Tempp. sind die $^3\Pi_0{}^+$—$^1\Sigma^+$- u. $^2\Pi_1$—$^1\Sigma^+$-Übergänge des Äther–Jod-Komplexes zu kürzeren Wellen um den Betrag von ca. 4000 Kayser verschoben. (J. Amer. chem. Soc. **76.** 3886—87. 5/8. 1954.) HEINSOHN. 118

A.-P. Sandréa, *Untersuchung und mikrospektrographische Bestimmung der Absorption von Mineralien der Seltenen Erden.* Vf. beschreibt eine Meth. zur Unters. der Absorptionsspektren von Kristallen mit Durchmessern von 20—30 μ im polarisierten Licht, die darin besteht, daß man das reelle mkr. Bild des betreffenden Kristalls auf den Spalt eines Spektrometers projiziert. Die Meth. wurde an mehreren *Xenotim*-Kriställchen verschied. Herkunft geprüft, deren chem. Zus. bekannt war. Die Größe der dünnen Blättchen lag zwischen 400—2500 μ^2. Die Verss. ergaben, daß sich auf diese Weise Xenotim sicher von *Zirkon* u. *Thorit* unterscheiden läßt. (Bull. Soc. franç. Minéralog. Cristallogr. **76.** 294—99. Juli/Sept. 1953. Paris, Muséum, Labor. de Minéral.) GOTTFRIED. 118

Jürg Waser, *Der Lorentz-Faktor für die Buergersche Präzessionsmethode.* Bei der Herleitung des LORENTZ-Faktors für die BUERGERsche Präzessionsmeth. zeigt Vf., daß die Winkelgeschwindigkeit der Bewegung des reziproken Gitters durch die Reflexionskugel nicht, wie bisher angenommen wurde, gleichmäßig ist. Der LORENTZ-Faktor hängt daher explizit von allen drei zylindr. Koordinaten ab. (Rev. sci. Instruments **22.** 563—66. Aug. 1951. Houston, Tex., Rice Inst., Dep. of Chem.) GOTTFRIED. 119

Jürg Waser, *Lorentz- und Polarisationskorrektur für die Buergersche Präzessionsmethode.* (Vgl. vorst. Ref.) Vf. berechnete für die mittlere Schichtlinie u. einen Präzessionswinkel von 30°, der am meisten bei der BUERGERschen Meth. benutzt wird, das reziproke Prod. von LORENTZ- u. Polarisationsfaktor. Aus einem Nomogramm kann man die Korrekturen direkt ablesen. (Rev. sci. Instruments **22.** 567—68. Aug. 1951. Houston, Tex., Rice Inst., Dep. of Chem.) GOTTFRIED. 119

Kurt Suchy, *Berichtigung zur Abhandlung „Gleichungen für Wellennormale, Brechungsindex und Polarisation".* Berichtigung zu der C. **1953.** 7023 referierten Arbeit. (Ann. Physik [6] **12.** 423. 1953. Freiburg/Br.) LINDBERG. 119

S. Ramaseshan und **V. Chandrasekharan,** *Faraday-Effekt und Doppelbrechung.* Aus der Formel für den Winkel ψ zwischen der Schwingungsebene linear polarisierten Lichtes u. der Hauptachse des gebrochenen, ellipt. polarisierten Lichtes beim Einfall in einen doppeltbrechenden Kristall in einem Magnetfeld mit dem elektr. Vektor parallel zu einer Hauptschwingungsebene des Kristalls werden Näherungsformeln für kleine Werte der Phasenverzögerung des Lichtes (Gangunterschied) ohne Magnetfeld δ_0 u. des Quotienten $2\varrho/\delta$ (ϱ = Drehung der Polarisationsebene pro Längeneinheit $\delta = \delta_0 \cdot t$; t = Dicke des Kristalls) abgeleitet. Mit Hilfe dieser Formeln u. der leicht meßbaren Werte von ψ u. ϱ können die photoelast. Konstanten isotroper Festkörper bestimmt werden, wenn diese Werte mit u. ohne angelegte Spannung gemessen werden. Die vereinfachten Formeln sind für den prakt. Meßbereich anwendbar. (Current Sci. **20.** 150—51. Juni 1951. Bangalore, Ind., Inst. of Sci., Dep. of Phys.) WERNER SCHULZ. 119

S. Ramaseshan, *Die magnetooptischen Konstanten von Natriumbromid.* Aus dem an 1,30 cm dicken NaBr-Einkristallen gemessenen FARADAY-Effekt werden die magnetoopt. Konstanten berechnet. Die VERDET-Konstante V ergibt sich zu 0,0621 bzw. 0,123 Bogenmin./cm Oe für Wellenlängen von 5461 u. 4358 Å, die magnetoopt. Anomalie γ zu 0,86 bzw. 0,88. Die Genauigkeit wird auf 2% geschätzt. Für NaCl

sind zum Vgl. bei einer Wellenlänge von 5461 Å V = 0,0410 u. γ = 0,91. (Current Sci. **20.** 150. Juni 1951. Bangalore, Ind., Inst. of Sci., Dep. of Phys.)
WERNER SCHULZ. 119

Henry Aroeste, *Beziehung zwischen Infrarotintensitäten, Dissoziationsenergien und Gleichgewichtskernabständen für zweiatomige Moleküle.* Wie Vf. fand, besteht zwischen der — aus den Infrarotintensitäten bestimmbaren — Ableitung des Dipolmoments μ nach dem Kernabstand r für den Gleichgewichtsabstand r_0 u. der Dissoziationsenergie E die Beziehung $(\partial r/\partial \nu)_{r=r_0} = c \cdot E/r_0^2$, die an Werten für *NO, CO, HCl* u. *HBr* bestätigt wurde. Der Proportionalitätsfaktor c hat die Größe $\approx$ 1 Elektronenladung/Å^3. Für die zweite Ableitung gilt (geprüft an HBr, HCl u. CO) $(\partial^2\mu/\partial r^2)_{r=r_0} \sim E/r_0^3$. (J. chem. Physics **22.** 1273—74. Juli 1954. Pasadena, Calif., Inst. of Technol., Guggenheim Jet Propulsion Center.)
KRESZE. 120

R. J. Collins und **H. Y. Fan,** *Infrarote Gitterabsorptionsbanden in Germanium, Silicium und Diamant.* (Vgl. C. **1953.** 3677.) Die Charakteristiken der infraroten Absorptionsbanden des Kristallgitters wurden für Ge u. Si untersucht. Die Absorption ist unempfindlich gegenüber Gitterunvollkommenheiten infolge von Verunreinigungen (ca. 10^{18} cm^{-3}) u. infolge von Fehlordnungen (ca. 10^{19} cm^{-3}), erzeugt durch Kernbestrahlung. Sie ändert sich mit der Temp. in gleicher Weise wie die berechnete mittlere quadrat. Verschiebung der Atome. Die Temperaturänderung der Absorption wurde auch für zwei Diamantproben der Type I untersucht. Die Bandcharakteristiken von Diamanten der Type II zeigt ähnliche Temperaturabhängigkeit, während die Langwellenbänder temperaturunempfindlich sind. Es scheint, daß die beobachtete Absorption in Ge u. Si der Absorptionscharakteristik des Diamant, Typ II, entspricht u. durch die therm. Schwingungen der Atome ermöglicht wird. Die Langwellenbänder im Diamant, Typ I, können durch Verunreinigungen hervorgerufen sein. (Physic. Rev. [2] **93.** 674—78. 15/2. 1954. Lafayette, Ind., Purdue Univ.) v. HARLEM. 120

Hans Siebert, *Raman-Spektren und Konstitution der Überjodsäure und des Metaperjodations.* Es werden die RAMAN-Spektren von *$NaJO_4$* u. *H_5JO_6* in wss. Lsg. aufgenommen. Diese sprechen beim $NaJO_4$ für eine tetraedr. Anordnung, während bei der Perjodsäure neben dem JO_4^--Ion auch noch die undissoziierte Säure mit oktaedr. Anordnung der O-Atome um das J-Atom vorliegt. Aus den spektroskop. Befunden wird gefolgert, daß H_5JO_6 in $JO_4^- + H^+ + 2 H_2O$ dissoziiert. Die Berechnung ergibt für die Kraftkonstanten k_{JO} im JO_4^- einen um 50% höheren Wert als im H_5JO_6. (Z. anorg. allg. Chem. **273.** 21—27. Juli 1953. Clausthal-Zellerfeld, Bergakad., Chem. Inst.)
GOUBEAU. 120

E. Roubine, *Die Spektroskopie im Bereich der Hertzschen Mikrowellen.* Zusammenfassender Artikel über die allg. Prinzipien u. Meßmethoden der Mikrowellenspektroskopie u. über ihre Ergebnisse hinsichtlich der Molekülstruktur, des Dipolmoments, der Kernmassenbest., der Hyperfeinstruktur, des Kernspins, der Quadrupolkopplungskonstanten u. der magnet. Kernmomente bis 1952. — 76 Literaturangaben. (J. Chim. physique Physico-Chim. biol. **50.** D42—D58. Nov./Dez. 1953. Lille, Fac. des Sci. de Lille.)
G. HARTMANN. 121

Charles A. Burrus jr. und **Walter Gordy,** *Ein- bis Zweimillimeterwellenspektroskopie.* 2. Mitt. *H_2S.* (1. vgl. C. **1954.** 1175.) Es wurden Präzisionsmessungen der reinen Rotationsübergänge von *$H_2{}^{32}S$, $H_2{}^{33}S$* u. *$H_2{}^{34}S$* in dem Wellenlängengebiet 1—2 mm durchgeführt. Für den Übergang $1_{0,1} \rightarrow 1_{1,0}$ von $H_2{}^{32}S$ ergab sich eine Frequenz von 168762,51 $\pm$0,35 MHz, für den Übergang $2_{1,1} \rightarrow 2_{2,0}$ 216710,42 $\pm$0,45, von $H_2{}^{33}S$ für den Übergang $1_{0,1} \rightarrow 1_{1,0}$ 168322,63 $\pm$0,35 u. für den gleichen Übergang von $H_2{}^{34}S$ 167910,57 $\pm$0,35. Aus diesen Messungen ergab sich für den Abstand S—H im Mittel 1,32259 $\pm$0,00002 Å u. den Winkel H—S—H 92° 6'. Für H_2S liegt die Achse des mittleren Trägheitsmoments b entlang der Symmetrieachse, a in der Ebene des Mol. senkrecht zu b u. c, die Achse des größten Moments senkrecht zu der Ebene des Moleküls. Die Hauptträgheitsachsen I_a, I_b u. I_c in 10^{-40} g cm^2 sind für $H_2{}^{32}S$ 2,6522; 3,0339 u. 5,6861, für $H_2{}^{33}S$ 2,6570; 3,0339 u. 5,6909 u. für $H_2{}^{34}S$ 2,6615; 3,0339 u. 5,6954. Die ^{33}S-Kernquadrupolkopplungen entlang den 3 Hauptträgheitsachsen sind eQq_{aa} = —32 MHz; eQq_{bb} = —8 MHz u. eQq_{cc} = +40 MHz. Eine angenäherte Analyse der Quadrupolkopplungskonstanten zeigte, daß die Bindungsbahnen des S spd-Hybriden sind; sie ergab für das Quadrupolmoment des ^{33}S-Kern einen Wert von $-0{,}06 \cdot 10^{-24}$ cm^2. Aus dem bekannten Verhältnis Q^{33}/Q^{35} erhält man $Q^{35} = 0{,}04 \cdot 10^{-24}$ cm^2. Aus dem ZEEMAN-Effekt der $1_{0,1} \rightarrow 1_{1,0}$-Linie von $H_2{}^{32}S$ ergab sich, daß der mol. g_I-Faktor angenähert gleich ist für verschied. Rotationszustände; für g_I wurde ein mittlerer Wert von 0,24 Kernmagnetonen gefunden. (Physic. Rev. [2] **92.** 274—77. 15/10. 1953. Durham, N. C., Duke Univ., Dep. of Phys.) GOTTFRIED. 121

Putcha Venkateswarlu, Richard C. Mockler und **Walter Gordy,** *Mikrowellenspektrum und Molekularstruktur von Trichlorgerman.* Ausführliche Wiedergabe der C. **1954.** 6663 referierten Arbeit. (J. chem. Physics **21.** 1713—15. Okt. 1953. Durham, N. C., Duke Univ., Dep. of Phys.) GOTTFRIED. 121

G. W. Williams, S. R. Usiskin und **A. J. Dekker,** *Thermisches Abklingen der Luminescenz von KBr.* Der zeitliche Abklingverlauf der Luminescenz von KBr nach Erregung mit Röntgenstrahlen wird bei verschied. Tempp. T zwischen —70 u. 240° mit Hilfe einer Elektronenvervielfacheranordnung gemessen. Erregung erfolgt bei der Temp. der Abklingmessung. Die Abklingkurven können durch eine Summe von n Exponentialfunktionen der Art $J = \sum_n J_{0n} \cdot \exp.(-t/\tau_n)$ dargestellt werden, wobei die Zeitkonstante τ_n eine Funktion von T gemäß $\tau_n = A_n \exp.(\varepsilon_n/kT)$ ist ($A_n = 10^{-9.3}$ Sek., unabhängig von n). Bei T > 240° tritt keine Luminescenz mehr auf. Das Emissionsspektr. hat ein Maximum bei 5100 Å, eine scharfe Grenze bei 3900 Å u. einen sanfteren Abfall nach langen Wellen bis über 7100 Å. Die therm. Aktivierungsenergien ε_n werden bestimmt. Vff. diskutieren kurz die möglichen Mechanismen der Vorgänge. Ein detailliertes Bild der Erscheinungen kann noch nicht gegeben werden. (Physic. Rev. [2] **92.** 1398—1402. 15/12. 1953. Vancouver, Univ., Dep. of Phys.) RUDOLPH. 125

E. E. Loebner, *Zeitabhängige Spektren von elektrolumineseierendem Zinksulfid.* (Sitzungsbericht.) Die Helligkeit J der Elektroluminescenz wurde mit Hilfe eines Schnellabtastspektrographen gleichzeitig als Funktion der Zeit t u. der Wellenlänge λ untersucht. Die Meßwerte können als eine Fläche in einem dreidimensionalen J, λ, t-Diagramm dargestellt werden. Schnitte parallel zur J, t-Ebene schneiden die Fläche in „monochromat. Helligkeiten". Diese zeigen im allg. scharfe asymm. Maxima u. flache Minima. Dabei tritt eine Phasenverschiebung mit λ auf. Die Projektion auf die J, λ-Ebene ergibt zwei spektrale Kurven aller J-Minima u. -Maxima. Das Verf. erlaubt die Trennung einer permanenten u. einer fluktuierenden Komponente der Strahlung. Die erstere ist unempfindlich gegen Änderungen der Größe u. Frequenz des erregenden elektr. Feldes, letztere zeigt mit wachsender Feldfrequenz einen im Blauen scharfen, im Violett langsameren Anstieg. Eine Feinstruktur von ca. 10 Banden zwischen 4000 u. 5800 Å, offenbar als Folge eines STARK-Effektes, ist feststellbar. Die Ergebnisse versprechen neue Erkenntnisse über den Mechanismus der Elektroluminescenz. (Physic. Rev. [2] **92.** 846. 1/11.; Bull. Amer. physic. Soc. **28.** Nr. 4. 10. 18/6. 1953. Sylvania Electric. Prod. Inc.) RUDOLPH. 125

Laurence Burns, *Elektroluminescenz isolierter Teilchen.* Eine qualitative Theorie der Elektroluminescenz wird gegeben. Die zur Stoßionisation oder Stoßanregung der Aktivatoren nötige Elektronenenergie erfordert Feldstärken, die an Randschichten (gegebenenfalls Verarmungsrandschichten) entstehen können, wenn dort der größte Teil des Potentials abfällt. Die Elektronen kommen (wenn nicht aus Metallelektroden bei Einkristallverss.) aus benachbarten Kristallen. Der Leuchtstoff ist halbleitend. Das Verh. der Emissionsbanden ist verschieden, je nachdem, ob sie mit Aktivatorionisierung (1) oder -anregung (2) verknüpft sind. Beispiel für (1) ist die grüne (Cu)-Bande, für (2) die blaue Bande in *ZnS · Cu.* Bei (1) tritt deshalb — im Gegensatz zu (2) — Sättigung mit der Frequenz auf, weil sich bei hoher Frequenz eine Sättigungskonz. tiefer Haftstellen einstellen kann. Darum ist auch die Phasenverschiebung der Licht–Zeit-Kurve gegen die Potential–Zeit-Kurve für beide Banden verschieden. Die theoret. Ausbeute der Elektroluminescenz der betrachteten Phosphore liegt mit ~2% in der Nähe der bereits erreichten. (J. electrochem. Soc. **100.** 572—79. Dez. 1953. Salem, Mass., Sylvania Electr. Prod. Inc.) BRAUER. 125

E. Avery, L. Grossweiner und **M. Matheson,** *Elektronenfallen im Eis.* (Sitzungsbericht.) Messung der Thermoluminescenz in mit harten Röntgenstrahlen bei —196° bestrahltem Eis zeigte, daß sich die Natur der glow-Kurve mit der Reinheit u. der Bestrahlungsgeschichte des Eises ändert. Die Thermoluminescenz von reinem angelassenem Eis mit niedrigem O_2-Geh. zeigte deutliche glow-Maxima bei —165°, —117 u. —97°, u. zwar für Erwärmungsgeschwindigkeiten von einigen Grad pro Minute. Das stärkste Maximum bei —117° gehorcht einer Kinetik erster Ordnung mit einer Fallentiefe von 0,26 eV u. einem Frequenzfaktor von $1{,}9 \cdot 10^6$ Sek.$^{-1}$. O_2 enthaltendes Eis zeigte Zerfall über einen breiten Temperaturbereich. Durch die Ggw. von H_2O_2 im Eis werden alle glow-Maxima merklich unterdrückt. Vff. diskutieren den Zusammenhang zwischen den glow-Maxima, der Natur der Elektronenfallen u. den Luminescenzzentren. (Physic. Rev. [2] **92.** 1080—81. 15/11.; Bull. Amer. physic. Soc. **28.** Nr. 5. 8. 2/9. 1953. Argonne Nat. Labor.) GOTTFRIED. 125

A_3. Elektrizität. Magnetismus. Elektrochemie.

H. J. Lowe und **D. H. Lucas,** *Die Physik der elektrostatischen Ausscheidung.* Es wird eine Übersicht gegeben über die Theorien des Verh. von Teilchen in einem elektr. Feld mit besonderer Berücksichtigung der elektrostat. Ausscheidung von Rauchgasen in Kraftwerken, die Kohlenstaub verbrennen. Es wird versucht, die Beziehung zwischen Teilchengröße u. Wirksamkeit der Ausscheidung durch Betrachtung der mol. u. elektr. Kräfte zu erklären, die auf die Teilchen wirken, wenn sie auf die Sammelelektroden niedergefallen sind. (Brit. J. appl. Physics, Suppl. **1953.** Nr. 2. 40—47. Leatherhead, Brit. Electr. Authority Res. Labor.) v. HARLEM. 130

A. G. Peace, *Die elektrostatische Entzündung und Elektrisierung von feingepulvertem Hexamin.* Es wird gezeigt, daß fein verteiltes trockenes Hexaminpulver durch elektr. Funken mit einer Energie kleiner 0,005 Joule gezündet werden kann. Aufgehäuftes Pulver kann nicht gezündet werden. Das Pulver lädt sich bei verschied. mechan. Behandlungen, die bei der Herst. verwendet werden, leicht auf, es werden dabei Ladungen von der Größe 10^{-9} C/g erzeugt. (Brit. J. appl. Physics, Suppl. **1953.** Nr. 2. 94—97. Stoke-on-Trent-North, Staffordshire Techn. Coll., Phys. Dep.) v. HARLEM. 130

Joachim Euler, *Über den Vergleich zwischen Graphitbogen und UV-Standard.* (Vgl. C. **1953.** 6316.) Ein durch photoelektr. Photometrie bei 7 Wellenlängen durchgeführter Vgl. des UV-Standards mit dem Graphitnormalbogen ergibt Übereinstimmung innerhalb der Fehlergrenze. Eine im Mittel um 2% zu niedrige Strahldichte des Graphitbogens läßt sich durch eine Erhöhung der Kratertemp. T um 8—9° ausgleichen. Diese Korrektur liegt, da T aus allen bekannten Messungen mit 3996 ± 20° K festliegt, noch in der Fehlergrenze. Die Grenze der Definition der Normalbogentemp. ist zunächst mit ca. ± 15° K erreicht. (Ann. Physik [6] **14.** 145—73. 1954. Ellwangen, Pertrix-Union, Forschungslabor.) RUDOLPH. 131

Theodor Wasserrab, *Zur Theorie des Quecksilber-Kathodenflecks.* Auf Grund neuerer experimenteller Unterss., wonach im Kathodenfleck Stromdichten von ca. 10^6 A/cm^2 herrschen, ist es wahrscheinlich, daß die Feldemission die wichtigste Rolle im Kathodenfleck spielt. Der Zusammenhang zwischen den an der Kathode vorhandenen Ionen- u. Elektronenstromdichten, der Feldstärke u. der Austrittsarbeit wird abgeleitet: Die Ionenstromdichte hängt lediglich vom Kathodenmaterial ab u. ist kleiner als die Elektronenstromdichte. Die Temp. im Brennfleck beträgt ca. 1900°. (Z. Physik **130.** 311—20. 1951. Mannheim, Brown, Boveri & Cie. A. G.) PIEPLOW. 131

Robert St. John und **J. G. Winans,** *Rückläufige Bewegung des Kathodenflecks in transversalen magnetischen Feldern.* (Sitzungsbericht.) Unterss. über die Bewegung des Kathodenflecks in Hg-Bögen in transversalen magnet. Feldern waren in Übereinstimmung mit Beobachtungen von anderer Seite. Bei konstantem Bogenstrom u. bei Abwesenheit fremder Gase nimmt die rückläufige Geschwindigkeit langsam bis ca. 11000 Oe u. hierauf sehr schnell auf etwa das Doppelte der früheren Geschwindigkeit zu. Die für das schnelle Ansteigen der Geschwindigkeit benötigte Feldstärke wird durch Erhöhung des Bogenstroms erniedrigt. Das Spektr. des Kathodenflecks zeigte starke Atomlinien u. ein Kontinuum, das jedoch nicht gleich dem der Hg_2-Moll. war. Bei niedrigen magnet. Feldstärken zeigte das Spektr. des negativen Leuchtens nur Hg I-Linien, bei hohen magnet. Feldstärken traten Hg I- u. Hg II-Linien auf. Der Potentialabfall durch den Bogen änderte sich von ca. 12 auf ca. 15 V bei Änderung der Feldstärke von 1000 auf 11000 Oe. Bei Ggw. von He verschwanden alle Hg II-Linien u. der Kathodenfleck wurde diffuser. (Physic. Rev. [2] **93.** 653. 1/2. 1954. Univ. of Wisconsin.) GOTTFRIED. 131

Elias Snitzer, *Ladungszustände eines Heliumstrahls in Wasserstoff, Helium, Luft und Argon.* Sitzungsbericht zu der C. **1954.** 7121 referierten Arbeit. (Physic. Rev. [2] **89.** 898. 15/2. 1953.) WASSERROTH. 131

Don E. Harrison jr., *Statistische Mechanik der Kathodenzerstäubung.* (Sitzungsbericht.) Vf. entwickelte eine statist. mechan. Behandlung des Zerstäubungsprozesses, wobei die Annahme gemacht wurde, daß die Gitteratome sich in Ruhe befinden u. daß sich die Teilchen wie elast. harte Kugeln verhalten. Der gesamte Prozeß läßt sich durch gegenseitig in Beziehung stehende Verteilungsfunktionen darstellen, von denen angenommen wird, daß sie der BOLTZMANNschen Transportgleichung genügen. Mathemat. ist es möglich, für die zwei fundamentalen Integral–Differential-Gleichungen genaue Lösungen zu erhalten, wenn die Massen der Ionen u. Metallatome gleich sind. Ein Vgl. der Theorie mit den zur Verfügung stehenden experimentellen Daten ergab, daß die Kurven die gleiche Form haben. Der Zerstäubungsschwellenwert, der als Parameter geeignet ist, hat einen vernünftigen Wert. (Physic. Rev. [2] **93.** 652—53. 1/2. 1954. Yale Univ.) GOTTFRIED. 131

R. C. Bradley, *Zerstäubung von Alkalimetallen durch Edelgasionen niedriger Energie.* (Sitzungsbericht.) Es wurde die bei der Beschießung von *Na*- u. *K*-Targets mit He^+, Ne^+, Ar^+ u. Xe^+ eintretende Zerstäubung direkt gemessen, wobei die zerstäubten Ionen durch einen Oberflächenionisationsdetektor gezählt wurden. Der bei den Verss. verwandte Energiebereich lag zwischen 0 u. 1800 eV. Gleichzeitig wurden die Sekundärelektronenkoeffizienten gemessen. Fast über den gesamten Energiebereich hinweg war der gemessene Zerstäubungskoeff., d. h. die Anzahl der den Detektor erreichenden Atome pro auf das Target einfallendes Ion, für He^+ u. Ne^+ proportional zu ln E u. für Ar^+ u. Xe^+ proportional zu $\sqrt{E}$, wo E die Ionenenergie bedeutet. Bei Energien kleiner als ca. 150 eV scheint der Koeff. nur von der kinet. Energie abzuhängen, welche im Mittel auf ein einzelnes Oberflächenatom in einem direkten Zweikörperstoß übertragen werden kann. So erzeugte bei niedrigen Energien Ne^+ die meiste Zerstäubung von einem Na-Target, Ar^+ von einem K-Target. Bei hohen Energien war die Zerstäubungsgeschwindigkeit von der gleichen Größenordnung wie die M. des Ions. Absol. Zerstäubungskoeffizienten mußten geschätzt werden. Untersucht wurde noch der Einfl. einer Oberflächenverunreinigung. (Physic. Rev. [2] **93.** 653. 1/2. 1954. Berkeley, Univ.) GOTTFRIED. 131

S. M. Neamtan, *Der Čerenkov-Effekt und die Dielektrizitätskonstante.* (Sitzungsbericht.) Kurze Zusammenfassung der C. **1954.** 8044 referierten Arbeit. (Physic. Rev. [2] **93.** 932—33. 15/2. 1954; Bull. Amer. physic. Soc. **28.** Nr. 6. 28—29. 27/11. 1953. Univ. of Manitoba.) R. STEIN. 132

F. Jona und **R. Pepinsky,** *Dielektrische Eigenschaften von einigen Doppeltartraten.* Vff. bestimmten erneut die DKK. ε_a, ε_b u. ε_c von $NaRbC_4H_4O_6 \cdot 4H_2O$ im Temperaturgebiet 4,2—333° K bei einem Feld von 10 V/cm u. 10 kHz. Eine Anomalie wurde nicht gefunden; bei 333° gibt der Kristall schnell sein Kristallwasser ab, Verluste u. DK. steigen stark an. MUELLERs Behauptung über das Verh. des Na–Rb-Salzes wird also nicht bestätigt. Ferner wurde das dielektr. Verh. von $NaNH_4C_4H_4O_6 \cdot 4H_2O$ untersucht. Hier wird eine Anomalie bei 109° K beobachtet. Die DKK. betragen bei Zimmertemp. 8,4; 9,3 u. 9,6, bei 110° K fallen sie langsam auf 7,5, 8,3 u. 8,6 ab, bei 105° K tritt dann plötzlich eine Verminderung um 17% auf. Es wird ein Rotationsübergang vermutet. Das Verh. wird durch eine Vorspannung von 10 kV/cm nicht beeinflußt. (Physic. Rev. [2] **92.** 1577. 15/12. 1953. State College, Pa., Pennsylvania State Coll., X-Ray and Crystal Analysis Labor., Dep. of Phys.) v. HARLEM. 132

L. G. Gindin, I. N. Putilowa und **L. M. Moros,** *Über die Wirkung konstanter elektrischer Felder auf Suspensionen von Metallen und Halbleitern in flüssigen Dielektrika.* Vff. untersuchen das Verh. von koll. (1—40 μ) Suspensionen von *Pt, Cu, Borcarbid* u. *Cu(I)-Oxyd* in Bzn. in Feldern bis 20000 V/cm. 1. Um ein zu schnelles Absetzen zu verhindern, werden den Pt-Suspensionen Cellulosefasern beigegeben, die sich parallel zum Feld einstellen. Das adsorbierte Pt führt schon ab 20 V/cm zu einer Leitfähigkeit u. ab 100 V/cm zu OHMscher Leitung, im Gegensatz zu früheren Verss. mit Al-Suspensionen (C. **1951.** I. 1837), bei denen die großen notwendigen Feldstärken (>4000 V/cm) auf den vorhergehenden Durchschlag der isolierenden Al_2O_3-Schicht deuten. 2. Cu-Suspensionen nehmen eine Zwischenstellung zwischen Pt u. Al ein. Bis 400 V/cm nimmt die Leitfähigkeit kontinuierlich zu, von da unter metall. Brückenbldg. sprunghaft um 3—4 Größenordnungen. 3. Bei Borcarbid trat ab 1000 V/cm ein schwacher kataphoret. Strom auf ($5 \cdot 10^{-9}$A), bei Spannungssteigerung erfolgte Brückenbldg., ab 3000 V/cm nimmt die Stromstärke, bedingt durch eine auch nach dem Abschalten des Feldes erhalten bleibende „echte" Brücke [ähnlich Cu(I)-Oxyd] um 2—3 Größenordnungen auf 10^{-6}—10^{-5} A zu. Die Borcarbidteilchen bewegen sich ähnlich wie Cu(I)-Oxyd vorzugsweise zur Anode, die Metalle zur Kathode. 4. Bei Cu(I)-Oxydsuspensionen ist die zeitliche Stromzunahme bemerkenswert. Nimmt beispielsweise innerhalb 2 Min. der Strom bei 900 V/cm auf das 3fache zu, so bei 1000 V/cm auf das 18fache. Bei Steigerung auf 12000 V/cm erfolgt nur mehr ein geringer Stromsprung, u. die zeitliche Stromzunahme hört auf. (Доклады Академии Наук СССР [Ber. Akad. Wiss. UdSSR] [N. S.] **94.** 277—79. 11/1. 1954.) AMBERGER. 132

A. F. Devonshire, *Theorie der Ferroelektrika.* Es wird eine allg. Übersicht über die Theorie der ferroelektr. Stoffe gegeben; ausführliche Literaturzusammenstellung. (Advances in Physics **3.** 85—130. April 1954. Bristol, Royal Fort, H. H. Wills Phys. Labor.) v. HARLEM. 133

D. K. C. MacDonald und **W. B. Pearson,** *Thermoelektrizität in Metallen bei tiefen Temperaturen.* (Sitzungsbericht.) Es werden ausgedehnte Messungen der absol. Thermokraft Θ an Alkalimetallen u. Metallen der 1B-Gruppe, sowie an deren verd.

Legierungen bis herab zu ca. 4° K ausgeführt, um die neueren Theorien des Elektronentransportes zu prüfen. Es zeigen sich stärkere Abweichungen in bezug auf Größe u. Temperaturabhängigkeit von Θ. Die Meßergebnisse an Legierungen scheinen brauchbare Informationen über n. u. anomale Streuung der Elektronen in Metallen zu bieten. (Physic. Rev. [2] **92.** 844. 1/11.; Bull. Amer. physic. Soc. **28.** Nr. 4. 8. 18/6. 1953. Canada, Nat. Res. Council.) RUDOLPH. 133

A. E. Middleton und **W. W. Scanlon,** *Messung der Thermokraft von Germanium bei Temperaturen oberhalb von 78° K.* Die Abhängigkeit der Thermokraft Q von polykristallinem Ge wird als Funktion des Geh. an Fremdstoffen zwischen 78 u. 925° K untersucht u. mit anderen elektr. Eigg., wie spezif. Widerstand ϱ u. HALL-Koeff. R, verglichen. Auf besondere Maßnahmen bei der Q-Meßanordnung, die zur Wahrung einer befriedigenden Meßgenauigkeit bei tieferen Tempp. erforderlich waren, wird näher eingegangen. Der Temperaturverlauf von Q, ϱ u. R wird für *Al*-haltiges *p-Ge* (Trägerkonz. n zwischen $5{,}6 \cdot 10^{15}$ u. $7 \cdot 10^{18}/cm^3$ bei 300° K), für *Sb*-haltiges *n-Ge* (n zwischen $3 \cdot 10^{15}$ u. $7 \cdot 10^{17}/cm^3$) für n-Ge nach therm. Umwandlung in p-Ge u. Rückwandlung in n-Ge sowie für eine *B*-haltige *p-Ge*-Probe gemessen. – Ergebnisse: 1. Das Vorzeichen von Q entspricht ebenso wie das von R im Bereich der Störstellenleitung der maßgeblichen Trägerart; 2. Q, ϱ u. R nehmen mit abnehmender Störstellenkonz. zu. 3. Bei n-Ge geht Q mit der Temp. bei Übergang zur Eigenleitung durch ein Maximum, das ca. 50° niedriger als der R-Abfall liegt. 4. Bei p-Ge geht Q unter Vorzeichenwechsel durch Null bei einer etwas höheren Temp. als der, bei der R = 0 wird. 5. Im Gebiet der Eigenleitung nähert sich Q bei allen Proben einer gemeinsamen Kurve mit negativem Q-Vorzeichen. (Physic. Rev. [2] **92.** 219–26. 15/10. 1953. Lafayette, Ind., Purdue Univ., Dep. of Phys.) RUDOLPH. 133

Ralph P. Ruth und **James W. Moyer,** *Ausbeute der Umwandlung von Licht in elektrische Energie durch eine gewachsene Ge–p–n-Verbindung.* Die Ausbeute η der Umwandlung von Licht an einer Ge–p–n-Verb. in elektr. Leistung in einem äußeren Widerstandskreis wurde als Funktion der einfallenden Strahlungsintensität J gemessen. Der Kristall war parallel zur p–n-Schicht geschnitten, das Licht fiel senkrecht auf die n-Schicht. Für weißes Licht wächst η nahezu mit $J^{1/4}$ über einen Bereich von 3 Zehnerpotenzen bis zu einem Maximalwert bei J ~0,1 $W \cdot cm^{-2}$. Die maximale Ausbeute ist ohne Korrektur in bezug auf Quantenausbeute des Prozesses u. Reflexionsverluste nahe ½%; sie ist für Licht >0,9 μ etwas größer. Die effektive Quantenausbeute wird auf weniger als 100% geschätzt. Die Theorie des lichtelektr. VOLTA-Effektes einer p–n-Schicht wird bis zur qualitativen Übereinstimmung mit den Beobachtungen entwickelt. (Physic. Rev. [2] **92.** 846. 1/11.; Bull. Amer. physic. Soc. **28.** Nr. 4. 10. 18/6. 1953.) RUDOLPH. 134

Tetsuya Arizumi und **Shin-ichiro Narita,** *Über die Aktivierung der Oxydkathode.* Aus Messungen des zeitlichen Emissionsanstiegs bei *(Ba, Sr)O*-Kathoden nach kurzzeitiger Vergiftung der Kristalloberfläche durch O_2 wird eine Diffusionsenergie für die Ba-Atome von 0,75 eV ermittelt. Unterss. der Reaktivierung nach Vergiftung auch des Kristallinneren ergeben bei tiefen Tempp. einen linearen Anstieg des Emissionsstromes J mit der Zeit t, bei höheren Tempp. eine Proportionalität zwischen J^2 u. t. Die Energie zur Bldg. eines Ba-Störzentrums aus einem Ba-Ion auf n. Gitterplatz wird dabei zu 3,9 eV bestimmt. Aus RICHARDSON-Geraden, die an im Gleichgewicht mit O_2 stehenden Kathoden aufgenommen wurden, wird die für die O_2-Abspaltung maßgebliche Dissoziationsenergie zu 4,0–4,1 eV abgeschätzt. Die Ergebnisse bestätigen die NJIBOERsche Theorie der „Einfrierung" der Löcher. (J. physic. Soc. Japan **6.** 15–20. Jan./Febr. 1951. Kobe, Kogyo Corp. [Orig.: engl.]) RUDOLPH. 134

Henry C. Bourne jr., Robert W. Cloud und **John G. Trump,** *Elektronenemission von Metallen bei Beschuß mit energiereichen positiven Ionen.* (Sitzungsbericht.) Die Elektronenemissionen von *Al, Stahl, Mg, Cu, Au* u. *Pb* bei Beschuß mit Ionen von H, He, N, Xe u. Hg werden gemessen. Die Ionen (Energien zwischen 10 u. 140 kV) wurden durch Ionisation von Restgasen in einer Anode erhalten. Auf einen schnellen Anstieg der Elektronenemission mit der Ionenenergie folgt in allen Fällen eine lineare Zunahme. Die Emission ändert sich um den Faktor ~10 u. ist am größten bei Stahl unter N-Ionenbeschuß. Es besteht kein einfacher Zusammenhang zwischen Emission u. Art der Ionen u. emittierenden Metalle. (Physic. Rev. [2] **92.** 847. 1/11.; Bull. Amer. physic. Soc. **28.** Nr. 4. 11. 18/6. 1953. M. I. T.) RUDOLPH. 134

J. F. Fowler und **F. T. Farmer,** *Durch Röntgenstrahlen in isolierenden Stoffen induzierte Leitfähigkeit.* Die Verss. wurden an *Polythen* (I) u. *Perspex* (II) durchgeführt; der durch Röntgenstrahlen von 220 kV (Halbwertsschicht = 2,5 mm Cu) induzierte Strom wird mit einem Gleichstromverstärker gemessen. Der in **I** induzierte Gleichgewichtsstrom i steht mit der Dosisleistung R durch den folgenden Ausdruck in Beziehung: i ~ R exp. 0,8 ±0,05, u. zwar für R = 0,05 – 20 Röntgen/Min. u. zwischen 20 u. 80°. Wendet man die von anderer Seite vorgeschlagenen Modelle des Elektroneneinfangs auf die obigen Stoffe an, dann muß man annehmen, daß für **I** die Verteilung der Elektronenfallen unter dem Leitungsband exponentiell ist. Für dieses Modell spricht bei **I** weiter die Abhängigkeit von der Temp. u. der Dosisleistung des Abfalls des induzierten Stromes. Die Zeitkonstante ist lang, ändert sich langsam mit der Temp. u. nimmt mit zunehmender Dosisleistung ab. Die letztere Änderung ist reziprok für tiefe Tempp. u. Dosisleistungen, ist aber für höhere i-Werte proportional zu $1/\sqrt{R}$. — Der in **II** induzierte Strom ist bei 20° von derselben Größenordnung wie für **I**, doch erfolgt der Abfall um den Faktor 10 schneller. Für **II** ist i ~ R im Bereich von 0,5 – 30 Röntgen/Min. u. zwischen 20 u. 90°. Der induzierte Strom ist in diesem Temperaturbereich unabhängig von der Temp.; die Zeitkonstante nimmt mit zunehmender Dosisleistung ab. Aus diesen Ergebnissen kann geschlossen werden, daß in **II** die Elektronenfallen gleichmäßig in der Tiefe verteilt sind mit einer Lücke zwischen den tiefen u. oberen Fallen. (Nature [London] **173.** 317 – 18. 13/2. 1954. Newcastle-upon-Tyne, Royal Victoria Infirmary.) GOTTFRIED. 135

Horst Witt, *Bemerkungen über elektrische Schwankungserscheinungen.* Die vom Vf. (vgl. C. **1951.** I. 1977) in NaCl-Kristallen nach Bestrahlung mit α-Teilchen beobachteten Schwankungserscheinungen werden auf Rekombinationsschwankungen der befreiten Elektronen mit ihren positiven Restladungen zurückgeführt. Die Rekombinationsschwankungen selbst sind durch statist. Dichteschwankungen des festen Körpers verursacht, wobei dieser Effekt durch den Mechanismus der Elektronenleitung verstärkt wird. (Z. Physik **133.** 661 – 64. 2/12. 1952. Göttingen, Univ., I. Physikal. Inst.) FUCHS. 135

E. A. Taft und **F. Hubbard Horn,** *Gold als Donator in Silicium.* Kurze Mitt. über Messungen der Temperaturabhängigkeit des Widerstandes von p-leitenden Si-Einkristallen, die Au bis zu einer geschätzten Konz. von 10^{16} Atomen pro cm^3 enthielten. Bei – 180° konnten so spezif. Widerstände von mehr als 10^{10} $\Omega \cdot cm$ realisiert werden. Aus den Messungen ergibt sich, daß Au in p-leitendem Si ein 0,33 eV über dem besetzten Band liegendes Donatorniveau hervorruft. (Physic. Rev. [2] **93.** 64. 1/1. 1954. Schenectady, N. Y., General Electric Res. Labor.) R. STEIN. 135

Walther Meissner, Fritz Schmeissner und **Hans Meissner,** *Messungen im Übergangsgebiet zur Supraleitung.* 3. Mitt. (2. vgl. C. **1952.** 5371.) Die l. c. beschriebene Feldverstärkung, die im Übergangsgebiet zur Supraleitung in einem stabförmigen, gleichzeitig einem longitudinalen Magnetfeld u. einem starken Belastungsstrom ausgesetzten Supraleiter auftritt, wurde durch fluxmetr. Registrierung des Induktionsflusses zeitlich verfolgt (Messungen mit Vollzylindern aus *Sn* u. *Hg*, Temp. des fl. He, Temperaturdifferenz zwischen dem n. u. dem supraleitenden Zustand nur 0,01°). Weiter wurde an Hg-Hohlzylindern der Induktionsfluß in der Bohrung u. im gesamten Querschnitt gemessen. Der Effekt trat auch in der Bohrung auf, wurde aber bereits durch einen Längsschlitz im Hohl- oder auch Vollzylinder verhindert; Vff. sehen darin einen Hinweis, daß die Feldverstärkung durch eine zirkulare Komponente des Belastungsstromes u. nicht durch eine Volumenmagnetisierung hervorgerufen wird. Der Vgl. von geschlitzten und ungeschlitzten Proben ergibt weiter, daß das Maximum der Feldverstärkung dann auftritt, wenn bei fallender Temp. die bereits gebildeten einzelnen supraleitenden Bereiche anfangen, sich zusammenzuschließen, worauf dann die ganze Probe innerhalb eines sehr kleinen Temperaturintervalls supraleitend wird. Der %-Satz der bis zu ihrem plötzlichen Zusammenschluß gebildeten supraleitenden Bereiche wird zu 10 – 15% abgeschätzt; er ist unabhängig vom Belastungsstrom. Messungen an *Ta* (nicht sehr reine Proben) ergeben einen 10 mal kleineren Feldverstärkungseffekt als Hg. (Z. Physik **132.** 529 – 43. 1952. Herrsching/Obb., Bayer. Akademie der Wiss., Kommission für Tieftemperaturforschung.) FUCHS. 136

W. Meissner, F. Schmeissner und **H. Meissner,** *Phasendiagramm für Temperatur, Stromstärke und magnetische Feldstärke von Supraleitern.* Vff. weisen darauf hin, daß die von MENDELSSOHN, SQUIRE u. TEASDALE (vgl. C. **1954.** 478) erhaltenen Ergebnisse mit den ihrigen (vgl. vorst. Ref.) übereinstimmen, so daß deren Kritik unberechtigt ist. (Physic. Rev. [2] **90.** 709. 15/5. 1953. Herrsching/Obb., Bayer. Akad. der Wiss., Kommiss. für Tieftemperaturforsch.) FUCHS. 136

Tom S. Teasdale und **H. E. Rorschach jr.,** *Der paramagnetische Effekt in Supraleitern.* Die Richtigkeit der von MEISSNER, SCHMEISSNER u. MEISSNER gemachten Ausführungen (vgl. vorst. Ref.) wird von Vff. experimentell bestätigt. (Physic. Rev. [2] **90.** 709. 15/5. 1953. Houston, Tex., Rice Inst.) FUCHS. 136

S. T. Lin und **A. R. Kaufmann,** *Helmholtz-Spulen zur Erzeugung starker, gleichförmiger Felder und Gradienten.* Es wird ein kernloser, wassergekühlter Elektromagnet nach Art einer HELMHOLTZ-Spule für die Messung von Susceptibilitäten u. magnet. Kernresonanzen beschrieben. Die beiden Feldspulen von rechteckigem Querschnitt u. einem mittleren Radius von 10 cm erzeugen bei einer Leistung von 1,7 kW ein Feld von 35 kOe mit einer Gleichförmigkeit von ca. 0,01‰ im Achsenbereich (13 cm in axialer u. 1 cm in radialer Richtung). Innerhalb der Feldspulen sind zwei Spulen vom mittleren Radius 5,2 cm zur Erzeugung eines getrennt regelbaren Feldgradienten von 100 Oe/cm mit einer Gleichförmigkeit von 0,14‰ (Leistung 2,5 kW) eingebaut. Der durch den Temperaturabfall in den Spulen (Änderung des spezif. Widerstandes u. der Stromdichte) hervorgerufene Gradient läßt sich durch die Gradientenspule kompensieren. Die Berechnungsgrundlagen u. Prüfergebnisse werden mitgeteilt. (Rev. mod. Physics **25.** 182–90. Jan. 1953. Cambridge, Mass., M. I. T.) WERNER SCHULZ. 137

Hermann Wingler, *Austauschbarkeits-Nomogramm für Koerzitivkräfte.* Die beiden gebräuchlichen Hysteresekurvendarstellungen [J bzw. B als f (H)] führen auf zwei verschied. Definitionen der Koerzitivkraft ($_JH_c$ bzw. $_BH_c$), die sich bei den modernen hochkoerzitiven Magnetwerkstoffen sehr erheblich zahlenmäßig unterscheiden. Es wird ein Nomogramm entworfen für die Grenzen, oberhalb deren der Unterschied der beiden Koerzitivkraftdefinitionen nicht mehr vernachlässigt werden darf. (Ann. Univ. Saraviensis **1.** 231–36. 1952.) v. HARLEM. 137

S. Ramachandra Rao, *Einige Gesichtspunkte über Kristallmagnetismus.* Allg. Übersicht über die magnet. Eigg. von Kristallen u. über die Bedeutung der magnet. Kristallforschung für die Festlegung der Kristallstruktur. (Half-Yearly J. Mysore Univ., Sect. B [N. S.] **12.** 57–75. März 1952. Bangalore, Central Coll., Dep. of Phys.) v. HARLEM. 137

J.-P. Jan, *Hall-Effekt und Temperatur in den ferromagnetischen Leitern.* Aus den Gleichungen von MEIXNER für den elektr. Feldvektor in einem anisotropen Leiter in Abhängigkeit vom Temperaturgradienten u. vom elektr. u. therm. Strom werden die Beziehungen für den isothermen HALL-Effekt in einem ebenen isotropen Leiter unter dem Einfl. eines n. gerichteten Magnetfeldes u. speziell für ein rechteckiges Band mit gleichförmigem Stromdurchgang parallel zu einer Kante entwickelt. Es wird nachgewiesen, daß der spezif. HALL-Widerstand $\varrho_H = R \cdot B$ ist u. somit den HALL-Effekt allg. wiedergibt, in ferromagnet. Leitern jedoch eine Auftrennung von ϱ_H in eine außerordentliche HALL-Konstante (Magnetisierungskonstante) R_1 u. eine ordentliche HALL-Konstante (Feldkonstante) R_0 gemäß der Beziehung $\varrho_H = R_0 \mu H + R_1 I = R_0 (\mu_0 H + \alpha I)$ vorzunehmen ist (H magnet. Feldstärke, I Magnetisierung, $\alpha = R_1/R_0$ = Feldparameter), welche mit $B = \mu H + I$ auch in der Form $\varrho_H = [\alpha B + (1 - \alpha) \mu H]$ dargestellt werden kann. Es wird gezeigt, welche Bedingungen erfüllt sein müssen, damit R_1 proportional zur beobachtbaren Magnetisierung wird. Die Theorie erfordert die Best. von 2 Parametern, als welche hier die HALL-Spannung u. der spezif. Widerstand gewählt wurden. Daraus kann R_0, der Winkel zwischen prim. Strom u. resultierender Feldstärke u. die transversale galvanomagnet. Leitfähigkeit berechnet werden. Nach einer Diskussion der Fehlerquellen, wie z. B. die endliche Länge u. die Lage der Probe, welche zu einem Einfl. der NERNST-, RIGHI-LEDUC- u. ETTINGSHAUSEN-Effekte führen können, wird der Einfl. der Temp. auf R_1 im Bereich von -190 bis $+600°$ an *Fe* u. *Ni* an Hand von Experimenten untersucht. R_1 hängt am meisten von Verunreinigungen ab u. wächst mit dem spezif. Widerstand an. (Helv. physica Acta **25.** 677–700. 15/12. 1952. Lausanne, Univ., Labor. de Phys.) WERNER SCHULZ. 137

J. Smit und **J. Volger,** *Spontaner Hall-Effekt in ferromagnetischen Stoffen.* Die HALL-Spannung in ferromagnet. Stoffen bei Sättigung kann dargestellt werden durch $E_y/i_x = \varrho_{yx} = -\varrho_{xy} = A_H \cdot B_z + \varrho_{sH}$, wo A_H der n. HALL-Koeff. u. ϱ_{sH} der spontane HALL-Widerstand sind. Für folgende Stoffe: Ni (carbonyl), Ni (handelsüblich, kaltbearbeitet, ausgeglüht) 91% Ni, 19% Cu; 82% Ni, 18% Cu; 92,5% Ni, 2,5% Fe, 5% Cu; 85% Ni, 5% Fe, 10% Cu; Ni + 10, 20, 30% Co, Ni + 10,5, 16% Fe, Ni + 8% Al, Ni + 6% Si, Ni + 3% Sn) wurden in einem Feld bis zu 14000 Oe der HALL-Effekt u. der spezif. Widerstand gemessen. Alle Proben wurden vorher in reinem H_2 1 Std. bei 1000° geglüht. Bei den Ni-Proben verschwindet ϱ_{sH} bei tiefen Tempp. (gemessen bei 20, 77 u. 290° K), bei den Legierungen bleibt es jedoch endlich u. geht im allg. roh mit dem spezif. Widerstand. Es werden Erklärungen für das Verh. von ϱ_{sH} gegeben. (Physic. Rev. [2] **92.** 1576–77. 15/12. 1953. Eindhoven, Niederlande, N. V. Philips Gloeilampenfabrieken, Philips Res. Labor.) v. HARLEM. 137

E. Justi und **G. Vieth,** *Über den Einfluß äußerer Magnetfelder auf die Aktivität ferromagnetischer Katalysatoren.* 1. Mitt. „*Äußerer magnetokatalytischer Effekt*". Neben dem bekannten „inneren katalyt. Effekt", der Änderung der katalyt. Wrkg. ferromagnet. Stoffe am CURIE-Punkt, finden Vff. einen Einfl. der katalyt. Wrkg. durch ein äußeres Magnetfeld, u. zwar bei *Reinnickel*-Capillaren in der Beeinflussung der *Ortho-Para-Wasserstoff*-Konversion. Diese Erscheinung wird daher folgerichtig „äußerer magnetokatalyt. Effekt" genannt. Die p–o-H_2-Konversion steigt in Abhängigkeit vom äußeren Magnetfeld H sehr steil aus H = 0 an u. strebt nach Feldern oberhalb 4000 Oe asymptot. einem Sättigungswert zu. Es wird auch ein Remanenzwert der Aktivität beobachtet, so daß ein direkter Zusammenhang mit der Magnetisierung nahegelegt ist. Verss., den Effekt auch bei anderen katalyt. Rkk., N_2O-Zerfall, NH_3-Zerfall u. Äthylenhydrierung in Ni-Capillaren, Hydrierung von Allylalkohol u. Aceton in fl. Phase an Ni-Pulver, zu finden, gelangen bisher aus angegebenen Gründen nicht. Im letzten Falle bei Ni-Pulver, handelt es sich um Dauermagnete, bei denen jedes Pulverkorn ein Elementarbereich ist. Ein Einfl. eines äußeren Magnetfeldes ist dabei nicht zu erwarten. (Z. Naturforsch. **8a.** 538—46. Sept. 1953. Braunschweig, TH, Inst. für techn. Phys.) FAHLENBRACH. 137

G. J. Béné, P. M. Denis und **R. C. Extermann,** *Magnetische Resonanz von orientierten Kernen.* Es werden die magnet. Resonanz von orientierten Atomkernen u. die verschied. Möglichkeiten, diese Ausrichtung bei tiefen Tempp. zu erhalten, diskutiert. (Arch. des Sci. **6** (**158**). 284—86. 1953.) v. HARLEM. 137

L. Pratt und **R. E. Richards,** *Magnetische Protonenresonanz-Spektren von Hydrazinsalzen.* 1. Mitt. Für die krist. Salze $N_2H_6SO_4$, $N_2H_6(NO_3)_2$, $N_2H_6C_2O_4$, $(N_2H_5)_2SO_4$, $(N_2H_5)_2C_2O_4$ u. $N_2H_5BF_6$ werden bei 90° Protonenresonanzspektren aufgenommen. Nach den Ergebnissen enthalten die beiden ersten Salze $N_2H_6^{2+}$-Ionen; das dritte dürfte jedoch die Struktur $N_2H_5^+HC_2O_4^-$ besitzen. Nimmt man für das $N_2H_6^{2+}$-Ion eine symm. Struktur mit gegeneinander verdrehten NH_3^+-Gruppen an, so ergibt sich ein H—H-Abstand von 1,71 ±0,015 Å u. bei der Annahme von Tetraederwinkeln ein N—H-Abstand von 1,048 Å. Der N—N-Abstand, der 1,42 Å betragen dürfte, ist nicht von großem Einfl. auf die Ergebnisse. Für $N_2H_5^+$ erhält man gute Übereinstimmung mit d_{NH} in der NH_3^+-Gruppe = 1,03, in der NH_2-Gruppe von 1,014, $\widehat{HNH}$ von 109° 28′ bzw. 107° u. N—N-Abstand (wie in N_2H_5Cl) von 1,45 Å. (Trans. Faraday Soc. **49.** 744—51. Juli 1953. Oxford, Phys. Chem. Labor.) KLEMM. 137

Clyde A. Hutchison jr., *Paramagnetische Resonanzabsorption von Lösungen von Kalium in flüssigem Ammoniak.* Nach Darlegung der theoret. Grundlagen u. der opt. Anordnung werden die Ergebnisse von Messungen bei verschied. Konzz. bei —33° u. Zimmertemp. beschrieben; sie wurden bei 8,2 μHz durchgeführt. Auffällig ist die ungewöhnlich geringe Breite der Resonanzkurven, was mit der sehr großen Beweglichkeit der Elektronen zusammenhängt; die Breite liegt je nach Konz. u. Temp. zwischen 0,02 u. 0,08 Gauß. Der g-Wert beträgt 2,0010 ±0,0002; der gleiche Wert wurde früher für 23,5 μHz gefunden [freie Radikale liefern 2,0037, in gefärbtem KCl wurde 1,995 (vgl. C. **1953.** 4977) gemessen]. Die Gestalt der Linien entspricht, wie theoret. zu erwarten war, einer LORENTZ-, nicht einer GAUSS-Kurve. Die Absolutwerte entsprechen recht gut den stat. gemessenen Susceptibilitätswerten; abnorm große Diamagnetismuswerte, die zu großen Abweichungen führen würden, liegen somit nicht vor. (J. physic. Chem. **57.** 546—53. Juni 1953. Chicago, Ill., Univ. of Chicago, Inst. for Nuclear Studies and Dep. of Chem.) KLEMM. 137

Clyde A. Hutchison jr. und **Ricardo C. Pastor,** *Paramagnetische Resonanzabsorption von K- und Na-Lösungen in flüssigem NH_3.* Die Arbeit gibt die experimentellen Einzelheiten zu der vorst. Mitt. u. genauere Daten sowie eine eingehende Diskussion des Aufbaus in den Lösungen. Am Schluß werden einige vorläufige Ergebnisse über Messungen von K in fl. ND_3 mitgeteilt. (J. chem. Physics **21.** 1959—71. Nov. 1953. Chicago, Ill., Univ., Inst. for Nucl. Stud. and Dep. of Chem.) KLEMM. 137

J. H. E. Griffiths, J. Owen und **I. M. Ward,** *Paramagnetische Resonanz bei Verbindungen der Palladium- und Platingruppe.* Es werden Komplexverbb. (z. B. von Mo, Ru, Pd, Ag), die 4 d-Elektronen, u. solche, die 5 d-Elektronen enthalten (z. B. von Re Os, Ir, Pt), nach der Resonanzmeth., meist bei Zimmertemp., teilweise aber auch bei H_2- u. He-Tempp., mit Wellenlängen von 1,2 u. 3,1 cm untersucht. Über die Ergebnisse wird eine Übersicht gegeben, wobei auch die theoret. Grundlagen eingehend besprochen werden. Bes. eingehend wurden die Verbb. mit d^5-Konfiguration untersucht; die reinen Verbb. zeigten meist keine Resonanz, wohl aber ließ sich eine solche bei magnet. verd. Salzen (in Mischkristallen mit diamagnet. Pt-Verbb.) feststellen. Die ausführlich tabellierten g-Werte entsprechen im großen u. ganzen den theoret. Erwartungen, jedoch zeigen sich systemat. Abweichungen, die Werte sind meist etwas zu klein. Eine Erklärung ergibt sich aus dem Verh. des $IrCl_6^{2-}$-Komplexes, der eine anomale Hyperfeinstruktur zeigt, wobei die Linien nicht nur durch den Ir-, sondern auch durch die Cl-Kerne hervorgerufen werden. Es wird dies darauf zurückgeführt, daß im Komplex neben den σ- auch π-Bindungen vorhanden sind. (Proc. Roy. Soc. [London], Ser. A **219.** 526–42. 7/10. 1953. Oxford, Univ., Clarendon Labor.) KLEMM. 137

K. W. H. Stevens, *Über die magnetischen Eigenschaften von kovalenten XY_6-Komplexen.* (Vgl. auch vorst. Ref.) Der Aufbau oktaedr. gebauter Komplexe, die 4 d- u. 5 d-Elektronen enthalten, wird mit besonderer Berücksichtigung der paramagnet. Resonanz behandelt. Dabei wird die Meth. der Molekularbahnen benutzt. Im speziellen wird angenommen, daß sich die Träger des magnet. Moments zwar in der Hauptsache in den d-Bahnen des Zentralatoms, zum Teil aber auch in den p_π-Bahnen der Liganden befinden. Dies führt zu einer Verminderung des g-Faktors u. zu einer Hyperfeinstruktur, die nicht nur von den Kernmomenten des Zentralatoms, sondern auch von denen der Liganden verursacht wird u. die gestattet, die gemachten Annahmen experimentell zu prüfen. (Proc. Roy. Soc. [London], Ser. A **219.** 542–55. 7/10. 1953. Oxford, Univ., Clarendon Labor.) KLEMM. 137

Nicolas Perakis, Jules Wucher und **Triphon Karantassis,** *Über das magnetische Verhalten der Ionen Kobalt(III), Eisen(III) und Chrom(III) in komplexer Bindung.* Es werden die Susceptibilitäten von Komplexen der Formel $K_3M(C_2O_4)_3 \cdot 3\ H_2O$ bestimmt, wobei M = Cr, Fe oder Co ist. Während die beiden erstgenannten das CURIEsche Gesetz sehr gut befolgen ($\Theta = -1$ bzw. 0) u. Momente ergeben, die dem für Ionen zu erwartenden gut entsprechen (gefunden 3,84 bzw. 5,82, theoret. 3,87 bzw. 5,92), zeigt die Co-Verb. ein verwickeltes Verhalten. Sie zeigt einen erheblichen Θ-Wert (-79^0) u. ein Moment von $1{,}3_6$-Magnetonen. Da sich für das Co^{3+}-Ion 4,9 Magnetonen berechnet, dürfte der Komplex kovalent gebaut sein; da er aber einen erheblichen Paramagnetismus zeigt, könnte eine Disproportionierung $2\ Co^{III} \rightleftharpoons Co^{II}\ Co^{IV}$ vorliegen. Eine gewisse Änderung der magnet. Eigg. nach 19 Monaten spricht ebenfalls für diese Annahme. Lsgg. zeigen das gleiche Verh. wie der feste Stoff. (C. R. hebd. Séances Acad. Sci. **238.** 475–77. 25/1. 1954.) KLEMM. 137

M. John Rice jr. und **Charles A. Kraus,** *Die Viscosität und das Leitfähigkeits-Viscositäts-Produkt in Brom gelöster Elektrolyte.* Vff. berichten über Messungen der Viscosität (V) von Lsgg. des *Trimethylammoniumchlorids* (I) u. des *Tetrabutylammoniumbromids* (II) in fl. Br_2 bei 25°, u. zwar für **I** im Konzentrationsbereich von 0,021 32 bis 2,556 mol. u. für **II** von 0,040 72–0,6663 molar. Außerdem wurden für **I** die in der Literatur verfügbaren Daten über die Leitfähigkeit (L) auf Konzz. von 1,549–2,997 mol. durch eigene Messungen ergänzt. Die V nimmt für beide Verbb. mit steigender Konz. stark zu u. erreicht Werte vom 9,9- bzw. 6,5 fachen desjenigen für reines Br_2. Bei diesen Konzz. enthalten die Lsgg. 1,45 bzw. 6,4 Mol freies Br_2, woraus sich schließen läßt, daß Cl^- mit einem u. Br^- mit drei Moll. Br_2 Komplexe bildet. Unter dieser Annahme werden die Werte für das Prod. V·L diskutiert. Die Ergebnisse der Unterss. zeigen deutlicher als bisher, daß Lsgg. von Elektrolyten in Lösungsmitteln mit kleiner DK. bei höheren Konzz. stark in ihre Ionen dissoziiert sind u. daß bei dem untersuchten Typ von Systemen die Eigg. der Lsgg. nur in untergeordnetem Umfang vom Lösungsm. abhängen. (Proc. nat. Acad. Sci. USA **39.** 1118–24. Nov. 1953. Providence, R. J., Brown Univ., Metcalf Res. Labor.) NIEMITZ. 138

David H. Rosenblatt, *Eine neue Methode zur Berechnung von Dissoziationskonstanten aus spektrophotometrischen Daten.* Vf. entwickelt eine neue Meth. zur Berechnung der scheinbaren Dissoziationskonstanten ein- u. zweibas. Säuren aus spektrophotometr. Daten. Die Meth. bewährt sich bes. in Fällen, wo die Extinktionskoeffizienten der vollständig dissoziierten oder vollständig undissoziierten Verbb. nicht bestimmbar sind. Vf. zeigt am Beispiel von *3-Nitrobrenzcatechin,* daß die Meth. an Genauigkeit der potentiometr. Meth. gleichwertig u. der konduktometr. u. colorimetr. Meth. überlegen ist. (J. physic. Chem. **58.** 40–42. Jan. 1954. Army Chem. Center, Md., Chem. Corps Med. Labor.) G. PAULIG. 139

Gaston Muriset, *Einfluß von Verunreinigungen in der Folie, dem Elektrolyten und dem Papier im Elektrolytkondensator.* Die Theorie der Entstehung des Oxydfilmes auf den *Al*-Elektroden im Elektrolytkondensator (E) wird dargestellt, wobei neben den chem. Vorgängen auch die physikal., bes. die der Struktur der Oxydschicht, behandelt werden. An Hand von Diagrammen zeigt Vf. dann, welche fabrikator. Maßnahmen zu ergreifen sind, um den Ableitstrom im E auf ein Minimum zu reduzieren. Die Meßkurven des Vf. zeigen, daß das verwendete Al einen möglichst hohen Reinheitsgrad besitzen muß. Der Einfl. von *Cu, Fe* u. *Zn* als Verunreinigung wird bes.

behandelt. Auch die Verunreinigung des Papiers u. des Elektrolyten muß so klein wie möglich gehalten werden, bes. zu achten ist dabei auf Cl^-, SO_4^{2-} u. NO_3^-. (J. electrochem. Soc. **99.** 285—88. Juli 1952. Zürich, Standard Téléphone et Radio S. A.) REUSSE. 140

F. Lihl und **P. Jenitschek,** *Elektrolytische Abscheidung mehrerer Metalle an Quecksilberkathoden.* Die Möglichkeit der Herst. bin. Legierungen durch gemeinsame Abscheidung der betreffenden Metalle an Hg u. anschließendes Abdest. des letzten wird untersucht. Die für die Abscheidung einer bestimmten Legierung erforderliche Konstanz von p_H u. relativer u. absol. Metallkonz. wird durch Verwendung einer verhältnismäßig sehr großen Elektrolytmenge, die laufend aus einem Vorratsgefäß in die Elektrolytenzelle gepumpt wird, erreicht. Durch Änderung von p_H u. Konz. kann das Verhältnis der abgeschiedenen Metalle in sehr weiten Grenzen variiert werden. Es gelingt so, jede Legierung des Syst. *Cu–Ni*, Legierungen bis zu 80% Zn des Syst. Cu–*Zn* u. Legierungen bis zu 70% Cr im Syst. *Fe–Cr* herzustellen. Auch Ni–Cr- u. Fe–*Co*-Legierungen können auf diese Art gewonnen werden, jedoch ist der zugängliche Konzentrationsbereich hier kleiner. (Z. Elektrochem., Ber. Bunsenges. physik. Chem. **58.** 431—37. 1954. Wien, TH, Inst. für anorgan. chem. Technol.) R. LEVI. 141

Ronald Wilfred Gurnea, Ionic processes in solution. New York McGraw-Hill. 1953. (284 S., Diagr.) $ 6,50.

A$_4$. Thermodynamik. Thermochemie.

Leonard S. Levitt, *Extreme Drucke.* 1. Mitt. *Eine neue Druck-Volumen-Beziehung.* Im Gegensatz zum BOYLE-MARIOTTEschen Gesetz, welches nur im Gebiet extrem niedriger Drucke streng gültig ist, stellt Vf. die Gleichung $p = Ce^{B/v}$ mit den für die Substanz charakterist. Konstanten B u. C als Grenzgesetz für das Gebiet extrem hoher Drucke (bis zu 100000 kg/cm²) auf. Es handelt sich dabei nicht um eine Ableitung, sondern um eine einfache u. genaue Darst. empir. Tatsachen. Man erhält danach bei Darst. von log p gegen 1/v oder die D. Geraden. Dies wird durch zahlreiche Diagramme bestätigt. Die Formel ist sowohl für Gase (ab 1000 kg/cm² oder niedriger) als auch für Fl. (ab 5000 kg/cm²) u. Festkörper (ab 25000 kg/cm²) gültig. Die Darst. nach obiger Formel läßt die bereits bekannten polymorphen Umwandlungen — z. B. bei schwarzem P u. PbTe — klar erkennen u. ergibt außerdem in einigen Fällen (La, Ce, Alkalimetalle) schwache, aber eindeutige Knickpunkte, die ebenfalls auf eine Art Umwandlung in Richtung besserer Kompressibilität schließen lassen u. aus den bisher üblichen Darstellungen von Vol. oder Kompressibilität gegen Druck nicht zu entnehmen waren. (J. physic. Chem. **58.** 573—76. Juli 1954. State College, Pa., Pennsylvania State Coll., School of Chem. and Phys.) KARUTZ. 148

Claude Grenier, *Wärmeleitfähigkeit von flüssigem Helium I.* Vf. führt direkte Messungen der Wärmeleitfähigkeit von fl. He aus über einen Temperaturbereich vom n. Kp. bei 4,2° K bis zu einer Temp. sehr nahe beim λ-Punkt. Die App. wird beschrieben. Die Ergebnisse zeigen, daß die Wärmeleitfähigkeit linear mit der Temp. abnimmt: von $6{,}5 \cdot 10^{-5}$ cal/Grad·cm·sec bei 4,2° K bis ca. $4{,}5 \cdot 10^{-5}$ nahe beim λ-Punkt. Vf. findet keine große Abweichung von der Linearität bis ca. 0,2° von der Umwandlungstemp. von 2,18° K. (Physic. Rev. [2] **83.** 598—603. 1/8. 1951. Houston, Tex., Rice Inst.) FREIWALD. 149

G. D. Scott, *Niedere Temperaturen und die Eigenschaften flüssiger Luft.* Kurze allg. gehaltene Übersicht über tiefe Tempp. u. fl. Luft sowie die damit hervorgerufenen Phänomene an verschied. Stoffen. (Proc. Roy. Canad. Inst., Ser. III A **17.** 54. 1951/52. Toronto, Univ.) CRAMER. 149

John D. McKinley jr. und **John E. Vance,** *Der Dampfdruck von Zink zwischen 150 und 350°.* Unter Verwendung von ^{65}Zn als radioakt. Indicator wurde der Dampfdruck von Zink nach der KNUDSENschen Effusionsmeth. im oben angegebenen Temperaturbereich gemessen. Substanzaufbereitung, App. u. Methodik werden eingehend beschrieben. Die erhaltenen Werte ließen sich durch $\log p_{mm} = -7198/T + 9{,}664$ gut darstellen. Die Verdampfungswärme wurde zu 31,35 kcal/Mol bei 0° K berechnet. Durch gesonderte Unterss. konnte der CLAUSINGsche Wahrscheinlichkeitsfaktor (Ann. Physik **12.** [1932.] 961), der die Abhängigkeit der Effusionsgeschwindigkeit von den Dimensionen der Effusionsöffnung betrifft, experimentell geprüft u. die Brauchbarkeit der CLAUSINGschen Werte erwiesen werden. (J. chem. Physics **22.** 1120—24. Juni 1954. New York, N. Y., New York Univ., Chem. Labor.) KARUTZ. 150

L. E. Lawley, *Die Ausbreitung von Schall durch Gase in engen Röhren.* Unter Verwendung eines Interferometersyst. (Oscillator als Reflektor, Messung der Stromstärke im Oscillator bei dessen Verschiebung im Rohr) wurden für *Luft*, O_2, N_2 u. H_2 bei 27° die Schallgeschwindigkeit v u. der Ultraschallabsorptionskoeff. μ im Frequenzbereich

60—150 kHz in Glascapillaren mit dem Radius 0,15—1,17 mm gemessen. Der Druck betrug meistens 760 Torr, bei O_2 auch 50—1300 Torr. Die Ergebnisse für v u. μ lassen sich durch die HELMHOLTZ-KIRCHHOFFschen Gleichungen wiedergeben, dagegen ist der gemessene Wert der die Viscosität u. die Wärmeleitfähigkeit enthaltenden Größe um 5% höher als der berechnete. (Proc. physic. Soc., Sect. B **65.** 181—88. 1/3. 1952. Newcastle-upon-Tyne, King's Coll.) FUCHS. 159

J. A. Roetling und **J. W. Ballou,** *Eine neue akustische Zelle für Flüssigkeiten.* Es wird eine akust. Zelle zur Messung der Schallgeschwindigkeit u. der Dämpfung in Fll. beschrieben. Diese Zelle, die zunächst nur für Messungen nach der Impulsmeth. bei Frequenzen von 3—30 MHz u. Tempp. zwischen —40 u. +130° konstruiert worden war, läßt sich auch als Interferometer verwenden. (Rev. sci. Instruments **24.** 329—30. April 1953. Wilmington, Del., E. I. du Pont de Nemours & Co., Textile Fibers Dep.) GOTTFRIED. 159

H. Gobrecht und **H. Ergang,** *Die Stickstoffoxydation bei Durchstrahlung von lufthaltigem Wasser mit Ultraschall.* Vff. bestimmen die Konz. der sich bei Beschallung von lufthaltigem W. bildenden Stickstoffsäuren bei Atmosphärendruck mit Hilfe der elektr. Leitfähigkeit. N wird erst von einer bestimmten Schalleistung pro Vol. an zu HNO_2 u. HNO_3 oxydiert, wobei die gebildete Säuremenge linear mit der Beschallungszeit steigt. Die nach einer bestimmten Zeit gebildete Säuremenge steigt linear mit der Schalleistung pro Vol. u. sinkt linear mit der Temperatur. Oberhalb 67° erfolgt keine Stickstoffoxydation mehr. Zugabe von CH_3OH, C_2H_5OH, C_3H_7OH, C_4H_9OH läßt die Säurebldg. absinken, u. zwar um so stärker, je längerkettig der Alkohol ist. Die Abhängigkeit der Säurebldg. von der Alkoholkonz. ist hyperbolisch. Die Temperaturabhängigkeit wird durch die Alkoholzugabe gleichfalls modifiziert. (Z. Physik **135.** 85—91. 1953. Berlin-Charlottenburg, Techn. Univ., Physikal. Inst.) D. HAHN. 159

S. Parthasarathy, D. Srinivasan und **S. S. Chari,** *Thermische Effekte von Ultraschallwellen bei 3 MHz und höheren Frequenzen.* (Vgl. C. **1954.** 737.) Vff. untersuchen bei 3,5 u. 10 MHz die Wärmeerzeugung durch Ultraschall in CCl_4, CS_2, C_6H_6, *Essigester, Toluol, m-Xylol* u. *Nitrobenzol.* Bei Betrachtung der erzeugten Wärmemengen in Abhängigkeit von der Frequenz zeigt sich, daß die Maxima der Wärmeerzeugung bei den Resonanzfrequenzen der verwendeten Quarze liegen. Weiter ist bei niedrigen Frequenzen zunächst die erzeugte Wärmemenge dem Ausdruck α/ν proportional (α = Absorptionskoeff., ν = Frequenz); bei ca. 5 MHz verschwindet diese Proportionalität zunächst für CS_2 u. C_6H_6 u. bei ca. 10 MHz auch für die anderen Substanzen. Vff. schließen hieraus, daß bei höheren Frequenzen die Fll. keinen Einfl. mehr auf den Quarz ausüben u. die Schwingungsintensität nur von der angelegten HF-Spannung abhängig ist. (Z. Physik **134.** 397—407. 1953. New Delhi, Nat. Phys. Labor. of India.) H. JACOB. 159

S. Parthasarathy, S. S. Chari und **D. Srinivasan,** *Die Abhängigkeit der Schallintensität am Schallstrahler vom Absorptionskoeffizienten in Flüssigkeiten.* (Vgl. vorst. Ref.) Vff. messen die Schallintensität I_0 an Schallstrahlen bei 5 u. 15 MHz in einer Reihe von organ. Fll.: *Toluol, m-Xylol, Pyridin, Nitrobenzol, Chlorbenzol, Aceton, Cyclohexanol, Essigester, Butylalkohol, Isopropylalkohol, Isobutylalkohol, Amylalkohol, Isoamylalkohol, Malonsäurediäthylester, Acetophenon, n-Butylalkohol, Methyläthylketon, Cyclohexanon* u. *n-Butylacetat.* Bei 5 MHz ist der Quotient $I_0/(\alpha/\nu^2)$ nahezu konstant ca. 1,4 (im c g s-Syst.). Dabei bedeuten ν die Frequenz u. α den Absorptionskoeff. in cm^{-1}. Die anomal absorbierenden Fll. *Bzl.*, CCl_4, CS_2 u. *Salicylsäuremethylester* zeigen Abweichungen. Die bei 5 MHz beobachtete Proportionalität der Schallintensität mit α/ν^2 tritt bei 15 MHz nicht mehr in Erscheinung. (Z. Physik **134.** 408—12. 1953. New Delhi, Nat. Phys. Labor. of India.) FALKENHAGEN. 159

S. Parthasarathy, D. Srinivasan und **S. S. Chari,** *Der thermische Effekt von Ultraschallwellen in Flüssigkeiten und seine Beziehung zu ihren Absorptionskoeffizienten.* (Vgl. vorst. Reff.) Die Fortführung der von Vff. angestellten Absorptionsverss. ergibt eine Proportionalität des Ausdrucks α/ν^2 u. der pro Sek. erzeugten Wärmemenge (α = Absorptionskoeff., ν = Frequenz) für die Fll. *Toluol, m-Xylol, Pyridin, Nitrobenzol, Chlorbenzol* u. *Isobutylalkohol.* (Acustica [Zürich] **3.** 407—08. 1953.) FALKENHAGEN. 159

A_5. Kolloidchemie. Grenzschichtforschung.

P. K. Katti, *Kolloid-optische Untersuchungen.* 3. Mitt. *Sol-Gel-Umwandlung einiger lyophober Gele.* (2. vgl. Proc. Indian Acad. Sci. **1949.** 30.) Die bereits in der 1. Mitt. (Proc. Indian Acad. Sci. **1948.** 28) beschriebene opt. Meth. von KRISHNAN wird zur Unters. der Sol–Gel-Umwandlung von drei lyophoben Gelen, *Al-Molybdat-*, *Zr-* u. *Fe(III)-Succinatgel*, deren Herst. angegeben ist, herangezogen. Untersucht werden u. a. die Einflüsse der Temp. u. Konz. u. das Altern der Gele. Der Mechanismus der Sol–Gel-Umwandlung sowie die verschied. Prozesse, die zum Wachstum der Kolloidteilchen führen, werden an Hand der Versuchsergebnisse ausführlich diskutiert. (Proc. Indian Acad. Sci., Sect. A **38**. 148–60. Aug. 1953. Delhi Polytechnic.) G. HEINRICH. 162

Frank C. Roesler, *Zur Magnetophotophorese*. Vf. weist darauf hin, daß die Verss. von STEIPE über die Magnetophotophorese in voller Übereinstimmung mit der von ihm aufgestellten Theorie sind. Es ist danach nicht mehr zweifelhaft, daß die bei der Magnetophotophorese wirksamen Kräfte durch Dissipationsvorgänge am Teilchen bedingt sind, wobei das Magnetfeld richtend u. stabilisierend wirkt. Mit der Auffassung einer „magnet. Ladung" sind die beobachteten Erscheinungen unvereinbar. (Acta physica austriaca **7**. 146. Mai 1953. Dublin, Dublin Inst. for Advanced Studies.) v. HARLEM. 169

O. Preining, *Untersuchungen über Magnetophotophorese an zerstäubtem Silberstahl*. Vf. berichtet über weitere Unterss. über die Magnetophotophorese, bei denen die magnetophotophoret. Geschwindigkeit v_m als charakterist. Größe der Erscheinung betrachtet u. ihr Zusammenhang mit der magnet. Feldstärke untersucht wird. (Acta physica austriaca **7**. 147—54. Mai 1953. Wien, Univ., I. Phys. Inst.) v. HARLEM. 169

Jui H. Wang, *Tracer-Diffusion in Flüssigkeiten*. 4. Mitt. *Die Selbstdiffusion des Calcium- und Chlorions in wässerigen Calciumchloridlösungen*. (3. vgl. C. **1953**. 2560.) Mit Hilfe der früher beschriebenen Capillarmeth. wird die Selbstdiffusion von Ca^{2+} u. Cl^- in wss. $CaCl_2$-Lsgg. bei 25° unter Benutzung von ^{45}Ca u. ^{36}Cl bestimmt. Mit steigender Konz. nimmt der Diffusionskoeff. D ab: von 0,010 mol. bis 5,36 mol. fällt $D \cdot 10^5$ für Ca von 0,778—0,100 u. für Cl von 1,89—0,159. Aus der graph. Darst. von $D \cdot 10^5/\sqrt{c}$ ergibt sich keine Übereinstimmung mit der Theorie von ONSAGER. (J. Amer. chem. Soc. **75**. 1769—70. 5/4. 1953. New Haven, Conn., Yale Univ.) HENTSCHEL. 171

R. M. Barrer und **D. W. Brook**, *Molekulardiffusion in Chabasit, Mordenit und Levynit*. Vff. untersuchten die Adsorptionskinetik verschied. Gase in Zeolithen. Werte für die mittleren Diffusionskoeffizienten von C_3H_8, n-C_4H_{10}, CH_2Cl_2 u. $(CH_3)_2NH$ bei verschied. Tempp. in gut entgastem Chabasit [$(Na_2Ca)O \cdot Al_2O_3 \cdot 4SiO_2 \cdot 6H_2O$] sind tabellar. wiedergegeben. Ferner wurden aus früheren Daten von BARRER (J. chem. Soc. [London] **1934**. 378) die mittleren Diffusionskoeffizienten für N_2, O_2, H_2, *Kr*, *Ar* u. *Ne* in verschied. ionenaustauschenden, entgasten Mordeniten [$R_2O \cdot Al_2O_3 \cdot 10SiO_2 \cdot 6{,}6H_2O$ (R = Li, Na, K, Ca, Ba)] u. in entgastem Levynit [$CaO \cdot Al_2O_3 \cdot 3SiO_2$) abgeleitet. Für jede Temp. existiert eine verschied. Konz. des Sorbats. Für die verdünnteren Bereiche der Sorbatkonz. ist der Diffusionskoeff. nur geringfügig von der Konz. abhängig, aber über größere Bereiche der Sorbatkonz. nehmen die mittleren Diffusionskoeffizienten mit Zunahme der oberen Konzentrationsgrenze ab. Für die Best. der echten Diffusionskoeffizienten u. ihre Abhängigkeit von der Konz. der diffundierenden Stoffe in dem Bereich, in dem die Adsorptionskinetik einem $t^{1/2}$-Diffusionsgesetz folgt, wurde von Vff. eine neue Meth. entwickelt. Diese Meth. wurde an einigen Diffusionsdaten in Chabasit überprüft. (Trans. Faraday Soc. **49**. 1049—59. Sept. 1953. Aberdeen, Univ., Chem. Dep.) G. HEINRICH. 176

H. H. Podgurski und **P. H. Emmett**, *Adsorption von Wasserstoff und Kohlenoxyd an Eisenoberflächen*. Vff. berichten über H_2 u. CO-Adsorptionsmessungen an Standard-Eisenkatalysatoren, wie sie bei der Ammoniaksynth. verwendet werden, u. die durch Red. von Eisenoxyden bei hoher Temp. hergestellt wurden, ferner an Fe-Draht u. -Pulver, hergestellt aus Eisencarbonyl. Die Verss. wurden bei —195° bis 200° u. Drucken von 10^{-2} bis 700 mm ausgeführt, wobei bes. der bei dünnen Metallfilmen gefundene „Löslichkeitseffekt" zwischen —195° u. 0° untersucht wurde. Dieser existierte für H_2 hier nicht. Bei der H_2-Adsorption bei —195° reichte die adsorbierte Menge nicht aus, um die freie Fe-Oberfläche mit einer Atomschicht zu bedecken; nur bei bes. aktivierten Katalysatoren trat eine Bedeckung von ungefähr $^2/_3$ der freien Fe-Oberfäche ein. 3 Typen von Chemisorption, sogenannte Typ A, B u. C-Adsorption, von H_2 an Fe treten auf, was im Gegensatz zu der früher untersuchten an dünnen Metallfilmen steht u. ausführlich diskutiert wird. Die Chemisorption von CO bei —195° oder —78°, aus der sich die Größe der freien Fe-Oberfläche von Fe-Katalysatoren gut errechnen läßt, bedeckt nur 10% der Oberfläche von reinem Fe-Draht oder -Pulver. Hg-Dampf hat keinen Einfl. auf die aktivierte Adsorption von H_2 an Fe-Katalysatoren bei 0°. (J. physic. Chem. **57**. 159—64. Febr. 1953. Pittsburgh, Mellon Inst., Multiple Fellowship of Gulf Res. u. Developm. Comp.) E. JÄGER. 176

Jack Bastick, *Untersuchungen an einem Kieselsäuregel mittels der Stickstoffadsorption bei —195°.* Ein bei Zimmertemp. hergestelltes u. getrocknetes glasartiges Silicagel (Xerogel) wird je 6 Std. auf verschied. Temp. (0—1000°) erwärmt, u. an den so erhaltenen Proben wird die spezif. Oberfläche u. die Porenweite nach dem Verf. der Tieftemperaturadsorption von N_2 gemäß Brunauer, Emmett u. Teller sowie der Wassergeh. bestimmt. Während das spezif. Vol. nach Erhitzen auf 200° einen Maximalwert aufweist, bleibt der Porendurchmesser der Gelproben mit ca. 25 Å unverändert. (Bull. Soc. chim. France, Mém. [5] **20.** 437—40. April 1953. Nancy, Univ.) Hentschel. 176

A_6. Strukturforschung.

J. M. Cowley, *Ein neues mikroskopisches Prinzip.* Theoret. Unters. über die Möglichkeit einer Verbesserung des elektronenmkr. Auflösungsvermögens durch kombinierte mathemat.-analyt. Auswertung einer Anzahl von nacheinander bei verschied. Objektbestrahlungswinkeln aufgenommenen elektronenmkr. Dunkelfeldbildern. Dadurch soll die Information über das Objekt, die in dem in größere Winkel abgelenkten Teil der am Objekt elast. gestreuten Elektronen enthalten ist, auswertbar gemacht werden, ohne daß die diesen größeren Winkeln entsprechenden Bildfehler auftreten. (Proc. physic. Soc., Sect. B **66.** 1096—1100. 1/12. 1953. Melbourne, Commonwealth Sci. and Ind. Res. Organization, Div. of Ind. Chem., Chem. Phys. Sect.) Lenz. 181

E. Ruska, *Untersuchungen über regelbare magnetostatische Elektronenlinsen.* Systemat. Darst. der allg. Grundsätze für die Konstruktion regelbarer permanentmagnet. Linsen u. Linsensysteme für Elektronenmikroskope. Vorschläge für die prakt. Ausführung solcher Systeme. (Z. wiss. Mikroskop. mikroskop. Techn. **61.** 152—71. Okt. 1952. Berlin, Siemens & Halske AG., Abt. f. Elektronenoptik.) Lenz. 181

L. Marton, J. Arol Simpson und **S. H. Lachenbruch,** *Elektronenoptische Schattenmethode zur Ausmessung magnetischer Felder.* Vereinfachte Darst. der bereits früher (C. **1949.** I. 760) beschriebenen elektronenopt. Schattenmeth. zur quantitativen Ausmessung von magnet. Mikrofeldern. Einzelheiten über die Aufnahme u. die analyt. Auswertung der Schattenbilder. Als Beispiel wird die magnet. Feldverteilung in der nahen Umgebung (einige μ) eines Kobaltkristalls nach der Schattenmeth. ermittelt. (J. Res. nat. Bur. Standards **52.** 97—104. Febr. 1954. Washington, D. C., Nat. Bur. of Stand., Electron Phys. Sect.) Lenz. 181

W. Rollwagen und **Ch. Schwink,** *Die Empfindlichkeit einfacher elektronenoptischer Schlierenanordnungen.* Theoret. u. experimentelle Unterss. über Empfindlichkeit u. Anwendbarkeitsgrenzen des von Marton u. Lachenbruch (C. **1949.** I. 761) benutzten Verf. zur Ausmessung magnet. Mikrofelder. (Optik **10.** 525—30. 1953. München, Univ.) Lenz. 181

J. Hamilton, *Ein Stufenkeil für die Sensitometrie mit dem Elektronenmikroskop.* Zur Herst. des Stufenkeils läßt man zunächst ein Silberhalogenid aus wss. Lsg. auf einem Deckgläschen auskristallisieren. Nach dem Trocknen wird der Nd. fünfmal mit einer Legierung von 80% Au u. 20% Pd unter verschied. vertikalen Winkeln durch Aufdampfen beschattet. Die entstehenden Schichten bilden einen stufenweisen Schatten auf jedem Halogenidteilchen, der aus 5 Flächen verschied. Dicke besteht. Der gesamte Film wird nun mit einem dünnen Nitrocellulosefilm bedeckt, durch Eintauchen in W. von dem Deckgläschen gelöst u. hierauf das Halogenid mit einer verd. Natriumthiosulfatlsg. herausgelöst. Eine elektronenmkr. Aufnahme durch diesen Keil gibt auf einer Testemulsion ein vergrößertes Bild des Keils, welches leicht in einem gewöhnlichen Densitometer ausgewertet werden kann. Vergleichsaufnahmen werden gleichzeitig auf einer Emulsion mit bekannten Eigg. u. einer unbekannten Testemulsion hergestellt. Auf diese Weise kann der Kontrast u. die Empfindlichkeit der Testemulsion relativ zur Standardemulsion schnell u. genau bestimmt werden. (Rev. sci. Instruments **24.** 309—12. April 1953. Rochester, N. Y., Eastman Kodak Co., Res. Labor.) Gottfried. 181

H. Froula, *Direkte Ausmessung von Bildern im Elektronenmikroskop.* Es wird eine Vorr. beschrieben, welche es gestattet, den Flächeninhalt von elektronenmkr. Bildern direkt auf dem Fluorescenzschirm auszumessen. (Rev. sci. Instruments **24.** 304—06. April 1953. Los Angeles, Calif., Univ., Dep. of Engng.) Gottfried. 181

Werner Lippert, *Über die Farbabhängigkeit der Vergrößerung beim Elektronenmikroskop als störendem Fehler bei der Untersuchung dickerer Objekte.* Theoret. u. experimentelle Unters. der Farbabhängigkeit der Vergrößerung in elektronenmkr. Abbildungssystemen, welche die Bildgüte, bes. im Fall der Abb. dicker Objekte, häufig stärker beeinträchtigt als die im allg. als Farbfehler bezeichnete Verunschärfung des

Bildes achsennaher Objektpunkte. Durch geeignete Wahl der Linsenarbeitspunkte kann die Farbabhängigkeit der Vergrößerung zum Verschwinden gebracht werden. (Z. wiss. Mikroskop. mikroskop. Techn. **61.** 172—79. Okt. 1952. Frankfurt/M., Max-Planck-Inst. f. Biophysik.) Lenz. 181

Ernst de Haas, *Prüfung von Staubabscheidern mit dem Siegbahn–Schönander-Elektronenmikroskop.* Vf. mißt die Größenverteilung der Staubteilchen in einem elektrostat. Staubabscheider, indem in einem besonderen Miniatur-Elektrofilter die Staubteilchen auf aluminiumbedampften elektronenmkr. Objektträgerblenden niedergeschlagen werden. Aus den elektronenmkr. Aufnahmen werden Größen-Mittelwerte, deren Standardabweichungen sowie die Staubkonz. ermittelt. (Ark. Fysik **4.** Nr. 26. 415—21. 1952. Västerås, Schweden, Allm. Svenska Elektriska AB.) Lenz. 181

Shigeto Yamaguchi, *Eine Kombination von Elektronenmikroskopie und lichtoptischer Phasenkontrastmikroskopie.* Das photograph. Negativ einer elektronenmkr. Aufnahme eines Oxydabdrucks wird in einem opt. Phasenkontrastmikroskop bei Dunkelfeldbeleuchtung 35fach nachvergrößert. Dadurch verschwindet im Gegensatz zur n. lichtopt. Nachvergrößerung die Körnigkeit des Oxydabdrucks, wodurch die für die geätzte Oberfläche charakterist. oktaedr. Figuren besser sichtbar gemacht werden sollen. (J. appl. Physics **23.** 1404—05. Dez. 1952. Tokyo, Bunkyo-Ku, Sci. Res. Inst.) Lenz. 181

Georges Couchet, Maurice Gauzit und **Albert Septier,** *Ionenmikroskopie mit Lithiumionen.* In einem elektrostat. Emissionsmikroskop wurden ionenmkr. Abbildungen von ionenemittierenden Oberflächen ($Li_2O \cdot Al_2O_3 \cdot 2SiO_2$) gewonnen. An Stelle der in der Elektronenmikroskopie üblichen ZnS-Leuchtschirme, welche unter dem Ionenbeschuß nach kürzester Zeit (einige Sek. bis einige Min.) zerstört werden, wird $CaWO_4$ als Leuchtschirmmaterial gewählt, welches eine Viertelstunde lang seine Anfangseigg. beibehält. Die Verwendung von photograph. Filmen mit Pathelithäutchen führt zu störenden Aufladungserscheinungen; die besten Ergebnisse wurden mit Ilford-Q-Platten u. Schuman (Kodak-B 10)-Platten erzielt. (Bull. Microscopie appl. [2] **2.** 85—91. Juli/Aug. 1952. l'École Normale Supérieure, Labor. de Radioélectr.) Lenz. 181

Elizabeth A. Wood, *Eine einfache Tieftemperaturvorrichtung für eine Röntgenbeugungskammer.* Es wird eine Vorr. beschrieben, welche es gestattet, Pulver- oder Drehkristallaufnahmen bei tiefen Tempp. herzustellen, ohne daß das Präp. sich mit einer Eisschicht bedeckt. (Rev. sci. Instruments **24.** 325—26. April 1953. Murray Hill, N. J., Bell Telephone Labor.) Gottfried. 181

L. von Hámos, *Eine Röntgenmikroanalysatorkamera.* Inhaltlich ident. mit der C. **1954.** 1192 referierten Arbeit. (Acta polytechn. [Stockholm], Physics appl. Math. Ser. **2.** Nr. 7. 1—67. 1953.) Gottfried. 181

F. J. McDonal, *Ein Fourieranalysator.* Vf. beschreibt eine Rechenmaschine zur Auswertung von Fourier-Integralen. (Rev. sci. Instruments **24.** 272—80. April 1953. Dallas, Tex., Magnolia Petroleum Co., Field Res. Labor.) Gottfried. 181

P. Terpstra, *Eine graphische Methode zur Bestimmung von Netzebenenabständen.* In Anschluß an eine früher veröffentlichte Arbeit von Bloss (C. **1954.** 7135) gibt Vf. eine Anregung zur Best. von Netzebenenabständen. (Amer. Mineralogist **39.** 149—50. Jan./Febr. 1954. Groningen, Holland, Rijks-Univ.) Hiller. 181

N. Efremov, *Neue Methode für die angenäherte Berechnung von effektiven Ionenradien.* (Sitzungsbericht.) Vf. schlägt eine neue Form des Period. Syst. der Ionen vor, das aus 3 Segmenten besteht, u. zwar befinden sich im linken Segment Ionen mit negativer Valenz von 4—1; im mittleren Segment Ionen mit positiver Valenz von 1—4 u. im rechten Segment Ionen mit positiver Valenz von 4—7. Sein verallgemeinertes Schema ist eine Matrix, die aus mehreren Reihen von ganzen Zahlen besteht. Diese, die Ionen charakterisierenden Matrixzahlen sind Koeffizienten, welche zur Berechnung aller effektiven Ionenradien für Gitter vom NaCl-Typ verwendet werden. Andere zur Berechnung von Ionenradien benutzte Koeffizienten sind die Hauptquantenzahl n u. eine gewisse Konstante P oder P', welche aus der Rydberg-Konstante abgeleitet wird. n u. P oder P' dienen zur Berechnung der Radien positiver Elemente mit hoher Valenz. Zur Berechnung der Radien mit positiver oder negativer Valenz von 1—4 benötigt man die Konstante P oder P' sowie die Matrixzahl, welche die vierwertigen positiven Ionen der gegebenen Periode charakterisiert. Nach dieser Meth. berechnete Radien stimmen gut mit den Werten von Goldschmidt u. Pauling überein. (Physic. Rev. [2] **92.** 1081. 15/11.; Bull. Amer. physic. Soc. **28.** Nr. 5. 9. 2/9. 1953. New York, N. Y.) Gottfried. 182

Norman F. Ramsey, *Durch Elektronen gekoppelte Wechselwirkungen zwischen Kernspins in Molekülen.* (Vgl. C. **1953.** 4329.) Zusätzlich zu der unmittelbaren magnet.

Wechselwrkg. zwischen zwei Kernspins in einer Mol. können die Kerne noch eine effektive gegenseitige Beeinflussung besitzen als Ergebnis der magnet. Wechselwirkungen zwischen jedem dieser Kerne u. den Elektronen der Molekel. Obgleich diese indirekten Wechselwirkungen im allg. klein sind, werden sie doch in manchen Fällen wichtig, z. B. bei paramagnet. Resonanzversuchen. Vf. berechnet in dieser Arbeit die indirekten Wechselwirkungen. Beiträge kommen aus einem einfachen diamagnet. Term, einem eng damit verbundenen paramagnet. Term zweiter Ordnung für das Bahnmoment u. von Termen, bedingt durch die magnet. Wechselwrkg. des Kerns mit den Elektronenspins. Ausdrücke für jeden dieser Terme werden gegeben, sowohl für den allg. Fall als auch für den Fall sphär. Symmetrie, der eintritt, wenn viele Zusammenstöße auftreten. Für *HD* werden numer. Angaben für die verschied. Effekte gegeben. Die diamagnet. Terme betragen hier nur wenige Zehntel Hz. Andererseits, betragen, wenn die mittlere Energie der angeregten Molekülzustände den beträchtlichen Wert von 1,4 Rydberg besitzt, die Elektronenspinterme 43 Hz, in Übereinstimmung mit den Versuchen. (Physic. Rev. [2] **91.** 303—07. 15/7. 1953. Cambridge, Mass., Harvard Univ.) V. HARLEM. 182

R. E. Wood und **H. L. Ritter,** *Röntgenstrahlenuntersuchungen an Systemen geschmolzener Salze. 4. Mitt. Cadmiumjodid.* (3. vgl. C. **1953.** 343.) Die Unters. durch Röntgenstrahlen zeigt, daß in geschmolzenem CdJ_2 der kleinste Cd–J-Abstand 2,90 Å, der kleinste J–J-Abstand 4,75 Å beträgt. Es scheint, daß die Anordnung der Atome im geschmolzenen CdJ_2 die gleiche ist wie in krist. CdJ_2, nur etwas gelockert. Neben diesen oktaedr. findet man jedoch auch vereinzelte lineare CdJ_2-Moll. wie in der Gasphase, so daß geschmolzenes CdJ_2 ein eigenartiger Übergang zwischen festem u. gasförmigem CdJ_2 ist. — Vff. diskutieren den Einfl. des Glasgefäßes auf das Röntgenspektr. u. die möglichen Korrekturen desselben. (J. Amer. chem. Soc. **75.** 471—73. 20/1. 1953. Oxford, O., Miami Univ., Dep. of Chem.) M. SCHENK. 186

W. P. Thistlethwaite, *Einige kristallographische Modelle.* Vf. beschreibt die Selbstherst. von Kristallmodellen u. kristallograph. Grundformen aus Karton. (School Sci. Rev. **34.** 55—61. Nov. 1952. Salford, Royal Technic. Coll.) GOTTFRIED. 190

W. L. Roth, *Spiroidale Kristalle von Zinksulfid.* Bei der Unters. von ZnS wurde von Vf. eine „spiroidale" Kristallform gefunden, die Kristalle waren normalerweise 0,5 mm lang u. 0,2 mm dick, der Radius der Kurven variierte dagegen von Bruchteilen eines mm bis zu einigen cm. Die nähere Unters. zeigte, daß es sich um hexagonales ZnS handelt, es liegen Häufungen von Fehlstellen senkrecht zu 0 0 1 vor. Die „spiroide" Achse ist 1 1 0, die c-Achse liegt radial zu den Kurven in der Ebene der Schleifen. Der mögliche Entstehungsmechanismus der Kristalle wird diskutiert. (Nature [London] **173.** 38—39. 2/1. 1954. Schenectady, N. Y., General Electric Co., Res. Labor.) SIEWERT. 190

Peter Brauer, *Über Fremdionen in Ionenkristallen.* Die Energie eines Fremdions in einem Ionenkristall unterscheidet sich wesentlich von der Gitterenergie der gittereigenen Ionen. Aufbauend auf den Berechnungen von MOTT u. LITTLETON berechnet Vf. diese Energie von Fremdionen (Tl^+ u. Mn^{2+}) in Alkalihalogenidkristallen. Diese Berechnung erfolgt unter Berücksichtigung der Störung durch abweichende Größe u. Ladung. Für die Bldg. einer Tl^+-Störung in NaCl sind 0,42 eV erforderlich, in KCl 0,05 eV. Eine Mn^{2+}-Störstelle erfordert dagegen in NaCl —0,4 eV, in KCl +0,9 eV. Eine experimentelle Ermittlung der Verteilung von Tl^+ zwischen Mutterlauge u. Bodenkörper in wss. Alkalihalogenidlsgg. bei 95° steht mit den Berechnungen in qualitativer Übereinstimmung. (Z. Elektrochem., Ber. Bunsenges. physik. Chem. **57.** 744—47. 1953. Mosbach/Baden, Osram-Siudiengesellschaft für elektr. Beleuchtung.) WOELK. 190

M. Gurari, *Selbstenergie langsamer Elektronen in polaren Materialien.* Eine neue Variationsmeth. zur Behandlung der Eigg. langsamer Elektronen in Ionenkristallen u. ähnlicher Probleme wird entwickelt. Die Energie des Grundzustandes wird für eine sehr allg. Form der Wechselwrkg. gleich der, die sich aus der Störungstheorie 2. Ordnung ergibt. Da es sich um eine Variationsmeth. handelt, muß die wahre Energie tiefer liegen. Die entsprechenden Wellenfunktionen gehen jedoch nur für den Fall hinreichend schwacher Wechselwrkg. in die der Störungstheorie über. Für *NaCl* ergibt sich die Energie des Grundzustandes niedriger als nach allen früheren Methoden, folglich näher an der wahren Energie. Die effektive M. wird etwa gleich der doppelten Elektronenmasse; es kann daher nicht zu dem von LANDAU (C. **1933.** II. 1303) behandelten, nur für wesentlich größere effektive Massen möglichen Einfangen des Elektrons kommen. (Philos. Mag. [7] **44.** 329—36. März 1953. Liverpool, Univ., Dep. of Theoret. Phys.) LENZ. 195

F. Bassani und **F. G. Fumi,** *Die Assoziationsenergie zwischen zweifach positiven Verunreinigungen und positiven Ionenleerstellen in NaCl- und KCl-Kristallen.* Vff. berechneten die Anlagerungsenergien nach den Methoden von REITZ u. GAMMEL. Gitterfremde Ionen waren *Cd^{2+}*, *Ca^{2+}*, *Sr^{2+}*. Die theoret. Ergebnisse stimmen im Falle von Cd^{2+} in NaCl sehr gut mit experimentellen Ergebnissen von LIDIARD überein. Allg. nimmt die Anlagerungsenergie mit wachsendem Radius der gitterfremden Ionen zu; außerdem ist sie in KCl immer kleiner als in NaCl. (Philos. Mag. [7] **45.** 228—30. Febr. 1954. Milano, Univ., Ist. di Sci. Fis.) VOITLÄNDER. 195

Jean Hérenguel, *Aussehen der Oberfläche von polykristallinen Proben, welche zuerst kaltbearbeitet und hierauf progressiv angelassen worden waren.* Vf. beobachtete an polykrist. 99,99%ig. *Al* u. einer polykristallinen *Al–Mg*-Legierung mit 3% Mg, daß nach einem 400%ig. Auswalzen eine Körnung prakt. nicht mehr erkennbar war. Auch die chem. behandelte u. gezogene Probe erschien noch vollkommen glatt. Erhitzte man die ausgewalzten Proben 3 Std. auf 300°, dann behielt auch in diesem Fall die gezogene Probe nach dem Anätzen ihr glattes Aussehen. Die Druckfestigkeit dieser Probe war 20,2 kg/mm², die elast. Grenze 8,5 kg/mm² u. die Verlängerung beim Bruch 23%. Nach 1 std. Anlassen bei 425° war nach dem Ziehen u. Anätzen die Oberfläche der Probe deutlich körnig. In diesem Fall betrug die Bruchfestigkeit 18 kg/mm², die elast. Grenze 6 kg/mm² u. die Verlängerung beim Bruch 26%. Aus den Verss. ist zu ersehen, daß ein partielles Anlassen dem Metall interessantere Eigg. verleiht als die übliche Rekristallisation. (C. R. hebd. Séances Acad. Sci. **239.** 688—90. 8/2. 1954.) GOTTFRIED. 196

D. F. Gibbons, *Einfluß der Streckbehandlung auf die Verteilung der Gleitebenen in Cadmiumkristallen.* Die Scherspannung von Cd-Kristallen (99,999%ig., Reinigung des Cd durch Dest. im Hochvakuum) wurde zu 7,0 ± 1 g/mm² bestimmt, während Spuren von N_2 im Kristall den Wert auf 11,5 ± 2 erhöhen. Weiter wird gezeigt, daß zwischen den N_2-freien u. den N_2-haltigen Kristallen ein großer Unterschied der Verteilung der bei der plast. Deformation auftretenden sichtbaren Gleitebenen besteht. Auf das Vorliegen ähnlicher Erscheinungen beim Stahl wird hingewiesen. (Proc. physic. Soc., Sect. B **65.** 193—95. 1/3. 1952. Birmingham, Univ., Dep. of Metallurgy.) FUCHS. 197

B. R. Butcher und **A. H. Rowe,** *Phasenumwandlung in Uran.* An einer Probe aus einer Cr–U-Legierung mit 1,4 Atom-% Cr konnten Vff. feststellen, daß bei β—α-Umwandlung zwei α-Flächen entsprechend dem β-Korn orientiert waren, aus dem sie entstanden sind. Aus einer LAUE-Aufnahme konnte gezeigt werden, daß die (0 0 1)α-Fläche parallel der (8 1 7)β-Fläche u. die (0 1 0)α-Fläche annähernd parallel der (12 3 4)-β-Fläche ist. Der Winkel zwischen der (8 1 7)β-Fläche u. der (12 3 4)β-Fläche beträgt 89°28'. (Nature [London] **172.** 817. 31/10. 1953. Harwell, Atomic Energy Res. Establ., Metallurgy Div.) SIEWERT. 197

C. G. Dunn und **G. C. Nonken,** *Erzeugung von silizierten Eisenblechen mit orientierten Einkristallen.* An drei nach verschied. Verff. hergestellten Einkristall-Blechproben aus *Stahl* mit 3,25 (%) *Si*, 0,025 *C*, 0,034 *Mn*, 0,010 *P*, 0,017 *S*, 0,067 *Ni*, 0,068 *Cu*, 0,012 *Sn* u. Spuren von *Al* u. *Cr* mit verschied. kristallograph. Ausrichtung, die bis zu 70% kalt verformt u. bei Tempp. von 500—1100° geglüht waren, um prim. u. sek. Rekristallisationstexturen zu erzeugen, wurden Unterss. über letztere ausgeführt. Diese Unterss. umfaßten metallograph., röntgenograph. u. magnet. Prüfungen über die Korngröße u. Ausrichtung der Kristallite. Es wurde Übereinstimmung der Ergebnisse mit der Theorie der orientierten Keimbldg. mit selektivem Wachstum gefunden. (Metal Progr. **64.** Nr. 6. 71—75. Dez. 1953. Pittsfield, Mass., General Electric Co.) HOCHSTEIN. 197

Tryggve Angel, *Der Einfluß von Verformung, Temperatur und chemischer Zusammensetzung auf die Martensitbildung in austenitischen rostfreien Stählen.* Zugproben an verschied. austenit. rostfreien Stählen ergeben Übereinstimmung mit der „Reaktionswegtheorie" der Martensit (I)-Umwandlung, die als mit der Gleitverformung (GV) konkurrierender Verformungsvorgang mit Zuführung mechan. Energie aufgefaßt wird, wobei die Spannung einen wesentlichen Einfl. hat. Lokale Spannungsspitzen können einen Teil des I-Keims aktivieren. Bei niedrigeren Tempp. ist die I-Bldg. gegenüber der GV vorherrschend, wenn nicht allein vorhanden, bei steigender Temp. wird dann ein verhältnismäßig enger Temperaturbereich erreicht, in dem der Übergang von überwiegender I-Bldg. zu überwiegender GV erfolgt. Eine für die Austenitstabilität charakterist. Temp. M_{d30} in diesem Gebiet läßt sich aus den %-Gehh. (in eckigen Klammern) berechnen nach M_{d30} (°C) = 413—462 [C + N]—9,2 [Si]—8,1 [Mn]—13,7 [Cr]—9,5 [Ni]—18,5 [Mo]. Cr, Si u. Mo wirken also ebenso wie Ni, Mn, C u. Si stabilisierend auf Austenit. Die bei Spannung–Dehnung-Kurven beobachtete Härtezunahme ist proportional der Menge des gebildeten I in der Zugprobe u. dem C-Geh. im I. (Jernkontorets Ann. **138.** 117—41. 1954.) R. K. MÜLLER. 197

Shirō Morita, Tadashi Miyaoka und **Akinori Katō,** *Der Einfluß der Schmelzbedingungen auf die Fließeigenschaften des Aluminiums.* Ein kleinerer App. als der von SAWAMURA u. MORITA (Memoirs of Coll. of Engng., Kyoto Imperial Univ. **11.** [1943.] Nr. 2. 15) angegebene wird benutzt, um die Fließeigg. von ca. 350 g im Graphittiegel geschmolzenem Al (99,67%), das 15 Min. nach dem Niederschmelzen auf Höchsttempp. von 850°, 800° u. 770° gebracht u. verschied. lange Zeit (0—24 Std.) auf ihnen gehalten wird, beim Guß bei 710° zu beobachten. Die Fließeigg. bessern sich in der Reihe der Maximaltempp. von 800° über 850° auf 770°; ferner sind sie bei jeder dieser Tempp. am besten, wenn das Al $^1/_2$—1 Std. auf ihnen gehalten wird, während sich die Eigg. nach ca. $1^1/_2$ Std. verschlechtern, aber bei längerer Dauer wieder eine leichte Neigung zu geringer Verbesserung zeigen. (Bull. Inst. chem. Res., Kyoto Univ. [Kagaku Kenkyusho Hokoku] **24.** 64. März 1951. Kyoto, Sawamura Labor.) METZENER. 200

H. Cole, *Angenähertes elastisches Spektrum von akustischen Wellen in AgCl aus Messungen der Röntgenstreuung.* An einem parallel der (1 1 0)-Fläche geschnittenen Einkristall von AgCl wurden mit einem GEIGER-Zählerspektrometer u. monochromatisierter CuK_α-Strahlung quantitative Messungen der diffusen Wärmestreuung der Röntgenstrahlung bei Zimmertemp. durchgeführt. Die erhaltenen Ergebnisse wurden auf der Grundlage der von anderer Seite entwickelten Theorie analysiert, in welcher die Wärmeschwingungen als durch den Kristall durchlaufende elast. Wellen ausgedrückt werden; für den opt. Bereich wurde ein Satz von Schwingungsfrequenzen benutzt. Auf diese Weise wurden die Dispersionskurven für die dem akust. Bereich angehörenden Wellen in den Richtungen [1 0 0], [1 1 0] u. [1 1 1] erhalten. Ein Vgl. der Grenzgeschwindigkeiten aus den Röntgenmessungen u. den von anderer Seite durchgeführten Messungen mit Ultraschall zeigten eine gute Übereinstimmung. Es wurde hierauf ein angenähertes Frequenzspektr. berechnet u. Hinweise darauf gegeben, wie man die Effekte der opt. u. akust. Bereiche trennen kann. (J. appl. Physics **24.** 482—87. April 1953. Cambridge, Mass., Inst. of Technol.) GOTTFRIED. 200

Joseph Désiré Hubert Donnay and others, Crystal data; classification of substances by space groups and their identification from cell divisions. New York: Geological Soc. of America. 1954. (728 S., Diagr.) $ 5,00.

A₇. Gleichgewichte. Kinetik.

Leon M. Dorfman und **H. C. Mattraw,** *Die Austauschreaktion von Wasserstoff und Tritium.* Untersucht wurde die Geschwindigkeit des H–T-Austausches bei Zimmertemp. mittels eines Massenspektrometers. Die Geschwindigkeit des durch die β-Strahlung des Tritiums verursachten Austausches zur Zeit t ist gegeben durch die Gleichung $d(HT)_t/dt = k(HT)_\infty e^{-kt}$, wobei $(HT)_t$ u. $(HT)_\infty$ die Konzz. an Tritiumhydrid zur Zeit t bzw. im Gleichgewicht bedeuten. Es ergaben sich für die Rk. Halbwertszeiten von 260 bis 818 Minuten. Die Anfangsgeschwindigkeit des Austausches ist proportional dem Gesamtdruck u. der Quadratwurzel aus der Intensität der absorbierten β-Strahlung. Der Austausch, dem eine Dissoziation in Atome infolge der absorbierten β-Strahlung vorausgeht, ist eine Ketten-Rk. u. verläuft hauptsächlich nach den Gleichungen: $H + T_2 \rightleftharpoons HT + T$ u. $T + H_2 \rightleftharpoons HT + H$. (J. physic. Chem. **57.** 723—25. Okt. 1953. Schenectady, N. Y., Knolls Atomic Power Labor.) HARTMANN. 221

Aldo Turco, *Isotopenaustausch in elektrochemisch irreversiblen Systemen: System Antimonit–Antimonat in alkalischer Lösung.* Aus Sn durch Neutronenbombardement hergestelltes ^{125}Sb (I) wird als Metall auf Al aufgebracht, um seine Aktivität zu messen. Es wird auf SbO_2^- (II) u. über $K_2H_2Sb_2O_7$ auf SbO_4^{3-} (III) verarbeitet u. in 1,8n KOH der Austausch zwischen radioakt. u. nichtradioakt. **II** u. **III** durch Best. der Radioaktivität im Vgl. mit der im ursprünglichen **I** vorhandenen untersucht. Bei Luftzutritt werden innerhalb 46 Std. ca. 18% des **II** zu **III** oxydiert, weshalb in N_2-Atmosphäre gearbeitet werden muß. Die Trennung des **III** von **II** erfolgt durch Fällung des **III** als Na-Salz. Bei 20° beträgt der Austausch zu Beginn des Vers. 1,5%, nach 96 Std. 2,1%, nach 167 Std. 0,9%; da diese Zahlen sich innerhalb der Fehlergrenzen halten, kann man schließen, daß prakt. kein Austausch stattfindet. Bei Ggw. von Tartrat ist nach 3 Tagen keine Fällung des **III** als Na-Salz mehr möglich; es wird angenommen, daß entweder ein **III**-Tartrat-Komplex entstanden ist oder eine **III**-Modifikation mit lösl. Na-Salz. (Gazz. chim. ital. **83.** 231—38. März 1953. Padova, Univ., Ist. di Chim. generale.) R. K. MÜLLER. 221

Alan Dobry, *Löslichkeit von Kupfer(II)-stearat in Wasser und Benzol bei 25°.* Kurze Notiz über die zur Messung der Löslichkeit von Kupfer(II)-stearat in W. u. Bzl. bei 25° verwendeten Methode. Die Löslichkeit ergab sich zu $7 \pm 2 \cdot 10^{-9}$ g/100 g W. u. $\pm 82 \cdot 10^{-7}$ g/100 g Benzol. (J. physic. Chem. **58.** 576. Juli 1954. East Pittsburgh, Pa., Westinghouse Res. Labor.) KARUTZ. 224

C. Dana McKinney jr. und **Martin Kilpatrick,** *Ein Apparat zur Messung der Geschwindigkeiten einiger schneller Reaktionen.* Vff. beschreiben ein Bombenreaktionsgefäß mit konstantem Vol., mit dem die Kinetik sehr schneller, unter Gasentw. verlaufender Rkk. gemessen werden kann. Der Verlauf der Rk. wird durch die Druckzunahme bei der Gasentw. verfolgt. Bei der vorliegenden Bombe betrug die effektive Mischzeit der beiden Reaktionspartner $< 10\ \mu$Sekunden. Als erste Rk. wurde die Rk. zwischen H_2O_2 u. *Permanganation* in saurer Lsg. gemäß $Ca(MnO_4)_2 + 5H_2O_2 + 3H_2SO_4 \rightarrow CaSO_4 + 2MnSO_4 + 5O_2 + 8H_2O$ untersucht. Die Mischzeit betrug in diesem Fall 8—11 μ Sek., u. der Enddruck stand in guter Übereinstimmung mit dem Wert, den man auf Grund der Stöchiometrie der Rk. u. des verfügbaren freien Raumes in der Bombe errechnen kann. Die Rk. zwischen *Lithiumborhydrid* u. verd. H_2SO_4 hatte eine Halbwertszeit von ca. 1 Sekunde. Für die Rk. zwischen einer NaK-Legierung der Zus. NaK_2 u. *A.* gemäß $NaK_2 + 3C_2H_5OH \rightarrow 1{,}5H_2 + 2C_2H_5OK + C_2H_5ONa$ wurde gefunden, daß sie an der Grenzfläche Legierung–A. heterogen verläuft; daß die Rk. erster Ordnung zu sein scheint, ist wahrscheinlich durch eine zufällige Kombination von Effekten bedingt, da die Mischzeit mit der Halbwertszeit der Rk. vergleichbar ist. Die Rk. zwischen NaK_2 u. *W.* verläuft in 2 Stufen; zuerst steigt der Druck bis zu einem Maximum, fällt dann wieder ab; 40 μSek. nach Beginn der Rk. erfolgt ein weiterer, noch größerer Druckanstieg, worauf wiederum Druckabfall einsetzt. Der beobachtete Gesamtdruck war sehr viel größer als der aus der Stöchiometrie der Rk. berechnete Wert. Weiter wurden noch untersucht die Rkk. zwischen *Aluminiumborhydrid* $Al(BH_4)_3$ u. W. sowie die zwischen *Äthylaluminiumsesquihydrid,* $(C_2H_5)_3Al_2H_3$, u. Wasser. Bei der ersten Rk. erreichte der Druck ein Maximum in 6—10 μSek., bei der zweiten Rk. in 10—12 μSekunden. (Rev. sci. Instruments **22.** 590—97. Aug. 1951. Chicago, Ill., Inst. of Technol., Dep. of Chem.) GOTTFRIED. 225

H. Schmid und **R. Pfeifer,** *Kinetik und Mechanismus der Diazotierung.* 5. Mitt. *Reaktion von Ammoniumion mit salpetriger Säure in stark salzsauren Lösungen.* (4. vgl. Mh. Chem. **83.** [1952.] 346.) Die früher (Atti X Congr. int. Chim., Roma **II.** [1938.] 484) bei der Rk. des Ammoniumions mit salpetriger Säure in HCl-Lsgg. der Konzz. 1—8 Mol/Liter (Cl^--Katalyse der anorgan. Diazotierung) erhaltenen Ergebnisse wurden ausgewertet, ein Reaktionsmechanismus wird aufgestellt u. mit Hilfe des von SCHMID u. MASCHKA (Z. physik. Chem., Abt. B **49.** [1941.] 171) bestimmten Nitrosylchloridgleichgewichts u. der Verteilung des NOCl zwischen Gasraum u. Lsg. die Reaktionsgeschwindigkeit berechnet. Innerhalb des untersuchten Konzentrationsbereiches ergab sich als Geschwindigkeitsgesetz $d(N_2)/dt = k[NH_4^+][HNO_2][Cl^-]$ mit $k = v_0 a_{H_2O}/(a_{NH_4^+} \cdot a_{Cl^-} [HNO_2])$; dies entspricht den früher aufgestellten Geschwindigkeitsgesetzen für die Rkk. bei niedrigerer HCl- bzw. HBr-Konz. u. für die Cl^-- bzw. Br^--Katalyse der Diazotierung von Anilin. Es wurde festgestellt, daß die Reaktionsgeschwindigkeit in Abhängigkeit von der HCl-Konz. durch ein Maximum geht. Dies wird auf die Bldg. von Nitrosylchlorid als Zwischenprod. zurückgeführt. (Mh. Chem. **84.** 829—41. S.-B. österr. Akad. Wiss., math.-naturwiss. Kl., Abt. IIb **162.** 829—41. 1953. Wien, TH, Inst. für Anorg. u. Analyt. Chem., u. Alexandria, Univ. of Alexandria, Inst. of Chem. Technol.) KARUTZ. 225

H. Schmid und **R. Pfeifer,** *Kinetik und Mechanismus der Diazotierung.* 6. Mitt. *Reaktion von Glyciniumion mit salpetriger Säure in salzsaurer Lösung.* (5. vgl. vorst. Ref.) In Ergänzung der früheren Arbeiten über die Cl^-- u. Br^--Katalyse der aromat. (A) u. anorgan. Diazotierung (B) untersuchen Vff. die Cl^--Katalyse der Rk. des Glyciniumions mit salpetriger Säure (in HCl-Lsgg. der Konzz. 1—8 Mol/Liter), also einer aliphat. Diazotierung. Es ergab sich analog zu A u. B ein Maximum der Reaktionsgeschwindigkeit in Abhängigkeit von der HCl-Konz. sowie ein Geschwindigkeitsgesetz von der Form $d(N_2)/dt = k[GlH^+][HNO_2][Cl^-]$ mit $k = v_0 a_{H_2O}/(a_{GlH^+} \cdot a_{Cl^-} [HNO_2])$. Abschließend wird ein allg. Reaktionsschema für die Diazotierung mit Hilfe eines beliebigen Diazotierungsmittels aufgestellt. Teil-Rkk. des Schemas sind: $RNH_3^+ \rightleftharpoons RNH_2 + H^+$; HNO_2 + Säure $\rightleftharpoons$ Nitrosylsalz + H_2O; RNH_2 + Nitrosylsalz $\rightarrow$ RNHNO + Säure; $RNHNO \rightarrow RN_2OH \rightarrow RN_2^+ + OH^-$; $OH^- + H^+ \rightleftharpoons H_2O$. (Mh. Chem. **84.** 842—52. S.-B. österr. Akad. Wiss., math.-naturwiss. Kl., Abt. IIb **162.** 842—52. 1953.) KARUTZ. 225

A. Simon und **E. Klügel,** *In Umwandlung begriffene Phasen als hochaktive Zwischenstufen (Hedvall-Effekte).* 2. Mitt. (1. vgl. C. **1954.** 630.) Um ein Ausblühen an grobkeram. Material durch Rekristallisation von $CaSO_4 \cdot 2H_2O$ zu vermeiden, wurde die Umsetzung von $CaSO_4$ mit verschied. SiO_2-Modifikationen untersucht. Sie ist abhängig von Korngröße, Vermischungsgrad, Herstellungsart, Verunreinigungen u. nach TAMMANN auch der Anheizgeschwindigkeit. Die einzelnen Formen des SiO_2 sind temperaturabhängig, bilden sich aber nur in Ggw. von „Mineralisatoren" mit größerer Geschwindigkeit, was jeweils durch röntgenograph. u. Dichtemessungen nachgewiesen wurde. Die Umsetzung $2\,CaSO_4 + SiO_2 \rightarrow Ca_2SiO_4 + 2\,SO_3$ wurde durch tensieudiometr. Unterss. bei 700, 800, 900, 1000 u. 1100° u. Röntgendiagramme der gesinterten Mischungen verfolgt. Dabei zeigte sich, daß bei Zusatz von Mineralisatoren (Na_2WO_4, Na_2SiO_3, KF, $KMnO_4$, NaCl), die Quarz in Cristobalit u. bes. in Tridymit (Na_2SiO_3) umwandeln, die Rk. beschleunigt wird infolge des Auftretens einer hochakt. Zwischenstufe, die (HEDVALL-Effekt) imstande ist, andere Rkk. einzuleiten oder zu beschleunigen. Die Wrkg. zeigt sich bes. bei 900° u. darüber. Bei Tridymit als Ausgangsmaterial fällt die Wrkg. der Mineralisatoren naturgemäß fort. Durch kleine Korngrößen wird die Rk. beschleunigt. Jedoch ist der Unterschied bei Ggw. eines Mineralisators, ebenso wie dessen Menge, zu vernachlässigen. (Z. anorg. allg. Chem. **270**. 76—99. Okt. 1952. Dresden, TH, Inst. für anorg. u. anorg.-techn. Chemie.) PLUSKAL. 225

Charles B. Vail, James P. Holmquist und **Locke White jr.**, *Die Rolle von organischem Material bei der photochemischen Bildung von Wasserstoffperoxyd an Zinkoxydoberflächen.* Es wird die Rolle organ. Zusätze bei der photochem. Bldg. von H_2O_2 in wss. Zinkoxydsuspensionen unter Verwendung von mit ^{14}C gekennzeichnetem Natriumformiat (I), Kaliumoxalat (II) u. Äthanol (III) untersucht. Die beiden ersteren Substanzen sind vorteilhaft, da sie nur ein n. Oxydationsprod. bilden; III wird als Beispiel für Verbb. mit mehreren Oxydationsprodd. gewählt. Die Ausbeute an H_2O_2 variiert beträchtlich mit der Konz. der organ. Zusätze. Es wird im Falle I im Konzentrationsbereich $6{,}0 \cdot 10^{-1}$ bis $1{,}23 \cdot 10^{-5}$ Mol I/Liter, im Falle II im Konzentrationsbereich $1{,}02 \cdot 10^{-1}$ bis $1{,}02 \cdot 10^{-5}$ Mol II/Liter bei Tempp. von 0—30° gearbeitet. Bei den niedrigsten Konzz. ist die Oxydation außerordentlich gering, wobei nicht eindeutig ist, ob der Effekt einen unteren Schwellenwert darstellt oder auf Verunreinigungen zurückzuführen ist. Bei den höheren Konzz. im Falle II auftretende geringe zusätzliche Oxydation wird mit den photosensitiven Eigg. des ursprünglichen Oxalats sowie einer induzierten Licht-Rk. zwischen dem Peroxyd u. der zugesetzten organ. Substanz in Zusammenhang gebracht. Im Falle III versagt die angewandte Tracer-Technik; es kann nicht einmal Oxydation zu CO_2 festgestellt werden. — Verss. über den Austausch von C zwischen I u. CO_2 ergaben, daß innerhalb 72 Std. kein nennenswerter Austausch erfolgt. (J. Amer. chem. Soc. **76**. 624—25. 20/1. 1954. Birmingham, Ala., South. Res. Inst.) GEDSCHOLD. 226

R. Audubert, Les Aspects nouveaux du Mécanisme des Métamorphoses chimiques. Conférences du Palais de la Découverte, Sie A 185, Paris, éd. 1953. (11 S. m. Abb.)

B. Anorganische Chemie.

Rudolf Mosebach, *Zur Kenntnis und petrologischen Bedeutung des Systems SiO_2–H_2O.* Vf. weist einleitend auf die Bedeutung der Mineralsynth., bes. der Hydrothermalsynth. für die Petrologie hin. Sodann werden die physikal.-chem. Gesetzmäßigkeiten bei der Verwendung von W. im Autoklaven behandelt. Ihre Kenntnis ist bes. wichtig für das Verständnis der Systeme schwer lösl. Substanzen mit Wasser. Als Beispiel wird das Syst. SiO_2–H_2O zwischen 200 u. 575° u. 200—3000 at behandelt. Auf die Bedeutung der Ergebnisse für die Petrologie wird eingegangen u. eine Darst. der hydrothermalen Quarzsynth. gegeben. (Geologie **1**. 415—35. 1952. Tübingen.) HILLER. 261

H. T. S. Britton, S. J. Gregg und **G. W. Winsor**, *Die Calcinierung von Dolomit.* 1. Mitt. *Die Kinetik der thermischen Zersetzung von Calcit und Magnesit.* Die isotherme Zers. des Calcits zwischen 720 u. 780° u. des Magnesits im Temperaturgebiet zwischen 540 u. 600° wurde von Vff. im Vakuum untersucht. Die Zerss. können in allen Fällen durch die Gleichung $(w/w_0)^n = -kt + a$ wiedergegeben werden. Hierin ist (w/w_0) der unzersetzte Anteil in der Zeit t; k, a u. n sind Konstanten. (1 — n) ist bei den einzelnen Verss. verschieden, bei den beiden Calcit-Versuchsreihen wurde 0,74 u. 0,72 gefunden, bei Magnesit 0,58. Die ideal von der Außenseite der Probe nach innen verlaufende Zers. würde 0,67 ergeben; die Abweichungen hiervon könnten aus der Selbstabkühlung, dem unvollständigen Entweichen des CO_2 u. der langsamen Bildungsgeschwindigkeit der Zersetzungskeime erklärt werden. Die Aktivierungsenergie der Zers. wurde für Calcit mit 35000 ± 4800, bzw. 41600 ± 2900 $cal \cdot Mol^{-1}$ gefunden, was nicht erheblich von der Zersetzungsenergie abweicht. Für Magnesit ergab sich mit 35600 ± 3300 $cal \cdot Mol^{-1}$ ein etwas größerer Wert als die Zersetzungsenergie (27000). Die Zersetzungsgeschwindigkeit stimmt bei beiden Substanzen mit der POLLANYI-WIGNER-Gleichung überein. (Trans. Faraday Soc. **48**. 63—69. Jan. 1952. Exeter, Univ. Coll., Washington Singer Labor.) SIEWERT. 283

H. T. S. Britton, S. J. Gregg und **G. W. Winsor**, *Die Calcinierung von Dolomit.* 2. Mitt. *Die thermische Zersetzung von Dolomit.* (1. vgl. vorst. Ref.) Vff. untersuchen die Zers. des Dolomits an vier Exemplaren zwischen 640 u. 720°. Die Zers. verläuft nach der l. c. wiedergegebenen Gleichung. Für 1 — n wurde gefunden 0,67, 0,70, 0,77 u. 0,73. Das erhaltene Endprod. der Zers. ist eine feste Lsg. von (Ca, Mg)O, die sich schnell in CaO- u. MgO-Kristalle spaltet, so daß sich bei Behinderung des CO_2-Austritts leicht $CaCO_3$ bildet. Dies tritt vor allem bei Zers. in Luft u. bei Ggw. von CO_2 ein. Die Aktivierungsenergie wurde bei den einzelnen Verss. zu 55600, 53800, 49400 u. 52300 cal·Mol^{-1} gefunden, sie ist also höher als die Zersetzungsenergie von Calcit u. Magnesit. (Trans. Faraday Soc. **48.** 70—75. Jan. 1952.) SIEWERT. 283

Gustav F. Hüttig, *Die Anwendung neuerer anorganisch-präparativer Prinzipien, erläutert an der Reindarstellung von Titancarbid.* Vf. berichtet nach unveröffentlichten Arbeiten seiner Mitarbeiter **Fattinger, Schuler** u. **Kohla** über die Darst. von möglichst stöchiometr. zusammengesetztem TiC (20,05% C), das möglichst wenig ungebundenen C enthält. Um Graphitbldg. zu vermeiden, empfiehlt FATTINGER, TiO_2 mit 10% weniger als der berechneten Menge C (Ruß) im H_2-Strom (40 mm Hg), dem etwas CCl_4 oder HCl beigemischt ist, zu erhitzen. HCl erzeugt dabei geringe Mengen $TiCl_4$, wodurch die Rk. begünstigt wird. Um Prodd. mit mehr als 18% C zu erhalten, wurde die letzte Carburierung über die Gasphase durch Erhitzen auf 1800° vorgenommen (80 Min. Erhitzen → 19,7% C). Während reiner H_2 eine Entkohlung bewirkt, erreicht man mit carburiertem (C-Filter) oder $CHCl_3$-haltigem H_2 eine Aufkohlung. Da nach HEDVALL einem festen Stoff im Zustand einer Umwandlung eine erhöhte Reaktionsbereitschaft zukommt, verwendet SCHULER für die TiC-Bldg. mit Erfolg Anatas (aus H_2SO_4-Lsg. gefällt), der sich bei Temp. der beginnenden Carbidbldg. in Rutil umwandelt. FATTINGER nahm aus demselben Grunde TiH_2, das bei 2250° nach explosionsartigem Zerfall mit Zuckerkohle zur Rk. gebracht wurde. Das Carbid enthielt 19,93% gebundenen C u. 0,4% freien C. Nach Verss. von KOHLA ist die Ausbeute an gebundenem C um so größer, je schneller die Mischung auf die Reaktionstemp. gebracht wird. Wird Anatas mit C in weniger als 30 Sek. auf 2300° erhitzt, dann erhält man ein Carbid mit 20,03% gebundenem C. (Z. anorg. allg. Chem. **270.** 33—44. Okt. 1952. Graz, TH, Inst. für anorg. u. physik. Chem., u. Reutte, Tirol, Metallwerk Plansee.) PLUSKAL. 321

E. Hayek, H. Hatzl und **H. Schmid,** *Die Hydroxychromate des Zinks.* Durch Umsetzung von ZnO mit wss. CrO_3-Lsgg. bis zur Gleichgewichtseinstellung entstehen die drei bas. Zinkchromate (Zinkhydroxychromate) $ZnCrO_4 \cdot Zn(OH)_2$ (braunstichig hellgelb), $ZnCrO_4 \cdot 2{,}5\ Zn(OH)_2$ (rein hellgelb) u. $ZnCrO_4 \cdot 4\ Zn(OH)_2$, die als Hauptbestandteile des Zinkgelbpigmentes techn. Anwendung finden. Ihre Existenz wurde röntgenograph. u. aus Leitfähigkeitsmessungen sichergestellt. Die von GRÖGER (Z. anorg. allg. Chem. **70.** [1911.] 135) beschriebenen Hydroxychromate $ZnCrO_4 \cdot 2\ Zn(OH)_2$, $ZnCrO_4 \cdot 3\ Zn(OH)_2$ u. $2\ ZnCrO_4 \cdot Zn(OH)_2$ ließen sich nicht bestätigen. (Mh. Chem. **85.** 92—97. 15/2. 1954. Innsbruck, Univ., Chem. Inst.) WANNAGAT. 335

R. Scholder und **H. Kyri,** *Über die Oxydation von Mangan(II)-hydroxyd mit Sauerstoff in konzentrierten Laugen.* Vff. oxydierten das in sd. 50%ig. NaOH zu $Na_2 \cdot [Mn(OH)_4]$ gelöste $Mn(OH)_2$ (vgl. C. **1952.** 24) durch einen lebhaften O_2-Strom zu $NaMnO_2$, einem braunen Nd., der in W. zu schwarzem $Mn_2O_3 \cdot 1\ H_2O$ hydratisiert u. mit $MnCl_2$ zu Mn_3O_4 umgesetzt werden kann. Bei 30—60° entstehen unter sonst gleichen Bedingungen moosgrün gefärbte Hydroxomanganate der Zus. $Na_3[Mn(OH)_6] \cdot 2{,}5\ H_2O$ u. $Na_4[Mn(OH)_7] \cdot 5\ H_2O$, die sehr leicht hydrolysieren. $Mn(OH)_2$ ist in sd. KOH wesentlich weniger lösl. als in sd. NaOH. Durch Oxydation mit O_2 entsteht in 15 bis 60 Min. Mn_3O_4, nach 4—5 Std. $KMnO_2$, nach 8—22 Std. charakterist. graphitgraue Nadeln der Zus. $2\ K_2O \cdot Mn_2O_3 \cdot 2\ MnO_2 \cdot aq$. Bei extrem langen Versuchszeiten geht die Oxydation auch in NaOH weiter. In sd. $Ba(OH)_2$-Lsg. wurde $Mn(OH)_2$ durch O_2 in 42std. Vers. zu gelbgrünem, gegen W. indifferentem $BaMnO_4$ oxydiert. Aus $NaMnO_2$ entstehen durch Kochen in $Ba(OH)_2$ unter N_2 (30 Min.) *Ba-Hydroxomanganate(III).* Auch durch Umsetzung von Na-Hydroxomanganat(III) mit Ba- u. Sr-Verbb. wurden Hydroxomanganate(III) des Ba u. Sr hergestellt, die teilweise noch Na enthalten. Es wurden die gegen Methanol beständigen Ba- u. Sr-Salze der Anionen $[Mn(OH)_5]^{2-}$, $[Mn(OH)_6]^{3-}$ u. $[Mn(OH)_7]^{4-}$ hergestellt. (Z. anorg. allg. Chem. **270.** 56—68. Okt. 1952. Karlsruhe, TH, Inst. für Anorg. Chemie.) PLUSKAL. 350

Walter Hieber und **Josef Sedlmeier,** *Über Metallcarbonyle.* 65. Mitt. *Über die Reaktion des Kobalttetracarbonyls mit verschiedenartigen Basen.* 3. Mitt. (62. bzw. 2. Mitt. vgl. C. **1954.** 4114.) Bei Einw. von Isonitrilen (*Methyl-* u. *Phenylisonitril*) auf $[Co(CO)_4]_2$ entsteht im Sinne der Diproportionierung $2\ Co^0 \rightarrow Co^{\oplus} + Co^{\ominus}$ das *Pentaisonitrilokobalt(I)-tetracarbonylocobaltat(I),* $[Co^{I}(CNR)_5]^{\oplus}[Co^{-I}(CO)_4]^{\ominus}$, dessen ionogene Struktur durch Leitfähigkeitsmessungen u. konstitutionstyp. Umsetzungen bewiesen wird. Die Rk. von Kobaltcarbonyl mit *Triphenylphosphin* führt ebenfalls zur Bldg. komplexer

Co^{-}-Salze mit dem Anion $[Co(CO)_4]^{\ominus}$. Auch die aus Kobaltcarbonylquecksilber u. Isonitril hergestellten Prodd. besitzen die Struktur $[Co(CNR)_5]^{\oplus} \cdot [Co(CO)_4]^{\ominus}$. Die von HIEBER u. BÖCKLY, C. **1950.** II. 2895 u. C. **1953.** 4500 angegebenen Verbb. $[Co(CO) \cdot (CNCH_3)_3]_2$, $[Co(CO)_2(CNCH_3)_2]_2$ u. $[Co(CO)_3(CNC_6H_5)_5]$ sind zu streichen. Vf. kommt zu dem Schluß, daß keine echten Substitutionsprodd. bekannt sind, die sich vom dimeren Kobalttetracarbonyl unter Beibehaltung des Formeltyps ableiten. (Chem. Ber. **87.** 789—92. 1954. München, TH, Anorgan.-chem. Labor.) GEHLEN-KELLER. 355

James I. Watters, John Mason und **Arnold Aaron,** *Spektrophotometrische Untersuchungen der gemischten Komplexe aus Kupferionen mit Ammoniak und Pyrophosphationen in wässeriger Lösung.* (Vgl. C. **1954.** 4115.) Spektrophotometr. Unterss. nach liegt in Lsgg., in denen $[P_2O_7^{4-}]:[Cu^{2+}] \geqq 2$ ist u. die einen mäßigen Ammoniaküberschuß enthalten, das Gleichgewicht $[Cu(P_2O_7)_2]^{6-} + 2\,NH_3 \rightleftharpoons [Cu(P_2O_7)(NH_3)_2]^{2-} + P_2O_7^{4-}$ vor. Für dieses wurde die Gleichgewichtskonstante (K) zu $K = 10^{14,22 \pm 0,15}$ u. die maximale mol. Extinktion bei 650 $m\mu$ zu 27,0 bestimmt. In Lsgg. mit Pyrophosphat- u. Ammoniakunterschuß erfolgt schrittweise Dissoziation nach $[Cu(P_2O_7)(NH_3)_2]^{2-} \rightleftharpoons NH_3 + [Cu(P_2O_7)NH_3]^{2-}$ (I) ($K = 10^{1,70}$) u. weiter gemäß $[Cu(P_2O_7)NH_3]^{2-} \rightleftharpoons NH_3 + [Cu(P_2O_7)]^{2-}$. I erhält man beim Zugeben von Ammoniak auch in Lsgg., die $[Cu^{2+}]:[P_2O_7^{4-}] = 1$ enthalten. In sehr verd. Lsgg. mit $[Cu^{2+}]:[P_2O_7^{4-}]:[NH_3] = 1:0,5:2$ konnte die Existenz des schon früher diskutierten Komplexes $[Cu_2(P_2O_7)(NH_3)_4]^0$ sichergestellt werden. Auf Grund einer Erhöhung der Extinktion u. einer Verschiebung des Absorptionsmaximums der untersuchten Lsg. bei großer Steigerung der NH_3-Konz. zu längeren Wellenlängen hin scheint sich $[Cu(P_2O_7)(NH_3)_3]^{2-}$ zu bilden. (J. Amer. chem. Soc. **75.** 5212—15. 5/11. 1953. Columbus, O., Ohio State Univ., Chem. Dep.) PLUST. 358

M. A. Hepworth, R. D. Peacock und **P. L. Robinson,** *Komplexe Fluoride des vier- und fünfwertigen Rutheniums.* Metall. Ru setzt sich bei Raumtemp. heftig mit BrF_3 um; nach Eindampfen im Vakuum bei Zimmertemp. hinterbleibt cremefarbiges *Ru-Bromoctafluorid* $RuBrF_8$, welches beim Erhitzen im Vakuum auf 120° unter Zers. zu grünem RuF_5 u. BrF_3 schm.; das RuF_5 kann im Vakuum bei 150—160° abdest. werden. — Die durch Einw. von elementarem F_2 auf K-Chlororuthenat bei 200° erhaltene Verb. K_2RuF_8 ist vermutlich nicht, wie anfangs angenommen (vgl. AYNSLEY, PEACOCK u. ROBINSON, Chem. and Ind. **1952.** 1002), ein komplexes Fluorid des 6-wertigen Ru, sondern ein Gemisch aus *K-Hexafluoruthenat(V)*, $KRuF_6$ u. KF_2. $KRuF_6$ erhält man durch Umsetzung eines Gemisches aus KBr u. metall. Ru im Verhältnis 1 : 1 mit BrF_3. Entsprechende Umsetzungen mit CsCl, AgBr u. mit den Bromaten der Erdalkalimetalle liefern $CsRuF_6$, $AgRuF_6$, $Ca(RuF_6)_2$, $Sr(RuF_6)_2$ u. $Ba(RuF_6)_2$. Das entsprechende Na-Salz $NaRuF_6$ ist aus NaBr, Ru u. BrF_3 nicht erhältlich; vermutlich wird es von BrF_3 zu $NaBrF_4$ u. $RuBrF_8$ solvolysiert. Ebensowenig läßt sich das Th-Salz aus TlBr, Ru u. BrF_3 darstellen. $TlRuF_6$ bildet sich beim Vermischen der Lsgg. von RuF_5 u. TlF in SeF_4. Bei der Einw. von elementarem F_2 auf ein Gemisch aus Fe u. Ru bei 300° entstehen RuF_5 u. FeF_3. Die Tatsache, daß manche Metallionen mit dem RuF_6^--Ion keine Salze bilden, hängt möglicherweise mit dem Radius der Kationen zusammen. — $KRuF_6$ u. $CsRuF_6$ geben beim Erwärmen mit wenig W. hellgelbe Lsgg., die O_2 entwickeln, nach RuO_4 riechen u. beim Abkühlen gelbe Kristalle von *K-Hexafluoruthenat(IV)*, K_2RuF_6, bzw. *Cs-Hexafluoruthenat (IV)*, Cs_2RuF_6, ausscheiden. K_2RuF_6 ist in W. wenig lösl.; die Lsg. zers. sich erst nach 1—2 Std. unter Abscheidung von schwarzem RuO_2-Hydrat. Mit HCl entsteht die rotbraune Farbe des $RuCl_6^{2-}$-Ions, mit verd. H_2SO_4 die für Ru(IV)-Sulfat typ. Braunfärbung. (J. chem. Soc. [London] **1954.** 1197—1201. April. Newcastle-on-Tyne, King's Coll.) FORCHE. 363

Harry Julius Emeléus u. **John Spener Anderson,** Ergebnisse und Probleme der modernen anorganischen Chemie. Übers. d. 2. engl. Aufl. v. **Kurt Karbe.** 2. Aufl. Berlin, Göttingen, Heidelberg: Springer. 1954. (XV + 540 S. m. 68 Textabb.) DM 48.—.

C. Mineralogische und geologische Chemie.

George Tunell, *Berechnung von polaren und direkten Achsenverhältnissen sowie polaren und direkten Achsenwinkeln trikliner Kristalle aus Flächenwinkeln.* Vf. gibt eine einfache Meth. an zur Best. der MILLERschen Indices u. anderer kristallograph. Daten aus den Flächenwinkeln. (Amer. Mineralogist **39.** 51—62. Jan./Febr. 1954. Los Angeles, Calif., Univ., Dep. of Geol.) HILLER. 372

E. den Tex, *Intertracialwinkel als Anzeiger der optischen und dimensionalen Orientierung einiger monokliner Kristalle in beliebigen Schnitten.* Vf. beschreibt eine Universaldrehtischmeth. zur Best. der Hauptzonenachsen aus beliebigen Kristallschnitten, wenn die Orientierung der Indicatrix bekannt ist u. wenn die Spuren zweier Flächen u. ihr Winkel (Intertracialwinkel) gemessen werden kann. Das Verf. ist auf monokline Kristalle anwendbar, bei denen die Achsenabschnitte u. die Lage der opt. Achsenebene bekannt u. bestimmte Flächen oder Spaltrichtungen bestimmbar sind. Dies gilt für die Mehrzahl der *Pyroxene* u. *Hornblenden*. Die Grenzen u. Vorteile der Meth. sowie ihre Anwendbarkeit auf Gefügeregelungsuntersuchungen werden diskutiert. (Amer. Mineralogist **39**. 63—74. Jan./Febr. 1954. Melbourne, Victoria, Australien, Univ.) Hiller. 372

Arlette Hée und **René Lecolazet**, *Benutzung von Bohrlöchern in den Felsen zur Untersuchung der durchdringenden Strahlung*. Aus der γ-Strahlung von Gestein kann auf den Geh. an *U*, *Th* u. *K* geschlossen werden. Messungen an der Oberfläche sind verschied. Fehlern ausgesetzt, es muß die Topographie, die Höhenstrahlung u. die Wrkg. von Emanation berücksichtigt werden. Diese Fehler werden vermieden, wenn die Messungen in Bohrlöchern vorgenommen werden. (C. R. hebd. Séances Acad. Sci. **235**. 201—03. 16/7. 1952.) Wiedemann. 378

W. Gentner, **F. Jensen** und **K. R. Mehnert**, *Zur geologischen Altersbestimmung von Kalifeldspat nach der Kalium-Argon-Methode*. (Vgl. C. **1954**. 9477.) Kalifeldspat aus einem Pegmatit von Waldkirch (Schwarzwald) wurde zur Altersbest. nach der K–Ar-Meth. herangezogen. Schon bei der Pulverisierung kann Ar entweichen, da es wahrscheinlich längs in Homogenitätsgrenzen des Kristalls konzentriert ist. Bei 900° beginnt der Feldspat bereits merklich Ar abzugeben. Bei 1000—1100° werden ca. 70% frei, der Rest erst beim Schmelzen bei ca. 1200°. Es ergab sich, ein maximaler Ar-Geh. von 91,1 mm³ ^{40}Ar/100 g K. Bei einer Aktivität von 3,3 γ/g K sec u. einem Verzweigungsverhältnis von 11,9 γ/100 β ergibt sich für den untersuchten K-Feldspat ein vorläufiges Alter von $223 \cdot 10^6$ Jahren. Die Intrusion des Pegmatites wird in die Zeit vom Oberen Kulm bis zum Oberkarbon gelegt, das entspricht einem Alter von 250—200 Millionen Jahren. (Z. Naturforsch. **9a**. 176. Febr. 1954. Freiburg i. Br., Univ., Physik. Inst.) Hiller. 378

Ciro Andreatta, *Stoffmobilisierung und Stoffbewegungen bei der tektonischen Metamorphose*. Bei der Stoffmobilisierung während der tekton. Metamorphose werden in Form von wss. Lsg. Ionen u. Ionengruppen aus den Kristallgittern der existierenden Mineralien gelöst u. wandern vorwiegend in der Bewegungsrichtung der tekton. Strömung. Beim Bestehen günstiger räumlicher Bedingungen vereinigen sie sich zu neuen Kristallgittern der in der jeweiligen Tiefenzone stabilen Mineralien. Die Orientierung ist so, daß sie der tekton. Bewegung den geringsten Widerstand leisten. Das bedeutet, daß sie sich mit der kristallograph. dichtesten Teilchenpackungsebene parallel zur Gleitfläche der tekton. Strömungen anordnen. (Neues Jb. Mineralog., Mh. **1954**. 2—17. Febr. Bologna.) Hiller. 378

Jan Kutina, *Mikroskopischer und spektrographischer Beitrag zur Frage der Entstehung einiger Kolloidalstrukturen von Zinkblende und Wurtzit*. Schalenblende aus der Schmalgrafgrube bei Moresnet (Belgien) (I) u. von Kattowitz (II) wurde mkr. u. spektralanalyt. untersucht. Bes. wurde die Frage der koll. Entstehung behandelt. Bei I verlaufen die dunklen Bänder nicht völlig parallel den nacheinander abgelagerten Anwachsschalen. Das Abwechseln der hellen u. dunklen Bänder ist das Ergebnis der Diffusion des Eisengehaltes. Vf. kommt zu dem Resultat, daß ein Teil des ZnS im Kolloidalzustand abgelagert wurde, ein anderer Teil aus echten Lsgg. kristallisierte. Bei II zeigte sich ein zahlreich u. typ. entwickeltes Netzwerk von Schrumpfungsrissen u. kugelschalige Absonderung in Richtung der Anwachsschalen von ZnS. Die Spektralanalyse der Schalenblende I zeigte, daß die dunkleren Lagen nicht nur mehr Fe enthalten, sondern auch einen größeren Geh. von Ge, Mn, Pb, As u. Tl besitzen. Die hellen Lagen enthalten mehr Zn u. Cd. Es wird dies als Folge der Diffusionsvorgänge im Gelmilieu betrachtet. Der Bleiglanz enthielt Pb, Sb, Tl, As, Zn, Ag, Cd, Sn(?), Fe. Bei II sind die Unterschiede der Lagen nicht so deutlich. Die dunklen Lagen weisen nur wenig größeren Geh. von Fe, Ge, Pb, As u. Tl auf. Im Bleiglanz wurde Pb, Tl, Zn, Fe u. Cd ermittelt. (Geologie **1**. 436—52. 1952. Prag, Karls-Univ., Mineralog. Inst.) Hiller. 378

A. Pabst, *Brannerit aus Californien*. In Quarzadern südl. von Coleville, Mono Co., Calif., wurde Brannerit gefunden, der dem vom Originalfundort ähnlich ist. Analyse: SiO_2 0,5, CaO 2,8, Total R_2O_3 einschließlich Seltene Erden 92,2, H_2O 2,6%. Daraus ergibt sich die Formel XY_2O_6, worin X bedeutet Ionen mit dem Radius ca. 1,0 Å u. Y solche mit ca. 0,75 Å. Ursprünglich metamikte Brannerite verschied. Vorkk. ergaben nach dem Erhitzen ähnliche Röntgendiagramme, die sich aber nicht deuten lassen. (Amer. Mineralogist **39**. 109—17. Jan./Febr. 1954. Berkeley, Calif., Univ.) Hiller. 380

Vojislav Vujanović, *Chalkophanit aus Janjevo bei Priština (Serbien).* Das Vork. von Chalkophanit, (Mn, Zn)O·2 MnO_2·2 H_2O, von Janjevo bei Priština wird beschrieben. Die Paragenese der Primärlagerstätte besteht aus: *Pyrrhotin, Chalkopyrit, Pyrit, Gelpyrit, Markasit, Arsenopyrit, Sphalerit, Galenit* u. *Tetraedrit*, teilweise auch *Antimonit, Boulangerit* u. *Falkmanit.* Der Chalkophanit gehört zu den Verwitterungsbildungen u. findet sich neben *Psilomelan, Polianit* u. *Pyrolusit* in den Eisen–Mangan-Hütten. Die erzmkr. Erscheinungsweisen des Chalkophanits werden dargestellt. Analyse: MnO_2 67,64, ZnO 18,60, FeO 0,60, H_2O 12,50%. Daneben wurden spektralanalyt. festgestellt: Mg, Al, Cr, Ni, Co, Ti, Pb u. Ca. (Neues Jb. Mineralog., Mh. **1954.** 40—47. Febr. Belgrad.) HILLER. 380

R. Torrence Martin, *Illit im Enfield-Tonschiefer aus Süd-New York.* Es wird ein Tonschiefer beschrieben, der südlich Ithaca gefunden wird u. der aus 16% Ton $< 1,0\ \mu$, 73% Silt, 50—1 μ u. 11% Sand besteht. Die Tonfraktion ist vorwiegend Illit. (Amer. Mineralogist. **39.** 149. Jan./Febr. 1954. Ithaca, N. Y., Cornell Univ.) HILLER. 380

R. S. Young, D. A. Benfield und **K. G. A. Strachan**, *Kobalt in Kimberliten.* Bei der vollständigen chem. Analyse von 10 verschied. Kimberlittypen der Premier Mine, Transvaal, wurde ein Co-Geh. von 0,003—0,008% gefunden. Die Gehh. von Fe, Ni u. Co in Kimberliten werden mit denen in Meteoriten verglichen. (Amer. Mineralogist **39.** 143—44. Jan./Febr. 1954. Johannesburg, Südafrika, Diamond Red. Labor.) HILLER. 380

G. A. Deicha, *Über die magmatischen Relikte in den Quarzen der ersten Verfestigung von Gesteinen in zwei Kristallisationszeiten.* In einem Stück Mikrogranit mit Plagioklas von Collo, Dép. de Constantine (Algier) wurden in den Quarzen glasige Einschlüsse unterschiedlicher Größe gefunden. Diese enthielten ihrerseits Kristalle u./oder Aureolen als Zeichen einer früheren Kristallisationsperiode. Die glasigen Einschlüsse sind zum Teil sehr frisch, zum Teil sind sie entglast. (Bull. Soc. franç. Minéralog. Cristallogr. **76.** 457—63. Okt./Dez. 1953. Paris, Sorbonne, Labor de Géologie Appliquée.) LÖFFLER. 380

K. H. Scheumann und **W. Woldt**, *Bemerkungen zu devonischen Rhythmiten.* Vff. zeigen, daß auch Grauwackentonschiefer deutliche Rhythmen zeigen. Dies kann durch eine Dickschliffmeth. sichtbar gemacht werden. Auch sandige Tonschiefer zeigen solche Rhythmen. Die untersuchten Grauwacken gehören zu den Quarziten. Die Begriffe *Diagenquarzit* u. *Protoquarzit* werden neu eingeführt. Letzterer an Stelle von *Orthoquarzit.* (Neues Jb. Mineralog., Mh. **1954.** 29—39. Febr. Bonn.) HILLER. 380

Arie Poldervaart und **Arthur K. Gilkey**, *Über getrübte Plagioklase.* Es wird gezeigt, daß die Erscheinung der getrübten Plagioklase durch Einschlüsse verschied. Mineralien hervorgerufen wird u. daß sie auch bei anderen Mineralien als Plagioklasen auftritt. Kleine Flächen physikal. Diskontinuität scheinen die Zu- u. Abwanderungswege der Fremdsubstanz zu sein. Bei mittleren Plagioklasen können diese Flächen an innere Phasengrenzen der ungemischten Feldspäte gebunden sein. Geringe Trübungen sind wahrscheinlich auf die Ausscheidung von Fe im Feldspatgitter während dessen Bldg. zurückzuführen, während stärkere durch die Migration von Fe oder anderen Elementen nach der Kristallbldg. bedingt werden. Auf die geolog. Bedeutung der getrübten Feldspäte wird eingegangen u. gezeigt, daß diese nicht als einziges Kriterium für thermale Metamorphose benutzt werden dürfen. (Amer. Mineralogist **39.** 75—91. Jan./Febr. 1954. New York, N. Y., Columbia Univ., Dep. of Geol.) HILLER. 380

Hisashi Kuno, *Untersuchungen von Orthopyroxenen aus vulkanischen Gesteinen.* Es werden Orthopyroxene aus vulkan. Gesteinen, die ihrer Zus. nach zwischen *Bronzit* u. *Eulith* liegen, mit solchen aus pluton. u. metamorphen Gesteinen verglichen. Bei hoher Temp. gebildete Kristalle enthalten 0,104—0,057 At.-% Ca, während bei niedriger Temp. entstandene weniger als 0,033% Ca aufweisen. Die vulkan. Orthopyroxene mit der Zus. $MgFe^{2+} + Fe^{3+} + Mn = 1:1$ zeigen um 7° größere Achsenwinkel als die pluton. u. metamorphen. Diese Abweichung wird geringer, wenn sie Mg oder Fe enthalten. Die Gitterkonstanten wachsen, wenn Fe^{2+} für Mg eintritt, a u. c wachsen, wenn Ca für Mg eintritt, während die Substitution von Al für Mg b kleiner werden läßt. (Amer. Mineralogist **39.** 30—46. Jan./Febr. 1954. Tokio, Univ., Geol. Inst.) HILLER. 380

Cornelius S. Hurlbut jr., *Smithsonit von der Broken Hill Mine, Rhodesien.* Aus alten Sammlungsstücken werden 2 Arten von Smithsonitkristallen beschrieben, die neue Formen zeigen. Die Brechungsindices sind für beide Arten $n_\omega = 1,850$, $n_\varepsilon = 1,623$. D. (Typ 1) 4,424, (Typ 2) 4,405. Spektralanalyt. wurden folgende Verunreinigungen festgestellt: Typ 1 MgO 0,1, CaO 0,001; Typ 2 MgO 0,5, FeO 0,4, CaO 005, CdO 0,05%. (Amer. Mineralogist **39.** 47—50. Jan./Febr. 1954. Cambridge, Mass., Harvard Univ.) HILLER. 380

R. H. S. Robertson, G. W. Brindley und **R. C. Mackenzie,** *Mineralogie von Kaolintonen von Pugu, Tanganyika.* Mit Hilfe von Röntgenstrahlen, Thermoanalyse, chem. u. elektronenopt. Methoden wurden Kaolintone von Pugu, Tanganyika, untersucht. Sie enthielten gut krist. *Kaolinite* u. nach der b-Achse fehlgeordnete Kaoline. Letztere gaben bes. deutliche Röntgendiagramme, die genau analysiert werden konnten. Morpholog. zeigen sie kleine, aber gut ausgebildete hexagonale Plättchen. Die Kationenaustauschkapazität wurde gemessen u. ließ Beziehungen zu Substitutionen in tetraedr. u. oktaedr. Gitterplätzen erkennen. Der chem. Hauptunterschied zwischen geordneten u. fehlgeordneten Tonen scheint in dem Anteil der tetraedr. Substitution zu liegen. (Amer. Mineralogist **39.** 118—38. Jan./Febr. 1954. Glasgow, Scotland; Leeds, Univ., Dep. of Phys.; Aberdeen, Scotland, Macaulay Inst. for Soil Res.)
HILLER. 380

Georges Millot, *Über das Vorkommen von Tongesteinen, welche hauptsächlich aus Chloriten bestehen.* In zwei marokkan. Sedimenten bestand die Tonsubstanz vorwiegend oder ganz aus Chlorit. Das zweite Mineral, welches aber zurücktritt, ist *Illit.* Der Chlorit ist nicht quellfähig. (C. R. hebd. Séances Acad. Sci. **238.** 363—64. 18/1. 1954.)
ENSSLIN. 380

Leo Ogniben, *Das petrographische Gefügebild der Brekzientone Siziliens und ihre geologische Bedeutung.* Es wird ein besonderer Typus klast. Sedimente, die Brekzientone, die aus tonigen u. mergeligen Fragmenten in toniger Grundmasse bestehen, beschrieben. Das Material der Brekzientone, das in Synklinalen u. ehemaligen Sedimentationsmulden abgesetzt wurde, ist im Gefolge diapir. Vorgänge an die Oberfläche gekommen. (Neues Jb. Mineralog., Mh. **1954.** 18—28. Febr. Mailand.)
HILLER. 385

Dagmar C. Wilson, *Fluorgehalt einiger Wässer in Nigeria.* Die Unters. verschied. Quellwasser des Zentralplateaus von Nigeria auf ihren F-Geh. ergab einen durchschnittlichen Wert von 0,2—0,4 p.p.m., obwohl im Quelleinzugsgebiet präcambr. Gestein mit hohem F-Geh. vorkommt. Es bilden sich demnach dort aber keine in W. lösl. F-haltigen Verbindungen. Im Niger- u. Bentue-Tal ist der F-Geh. des Trinkwassers stellenweise höher (bis zu 3,3 p.p.m. bei Abakaliki). Unter den Eingeborenen weist jedoch nur ein geringer Prozentsatz Fluorosisschäden (mottled enamel) auf. (Nature [London] **173.** 305. 13/2. 1954. Oxford, Univ., Labor. for Human Nutrition.)
KLESSE. 393

K. H. Schütte und **J. F. Elsworth,** *Die Bedeutung in einigen südafrikanischen Vleis beobachteter großer p_H-Schwankungen.* In südafrikan. kleinen Süßwasserseen, „Vleis", sind 2 Typen ausgeprägter p_H-Schwankungen zu beobachten: jahreszeitliche, wobei der p_H im Sommer höher als im Winter ist, u. tägliche (zwischen 9,1 u. 12,5 in *Potamogeton capense*-Massen), wobei der Tages-p_H den Nacht-p_H wesentlich übersteigt. Das W. ist schwach alkal., weiches W. mit dem n. CO_2–HCO_3^-- oder HCO_3^-–CO_3^{2-}-Puffersystem. Die p_H-Schwankungen beruhen auf Veränderungen im Pufferungsgleichgewicht infolge des CO_2-Verbrauchs durch Photosynthese. Bei p_H-Anstieg zwischen 5,5 u. 11,5 werden die C-Verbb. des W. in Form von CO_2 bei p_H-Anstieg auf $>11,5$ als Bicarbonat entfernt, das heißt, die im Bereich von p_H 9—12 wachsenden Pflanzen können zur Photosynth. CO_2 u. HCO_3^- verwerten. Die starken Schwankungen werden nur bei heißem sonnigem Wetter in dichter Vegetation beobachtet. (J. Ecology **42.** 148—50. Jan. 1954. Cape Town, Univ., Dep. of Bot.) K. MAIER. 393

A. A. Saukow, Geochemie, Berlin: Verl. Technik. 1953. (311 S. m. 21 Abb., 40 Taf.)

D. Organische Chemie.

D_1. Allgemeine und theoretische organische Chemie.

E. Theal Stewart, *Bindungsordnungen in Dibenzo-[c.d; l.m]-perylen.* Die Elektronenverteilung im *Dibenzo-[c.d;l.m]-perylen* (**I**), wie sie sich nach der M. O.-Meth. ergibt, bedingt das Auftreten der ersten Absorptionsbande (Übergang $A_{1g} \rightarrow B_{2u}$) bei 750 m$\mu$. Gefunden wurde für *Peropyren,* das nach CLAR (Ber. dtsch. chem. Ges. **76.** [1943.] 458) mit **I** ident. ist, 440 mμ als Wellenlänge des Absorptionsmaximums. Vf. diskutiert mögliche Gründe für diese Diskrepanz; er weist darauf hin, daß auch Berechnung nach der Störungsrechnung (vgl. DEWAR, J. chem. Soc. [London] **1952.** 3532) schlechte Übereinstimmung ergibt. Die von DEWAR vorgeschlagene Verfeinerung der Berechnung (Berücksichtigung der Verschiedenheit der Resonanzintegrale für die einzelnen Bindungen) führt bei strikter Durchführung sowohl im speziellen Fall als auch allg. höchstens zur Verschlechterung der Resultate. (J. chem. Soc. [London] **1954.** 1643—44. Mai. Oxford, Mathemat. Inst.) KRESZE. D 10

D. A. Brown und **M. J. S. Dewar,** *Fluorenanaloge von Triphenylmethanfarbstoffen; Berechnung ihrer Lichtabsorption nach der Molekülbahnmethode.* Die Fluorenanalogen von Malachitgrün (**I**) u. Kristallviolett (**II**), also die Farbsalze von *9-Phenyl-3.6-bis-[dimethylamino]-fluorenol-(9)* (**III**), *9-[p-Dimethylaminophenyl]-3-dimethylaminofluorenol-(9)* (**IV**) u. *-3.6-bis-[dimethylamino]-fluorenol-(9)* (**V**) absorbieren längerwellig als **I** u **II** selbst (vgl. BARKER u. BARKER, J. chem. Soc. [London] **1954.** 1307). Dies kann erklärt werden durch 2 sich ausschließende Annahmen: a) der Fluorenkern ist nicht eben, die bathochrome Verschiebung ist darauf u. auf Wrkg. der zusätzlichen C—C-Bindung zurückzuführen; b) die Fluorenfarbstoffe sind im Gegensatz zu den einfachen Triphenylmethanfarbstoffen eben gebaut, die Veränderung des Spektr. rührt von der stärkeren Konjugation mit dem Zentral-C-Atom her. Zur Unterscheidung zwischen den beiden Möglichkeiten haben Vff. die Absorptionsmaxima von **I**—**V** nach der LCAO–MO-Meth. unter Annahme ebenen Baues bei allen Verbb. berechnet. Berechnete u. beobachtete Absorptionsfrequenzen ν_{max} stimmen befriedigend überein. Vff. schließen daraus, daß das unterschiedliche Verh. der beiden Farbstoffklassen allein auf den Einfl. der zusätzlichen C—C-Bindung in den Fluorenderivv. zurückgeführt werden muß. Nach der Feinstruktur der Spektren besitzt diese Bindung weitgehend aromat. Charakter. — Bei Best. der ν_{max} nach der Störungsrechnung wird die Verschiebung ins Langwellige richtig erhalten, der Effekt ist jedoch noch größer als errechnet. Vff. erklären dies durch die Annahme, daß nicht einfach die Bldg. der zusätzlichen Bindung in **III**—**V** die bathochrome Verschiebung bewirkt, sondern vielmehr die radikale Änderung der Elektronenverteilung beim Übergang vom alternierend-konjugierten (Diphenylmethan-) Syst. in **I** u. **II** zum nicht-alternierend-konjugierten Fluorensystem. — Allg. ist der Einfl. nicht-ebenen Baus auf die Lichtabsorption bei Triphenylmethanderivv. nicht sehr stark, der Effekt sollte außerdem in einer bathochromen Verschiebung beim Übergang eben → nicht eben bestehen. (J. chem. Soc. [London] **1954.** 2134—36. Juni. London, Queen Mary Coll.) KRESZE. D 114

Ferdinand Bohlmann, *Konstitution und Lichtabsorption.* 5. Mitt. *Verbindungen mit isolierten chromophoren Systemen.* (4. vgl. C. **1954.** 7147.) Es werden aus Polyketonen, -aldehyden u. -diketonen nach üblichen Methoden eine Anzahl Verbb. des Typs $R\cdot[CH{=}CH]_n{-}CHOH{-}R$ (**A**) u. $R{-}[CH{=}CH]_n{-}CHOH{-}[CH{=}CH]_n{-}R$ (**B**) dargestellt. Nachdem mit Hilfe von Modellsubstanzen festgestellt worden ist, daß die OH-Gruppen in den UV-Spektren auf die Lage der Banden der ungesätt. Systeme keinen Einfl. ausüben — vorst. Verbb. lassen sich leichter darstellen als die entsprechenden KW-stoffe —, vergleicht Vf. die Spektren der ungesätt. Systeme von **A** mit denen von **B** u. stellt fest, daß die von **B** gegenüber denen von **A** um 7—22 mμ verschoben sind. Überraschenderweise trifft dies nur für symm. Verbb. von **B** zu. Bei Einschiebung einer weiteren gesätt. C-Gruppe in **B** zwischen die beiden ungesätt. Ketten beträgt die Verschiebung nur noch 2—4 mμ. Aus den Ergebnissen schließt Vf., daß auch über 1—2 gesätt. Zwischenglieder in **B** die π-Elektronenwolken der beiden ungesätt. Ketten sich gegenseitig beeinflussen.

Versuche (UV-Spektren in Methanol): *Distyrylcarbinol,* F. 64—65° (PAe. + Bzl.), aus Dibenzalaceton durch Red. mit $LiAlH_4$ in Ae. u. PAe., Zers. mit gesätt. NH_4Cl-Lsg.; [λ_{max} =] 263 mμ; [ε =] 33200; 73% (Ausbeute). — *Bis-[ω-phenylbutadienyl]-carbinol,* $C_{21}H_{20}O$, F. 103—105° (Toluol + PAe.), aus Dicinnamalaceton wie oben; 222, 281 u. 302 mμ; 26500, 50500 u. 64000; 70%. Bei Zers. mit verd. Mineralsäuren entsteht unter Allylumlagerung *[ω-Phenyloctatetraenyl]-phenylcarbinol,* F. 122°, hellgelbe Nadeln aus Toluol + PAe.; 250, 311, 328, 344 u. 362,5 mμ; 1200, 29000, 59000, 87500 u. 75000; CARR-PRICE-Rk. (C.P.R.) grünblau. — *Methyl-[ω-phenylbutadienyl]-carbinol,* F. 62—64° (Bzl.–PAe.), aus Cinnamalaceton wie vorst.; 221 (276), 268 (298) mμ; 33000, 35200 u. 24000; 80%. — *2.3-Dioxy-9-phenylnonatrien-(4.6.8),* $C_{15}H_{18}O_2$, F. 109 bis 110° (Bzl. + PAe.), analog; 232, 304, 317, 332,5 mμ; 12000, 42500, 53500 u. 40800; C.P.R. weinrot; 75%. — *Bis-[ω-phenylhexatrienyl]-carbinol,* $C_{25}H_{24}O$, F. 158°, aus Bis-[ω-phenylpentadienal]-aceton; 232, 310, 325 u. 338 mμ; 25000, 65600, 79000 u. 85000; 75%. — *Bis-[nonatetraenyl]-keton,* $C_{19}H_{22}O$, F. > 300° (Bzl.), aus Octatrienal + Aceton in Na-Alkoholatlösung. — *Bis-[nonatetraenyl]-carbinol,* F. > 300° (Bzl.) aus vorst. Verb.; 293, 307 u. 321 mμ. — *3-Oxy-ω.ω'-diphenylheptatrien-(1.4.6),* $C_{19}H_{18}O$, F. 81° (Bzl. + PAe.), aus Benzalcinnamalaceton; (257) u. 290 mμ; 19500 u. 39800; 81%. — *1-Oxy-1.5-diphenylpentadien-(2.4),* $C_{17}H_{16}O$, F. 79°, aus Cinnamalacetophenon, verfilzte Nadeln aus Cyclohexan; 289 mμ; 38000; 80%. — *9-Phenylnonatetraen-(2.4.6.8)-ol-(1),* $C_{15}H_{16}O$, F. 176—178°, aus Phenylnonatetraenal, hellgelbe Kristalle nach Sublimation bei 150°/0,5 mm; 249, 325, 341 u. 358,5 mμ; 7000, 50700, 71500 u. 57000); 50%; C. P. R. violett. (Chem. Ber. **85.** 1144—50. 1952. Braunschweig, TH, Organ. chem. Inst.) LEHWALD. D 118

Ferdinand Bohlmann, *Konstitution und Lichtabsorption.* 6. Mitt. *Zur Deutung von Polyacetylenspektren, sowie Darstellung von Bis-tert.-butyldecapentain-(1.3.5.7.9).* (Zugleich 3. Mitt. *über Polyacetylene.*) (5. bzw. 2. vgl. vorst. Ref. bzw. C. **1954.** 7146.) In Ergänzung zu den Unterss. in der 3. bzw. 2. Mitt. (l. c.) stellt Vf. aus Trimethyltetrolaldehyd (gewonnen aus der Rk. der GRIGNARD-Verb. von tert.-Butylacetylen mit Orthoameisensäureester u. nachfolgender Spaltung des gebildeten Acetals) u. Butadiin-bis-MgBr *1.10-Bis-tert.-butyldecatetrain-(1.4.6.9)-diol-(3.8)* (nicht getrenntes Gemisch aus Meso- u. Racemform) dar, das mittels $SOCl_2$ in das entsprechende *Dichlorid* verwandelt wird u. bei HCl-Abspaltung *1.10-Bis-tert.-butyldecapentain-(1.3.5.7.9)* liefert (UV-Spektren der Verbb. vgl. Original). Unter Bezugnahme auf die Ergebnisse der 3. Mitt. (Verschiebung der Absorptionsmaxima mit zunehmender Anzahl Doppel- oder Dreifachbindungen zum langwelligen Licht u. stark ansteigende Extinktion) stellt Vf. fest, daß die von KUHN (C. **1949.** II. 1173) für die Lichtabsorption aufgestellte Gleichung nur für Schwingungen der Elektronenwolke im zweidimensionalen Syst. zutrifft u. für Polyene u. Polyine nicht streng gültig ist. Die neu hinzutretende Störungsenergie jedes weiteren, eingefügten Kettengliedes wird mit wachsender Zahl der Glieder kleiner. Unter Zugrundelegung der KUHNschen Gleichung wird ein Vgl. der Maxima der Polyine u. Polyene durchgeführt, es wird unter Berücksichtigung der unterschiedlichen Abstände der $-C{=}C-$ u. $-C{\equiv}C-$-Atome eine recht gute Übereinstimmung erzielt, was besagt, daß die verschied. Bindungsabstände für die unterschiedliche Lage der Absorptionsmaxima verantwortlich zu machen sind. Die integralen Extinktionskoeffizienten von Polyin/Polyen verhalten sich wie 2—3 : 1 in guter Übereinstimmung mit dem theoret. errechneten Wert von 2,66. — Kurze Erörterung der Absorptionsverhältnisse bei Polyinmoll., in denen Phenylringe vorhanden sind.

Versuche: *Hexadien-(2.4)*, λ_{max} 226 mμ ($\varepsilon = 22500$); $\int \varepsilon d\nu = 2{,}2 \cdot 10^{-18}$. — *Octatrien-(2.4.6)*, λ_{max} 263 u. 274 mμ ($\varepsilon = 51500$ u. 41800); $\int \varepsilon d\nu = 6{,}85 \cdot 10^{-18}$. — *2.3-Dioxydodecatetraen-(4.6.8.10)*, λ_{max} 287, 299 u. 314 mμ ($\varepsilon = 41800$, 64000 u. 58900); $\int \varepsilon d\nu = 7{,}75 \cdot 10^{-18}$. — *Dodecapentaen-(2.4.6.8.10)*, λ_{max} 311, 326 u. 345 mμ ($\varepsilon = 49300$, 72500 u. 75000); $\int \varepsilon d\nu = 9{,}55 \cdot 10^{-18}$. — *β-Dihydrocarotin*, λ_{max} 383, 405 u. 429 mμ ($\varepsilon = 105000$, 160000 u. 143000; in Ae.); $\int \varepsilon d\nu = 17{,}5 \cdot 10^{-18}$. — ***Trimethyltetrolaldehyd***, Kp. 132°, durch Zutropfen von tert. Butylacetylen zu C_2H_5MgBr in Ae., 3 std. Kochen, Zutropfen von Orthoameisensäureester in Ae., 3 std. Rühren bei 20°, dann 3 std. Sieden, Zufügen von konz. NH_4Cl-Lsg., Vakuumdest. der äther. Schicht, 2 std. Kochen des rohen Acetals (Kp.$_{18}$ 70—76°) mit 10%ig. Oxalsäure u. Wasserdampfdest.; 55% (Ausbeute). *Semicarbazon*, $C_8H_{13}ON_3$, F. 163—164° (CH_3OH + W.); λ_{max} 265 mμ ($\varepsilon = 20700$). — ***1.10-Bis-tert.-butyldecatetrain-(1.4.6.9)-diol-(3.8)***, $C_{18}H_{22}O_2$, F. 47°, aus 23 g vorst. Verb. u. der GRIGNARD-Lsg. von Diacetylen in Ae.; nach 3 std. Rühren u. Zers. mit NH_4Cl Chromatographieren der Ätherschicht durch Kohle u. Al_2O_3 u. Vakuumeindampfen; Aufnehmen in CH_3OH, Auswaschen mit Bzl. + PAe., Verdünnen mit W., Ausäthern, Aufnehmen des äther. Abdampfrückstandes in Bzl. u. Fällen mit der 3fachen Menge PAe. bei —10°, verfilzte Nadeln aus Bzl. + PAe.; λ_{max} 233, 245 u. 265 mμ ($\varepsilon = 970$, 1120 u. 1160); 10 g. — ***1.10-Bis-tert.-butyldecapentain-(1.3.5.7.9)***, $C_{18}H_{18}$, F. 129—130° (CH_3OH), durch Stehen vorst. Verb. mit $SOCl_2$, Aufnehmen des Dichlorids in Ae., Neutralisieren, nach Trocknen Zutropfen zu K in absol. CH_3OH, 2 std. Stehen, Versetzen mit Ae., Abdampfen der äther. Schicht, Chromatographieren aus PAe. an Al_2O_3, gelbe Kristalle; λ_{max} 218, 228, 239, 251, 265, 313, 339, 364 u. 394 mμ ($\varepsilon = 13000$, 34000, 125000, 323000, 442000, 158, 256, 270, 156); $\int \varepsilon d\nu = 28{,}6 \cdot 10^{-18}$; 53%; gibt keine Rk. mit $SbCl_3$ in Chloroform. (Chem. Ber. **86.** 63—69. 1953. Braunschweig, TH, Org.-Chem. Inst.) LEHWALD. D 118

Richard A. Hebert, Mayer B. Goren und **Arthur A. Vernon,** *Die Absorptionsspektren von $\Delta^{10,10'}$-Bianthron, Helianthron und Mesonaphthobianthron in konzentrierter Schwefelsäure.* Die Absorptionsspektren von *$\Delta^{10,10'}$-Bianthron* (**I**), *Helianthron* (**II**) u. *Mesonaphthobianthron* (**III**) in konz. H_2SO_4 wurden von 220—1000 mμ gemessen. Die tiefe Farbe dieser Verbb. wird der Bldg. eines Oxoniumsalzes zugeschrieben, welches mit Strukturen, die denen der Triarylcarboniumionen ähnlich sind, in Resonanz steht u. den halochromen Salzen entspricht. Ähnliche Farb-Rkk. sind auch mit anderen elektrophilen Agentien zu erwarten u. wurden für **I** u. **II** mit $SnCl_4$ in Xylol u. Nitrobenzol gefunden, nicht aber für **III**. *$\Delta^{10,10'}$-Bianthron* (**I**), durch Oxydation von Anthron, Isomerisation u. Weiteroxydation. *Helianthron* (**II**), F. 294—297° (Xylol), aus α.α'-Bianthrachinonyl, gelbe Nadeln u. rote Kristalle; 80% Ausbeute. *Mesonaphthobianthron* (**III**), aus **I** in Xylol im Sonnenlicht. (J. Amer. chem. Soc. **74.** 5779—80. 20/11. 1952. Boston, Mass., Northwestern Univ., Hayden Mem. Labors.)

D. BRÜCK. D 118

C. G. Le Fèvre und **R. J. W. Le Fèvre,** *Molekulare Polarisierbarkeit. Ihre Anisotropie in aliphatischen und aromatischen Strukturen.* Nach der in J. chem. Soc. [London] **1953.** 4041 beschriebenen Meth. werden für die nachst. 29 Verbb. die mol. KERR-Konstanten bestimmt u. für unendliche Verdünnung extrapoliert. Die Messungen erfolgten in Chlf., nur bei **I** u. **II** in Bzl. für *Methylfluorid* (bei 20°; $\infty({}_mK_2)\cdot 10^{12} = 28{,}3$), *Methylchlorid* (25°; 32,3), *Methylbromid* (25°; 51,6), *Methyljodid* (25°; 54,2), *Nitromethan* (**I**) (25°; 89,0), *Acetonitril* (25°; 219,5), *tert.-Butylchlorid* (25°; 85,6), *tert.-Butylbromid* (25°; 146), *tert.-Butyljodid* (25°; 203), *Hexachloräthan* (25°; 4,60), *Bzl.* (20°; 7,24), *Toluol* (25°; 12,8), *Fluorbenzol* (20°; 56,8), *Chlorbenzol* (20°; 145), *Brombenzol* (25°; 171), *Jodbenzol* (20°; 186), *Nitrobenzol* (20°; 1073), *Benzonitril* (20°; 1147), *o-Xylol* (20°; 25,1), *m-Xylol* (20°; 13,0), *p-Xylol* (25°; 10,6), *p-Dichlorbenzol* (20°; 38,6), *p-Dibrombenzol* (20°; 40,3), *Mesitylen* (20°; 10,1), *1.3.5-Trichlorbenzol* (20°; 37,6), *1.3.5-Tribrombenzol* (20°; 24,3), *1.3.5-Trinitrobenzol* (**II**) (25°; 168), *Hexamethylbenzol* (25°; 16,0) u. *Hexachlorbenzol* (20°; 103,6). Es wurden die mol. Polarisationsellipsoide u. die Polarisationsellipsoide der Bindungen berechnet u. mit den von anderen Vff. angegebenen Werten krit. verglichen. In Übereinstimmung mit INGOLD wurde gefunden, daß eine Zunahme der Polarisierbarkeit vorzugsweise in den Richtungen stattfindet, in denen elektromere Verschiebungen energet. am meisten begünstigt sind. Für die Reihe der tert.-Butylhalogenide wurde eine von Cl nach J ansteigende Zunahme der longitudinalen Polarisierbarkeit der C-Halogenbindung festgestellt. (J. chem. Soc. [London] **1954.** 1577—88. Mai. Sydney, Univ., School of Chem.) MOISAR. D 119

W. A. Marinin, *Temperaturabhängigkeit der elektrischen Doppelbrechung von 1.2-Dichloräthan- und 1.2-Dibromäthanlösungen.* An Lsgg. von *1.2-Dichloräthan* (**I**), *1.2-Dibromäthan* (**II**), *Chlor-*, *Brom-*, *Nitrobenzol*, *Aceton* u. *Chlf.* in CCl_4 werden die KERR-Konstanten zwischen 20 u. 70° gemessen u. mit der Berechnung verglichen. Während das Verhältnis der Konstanten für Dampf u. für Lsg. bei den Stoffen mit konstantem Dipolmoment mit der Temp. nur wenig abnimmt, wird für **I** u. **II** eine wesentlich stärkere Abnahme festgestellt. Der aus den KERR-Konstanten erhaltene Molenbruch der Anteile, bei denen die eine CH_2Cl- bzw. CH_2Br-Gruppe gegenüber der anderen aus der trans-Stellung um 120° verdreht ist, entspricht bei **I** u. **II** dem aus dem effektiven Dipolmoment berechneten. (Журнал Физической Химии [J. physik. Chem.] **27.** 988—92. Juli 1953. Leningrad, Shdanow-Univ.) R. K. MÜLLER. D 119

Chas. E. Waring und **Robert L. Custer,** *Der Faraday-Effekt einiger durch Wasserstoffbindungen chelatisierter oder assoziierter Moleküle.* Zur Erkennung von mol. Wechselwirkungen untersuchten Vff. den FARADAY-Effekt von *o-* (F. 44,3°) u. *p-Nitrophenol* (F. 112,1°) u. *o-* (F. 32,7°) u. *p-Nitrochlorbenzol* (F. 82,0°) in Benzollsg. durch Best. der Konstanten der magnet. Rotation zwischen 10 u. 50° nach der früher beschriebenen Meth. (vgl. WARING u. CUSTER, C. **1953.** 5453) bei den Wellenlängen 589, 578 u. 546 mμ u. den Molfraktionen zwischen ca. 0,9 u. $15{,}4\cdot 10^{-3}$ für den gelösten Stoff. Es tritt so gut wie keine Änderung der scheinbaren mol. VERDET-Konstanten mit der Konz. bei 25° auf. Ferner wurden die magnet. Rotationsdispersion sowie die Temperaturkoeffizienten der mol. VERDET-Konstante V berechnet. Die Ergebnisse zeigen, daß die mol. Wechselwirkungen in Lsg. hier keine starken Veränderungen der Temperaturabhängigkeit der V hervorrufen u. daß die H-Bindung in Lsg. als gewöhnliche elektrostat. Anziehung aufzufassen ist. (J. Amer. chem. Soc. **76.** 2058—60. 20/4. 1954. Storrs, Conn., Univ., Dep. of Chem.) GNAUCK. D 119

L. M. Swerdlow, *Berechnung und Deutung der Schwingungsspektren des Dimeren der Ameisensäure und ihrer Deuterosubstitutionsprodukte.* Vf. untersucht (nach WOLKENSTEIN u. Mitarbeitern, Molekülschwingungen [Moskau] 1949) die RAMAN- u. Infrarotspektren des *Dimeren* der *Ameisensäure* u. ihrer *Deuterosubstitutionsprodukte.* Unter anderem wird der RAMAN-Linie 2957 cm^{-1} die Schwingungsfrequenz ν_{Ag}(C—H) u. der Bande mit dem Maximum bei 190 cm^{-1} ν_{Ag}(O . . . H) zugeordnet. Tabelle der berechneten Frequenzen für ν_{Ag} u. ν_{Bu} von $(HCOOH)_2$ (**I**), $(HCOOD)_2$, $(DCOOH)_2$ u. $(DCOOD)_2$ u. der beobachteten für ν_{Ag} u. ν_{Bu} von **I** sowie für ν_{Bu} aller Deuterosubstitutionsprodukte. (Доклады Академии Наук СССР [Ber. Akad. Wiss. UdSSR] [N. S.] **93.** 245—48. 11/11. 1953. Saratow, Tschernyschewski-Univ.) AMBERGER. D 120

J. C. Evans, *Infrarotspektrum und thermodynamische Funktionen von Formamid.* Die Infrarotspektren von fl. u. gasförmigem (130—160°) *Formamid* (**I**, F. 1,5°), sowie von **I**-Lsgg. in Chlf., CCl_4, CH_3CN, W. u. D_2O, ferner von Na-**I** u. **I**-HCl (Suspension in Chlf.) wurden zwischen 650 u. 3800 cm^{-1} gemessen u. tabellar. mit Zuordnungen angeführt. Durch Unters. der 3 μ-Region bei verschied. Tempp. u. Drucken (20 u. 95 mm) konnte festgestellt werden, daß bei gasförmigem **I** Assoziation nicht, bei fl. **I** nur unvollständig auftritt. Als Symmetriegruppe wird C_s angenommen mit Atomabständen

H—C 1,08, C=O 1,22, C—N 1,40 u. N—H 1,00 Å, ∢ NH_2 114°, ∢ HCO 122°, ∢ OCN 122° u. ∢ HCN 116° u. Trägheitsmomenten A = 14, B = 72 bzw. C = $82 \cdot 10^{-40}$ g·cm² (B fast parallel zur C—H-Bindung, A senkrecht zu ihr in der OCN-Ebene, C senkrecht zu dieser). Die thermodynam. Funktionen C_p^0, $(E_0 - E_0^0)/T$, $-(F^0 - E_0^0)/T$ u. S^0 sind tabellar. zwischen 273,16 u. 600° K angegeben. (J. chem. Physics **22.** 1228—34. Juli 1954. Aberystwyth, Wales, Univ. Coll., Edward Davies Chem. Labors.)
GNAUCK. D 120

J. R. Lacher, G. G. Olson und **J. D. Park,** *Die Infrarotabsorptionsspektren einiger N-Bromacetamide.* Die Infrarotabsorptionsspektren von *N-Bromacetamid* u. seinen *α-Chlor-*, *α-Dichlor-*, *α-Trichlor-*, *α-Difluor-* u. *α-Trifluor-*Substitutionsprodd. wurden im krist. Zustand u. in CCl_4-Lsg. von 1—15 μ gemessen. Die Analyse der Spektren zeigt, daß die Moll. in der Ketoform vorliegen u. durch N—H···O-Brücken im festen Zustand verbunden sind. Es scheint möglich, die Intensität der N—H-Grundschwingungsbande bei 2,93 μ zur Aktivität der N—Br-Bindung in Beziehung zu setzen. (J. Amer. chem. Soc. **74.** 5578—80. 20/11. 1952. Univ. of Colorado.) D. BRÜCK. D 120

E. R. Shull, J. L. Wood, J. G. Aston und **D. H. Rank,** *Infrarot- und Ramanspektren von 1.1-Dimethylhydrazin und Trimethylhydrazin.* (Vgl. ASTON, JANZ u. RUSSELL, C. **1952.** 3958.) Es wurden die Infrarotspektren von 99,9% reinem *1.1-Dimethylhydrazin* (**I**) zwischen 700 u. 1600 cm^{-1} für gasförmiges u. zwischen 700 u. 3500 cm^{-1} für fl. **I**, sowie von fl. u. gasförmigem, 97,9% reinem *Trimethylhydrazin* (**II**) zwischen 700 u. 3500 cm^{-1} sowie die RAMAN-Spektren von **I** u. **II** (Erregerlinie 4358 Å) aufgenommen. Die Spektren sind tabellar. zum Teil mit Zuordnungen angegeben. (J. chem. Physics **22.** 1191—93. Juli 1954. State College, Pa., State Univ., Dep. of Chem.)
GNAUCK. D 120

J. Timmermans, *Ein neues Kapitel der Stereochemie: Die Untersuchung der molekularen Konfiguration kristallisierter organischer Verbindungen.* Vortrag über die histor. Entw. der Stereochemie u. über die verschied. stereochem. Molekültypen. (Bull. Cl. Sci., Acad. roy. Belgique [5] **38.** 1255—62. 1952.) J. ROTHE. D 123

Gennady M. Kosolapoff, *Chemie der aliphatischen Phosphonsäuren.* 2. Mitt. *Dielektrizitätskonstanten und Viscosität einiger höherer Alkylphosphonate.* (1. vgl. C. **1954.** 7166.) Es wurden die DKK. ε einiger Diäthylalkylphosphonate $RP(O)(OC_2H_5)_2$ (**A**) mit einer geraden Zahl von C-Atomen in der Alkylkette bestimmt u. ihre Dipolmomente μ nach der Gleichung von BÖTTCHER errechnet. Es wurden ferner die Viscositäten η u. die spezif. Gewichte bei 32° u. 52°, der Brechungsindex bei 32° u. die Mol.-Refr. dieser Ester bestimmt. Die Ergebnisse der physikal. Konstanten u. Eigg. werden besprochen, sie sprechen für die „Zwiebel"-Struktur der Phosphonate.

Versuche: Die **A** wurden durch Umsetzung von Triäthylphosphit mit verschied. n-Alkylbromiden hergestellt (KOSOLAPOFF, C. **1945.** II. 473). Die Ausbeuten betrugen 84% u. mehr. [R =] C_2H_5, $Kp._{14}$ 86°, $D.^{32}_4$ 1,01, n_D^{32} 1,4108, $ε^{32}$ 10,653, μ 2,95. — *n*-C_7H_{15}, $Kp._{1,4}$ 105°, $D.^{32}_4$ 0,9525, $D.^{52}_4$ 0,9331, n_D^{32} 1,4242, $η^{32}$ 33,26 [millipoise], $η^{52}$ 21,45. — *n*-C_8H_{17}, $Kp._{1,1}$ 114°, $D.^{32}_4$ 0,9401, $D.^{52}_4$ 0,9228, n_D^{32} 1,4289, $η^{32}$ 31,19, $η^{52}$ 21,79, $ε^{32}$ 6,291, μ 2,83. — *n*-$C_{10}H_{21}$, $Kp._{1,8}$ 144°, $D.^{32}_4$ 0,9293, $D.^{52}_4$ 0,9124, n_D^{32} 1,4330, $η^{32}$ 44,28, $η^{52}$ 29,33, $ε^{32}$ 5,682, μ 2,78. — *n*-$C_{12}H_{25}$, $Kp._3$ 174°, $D.^{32}_4$ 0,9206, $D.^{52}_4$ 0,9041, n_D^{32} 1,4365, $η^{32}$ 60,94, $η^{52}$ 36,45, $ε^{32}$ 5,162, μ 2,73. — *n*-$C_{14}H_{29}$, $Kp._1$ 180°, $D.^{32}_4$ 0,9144, $D.^{52}_4$ 0,8988, n_D^{32} 1,4398, $η^{32}$ 78,15, $η^{52}$ 47,06, $ε^{32}$ 4,631, μ 2,62. — *n*-$C_{16}H_{33}$, $Kp._{0,4}$ 177°, $D.^{32}_4$ 0,9098, $D.^{52}_4$ 0,8944, n_D^{32} 1,4428, $η^{32}$ 101,54, $η^{52}$ 58,14, $ε^{32}$ 4,282, μ 2,55. — *n*-$C_{18}H_{37}$, $Kp._{0,4}$ 189°, $D.^{32}_4$ 0,9041, $D.^{52}_4$ 0,8890, n_D^{32} 1,4442, $η^{32}$ 124,69, $η^{52}$ 69,43, $ε^{32}$ 4,052, μ 2,52. (J. Amer. chem. Soc. **76.** 615—17. 20/1. 1954. Auburn, Ala., Polytechn. Inst., Ross Chem. Labor.) W. LORENZ. D 132

Sterling E. Voltz, *Dipolmomente von tert.-Butylperphthalsäure und Di-tert.-butyldiperphthalat.* Es werden in benzol. Lsg. bei 50 bzw. 30° die Dipolmomente von tert.-Butylperphthalsäure (3,74 D) u. Di-tert.-butylperphthalat (3,20 D) bestimmt. Die Polarisation der Säure ist konzentrationsunabhängig, diejenige des Phthalates nimmt linear mit der Konz. ab. (J. Amer. chem. Soc. **76.** 1025. 20/2. 1954. Marcus Hook, Pa., Houdry Process Corp.) K. L. WOLF. D 132

Harry Letaw jr. und **Armin H. Gropp,** *Polarographische Untersuchungen in nichtwässerigen Medien.* 1. Mitt. *Formamid.* 0,1 mol. KCl in Formamid (**I**) wird für polarograph. Redd. der folgenden Substanzen im Potentialbereich bis —1,6 V gegen SCE, welche durch eine Agar–KCl-Brücke verbunden ist, verwendet: *Acetophenon* (—1,48 ± 0,02), *Anisaldehyd* (—144 ± 0,01), *Benzalaceton* (—1,08 ± 0,00; 1,28 ± 0,03), *Benzaldehyd* (—1,34 ± 0,03), *Benzophenon* (—1,26 ± 0,01), *Fluorenon* (—0,87 ± 0,02), *Furfurol* (—1,31 ± 0,02; —1,55 ± 0,02), *Vanillin* (—1,44 ± 0,02), Pb^{2+} (—0,38 ± 0,02), Tl^+ (—0,35 ± 0,01), Zn^{2+} (—0,97 ± 0,01). In Klammern stehen Halbstufenpotentiale

u. deren Streubereiche auf Grund von 5—10 Einzelbestimmungen bei ca. 10^{-3}mol. Depolarisatorkonz. bei 25° u. einer Capillarkonstante von 2,78 $mg^{2/3}/sec^{-1/2}$ (bei —1 V). Aus dem Vgl. mit Halbstufenpotentialen in wss. u. alkoh. Leitelektrolyten ergibt sich: Kationen mit Ausnahme von Tl^+ verändern ihr Halbstufenpotential wenig, das der organ. Substanzen wird mit Ausnahme von Benzaldehyd in I positiviert. Die Stufen von Tl^+ u. Pb^{2+} haben reversiblen Charakter. Ein Nachteil von I besteht nur in seiner leichten Hydrolyse. (J. physic. Chem. **57**. 964—65. Dez. 1953. Gainesville, Fla., Univ. of Florida, Chem. Dep.) H. BERG. D 142

F. Arcamone, C. Prévost und **P. Souchay**, *Beitrag zur Untersuchung der Krokonate und ihrer Reduktionsprodukte.* Aus einer eingehenden Unters. des polarograph. Verh. der *Krokonsäure* (I) u. ihrer Reduktionsprodd. ergibt sich, daß dieses Verh. im Widerspruch zu einer chinonartigen Struktur der I steht. Unter Ausnutzung der polarograph. Red. bei bestimmten, konstanten Kathodenpotentialen lassen sich die Di- u. Tetrahydrogenreduktionsprodd. der I herstellen (I-H_2 0,5 V, I-H_4 1,2 V), deren polarograph. Verh. in verschied. p_H-Bereichen u. als Oxydoreduktionssyst. untersucht wird. Es wird gezeigt, daß die als I-*Hydrid* („hydrure d'acide croconique") bezeichnete I-H_2-Verb. nicht ident. ist mit der von NIETZKI u. BENCKISER [1886] als *Hydro*-I bezeichneten u. beschriebenen Verb., die in Wirklichkeit als ein Bisulfitadditionsprod. anzusehen ist. Die durch polarograph. Red. von I erhaltene I-H_2-Verb. ist ebenfalls nicht ident. mit der durch alkal. Zers. der *Rhodizonate* (II) erhaltenen Verb., die als Carboxylderiv. der ersten angesprochen wird; jedoch sind ihre Zus. u. ihre Eigg. sehr ähnlich u. die letzte geht in saurem Milieu unter CO_2-Verlust leicht in die erste über. Die bei verschied. p_H-Werten durchgeführte Zers. der II zeigt, daß die *freie Säure*, die nicht die gleiche Struktur hat wie das II-Ion, viel stabiler ist als dieses. Aus elektrometr. Titrationen der einzelnen Verbb. werden die Stärken der Säurefunktionen abgeleitet (I: $pK_1 < 2$, pK_2 3,55, pK_3 7,6; I-H_2: pK_1 3,5, pK_2 7,6; Reduktionsprod. von II $pK_1 \sim 3{,}6$). Schließlich wird eine einfache u. schnelle Meth. zur Herst. der Ba-Salze der I-H_2 u. ihres Carboxylderiv. angegeben. (Bull. Soc. chim. France, Mém. [5] **20**. 891—900. Sept. 1953.) NIEMITZ. D 142

I. Bergman, *Polarographie polycyclischer aromatischer Kohlenwasserstoffe sowie die Beziehung zwischen ihren Halbstufenpotentialen und Absorptionsspektren.* Es wurden die Halbstufenpotentiale $E_{1/2}$ von nachst. KW-stoffen bestimmt: *Naphthalin* (I) (1,98 [V]), *Anthracen* (II) (1,46), *Tetracen* (III) (1,35 u. 2,02), *Pentacen* (IV) (0,86; 1,92), *Phenanthren* (V) (1,935; 2,125), *Tetraphen* (VI) (1,53; 1,985), *1.2-Benztetracen* (VII) (1,19; 1,95), *1.2-Benzpentacen* (VIII) (0,945; 1,64; 1,96), *Triphenylen* (1,97), *1.2;3.4-Dibenzanthracen* (1,54; 1,995), *1.2;3.4-Dibenztetracen* (1,205; 1,51; 1,98), *1.2;3.4-Dibenzpentacen* (0,93; 1,95). *1.2;5.6-Dibenzanthracen* (1,545; 1,97), *1.2;7.8-Dibenztetracen* (1,25; 1,745; 1,935), *1.2;8.9-Dibenzpentacen* (IX) (ca. 0,85), *Chrysen* (1,805; 2,165), *3.4-Benztetraphen* (1,435; 1,88; 2,15), *Anthraceno-[2'.1':1.2]-anthracen* (X) (1,33; 1,95), *3.4-Benzphenanthren* (1,745; 2,01), *1.2;7.8-Dibenzanthracen* (1,57; 1,95), *1.2-Benzchrysen* (1,645; 1,77; 2,04), *1.2;3.4;5.6-Tribenzanthracen* (1,57; 1,97), *1.2;7.8-Dibenzchrysen* (1,59; 1,85; 2,05), *5.6-Benzchrysen* (1,73), *1.2-Benztetraphen* (1,40; 1,87), *Picen* (1,79; 1,97), *Pentaphen* (1,525; 1,975), *Hexaphen* (1,22; 1,53; 1,945), *3.4-Benzpentaphen* (1,445; 1,94), *3.4;9.10-Dibenzpentaphen* (1,515; 1,945), *Naphtho-[2'.3':3.4]-pentaphen* (1,465; 1,915), *Perylen* (1,25; 1,51; 1,74), *1.2-Benzperylen* (0,965; 1,705), *1.2;7.8-Dibenzperylen* (0,88; 1,11; 1,35), *1.2;10.11-Dibenzperylen* (1,00; 1,725; 1,99), *1.12-Benzperylen* (1,485; 1,675; 1,87), *1.12;2.3-Dibenzperylen* (1,515; 1,76; 2,15), *1.12;2.3;8.9-Tribenzperylen* (1,35; 1,945), *Coronen* (1,64; 1,855; 1,94), *2.3;8.9-Dibenzperylen* (1,28; 1,585; 1,97), *1.14-Benz-bis-anthren* (XI) (0,915; 1,13; 1,75; 2,06), *7.8-Benzterrylen* (0,675; 1,00; 1,21; 1,62; 1,895), *1.9;5.10-Bis-[perinaphthylen]-on-thracen* (0,695; 1,03; 1,80; 2,05), *Pyren* (1,61; ca. 1,7; ca. 1,8; 2,12), *1.2-Benzpyren* (1,67; 2,025), *3.4-Benzpyren* (1,36; 1,59; 1,89), *1.2;3.4-Dibenzpyren* (1,08; 1,30; 1,58; 1,75; 2,09), *1.2;4.5-Dibenzpyren* (1,445; 1,71; 2,08), *1.2;6.7-Dibenzpyren* (1,685; 2,01), *3.4;8.9-Dibenzpyren* (1,16; 1,69; 2,07), *3.4;9.10-Dibenzpyren* (1,315; 1,58), *Naphtho-[2'.3':1.2]-pyren* (1,505; 1,62), *Naphtho-[2'.3':3.4]-pyren* (1,15; 1,59; 2,01), *Dinaphtho-[2'.3':3.4]-[2''.3'':8.9]-pyren* (XII) (0,78; 1,18), *Dinaphtho-[2'.3':3.4],[2''.3'':9.10]-pyren* (XIII) (1,15), *1.2;4.5;8.9-Tribenzopyren* (1,34; 2,10), *Peropyren* (1,175; 1,38; 1,965), *4.5;11.12-Dibenzperopyren* (1,15; 1,375; 1,57; 1,70; 1,78; 2,01), *Anthanthren* (1,19; 1,68; 1,94), *1.2;7.8-Dibenzanthanthren* (XIV) (1,06), *2.3;8.9-Dibenzanthanthren* (XV) (0,80), *Fluoranthen* (1,345; 1,64; 2,10), *2.3-Benzfluoranthen* (0,975; 1,255; 2,075), *2.3;6.7-Dibenzfluoranthen* (0,65; 0,85; 1,72), *3.4-Benzfluoranthen* (1,375; 1,895), *10.11-Benzfluoranthen* (1,165; 1,45; 1,815), *11.12-Benzfluoranthen* (1,39; 1,62; 1,79), *Naphtho-[2'.3':10.11]-fluoranthen* (1,055; 1,35; 1,87), *Naphtho-[2'.3':11.12]-fluoranthen*

(1,375; 1,67; 2,12), *4.5-[Periphenylen]-fluoranthen* (0,90; 1,285; 1,935), *Isorubicen* (0,60; 0,97; 1,25), *5.6;11.12-Di-o-phenylentetracen* (0,34; 0,695; 1,855), *Diphenyl* (2,075), *Terphenyl* (1,905; 2,13), *Quaterphenyl* (1,765; 1,90), *Fluoren* (2,12), *2.3-Benzfluoren* (1,76) u. *Zethren* (0,46; 2,09). Innerhalb einer „Anellierungsreihe" (z. B. **I—IV** oder **V—VIII** usw.) besteht eine exponentielle Beziehung zwischen $E_{1/2}$ u. der Zahl der π-Elektronen. Ferner wurde in Übereinstimmung mit einer Aussage von WATSON u. MATSEN (J. chem. Physics **18.** [1950.] 1305) eine — meist lineare — Relation zwischen den $E_{1/2}$ der prim. Reduktionsstufen u. der Wellenzahl der ersten p-Bande der Absorptionsspektren von KW-stoffen jeweils innerhalb einer der nachst. Gruppen a) kata-anellierte KW-stoffe, b) Perylen-KW-stoffe, c) Pyren-KW-stoffe, d) Fluoranthenderivv. u. e) peri-Phenylenfluoranthenderivv. festgestellt. Eine Beziehung zwischen $E_{1/2}$ u. den α-Absorptionsbanden besteht nicht. — Die Messungen erfolgten in Äthylenglykolmonomethyläther mit Tetrabutylammoniumjodid als Leitelektrolyt in der vom Vf. zur absol. Fernhaltung von O_2 beschriebenen Apparatur: Hg-Elektrode: t = 3,18 sec; m = 1,174 mg/sec; 25,0°. Zur Erhöhung der Löslichkeit wurden bei der Unters. von **IV** sowie **IX—XV** 25% Bzl. zugesetzt. (Trans. Faraday Soc. **50.** 829—38. Aug. 1954. Glasgow, Univ., Chem. Dep.) MOISAR. D 142

J. P. McCullough, S. Sunner, H. L. Finke, W. N. Hubbard, M. E. Gross, R. E. Pennington, J. F. Messerly, W. D. Good und **Guy Waddington,** *Die chemisch-thermodynamischen Eigenschaften von 3-Methylthiophen von 0—1000° K. 3-Methylthiophen* (I) wurde in allen 3 Aggregatzuständen untersucht. Aus den Werten der Wärmekapazität des festen u. fl. Zustandes u. der Schmelzwärme (2518 cal·Mol^{-1} am Tripelpunkt = 204,19 ± 0,05° K) wurde die Entropie des fl. Zustands bei 298,16° K zu 52,18 ± 0,10 cal·Grad^{-1}·Mol^{-1} bestimmt. Die Daten der Wärmekapazität des fl. Zustands (C_{fl}), der Verdampfungswärme (ΔH_v), der Wärmekapazität des idealen Gaszustands (C_p^0) u. des 2. Virialkoeff. werden durch die folgenden Gleichungen dargestellt: C_{fl} = 46,074 — 0,17610 T + 6,8006·10^{-4} T^2 — 6,8021·10^{-7} T^3 cal·Grad^{-1}·Mol^{-1} (von 207—337° K); ΔH_v = 13,593 — 13,913 T cal·Mol^{-1} (von 329—389° K); C_p^0 = —1,375 + 9,4508 — 10^{-2} T — 4,2587·10^{-5} T^2 cal·Grad^{-1}·Mol^{-1} (von 375—473° K) u. B = 75—94,56 exp. (1000/T) cm^3·Mol^{-1} (von 329—473° K). Die Bildungswärme aus Graphit, H_2 u. rhomb. Schwefel wird bei 298,16° K zu 10,49 ± 0,20 kcal·Mol^{-1} bestimmt. Aus calorimetr. u. spektroskop. Daten werden die Funktionen (F^0 — H_0^0)/T; (H^0 — H_0^0)/T; H^0 — H_0^0; S^0 u. C_p^0 zwischen 0 u. 1000° K berechnet, wobei die Potentialschwelle für die innere Rotation zu 600 cal Mol^{-1} bestimmt wurde. (J. Amer. chem. Soc. **75.** 5075—81. 20/10. 1953. Bartlesville, Okla., Bur. of Mines, Petrol. Exp. Stat., Thermodyn. Labor.) W. KAUFMANN. D 146

Wm. T. Smith jr., Sheldon Greenbaum und **Gene P. Rutledge,** *Beziehung zwischen kritischer Temperatur und thermischem Expansionskoeffizienten von organischen Flüssigkeiten.* Vff. vergleichen die experimentellen, die nach Gleichung a) $T_c = \Delta T / [(\alpha \cdot \Delta T + 1)^{10/3} - 1] + T_2 + 6$ (für größere Temperaturdifferenzen aus der RAMSAY-SHIELDS-EÖTVÖS-Gleichung u. der Parachorgleichung entwickelt) u. die nach Gleichung b) $T_c = (\alpha/0{,}04314)^{-1{,}56} + T_{av}$ (für kleinere Temperaturdifferenzen, empir. entwickelt, T_{av} = Durchschnittstemp. des Intervalls, für das der Ausdehnungskoeff. bestimmt ist) bestimmten krit. Tempp. T_c für 74 organ. Verbindungen. — Die stärker polaren Verbb. weichen mehr von der allg. Gleichung ab als weniger polare; von den 44 Verbb., bei denen größere Temperaturintervalle zur Berechnung zugrunde gelegt wurden, zeigen *Essigsäure, Butanol-(1)* u. *Dotriakontan* Abweichungen von >3%, 22 Verbb. ≦1%. (J. physic. Chem. **58.** 443—47. Mai 1954. Knoxville, Tenn., Univ., Dep. of Chem.) G. WINKLER. D 148

David L. Camin, Alphonse F. Forziati und **Frederick D. Rossini,** *Physikalische Eigenschaften von n-Hexadecan, n-Decylcyclopentan, n-Decylcyclohexan, Hexadecen-(1) und n-Decylbenzol.* Vff. bestimmen von 5 hochgereinigten KW-stoffen die Dichten bei 20, 25 u. 30° (für luftgesätt. KW-stoffe im fl. Zustand bei 1 at), die Brechungsindices für 7 Wellenlängen (He_{rot}, H_c, Na_D, Hg_e, He_{blau}, H_F, Hg_g) bei den gleichen Tempp. u. die Kpp. von 50—760 mm. Die Brechungsindices sind verknüpft durch modifizierte CAUCHY- u. HARTMANN-Gleichungen, deren Konstanten für jede Verb. tabellar. wiedergegeben sind. Es werden ferner berechnet die Konstanten der ANTOINE-Gleichung log P = A — B/(C + t) [P = mm Hg] u. der Koeff. dt/dP bei 760 mm.— Einzelergebnisse: *n-Hexadecan,* Kp. 286,793°, Konstanten der ANTOINE-Gleichung A = 7,03044, B = 1831,317, C = 154,528 (Meßbereich 52—760 mm, 190,0—286,8°), dt/dP (bei 760 mm) 0,06077, n_D^{20} 1,4353, n_D^{25} 1,43250, n_D^{30} 1,43047, $D.^{20}$ 0,77344, $D.^{25}$ 0,76996, $D.^{30}$ 0,76643.— Für alle nachst. Verbb. in gleicher Anordnung: *n-Decylcyclopentan,* Kp. 279,376°, 7,00349, 1825,748, 163,479 (52—760, 181,8, 279,4°), 0,06138, 1,44862, 1,44659, 1,44456, 0,81097, 0,80739, 0,80383. — *n-Decylcyclohexan,*

Kp. 297,589°, 7,01640, 1896,974, 161,106 (52—760, 196,8—297,6°), 0,06338, 1,45338, 1,45141, 1,44944, 0,81858, 0,81517, 0,81183. — *Hexadecen-(1)*, Kp. 284,873°, 7,04437, 1843,581, 157,917 (52—760, 188,1—248,8°), 0,06077, 1,44120, 1,43907, 1,43694, 0,78112, 0,77759, 0,77409. — *n-Decylbenzol*, Kp. 297,890°, 7,03642, 1904,132, 160,318 (62—760, 202,9—297,9°), 0,06301, 1,48319, 1,48112, 1,47899, 0,85553, 0,85189, 0,84833. (J. physic. Chem. **58.** 440—42. Mai 1954. Pittsburgh, Pa., Carnegie Inst. of Technol.) G. WINKLER. D 148

G. W. Sears und **E. R. Hopke**, *Der Dampfdruck von Naphthalin.* Die Unterschiede der Dampfdruckmessungen nach der Effusionsmeth. u. mit dem RODEBUSH-Manometer (vgl. BRADLEY u. CLEASBY, C. **1954.** 4817 u. SEARS u. HOPKE, C. **1950.** I. 857) beruhen auf spektroskop. nachgewiesenen Verunreinigungen an bis zu 1% Thionaphthen. Die p gegen 1/T-Kurven werden unter Berücksichtigung dieser Verunreinigung linear. Der Einfl. des Thionaphthens ist bei der Effusionsmeth. kaum merklich. (J. Amer. chem. Soc. **76.** 2026. 5/4. 1954. Schenectady, N. Y., Gen. Electr. Res. Labor.) W. KAUFMANN. D 150

H. O. Pritchard und **A. F. Trotman-Dickenson**, *Die C–C-Bindungsdissoziationsenergien in Cyclanen.* (Vgl. nachst. Ref.) Vff. kritisieren die von SEUBOLD (C. **1954.** 2141) durchgeführte Best. der C–C-Bindungsdissoziationsenergie für Cycloalkane von Cyclopropan bis -nonan. Bes. werden die von SEUBOLD gemachten Annahmen, daß a) die Aktivierungsenergie der Rekombinations-Rk. der entsprechenden Radikale gleich Null ist u. daß b) die Dissoziationswärme von *Cyclopropan* (**I**) mit der Reaktionsfähigkeit von **I** u. seinen Derivv. in Beziehung zu setzen ist, zurückgewiesen. — Vff. können trotz empfindlicher Nachweis-Rkk. keine freien Biradikale feststellen bei der Isomerisierung von **I** zu *Propylen* (bei 490°, Aktivierungsenergie 65 kcal, Frequenzfaktor $10^{15,17}$) u. bei der Zers. von *Cyclobutan* zu *Äthylen* ($E = 62{,}8$ kcal., $A = 10^{15,71}$). (J. chem. Physics **22.** 944—45. Mai 1954. Manchester, Univ., Chem. Dep.) G. WINKLER. D 156

Frank H. Seubold jr., *C–C-Bindungsdissoziationsenergien der Cycloalkane.* (Vgl. vorst. Ref.) Vf. weist die von PRITCHARD u. TROTMAN-DICKENSON (l. c.) gemachten Einwände zurück u. führt eine Neubest. der Bindungsdissoziationsenergien für *Cyclopropan* (**I**) bis *-nonan* unter Zugrundelegung der neueren Werte von STEVENSON (Trans. Faraday Soc. **49.** [1953.] 867) durch (sowohl für Knäuel- als auch gestreckte Form der entstehenden Biradikale berechnet). — Einzelergebnisse: Bindungsdissoziationsenergien in kcal/Mol für $C_2H_6 \rightarrow 2CH_3$ 85; **I**, Knäuelform 57, gestreckte Form 57 (alle nachst. Cycloalkane in gleicher Anordnung); $n\text{-}C_3H_8 \rightarrow CH_3 + C_2H_5$, 83; *Cyclobutan* 70, 64; $n\text{-}C_4H_{10} \rightarrow 2C_2H_5$ 81; *Cyclopentan*, 92, 80; $n\text{-}C_5H_{12} \rightarrow C_2H_5 + C_3H_7$, 83; *Cyclohexan*, 95, 87; $n\text{-}C_6H_{14} \rightarrow 2C_3H_7$, 85; *Cycloheptan*, 93, 81; $n\text{-}C_7H_{16} \rightarrow C_3H_7 + C_4H_9$, 87; *Cyclooctan*, 93, 77; $n\text{-}C_8H_{18} \rightarrow 2C_4H_9$, 89; *Cyclononan*, 94, 75. (J. chem. Physics **22.** 945—46. Mai 1954. Evanston, Ill., Northwestern Univ., Dep. of Chem.) G. WINKLER. D 156

P. Blanquet und **M.-F. Hoare**, *Theoretische Betrachtungen über die Flammenfortpflanzung.* 1. Mitt. *Geschwindigkeit.* 2. Mitt. *Bereiche der Flammenfortpflanzungsmöglichkeit.* Vff. stellten zunächst Überlegungen über die Wärmeleitfähigkeit u. Zündverzögerung an u. entwickelten dann eine Korrektion für die Diffusionserscheinungen. Aus den erhaltenen Gleichungen können Vff. die Änderung der Flammenfortpflanzungsgeschwindigkeit c mit der Anfangstemp., dem Druck, der spezif. Wärme, der Wärmeleitfähigkeit u. der Gaszus. angeben; sie können erklären, weshalb c nicht den Wert 0 annimmt (da vor Erreichung des 0-Wertes bereits keine Fortpflanzungsmöglichkeit mehr besteht), u. weshalb die Gaszus., die die höchste Temp. ergibt, doch nicht das höchste c aufweist. (J. Chim. physique Physico-Chim. biol. **48.** 399—406. Sept./Okt. 1951. Paris, Sorbonne, Labor. de Chim. gén.) ROEDER D 157

Arnim Henglein und **Rolf Schulz**, *Der Einfluß organischer Verbindungen auf einige chemische Wirkungen des Ultraschalls.* Bei der Einw. von Ultraschallwellen auf die wss. Lsgg. von KJ wird J_2 frei; werden den Lsgg. aber steigende Mengen Methanol zugesetzt, so fällt die J_2-Ausscheidung steil ab. Die zur völligen Unterdrückung der J_2-Ausscheidung erforderliche Methanolmenge steigt mit der KJ-Konz. an. Daraus folgt, daß das Methanol nicht wegen seines hohen Dampfdruckes inhibierend wirkt. Vff. nehmen vielmehr an, daß durch die Schallwellen aus W. prim. OH-Radikale entstehen, die gemäß $OH\cdot + J^- \rightarrow OH^- + J$ auf KJ oxydierend wirken. Durch Methanol werden die OH-Radikale abgefangen: $CH_3OH + OH\cdot \rightarrow \cdot CH_2OH + H_2O$. Die CH_2OH-Radikale führen zur Bldg. von Formaldehyd u. Peroxyden, deren Menge bei steigender Methanolkonz. durch ein Maximum geht. Die Unters. weiterer Substanzen an Stelle von Methanol zeigt: Die inhibierende Wrkg. von aliphat. Alkoholen steigt mit der C-Zahl der Alkohole; aliphat. Äther u. Bzl. wirken stärker als Alkohole gleicher C-Zahl. Die Abhängigkeit der J_2-Ausscheidung von der Menge an zugesetzten, inhibierenden Stoffen ist bei den letztgenannten komplizierter als beim Methanol. Vff. weisen darauf hin, daß zwischen der oxydierenden Wrkg. von Ultraschall u. der von γ-Strahlen weitgehende Ähnlichkeit besteht. (Z. Naturforsch. **8b.** 277—84. Juni 1953. Mainz, Max-Planck-Inst. für Chem.; Univ., Organ.-chem. Inst.) FUCHS. D 159

H. M. Scholberg, R. A. Guenthner und **R. I. Coon,** *Oberflächenchemie von Fluorkohlenstoffen und ihren Abkömmlingen.* Die Perfluorverbb. haben von allen Substanzen die niedrigsten Oberflächenspannungen. Vff. berechnen die Werte der freien Oberflächenenergie für n-C_5F_{12}, Iso-C_5F_{12}, $Cyclo$-C_6F_{10}, n-C_7F_{16}, $(C_4F_9)_2O$ (**I**), C_8F_{18}, $(C_2F_5)_3N$, $(C_2F_5)N(C_3F_7)_2$, $(C_3F_7)_3N$ u. $(C_4F_9)_3N$ (**II**). Kurven für die Erniedrigung der Oberflächenspannung als Funktion der Konz. zeigen, daß die perfluorierten Carbonsäuren die Oberflächenspannung von W. bes. stark erniedrigen. Die Grenzflächenspannung von **I** u. **II** gegen W. u. organ. Lösungsmittel wurde gemessen, eine Beziehung dieser Effekte zur Emulsionsbldg. u. Benetzbarkeit wird diskutiert. (J. physic. Chem. **57.** 923—25. Dez. 1953. St. Paul, Minn., Minnesota Mining & Mfg. Comp., Central Res. Dep.) FORCHE. D 166

M. Iwasaki, S. Nagase und **R. Kojima,** *Die Molekularstruktur von 1.1.2.2-Tetrafluordichloräthan.* Vff. untersuchen die Molekularstruktur von gasförmigem *1.1.2.2-Tetrafluordichloräthan* [(I), Kp. 4°, Darst. durch Fluorierung von C_2Cl_6 mit SbF_3 in Ggw. von $SbCl_5$ bei höheren Drucken] mittels der Elektronenbeugungsmethode. Für die Bindungsabstände u. -winkel wird gefunden: C—F 1,33 Å, C—Cl 1,74 Å, C—C 1,45 Å (angenommener Wert; zur Verkürzung der C–C-Bindung in fluorierten KW-stoffen werden von Vff. 4 Beispiele angeführt) ∢ CCF 108°, ∢ FCF 108°, ∢ ClCF 110°30′. **I** liegt als ungefähr äquimol. Mischung von trans- u. gauche-Form vor. (J. chem. Physics **22.** 959. Mai 1954. Nagoya, Japan, Governm. Ind. Res. Inst.) G. WINKLER. D 182

Francis T. Jones, Kenneth J. Palmer und **Dale R. Black,** *Methylen-bis-[N-pyrrolidon-(2)-carbonsäure-(5)].* Die Verb. krist. aus einer heiß gesätt. wss. Lsg. als instabile Modifikation in Form prismat. oder blättchenförmiger Kristalle; diese instabilen Kristalle wandeln sich beim Stehen in trockner Form in Pseudomorphosen der stabilen Phase um. Die goniometr. Vermessung der stabilen Phase, die bei ~310° unter Zers. schm., ergab monokline Symmetrie mit dem Achsenverhältnis a:b:c = 0,9956:1:0,8566; β = 113°10′. Die Verb. ist opt.-akt., $[\alpha]_D^{27}$ +83,1° (c = 0,5; W.), u. pyroelektrisch. Die Elementarzelle hat die Abmessungen a = 9,24 Å; b = 9,28 Å; c = 7,95 Å. Raumgruppe ist C_2^1 — P 2; Z = 2. Die Daten des Pulverdiagramms sind angegeben. Die Brechungsindices bei 28° u. für Licht der Wellenlänge 5893 Å sind α = 1,500 ± 0,001; β = 1,507 ± 0,001; γ = 1,642 ± 0,001; 2 E = 41°; 2 V = 27°. Dispersion schwach u. geneigt; opt. Achsenebene ist 0 1 0; der opt. Charakter positiv. Spitze Bisektrix γ:c = 14°40′. (Analytic. Chem. **25.** 1929—30. Dez. 1953. Albany, Calif., Western Reg. Res. Labor.) GOTTFRIED. D 195

P. Cucka und **R. W. H. Small,** *Die Kristallstruktur von 6-Aminoformylpyridazon-(3).* 6-Aminoformylpyridazon-(3) krist. aus W. in monoklinen, plattenförmigen Kristallen mit vollkommener Spaltbarkeit parallel ($\bar{2}$ 0 1). Die Brechungsindices für Na-Licht sind α (senkrecht zu $\bar{2}$ 0 1) = 1,41; β (parallel C) = 1,74 u. γ = 1,88; 2 V = 55°; opt.-negativ. Die Elementarzelle hat a = 7,55 ± 0,01 Å; b = 12,95 ± 0,02 Å; c = 6,03 ± 0,01 Å; β = 90°5′ ± 20′. Raumgruppe ist C_{2h}^5 — P 2_1/a; Z = 4. Mit Hilfe dreidimensionaler FOURIER-Analysen wurden die folgenden Parameter bestimmt (wegen der Bezifferung vgl. nebenst. Figur): C_1 (x =) 2,23 (Å); (y =) 5,45 (Å); (z =) 3,26 (Å); C_2: 1,54; 6,10; 2,18; C_3: 1,05; 5,36; 1,18; C_4: 1,10; 3,96; 1,19; C_5: 0,51; 3,17; 0,12; N_1: 2,28; 4,08; 3,15; N_2: 1,73; 3,33; 2,17; N_3: 0,54; 1,85; 0,22; O_1: 2,76; 6,02; 4,23; O_2: —0,03; 3,77; —0,84. In diesem Gitter sind die Moll. in Schichten nahezu parallel der b-Achse u. der Ebene $\bar{2}$ 0 1 angeordnet.

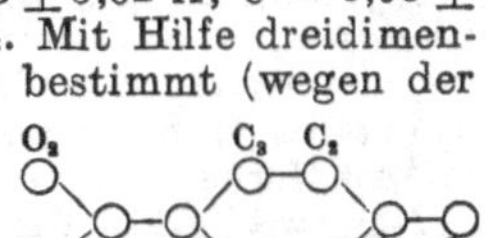

Innerhalb jeder Schicht sind die Moll. durch die höchstmögliche Anzahl von H-Bindungen verknüpft, während die einzelnen Schichten nur durch VAN DER WAALSsche Kräfte zusammengehalten werden. Die Abstände C—O = 1,25 Å u. C—N = 1,33 Å in der Amidogruppe entsprechen den Werten, die in anderen Amiden gefunden wurden. Die Bindung C–C = 1,46 Å, welche die Amidogruppe an den Pyridazonkern bindet, ist wesentlich kürzer als eine Einfachbindung. Die Abstände im Pyridazonring stehen in Übereinstimmung mit seinem aromat. Charakter. (Acta crystallogr. [Copenhagen] **7.** 199—203. 10/2. 1954. Birmingham, Univ., Dep. of Chem.) GOTTFRIED. D 195

Simone Hatem, *Über die Art der Assoziation zwischen Alkoholen und aliphatischen Aminen.* Vf. untersuchte die elektr. Leitfähigkeit L u. die therm. Eigg. der Mischungen

Alkohol (A)–aliphat. Amine (B), u. zwar der Lsgg. von *Methyl-* u. *Äthylamin, Diäthyl-* u. *Triäthylamin* in *A.* u. *Methanol.* Obgleich A u. B isolierende Stoffe sind, zeigen die Mischungen merkliche L, die bei einem bestimmten Geh. an B ein Maximum aufweist. Bei der Unters. der Abhängigkeit von L mit der Temp. verhielten sich die prim. B wie NH_3. Die Kurvenform wird von A bestimmt. Die sek. u. tert. Amine zeigten keine Anomalien. Vf. nimmt an, daß die Moll. der prim. B sich mit den Moll. der A zu einem ionisierten Komplex koppeln, aber das therm. Verh. der B deutet auch auf Assoziationen unter sich hin, solange die Verdünnung nicht zu hoch ist. Vf. versuchte, mit Ultraschall (US.) die Assoziationen zu beeinflussen. Nach der Einw. von US. stellten sich nach 10 Min., beim Syst. Methylamin–Methanol nach spätestens 2 Std., n. Eigg. von L ein, wobei L zunahm. Der US. zerstörte offensichtlich die intermol. Assoziationen unter Bldg. ionisierter Komplexe. Eine Aufnahme des Absorptionsspektr. zeigte, daß der Extinktionskoeff. k z. B. im Syst. Diäthylamin–A. für 0,2 cm Schichtdicke bei 2330 Å von 13,85 auf 14,3 nach der Einw. von US. anstieg. Es wurde auch die Abhängigkeit der magnet. Susceptibilität S der A–B-Mischungen von der Konz. bei Zimmertemp. bestimmt. S folgt dem Gesetz der Additivität, die Kurven deuten auf Komplexbldg. hin. Dieser Komplex besteht offensichtlich aus einem Mol. A u. einem Mol. B, da k einer Mischung von 50% A u. B ein Maximum annimmt. Auch RAMAN-Aufnahmen bestätigen diese Vermutung, da z. B. im Gemisch Diäthylamin–A. das Auftreten neuer Linien beobachtet wurde. Vf. nimmt für den Komplex nebenst. Form an.

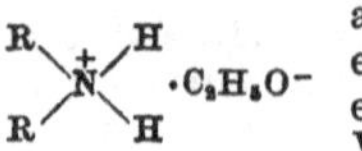

(J. Chim. physique Physico-Chim. biol. **48.** 407—11. Sept./Okt. 1951. Paris, Sorbonne, Labor. de Chim., u. Hanoi, Univ., École sup. des Sci.) ROEDER. D 223

D. J. Perkins, *Eine Untersuchung einiger einfacher Peptidkomplexe mit Zink- und Cadmiumionen in wässeriger Lösung.* Es wurden die Stabilitätskonstanten der Zn- u. Cd-Komplexe der nachst. Aminosäuren u. Peptide in der mol. Zus. 1:1 gemessen: *Glycin, Glycylglycin, Diglycylglycin, Triglycylglycin, DL-Alanin, DL-Alanyl-DL-alanin* (nur für den Cd-Komplex), *DL-Alanylglycin, Glycyl-DL-alanin, Glycyl-L-leucin, L-Leucylglycin, L-Leucylglycylglycin, Glycyl-DL-serin, Glycyl-DL-phenylalanin, Glycyl-L-tyrosin, Glycyl-L-tryptophan, Glycyl-DL-isoleucin.* Die Peptidkomplexe haben geringere Stabilitätskonstanten als die entsprechenden Komplexe der freien Aminosäuren, wobei die Reihenfolge der Aminosäuren im Peptid von Einfl. ist. Bei Unters. homologer Peptidreihen sinkt die Stabilitätskonstante zunächst bei Einführung der 1. u. 2. Peptidbindung, um mit der 3. Peptidbindung wieder schwach anzusteigen. (Biochem. J. **57.** 702—04. Aug. 1954. London, St. George's Hosp. Med. School, Dep. of Chem. Pathol.) MOISAR. D 223

Robert E. Kofahl und **Howard J. Lucas,** *Koordination polycyclischer, aromatischer Kohlenwasserstoffe mit Silberion; Beziehung zwischen Gleichgewichtskonstanten und relativer carcinogener Wirkung.* Um Anhaltspunkte für die nucleophilen Eigg. zu erhalten, wurden nach der Meth. von ANDREWS u. KEEFER (C. **1950.** II. 629) die Gleichgewichtskonstanten der Komplexbldg. von Aromaten mit Ag^+ bestimmt, wobei aber als Lösungsm. W.–Methanol (1:1 Mol) u. $NaNO_3 + AgNO_3$ ($\mu = 0{,}5$) zur Erhöhung der Löslichkeit der höheren Aromaten verwendet wurden. Die Gleichgewichtskonstanten K_1 u. K_2 der Rkk. $Ar + Ag^+ \rightleftharpoons ArAg^+ (K_1)$ bzw. $ArAg^+ + Ag^+ \rightleftharpoons ArAg_2^{2+} (K_2)$ [Ar = Aryl] wurden durch UV-spektroskop. Best. des Geh. an Aromaten in 2.2.4-Trimethylpentan (nach Extraktion) bei 25° bestimmt von *3-Methylcholanthren, 7.12-Dimethylbenz-*[*a*]*-anthracen, Benzo-*[*a*]*-pyren, 1.2;5.6-Dibenzanthracen, Anthracen* (**IV**), *Phenanthren* (**I**), *Benz-*[*a*]*-anthracen, 2-, 3-, 5-, 6-, 7-, 8-, 9-, 10-, 11-* u. *12-Methylbenz-*[*a*]*-anthracen, Benzo-*[*c*]*-phenanthren* (**II**), *1-, 2-, 3-, 4-, 5-* u. *6-Methylbenzo-*[*c*]*-phenanthren,* ferner von *Naphthalin* (**III**), **I, II** u. *9.10-Dihydroanthracen* in wss. KNO_3–$AgNO_3$ ($\mu = 1{,}00$). Für die Rk. von **III** mit einem Ag^+ wurden berechnet: die Änderungen der Enthalpie (ΔH -2900 ± 200 cal/Mol), der Freien Energie (ΔF -638 ± 8 cal/Mol) u. der Entropie (ΔS $-7{,}5 \pm 1{,}3$ cal/Mol·Grad) bei 25°. **I** bildet einen $ArAg_3^{3+}$-Komplex in nennenswerter Menge. Die K_1- u. K_2-Werte für **I** von ANDREWS u. KEEFER (l. c.) werden (wegen Verunreinigung mit **IV**) für unrichtig gehalten. Vff. vermuten, daß sich das 1. Ag^+ mit der meso-Bindung dort koordiniert, wo die größte π-Elektronendichte über der Mol.-Ebene herrscht (bei Benzanthracen an der 5.6-Bindung). Für die Lage des 2., bzw. weiterer Ag-Ionen, kann nichts ausgesagt werden. Gegenüberstellung der K_1-Werte mit den cancerogenen Eigg. (Daten von BADGER, Brit. J. Cancer **2.** [1948.] 309) zeigt in der Benz-[a]-anthracenreihe — wenn auch mit Ausnahmen — Parallelität. Ähnliches gilt auch für die Rkk. der Verbb. mit OsO_4, für die theoret. Elektronendichten nach der V.B.- oder der M.O-Rechnung; keine gute Übereinstimmung ist jedoch bzgl. der Dissoziationskonstanten der 2.4.7-Trinitrofluoren-Mol.-Verbb. festzustellen. Der Mangel an entsprechenden Beziehungen in der Benzo-[c]-phenanthrenreihe ist vielleicht nur scheinbar, da die Ergebnisse schlecht reproduzierbar waren. Angaben über Reinigung der KW-stoffe u. Löslichkeit in 0,5 mol. wss. $NaNO_3$. (J. Amer. chem. Soc. **76.** 3931—35. 5/8. 1954. Pasadena, Calif., Inst. of Technol., Gates and Crellin Labors. of Chem.) GNAUCK. D 223

D. C. Bradley, R. C. Mehrotra, J. D. Swanwick und **W. Wardlaw,** *Strukturchemie der Alkoxyde.* 4. Mitt. *Normale Alkoxyde des Siliciums, Titans und Zirkons.* (3. vgl. J. chem. Soc. [London] **1952.** 5020.) Die Alkoholate des Ti u. Zr von *A.*, *n-Propyl-*, *n-Butyl-*, *n-Amyl-*, *n-Hexyl-* u. *n-Octylalkohol* sowie des Ti von *n-Heptylalkohol* wurden (außer den bereits früher auf anderem Wege dargestellten Äthylaten) aus den Isopropylaten mit dem entsprechenden Alkohol dargestellt u. ebullioskop. das Mol.-Gew. in sd. Bzl. ermittelt. Die hieraus errechnete Größe der Mol.-Komplexe ist bei Zr-Alkylaten (3,6—3,2) größer als bei denen des Ti (1,4—2,4) u. kaum von der Kettenlänge des Alkylrestes abhängig. Im Gegensatz zu früher von anderer Seite erhaltenen kryoskop. Daten (CAUGHLAN u. Mitarbeiter, C. **1952.** 5068, sowie CULLINANE u. Mitarbeiter, C. **1952.** 5717) waren die Mol.-Geww. von der Konz. an Alkylat unabhängig u. die des Ti niedriger, so daß Vff. annehmen, daß die Größe der Ti–n-Alkylat-Komplexe von der Temp. abhängig ist. Da weder Ti- noch Zr-Methylat in organ. Lösungsmitteln lösl. sind u. nur in geringem Maße flüchtig, wird vermutet, daß auch diese komplexe Struktur besitzen. Zur Erklärung der größeren Mol.-Komplexe der Zr-Verbb. werden ster. Effekte angeführt: Größerer Atomradius u. hohe Kovalenz des Zr; intermol. Bindungskräfte scheiden zur Erklärung wegen ihrer Gleichheit zwischen Ti bzw. Zr u. O aus. Da die Größe der gefundenen Mol-Komplexzahl bei Zr-Alkylaten >3 ist, wird vermutet, daß nicht nur Trimere, sondern auch höhere Komplexe, wie Pentamere, existieren, für die mögliche Strukturen angegeben werden. Von *Zr-Äthylat* (**I**) u. *-Isopropylat* (**II**) wurde Mol.-Gew.-Best. in A. bzw. Isopropylalkohol (**III**) durchgeführt, wobei **I** statt 3,6 in Bzl. eine Komplexgröße von 2,5 in A. hat u. **II** in Bzl. trimer, in **III** aber dimer ist. Dies wird durch Zurückdrängung des intermol. Bindungstyps $\begin{matrix}R\\Zr\end{matrix}\!\!>O\rightarrow Zr$ in Bzl. durch $\begin{matrix}R\\H\end{matrix}\!\!>O\rightarrow Zr$ in Alkoholen erklärt. Das dimere **II** hat die Formel $Zr(OC_3H_7)_4\cdot CH_3CHOHCH_3$, die im kristallinen **II** gefunden wurde. — Vff. ermittelten ferner den Dampfdruck von **I** u. **II** u. berechneten die latente Verdampfungswärme L u. -entropie ΔS. Wegen der hohen ΔS-Werte nehmen Vff. an, daß beim Verdampfen Monomerisierung stattfindet. Die Kpp. der n-Alkylate von Ti u. Zr zeigen eine lineare Beziehung zu den Formelgewichten. Hieraus wurden die hypothet. Kpp. der monomeren Alkylate berechnet u. unter der Annahme, daß die ΔS_{mono} gleich der ΔS von Zr-tert.-Butylat sind, die L_{mono} sowie unter der Voraussetzung, daß Zr nur 2 intermol. Bindungen mit O in fl. Phase eingeht, die Bindungsenergie von $\begin{matrix}Zr\\R\end{matrix}\!\!>O\rightarrow Zr \sim 9$ kcal. Dieser wird wegen ihres niedrigen Werts elektrostat. Natur zugeschrieben. Aus den C. **1952.** 5717 angegebenen Werten wurden die L von *Titanäthylat* (**IV**), *-n-propylat* (**V**), *-n-butylat* (**VI**), *-n-amylat* (**VII**) u. *-n-hexylat* (**VIII**) berechnet sowie die von *n-Butyl-* (**IX**) u. *n-Hexylorthosilicat* (**X**) durch Dampfdruckmessungen zwischen 115—268 bzw. 181—300° ermittelt u. die TROUTONsche Konstante K bestimmt. Da bei **IX** u. **X** ΔS mit der Kettenlänge ansteigt, wird eine Wechselwrkg. der Alkylketten in fl. Phase angenommen. Der hohe K-Wert für **IV** wird $\begin{matrix}Ti\\R\end{matrix}\!\!>O\rightarrow$Ti-Bindungen zugeschrieben, der niedrige von **V** der abschirmenden Eig. von OC_3H_7 u. die folgende Steigerung der K mit wachsender Kettenlänge den Wechselwirkungen der Alkylketten oder einer mit der Kettenlänge wachsenden Behinderung der freien Rotation in der fl. Phase. — **IV**, $Kp._{0,1}$ 103°. — **V**, $Kp._{0,5}$ 138°, $Kp._{0,1}$ 124°. — **VI**, $Kp._{0,8}$ 160°, $Kp._{0,1}$ 142°. — **VII**, $Kp._{0,8}$ 175°, $Kp._{0,1}$ 158°. — **VIII**, $Kp._{0,8}$ 193°, $Kp._{0,1}$ 176°. — *Ti-n-Heptylat*, $Kp._{0,4}$ 213°, $Kp._{0,1}$ 201°. — *Ti-n-Octylat*, $Kp._{0,5}$ 228°, $Kp._{0,1}$ 214°. — *Zr-n-Propylat*, $Kp._{0,03}$ 198°, $Kp._{0,1}$ 208°. — *Zr-n-Butylat*, $Kp._{0,3}$ 253°, $Kp._{0,1}$ 243°. — *Zr-n-Amylat*, $Kp._{0,01}$ 256°, $Kp._{0,1}$ 276°. — *Zr-n-Hexylat*, $Kp._{0,5-0,6}$ 310 bis 320° (Zers.). — *Zr-Äthylat*, $Kp._{0,1}$ 180° (sublimiert). — **IX**, $Kp._{1,5}$ 115°, $Kp._{752}$ 268°. — **X**, $Kp._{0,8}$ 170°, $Kp._{250}$ 300°. (J. chem. Soc. [London] **1953.** 2025—30. Juli. London, Birkbeck Coll.) GNAUCK. D 224

Evald L. Skau und **Richard E. Boucher,** *Eine Interpolationsmethode zur Berechnung der Löslichkeiten von fehlenden Gliedern homologer Reihen.* Aus der Näherungsgleichung für die Gefrierpunktserniedrigung u. der empir. Beziehung zwischen Anzahl der Kohlenstoffatome n u. der Schmelzwärme u. Schmelzentropie der Glieder homologer Reihen wird die Gleichung $\log N = a + bn$ abgeleitet, wobei N die Löslichkeit der Homologen in einem gegebenen Lösungsm. bei gegebener Temp. ist u. a u. b von der Temp. u. dem betreffenden Syst. abhängige Konstanten sind. Die Richtigkeit der Gleichung wird durch Auftragen von log N gegen n unter Verwendung von Daten, die RALSTON, HARWOOD, HOERR u. Mitarbeiter (J. org. Chemistry **9.** [1944.] 201 u. früher) für homologe Reihen angeben, geprüft. Nur ca. $^1/_3$ der 584 Isothermen sind Gerade, der Rest besteht aus schwach gekrümmten Kurven. Die Anwendbarkeit der Gleichung zur Prüfung auf Meßfehler bei der Best. der Löslichkeit u. zur Vorhersage der Löslichkeit fehlender Glieder homologer Reihen durch graph. Interpolation wird gezeigt. So werden die Löslichkeiten von *Dinonylamin, Didecylamin, Diundecylamin, Dihexadecylamin, Diheptadecylamin* u. *Dinonadecylamin* bei verschied. Tempp. in einer Reihe organ. Lösungsmittel aus den Löslichkeiten anderer symm. aliphat. sek. Amine vorausgesagt. Ebenso werden Voraussagen für die Löslichkeit von *Myristanilid* u. *N.N-Diphenylmyristamid* gemacht. (J. physic. Chem. **58.** 460—68. Juni 1954. New Orleans, La., Southern Reg. Res. Labor.) PAULIG. D 224

V. V. Koningsberger und **J. Th. G. Overbeek,** *Die Hydrolyse und Aminolyse von Äthylthioacetat.* Im Zusammenhang mit Unterss. über die Biosynth. der Peptidbindung wurden die Hydrolyse u. die Aminolyse von *Äthylthioacetat* (I) als Modell-Rkk. studiert. Die Hydrolyse verläuft in bezug auf I nach der 1. Ordnung, in bezug auf die OH-Ionen jedoch nach einer Ordnung zwischen 1 u. 0; die für eine Rk. 2. Ordnung berechneten Geschwindigkeitskonstanten in Boratpuffer bei 37° betrugen [p_H] 8,33, [$k \cdot 10^{-2}$ ml/Mol·sec] 15,8; 8,71, 13,4; 8,92, 11,5; 9,67, 5,5. Vff. nehmen daher prim. Rk. von I mit H_2O an, erst das gebildete Zwischenprod. reagiert mit OH^-. — Bei Ggw. von Sauerstoff wird I schnell zersetzt. Die Rk. von I mit Glycin führt bei p_H 8,4 in guter Ausbeute u. großer Reinheit zu *Acetylglycin* (F. 208°). (Proc., Kon. nederl. Akad. Wetensch., Ser. B **57.** 81—84. Jan./Febr. 1954. Utrecht, Univ., Van't Hoff Labor.) GEISELER. D 225

Edward S. Amis und **Eilson J. Broach,** *Kinetik der Reaktion zwischen Natriumbrommalonat und Thiosulfat.* Vff. untersuchen die Kinetik der Rk. zwischen *Na-Brommalonat* (I) u. *Thiosulfation* (II) als Funktion der DK. in Methanol/W.-Gemischen bei 25 u. 45°. Die Rk. ist nach einer Anfangsperiode von 2. Ordnung (es handelt sich weder um einen S_N1- noch um einen einfachen S_N2-Typ). Im Bereich hoher DK. wird beim Auftragen der Logarithmen der Reaktionsgeschwindigkeitskonstanten (tabellar. wiedergegeben) gegen 1/DK. eine Gerade erhalten, deren Neigung entgegengesetzt verläuft, als von der Theorie von SCATCHARD über ion. Reaktionspartner vorausgesagt wird. — Das Verhältnis der Reaktionsgeschwindigkeiten Brommalonsäureäthylester:I ist $1{,}16 \cdot 10^5$; der abnorme Unterschied wird der elektrostat. Abstoßung des II-Ions durch das negativ divalente Monobrommalonation zugeschrieben. (J. chem. Physics **22.** 952—53. Mai 1954. Fayetteville, Ark., Univ., Chem. Dep.) G. WINKLER. D 225

G. Peter Briner, Joseph Miller (unter Mitarbeit von **M. Liveris** und **P. G. Lutz**), *Der S_N-Mechanismus bei aromatischen Verbindungen.* 7. Mitt. (6. vgl. C. **1954.** 6916.) Vff. untersuchen die Kinetik der Rk. zwischen $NaOCH_3$ u. den 4 p-Halogennitrobenzolen in absol. Methanol bei 0, 50 u. 100°. Die Reaktionsgeschwindigkeiten nehmen in der Reihenfolge F > Cl > Br > J ab; eine empir. Beziehung 0,31 B — 0,48 A = C (A = Differenz der ion. Resonanzenergie, B = Differenz der Bindungsstärke der C-Halogenbindung, C = Differenz der Aktivierungsenergie, alle in kcal) gibt die experimentellen Ergebnisse für F, Cl u. J gut wieder, der gefundene Wert für Br weicht vom berechneten ab.

Versuche: *p-Fluornitrobenzol,* Kp. 204—205°, F. 26°, aus p-Nitranilin über das Diazoniumborfluorid; 54% (Ausbeute); Substituentengeschwindigkeitsfaktoren (SRF; Cl = 1 gesetzt) bei 0° 703; 50° 312; 100° 172; Aktivierungsenergie E (cal) 21200 ± 100; Frequenzfaktor log B 11,75 ± 0,1. — *p-Chlornitrobenzol,* F. 183° (A.); (in vorst. Anordnung) 1; 1; 1; 24050 ± 150; 11,2 ± 0,1. — *p-Bromnitrobenzol,* F. 124 bis 125° (A.); 0,612; 0,745; 0,961; 24650 ± 100; 11,5 ± 0,1. — *p-Jodnitrobenzol,* F. 172° (A.); 0,275; 0,361; 0,441; 25000 ± 200; 11,4 ± 0,1. (J. chem. Soc. [London] **1954.** 1265—66. April. Nedlands, West Australia, Univ.) G. WINKLER. D 225

A. K. Bose, *Die Stereochemie der Reaktion von salpetriger Säure mit Cyclohexylaminen.* Auf Grund der Ergebnisse von früheren eigenen u. fremden experimentellen Unterss. stellt der Vf. folgende Regeln auf: Wenn die Aminogruppe in Cyclohexylaminen durch eine äquatoriale Bindung verknüpft ist, ist das Hauptprod. bei der Rk. mit HNO_2 das entsprechende Cyclohexanol mit einer äquatorialen Hydroxylgruppe, das heißt, die WALDENsche Umkehrung findet nicht statt. Wenn die Aminogruppe durch eine polare Bindung verknüpft ist, werden beträchtliche Mengen von Cyclohexenen, außer einer Mischung beider epimeren Formen des entsprechenden Cyclohexanols, gebildet, es tritt also WALDENsche Umkehrung auf. — Folgende Cyclohexylamine bzw. die entsprechenden Cyclohexanole, deren Konfigurationen mit Hilfe der Regeln von VAVON (vgl. Bull. Soc. chim. France, Mém. **49.** [1931.] 937) u. HÜCKEL (vgl. Liebigs Ann. Chem. **533.** [1938.] 1) bestimmt worden sind, werden als Beispiele angegeben: 1. NH_2 äquatorial: „*trans*"-*3-Methyl-*, *trans-4-Methyl-*, *trans-4-Phenyl-*, *trans-4-Cyclohexyl-* u. *trans-4-tert.-Butylcyclohexylamin*, *Menthylamin*, *Isomenthylamin*, *Carvomenthylamin*, *trans-α-* u. *trans-β-Dekalylamin* (F. —1 bzw. 15°); 2. NH_2 polar: „*cis*"-*3-Methyl-* u. *cis-4-Methylcyclohexylamin*, *Neomenthylamin*, *Neoisomenthylamin*, *Neocarvomenthylamin*, *trans-α-* u. *trans-β-Dekalylamin* (F. —18 bzw. —47°). (Experientia [Basel] **9.** 256—57. 15/7. 1953. Kharagpur, Indian Inst. of Technol., Appl. Chem. Dep.) JOHN. D 225

James H. Freeman und **C. W. Lewis**, *Alkali-katalysierte Reaktion des Formaldehyds mit den Methylolen des Phenols; eine kinetische Untersuchung.* Vff. verfolgten die Kinetik der alkal. *Formaldehyd* (**I**)–*Phenol* (**II**)-Kondensation bei 30° durch papierchromatograph. Analyse. Im einzelnen wurden die Rkk. von **II**, *p-Oxybenzylalkohol* (**III**), *Salicylalkohol* (**IV**), *2.4-* (**V**) u. *2.6-Dimethylolphenol* (**VI**) mit der jeweils den reakt. Stellen am Benzolkern u. zur Bldg. von *2.4.6-Trimethylolphenol* (**VII**) äquivalenten Menge von 37%ig. **I** u. mit 1 Äquivalent NaOH untersucht. Die Rkk. waren stets 1. Ordnung bzgl. Phenol u. **I**. Für die Reaktionsgeschwindigkeitskonstanten k_2 [in (Liter/Mol·Sek.)·10^6] der Rkk. wurde gefunden: **II** → **III** 6,2, **II** → **IV** 10,5, **III** → **V** 7,5, **IV** → **V** 7,3, **IV** → **VI** 8,7, **V** → **VII** 9,1 u. **VI** → **VII** 47,7. Hieraus berechnen sich die relativen Reaktivitäten der o- u. p-Stellen zur phenol. Gruppe (bezogen auf die o-Stellung des **III** = 1,0) bei **II**: o- 1,4 u. p- 1,7, bei **IV**: p- 2,0 u. o- 2,3, bei **V**: o- 2,4 u. bei **VI**: p- 11,1. Da zwei o-, aber nur eine p-Stellung vorhanden sind, bilden sich **IV** u. **III** aus **II** im Verhältnis 1,7. Mit den vorst. Werten kann die Verteilung der Prodd. aus **II** in den verschied. Reaktionsphasen schätzungsweise vorausgesagt werden. Einführung der m-dirigierenden, elektronenanziehenden Methylolgruppe führt zu einer Desaktivierung des Benzolkerns. Dieser Effekt wird jedoch bei o-ständigen Methylolgruppen nicht bemerkt, auch **VI** zeigt eine große Reaktionsfähigkeit. Vff. führen dies auf Chelatbldg. u. Stabilisierung von Resonanzformen wie nebenst. zurück. Ferner wurde an **V–VII** bei mehrmonatigem Stehen in methanol. Lsg. Rückspaltung bemerkt, jedoch nur von o-ständigen Methylolgruppen (nicht aber bei **IV**); bei **V** z. B. nach 10 Monaten ca. 6%. Die Abspaltungs-Rk. geht offenbar, wie Verss. bei Ggw. eines Äquivalents HCOOH in wss. Lsg. von Na-Trimethylolphenolat bei 60° zeigten, nicht von der ionisierten Form aus; neben **V** u **VII** (6 Std.) wurde nach 30 Std. auch wenig **III** gefunden. Als bei der Gesamt-Rk. aus **VII** gebildeter Stoff wurde noch *3.3'.5.5'-Tetramethylol-4.4'-dioxydiphenylmethan* (**VIII**) gefunden; unter den Reaktionsbedingungen reagierten nämlich **VII** u. **VI** nicht miteinander, vielmehr wird bei Zugabe von **VI** zu **VII** die Bldg. von **VIII** (unvollständig) behindert. Eine Erklärung für diesen Verzögerungseffekt kann noch nicht gegeben werden. Die Rk. **VII** → **VIII** scheint 1. Ordnung (bzgl. **VII**) zu sein, bei Konzz. von 0,7—1,7 Mol/Liter wurde bei 25° k_1 zu $4{,}4 \cdot 10^{-7}\ sec^{-1}$ gefunden. (J. Amer. chem. Soc. **76.** 2080—87. 20/4. 1954. East Pittsburgh, Pa., Westinghouse Res. Labor.) GNAUCK. D 225

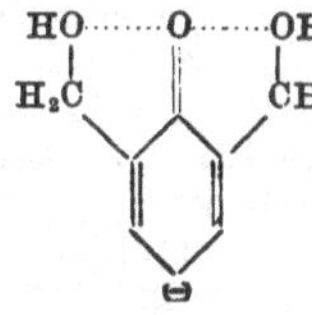

Robert T. Morrison und **Marvin Wishman**, *Mechanismus der Grignard-Reaktionen.* 1. Mitt. *Addition an Säurehalogenide. Metallhalogenide als Lewis-Säuren.* Vff. schlagen für die Additions-Rk. von GRIGNARD-Reagens (**A**) an Säurechlorid (**B**) einen analogen Mechanismus vor wie SWAIN u. BOYLES (C. **1952.** 31) für die Addition von **A** an Ketone: Angriff eines 2. Mol. **A** auf einen aus **A** u. **B** bestehenden Komplex, wobei auch andere LEWIS-Säuren die Stelle von **A** im Komplex übernehmen können. Bei Zugabe von Mesitoylchlorid zu CH_3MgJ befindet sich im Reaktionsgemisch stets ein großer Überschuß an LEWIS-Säure, so daß die Rk. im Sinne der Addition zu 2-Acetomesitylen (**I**) verläuft. Bei umgekehrter Zusammengabe ist die Konz. von **A** immer niedrig, aber die des Mg-Halogenids wächst beständig; es bildet sich sowohl **I** als auch das dimere *Mesitil* (**II**). Der Einfl. von LEWIS-Säuren auf den Verlauf der Rk. ist aus einer Tabelle an den Ausbeuten an **I** u. **II** ersichtlich. Cu-, Mn- u. Fe-Chlorid katalysieren die Addition durch ihre Wrkg. als starke LEWIS-Säuren; $NiCl_2$, $CoCl_2$ u. geringe Mengen $SnCl_4$ begünstigen Dimerisation. BF_3 u. $SnCl_4$ geben bei Anwendung in hohen Mol-Verhältnissen schlechte Ausbeuten an **I**; neben wenig *Äthylmesitoat* bildet sich *2.4.6-Trimethylbenzoesäure*, die auch bei den angewandten Mol-Verhältnissen von $AlCl_3$ u. $ZnCl_2$ erhalten wurde. Die Rolle eines Halogenids kann nicht nur von Rk. zu Rk. wechseln, sondern auch innerhalb einer Rk. durch Änderung der Mol-Verhältnisse.

Versuche: Zu 0,1 Mol Mesitoylchlorid in Ae. wurde unter N_2 u. Eiskühlung der Katalysator zugesetzt, ½ Std. gerührt u. innerhalb 1½ Std. 0,29 Mol CH_3MgJ in Ae. zugegeben. *Acetomesitylen*, Kp.$_{15}$ 115—120°, *Äthylmesitoat*, Kp.$_{15}$ 125 bis 130°; *Mesitil* (**II**), F. 119—120°, aus PAe. gelbe Kristalle. (J. Amer. chem. Soc. **76.** 1059—61. 20/2. 1954. New York, N. Y., New York Univ., Chem. Labor.)
ROCH. D 225

R. N. Chakravarti, *Verlauf der Cyclisierung bei der Bildung alicyclischer Ringe. 2. Mitt. Ein paradoxer Fall von Dieckmann-Cyclisierung.* (1. vgl. C. **1948.** II. 1289.) Da eine β-ständige Alkylgruppe, also ein positiver Substituent, eine desaktivierende Wrkg. auf die α-Methylengruppe ausübt, sollte eine β-Carbäthoxygruppe dank ihres negativen Charakters einen aktivierenden Einfl. besitzen u. dadurch DIECKMANN-Cyclisierungen erleichtern. Vf. bestätigt diese Hypothese an der Rk. von Butantricarbonsäuretriäthylester-(1.2.4), die erwartungsgemäß vorwiegend zu *Cyclopentanon-(3)-dicarbonsäurediäthylester-(1.2)* neben wenig *Cyclopentanon-(5)-dicarbonsäurediäthylester-(1.3)* führt. Auch die Umlagerung von [1-Carbäthoxy-2-keto-cyclopentyl-(1)]-essigsäureäthylester (vgl. CHATTERJEE, DAS u. BERRPUJARI; J. Indian chem. Soc. **17.** [1940.] 161) in [*1-Carbäthoxy-3-ketocyclopentyl-(4)*]-*essigsäureäthylester* unter Wrkg. von warmer Äthylatlsg. läßt sich durch Anlagerung von Äthylat u. Bldg. des Esteranions **I** mit folgendem Ringschluß leichter verstehen als in der von CHATTERJEE angegebenen Weise durch intermediäre Bldg. von Pentantricarbonsäuretriäthylester-(1.2.5) (**II**), der bei der DIECKMANN-Cyclisierung hauptsächlich Cyclohexanon-(3)-dicarbonsäurediäthylester-(1.2), daneben Cyclohexanon-(2)-dicarbonsäurediäthylester-(1.4) u. **II** ergeben sollte. Das Hydrolysenprod. der Cyclohexanonderivv., 3-Ketocyclohexancarbonsäure, ist, in Übereinstimmung mit der Ansicht des Vf., bei Rk. von **II** auch gefunden worden (DOBSON, FERNS u. PERKIN [1909]). (J. chem. Soc. [London] **1953.** 1315—16. April. Calcutta, School of trop. Med.) DU MONT. D 225

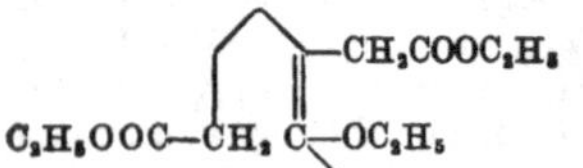

I

M. Walser, J. George und **L. J. Bodenlos,** *Geänderte Isotopenverhältnisse bei molekularem Stickstoff als Beweis für eine monomolekulare Reaktion.* In Verbb. des Typs (**A**) NH_2—X—NH_2 gilt im allg. für die Isotopenverhältnisse von $^{14}NH_2$—X—$^{14}NH_2$, $^{15}NH_2$—X—$^{15}NH_2$ u. $^{14}NH_2$—X—$^{15}NH_2$ dieselbe Gleichgewichtskonstante K wie für das Gleichgewicht $^{14}N^{14}N + {}^{15}N^{15}N \rightleftharpoons 2{}^{14}N^{15}N$; $K = 4$. Wird nun an einer Verb. vom Typ **A**, bei der ^{15}N angereichert ist, also $K \neq 4$ gilt, eine Rk. durchgeführt, bei der mol. N_2 entsteht, so gilt nach Ansicht der Vff. nur für monomol. Umsetzungen, daß im gebildeten N_2 eine von $K = 4$ verschied., mit der in **A** vorliegenden ident. Isotopenverteilung auftritt. Messung der Isotopenverhältnisse in **A** u. im N_2 kann daher zum Nachw. dienen, daß bei der untersuchten beide N-Atome des N_2 aus demselben Mol. stammen. Vff. prüfen dies an der Rk. von ^{15}N-reichem *Harnstoff* mit Hypobromit, die nach den Ergebnissen monomol. verläuft. (J. chem. Physics **22.** 1146. Juni 1954. Bethesda, Md., Naval Med. Res. Inst.) KRESZE. D 225

Dieter Klamann (unter Mitarbeit von **E. Schaffer**), *Über die kationische Wirksamkeit von Salzen organischer Basen.* (Vgl. C. **1953.** 8827.) Vff. vergleichen die kation. Wirksamkeit von Salzen verschied. Amine bei der Phenolätherspaltung unter ähnlichen Reaktionsbedingungen. Als Äther diente β-Naphthyläther. Die Wirksamkeit der Hydrochloride der untersuchten Amine fällt in der Reihenfolge *Pyridin, Anilin, N-Äthylanilin, Äthylamin, Diäthylamin.* Die Wrkg. von *Diphenylaminhydrochlorid* ist der der 3 letztgenannten Hydrochloride vergleichbar. Dies Ergebnis steht in Einklang mit den Befunden bei Sulfamid-Umamidierung. Die Wirksamkeit der aliphat. u. aromat. Aminsalze steht offenbar im Zusammenhang mit der Basizität der betreffenden Amine, was für eine Protonenwrkg. spricht. Neben der Diskussion des Reaktionsmechanismus werden die ermittelten Gesetzmäßigkeiten mit den „Haftfestigkeiten" der SO_2–N-Bindungen von Tosylderivv. der entsprechenden Amine gegenüber kation. wirkenden Agentien in Bezug gebracht u. Zusammenhänge zwischen der kation. Wrkg. der Salze bzw. der Basizität der zugrunde liegenden Amine u. der genannten Bindungsfestigkeit aufgezeigt. (Mh. Chem. **84.** 814—19. 15/8. S.-B. österr. Akad. Wiss., math.-naturwiss. Kl., Abt. IIa **162.** 814—19. 1953. Wien, TH, Inst. für organ.-chem. Technol.) R. MATTNER. D 225

W. M. Schubert, Wayne A. Lanka und **Thomas H. Liddicoet,** *Die Reaktion von Metallen mit 1.4-Dihalogeniden und ähnlichen Verbindungen.* Im Rahmen einer Unters. über das Ausmaß u. den Mechanismus der allg. nachst. Rk. (Me = Mg, Zn u. Na usw., X = Halogen, Y = negative Gruppe, z. B. Halogen) finden Vff. einige neue Beispiele für diese Reaktion. So reagiert Mg in Tetrahydrofuran mit γ-Bromcrotonaldehyddiäthylacetal in 78% Ausbeute zu *1-Äthoxybutadien-(1.3)*, mit γ-Bromcrotonaldehyddiacetat (60%) zu *1-Acetoxybutadien-(1.3)* u. mit γ-Bromorthocrotonsäureäthylester zu einer polymeren Verb., die mit heißer wss. HCl in kleiner Menge

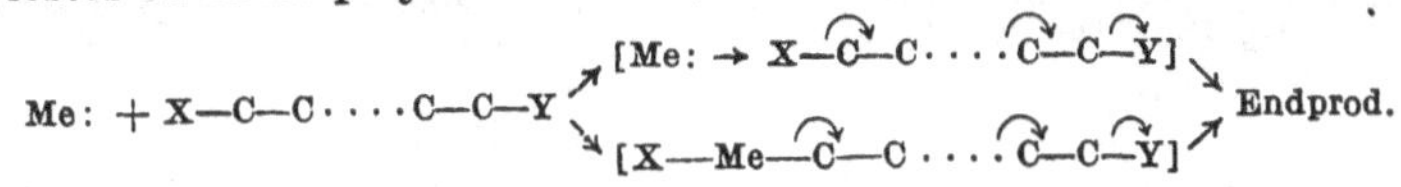

Crotonsäure liefert. Vff. vermuten, daß diese aus dem eigentlich erwarteten Reaktionsprod., *1.1-Diäthoxybutadien-(1.3)*, bei der durchgeführten Behandlung entsteht. Es erscheint möglich, Mg durch J-Ionen zu ersetzen. So ergibt KJ in wss. Methanol mit 1.4-Dibrombuten-(2) *Butadien-(1.3)* u. mit 3.6-Dibromcyclohexen *Cyclohexadien-(1.3)*. Die Tatsache, daß Mg mit 1.4-Dibrombutan kein Butylen bildet, zeigt, daß für die untersuchte Rk. ein bestimmter ungesätt. Charakter der C-Kette notwendig ist. (Science [Washington] **116**. 124. 1/8. 1952. Washington, Univ., Dep. of Chem. and Chem. Engng.) PLUST. D 225

Kathleen Heald und **Gwyn Williams,** *Die Teilnahme von Zinn(IV)-halogenidkatalysatoren an der Reaktion von Styrol mit Halogenwasserstoffen. Halogenaustausch zwischen Zinn(IV)-halogeniden und 1-Phenyläthylhalogeniden.* Bei der durch $SnBr_4$ beschleunigten Addition von HCl an Styrol (I) in CCl_4 bildet sich auch *1-Phenyläthylbromid* (II), u. bei der durch $SnCl_4$ katalysierten Addition von HBr an I entsteht etwas *1-Phenyläthylchlorid* (III). Da auch zwischen Sn-Halogenid u. II bzw. III Halogenaustausch stattfindet, braucht diese Austausch-Rk. nicht unmittelbar mit der Additions-Rk. verknüpft zu sein. Das Verhältnis des das Halogen aus dem Katalysator enthaltenden 1-Phenyläthylhalogenids zu dem das Halogen des Halogenwasserstoffs enthaltenden 1-Phenyläthylhalogenids wird mit steigender Katalysatorkonz. größer. Es wird ein Carboniumionenmechanismus angenommen. In Nitrobenzol reagieren I u. HCl ohne Katalysator hauptsächlich zu III; in Ggw. von $SnCl_4$ entsteht als einziges Prod. Polystyrol mit einem Mol.-Gew. von ca. 400. (J. chem. Soc. [London] **1954**. 357—62. Jan. Surrey, Englefield Green, Royal Holloway Coll., Univ. of London.) R. MATTNER. D 225

Kathleen Heald und **Gwyn Williams,** *Die Racemisierung von (—)-1-Phenyläthylchlorid durch Zinn(IV)-chlorid in Tetrachlorkohlenstoff und ihre Beziehung zur kationischen Polymerisation von Styrol.* (Vgl. vorst. Ref.) Auf Grund der Beschleunigung der Racemisierung von (—)-1-Phenyläthylchlorid in CCl_4 durch $SnCl_4$ nehmen Vff. an, daß in diesem Lösungsm. mit niedriger DK. ein Carboniumionenmechanismus der Form (—)-$CHPhCl—CH_3 + SnCl_4 \rightleftharpoons (\overset{+}{C}HPh—CH_3)SnCl_5^- \rightleftharpoons$ (+)-$CHPhCl—CH_3 + SnCl_4$ abläuft. Die Geschwindigkeit der Racemisierung ist im wesentlichen von der Ggw. überschüssigen Styrols (I) unabhängig. Daraus folgt, daß die Rückbldg. eines $CHPhCH_3^+$-Ions zum Halogenid schneller verläuft als die Rk. mit einem Mol. I. Dies wird durch direkte Beobachtung der Geschwindigkeit der Wechselwrkg. des Halogenids mit I in Ggw. von $SnCl_4$ bestätigt. Die Wechselwrkg. dieses Carboniumions mit monomerem I ist ein wichtiger Schritt bei der Polymerisation von I. 1-Phenyläthylchlorid ist ein sehr wirksamer Inhibitor für die Polymerisation von I.

V e r s u c h e : *Phthalsäuremono-[1-phenyläthyl]-ester* (II), aus 1-Phenyläthylalkohol (III) u. Phthalsäureanhydrid in Pyridin. — Spaltung von II über das Brucinsalz. — (—)-III, $Kp._{16}$ 90—91°, durch Hydrolyse von opt.-akt. II, $[\alpha]_{5461}^{15,4}$ —49,7°, $[\alpha]_{5890}^{15,4}$ —40,9°. — (—)-*1-Phenyläthylchlorid*, $Kp._{17}$ 82,5°, aus III u. $SOCl_2$, $[\alpha]_{5890}^{15}$—50,1°. (J. chem. Soc. [London] **1954**. 362—66. Jan.) R. MATTNER. D 225

W. R. R. Park und **George F. Wright,** *Chlorwasserstoffaddition an Propenylbenzol.* Während die Anlagerung von HCl an Styrol 1-Phenyl-1-chloräthan gibt, liefert die HCl-Addition an 2-Methyl-1-phenylpropen-(1) 2-Chlor-2-methyl-1-phenylpropan. Vff. vergleichen dies unterschiedliche Verh. des Addenden mit dem von *Propenylbenzol* (I). Unter gleichen Bedingungen (0° u. 18 Std.) trat keine Addition ein, nach 4tägigem Stehen bei 25° im Rohr wurde jedoch das Chlorid in 43% Ausbeute isoliert. Einziges Prod. war *1-Chlor-1-phenylpropan* (II); zur Prüfung auf Einheitlichkeit wurde die GRIGNARD-Verb. des Reaktionsprod. mit CO_2 umgesetzt, es entstand nur *2-Phenylbuttersäure.*

V e r s u c h e : *1-Chlor-1-phenyläthan*, $Kp._{14}$ 74—75°, aus Styrol ($Kp._{19}$ 48°) u. HCl-gesätt. Ae. bei 0°, 18 Std., n_D^{20} 1,5273, $D.^{20}_4$ 1,058; 84% (Ausbeute). Daraus durch Hydrolyse mit wss. NaOH *1-Phenyläthanol*, F. 104—105°; 85%. *1-Chlor-1-phenylpropan* (II), $Kp._{10}$ 72—79°, aus 0,2 Mol I (cis : trans = 14 : 86, $Kp._{14}$ 59—61°, n_D^{20} 1,5494) u. HCl-gesätt. Ae. bei 25°, 4 Tage, n_D^{20} 1,5246; 43%. *2-Phenylbuttersäure*, $Kp._{10}$ 148—149°, F. 42—43° (PAe.), aus GRIGNARD-Verb. von II; mit CO_2 78,4%.

Amid, F. 83,5—84,8°. (J. Amer. chem. Soc. **76.** 3036—37. 5/6. 1954. Toronto, Can., Univ., Dep. of Chem.) PAULIG. D 225

John G. Burr jr., *Die Wasseranlagerung an* $^{14}C_{(1)}$*-1.2-Diphenylacetylen.* Die Wasseranlagerung an die $^{12}C—^{14}C$-Dreifachbindung wurde untersucht, um einen möglichen Isotopeneffekt bei der Addition festzustellen. Dazu wurde $^{14}C_{(1)}$*-1.2-Diphenylacetylen*(I) synthetisiert, an I durch Erwärmen mit konz. H_2SO_4-Eisessig in Ggw. von $HgCl_2$ W. angelagert u. das gebildete Desoxybenzoin (F. 51—52°) durch Rk. mit C_6H_5MgBr in 1.1.2-Triphenyläthanol (F. 88°) übergeführt, dessen Oxydationsprod. Benzophenon auf ^{14}C-Geh. geprüft wurde. Nach den Ergebnissen muß ein etwaiger Isotopeneffekt unter 1—2% liegen.

Versuche: ^{14}C*-Diphenylketon*, aus Bzl., Benzoylchlorid u. ^{14}C-Benzoesäure in CS_2 mit $AlCl_3$. — $^{14}C_{(3)}$*-3-Oxy-3.3-diphenylpropionsäureäthylester* (II), F. 85—86°, aus vorst. Verb. nach RUPE u. BUSOLT [1907]. $^{14}C_{(3)}$*-3-Oxy-3.3-diphenylpropionsäurehydrazid* (III), F. 130° (Bzl.), aus 13,5 g II mit Hydrazinhydrat (95%ig) u. A., 3 Std. kochen; 16 g (Ausbeute). — $^{14}C_{(4)}$*-5.5-Diphenyloxazolidon-(2)* (IV), F. 200° (A.), aus 7,2 g III in Eisessig mit 6n HCl u. $NaNO_2$; 4,1 g. — $^{14}C_{(1)}$*-Diphenylacetylen* (I), F. 56—57° (A.-W.), aus IV über die Nitrosoverb. nach NEWMAN u. KUTNER (Nucleonics **9.** [1951.] 22). (J. Amer. chem. Soc. **75.** 1990—91. 20/4. 1953. Oak Ridge, Tenn., Oak Ridge Nat. Labor., Chem. Div.) BOLLINGER. D 225

A. M. Goodall und **K. E. Howlett,** *Die Pyrolyse von Chloralkenen.* 1. Mitt. *Allylchlorid.* Vff. untersuchten kinet. die therm. Zers. von *Allylchlorid* (I, Kp. 45,2° [korr.], aus Allylalkohol; n_D^{22} 1,4137) zwischen 370 u. 475° mit der von BARTON u. HOWLETT (C. **1949.** E. 38) beschriebenen App. mit carbonisierten Wänden. Wegen der komplexen Natur konnte die Rk. nicht manometr., sondern nur titrimetr. verfolgt werden. H_2 oder CH_4 traten bei kurzer Reaktionszeit nicht auf, nur nach 15 Std. wurden geringe Mengen an Crackprodd. bemerkt. Die Zers. folgt der 1. Ordnung bis zu wenigstens 30% Umsatz. Die Reaktionsgeschwindigkeitskonstante k erfüllt die Gleichung $k = 10^{9,10} \cdot e^{-42500/RT}$ sec^{-1} im leeren Reaktionsgefäß (Oberflächenvolumenverhältnis $V = 2\ cm^{-1}$). Bei Vergrößerung von V ($V = 22\ cm^{-1}$) wachsen die k-Werte auf das 2—3fache, die Aktivierungsenergie sinkt auf 32 kcal/Mol. Ferner wurde die Wrkg. von Propylen (III, 0—17,9 mm Partialdruck) auf die Rk. im leeren u. gepackten Gefäß untersucht. Bei sehr geringen Mengen an III liegt das Optimum der Inhibierung; die k-Werte sind hier (zwischen 5 u. 10 mm I-Druck) unabhängig von [I]. An Reaktionsprodd. wurden nach längerer Reaktionsdauer im bewegten Syst. gefunden: ca. 2% Acetylene, ca. 1% Allen (II) u. Teer, aus dem etwas unverändertes I isoliert werden konnte, ein Teil des Restes bestand aus dimerem u. tetramerem II, wie schon MEINERT u. HURD [1930] u. LEBEDEW [1913] gefunden haben. Vff. schließen, daß die Pyrolyse von I hauptsächlich über II u. HCl verläuft, II dann aber schneller polymerisiert, als I sich zersetzt. Nach Korrektion der k-Werte auf V = 0 wird für die Homogen-Rk. $k_h = 10^{10,1} \cdot e^{-46000/RT}$ sec^{-1} gefunden, die Aktivierungsenergie für die heterogene Rk. beträgt dann nur ca. 25 kcal/Mol. Nach der Wrkg. von III zeigt die Rk. wenig Kettencharakter (im leeren Gefäß bis zu ca. 10%); diese Radikalketten-Rk. ist homogen; die heterogene Rk. verläuft ebenfalls, mindestens zum Teil, nicht über Reaktionsketten. (J. chem. Soc. [London] **1954.** 2596—99. Juli 1954. London, Bedford Coll.) GNAUCK. D 225

A. M. Goodall und **K. E. Howlett,** *Die Pyrolyse von Chloralkenen.* 2. Mitt. *Trichloräthylen.* (1. vgl. vorst. Ref.) Wie vorst. wurde die therm. Zers. von *Trichloräthylen* (I, Kp. 87,0° [korr.], n_D^{20} 1,4780, D^{20}_4 1,4616) von 385—445° kinet. untersucht. Die Rk., die zur theoret. Ausbeute an HCl u. Hexachlorbenzol (II, C_6Cl_6, F. 222—223° [Äthylacetat]) führt, zeigt eine Induktionsperiode J bei allen Tempp., die Kinetik ist auch nach Ablauf von J komplex, die Reaktionsordnung steigt vom Ende der J von 2—3 auf unwahrscheinlich hohe Werte. Vff. zeigten, daß dies einer inhibierenden Wrkg. von Reaktionsprodd. zuzuschreiben ist. Propylen (III) inhibiert stark, das Maximum liegt bei 2 mm III-Druck, diese Reaktionsgeschwindigkeit änderte sich nicht bis zu einem III-Partialdruck von 10 mm; n-Hexan verzögerte die Rk. bis zum gleichen Wert. Diese maximal inhibierte Rk. zeigt keine Induktionsperiode, folgt der 2. Ordnung u. zeigt keinen Kettencharakter. k erfüllt die Gleichung $k = 10^{12.08} \cdot e^{-42000/RT}$ sec^{-1} Mol^{-1} Liter. Bei der nichtinhibierten Rk. läuft eine 2. Rk. parallel, die eine Radikalkettenzers. ist u. der empir. Geschwindigkeitsgleichung $v = k' [I]^2/[HCl]$ ab Ende der Induktionsperiode bis mindestens ca. 75% Zers. folgt, offenbar also auch eine Rk. 2. Ordnung ist u. von einem Reaktionsprod. verzögert wird; $k' = 10^{7.52} \cdot e^{-35400/RT}$. Beide Rkk. sind vom Oberflächenvolumenverhältnis des Reaktionsgefäßes unabhängig, die Rk. verläuft also völlig homogen. Für die Ketten-Rk. wird folgender Mechanismus angenommen: 1. 2 I → Cl + C_2HCl_2 + C_2HCl_3 oder → HCl + C_2HCl_2 + C_2Cl_3, 2. Cl + C_2HCl_3 → HCl + C_2Cl_3, 3. C_2HCl_3 + C_2Cl_3 → Cl + C_2Cl_2 + C_2HCl_3, 4. C_2HCl_3 + C_2HCl_2 → Cl + C_2HCl + C_2HCl_3, 5. C_2HCl_3 + Cl + Prod. → Kettenende; ferner 3 C_2Cl_2 → C_6Cl_6, wobei der Mechanismus nicht einzeln anzugeben ist. Die Gesamtgeschwindigkeitsgleichung $d(HCl)/dt = k[I]^2 + k'[I]^2/[Prod.]$ wird stets erfüllt. Vff. vermuten, daß **II** inhibiert, da die inhibierende Wrkg. mit der Reaktionsdauer nicht abnimmt u. bei Ggw. von Reaktionsprodd. früherer Verss. der Summe an neuen u. alten Prodd. entspricht. Die Ergebnisse sind in Übereinstimmung mit SLATERs Theorie (vgl. Philos. Trans. Roy. Soc. London, Ser. A **246.** [1953.] 57). (J. chem. Soc. [London] **1954.** 2599—2603. Juli.) GNAUCK. D 225

Kenneth E. Russell, *Der Abzug von Wasserstoffatomen aus Mercaptanen durch 2.2-Diphenyl-1-pikrylhydrazyl.* Es wird der Mechanismus des Wasserstoffabzuges aus *n-Butyl-, Isobutyl-, tert.-Butyl-, n-Hexyl-* u. *n-Octylmercaptan* durch *2.2-Diphenyl-1-pikrylhydrazyl* (**I**) in Bzl., der nach Aussage der Ultrarotspektren nach: **I**· + RSH → **I**-H + RS· (langsam) u. **I**· + RS· → **I**-SR (schnell) verläuft, durch photometr. Messung der Abnahme der **I**-Konz. bei 650 mμ untersucht. Während der Reaktionsbeginn aus nicht bekannten Gründen eine Rk. niedrigerer Ordnung darstellt, ist die Haupt-Rk. in bezug auf Mercaptan 1. Ordnung. Die Aktivierungsenergien ergaben sich zu ca. 15 kcal/Mol u. liegen wegen der relativen Reaktionsträgheit des **I** erwartungsgemäß wesentlich höher als die der Rk. zwischen Polystyrylradikalen u. Mercaptanen. Die Werte der Aktionskonstanten A liegen in Übereinstimmung mit Werten des Wasserstoffabzuges aus Mercaptanen in der Gasphase zwischen $1{,}8—6{,}3 \cdot 10^{11}$. Lediglich bei tert.-Butylmercaptan ist $A = 4{,}2 \cdot 10^{10}$, was durch Reaktionserschwerung durch ster. Hinderung am tert. C-Atom erklärt wird. Messungen in Cyclohexan als Lösungsm. ergaben etwa doppelt so große Geschwindigkeitskonstanten, Aktivierungsenergie: 14,8 kcal/Mol, A-Wert: $7{,}4 \cdot 10^{11}$, Reaktionsordnung wie bei Rk. in Benzol. (J. physic. Chem. **58.** 437—39. Mai 1954. Princeton, N. J., Univ., Frick Chem. Labor.) MOISAR. D 225

Stanley Mandeles, Ray Koppelman und **Martin E. Hanke**, *Untersuchung des Mechanismus der enzymatischen Decarboxylierung von Aminosäuren mit Hilfe von Deuterium.* Die enzymat. Decarboxylierung von *Lysin* (**I**), *Tyrosin* (**II**) u. *Glutaminsäure* (**III**) in 99,8%ig. D_2O wurde untersucht. WERLE u. KOCH (C. **1950.** I. 75) hatten für diese Rk. einen Mechanismus vorgeschlagen, der prim. eine Rk. der Aminosäure mit dem Coenzym Pyridoxal-5-phosphat (**IV**) unter Bldg. von Pyridoxylidenaminosäure im Gleichgewicht mit der tautomeren Iminoform vorsieht, dann soll Decarboxylierung, Gleichgewichtseinstellung der tautomeren Pyridoxylidenamine u. Spaltung zu **IV** u. Amin erfolgen. Dabei werden bei diesem Mechanismus 2 H- bzw. D-Atome am α-C-Atom aus dem Lösungsm. aufgenommen. WESTHEIMER hat einen Mechanismus vorgeschlagen, bei dem nach der Decarboxylierung das Anion der Pyridoxylidenaminosäure als Resonanzsyst. weiterreagiert. Bei diesem Mechanismus nimmt das α-C-Atom nur ein H- bzw. D-Atom aus dem Lösungsm. auf. Als Reaktionsprodd. entstanden nun aus **I** *Cadaverin* (**V**), aus **II** *Tyramin* (**VI**) u. aus **III** *γ-Aminobuttersäure* (**VII**). **V, VI** u. **VII** wurden im Sauerstoffstrom verbrannt, das entstehende W. mit Zn red. u. massenspektrometr. der Geh. an D ermittelt. Vff. konnten nachweisen, daß ein Mol. Aminosäure während der Rk. nie mehr als 1 Atom D aufnimmt. Dieses Ergebnis stimmt mit dem von WESTHEIMER vorgeschlagenen Mechanismus überein. — In Ggw. von Decarboxylasen nehmen auch **V** u. **VII** in geringem Maße D auf. Der Einfl. der Decarboxylasen auf die Stereochemie der Reaktionsprodd. wird diskutiert. — Glutamindecarboxylase wurde aus den Zellen von Clostridium welchii SR 12 u. aus Escherichia coli, Lysindecarboxylase aus den Zellen von Bacterium cadaveris u. Tyrosindecarboxylase aus den Zellen von Streptococcus faecalis R gewonnen. (J. biol. Chemistry **209.** 327—36. Juli 1954. Chicago, Ill., Univ., Dep. of Biochem.) PAULIG. D 225

John P. Fowler und **Marvin C. Tobin**, *Die thermische Zersetzung von Cyclotrimethylentrinitrosamin.* Vff. untersuchen die therm. Zers. von *Cyclotrimethylentrinitrosamin* (**I**), $(CH_2)_3(NNO)_3$, im festen Zustand bei 80 u. 90° u. im geschmolzenen Zustand bei 114, 117, 125, 136 u. 146°. Die Zers. im fl. Zustand verläuft unter Farbvertiefung nach Dunkelrot (ursprünglich gelb) u. ist vollständig nach ca. 55% Gewichtsverlust; der rote, glasige Rückstand besteht aus mindestens 2 Fraktionen, eine davon ist wasserlöslich. Für Zers. > 10% gilt eine Beziehung $\log[(\omega + 30)/(280 - \omega)] = kt + c$ (wobei ω = Gewichtsverlust in mg zur Zeit t in Std., 280 = durchschnittlicher Endgewichtsverlust für Proben von ca. 0,5 g). Daraus ergibt sich eine Aktivierungsenergie von 36,2 kcal/Mol, die nach Vff. für die komplexe Zersetzungs-Rk. als zusammengesetzte Größe anzunehmen ist. Die Gasentwicklungskurven für die Zers. im festen Zustand beweisen eine ausgeprägte Autokatalyse der Zers. des festen **I** durch dessen gasförmige Reaktionsprodd. (Induktionsperiode mit folgendem, sehr steilen Anstieg der Reaktionsgeschwindigkeit). Der Reaktionsmechanismus für geschmolzenes **I** wird diskutiert, das Infrarotspektr. von **I** zwischen 650—3500 cm^{-1} ist tabellar. wiedergegeben. (J. physic. Chem. **58.** 382—83. April 1954. Cambridge, Mass., Arthur D. Little, Inc.) G. WINKLER. D 225

W. H. Urry, F. W. Stacey, E. S. Huyser und **O. O. Juveland**, *Die durch Peroxyd und Licht induzierte Addition von Alkoholen an Olefine.* (Vgl. C. **1953.** 8828.) Bei den durch Peroxyde (zwischen 118 u. 135°) oder Licht (bei 30—35°) induzierten Rkk. zwischen Olefinen u. prim. oder sek. Alkoholen wurden diese am α-C-Atom alkyliert. Als Induktionsmittel fanden tert.-Butyl- (**I**) u. tert.-Amylperoxyd (**II**), sowie 2.2-Bis-[tert.-butylperoxy]-butan (**III**) Verwendung, Benzoylperoxyd (**IV**), α-Cumylhydroperoxyd (**V**), Hexachloräthan (**VI**) u. 2.2-Azo-bis-isobutyronitril (**VII**) waren unwirksam. Bei den durch **I** induzierten Rkk. wurden isoliert: Aus Methanol (**VIII**) u. Octen-(1) (**IX**) → *Nonanol-(1)*; A. u. Äthylen (**X**) → *Butanol-(2)* (**XI**), *Hexanol-(2)*, *Octanol-(2)* (**XII**) u. *Decanol-(2)* (**XIII**); A. u. **IX** → **XIII**; Propanol-(2) (**XIV**) u. **X** → *2-Methylbutanol-(2)*, *2-Methylhexanol-(2)*, *2-Methyloctanol-(2)* u. *2-Methyldecanol-(2)* (**XV**); **XIV** u. Propen (**XVI**) → *2-Methylpentanol-(2)*; **XIV** u. 3-Oxypropen → *4-Methylpentandiol-(1.4)*; **XIV** + **IX** → **XV**; **XIV** u. Dodecen-(1) (**XVII**) → *2-Methyltetradecanol-(2)*; Butanol-(1) (**XVIII**) u. **IX** → *Dodecanol-(4)*, **XI** u. **IX** → *3-Methylundecanol-(3)*; Cyclohexanol (**XIX**) u. Hexen-(1) (**XX**) → *1-n-Hexylcyclohexanol*; **XIX** u. **IX** (durch **I**, **II** oder **III** induziert) → *1-n-Octylcyclohexanol.* Durch UV-Licht induzierte Rkk.: A. u. **XX** → **XII** sowie **XIV** u. **IX** → **XV**. Bei allen Rkk. waren die Ausbeuten vom Mengenverhältnis Alkohol:Olefin abhängig. Außerdem entstanden noch höhersd. Prodd. (höhere Telomere), die nicht isoliert wurden. Bei den folgenden in Ggw. von **I** bei 130° durchgeführten Verss. traten Additionsprodd. in nennenswerter Menge nicht auf: **XIX** u. Isobutylen, Benzylalkohol (**XXI**) u. **X**, 2-Phenyläthanol (**XXII**) u. **X**, sowie 2-Methylpropanol-(2) (**XXIII**) u. **IX**. — Aus den Ergebnissen folgt für den Ablauf der Rkk. ein freier Radikalkettenmechanismus, z. B. für die Rk. von A. mit **X** in Ggw. von **I**: **I** → $2(CH_3)_3C—O\cdot$ (1); $(CH_3)_3C—O\cdot + CH_3CH_2OH \rightarrow (CH_3)_3\cdot C—OH + CH_3\dot{C}HOH$ (2a); oder $(CH_3)_3C—O\cdot + CH_3CH_2OH \rightarrow CH_4 + CH_3\cdot CO\cdot CH_3 + CH_3\dot{C}HOH$ (2b); $CH_3\cdot\dot{C}HOH + $ **X** → $CH_3\cdot CHOH\cdot CH_2\cdot CH_2\cdot$ (3); $CH_3CHOHCH_2\cdot CH_2\cdot + CH_3CH_2OH \rightarrow CH_3CHOH\cdot CH_2CH_3 + CH_3\dot{C}HOH$ (4); $CH_3\cdot CHOHCH_2CH_2\cdot + $ **X** → $CH_3CHOHCH_2CH_2CH_2CH_2\cdot$ (5); $CH_3\cdot\dot{C}HOH + X \rightarrow CH_3CHO + HX$ (6). Eine halbquantitative Abschätzung des Verhältnisses der Geschwindigkeiten von Rk. (4) u. (5) war durch die Best. der Übertragungskonstanten nach MAYO u. GREGG (Disc. Faraday Soc. 2. [1947.] 328) für die Rkk. verschied. Alkohole mit **X**, **XX** u. **IX** möglich. Die Reaktivität der Alkohole in der radikalotropen Rk. (4) nimmt erwartungsgemäß vom sek. (**XIV**) zu den prim. Alkoholen ab, wobei für letztere gilt **XVIII** > A. > **VIII**. — Prodd., die durch nachfolgende Rkk. der anfangs gebildeten Telomeren (sek. Alkohole) mit Olefinen entstanden sein könnten, wurden nicht gefunden. Die der Kettenabbruchs-Rk. (6) entsprechenden Prodd. konnten in einigen Fällen gefunden werden, so bei den Rkk. von A., **XIX** u. **XIV**: Acetaldehyd, Cyclohexanon (**XXV**) u. Aceton (**XXIV**). Bei dem Vers., **XXI** mit **X** in Ggw. von **I** bei 130° umzusetzen, entstand nur gemäß Rk. (6) *Benzaldehyd* u. *Benzoesäure.* — Aus der Unwirksamkeit von **IV**—**VII** als Induktionsmittel wurde auf folgenden durch Alkohole beschleunigten Zerfall speziell von **IV** geschlossen: **IV** → $2\,C_6H_5COO\cdot$; $C_6H_5COO\cdot + RR'CHOH \rightarrow C_6H_5COOH + RR'\dot{C}OH$; $RR'\dot{C}OH + $ **IV** → $RR'C(OH)OCOC_6H_5 + C_6H_5COO\cdot$; $RR'C(OH)OCOC_6H_5 \rightarrow RCOR' + C_6H_5COOH$. Bei einem Vers., eine Umsetzung von Alkohol u. Olefin in Ggw. von **VII** zu erreichen, konnte *Tetramethylbernsteinsäurenitril* gefunden werden.

Versuche: *tert.-Butylperoxyd* (**I**), $Kp._{77}$ 49,5°, n_D^{20} 1,3893. — *tert.-Amylperoxyd* (**II**), $Kp._{20}$ 59,5°, n_D^{20} 1,4092. — *Isopropanol* (**XIV**), Kp. 82°, n_D^{20} 1,3779. — *n-Butanol* (**XVIII**), Kp. 117,5°, n_D^{20} 1,3995. — *tert.-Butanol* (**XXIII**), Kp. 82°, n_D^{20} 1,3878. — *Cyclohexanol* (**XIX**), $Kp._{105}$ 106—107°, n_D^{25} 1,4650. — *Benzylalkohol* (**XXI**), $Kp._{17}$ 97°, n_D^{20} 1,5405. — *2-Phenyläthanol* (**XXII**), $Kp._4$ 82,5°, n_D^{20} 1,5340. — *Octen-(1)* (**IX**), Kp. 121°, n_D^{20} 1,4089. — *Hexen-(1)* (**XX**), Kp. 63,8°, n_D^{20} 1,3875. — *Dodecen-(1)* (**XVII**), $Kp._{10}$ 83°, n_D^{20} 1,4300. — *Hexachloräthan* (**VI**), F. 185° (A.). — *α-Cumylhydroperoxyd* (**V**), $Kp._{0,2}$ 60°. — *2-Methylbutanol-(2)*, $Kp._{165}$ 66°, aus 7,07 Mol **XIV** u. 2,0 Mol **X** (200—300 lbs./sq.in.) unter Rühren im Autoklaven bei 125—130° in Ggw. von 0,031 Mol **I**, 20 Std., n_D^{20} 1,4052, 0,86 Mol (Ausbeute). *3.5-Dinitrobenzoat,* F. 116 bis

117°. *p-Nitrobenzoat*, F. 83,5—84,5°. — *2-Methylhexanol-(2)*, $Kp._{80}$ 82°, $Kp._{120}$ 90,5°, aus 7,07 Mol **XIV** u. 2,0 Mol **X**, 0,21 Mol; auch aus n-Butyl-MgBr u. **XXIV**, n_D^{20} 1,4180. *Allophanat*, $C_9H_{18}O_3N_2$, F. 153—154°. — *2-Methyloctanol-(2)*, $Kp._{12}$ 79—80°, $Kp._8$ 66°, a) aus 7,07 Mol **XIV** u. 2,0 Mol **X**, 0,11 Mol, n_D^{20} 1,4282; b) aus n-Hexyl-MgBr u. **XXIV**, n_D^{20} 1,4280. *Allophanat*, $C_{11}H_{22}O_3N_2$, F. 113—113,5°. — *2-Methyldecanol* (**XV**), $C_{11}H_{24}O$, $Kp._{0,2}$ 50°, $Kp._{0,3}$ 75°, a) aus 7,07 Mol **XIV** u. 2,0 Mol **X**, 0,06 Mol; b) aus 5,95 Mol **XIV** u. 0,25 Mol **IX** in Ggw. von 0,03 Mol **I**, 35 Std. bei 120—125°, 0,096 Mol; c) aus 3,32 Mol **XIV** u. 0,178 Mol **IX** durch Bestrahlen mit einer Quecksilberresonanzlampe 16 Std., 0,035 Mol; d) aus n-Octyl-MgBr u. **XXIV**, n_D^{20} 1,4358, 1,4369. *Allophanat*, $C_{13}H_{26}O_3N_2$, F. 133,5—114°. — *Butanol-(2)* (**XI**), $Kp._{140}$ 61°, Kp. 99°, aus 7,82 Mol A. u. 2,5 Mol **X** (250—400 lbs./sq.in.) in Ggw. von 0,061 Mol **I** bei 125—135°, 20 Std., n_D^{20} 1,3978; 0,25 Mol. *α-Naphthylurethan*, F. 97 bis 98°. — *Hexanol-(2)*, $Kp._{17}$ 54,5°, aus 7,82 Mol A. u. 2,5 Mol **X**, n_D^{20} 1,4154; 0,10 Mol. *3.5-Dinitrobenzoat*, F. 39,5—40,5°. — *Octanol-(2)* (**XII**), $Kp._{38}$ 97—98°, $Kp._5$ 49—50°, a) aus 7,82 Mol A. u. 2,5 Mol **X**; 0,095 Mol; b) aus 7,80 Mol A. u. 0,26 Mol **XX** durch Bestrahlen mit Hg-Lampe 168 Std., 0,0115 Mol, n_D^{20} 1,4288, 1,4290. *3.5-Dinitrobenzoat*, F. 34—34,5°. — *Decanol-(2)* (**XIII**), $Kp._1$ 52—54°, $Kp._{0,2-0,3}$ 30—33°, a) aus 7,82 Mol A. u. 2,5 Mol **X**: 0,092 Mol; b) aus 7,82 Mol A. u. 0,31 Mol **IX** in Ggw. von 0,031 Mol **I** 40 Std. bei 115—118°, 0,074 Mol, n_D^{20} 1,4358. *α-Naphthylurethan*, F. 68 bis 69°. *3.5-Dinitrobenzoat*, F. 52,5—53,5°. — *3-Methylundecanol-(3)*, $C_{12}H_{26}O$, $Kp._{0,1}$ 58 bis 63°, a) aus 3,34 Mol **XI** u. 0,236 Mol **IX** in Ggw. von 0,037 Mol **I** 40 Std. bei 117 bis 118° in einer Druckapp. unter 15 lbs./sq.in. N_2; 0,071 Mol; b) aus n-Octyl-MgBr u. Butanon-(2), n_D^{20} 1,4416—1,4418. *Allophanat*, $C_{14}H_{28}O_3N_2$, F. 76—78°. — *Dodecanol-(4)*, $C_{12}H_{26}O$, $Kp._1$ 83—84°, aus 7,85 Mol **XVIII** u. 0,26 Mol **IX** in Ggw. von 0,048 Mol **I** 40 Std. bei 117—118°, n_D^{20} 1,4409, 0,097 Mol; auch aus Dodecanon-(4) (aus n-Butyraldehyd u. **IX** in Ggw. von **IV**; 60%) durch Red. mit $LiAlH_4$; 60%. *α-Naphthylurethan*, $C_{23}H_{33}O_2N$, F. 57—58°. — *Nonanol-(1)*, $Kp._{20}$ 108—112°, aus 10 Mol **VIII**, 0,195 Mol **IX** u. 0,031 Mol **I**, 45 Std. bei 116—120°, n_D^{20} 1,4342; 0,017 Mol. *α-Naphthylurethan*, F. 65—66°. *3.5-Dinitrobenzoat*, F. 51,5—52,5°. — *1-n-Hexylcyclohexanol*, $Kp._7$ 114—117°, aus 4,50 Mol **XIX** 0,25 Mol **XX** u. 0,038 Mol **I** 45 Std. bei 125—135°, n_D^{20} 1,4645; 0,093 Mol; auch aus n-Hexyl-MgBr u. **XXV**. *Phenylurethan*, F. 88,5 bis 89,5°. — *2-Methylpentanol-(2)*, $Kp._{150}$ 79°, aus 4,0 Mol **XIV**, 0,3—0,4 Mol **XVI** (120 bis 150 lbs./sq.in.) 24 Std. bei 125—130°, n_D^{20} 1,4120; 0,060 Mol. — *2.4-Dimethylheptanol-(2)*, $Kp._{100}$ 110—120°, bei Darst. vorst. Verb., n_D^{20} 1,4300; 0,03 Mol. — *4-Methylpentandiol-(1.4)*, $Kp._{22}$ 127—128°, aus 5,0 Mol **XIV**, 0,25 Mol 3-Oxypropen u. 0,031 Mol **I**, 36 Std. bei 125—130°, n_D^{20} 1,4449; 0,078 Mol; auch aus γ-Butyrolacton u. CH_3·MgBr. *Di-p-nitrobenzoat*, F. 158—158,5°. — *2-Methyltetradecanol-(2)*, $Kp._{0,1}$ 104°, $Kp._{0,2}$ 115—117°, a) aus 5,0 Mol **XIV**, 0,16 Mol **XVII** u. 0,031 Mol **I** 44 Std. auf 115—120° im Autoklaven; 0,061 Mol; b) aus n-Dodecyl-MgBr u. **XXIV**, n_D^{20} 1,4437, 1,4447. *Allophanat*, $C_{17}H_{34}O_3N_2$, F. 113—114°. — *1-n-Octylcyclohexanol*, $Kp._2$ 106°, $Kp._1$ 87 bis 91°, a) aus 6,0 Mol **XIX** u. 0,40 Mol **IX** mit 0,051 Mol **I**, 48 Std. bei 128—130°; 0,127 Mol; b) aus 2,5 Mol **XIX** u. 0,10 Mol **IX** mit 0,026 Mol **II** 43 Std. bei 108—112°; 0,026 Mol; c) aus 1,25 Mol **XIX** u. 0,054 Mol **IX** mit 0,006 Mol **III** 42 Std. bei 100°; 1,8 g; d) aus n-Octyl-MgBr u. **XXV**, n_D^{20} 1,4637—1,4645, n_D^{25} 1,4625—1,4628. *Phenylurethan*, F. 75,5—76°. (J. Amer. chem. Soc. **76**. 450—55. 20/1. 1954. Chicago, Ill., Univ., George Herbert Jones Labor.) L. FISCHER. D 226

I. N. Titz-Skworzowa und **T. A. Danilowa**, *Synthese und katalytische Umwandlungen von β-Thiotetralol, β-Tetralylnonylsulfid, β-Tetralylcyclohexylsulfid und β-Tetralylmethylsulfid am Aluminiumsilicatkatalysator*. Im Kontakt mit Al-Silicat werden gemischte Sulfide je nach Art der Liganden verschieden gespalten (vgl. C. **1952**. **1468**, 7634). Die Bindung S–aromat. Reste wurde nicht gespalten, wohl aber die Bindung S–hydroaromat. Rest. Im folgenden werden Sulfide mit einem gemischt aromat.-hydroaromat. Ringsyst. untersucht. β-Thiotetralol (6-Mercapto-1.2.3.4-tetrahydronaphthalin; **I**) liefert zu 34% *Tetralin* (**II**), 28% *Naphthalin* (**III**) u. H_2S. Hier wie im folgenden, ist die Ausbeute in % der Katalysatormenge angegeben. Es wird angenommen, daß in der 1. Stufe Hydrierungsspaltung zu **II** u. H_2S, in der 2. Dehydrierung von **II** zu **III** erfolgt. Wird **II** über den Katalysator geleitet, so entstehen nur 1,4% **III**; leitet man **II** + H_2S über den Kontakt, so steigt die Ausbeute an **III** nur auf 4,6%. Es wird angenommen, daß **II** in statu nascendi einer Dehydrierung leichter zugänglich ist. β-Tetralylnonylsulfid liefert an Spaltprodd. 27% **II**, 16% *Nonen-(1)*, 3% **I**, 4% **III** u. 4% *Nonylmercaptan*. 19% des im angewendeten Sulfid enthaltenen S werden als H_2S ausgeschieden. β-Tetralylcyclohexylsulfid liefert ein Katalysat mit 28% **II**, 18% **I**, 17% *Methylcyclopentan* u. 7% **III**. 28% des S werden als H_2S ausgeschieden. Im Falle von *β-Tetralylmethylsulfid* enthält das Katalysat 35% **II**, 36% **III**, 15,6% *Di-*

methylsulfid u. 6% I. Unter den gasförmigen Reaktionsprodd. befinden sich *Methylmercaptan*, dessen Menge 12,5% des im angewendeten Sulfid enthaltenen S entspricht, u. H_2S (5,6% des Sulfid-S). Würde die Spaltung zwischen S u. der Methylgruppe erfolgen, so müßten Äthylen oder Äthan nachzuweisen sein. Je nach dem der Rk. unterliegenden Sulfid wird demnach nur eine der S-Bindungen gelöst oder die Spaltung erfolgt auf beiden Seiten.

Versuche: Es wurde ein Reaktionsrohr von 1,5 cm Durchmesser verwendet u. z. B. 23 g Al-Silicat zu einer Säule von 30 cm Länge eingefüllt. Dann wurde bei 300° das betreffende Sulfid im N_2-Strom über den Kontakt geleitet. Die Al-Silicatmenge betrug jeweils 70—80% des Sulfids. — *β-Tetralylcyclohexylsulfid*, $C_{16}H_{22}S$, Kp.$_3$ 187,5 bis 188,5°, durch 10std. Erhitzen von Cyclohexylchlorid mit der Na-Verb. von I auf 115—123°, $D.^{20}_4$ 1,0543; n_D^{20} 1,5800; 35% (Ausbeute) neben *Cyclohexen*. (Журнал Общей Химии [J. allg. Chem.] **23** (85). 1384—92. Aug. 1953. Moskau, Lomonossow-Univ., Lehrstuhl für Erdölchem.) HENSEL. D 227

D_2. Präparative organische Chemie. Naturstoffe.

Fritz Uhlig, *Polyphosphorsäure — ein neues Cyclisierungsmittel in der präparativen organischen Chemie.* Überblick über Ringschlußverss. mit Polyphosphorsäure („PPA"), die zu überraschend hohen Ausbeuten an cycl. Verbb. führten. Gegenüber anderen Cyclisierungsmitteln bietet „PPA" eine Reihe von Vorteilen. — 16 Literaturzitate. (Angew. Chem. **66.** 435—36. 7/8. 1954. Leipzig, Univ., Inst. für Organ. Chem.)
J. ROTHE. 460

I. I. Kuchtenko, *Untersuchung der Wasserstoffumlagerung bei Phenolen.* Wenn in der OH-Gruppe durch *Deuterium substituiertes Phenol* (C_6H_5OD; I) auf 210—250° erhitzt wird, wird ein Teil des D gegen H-Atome des Ringes ausgetauscht, wobei jedoch die in m-Stellung zur OD-Gruppe befindlichen H-Atome nicht teilnehmen (Nachw. durch Überführung in p-Bromphenol u. 2.4.6-Tribromphenol); für die o- u. p-H-Atome beträgt der Umsetzungsgrad insgesamt 90—95%. Dieselbe Beobachtung wird auch bei *deuteriertem o-Kresol*, o-$CH_3C_6H_4OD$, gemacht, bei dem der Austausch noch rascher als bei I, ebenfalls nur in o- u. p-Stellung u. mit einer Aktivierungsenergie von 22,8 kcal/Mol (I 34,8) erfolgt. Für die Umsetzung ergibt sich eine Gleichung 1. Ordnung; die scheinbar monomol. Konstante k steht dabei zu der wahren bimol. Konstanten k_0 in der Beziehung $k = 18\,k_0$. (Доклады Академии Наук СССР [Ber. Akad. Wiss. UdSSR] [N. S.] **93.** 487—89. 21/11. 1953. Pissarshewski-Inst. für physikal. Chem. der Akad. der Wiss. der UkrainSSR.) R. K. MÜLLER. 480

D. N. Kurssanow und **W. N. Ssetkina,** *Über die Wasserstoffaustauschreaktionen von gesättigten Ketonen mit Säuren.* (Vgl. C. **1953.** 3055 u. Доклады Академии Наук СССР [Ber. Akad. Wiss. UdSSR] [N. S.] **92.** [1953.] 341.) Untersucht wurde das Verh. von *Methylbutylketon* (I), *Cyclopentanon* (II) u. *Cyclohexanon* (III) gegenüber deuterierter Phosphor- u. Schwefelsäure. Hierzu wurden die Ketone unter Kühlung in den wasserfreien Säuren gelöst u. die Lsgg. nach längerem Stehen bei Raumtemp. in 10%ig. Bicarbonatlsg. gegossen, wobei I u. II quantitativ wiedergewonnen wurden; III konnte nur zum Teil zurückerhalten werden, da ein Teil der Kondensation unterlag. Die Zahl der ausgetauschten H-Atome entsprach derjenigen der H-Atome an den α-C-Atomen; sie betrug für I 5, für II u. III je 4. Die deuterierten Ketone lieferten bei der Kondensation mit Benzaldehyd (IV) D-freie α.α'-Dibenzalderivv., ein Beweis dafür, daß nur die H-Atome an den α-C-Atomen gegen D ausgetauscht werden. Die Austauschbarkeit dieser H-Atome wird mit dem Vorliegen eines Carboniumsalzes, z. B. $[(R)(R')\overset{+}{C}—OH]HSO_4^-$, in der mineralsauren Lsg. in Verbindung gebracht.

Versuche: Anteil der gegen D ausgetauschten H-Atome an den α-C-Atomen bei der Einw. von D_2SO_4 (85390γ): Für I 99,5%, für II 102,9%, für III 82,6%; bei der Einw. von D_3PO_4 (61000γ): Für I 100,3%, für II 104,9%, für III 100,0%. Es wurden z. B. 4,1 g I unter Kühlung in 4,7 g D_2SO_4 gelöst; nach 1 Std. wurde die orangegelbe Lsg. in 10%ig. Bicarbonatlsg. gegossen; die Fraktionierung des Ae.-Auszuges ergab 3,83 g deuteriertes I, Kp. 127—128,5°; $D.^{20}_4$ 0,8231; n_D^{20} 1,4007. Bei 46std. Einw. von 4,05 g D_3PO_4 auf 2,46 g I wurden 2,4 g deuteriertes I, Kp. 127—128°; $D.^{20}_4$ 0,8258, zurückgewonnen. Die bei der Kondensation von I, II u. III mit IV erhaltenen Dibenzalderivv. ergaben bei der Verbrennung n. Wasser. (Доклады Академии Наук СССР [Ber. Akad. Wiss. UdSSR] [N. S.] **94.** 69—72. 1/1. 1954. Zelinskij-Inst. für organ. Chem. der Akad. der Wiss. der UdSSR.) HENSEL. 480

G. I. Fujimoto und **Julianne Prager,** *Eine Synthese von in 4-Stellung markiertem Progesteron.* Progesteron (I) wird durch Ozonisation u. Zers. des Ozonids mit Acetopersäure in *5.20-Diketo-3.5-seco-A-norpregnan-3-säure* (**II**) verwandelt. **II** liefert bei der Behandlung mit CH_3COONa-Acetanhydrid *5-Oxy-20-keto-3.5-seco-A-nor-Δ^5-pregnen-3-säure-3.5-lacton*, das jedoch bei der Umsetzung mit CH_3MgJ nur ein schlecht definiertes Gemisch von Prodd. gibt. Dagegen wird aus **II** mit Acetanhydrid–Acetylchlorid unter gleichzeitiger Lactonisierung das *Gemisch der* α- u. *β-Δ^{17}-Enol-20-acetate* erhalten, das bei Behandlung mit CH_3MgJ u. nachfolgender Hydrolyse u. Cyclisierung mit Essigsäure–HCl in 46%ig. Ausbeute **I** liefert. Die geringere Ausbeute von 25% bei der Darst. von $^{14}C_{(4)}$-I nach derselben Meth. erklärt sich wahrscheinlich aus der partiellen Zers. infolge langer Lagerung des verwendeten $^{14}CH_3J$.

Versuche (FF. korr.): *5.20-Diketo-3.5-seco-A-norpregnan-3-säure* (**II**), F. 174 bis 178° (Aceton). Eine Lsg. von **I** in Äthylacetat–Eisessig (5:4) wird mit 3 Äquivalenten O_3 ozonisiert u. mit 30%ig. H_2O_2 zers. (über Nacht im Kühlschrank); 79% (Ausbeute). *Bis-semicarbazon*, F. 268° (Zers.; Methanol). — *5-Oxy-20-keto-3.5-seco-A-nor-Δ^5-pregnen-3-säure-3.5-lacton*, F. 154—156° (Aceton), aus **II**, entwässertem Na-Acetat u. Acetanhydrid (48 Std. unter N_2 bei 80—95°); 69%. — *Gemisch der $C_{(20)}$-Isomeren von 5-Oxy-20-acetoxy-3.5-seco-A-nor-$\Delta^{5.17}$-pregnadien-3-säure-3.5-lacton*, F. 181—185° (Aceton), aus **II**, Acetanhydrid u. Acetylchlorid (48 Std. am Rückfluß unter N_2); 45%. — *Progesteron* (**I**), F. 120—122° (Aceton–Hexan). Eine Lsg. von CH_3MgJ in Ae. (aus Mg u. CH_3J im Vakuum unter Kühlung mit fl. N_2, anschließend 2 Std. bei 30° unter N_2) wird zu einer Lsg. vorst. Verb. in Ae. getropft (30 Min. rühren u. über Nacht stehen), nach Zers. mit wss. NH_4Cl wird mit Eisessig u. konz. HCl (36 Std. bei Zimmertemp. unter N_2) behandelt u. an Hyflo Supercel chromatographiert (70%ig. wss. Methanol als stationäre, Hexan als bewegte Phase). (J. Amer. chem. Soc. **75**. 3259—61. 5/7. 1953. Salt Lake City, Ut., Univ., Dep. of Biol. Chem.) H.-J. KOCH. 480

Ferdinand Bohlmann, *Polyacetylene*. 4. Mitt. *Darstellung von Di-tert.-butylpolyacetylenen*. (3. vgl. C. **1954**. 10905.) Tert.-Butylreste, die bei Einführung in Polyine stabilisierend wirken, können nicht nachträglich den Ketten angefügt werden, sie müssen daher im Ausgangsmaterial enthalten sein. Zur Darst. von Polyinen mit endständigen tert.-Butylgruppen dient Vf. Trimethylacetaldehyd (**VIII**), den er mit der GRIGNARD-Verb. (**VI**) des Diacetylens oder mit Dinatriumdiacetylid in fl. NH_3 zu *2.2.9.9-Tetramethyldecadiin-(4.6)-diol-(3.8)* umsetzte. Aus diesem entstand über das entsprechende *Dichlorid* mit $NaNH_2$ in fl. NH_3 unter HCl-Abspaltung *2.2.9.9-Tetramethyldecatriin-(3.5.7)*. Die Gewinnung des für den Aufbau entsprechender höherer Polyine erforderlichen *tert.-Butyldiacetylens* (**I**) wurde zunächst aus tert.-Butyl-MgCl u. Crotonaldehyd (**II**) versucht, bei deren Rk. neben großen Mengen des Pinakons von **II** *5.5-Dimethylhexen-(2)-ol-(4)* (**III**) anfiel. Bei der Rk. von **III** mit p-Toluolsulfonsäure bildete sich nach Allylumlagerung *1-tert.-Butylbutadien*, aus dem durch Bromierung u. HBr-Abspaltung ein Gemisch von **I** u. *1-tert.-Butylbuten-(1)-in-(3)* gewonnen wurde. Die GRIGNARD-Verbb. dieses Gemisches ergaben mit Orthoameisensäuretriäthylester (**IV**) ein entsprechendes *Acetalgemisch*, von dem nur *1.1-Diäthoxy-6.6-dimethylhepten-(4)-in-(2)* zu *6.6-Dimethylhepten-(4)-in-(2)-al* aufgespalten werden konnte. Dieses lieferte bei der Kondensation **VI** mit *2.2.17.17-Tetramethyloctadecadien-(3.15)-tetrain-(5.8.10.13)-diol-(7.12)*, aus dem über das *Dichlorid* durch HCl-Abspaltung *2.2.17.17-Tetramethyloctadecadien-(3.15)-pentain-(5.7.9.11.13)* entstand. Später gelang die Darst. von **I** in besserer Ausbeute (50%) aus der GRIGNARD-Verb. von Propargylalkohol (**VII**) u. **VIII** in Tetrahydrofuran (die übliche Meth. mit NaOH in Ae. oder Bzl. ergab wahrscheinlich infolge zu geringer Löslichkeit des GRIGNARD-Komplexes nur geringe Ausbeuten), Umwandlung des entstandenen *5.5-Dimethylhexin-(2)-diols-(1.4)* in das *Dichlorid* u. HCl-Abspaltung mittels $NaNH_2$ in fl. NH_3. Dimerisierung von **I** in NH_4Cl-Lsg. mit Cu_2Cl_2 in Ggw. von O_2 ergab *Di-tert.-butyltetracetylen*. Nach Grignardierung von **I** entstand mit **IV** *1.1-Diäthoxy-6.6-dimethylheptadiin-(2.4)*, dessen direkte Spaltung zu *6.6-Dimethylheptadiin-(2.4)-al* (**V**) an Isolierungsschwierigkeiten scheiterte, desgleichen gelang die Spaltung des *Semicarbazons* nur in Spuren. Bessere Ausbeuten wurden beim Arbeiten bei —70° in großem Überschuß an $HCOOCH_3$ erzielt, bei dem die Rk. bei **V** abgefangen werden konnte. Kondensation von **V** mit **VI** lieferte das labile *2.2.17.17-Tetramethyloctadecahexain-(3.5.8.10.13.15)-diol-(7.12)*, aus dem über das *Dichlorid* durch HCl-Abspaltung mit $NaHCO_3$ *Di-tert.-butylheptaacetylen* dargestellt wurde. — Rk. der GRIGNARD-Verb. von **VII** mit tert.-Butylpropargylaldehyd in Tetrahydrofuran ergab *7.7-Dimethyloctadiin-(2.5)-diol-(1.4)*, das über das *Dichlorid* zum äußerst labilen *tert.-Butyltriacetylen* weiter verarbeitet wurde. Dimerisierung lieferte hieraus *Di-tert.-butylhexaacetylen* (als Nebenprod. schwarze Polymerisate). — Die Beständigkeit der Polyine ist von der Größe des Endsubstituenten abhängig. Während Triacetylen bei —10° explodiert, sind die tert.-Butylacetylene wesentlich beständiger, das Heptaacetylenderiv. wird erst oberhalb 150° in eine polymere M. verwandelt. Die UV-Spektren der dargestellten Polyine zeigen eine deutliche Abhängigkeit von der Zahl der konjugierten Dreifachbindungen.

Versuche (Rkk. mit empfindlichen Stoffen bei Rotlicht; Spektren in CH_3OH): *2.2.9.9-Tetramethyldecadiin-(4.6)-diol-(3.8)*, $C_{14}H_{22}O_2$, F. 86° (Bzl. + PAe.), durch Zufügen von Dichlorbutin in Ae. zu einer Lsg. von $NaNH_2$ in fl. NH_3, nach 5 Min. Zugabe von **VIII** in Ae., nach 1 Std. wurde mit NH_4Cl zers., NH_3 abgedampft, in Ae. aufgenommen u. eingedampft; λ_{max} 230, 242 u. 257 mμ (ε = 340, 350 u. 200); 80% (Ausbeute). — *3.8-Dichlor-2.2.9.9-tetramethyldecadiin-(4.6)*, $C_{14}H_{20}Cl_2$, F. 164°, aus vorst. Verb. u. $SOCl_2$ durch Stehen, Erwärmen, Zers. mit Eis, Ausäthern u. Chromatographie aus PAe. an Al_2O_3; Nadeln aus CH_3OH; λ_{max} 227,5, 239,5, 254 u. 268 mμ; 50%. — *2.2.9.9-Tetramethyldecatriin-(3.5.7)*, $C_{14}H_{18}$, F. 70° (verd. CH_3OH), aus vorst. Verb. in Ae. + $NaNH_2$ in fl. NH_3, Zers. mit NH_4Cl, Abdampfen, Ausäthern, Chromatographie aus PAe. u. Sublimation bei 50°/0,01 mm; λ_{max} 213, 255,5, 267,5, 283, 290 u. 309 mμ. — *5.5-Dimethylhexen-(2)-ol-(4)* (**III**), $Kp._{13}$ 53—54°, aus der GRIGNARD-Lsg. von 30 g Mg u. 117 g tert.-Butylchlorid u. 55 g **II** in Ae., Zers. mit Eis + H_2SO_4; 32,5 g (daneben viel hochsd. Prod.) *β-Anthrachinoncarbonsäureester*, $C_{23}H_{22}O_4$, F. 139°, gelbe Kristalle aus Ligroin. — *1-tert.-Butylbutadien*, Kp. 105—110°, durch Zutropfen von 70 g **III** zu p-Toluolsulfonsäure bei 170°; 29,7 g. *Maleinsäureanhydridaddukt*, $C_{12}H_{16}O_3$, F. 134—135° (Ligroin). — Gemisch aus **I** u. *1-tert.-Butylbuten-(1)-in-(3)*, $Kp._{12}$ 30—45°, durch Bromieren von 9 g vorst. Verb. in Chlf. unter Kühlen, Auswaschen mit $NaHCO_3$ u. Eindampfen u. HBr-Abspaltung mit $NaNH_2$ in fl. NH_3; 3,5 g; gibt Nd. mit ammoniakal. $AgNO_3$. — *6.6-Dimethylhepten-(4)-in-(2)-al*, $Kp._{12}$ 100° (Bad). Aus 2,5 g vorst. Gemisches wurden mit Mg u. C_2H_5Br die GRIGNARD-Verbb. hergestellt; dann Zusatz von **IV**; nach 5std. Kochen u. Zers. mit verd. H_2SO_4 Ausäthern u. Dest.; aus dem entstandenen *Acetal* ($Kp._{0,3}$ 90°; 2,7 g) durch ½std. Kochen mit 10%ig. Oxalsäure u. Wasserdampfdest.; 1,5 g. *Semicarbazon*, $C_{10}H_{15}ON_3$, F. 181° (CH_3OH), Nadeln, λ_{max} 290 mμ (ε = 32000). — *2.2.17.17-Tetramethyloctadecadien-(3.15)-pentain-(5.7.9.11.13)*, F. 130°, aus vorst. Verb. u. **VI** in Ae., Zers. mit NH_4Cl, Chromatographie des Ätherauszuges, Aufnehmen des Eindampfrückstandes in PAe., Ausziehen mit CH_3OH, Verdünnen des Auszugs mit W., Ausäthern, 2std. Behandlung des Extraktrückstandes mit $SOCl_2$, Zers. mit H_2O, Ausäthern, Zutropfen zu 10%ig. KOC_2H_5-Lsg., Zers. mit W. u. Aufarbeiten durch Chromatographie (gelbe Zone); gelbe Kristalle aus CH_3OH, λ_{max} 270, 280, 297, 312, 342, 367, 398 u. 433 mμ (ε = 105000, 123000, 145000, 94000, 10000, 13000, 14600 u. 8100). — *5.5-Dimethylhexin-(2)-diol-(1.4)*, $C_8H_{14}O_2$, $Kp._1$ 110—115°, F. 54—57° (Bzl.), aus C_2H_5MgBr + **VII** in Tetrahydrofuran unter Kühlung, 2std. Kochen, Zufügen von **VIII** in Tetrahydrofuran, 2std. Kochen, Einengen (auf ²/₃) u. Zers. mit Eis + H_2SO_4; 70%. — *1.4-Dichlor-5.5-dimethylhexin-(2)*, $C_8H_{12}Cl_2$, $Kp._{0,01}$ 32°, aus vorst. Verb. u. $SOCl_2$; 80%. — *5.5-Dimethylhexadiin-(1.3)* (**I**), $Kp._{100}$ 50—65°, aus 40 g vorst. Verb. durch HCl-Abspaltung; λ_{max} 215, 226, 237 u. 250 mμ; 15 g. — *1.1-Diäthoxy-6.6-dimethylheptadiin-(2.4)*, $C_{13}H_{20}O_2$, $Kp._{0,3}$ 85—87°, aus 30 g **I**, Mg, C_2H_5Br in Ae. (5 Std. Kochen), Zufügen von **IV**, 12std. Kochen, Zers. mit NH_4Cl u. Ausäthern; 40 g. — *6.6-Dimethylheptadiin-(2.4)-al* (**V**; *5-tert.-Butylpentadiin-(2.4)-al*), $Kp._{0,1}$ 42°, $Kp._{12}$ 100° (Bad), a) durch Vakuumerhitzen von 2 g vorst. Verb. mit 2 g Anthracenaldehyd-(9) + 1 cm³ äther. HCl auf 100° u. Steigern der Temp. nach 10 Min.; 100 mg; b) besser aus 10 g der GRIGNARD-Lsg. von **I** durch Zutropfen zu Ameisensäuremethylester bei —70°, Zers. bei 0° mit Eis u. H_2SO_4 u. Ausäthern; 3,5 g; **V** entsteht auch in geringer Menge aus dem Semicarbazon durch 24std. Schütteln mit 10%ig. H_2SO_4 u. Glyoxal in PAe.; λ_{max} 229,5, 240, 257, 273 u. 289 mμ. *Semicarbazon*, $C_{10}H_{13}ON_3$, F. 204—205°, aus dem Acetal; λ_{max} 222, 230, 290 u. 305 mμ (ε = 17200, 16100, 30400 u. 32000). *Dinitrophenylhydrazon*, $C_{15}H_{14}O_4N_4$, F. 162—163° (CH_3OH); λ_{max} 365 mμ (ε = 29300). — *7.7-Dimethyloctadiin-(2.5)-diol-(1.4)*, $C_{10}H_{14}O_2$, $Kp._{0,01}$ 119—120°, aus der GRIGNARD-Lsg. von **VII** u. tert.-Butylpropargylaldehyd in Tetrahydrofuran u. 2std. Kochen; 70%. — *1.4-Dichlor-7.7-dimethyloctadiin-(2.5)*, $C_{10}H_{12}Cl_2$, $Kp._{0,2}$ 86°, aus 20 g vorst. Verb. u. $SOCl_2$; 8 g. — *7.7-Dimethyloctatriin-(1.3.5)*, aus 8 g vorst. Verb. durch HCl-Abspaltung; 3 g bräunliches Öl; gibt ein *Ag-Salz*. — *2.2.15.15-Tetramethylhexadecahexain-(3.5.7.9.11.13)*, $C_{20}H_{18}$, gelbe Nadeln, schm. bei 140° unter Dunkelfärbung; durch 12std. Schütteln vorst. Verb. mit Cu_2Cl_2 u. NH_4Cl-Lsg. mit O_2, Ausziehen mit PAe., Chromatographie; unter Licht- u. Luftausschluß eindampfen, gelbe Nadeln aus $CH_3 \cdot OH$ bei —70°; λ_{max} 220, 235, 246, 258,5, 272,5, 288,5, 336, 360, 387, 395 u. 430 mμ (ε = 8000, 14000, 45000, 141000, 354000, 500000, 940, 1030, 192, 192 u. 103). — *2.2.11.11-Tetramethyldodecatetrain-(3.5.7.9)*, $C_{16}H_{18}$, F. 99—100° (CH_3OH), aus **I** wie bei vorst. Verb. u. Sublimation bei 70°/0,001 mm; λ_{max} 217,5, 228, 239,5, 273,

290, 309, 330, 345, 355 u. 360 mμ (ε = 87000, 226000, 348000, 203, 320, 445, 373, 75, 111 u. 100). — *2.2.7.7-Tetramethyloctadiin-(3.5)*, F. 130—132° (CH_3OH), durch Dimerisierung von tert.-Butylacetylen; λ_{max} 217, 227,5, 239 u. 252,5 mμ (ε = 308, 460, 460 u. 288). — *2.2.17.17-Tetramethyloctadecaheptain-(3.5.7.9.11.13.15)*, $C_{22}H_{18}$, aus 7,7 g **V** u. **VI** in Ae., Zers. mit NH_4Cl, Ausäthern, Eindampfen, Aufnehmen in Bzl. + PAe., Ausziehen mit 80%ig. CH_3OH, Gießen in W., Ausäthern des gebildeten *2.2.17.17-Tetramethyloctadecahexain-(3.5.8.10.13.15)-diols-(7.12)* (4 g; nichtkrist.), Chlorieren mit $SOCl_2$ in Bzl. + PAe., HCl-Abspaltung aus dem *Dichlorid* durch Schütteln mit $NaHCO_3$, Trennen der Emulsion mit verd. H_2SO_4, Chromatographie aus PAe. u. Eindampfen; gelbe Nadeln, verändert sich oberhalb 150° zu einer schwarzen, unlösl. M.; 450 mg (roh); λ_{max} 220, 230, 240, 251, 263, 277, 292,5, 310,5, 357,5, 384, 415 u. 453 mμ (ε = 5900, 7000, 9000, 14000, 50000, 160000, 395000, 527000, 700, 620 570 u. 290 in Ae.). (Chem. Ber. **86**. 657—67. 1953. Braunschweig, TH, Organ.-Chem. Inst.)
LEHWALD. 530

Roger Perron und **Charles Paquot**, *Darstellung und physikalische Eigenschaften von symmetrischen Äthern der Fettreihe.* Nach der früher (C. R. hebd. Séances Acad. Sci. **228**. [1949.] 584) beschriebenen Meth. wurden *Dodecanol-(1)*, *Tetradecanol-(1)*, Hexadecanol-(1), Octadecanol-(1) u. Octadecen-(9)-ol-(1) in Ggw. von p-Toluolsulfonsäure veräthert. Es wurden so erhalten: *Di-n-dodecyläther*, F. 32—33° (CH_3OH), $D.^{36}_4$ 0,8107, n_D^{39} 1,4393, Oberflächenspannung (σ) 29,7 (dyn/cm); 34% (Ausbeute). — *Di-n-tetradecyläther*, F. 36—37° (CH_3OH), $D.^{43}_4$ 0,8117, n_D^{45} 1,4422, σ 29,2; 38%. — *Di-n-hexadecyläther*, F. 53—54° (CH_3OH), $D.^{56}_4$ 0,8110, n_D^{58} 1,4392, σ 28,2; 42%. — *Di-n-octadecyläther*, F. 59—60° (CH_3OH), $D.^{62}_4$ 0,8072, n_D^{62} 1,4400, σ 28,2; 46%. — *Di-n-octadecen-(9)-yläther*, F. 34—35° (Aceton), $D.^{40}_4$ 0,8112, n_D^{38} 1,4560, σ 30,1; 40%. (C. R. hebd. Séances Acad. Sci. **231**. 237—38. 17/7. 1950.) LIEBIG. 560

E. T. McBee, O. R. Pierce und **D. D. Smith**, *Die Ionisationskonstanten einiger neuer fluorhaltiger Säuren.* Die Best. der Ionisationskonstanten der Säuren CF_3—CH_2CH_2—$COOH$ (**I**), CF_3—CH=CH—$COOH$ (**II**), C_3F_7—CH_2CH_2—$COOH$ (**III**) u. C_3F_7—CH=CH—$COOH$ (**IV**) zeigt, daß die ungesätt. Säuren **II** u. **IV** stärker sind als die gesätt. Säuren **I** u. **III** u. wesentlich stärker als Trifluoressigsäure u. Heptafluorpropionsäure. Demnach wird der induktive Einfl. des Fluors in den CF_3- u. C_3F_7-Gruppen durch eine Vinylgruppe nur teilweise übertragen. — Zur Darst. der Säuren wurden zunächst Trifluoressigsäure u. Heptafluorbuttersäure nach HUSTED u. AHLBRECHT (C. **1953**. 7768) zu Trifluoracetaldehyd bzw. Perfluorbutyraldehyd red., diese durch REFORMATSKI-Rk. mit Zn u. Bromessigsäureäthylester in die β-Oxyäthylester, die sich infolge ihrer größeren Stabilität im Vgl. zu den nichtfluorierten Analogen durch Erhitzen mit P_2O_5 leicht zu den ungesätt. Estern dehydratisieren lassen u. durch Red. mit H_2 in die gesätt. Ester übergeführt. **I**, **III** u. **IV** wurden aus den Äthylestern durch Verseifen mit verd. Lauge erhalten. **II** wurde durch Acidolyse mit Ameisensäure gewonnen; die Verseifung mit Lauge liefert schlechtere Ausbeuten an **II** neben der gleichen Menge der durch Hydratisierung der Doppelbindung gebildeten *3-Oxy-4.4.4-trifluorbuttersäure* (**IX**).

Versuche: *3-Oxy-4.4.4-trifluorbuttersäureäthylester* (**V**), $C_6H_9O_3F_3$, $Kp._{15}$ 81 bis 83°, F. 25,5°, $D.^{25}_4$ 1,259, n_D^{25} 1,3720; durch Eindestillieren von 206 g Trifluoracetaldehyd in 400 cm³ Ae. u. 400 cm³ Bzl., Zugabe von 345 g Bromessigsäureäthylester u. 146 g Zn-Staub, mehrstd. Kochen unter Rückfluß u. Eingießen des Reaktionsgemisches in 100 cm³ konz. H_2SO_4 u. 1000 g Eis; 87% (Ausbeute). *Phenylurethan*, F. 70,0—70,5°. — *3-Oxy-4.4.5.5.6.6.6-heptafluor-n-capronsäureäthylester* (**VI**), C_8H_9·O_3F_7, $Kp._{15}$ 90—92°, F. 17,3°, $D.^{25}_4$ 1,431, n_D^{20} 1,3538; analog aus Perfluorbutyraldehyd; 94%. *Phenylurethan*, F. 77,5—78,0°. — *4.4.4-Trifluorcrotonsäureäthylester* (**VII**), $C_6H_7O_2F_3$, Kp. 112,5°, $D.^{25}_4$ 1,125, n_D^{20} 1,3600; durch einstd. Schütteln von 150 g **V** mit 55 g P_2O_5; 80%. — *4.4.5.5.6.6.6-Heptafluorhexen-(2)-säureäthylester* (**VIII**), $C_8H_7O_2F_7$, Kp. 139,5—140,0°, $D.^{25}_4$ 1,352, n_D^{20} 1,3444; aus 150 g **VI** u. 43 g P_2O_5; 80%. — *3-Oxy-4.4.4-trifluorbuttersäure* (**IX**), $C_4H_5O_3F_3$, F. 78,0—79,0°, $Kp._3$ 98,0°; durch einstd. Kochen von 30 g **V** mit 100 cm³ 10%ig. NaOH; 70%. *p-Bromphenacylester*, F. 110,0—111,0°. — *3-Oxy-4.4.5.5.6.6.6-heptafluor-n-capronsäure*, $C_6H_5O_3F_7$, F. 75,0—76,0°; ebenso aus **VI**; 90%. *p-Bromphenacylester*, F. 127,0— 127,5°. — *4.4.4-Trifluorcrotonsäure* (**II**), $C_4H_3O_2F_3$, F. 55,0—56,0° (Ligroin), Kp. 68,0—69,0°, Ionisationskonstante bei 25° (K^{25}) = $33 \cdot 10^{-5}$; durch 16std. Erhitzen von 56,0 g **VII**, 46 g Ameisensäure u. 1 cm³ konz. H_2SO_4 an einer Rückflußkolonne unter Abdest. des Ameisensäureäthylesters bei 55—56° u. Dest. des Rückstands; 65%, oder durch Verseifung von **VII** mit 10%ig. NaOH; 42,2% neben 41,7% **IX**. *Anilid*, F. 125,0—126,0°. — *4.4.5.5.6.6.6-Heptafluorhexen-(2)-säure* (**IV**), $C_6H_3O_2F_7$, F. 48,5—49,0°, $Kp._{10}$ 80,0 bis 81,0°, $K^{25} = 59 \cdot 10^{-5}$; durch alkal. Verseifung von **VIII**; 86%. *Anilid*, F. 130,0 bis 131,0°. — *4.4.4-Trifluorbuttersäureäthylester*, Kp. 126,5—127,0°, n_D^{20} 1,3520; durch Niederdruckhydrierung von **VII** in Ae. bei 3,5 at; 86%. — *4.4.4-Trifluorbuttersäure* (I), $Kp._{25}$ 83,0—84,5°, F. 32,5—33,0°, $K^{25} = 7,0 \cdot 10^{-5}$; durch Kochen des vorst. Esters mit Lauge; 76%. — *4.4.5.5.6.6.6-Heptafluor-n-capronsäureäthylester*, $C_8H_9O_2F_7$, Kp. 152,0—152,2°, $D.^{25}_4$ 1,342, n_D^{20} 1,3360; durch Hydrierung von **VIII**; 89%. — *4.4.5.5.6.6.6-Heptafluor-n-capronsäure* (III), $C_6H_5O_2F_7$, $Kp._{25}$ 102,5—104,0°, F. 38,5 bis 39,0°, $K^{25} = 6,6 \cdot 10^{-5}$; durch Verseifung des vorst. Esters mit Lauge; 79%. *Anilid*, F. 100,0°. (J. Amer. chem. Soc. **76**. 3722—25. 20/7. 1954. Midland, Mich., Purdue Univ., Dep. of Chem.) Forche. 810

E. T. McBee, O. R. Pierce und **D. D. Smith**, *Darstellung und Eigenschaften einiger Verbindungen mit der 4.4.4-Trifluorcrotylgruppe.* (Vgl. vorst. Ref.) Durch Umsetzungen von 4.4.4-Trifluorcorotonsäureäthylester (I) u. 4.4.4-Trifluorcrotonsäure (II) werden verschied. Verbb. mit der 4.4.4-Trifluorcrotylgruppe dargestellt. Beim Kochen einer Lsg. von Br_2, I u. CCl_4 bildet sich *2.3-Dibrom-4.4.4-trifluorbuttersäureäthylester* (III). Die Red. von III mit überschüssigem $LiAlH_4$ bei ca. —80° liefert überraschenderweise mit 50%ig. Ausbeute *4.4.4-Trifluorcrotylalkohol*, welcher auch durch Umsetzung von 4.4.4-Trifluorcrotonylchlorid (IV) mit Na-Trimethoxyborhydrid erhältlich ist, aber nicht durch Dehydratisierung des durch Red. von 3-Oxy-4.4.4-trifluorbuttersäureäthylester mit $LiAlH_4$ dargestellten *4.4.4-Trifluorbutandiols-(1.3)* mit P_2O_5. — *4.4.4-Trifluorcrotonaldehyd* erhält man durch Oppenauer-Oxydation der Al-Verb. des 4.4.4-Trifluorcrotylalkohols mit Anisaldehyd, aber nicht durch Rosenmund-Red. von IV. — Die Umsetzung von I mit Grignard-Verbb. liefert nur das 1.4-Additionsprod.; Red. tritt im Gegensatz zu den Beobachtungen bei Trifluoressigsäureäthylester nicht ein.

Versuche: *2.3-Dibrom-4.4.4-trifluorbuttersäureäthylester* (III), $C_6H_7O_2Br_2F_3$, $Kp._{15}$ 90,0—92,0°, $D.^{25}_4$ 1,823, n_D^{20} 1,4448; durch 24std. Kochen einer Lsg. von 76,g I in 300 cm³ CCl_4 mit 90g Br_2 unter Belichtung, Abdestillieren des überschüssigen Br_2 u. CCl_4 unter vermindertem Druck u. Vakuumdest. des Rückstands; 84,5% (Ausbeute). *Benzylamidhydrobromid*, F. 220°. — *4.4.4-Trifluorcrotonylchlorid* (IV), $C_4H_2 \cdot OClF_3$, Kp. 77,0—77,5°, $D.^{25}_4$ 1,362, n_D^{20} 1,3703; durch Erhitzen von 20 g II mit 60 g Benzoylchlorid auf 195° unter Abdestillieren des Prod.; 50%. *N-Methylamid*, F. 110,0°. — *4.4.4-Trifluorbutandiol-(1.3)*, $C_4H_7O_2F_3$, $Kp._{20}$ 104—105°; durch Einrühren einer Lsg. von 46,5 g 3-Oxy-4.4.4-trifluorbuttersäureäthylester in dem gleichen Vol. Ae. im Laufe einer Std. in eine gekühlte Lsg. von 12,0 g $LiAlH_4$ in 200 cm³ Ae., weiteres 12std. Rühren unter Anwärmen auf Raumtemp., Zers. des überschüssigen $LiAlH_4$ mit 95%ig. A. u. Zugabe eines Gemisches aus 50 cm³ konz. H_2SO_4 u. 250 g Eis, Eindampfen der Ätherschicht, Abdampfen von W. u. A. mit Bzl. u. Vakuumdest. des Rückstands; 83%. — *4.4.4-Trifluorcrotylalkohol*, $C_4H_5OF_3$, Kp. 128,0—128,5°, $D.^{25}_4$ 1,256, n_D^{20} 1,3578; durch Zutropfen einer Lsg. von 163 g III in 200 cm³ Ae. im Laufe von 2 Std. zu einer Lsg. von 20 g $LiAlH_4$ in 400 cm³ Ae. bei —80° u. 20std. Nachrühren; 50%; oder durch Eintropfen von 73,0 g Trimethylborat in ein sd. Gemisch aus 750 cm³ Tetrahydrofuran u. 18,0 g Na-Hydrid, 2std. Kochen, Filtrieren unter N_2-Druck, Zutropfen einer Lsg. von 52,0 g **IV** in 150 cm³ Tetrahydrofuran unter Eiskühlung u. 2std. Nachrühren; 33%. *Phenylurethan*, F. 63,0°. — *4.4.4-Trifluorcrotonaldehyd*, F. 226,0°; durch einstd. Erhitzen von 10 g der vorst. Verb. mit 5,5 g frisch dest. Al-Isopropylat bei 100 mm auf 65—70° unter Abdestillieren des Isopropylalkohols, zuletzt bei 110°/20 mm, Zugabe von 16,3 g Anisaldehyd bei 65°/100 mm u. Dest. des Prod. bei 70 mm (70—76°); 3,0 g. *2.4-Dinitrophenylhydrazon*, F. 226,0°. — *3-Trifluormethyl-4-methylpentansäureäthylester*, $C_9H_{15}O_2F_3$, $Kp._{65}$ 98,0 bis 99,0°, $D.^{25}_4$ 1,113, n_D^{20} 1,3850; durch Zugabe einer Lsg. von 33,5 g I in dem gleichen Vol. Ae. zu der Grignard-Verb. aus 74 g Isopropylbromid u. 14,4 g Mg-Spänen bei 0°, Stehenlassen über Nacht bei Raumtemp. u. Hydrolyse mit 10%ig. H_2SO_4; 40%. *Anilid*, F. 129,0°. *Hydrazid*, F. 41,0°. — *3-Trifluormethylpentansäureäthylester*, $C_8H_{13}O_2F_3$, $Kp._{25}$ 62,0—65,0°, $D.^{25}_4$ 1,110, n_D^{20} 1,3750; aus I u. C_2H_5MgJ; 40%. *Anilid*, F. 81,0°. *Hydrazid*, F. 65,0°. (J. Amer. chem. Soc. **76**. 3725—28. 20/7. 1954. Midland, Mich., Purdue Univ., Dep. of Chem.) Forche. 810

Roberto Cavanna und **Stina Ställberg-Stenhagen**, *Über die Synthese der optischen Antipoden und der dl-Form der 11-Methylnonadecansäure durch Elektrolyse.* Da durch Elektrolyse des Na-Salzes einer opt.-akt. einbas. Säure im Gemisch mit dem Monoester einer zweibas. Säure opt.-akt. höhere Säuren mit verzweigter Kette synthetisiert werden können, ohne daß Racemisierung eintritt, wird diese Meth. auf die Synth. der opt. Antipoden u. der dl-Form der 11-Methylnonadecansäure angewandt.

Versuche: *d(+)-11-Methylnonadecansäure*, $C_{20}H_{40}O_2$, F. 20°, aus d(+)-3-Methylundecansäure, $[\alpha]_D^{22}$ +4,55°, u. Sebacinsäuremonomethylester durch Elektrolyse in CH_3OH, in dem Na gelöst ist, mit doppelter Pt-Kathode u. zentraler Pt-Anode (5 A, 1 Std.) u. Abtrennung vom Diester der zweibas. C_{18}-Säure durch dessen geringere Löslichkeit in absol. A. sowie vom C_{22}-KW-stoff u. niederen Prodd. durch Extrahieren mit PAe. aus alkal. Lsg.; $[\alpha]_D^{24}$ 0,03°. Ausbeute 24%. — Analog *l-Form*, F. 20°, $[\alpha]_D^{24}$ −0,03°, u. *dl-Form*, F. 33°. (Ricerca sci. **20.** 1709—10. Nov. 1950. Uppsala, Univ., Inst. für med. Chem.) v. DECHEND. 810

R. L. Shriner und **Robert D. Thompson**, *Die Stereoisomeren von N.N'-Bis-[α-phenyläthyl]-fumaramid.* Bei der Rk. von DL-α-Phenyläthylamin (DL-I) mit Fumarylchlorid (**III**) entstehen *DL-* u. *meso-N.N'-Bis-[α-phenyläthyl]-fumaramid* (DL- u. meso-**II**). DL-**II** wurde auch durch Mischen von D- u. L-**II**, meso-**II** auch aus Methyl-N-[(D)-α-phenyläthyl]-fumaramat u. L-**I** erhalten. Die DL- u. meso-Form von *N.N'-Bis-[α-p-bromphenyläthyl]-fumaramid* wurden analog dargestellt. Die opt. Drehung von D- u. L-**II** zeigt im Bereich von 1—92° keine wesentliche Abhängigkeit von der Temperatur. meso-**II** besitzt keine Symmetrieebene, sondern nur bei einer bestimmten Anordnung ein Symmetriezentrum.

Versuche (FF. korr.): *N.N'-Bis-[α-phenyläthyl]-fumaramid* (**II**), $C_{20}H_{22}O_2N_2$, a) durch Zugabe von **III** zu DL-**I** in Toluol unter Kühlung, 4 Std. Rühren u. Schütteln mit verd. HCl; 87% (Ausbeute an Gemisch); b) nach SCHOTTEN-BAUMANN; 37,3% bzw. in Aceton 42%. Aus 8,5 g des rohen Gemisches 2,6 g *meso*-**II** [F. 302° (A. bzw. Methanol)] u. 0,9 g DL-**II** [F. 281—282° (Methanol), in A. besser lösl. als *meso*-**II**]. D-**II**, F. 302°, aus **III** u. D-**I** in Skellysolve C, ½ std. Kochen; $[\alpha]_D^{30}$ +175° (0,0973 g in 50 cm³ n-Butylcellosolve); D-**II** bildet mit verschied. organ. Lösungsmitteln Gele. Reinigung durch Zugabe der heißen methanol. Lsg. von rohem D-**II** zu heißem W.; 100% (roh). L-**II**, analog D-**II** in Bzl.; $[\alpha]_D^{30}$ —189° (0,1058 g in 50 cm³ n-Butylcellosolve). Das F.-Diagramm von D- + L-**II** wurde aufgenommen. — *Methyl-N-[(D)-α-phenyläthyl]-fumaramat*, $C_{13}H_{15}O_3N$, F. 273—274° (Methanol), durch 30std. Kochen von Dimethylfumarat, D-**I**, NH_4Cl u. Spuren HCl, Gießen in 5%ig. HCl, Lösen in Ae., Trockeneiskühlung u. Eindampfen des Ae.-Lsg.; $[\alpha]_D^{24}$ +76° (0,0362 g in 25 cm³ n-Butylcellosolve); 11%; daneben etwas D-**II**. — 34std. Kochen vorst. Verb. mit L-**I** u. etwas HCl ergab 58% *meso*-**II**. — *N.N'-Bis-[α-p-bromphenyläthyl]-fumaramid*, $C_{20}H_{20}O_2N_2Br_2$, durch Zugabe von DL-α-p-Bromphenyläthylamin in Skellysolve C zu **III** u. 2std. Erwärmen; 80,5% an Rohgemisch. Aus 4 g Gemisch 1 g *meso-Verb.* (Zers. bei 332—334°, krist. aus A.) u. 0,98 g *DL-Verb.* (Zers. bei 304—305°, in Methanol mehr lösl. als die meso-Verb.). (J. org. Chemistry **16.** 1904—10. Dez. 1951. Iowa City, Io., State Univ., Chem. Labor.) JOHN. 820

Alfred Treibs und **Karl Hintermeier**, *Synthesen mit Acetessigsäure-tert.-butylester* Vff. beschreiben die Darst. von Ketonderivv. durch Umsetzung des *Acetessigsäure-tert.-butylesters* (**I**) mit Säurechloriden u. Zerlegung der erhaltenen substituierten Ester durch Erhitzen mit wenig p-Toluolsulfonsäure (**II**). **I** wurde bequem durch Addition von tert.-Butanol (**XI**) an Diketen (**XII**) gewonnen. Die Rk. von Chloressigester (**III**) u. Bromaceton (**IV**) wurde mit dem Na-Salz von **I** (**I**-Na), die des Isovaleryl- (**V**), Stearyl- (**VI**), Benzoyl- (**VII**) u. Bernsteinsäureesterchlorids (**VIII**) mit dem Mg-Salz von **I** (**I**-Mg) durchgeführt; Umesterungen der tert.-Butylestergruppe erfolgte bei diesen Umsetzungen nicht. Anlagerung von Acrylsäureäthylester (**IX**) an **I** führte zu *δ-Keto-capronsäureäthylester-γ-carbonsäure-tert.-butylester* (**X**). Durch die Vereinfachung der Ketonspaltung können auch gegen Hydrolyse empfindliche Substanzen (β-Diketone) u. solche, die noch hydrierbare Gruppen enthalten, gewonnen werden.

Versuche: *Acetessigsäure-tert.-butylester* (**I**), $Kp._{11}$ 71,5°, aus **XI** u. **XII** in exothermer Rk. bei Siedetemp. neben *Dehydracetsäure*; 86—89% (Ausbeute); zerfällt mit einer Spur **II** auf dem Wasserbad zu Aceton, CO_2 u. Isobutylen. — *2-Acetylbernsteinsäure-1-tert.-butylester-4-äthylester* (**XIII**), $Kp._{0,1}$ 95—96°. Zu einer Lsg. von Na in absol. A. wird zunächst **I** u. dann **III** zugegeben u. 4 Std. gekocht; 58%. — *Lävulinsäureäthylester* (**XIV**), $Kp._{10}$ 83°, aus **XIII** durch Erhitzen auf 150° in Ggw. von **II** in 30 Min.; 92—94%. *Semicarbazon*, F. 151°. — *α-Acetonylacetessigsäure-tert.-butylester*, $Kp._{0,25}$ 92,5°, aus **I**-Na u. **IV** wie **XIII**; 54%. — *Acetonylaceton*, $Kp._{25}$ 88—89°, wie **XIV** aus vorst. Verb. neben etwas *Pyrotritarsäure* (*Uvinsäure*, F. 135°); 70%. *Dioxim*, F. 134°. — *5-Methyl-2-acetyl-3-ketocapronsäure-tert.-butylester*, $Kp._{12,5}$ 126°, aus **I**-Mg u. **V**; 74%. — *2-Methylheptandion-(4.6)*, $Kp._{12,5}$ 66°, aus vorst. Verb.; *Cu-Salz*, F. 154°. — *Heneikosandion-(2.4)-carbonsäure-(3)-tert.-butylester*, F. 47,5° (aus CH_3OH), aus **I**-Mg u. **VI**, teilweise aus der Mutterlauge als *Cu-Salz* (F. 94°); 78% (Gesamtausbeute). — *Heneikosandion-(2.4)*, $Kp._1$ 195—200°, F. 57° (CH_3OH), aus vorst. Verb.; ~100%; mit $FeCl_3$ intensive Rotfärbung der alkoh. Lsg.; *Cu-Komplex*, F. 122°, aus A. hellblaue Kristalle. — *Benzoylaceton*, $Kp._{11}$ 135°, F. 60°, aus dem Umsetzungsprod. von I-Mg mit **VII** wie üblich; 60%. — *4.6-Diketoönanthsäureäthylester*, $Kp._{0,15}$ 97°, $Kp._{13}$ 140—141°, aus I-Mg u. **VIII** in Ae. u. Zers. des *4.6-Diketoönanthsäureäthylestercarbonsäure-(5)-tert.-butylesters* [$Kp._{0,01}$ 120—130° (unter teilweiser Zers.)] bei 180—185° mit **II**; 58%. — *δ-Ketocapronsäureäthylester-γ-carbonsäure-tert.-butylester* (**X**), $Kp._3$ 136°, aus I u. **IX** in Ggw. von C_2H_5ONa, 1 Std. Wasserbad, 2 Std. 130°; 74%. — *δ-Ketocapronsäureäthylester*, $Kp._{10}$ 97°, $Kp._{710}$ 221,5°, aus **X** mit **II** bei 150°; 95%. *Semicarbazon*, F. 115° (Bzl.). (Chem. Ber. **87.** 1163—66. 1954. München, TH, Organ.-chem. Inst.) KLAMANN. 870

Pierre Jollès und **Claude Fromageot**, *Über α-Amino-γ-oxybuttersäure und β-Amino-γ-oxybuttersäure. β-Amino-γ-oxybuttersäure* (I) wurde durch Red. des α-Benzylesters des N-Carbobenzoxy-DL-β-asparagylglycinäthylesters (II) mit $LiAlH_4$ u. Hydrolyse des entstandenen *Diols* dargestellt. I u. α-Amino-γ-oxybuttersäure (III) haben auf WHATMAN-Papier Nr. 1 in Butanol–Eisessig–W. (77:6:17) u. in Phenol–NH_4OH (74 Phenol + 22,5 W. + 0,5 30%ig. NH_4OH) dieselben R_F-Werte (0,10 bzw. 0,57). I u. III bilden einen Kupferkomplex. Mit Perjodsäure reagiert nur I.

V e r s u c h e : *β-Amino-γ-oxybuttersäure* (I), F. 184° (verkohlt bei 201°): 150 mg II in 20 ml 0,1% Zephirol enthaltendem N-Äthylmorpholin (IV) werden mit 10 ml IV, das 178 mg $LiAlH_4$ enthält, 8 Std. auf 50° unter N_2 erwärmt; der mit Ae. gewaschene Nd. enthält das *Diol* (51%); ohne Isolierung des Diols wird der Nd. 24 Std. mit 10 ml 6n HCl auf 110° erhitzt; die auf 6 ml eingeengte Lsg. wird entsalzt u. auf WHATMAN-Papier Nr. 1 mit Phenol–NH_4OH chromatographiert (50 Flecken mit je 0,2 mg); aus A. Nadeln; 9 mg (Ausbeute). (Bull. Soc. chim. France, Mém. [5] **18.** 862—63. Nov./Dez. 1951. Paris, Fac. des Sci., Labor. de Chim. biol.) K. F. MÜLLER. 950

James R. Vaughan jr. und **Ruth L. Osato**, *Darstellung von Peptiden unter Verwendung von gemischten Carbonsäureanhydriden.* Durch Umsetzung von aliphat. u. aromat. Carbonsäurechloriden mit dem Triäthylaminsalz von Carbobenzoxyglycin (I) bilden sich unter wasserfreien Bedingungen *gemischte Anhydride* zwischen I u. den entsprechenden Carbonsäuren. Diese Anhydride wurden mit Anilin in *Carbobenzoxyglycinanilid* (II) übergeführt, dessen Ausbeute ein Maß für die Anhydridbldg. lieferte; dabei wurden die besten Ausbeuten für die Bldg. der *Anhydride* zwischen *Trimethylessigsäure, Diäthylessigsäure, Isovaleriansäure* u. I (72, 85 bzw. 83%) festgestellt. Durch Umsetzung der Anhydride aus Carbobenzoxy- bzw. N-Phthalylaminosäuren u. Isovaleriansäure mit Aminosäureestern wurden die entsprechenden Peptidester dargestellt.

V e r s u c h e (FF. korr.): *Carbobenzoxyglycinanilid* (II), F. 146—147°. Je 0,025 Mol I u. $(C_2H_5)_3N$ in 50 cm³ Toluol werden mit 0,025 Mol Isovalerylchlorid 2½ Std. bei 0° gehalten u. dann 0,025 Mol Anilin zugegeben; nach Stehen über Nacht bei 8° wird II mit dem Triäthylaminhydrochlorid abfiltriert, mit W., verd. NaOH u. verd. HCl gewaschen u. getrocknet; 83% (Ausbeute). Die Darst. der Peptidester erfolgt unter gleichen Bedingungen. — Beispiele: *Carbobenzoxyglycyl-DL-phenylalaninäthylester*, F. 91—92°, aus je 0,025 Mol Carbobenzoxyglycinisovaleriansäureanhydrid u. DL-Phenylalaninäthylester in 50 cm³ Toluol, Waschen des Nd. mit 3%ig. $NaHCO_3$-Lsg. (55%) u. der Toluolschicht mit 3%ig. $NaHCO_3$ u. Verdünnen mit PAe. (weitere 33%); aus wss. A.; 86%. — *Carbobenzoxy-L-leucylglycinäthylester*, F. 105 bis 106°. Je 0,02 Mol Carbobenzoxy-L-leucin u. $(C_2H_5)_3N$ in 25 cm³ Toluol + 25 cm³ Chlf. von —5° werden mit 0,02 Mol Isovalerylchlorid versetzt u. nach 1½ Std. mit je 0,02 Mol Glycinäthylesterhydrochlorid u. $(C_2H_5)_3N$ in 50 cm³ Chlf. versetzt u. über Nacht bei 8° stehengelassen; Kristalle aus wss. A.; $[\alpha]_D^{24}$ —25,6° (c = 5 in A.); 70%. — *Carbobenzoxyglycyl-L-tyrosinäthylester*, F. 125—127°, $[\alpha]_D^{24}$ +18,4° (c = 5 in A.); 77%. — *Dicarbobenzoxy-L-lysylglycinäthylester*, F. 89—91°, $[\alpha]_D^{24}$ — 12,0 (c = 5 in A.); 58%. — *Carbobenzoxy-L-leucyl-L-leucinmethylester*, F. 97—98,5°, $[\alpha]_D^{24}$ —35,3° (c = 10 in A.); 29%. — *Carbobenzoxy-L-leucyl-L-tyrosinäthylester*, $C_{25}H_{32}O_6N_2$, F. 115—117°, $[\alpha]_D^{24}$ —15,2° (c = 5 in A.); 52%. — *Carbobenzoxy-L-leucyl-DL-phenylalaninäthylester*, $C_{25}H_{32}O_5N_2$, F. 84—87°; 38%. — *Carbobenzoxy-DL-alanyl-DL-phenylalaninäthylester*, $C_{22}H_{26}O_5N_2$, F. 114—116°; 48%. — *Carbobenzoxyglycyl-LD-phenylalanylglycinäthylester*, $C_{23}H_{27}O_6N_3$, F. 132—133°; 86%. — *Phthalylglycyl-DL-phenylalaninäthylester*, $C_{21}H_{20}O_5N_2$, F. 149—150°; 68%. — *Phthalylglycyl-L-tyrosinäthylester*, $C_{21}H_{20}O_6N_2$, F. 163—164°, $[\alpha]_D^{24}$ +43,0° (c = 2 in A.); 60%. — *Phthalylglycyl-L-leucinäthylester*, $C_{18}H_{22}O_5N_2$, F. 139—140°, $[\alpha]_D^{24}$ —24,5° (c = 2 in A.); 62%. — *Phthalyl-DL-alanyl-DL-valinäthylester*, $C_{18}H_{22}O_5N_2$, F. 110—130°; 40%. (J. Amer. chem. Soc. **73.** 5553—55. Dez. 1951. Stamford, Conn., American Cyanamid Co., Stamford Res. Labors., Chemotherapy Div.) K. F. MÜLLER. 950

Ingeborg Schumann und **R. A. Boissonnas**, *Synthese des L-Valyl-L-[δ-carbobenzoxyornithyl]-L-leucyl-D-phenylalanyl-L-prolins.* Das Cyclopeptid *Gramicidin S* ist wahrscheinlich aus 2 Einheiten *L-Valyl-L-ornithyl-L-leucyl-D-phenylalanyl-L-prolin* (I) aufgebaut; die einzig freien Funktionen sind die beiden δ-Aminogruppen der Ornithinreste (im Original irrtümlich α-Aminogruppen; der Referent). HARRIS u. WORK (vgl. C. **1950.** II. 307. 2450) gelang es nicht, I mit freier, endständiger α-Aminogruppe des Valins u. geschützter δ-Aminogruppe des Ornithins zu synthetisieren, was zu einer Synth. des *Gramicidins S* erforderlich wäre. Vff. beschreiben eine Synth., die, vom *Phthalyl-L-valin* (II) u. *Carbobenzoxy* (*CBO*)-*L-leucin* ausgehend, über mehrere Zwischenstufen zu *Phthalyl-L-valyl-δ-CBO-L-ornithyl-L-leucyl-D-phenylalanyl-L-prolin* führt. Die selektive Entfernung der Phthalylgruppe erfolgt zuletzt mit Phenylhydrazin.

Versuche: *Phthalyl-L-valin* (II), $C_{13}H_{13}O_4N$, F. 115—116° (W.-A. 9:1) aus L-Valin u. Phthalsäureanhydrid bei 180—185° (15 Min.) nach BILLMANN u. HARTING (C. **1949.** I. 1108); 61% (Ausbeute). — *Phthalyl-L-valyl-δ-CBO-L-ornithinmethylester*, $C_{27}H_{31}O_7N_3$, F. 104,5—105° (Ae.), aus dem Tri-n-butylaminsalz von II in Tetrahydrofuran durch Rk. mit Chlorameisensäure-sek.-butylester bei 0°, dann mit δ-CBO-L-ornithinmethylester·HCl; nach 2 Std. bei 5° im Vakuum eindampfen u. Rückstand in Ae. lösen; 82,5% (roh). — *Phthalyl-L-valyl-δ-CBO-L-ornithin* (III), $C_{26}H_{29}O_7N_3$: Vorst. Verb. in Dioxan mit nNaOH bei höchstens 35° im Vakuum eindampfen, Rückstand in W. lösen, mit nHCl ansäuern u. in Ae. aufnehmen; 79,7% (bezogen auf II). — *CBO-L-leucin*, $C_{14}H_{19}O_4N$, Öl; Darst. nach FOX u. Mitarbeitern (C. **1954.** 5052); 76%. — *CBO-L-leucyl-D-phenylalanin*, $C_{23}H_{28}O_5N_2$, aus vorst. Verb. u. Tributylamin in Dioxan durch Rk. mit Chlorameisensäureäthylester u. D-Phenylalanin in NaOH; nach 30 Min. 3nHCl zugeben u. Öl in Ae. aufnehmen; 92,8%. — *CBO-L-leucyl-D-phenylalanyl-L-prolinmethylester*, $C_{29}H_{37}O_6N_3$, aus vorst. Verb. in Chlf., Tributylamin, $ClCOOC_2H_5$ u. L-Prolinmethylester·HCl ($C_6H_{12}O_2NCl$, aus L-Prolin mit methanol. HCl; nach Monaten hygroskop. Kristalle; 95,7%); nicht krist. erhalten; 77,6%. — *L-Leucyl-D-phenylalanyl-L-prolinmethylesterhydrochlorid*: Vorst. Verb. mit HJ–Eisessig bei 35° im Vakuum eindampfen, in verd. HCl aufnehmen u. mit Ae. ausschütteln; bei 40° Ag_2CO_3 eintragen, bis keine CO_2-Entw. mehr festzustellen ist, mit nHCl ansäuern, filtrieren u. im Vakuum eindampfen; Rückstand mit methanol. HCl bei 40° verestern; äußerst hykroskop.; 66,7%. — *Phthalyl-L-valyl-δ-CBO-L-ornithyl-L-leucyl-D-phenylalanyl-L-prolinmethylester*, $C_{47}H_{58}O_{10}N_6$, F. 117—119° (Zers.) (Ae.), aus III, Tributylamin, Chlorameisensäure-sek.-butylester u. vorst. Verb. in Tetrahydrofuran bei 10°; 62,9%. — *Phthalyl-L-valyl-δ-CBO-δ-ornithyl-L-leucyl-D-phenylalanyl-L-prolin*, $C_{46}H_{56}O_{10}N_6$, im Vakuumexsiccator erstarrendes Öl, aus vorst. Verb. in Dioxan mit nNaOH bei Raumtemp. in 3 Std.; danach eindampfen (<35°), Ansäuern u. Aufnehmen in Essigester; 83,2%. — *L-Valyl-L-CBO-L-ornithyl-L-leucyl-D-phenylalanyl-L-prolin*, $C_{38}H_{54}O_8N_6$, aus vorst. Verb. mit Phenylhydrazin u. Tributylamin in 96%ig. A. durch 24std. Erhitzen auf 100° im Einschlußrohr; essigsaure Reaktionsmischung (1%ig. Essigsäure) mit Chlf. ausschütteln, eindampfen u. Aceton zugeben; 80,5%. (Helv. chim. Acta **35.** 2237—41. 1/12. 1952. Genève, Univ., Labors. de Chim. organ.) JUTZ. 950

Henry Tolkmith, *Organische Polyphosphorverbindungen.* 1. Mitt. *Synthese aliphatischer Amidopolyphosphate.* Wegen der biochem. wichtigen Rkk. von Adenosintriphosphat wird versucht, einfache organ. Derivv. der *Tri-* u. *Tetraphosphorsäure* herzustellen. Vf. untersucht die Darst. der neutralen Dimethylamide, also von *Dekamethyltriphosphoramid* (I), $[(CH_3)_2N]_2PO\cdot O\cdot PO[N(CH_3)_2]\cdot O\cdot PO[N(CH_3)_2]_2$, u. den beiden isomeren *Dodekamethyltetraphosphoramiden* (**IIa** bzw. **IIb**). I wurde auf 2 Wegen erhalten: 1. Durch Rk. äquimol. Mengen von O-Äthylhexamethyltriamidopyrophosphat mit Tetramethyldiamidophosphorylchlorid (**IV**); 2. aus **IV** u. O.O-Diäthyldimethylamidophosphat. **IIa** u. **IIb** wurden analog der Synth. von I dargestellt. Die lineare Verb. **IIa**, $X_2PO\cdot O\cdot PO(X)\cdot O\cdot PO(X)\cdot O\cdot PO(X_2)$ $[X = N(CH_3)_2]$, die aus symm. O.O-Diäthyltetramethyldiamidopyrophosphat entsteht, ist gegenüber aphis fabae etwa doppelt so wirksam wie die pyramidale Verb. **IIb**, $X_2PO\cdot O\cdot PO(O\cdot PO[X_2])\cdot O\cdot PO(X_2)$, die aus dem asymm. Esteramid gewonnen wird. Die Infrarotbanden von **IIa** u. **IIb** sind angegeben. Mit PCl_5 liefert **IIa IV**, *Dimethylamidophosphorylchlorid* u. $POCl_3$, **IIb** nur **IV** u. $POCl_3$. **IIb** wurde auch aus **IV** u. Triäthylphosphat erhalten.

Versuche: *Dekamethyltriphosphoramid* (I), $C_{10}H_{30}O_5N_5P_3$, aus O-Äthylhexamethyltriamidopyrophosphat (Kp.$_2$ 138°; n_D^{25} 1,4505; $D.^{25}_4$ 1,1417) u. Tetramethyldiamidophosphorsäurechlorid (**IV**; Kp.$_{10}$ 110°; n_D^{20} 1,4670; $D.^{20}_4$ 1,1823) in äquimol. Mengen bei 130° [90,5% der theoret. Menge *Äthylchlorid* (**III**) werden in A. aufgefangen] u. nachherigem Erhitzen auf 130° bei 15 mm, oder ebenso aus **IV** u. O.O-Diäthyldimethylamidophosphat (Kp.$_{10}$ 93°; n_D^{20} 1,4231; $D.^{20}_4$ 1,0473) im Molverhältnis

2:1; (87,9% III); gelbbraunes Öl; $D.^{20}_{4}$ 1,1931; n_D^{20} 1,4639. — *Lineares Dodekamethyltetraphosphoramid* (**IIa**), $C_{12}H_{36}O_7N_6P_4$, aus **IV** u. symm. O.O-Diäthyltetramethyldiamidopyrophosphat ($Kp._{15}$ 129°; $D.^{20}_{4}$ 1,1602; n_D^{20} 1,4413) im Molverhältnis 2:1 (90% **III**); bräunliches Öl; $D.^{20}_{4}$ 1,2561; n_D^{20} 1,4719. — *Pyramidales Dodekamethyltetraphosphoramid* (**IIb**), $C_{12}H_{36}O_7N_6P_4$, aus **IV** u. asymm. O.O-Diäthyltetramethyldiamidopyrophosphat ($Kp._{1,5}$ 140°; $D.^{25}_{4}$ 1,1623; n_D^{25} 1,4379) im Molverhältnis 2:1 (91,6% **III**) oder aus **IV** u. Triäthylphosphat ($Kp._{10}$ 89°; $D.^{20}_{4}$ 1,0692; n_D^{20} 1,4060) im Molverhältnis 3:1 (92,3% **III**); bräunliches Öl; $D.^{20}_{4}$ 1,2471; n_D^{20} 1,4681. Zugabe von **IIa** bzw. **IIb** in CCl_4 zu PCl_5 in CCl_4 u. mehrstd. Kochen liefert, wie durch Infrarotanalyse festgestellt, aus **IIa** etwa gleichmol. Mengen *Dimethylamidophosphorylchlorid* u. **IV**, aus **IIb** nur **IV**. (J. Amer. chem. Soc. **75.** 5270—72. 5/11. 1953. Midland, Mich., Dow Chem. Co., Physical. Res. Labor.) EBERHARDT. 980

Henry Tolkmith, *Organische Polyphosphorverbindungen.* 2. Mitt. *Phosphorylierungen mit aliphatischen Amidopolyphosphaten und -polymetaphosphaten.* (1. vgl. vorst. Ref.) Es wird die therm. Zers. von *Dekamethyltriphosphoramid* (**I**), *linearem* u. *pyramidalem Dodekamethyltetraphosphoramid* (**II** bzw. **III**) untersucht. Nach 2std. Erhitzen auf 160° findet man bei **I** u. **II** unter den flüchtigen Zersetzungsprodd. fast ausschließlich *Oktamethylpyrophosphoramid* (**IV**) in Ausbeuten von 31 bzw. 28% neben wenig *Hexamethylphosphoramid* (**V**). Beim trockenen Erhitzen von **III** entstehen **IV** (22%), wenig **V** u. Spuren P_2O_5. Nach der Reaktionsformulierung muß aus **I** u. **II** *trimeres Dimethylamidopolymetaphosphat* (**VI**), $[(CH_3)_2NPO_2]_3$, außerdem entstehen, für das eine Konstitutionsformel angegeben wird. — Bei der therm. Phosphorylierung von **V** mit **VI** im Molverhältnis 3:1 u. von **V** mit P_2O_5 im Verhältnis 4:1 (2std. Erhitzen auf 150°) erhält man **IV** mit 30 bzw. 25% Ausbeute. Die Rk. von **V** mit **I** u. **V** mit **III** im Verhältnis 2:1 unter den gleichen Bedingungen ergibt 60 bzw. 49% **IV**. Der Rückstand besteht in allen Fällen aus einer Mischung von nicht identifizierbaren Polyphosphaten. Die untersuchten Amidopolyphosphate u. Polymetaphosphate reagieren also mit einem Amidomonophosphat in grundsätzlich gleicher Weise wie Adenosintriphosphat mit Ribosemonophosphaten. In beiden Fällen entstehen in einer Gleichgewichts-Rk. Pyrophosphate, wobei aber der Reaktionsmechanismus offenbar verschieden ist.

Versuche: *Hexamethylphosphoramid* (**V**), $Kp._5$ 102°; $D.^{20}_{4}$ 1,0253; n_D^{20} 1,4582. — *O-Methyldimethylamidochlorphosphat,* $Kp._5$ 72°; $D.^{20}_{4}$ 1,2510; n_D^{20} 1,4430. (J. Amer. chem. Soc. **75.** 5273—75. 5/11. 1953.) EBERHARDT. 980

Robert Specklin und **Jean Meybeck,** *Über eine anomale Reaktion des Natriumdisulfids mit Nitrohalogenderivaten des Benzols.* Die Einw. von Natriumdisulfid (**I**) auf 1.2-Dinitro-4.6-dichlorbenzol liefert *4.4'.6.6'-Tetrachlor-2.2'-dinitrodiphenylsulfid* (**II**) u. nicht, wie von BLANKSMA [1908] angegeben, das entsprechende Disulfid. Auch 1.2.4-Trichlor-6-nitrobenzol gibt mit **I** nur **II**. *5.6-Dichlor-1-nitrobenzol* reagiert nicht mit **I**.

Versuche: *4.4'.6.6'-Tetrachlor-2.2'-dinitrodiphenylsulfid* (**II**), $C_{12}H_4O_4N_2Cl_4S$, F. 190° (Toluol), aus 1.2-Dinitro-4.6-dichlorbenzol u. **I** in A.; 77% (Ausbeute); oder aus 1.2.4-Trichlor-6-nitrobenzol u. **I** in sd. A. in 3 Std.; gelb. — *4.4'.6.6'-Tetrachlor-2.2'-diaminodiphenylsulfid,* $C_{12}H_8N_2Cl_4S$, F. 146,5—147°, durch Red. von **II** mit Zn-Eisessig; 48%. *N.N'-Diacetylderiv.,* $C_{16}H_{12}O_2N_2Cl_4S$, F. 289—290°, Nadeln aus Toluol. *N.N'-Dibenzoylderiv.,* $C_{26}H_{16}O_2N_2Cl_4S$, F. 198—201°, Nadeln. (C. R. hebd. Séances Acad. Sci. **231.** 228—29. 17/7. 1950.) LIEBIG. 1090

T. I. Temnikowa und **N. I. Almaschi,** *Untersuchung auf dem Gebiet der cyclischen Acetale von Oxycarbonylverbindungen.* 5. Mitt. *Methyllactolide von Äthylbenzoylcarbinol und Methyl-p-anisoylcarbinol.* (4. vgl. C. **1954.** 5504.) Es wurden das *Methylactolid* des *Äthylbenzoyl-* u. des *Methyl-p-anisoylcarbinols* hergestellt. Ersteres polymerisiert langsam beim Aufbewahren u. kann hydrolysiert, dimerisiert u. isomerisiert werden. Letzteres polymerisiert rasch bei der Darst. u. beim Aufbewahren.

Versuche: *Methyllactolid* (**I**) des *Äthylbenzoylcarbinols,* $C_{11}H_{14}O_2$, $Kp._{10}$ 94 bis 95°; aus 38 g α-Brompropylphenylketon mit 8 g CH_3ONa in Ae.; $D.^{16}_{4}$ 1,0256; n_α^{16} 1,49634; n_D^{16} 1,4992; n_β^{16} 1,50987; 18 g (Ausbeute). — *Äthylbenzoylcarbinol-2.4-dinitrophenylhydrazon,* $C_{16}H_{16}O_5N_4$, F. 174—175°; aus 0,5 g **I** u. 0,4 g 2.4-Dinitrophenylhydrazin in 3 ml konz. H_2SO_4 + 2 ml W. + 10 ml A. bei Zimmertemperatur. — *Äthylbenzoylcarbinol,* $Kp._2$ 90°; durch 6std. Erhitzen von **I** mit 5%ig. H_2SO_4; wurde zur Identifikation durch Einw. von C_2H_5MgBr in *3-Phenylhexandiol-(3.4)*, F. 67 bis 68°, übergeführt. — *Cyclodimethyldilactolid* des *Äthylbenzoylcarbinols* (*2.5-Diäthyl-3.6-diphenyl-3.6-dimethoxydioxan*), $C_{20}H_{22}O_2(OCH_3)_2$, F. 239—240°; 2 g **I** werden tropfenweise unter Kühlung zu 20 ml 2% HCl enthaltendem CH_3OH hinzugefügt; 1,5 g. — *Phenylpropionylcarbinolmethyläther,* $C_{11}H_{14}O_2$, $Kp._2$ 82°; zu $MgBr_2$ in Ae.

(aus 1,5 g Mg) werden 4 g I zugesetzt; 2 g. — *Methyllactolid* des *Methyl-p-anisoylcarbinols*, $C_{11}H_{14}O_3$, Kp.₃ 93—94°; aus 10 g α-Bromäthyl-p-anisylketon (aus α-Brompropionylbromid, Anisol u. $AlCl_3$, Kp.₈ 154—159°); $D.^{20}_4$ 1,105; n_α^{20} 1,50384; 1,5 g. (Журнал Общей Химии [J. allg. Chem.] 23 (85). 1498—1500. Sept. 1953. Leningrad, Shdanow-Univ., Faworski-Labor.) V. WILPERT. 1180

M. Bergman, *Versuche zur Darstellung von Quecksilber-Phenylacetat.* Die Darst. von *Quecksilberphenylacetat* (F. 147°) aus $Hg(CH_3COO)_2$ u. Bzl. verläuft bes. günstig unter katalyt. Einw. von Cu- u. Cd-Salzen. 6—7std. Kochen in Eisessig in Ggw. von Acetanhydrid u. $Cd(NO_3)_2$ lieferte 80% Ausbeute. Die katalyt. Wrkg. von Salzen des Li, Co, Al, Zn, Pb, Ni u. Fe ist geringer. (Chem. Techn. **6.** 302. Mai 1954. Montreal, Can.) J. ROTHE. 1210

Magnus Matell, *Stereochemische Untersuchungen über Pflanzenwachstumsregulatoren.* 5. Mitt. *Einige optisch-aktive α-Aryloxy-n-buttersäuren.* (4. vgl. C. **1954.** 7396.) *α-Phenoxy-* (I), α-[*1-Naphthoxy*]- (II) u. α-[*2-Naphthoxy*]-*n-buttersäure* (III) wurden in ihre opt. Antipoden gespalten. Die rac. Formen von **I, II** u. **III** sind wahre Racemate. Nach der Meth. der Quasi-Racemate wurde festgestellt, daß ihre opt.-akt. Formen die gleiche Konfiguration haben wie die homologen Propionsäuren mit der gleichen Richtung der opt. Drehung (vgl. FREGDA u. MATELL, C. **1953.** 9151). Diese Resultate sind in Übereinstimmung mit der Regel von WINTHER [1895] u. mit den Änderungen der Rotation in verschied. Lösungsmitteln. D-(+)-I, D-(—)-II u. D-(+)-III haben größere Auxinaktivität als ihre Antipoden.

V e r s u c h e : **I, II** u. **III** wurden durch Kochen von Äthyl-α-brombutyrat mit den entsprechenden Na-Phenolaten in A. dargestellt. — *α-Phenoxy-n-buttersäure* (**I**), $C_{10}H_{12}O_3$, F. 81,5—83,5° (PAe.). (—)-**I**, F. 79,3—80,3° (PAe.), über das Strychninsalz aus 25%ig. A., kleine Nadeln, $[\alpha]_D^{25}$ —51,4° (c = 0,81; A.), —65,5° (c = 1,035; Aceton), —36,4° (c = 1,072; Chlf.), —5,2° (1,087; Bzl.), —20,6° (Na-Salz in W.). (+)-**I**, F. 79,2—80,2°, aus den Mutterlaugen von (—)-I über das Morphinsalz; $[\alpha]_D^{25}$ +51,2° (c = 1,077; A.). — α-[*1-Naphthoxy*]-*n-buttersäure* (**II**), $C_{14}H_{14}O_3$, F. 113,5 bis 115,3° (Cyclohexan u. PAe.). (+)-**II**, F. 100,8—101,8° (Ameisensäure bzw. Cyclohexan), über das Cinchoninsalz; Nadeln, $[\alpha]_D^{25}$ +6,6° (c = 1,827; A.), +5° (c = 1,733; Aceton), +9,6° (c = 2,141; Chlf.), +94,2° (c = 1,042; Bzl.), $[\alpha]_D^{19}$ +46,8° (Na-Salz in W.). (—)-**II** konnte nicht rein erhalten werden. — α-[*2-Naphthoxy*]-*n-buttersäure* (**III**), $C_{14}H_{14}O_3$, F. 125,5—127° (50% A. u. PAe.). (+)-**III**, F. 134,5—135,6° (PAe.), über das Chininsalz aus 50%ig. A.; watteähnliche M., $[\alpha]_D^{25}$ +91,8° (c = 1,012; A.), +97,6° (c = 1,006; Aceton), +61,6° (c = 1,006; Chlf.), +84,1° (c = 1,018; Bzl.), +67,3° (Na-Salz in W.). (—)-**III**, F. 134,5—135,4°, aus den Mutterlaugen von (+)-**III** über das Salz mit (+)-α-Phenyläthylamin; $[\alpha]_D^{25}$ —90,8° (c = 1,045; A.). — Die F.-Diagramme folgender Gemische werden angegeben: (+)- u. (—)-**I**, (+)- u. (—)-**II**, (+)- u. (—)-**III**, (—)-**I** u. (+)- bzw. (—)-α-Phenoxypropionsäure, (+)-**II** u. (—)-**I** bzw. (+)-α-[1-Naphthoxy]-propionsäure, (—)-α-[2-Naphthoxy]-propionsäure u. (+)-**III** bzw. (—)-**III**. (Ark. Kemi **6.** Nr. 20. 251—60. 1953. Uppsala, Royal Agricult. Coll., Dep. of Organ. Chem.) JOHN. 1250

Magnus Matell, *Stereochemische Untersuchungen über Pflanzenwachstumsregulatoren.* 6. Mitt. *Die sterischen Beziehungen zwischen optisch-aktiven α-Aryloxyalkylcarbonsäuren, Milchsäure und α-Alanin.* (5. vgl. vorst. Ref.) (+)-α-Phenoxypropionsäure [(+)-**I**] wurde zu (—)-α-[*2.4-Dinitrophenoxy*]-*propionsäure* [(—)-**II**] nitriert, deren Antipode durch Rk. zwischen L-(—)-Äthyllactat [(—)-**III**] u. 2.4-Dinitrochlorbenzol (**IV**) entstand. Das aus L-(+)-α-Alanin [(+)-**V**] u. **IV** gewonnene (+)-*N*-[*2.4-Dinitrophenyl*]-*α-alanin* bildet mit (—)-**II** ein Quasiracemat. Daraus ergibt sich, daß (+)-**I** wie (+)-**III** u. (—)-**V** D-Konfiguration besitzt. Opt.-akt. **I** bzw. α-Phenoxy-n-buttersäure wurden durch Chlorierung in α-[*2.4-Dichlorphenoxy*]-*propionsäure* (**VI**) bzw. *-n-buttersäure* (**VII**) übergeführt. Diese haben die gleiche Richtung der opt. Drehung wie die Ausgangssäuren. Zwischen (—)-**VI** u. (—)-**II** wurde eine quasi-rac. Verb. gebildet. Die festgestellten ster. Beziehungen stimmen mit früheren Unterss. überein.

V e r s u c h e : α-[*2.4-Dinitrophenoxy*]-*propionsäure* (**II**), $C_9H_8O_7N_2$, F. 171,5 bis 174° (verd. Ameisensäure), a) durch Zugabe von **III** zu Na in Ae., unter Kühlung, nach der Rk. Zugabe von **IV** in Ae., 2std. Kochen u. Hydrolyse des gebildeten *Äthylesters* [F. 64—69°, Kp.₂ 190—198°; 45% (Ausbeute)]; lange gelbe Nadeln; 74% (bezogen auf den Ester); b) durch Zugabe von **I** zu rauchender HNO_3 unter Eiskühlung; 82% (roh). (—)-**II**, F. 142—143,5° (45%ig. Ameisensäure), $[\alpha]_D^{22}$ —105,1° (c = 1,671; A.), aus (+)-**I** ($[\alpha]_D^{22}$ +40,1° [c = 2; A.]); 81%. (+)-**II**, aus opt. unreinem (—)-**III** ($[\alpha]_D^{20}$ —1,19°, homogen), teilweise Racemisierung bei der Dest. des Esters u. bei der Umkristallisation von (+)-**II**. — *N*-[*2.4-Dinitrophenyl*]-*α-alanin*, F. 175 bis

177° (50%ig. Ameisensäure), nach ABDERHALDEN u. BLUMBERG [1910]. *D-(—)-Form*, F. 174—178° (A.), $[\alpha]_D^{22}$ —6,5° (c = 1,1; A.). *L-(+)-Form*, F. 175—178° (A.), $[\alpha]_D^{22}$ +6,9° (c = 0,9; A.). — *α-[2.4-Dichlorphenoxy]-propionsäure* (**VI**), F. 115,5 bis 116,5° (PAe.), nach HASKELBERG (C. **1947**. 1749); 89% (roh). (—)-**VI**, F. 120,5 bis 122,5° (PAe.), $[\alpha]_D^{25}$ —35,3° (0,1775 g in 20,06 cm³ Aceton). — *α-[2.4-Dichlorphenoxy]-n-buttersäure* (**VII**), dimorph, F. 79—82° u. 84,5° (PAe.), durch Chlorierung von α-Phenoxy-n-buttersäure bei Zimmertemp. in Ggw. von Fe. (+)-**VII**, F. 89—91°, $[\alpha]_D^{23}$ +41,7° (c = 0,678; A.). Die F.-Diagramme von (+)- u. (—)-**VI** bzw. (+)- u. (—)-**VII** wurden aufgenommen. (Ark. Kemi **6**. Nr. 33. 355—60. 1953.) JOHN. 1250

Magnus Matell, *Stereochemische Untersuchungen über Pflanzenwachstumsregulatoren.* 7. Mitt. *Optisch-aktive α-[2-Methyl-4-chlorphenoxy]-propionsäure und α-[2.4-Dichlorphenoxy]-n-buttersäure und ihre sterischen Beziehungen.* (6. vgl. vorst. Ref.) *α-[2-Methyl-4-chlorphenoxy]-propionsäure* (**I**) u. *α-[2.4-Dichlorphenoxy]-n-buttersäure* (**II**) wurden in ihre opt. Antipoden gespalten, deren Drehung in verschied. Lösungsmitteln gemessen wurde. Nach der Meth. der Quasi-Racemate wurde festgestellt, daß (+)-**I** u. (+)-**II**, welche größere Auxinaktivität haben, D-Konfiguration besitzen.

Versuche: *α-[2-Methyl-4-chlorphenoxy]-propionsäure* (**I**), $C_{10}H_{11}O_3Cl$, F. 93 bis 94° (80%ig. Ameisensäure u. PAe.), durch Kochen von Äthyl-α-brompropionat mit dem entsprechenden Na-Phenolat. (+)-**I**, F. 95—96°, über das Salz mit (+)-α-Phenyläthylamin [(+)-**III**] aus verd. A.; kleine Nadeln, $[\alpha]_D^{25}$ +19° (0,1836 g in 20,06 cm³ A.), +29,3° (0,1876 g in 20,06 cm³ Aceton); +16,3° (0,2197 g in 20,06 cm³ Chlf.), +15,8° (0,2002 g in 20,06 cm³ Bzl.), +5,3° (Na-Salz in W.). (—)-**I**, F. 94,5—96°, aus den Mutterlaugen von (+)-**I** über das Salz mit (—)-**III**; $[\alpha]_D^{25}$ —18,8° (0,1740 g in 20,06 cm³ A.). — *α-[2.4-Dichlorphenoxy]-n-buttersäure* (**II**), $C_{10}H_{10}O_3Cl_2$, F. 80—82° (PAe.), nach dem Schmelzen F. 84,5°, aus Äthyl-α-brom-n-butyrat analog **I**. (+)-**II**, F. 91—91,6° (PAe.), über das Strychninsalz; $[\alpha]_D^{25}$ +41,8° (c = 2,052; A.), +52,1° (0,2279 g in 20,06 cm³ Aceton), +35,3° (0,1846 g in 20,06 cm³ Chlf.), —7,4° (0,2428 g in 20,06 cm³ Bzl.), +5,6° (Na-Salz in W.), (—)-**II**, F. 90,5—91,5°, aus den Mutterlaugen von (+)-**II** über das Salz mit (—)-**III**; kleine Nadeln, $[\alpha]_D^{25}$ —41,4° (0,1354 g in 10,02 cm³ A.). — Die F.-Diagramme folgender Gemische wurden aufgenommen: (+)- u. (—)-**I**; (+)- u. (—)-**II**; (+)-α-[2.4-Dichlorphenoxy]-propionsäure u. (—)-**I** bzw. (+)-**I** bzw. (—)-**II** bzw. (+)-**II**. (Ark. Kemi **6**. Nr. 35. 365—73. 1953.) JOHN. 1250

Magnus Matell, *Stereochemische Untersuchungen über Pflanzenwachstumsregulatoren.* 8. Mitt. *Die Trennung von α-Phenoxy- und α-[2-Naphthoxy]-n-capronsäure in optische Antipoden.* (7. vgl. vorst. Ref.) *α-Phenoxy-* (**I**) u. *α-[2-Naphthoxy]-n-capronsäure* (**III**) wurden dargestellt u. mit β-Phenylisopropylamin (**II**) in ihre opt. Antipoden getrennt. Ein Vgl. der opt. Drehungen von (+)-**I** u. (—)-α-Phenoxy-n-buttersäure in verschied. Lösungsmitteln macht die D-Konfiguration von (+)-**I** wahrscheinlich.

Versuche: *α-Phenoxy-n-capronsäure* (**I**), $C_{12}H_{16}O_3$, F. 73—74° (80%ig. Ameisensäure), durch Kochen einer Lsg. von Na-Phenolat u. α-Brom-n-capronsäure in absol. A.; 81% (Ausbeute, roh). (+)-**I**, F. 75—76,7°, über das Salz mit (—)-**II** aus verd. A.; $[\alpha]_D^{25}$ +37,6° (0,1893 g in 20,06 cm³ A.), +48° (0,1834 g in 20,06 cm³ Aceton), +24,5° (0,171 g in 20,06 cm³ Chlf.), +2,8° (0,1835 g in 20,06 cm³ Bzl.), +16,2° (Na-Salz in W.). (—)-**I**, F. 75—76,4°, aus den Mutterlaugen von (+)-**I** über das Salz mit (+)-**II**; $[\alpha]_D^{25}$ —37,5° (0,1731 g in 20,06 cm³ A.). — *α-[2-Naphthoxy]-n-capronsäure* (**III**), $C_{16}H_{18}O_3$, F. 108—110° (Ameisensäure), analog **I**; 82%. (+)-**III**, F. 134,5 bis 135,2° (PAe.), über das (+)-**II**-Salz aus verd. A.; $[\alpha]_D^{25}$ —50,6° (0,1885 g in 20,06 cm³ A.), +73° (0,1818 g in 20,06 cm³ Aceton), +37,5° (0,1968 g in 20,06 cm³ Chlf.), +61,8° (0,1943 g in 20,06 cm³ Bzl.), +39,7° (Na-Salz in W.). (—)-**III**, F. 134,5—135,2° aus den Mutterlaugen von (+)-**III**; $[\alpha]_D^{25}$ —58,5° (0,1948 g in 20,06 cm³ A.). (Ark. Kemi **6**. Nr. 36. 375—79. 1953.) JOHN. 1250

Gábor Fodor, Károly Koczka und **László Szekeres**, *Beziehung zwischen Konfiguration und pharmakologischer Wirksamkeit von 1.2-Aminoalkoholen.* 1. Mitt. *Umwandlung von N-Methyl-dl-ephedrin in dl-Ephedrin und Pseudoephedrin.* Aus O-Benzoyl-N-methyl-dl-ephedrin mit Bromcyan erhaltenes *O-Benzoyl-N-cyan-dl-ephedrin* (**I**) gab bei der Behandlung mit 2n NaOH fast quantitativ dl-Ephedrin. Mit verd. HCl entstand dagegen aus **I** *2-Imino-3.4-dimethyl-5-phenyloxazolidin*, das bei der alkal. Hydrolyse in fast quantitativer Ausbeute dl-Pseudoephedrin gab. Bei der Säurehydrolyse von **I** ist offenbar ein prakt. vollständig verlaufender Konfigurationswechsel eingetreten.

Versuche: *O-Benzoyl-N-methyl-dl-ephedrin*, $C_{18}H_{21}O_2N$, F. 75°, aus N-Methyl-dl-ephedrin in Bzl. u. Benzoylchlorid. — *O-Benzoyl-N-cyan-dl-ephedrin* (**I**), $C_{18}H_{18}O_2N_2$, F. 79—80° (PAe.), aus vorst. Verb. u. BrCN in Ae. bei 20°. Hydrolyse mit wss.-

methanol. 2nNaOH gab *dl-Ephedrin*, $C_{10}H_{15}ON$, F. 72—75°; 93,5% (Ausbeute). — *O-p-Nitrobenzoyl-N-methyl-dl-ephedrin*, $C_{18}H_{20}O_4N_2$, F. 81°, aus N-Methylephedrin u. p-Nitrobenzoylchlorid. Daneben *N-Methyl-dl-ephedrinhydrochlorid*, F. 204—208°, u. *N-Methyl-dl-ephedrinhydrogen-p-nitrobenzoat*, $C_{18}H_{22}O_5N_2$, F. 78—81°. — *3.4-Dimethyl-5-phenyl-2-iminooxazolidinhydrochlorid*, $C_{11}H_{15}ON_2Cl$, F. 235°, durch Kochen von I in 2nHCl; 88%. Hieraus durch Kochen mit verd. NaOH *dl-Pseudoephedrin*, $C_{10}H_{15}ON$, F. 117—118°; 85%. (Acta chim. Acad. Sci. hung. **1**. 377—84. 1951. Szeged, Univ., Inst. für organ. Chem.) NEZEL. 1320

Gábor Fodor, József Kiss, Éva Fehér und **Dezsö Bánfi**, *Beziehung zwischen Konfiguration und pharmakologischer Wirksamkeit von 1.2-Aminoalkoholen.* 3. Mitt. *Umwandlung von dl-Norephedrin in 4-Oxy- und 4-Methoxy-dl-norephedrin.* (2. vgl. C. **1952**. 4459; 1. vgl. vorst. Ref.) Das aus dl-Norephedrin über die 4-Nitro- u. 4-Aminoverb. erhaltene *4-Oxy-* u. *4-Methoxy-dl-norephedrin* war ident. mit *1-p-Oxy-* bzw. *1-p-Methoxyphenyl-2-aminopropanol*, die aus p-Oxy- bzw. p-Methoxy-α-oximinopropiophenon nach HARTUNG (J. Amer. chem. Soc. **53**. [1931.] 4141) dargestellt worden waren.

V e r s u c h e : *p-Nitro-dl-norephedrinnitrat*, $C_9H_{13}O_6N_3$, F. 207°, hellgelbe Prismen, aus Norephedrinnitrat u. HNO_3/H_2SO_4 bei 10°. *p-Nitronorephedrin*, F. 139°. *p-Nitro-N-benzoyl-dl-norephedrin*, $C_{16}H_{16}O_4N_2$, F. 160°, krist. Pulver; 71,2% (Ausbeute). — *p-Amino-N-benzoyl-dl-norephedrin*, $C_{16}H_{18}O_2N_2$, F. 170°, durch Hydrierung der Nitroverb. mit Pd-Kohle; 73,1%. — *p-Oxy-N-benzoyl-dl-norephedrin*, $C_{16}H_{17}O_3N$, F. 176°, Prismen aus wss. CH_3OH, aus der Aminoverb. über das Diazoniumsalz oder durch Benzoylierung von 4-Oxyphenyl-2-aminopropanol, das nach HARTUNG (l. c.) dargestellt wurde. — *p-Methoxy-N-benzoyl-dl-norephedrin*, F. 144—145° (A.), aus vorst. Verb. u. CH_2N_2. — *p-Nitro-N-acetyl-dl-norephedrin*, $C_{11}H_{14}O_4N_2$, F. 160° (A./Ae. u. absol. A./Bzl.), durch Nitrierung von N-Acetyl-dl-norephedrin. (Acta chim. Acad. Sci. hung. **1**. 385—89. 1951.) NEZEL. 1320

Gábor Fodor, Ödön Kovács und **Tibor Mecher**, *Eine neue Synthese des dl-Noradrenalins und verwandter Aminoalkohole mit einer primären Aminogruppe.* Ein substituiertes Phenylglyoxal wurde mit Benzylamin zum substituierten ω-Benzylaminoacetophenon reduzierend aminiert. Mit RANEY-Ni wurde die Carbonylgruppe zur Hydroxylgruppe red. u. anschließend die Benzylgruppe mit Pd-Kohle durch Hydrogenolyse abgetrennt. Die letzten beiden Stufen konnten auch vereinigt werden.

V e r s u c h e : *p-Oxy-ω-[N-benzylamino]-acetophenon.* In eine alkoh. Benzylaminlsg., die RANEY-Ni enthält, wird H_2 bei 40° eingeleitet u. langsam eine alkoh. Lsg. von p-Oxyphenylglyoxalhydrat eingetropft u. mit 6nHCl auf p_H 4 eingestellt: *Hydrochlorid*, $C_{15}H_{15}O_2N \cdot HCl$, F. 240° (W.), Kristalle; 82% (Ausbeute). *Freie Base*, F. 132 bis 133°; 79%. Auch aus p-Oxyphenyllglyoxalbisulfit-K wie oben. — *1-[p-Oxyphenyl]-2-benzylaminoäthanol-(1)*, $C_{15}H_{17}O_2N$, F. 138° (W), durch Hydrierung des vorst. Ketons mit RANEY-Ni in A. bei Normaldruck u. 20°; 89%. — *1-[p-Oxyphenyl]-2-aminoäthanol-(1)-hydrochlorid*, $C_8H_{11}O_2N \cdot HCl$, F. 177—178° (absol. CH_3OH/Ae.), aus dem Hydrochlorid vorst. Verb. u. Pd-Kohle/H_2 bei 1 at u. 20° oder aus dem Ketonhydrochlorid u. Pd-Kohle/H_2 in A. bei 1 at u. 20°; 93 bzw. 95%. — *3.4-Dioxy-ω-benzylaminoacetophenonhydrochlorid*, $C_{15}H_{15}O_3N \cdot HCl$, F. 220—221°, entsprechend aus Benzylamin u. 3.4-Dioxyphenylglyoxal; 73%. *Freie Base*, F. 147—148°. — *1-[3'.4'-Dioxyphenyl]-2-aminoäthanol (Noradrenalin)*, $C_8H_{11}O_3N$, F. 188—189°; 82%. — *3-Methoxy-4-oxy-ω-benzylaminoacetophenonhydrochlorid*, $C_{16}H_{17}O_3N \cdot HCl$, F. 230° (W.); 76%. — *1-[3'-Methoxy-4'-oxyphenyl]-2-aminoäthanolhydrochlorid*, $C_9H_{13}O_3N \cdot HCl$, F. 192—193° (A./Ae.); 82%. — *O-Acetylisoacetovanillon (3-Acetoxy-4-methoxyacetophenon)*, durch Modifizierung der Meth. von SCHNEIDER u. KRAFT (Ber. dtsch. chem. Ges. **55**. [1922.] 1892) in 36%ig. Ausbeute. — *3-Oxy-4-methoxyphenylglyoxal*, F. 126°, aus Ae./PAe. citronengelbe Nadeln, durch SeO_2-Oxydation vorst. Verb. in Dioxan unter Rückflußkochen während 6 Std., Abtrennen des Se, Erwärmen des Lösungsrückstands mit W. auf dem Wasserbad während 10 Std. u. Kristallisation des Rückstandes nach Abtreiben des W. aus Alkohol. — *2-[3'-Oxy-4'-methoxyphenyl]-chinoxalin*, $C_{15}H_{12}O_2N_2$, F. 142—143°, aus vorst. Verb. u. o-Phenylendiamin in heißem W.; gelbe Kristalle. — *3-Oxy-4-methoxy-ω-benzylaminoacetophenonhydrochlorid*, $C_{16}H_{16}O_3N \cdot HCl$, F. 226°; 54%. — *1-[3'-Oxy-4'-methoxyphenyl]-2-aminoäthanol-(1)-hydrochlorid*, $C_9H_{13} \cdot O_3N \cdot HCl$, F. 170—171° (Methanol/Ae.); 76,5%. Bei den Hydrierungen muß darauf geachtet werden, daß nur die äquivalente Menge H_2 aufgenommen wird, da anderenfalls die Hydroxylgruppe abgespalten wird. — Beim Vers., p-Oxyphenylglyoxalbisulfit-K mit Diäthylamin reduzierend zu kondensieren, entstand eine N-freie *Verb.* $C_8H_8O_3$ *(4.ω-Dioxyacetophenon?)*, F. 170—177°. (Acta chim. Acad. Sci. hung. **1**. 395 bis 402. 1951. Szeged, Univ., Organ.-chem. Inst.) NEZEL. 1320

R. A. Boissonnas, *Abbau neutraler Peptide von ihrem Carboxylende her.* N-acylierte α-Aminosäuren werden bei der anod. Oxydation in alkoh. Lsg. decarboxyliert u. gehen in die entsprechenden *Acylaminoäther* in ca. 74—91%ig. Ausbeute über (vgl. LINSTEAD u. Mitarbeiter, C. **1952**. 6834). Vf. benutzt diese Meth., um die Folge der Aminosäuren in den *N-Carbobenzoxy* (*CBO*)- oder *N-Dinitrophenyl* (*DNP*)-*Derivv.* neutraler *Oligopeptide* zu bestimmen (Elektrolyse in methanol. Lsg.). Der endständige Aminosäureanteil mit freier COOH-Gruppe wird dabei decarboxyliert u. in α-Stellung methoxyliert unter Bldg. des *Methoxyalkylamids*, *XNH·CHR'·CONH·CHR·OCH$_3$*. Nach dessen Hydrolyse mit HCl die zu *CH$_3$OH*, dem *Aldehyd RCHO*, *NH$_3$* u. *XNH·CHR'·COOH* führt, ist auf dem Papierchromatogramm die ursprünglich endständige Aminosäure nicht mehr nachweisbar. Die Meth. erfordert nur kleine Mengen Substanz u. kann nach der Entfernung der HCl ein zweites Mal durchgeführt werden, wobei im Chromatogramm auch die zweite Aminosäure der Peptidkette nicht mehr nachzuweisen ist. Da diese Abbaumeth. mit den DNP-Peptiden durchgeführt werden kann, läßt sie sich gut mit der Meth. von SANGER zur Best. der endständigen Aminosäure mit freier NH_2-Gruppe kombinieren. Vgl. hierzu C. **1954**. 3247.

V e r s u c h e: Anod. Oxydation: Einige mg CBO- oder DNP-Peptid in 1—2 cm³ absol. Methanol unter Eiskühlung an Pt-Elektroden. 1—3 Std. bei 50—150 mA u. 200—600 V (3—5 mm Elektrodenabstand, 1 cm² Oberfläche) elektrolysieren. — Hydrolyse u. Chromatographie: Die elektrolysierte Lsg. wird eingedampft u. 18 Std. mit 20%ig. HCl im Einschlußröhrchen auf dem Wasserbad erhitzt. Auf dem Papierchromatogramm (sek.-Butanol–HCOOH–W., 75 : 15 : 10) des HCl-freien Hydrolysates fehlt die endständige Aminosäure. Soll auch die nächste Aminosäure in der Peptidkette bestimmt werden, wird der eingedampfte Rückstand der Elektrolyse in 20%ig. HCl 15 Min. auf 100° erhitzt (Aldehydgeruch) u. der trockene, HCl-freie Eindampfrückstand einer erneuten Elektrolyse in methanol. Lsg. unterworfen u. wie oben hydrolysiert. — Zur Prüfung der Meth. wurden folgende Peptide dem Abbau unterworfen: *CBO-Phenylalanylalanin*, *CBO-Alanylphenylalanin*, *CBO-Leucylphenylalanylprolin*, *DNP-Glycylleucin*, *DNP-Valylalanylphenylalanin*, *DNP-Valylalanylphenylalanylleucin*. (Helv. chim. Acta **35**. 2226—28. 1/12. 1952. Genève, Univ., Labor. de Chim. organ.) JUTZ. 1350

Sándor Müller, Miomir Mészáros, I. Karczag, K. Lempert und **Károly Körmendy**, *Der Abbau des Diisoeugenoldimethyläthers.* DOERING u. BERSON (C. **1950**. II. 1809) bestritten die Richtigkeit des von Vff. früher mitgeteilten Mechanismus des Abbaus. Neuere Verss. der Vff. konnten die Umwandlung völlig aufklären. Die Bldg. von *o-Veratroylveratrumsäure* (**II**) bei dem Abbau von *Diisohomogenol* (**I**) mit Chromsäure beweist, daß **I** kein Cyclobutanderiv. ist, aber auch eine Dihydroanthracenstruktur ausgeschlossen ist. Bldg. von **II** weist dahin, daß **I** entweder *1-Veratryl-2-methyl-3-äthyl-5.6-dimethoxyindan* (**III**) oder dessen Isomeres 1-Veratryl-2.3-dimethyl-6.7-dimethoxytetralin ist. Der stufenweise Abbau mit Chromsäure zeigte, daß erst der alicycl. Ring aufspaltet; dann entsteht ein Isobenzpyryliumsalz u. dieses geht in 2.3.6.7-Tetraoxyanthrachinon über. Somit ist die Struktur des Diisohomogenols als **III** vollkommen bewiesen. (Magyar Kémiai Folyóirat [Ung. Z. Chem.] **59**. 116—19. April 1953. Budapest, Univ., Org. Chem. Inst.) PLANK. 1460

Roland Jaunin und **Angelo Germano**, *Über die Konstitution von ξ-Hexachlorcyclohexan. Synthese und Chlorierung von 1.1.4.4-Tetrachlorcyclohexan.* Bei der Chlorierung von Cyclohexandion-(1.4) (I) mit PCl_5 erhielten Vff. nur 2—3% *1.1.4.4-Tetrachlorcyclohexan* (**IV**), Chlorierung von 1.1.4.4-Tetraacetoxycyclohexan (**II**) ergab dagegen 15—25% **IV**. Rk. von **I** mit Acetylchlorid führte zu den beiden cis-trans-Isomeren von *1.4-Dichlor-1.4-diacetoxycyclohexan* (**IIIa** u. **IIIb**). **IIIa** bildete sich auch bei der Rk. von **II** mit Acetylchlorid in Ggw. von PCl_5. Gegenüber PCl_5 sind **IIIa** u. **IIIb** widerstandsfähiger als **II**, sie können erst unter energ. Bedingungen (PCl_5, Chloracetylchlorid, 100°) in **IV** verwandelt werden. **IV** ist weniger reaktionsfähig als 1.1-Dichlorcyclohexan u. kann nur schwierig in **I** rückverwandelt werden. Chlorierung von **IV** mit SO_2Cl_2 bei UV-Bestrahlung gab ein Gemisch, aus dem *ξ-Hexachlorcyclohexan* isoliert wurde. Da dieses kein Dipolmoment besitzt, kann es nur die Struktur des *1.1.2.4.4.5-Hexachlorcyclohexans* haben.

V e r s u c h e (FF. korr.): *1.4-Dichlor-1.4-diacetoxycyclohexan* (**IIIa**), $C_{10}H_{14}O_4Cl_2$, F. 137—138° (Zers.; Dioxan), aus 0,5 g **I** u. Acetylchlorid durch Stehen u. Gießen auf Eis; 0,5—0,6 g (Ausbeute). Daneben aus der Mutterlauge **IIIb**, F. 147—148° (Zers.); 0,05—0,10 g; beide Isomeren sind wenig stabil u. zers. sich nach 1—2 monatigem Stehen. **IIIa** bildet bei Erhitzen **I**, **IIIb** sublimiert unter Zers.; in alkoh. Lsg. geben **IIIa** u. **IIIb** mit 2.4-Dinitrophenylhydrazin das *2.4-Dinitrophenylhydrazon* von **I**,

F. 240°. Bei Stehen von 1 g **II** mit PCl_5 in Acetylchlorid bei 0° entsteht 350 mg **IIIa**. — *1.1.4.4-Tetrachlorcyclohexan* (**IV**), $C_6H_8Cl_4$, F. 125°, a) aus 1 g **I** in Chlf. u. PCl_5 in Ligroin bei 3—5°, Gießen auf Eis, Isolieren u. Abblasen mit Dampf; 50—60 mg; b) aus 1 g **II** in Chlf. + wenig W. u. PCl_5 bei —5°, nach 30 Min. Rühren bei 0°, Stehen, Gießen auf Eis u. Dampfdest. des abfiltrierten Nd.; 90—100 mg; ohne W. bildet sich nach mehrmonatigem Stehen in einer Verschlußflasche **IV** (150—165 mg); bei 2std. Stehen bei 0° bildet sich dagegen ein *Dichlorcyclohexanon* ($C_6H_8OCl_2$, F. 78°, Nadeln aus Ligroin), das mit PCl_5 in Chlf. + W. 75% **IV** ergibt; c) aus 0,25 g **III a**, Chloracetylchlorid u. PCl_5 durch 3std. Kochen, Gießen auf Eis u. Dampfdest.; 45 mg. — *ξ-Hexachlorcyclohexan*, F. 146° (Isopropanol + Dioxan), aus 0,25 g **IV** in CCl_4 + SO_2Cl_2 durch 1std. Kochen unter UV-Bestrahlung, Zers. von überschüssigem SO_2Cl_2 durch CH_3OH u. Abdunsten; 60 mg. (Helv. chim. Acta **37**. 1328—32. 15/6. 1954. Lausanne, Univ., Labor. de Chem. org.) LEHWALD. 1810

T. A. Faworskaja und **I. P. Jakowlew**, *Untersuchungen auf dem Gebiet tertiärer Alkohole mit Cyclobutylradikal.* 1. Mitt. ***Reaktion von Diisopropylcyclobutylcarbinol mit Salz- und Schwefelsäure.*** Bei der GRIGNARD-Rk. von Cyclobutancarbonsäureäthylester (**I**) mit Isopropyl-MgBr (**II**) entstanden *Diisopropylcyclobutylcarbinol* (**III**) u., anscheinend durch Isomerisierung des Mg-organ. Komplexes, *1.1-Diisopropylcyclopentanol-(2)* (**IV**). Der Strukturbeweis bei **III** u. **IV** erfolgte durch Oxydation, die bei **III** zu *Cyclobutancarbonsäure*, bei **IV** je nach den Reaktionsbedingungen zu *δ.δ-Diisopropyl-δ-oxyvaleriansäure* oder *α.α-Diisopropylglutarsäure* (**V**) führte. Beim Erhitzen von **III** mit H_2SO_4 entstand durch Dehydratation *Diisopropylmethylencyclobutan* (**VI**), daneben durch Isomerisierung **IV**. Bei Einw. von HCl auf **III** wurde als Hauptprod. *1.2-Diisopropyl-1-chlorcyclopentan* (**VII**) gebildet. Daneben entstanden **VI** u. **IV**. Bei Einw. von H_2SO_4 auf **IV** wurde durch Abspaltung von W. *1.1-Diisopropylcyclopenten-(2)* (**VIII**) gebildet; bei der Rk. mit HCl entstanden *1.1-Diisopropyl-2(?)-chlorcyclopentan* (**IX**) u. *1.1-Diisopropyl-3(?)-chlorcyclopentan* (**X**). **VII** konnte zu *1.2-Diisopropylcyclopentanol-(1)* verseift werden. C_2H_5ONa spaltete aus **VII** HCl ab unter Bldg. von *2-Isopropyl-1-isopropylidencyclopentan*; hieraus beim Ozonabbau *2-Isopropylcyclopentanon-(1)*. Die Strukturen von **VI** u. **VIII** wurden ebenfalls durch Ozonabbau bewiesen, der bei **VI** zu *Cyclobutanon*, bei **VIII** zu **V** führte.

Versuche: *Diisopropylcyclobutylcarbinol* (**III**), $C_{11}H_{22}O$, $Kp._{756}$ 161—165°; $Kp._{9,5}$ 60—61°; aus 0,5 Mol. **I** in 60 ml Ae. u. **II** (1 g-Atom Mg; 1 Mol iso-C_3H_7Br; 200 ml Ae.); bewegliche Fl.; $D.^0_4$ 0,9125; $D.^{22,4}_4$ 0,8915; $n_D^{18,5}$ 1,4495; Mol.-Gew. (Bzl.) 171,3; 18 g (Ausbeute); daneben *1.1-Diisopropylcyclopentanol-(2)* (**IV**), $C_{11}H_{22}O$; $Kp._{9,5}$ 83—86°; Fl. mit schwachem Minzgeruch; $D.^0_4$ 0,9276; $D.^{21,3}_4$ 0,9098; $n_D^{21,3}$ 1,4591; Mol.-Gew. 171,0; 5 g (*Phthalsäureester*, F. 185°). Ferner entsteht eine geringe Menge einer ungesätt. Verb., die mit 1%ig. $KMnO_4$-Lsg. entfernt wird. 4 g **III** liefern bei der Oxydation mit $K_2Cr_2O_7$ in verd. H_2SO_4 *Cyclobutancarbonsäure*, $C_5H_8O_2$, $Kp._{16}$ 95° (*Ag-Salz*, $C_5H_7O_2Ag$). Aus 4 g **IV** entsteht bei Zugabe einer Lsg. von $K_2Cr_2O_7$ in verd. H_2SO_4 bei 80—90° *δ.δ-Diisopropyl-δ-oxyvaleriansäure*, $C_{11}H_{22}O_3$, $Kp._9$ 80—83°. Bei Zugabe von **IV** zum Oxydationsgemisch entsteht dagegen *α.α-Diisopropylglutarsäure* (**V**), $C_{11}H_{20}O_4$, F. 168—170°; *Ag-Salz*, $C_{11}H_{18}O_4Ag_2$. — *Diisopropylmethylencyclobutan* (**VI**), $C_{11}H_{20}$, $Kp._{24}$ 42—46°; $Kp._{757}$ 128—129°; aus 18 g **III** u. 56%ig. H_2SO_4 bei 100°; $D.^0_4$ 0,8119; $D.^{21,8}_4$ 0,7950; $n_D^{21,8}$ 1,4487; 1,5 g; daneben 1,5 g **IV**. **VI** liefert beim Ozonisieren in Chlf. *Cyclobutanon*, Kp. 90—110°; *Semicarbazon*, $C_5H_9ON_3$, F. 195—202° (Zers.). — *1.2-Diisopropyl-1-chlorcyclopentan* (**VII**), $C_{11}H_{21}Cl$, $Kp._{17}$ 64 bis 66°; aus **III** u. 36%ig. HCl bei Zimmertemp. in 36 Std.; bewegliche Fl.; $D.^{19,4}_4$ 0,9037; $n_D^{19,4}$ 1,4511; neben **IV** u. **VI**. — *1.2-Diisopropylcyclopentanol-(1)*, $Kp._{17}$ 105 bis 108°; aus 3,4 g **VII** durch 20std. Kochen mit 40 ml 10%ig. K_2CO_3-Lsg.; $n_D^{19,5}$ 1,4567; 0,5 g. — *2-Isopropyl-1-isopropylidencyclopentan*, $C_{11}H_{20}$, $Kp._{10}$ 46,5—48,5°; bei 6std. Erhitzen von 12,2 g **VII** mit 17 g C_2H_5ONa in 30 cm³ A.; $D.^0_4$ 0,8189; $D.^{20}_4$ 0,8023; n_D^{20} 1,4446; 4,8 g. Beim Ozonisieren hieraus *2-Isopropylcyclopentanon-(1)*; *Semicarbazon*, $C_9H_{17}ON_3$, F. 119°. — *1.1-Diisopropyl-2(?)-chlorcyclopentan* (**IX**), $C_{11}H_{21}Cl$, $Kp._{19}$ 66—67°; aus 12 g **IV** u. 60 ml 36%ig. HCl, 2 Tage bei Zimmertemp.; $D.^0_4$ 0,8954; $D.^{19,4}_4$ 0,8815; $n_D^{19,4}$ 1,4575; besitzt angenehmen Geruch; daneben *1.1-Diisopropyl-3(?)-chlorcyclopentan* (**X**), $C_{11}H_{21}Cl$, $Kp._{18}$ 110°; wenig bewegliche Fl. mit unangenehmen Geruch; $D.^0_4$ 0,9775; $D.^{19,5}_4$ 0,9642; $n_D^{19,5}$ 1,4767. **IX** u. **X** lassen sich mit 20%ig. K_2CO_3-Lsg. nicht verseifen. — *1.1-Diisopropylcyclopenten-(2)* (**VIII**), $C_{11}H_{20}$, $Kp._{20}$ 74—75°; durch 12std. Erhitzen von **IV** mit 50%ig. H_2SO_4 auf 80—85°; $D.^0_4$ 0,8390; $D.^{19,5}_4$ 0,8243; $n_D^{19,5}$ 1,4562. (Журнал Общей Химии [J. allg. Chem.] **22** (84). 113—22. Jan. 1952. Leningrad, Univ., Faworski-Labor.) WÖRFFEL. 1870

T. A. Faworskaja und **I. P. Jakowlew**, *Untersuchungen auf dem Gebiet tertiärer Alkohole mit Cyclobutylradikal.* 2. Mitt. ***Reaktion von Methylphenylcyclobutylcarbinol mit Salz-***

und Schwefelsäure. (1. vgl. vorst. Ref.) *Methylcyclobutylketon* (I) wurde aus Cyclobutancarbonsäureäthylester (II) u. Essigsäureäthylester (III) am Chromoxyd/Manganoxyd-Kontakt erhalten. Bei der Rk. von **I** mit C_6H_5MgBr entstanden *Methylphenylmethylencyclobutan* (IV) u. *Methylphenylcyclobutylcarbinol* (V). Bei der Oxydation mit $KMnO_4$ lieferte **IV** *Acetophenon* (VI) u. *Bernsteinsäure. Cyclobutancarbonsäure* (VII) wurde nach der von KISHNER (Журнал Русского Физико-Химического Общества [J. russ. physik.-chem. Ges.] **42.** [1910.] 1230) angegebenen Meth. synthetisiert, wobei die Ausbeute verbessert werden konnte. Aus **VII**-Chlorid u. Bzl. wurde nach FRIEDEL-CRAFTS *Cyclobutylphenylketon* (VIII) hergestellt, das mit CH_3MgBr **V** in besserer Ausbeute als nach vorst. Verf. lieferte. Durch Oxydation mit $K_2Cr_2O_7 + H_2SO_4$ entstanden aus **V** *Benzoesäure* u. **VI**. Bei der Einw. von 50%ig. H_2SO_4 auf **V** wurde **IV**, bei Einw. von 18- oder 36%ig. HCl **IV** u. *α-Cyclobutyl-α-phenyläthylen* (IX) erhalten. Beim Ozonabbau von **IX** entstanden HCO_2H u. **VIII**.

Versuche: *Methylcyclobutylketon* (I), $C_6H_{10}O$, Kp.$_{754}$ 137—139°, Kp.$_{11}$ 36°; durch Überleiten von 106 ml **II** u. 350 ml **III** über Chromoxyd/Manganoxyd auf Glaswolle bei 440°; Volumengeschwindigkeit 10—12 ml/Std.; bewegliche Fl.; D.$^{10}_4$ 0,9093; n_D^{10} 1,4339; 60 g (Ausbeute); neben 5 g *Dicyclobutylketon*. I-*Semicarbazon*, $C_7H_{13}ON_3$, F. 135,5°. — *Methylphenylcyclobutylcarbinol* (V), $C_{12}H_{16}O$, Kp.$_1$ 100,5—104°; a) aus 60 g **VIII** u. CH_3MgBr (20 g CH_3Br, 9,2 g Mg) in Ae.; man rührt 2½ Std. bei Zimmertemp.; 59 g; b) aus C_6H_5MgBr (80 g C_6H_5Br, 12,4 g Mg) u. 50 g **I** in Ae.; 10 g (neben 16,5 g **IV**). Fl. von schwach harzigem Geruch; D.$^0_4$ 1,0388; D.$^{20}_4$ 1,0316; n_D^{20} 1,5358; Mol.-Gew. (Bzl.) 176, 163. — *Methylphenylmethylencyclobutan* (IV), $C_{12}H_{14}$, Kp.$_{0,5}$ 80 bis 83°; D.$^0_4$ 0,9859; D.$^{12.5}_4$ 0,9743; D.$^{20}_4$ 0,9683; $n_D^{12.5}$ 1,5551; Mol.-Gew. 154,9; bewegliche Fl. von schwach harzigem Geruch. — *γ-Chlorpropylmalonsäurediäthylester*, Kp.$_{10}$ 142°, aus 3 Mol Malonester u. 3 Mol 1-Brom-3-chlorpropan in C_2H_5ONa-Lsg. (2 g-Atom Na), 4 Std. bei 35° u. 1 Tag bei 17—18°; 93%. — *Cyclobutandicarbonsäure-(1.1)-diäthylester*, aus vorst. Verb. u. C_2H_5ONa-Lsg. bei 80°; 88%. — *Cyclobutancarbonsäure* (VII), durch Verseifen vorst. Diäthylesters mit 40%ig. NaOH zur Dicarbonsäure u. Decarboxylierung durch 2malige Dest.; 90%. *Chlorid*, Kp.$_{40}$ 52—54°; aus **VII** u. PCl_5; besitzt scharfen Geruch; 78,5%. — *Cyclobutylphenylketon* (VIII), Kp.$_{10}$ 121,5—122°; aus 750 ml Bzl. u. 100 g vorst. Chlorids in Ggw. von 200 g $AlCl_3$ bei maximal 60°; Fl. von angenehmem Geruch, der in geringer Konz. an Geranien erinnert; D.$^0_4$ 1,0610; D.$^{20}_4$ 1,0440; $n_D^{20.5}$ 1,5472; 68%. *Monobromderiv.*, $C_{11}H_{11}OBr$, F. 61°; aus **VIII** mit Br_2 in Äther. *Semicarbazon*, $C_{12}H_{15}ON_3$, F. 177° — *α-Cyclobutyl-α-phenyläthylen* (IX), $C_{12}H_{14}$, Kp.$_9$ 105—107°; aus **V** bei 6std. Einw. von 18%ig. HCl bei 90° oder 24std. Einw. von 36%ig. HCl bei 0° (neben **IV**); bewegliche, nach frischem Tannenharz riechende Fl.; D.$^{21}_4$ 0,9838; n^{21}_4 1,5608; Mol.-Gew. 159,7, 152,1. (Журнал Общей Химии [J. allg. Chem.] **22** (**84**). 122—28. Jan. 1952. Leningrad, Shdanow-Univ., Faworski-Labor.) WÖRFFEL. 1870

Henry E. Baumgarten und **Robert L. Eifert**, *Eine neue Synthese von 3.4-Dimethylcyclohexen-(2)-on und 3.4-Dimethylcyclohexanon.* Für *3.4-Dimethylcyclohexanon* (I) wird in Anlehnung an ein früher beschriebenes Verf. (C. **1953.** 1470) eine neue Synth. beschrieben. Während die REFORMATSKI-Rk. von γ-Acetylvaleriansäuremethyl- oder -äthylester (VIII) mit Bromessigester nur 18% *ε-Carbäthoxy-γ.δ-dimethyl-δ-caprolacton* (II) liefert, führt die REFORMATSKI-Rk. von γ-Acetylvaleronitril (III) in guter Ausbeute zu *ε-Cyan-β-oxy-β.γ-dimethylcapronsäureäthylester* (IV), dessen Hydrolyse *ε-Carboxy-γ.δ-dimethyl-δ-caprolacton* (V) ergab. Durch successive Behandlung von **V** mit $SOCl_2$ u. alkoh. HCl u. anschließende HCl-Abspaltung konnte *β-Chlor-β.γ-dimethylpimelinsäurediäthylester* dargestellt werden, der bei der alkal. Hydrolyse in *3.4-Dimethylhepten-(2)-disäure-(1.7)* (VI) überging; **VI** konnte nicht hydriert werden. Die Cyclisierung von **VI** durch Dest. mit wenig $MnCO_3$ bei 280—290° liefert in guter Ausbeute *3.4-Dimethylcyclohexen-(2)-on* (VII; vgl. auch FRANK u. Mitarbeiter, C. **1948.** II. 585). Beim Hydrieren von **VII** werden 2 H-Atome unter Bldg. von **I** aufgenommen, das mit früher beschriebenen **I** ident. war. Auch bei wiederholter Dest. u. fraktionierter Kristallisation des Semicarbazons konnte die Ggw. eines zweiten Isomeren nicht festgestellt werden; wahrscheinlich verläuft die Hydrierung von **VII** stereospezifisch. **I** wird wahrscheinlich die cis-Form sein.

Versuche: *α-Methylacetessigsäureäthylester*, Kp.$_{15}$ 75—76°, nach LUCAS u. YOUNG (J. Amer. chem. Soc. **51.** [1929.] 2535); 66% (Ausbeute). — *α-Methyl-α-acetylglutarsäurediäthylester*, Kp.$_{16}$ 158—160°, aus dem Na-Salz vorst. Verb. mit β-Brompropionsäureäthylester; 27%. — *γ-Acetylvaleriansäure*, Kp.$_{15}$ 160°; 76%. *Äthylester* (VIII), Kp.$_{15}$ 114°, n_D^{25} 1,4282, mit A. in sd. Bzl. in Ggw. von Sulfosalicylsäure durch azeotrope Dest. mit einem BARRETT-Wasserabscheider; 71%. — *γ.γ-Diacetylbutter-*

säuremethylester, Kp.$_{15}$ 144—148°, n_D^{20} 1,4536, aus β-Chlorpropionsäuremethylester u. Acetylaceton-Na bei 120° in exothermer Rk. (7 Std.); 57%. — *γ-Acetylvaleriansäuremethylester*, $C_8H_{14}O_3$, Kp.$_{16}$ 113—117°, n_D^{20} 1,4288, $D.^{20}_4$ 0,988, aus vorst. Verb. in sd. alkoh. Na-Alkoholat mit Methyljodid (9 Std.); 90%. — *ε-Carbäthoxy-γ.δ-dimethyl-δ-caprolacton* (**II**), $C_{11}H_{18}O_4$, Kp.$_1$ 139—144°, aus vorst. Verb. u. **VIII** mit Bromessigsäureäthylester in Ggw. von Zn-Folien in sd. Toluol + Bzl. (1 Std.) u. Zers. mit 10%ig. H_2SO_4; 18%; daneben 30% unveränderter Ester. — *ε-Cyan-β-oxy-β.γ-dimethylcapronsäureäthylester* (**IV**), $C_{11}H_{19}O_3N$, Kp.$_2$ 148°, aus **III** (erhalten durch Monocyanäthylierung von Methyläthylketon, vgl. J. Amer. chem. Soc. **75**. [1953.] 3015; 24—30%) u. Bromessigester wie **II** (45 Min.); 35%. — *ε-Carboxy-γ.δ-dimethyl-δ-caprolacton* (**V**), $C_9H_{14}O_4$, durch Verseifen von **IV** mit sd. konz. HCl (4 Std.) als braunes Öl; 98%. — *β-Chlor-β.γ-dimethylpimelinsäurediäthylester*, Kp.$_3$ 128—132°, aus **V** mit sd. $SOCl_2$, Eingießen in bei 0° gesätt. alkoh. HCl u. anschließende Dest.; 71%. — *3.4-Dimethylhepten-(2)-disäure-(1.7)* (**VI**), aus vorst. Verb. mit sd. alkoh. KOH u. Aussäuern mit H_2SO_4; nach der Extraktion mit Ae. braunes Öl; 96%. — *3.4-Dimethylcyclohexen-(2)-on* (**VII**), Kp.$_{729}$ 190—192°, Kp.$_{17}$ 102—104°, n_D^{20} 1,4702, aus **VI** mit $MnCO_3$ bei 280—290° u. Waschen des Destillats mit K_2CO_3; λ_{max} 235 mμ (log ε = 3,74 in A.); 63%. *Semicarbazon*, $C_9H_{15}ON_3$, F. 182—183° (wss. A.). — *3.4-Dimethylcyclohexanon* (**I**), Kp.$_{731,5}$ 187—189°, n_D^{20} 1,4512, durch Hydrieren von **VII** in A. in Ggw. von PtO_2 (30 Min.). *Semicarbazon*, $C_9H_{17}ON_3$, F. 172,5—173° (Zers.) nach dem Einsetzen in ein kaltes Bad u. F. 184—185° (Zers.) nach dem Einsetzen bei 180°. (J. org. Chemistry **18**. 1177—82. Sept. 1953. Lincoln, Neb., Univ., Avery Labor.)

GOLD. 1960

R. L. Huang, *Die Reaktion von Chloraceton mit Aryl-Grignardverbindungen.* Im Zusammenhang mit Umsetzungen des 2-Chlorcyclohexanons mit Aryl-GRIGNARD-Verbb. (**G**) wird die Rk. derselben mit Chloraceton (**I**) untersucht. Bei Einw. von 2 Mol **G** auf 1 Mol **I** entstand im Falle von stark elektronenliefernden Gruppen (p-Äthoxy- u. p-Methoxyphenyl) ausschließlich das *substituierte Stilben* CH_3—CR=CHR, das offenbar durch Dehydratisierung aus dem entsprechenden Alkohol gebildet wurde; bei Einw. von nur 1,5 Mol **G** konnte auch das Keton CH_3COCH_2R in geringen Mengen isoliert werden. m- u. p-Chlor- sowie o-Methoxyphenyl-MgBr lieferten ausschließlich die Chlorhydrine. Der Reaktionsverlauf wird diskutiert.

Versuche: *4.4'-Diäthoxy-α-methylstilben*, $C_{19}H_{22}O_2$, F. 108—109° (wollige Nadeln aus A.), aus der **G** von 44 g p-Bromphenetol mit 5,3 g Mg u. 9,2 g **I** in Ae.; 12 g (Rohausbeute). — *4.4'-Dimethoxy-α-methylstilben*, $C_{17}H_{18}O_2$, F. 124°, aus 7,3 g **I** u. 0,18 Mol p-Methoxyphenyl-MgBr (filtriert unter N_2); 18 g. — *p-Methoxyphenylaceton*, neben vorst. Verb. (8,5 g) aus 13,8 g **I** u. der 1,5mol. Menge **G**; *Semicarbazon*, F. 174—176° (A.). *2.4-Dinitrophenylhydrazon*, $C_{16}H_{16}O_5N_4$, F. 104—105° (orangefarbene Nadeln aus A.). — *1-Chlor-2-[p-chlorphenyl]-propanol-(2)*, $C_9H_{10}OCl_2$, Kp.$_1$ 100°, aus p-Chlorphenyl-MgBr u. **I**; n_D^{20} 1,5554. — *1-Chlor-2-[m-chlorphenyl]-propanol-(2)*, $C_9H_{10}OCl_2$, Kp.$_1$ 103—105°, aus m-Chlorphenyl-MgBr u. **I**; n_D^{21} 1,5558. — *1-Chlor-2-[o-methoxyphenyl]-propanol-(2)*, $C_{10}H_{13}O_2Cl$, Kp.$_{0,5}$ 107—110°, aus 0,2 Mol o-Methoxyphenyl-MgBr u. 11 g **I**; n_D^{23} 1,5442; 10,2 g. (J. chem. Soc. [London] **1954**. 2539—40. Juli. Singapore, Univ. of Malaya.)

KLAMANN. 2260

Janina Dżułyńska, *Über ein Nebenprodukt der Homoterephthalsäure-Synthese.* Das bei der Synth. von *Homoterephthalsäure* nach MELLINGHOFF [1889] auftretende Nebenprod. vom F. 178° (W.) erwies sich als ident. mit *p.p'.α-Tricyandibenzyl* (**I**), das zum Vgl. durch Kondensation von p-Cyan-ω-bromtoluol mit Homoterephthalsäuredinitril durch Erwärmen in wasserfreiem A. hergestellt wurde. **I** liefert bei der Hydrolyse mit konz. HCl im CARIUS-Ofen bei 147—151° *Dibenzyl-p.p'.α-tricarbonsäure*, $C_{17}H_{14}O_6$, F. 287° (W.). (Roczniki Chem. [Ann. Soc. chim. Polonorum] **24**. 135—43. 1950.)

FREYTAG. 2430

Floyd L. James und **Anthony L. Ippolito,** *Umlagerung von p.p'-disubstituierten Benzilen.* Vff. untersuchten unter Standardbedingungen (6 Std. bei 60° mit KOH in 50%ig. A.) die Umlagerungen von p.p'-disubstituierten Benzilen R—CO—CO—R. Die Wanderungsfähigkeit der Gruppen R, gemessen an den erhaltenen Ausbeuten der entsprechenden Benzilsäuren, nimmt in der Reihenfolge *p-Chlorphenyl* > *Phenyl* > *p-Tolyl* > *p-Isopropylphenyl* > *p-Methoxyphenyl* > *p-Äthoxyphenyl* ab.

Versuche: *Benzil* (**I**), F. 94,5° (95%ig. A.). — *Tolil*, F. 102—103° (95%ig. A.). — *Cuminil*, F. 82—82,5° (95%ig. A.). — *Anisil*, F. 132° (80%ig. CH_3COOH). — *Phenetil*, F. 148° (Eisessig). — *p.p'-Dichlorbenzil*, F. 192—194° (CH_3COOH). — *Benzilsäure*, F. >144°, aus **I** durch 6std. Schütteln mit wss.-alkoh. (1:1) KOH bei 60°; 87,0% (Ausbeute; Ausbeuten unter anderen Bedingungen vgl. Original). —

Tolilsäure, F. 127—130° (umgefällt mit HCl aus Sodalsg.); 37,4%. — *Cuminilsäure*, F. 118—119°; 19,0%. — *Anisilsäure*, F. 158—160°; 8,1%. — *Phenetilsäure*, Bldg. nur qualitativ (Rotfärbung mit konz. H_2SO_4) nachgewiesen. — *p.p'-Dichlorbenzilsäure*, F. 158—165° (MONTAGNE [1902]: F. 101,75°); 96,7%. (Ohio J. Sci. **53**. 31—36. Jan. 1953. Oxford, O., Miami Univ., Dep. of Chem.) J. ROTHE. 2450

V. K. Paranjpe (Late), N. L. Phalnikar und **B. V. Bhide**, *Die Synthese von 4-Oxyhydrindon und verwandten Produkten.* Während γ-[o-Methoxyphenyl]-buttersäure leicht zu *1-Keto-5-methoxy-1.2.3.4-tetrahydronaphthalin* (**I**) cyclisiert werden kann, entstanden bei dem Vers., β-[o-Methoxyphenyl]-propionsäure (**II**) zum Hydrinden zu cyclisieren, nur geringe Mengen des *Anhydrids*. Auch die Cyclisierung von β-[o-Methoxyphenyl]-propionylchlorid konnte nicht erreicht werden. Die Darst. von β-[2-Carbäthoxy-6-methoxyphenyl]-propionsäureäthylester durch Oxydation von **I** mit $KMnO_4$ oder wss. HNO_3 u. anschließende Verseifung gelang nicht. *4-Oxyhydrindon* konnte schließlich durch Verkochen der Diazoverb. von *4-Aminohydrindon* (**III**) erhalten werden. — *β-[2-Methyl-6-oxocyclohexen-(1)-yl]-propionsäureäthylester* (**IV**) liefert bei der Red. mit Al-Isopropylat *β-[2-Methyl-6-oxycyclohexen-(1)-yl]-propionsäureäthylester*, der zur *Methoxyverb.* methyliert wurde; die entsprechende freie Säure ergab bei der Cyclisierung nach COOK u. LAWRENCE (C. **1936**. I. 2565) nur sehr geringe Mengen eines Ketons, dem vielleicht die Konst. **V** zukommt.

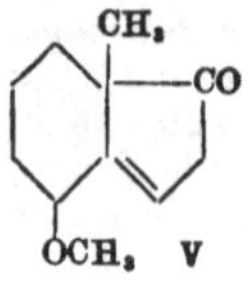
V

V e r s u c h e: *β-[o-Methoxyphenyl]-propionsäureanhydrid*, F. 60—66°, aus **II** u. P_2O_5 in sd. Bzl. (4 Std.) u. Zers. mit Eis; Ausbeute gering. — *4-Oxyhydrindon*, $C_9H_8O_2$, F. 235—236° (A.), aus **III** vom F. 122° (vgl. HOYER, J. prakt. Chem. **139**. [1934.] 94) durch Diazotieren in verd. HCl, Zers. durch Eintropfen der Diazoniumsalzlsg. in sd. 30%ig. H_2SO_4 u. Extrahieren mit Ae.; Nadeln. *Semicarbazon*, $C_{10}H_{11}O_2N_3$, F. 206° (A.). — *β-[2-Methyl-6-oxocyclohexen-(1)-yl]-propionsäure*, F. 77—79°, nach SCHWENK u. BLOCH (J. Amer. chem. Soc. **64**. [1942.] 3051). *Äthylester* (**IV**), $Kp._3$ 160—165°, mit Methanol u. H_2SO_4. — *β-[2-Methyl-6-oxycyclohexen-(1)-yl]-propionsäureäthylester*, $Kp._3$ 150—155°, aus **IV** u. Na-Isopropylat in sd. Isopropanol (2 Std.), Zers. des Verdampfungsrückstandes mit verd. HCl u. Extrahieren mit Äther. — *β-[2-Methyl-6-methoxycyclohexen-(1)-yl]-propionsäure*, $C_{11}H_{18}O_3$, $Kp._3$ 170—174°. Die Cyclisierung in Pyridin u. Ae. mit $SOCl_2$ unter Kühlen mit Eis, Fällen des Pyridins mit äther. HCl, Eindampfen des Filtrats u. Behandeln des Rückstandes mit $SnCl_4$ in CS_2 liefert geringe Mengen eines *Ketons* (**V**). *Semicarbazon*, F. 233—237°. (J. Univ. Bombay [N. S.] **19**. Nr. 29. A 11—15. März 1951. Poona, S. P. Coll., Maharaja Pratap Singh Chem. Labor.) GOLD. 2650

P. C. Jocelyn, *Einige Derivate von 2-Phenylindan.* Die Darstellung einiger Methoxyphenylphenylpropionsäuren, $CH_3O \cdot C_6H_4 \cdot CH_2 \cdot CH(C_6H_5) \cdot COOH$, wird beschrieben. Ihre Cyclisierung mit H_3PO_4 u. P_2O_5 liefert *2-Phenylindanone-(1)*, die über ihre Oxime zu den entsprechenden *1-Amino-x-methoxy-2-phenylindanen* red. werden. — 2-Phenylinden liefert bei der Bromierung mit N-Bromsuccinimid *1-Brom-2-phenylinden*; die Verss., zur Dihydroverb. zu reduzieren, führten zur Br-Abspaltung.

V e r s u c h e: *α-Phenyl-m-methoxycinnamonitril* (**I**), $C_{16}H_{13}ON$, F. 57° (A.), aus m-Methoxybenzaldehyd u. Benzylcyanid in 6nNaOH bei Zimmertemp. (12 Std.); 90% (Ausbeute). — *α-Phenyl-o-methoxycinnamonitril* (**II**), F. 94°. — *α-[m-Methoxyphenyl]-cinnamonitril*, F. 72°. — *β-[m-Methoxyphenyl]-α-phenylpropionitril*, $C_{16}H_{15}ON$, $Kp._{0,02}$ 140°, aus **I** mit Na-Amalgam in sd. A. (1 Std.); 95%. — *α.β-Diphenylpropionitril*, $C_{15}H_{13}N$, F. 46°. — *β-[o-Methoxyphenyl]-α-phenylpropionitril* (**III**), $C_{16}H_{15}ON$, $Kp._{0,05}$ 140°. — *β-[p-Methoxyphenyl]-α-phenylpropionitril*, $C_{16}H_{15}ON$, F. 89°. — *β-[3.4-Dimethoxyphenyl]-α-phenylpropionitril*, $C_{17}H_{17}O_2N$, F. 98°. — *β-[o-Methoxyphenyl]-α-phenylpropionsäure* (**IV**), $C_{16}H_{16}O_3$, F. 135° (60%ig. A.), a) aus α-Phenyl-o-methoxyzimtsäure mit Na-Amalgam u. wss. NaOH; 60%, b) aus **III** in sd. wss. alkoh. NaOH (20 Std.); 90%, c) aus **II** mit Na-Amalgam u. direkte alkal. Verseifung. — *α.β-Diphenylpropionsäure* (**V**), $C_{15}H_{14}O_2$, F. 81°, analog. — *β-[m-Methoxyphenyl]-α-phenylpropionsäure*, $C_{16}H_{16}O_3$, F. 47°. — *β-[p-Methoxyphenyl]-α-phenylpropionsäure*, $C_{16}H_{16}O_3$, F. 119°. — *β-[3.4-Dimethoxyphenyl]-α-phenylpropionsäure*, $C_{17}H_{18}O_3$, F. 98°. — *α-[p-Methoxyphenyl]-β-phenylpropionsäure*, $C_{16}H_{16}O_3$, F. 108°, wie **IV** nach b). — *α-[m-Methoxyphenyl]-β-phenylpropionsäure*, $C_{16}H_{16}O_3$, F. 48°, analog. — *α-[3.4-Dimethoxyphenyl]-β-phenylpropionsäure*, $C_{17}H_{18}O_4$, F. 137°, analog. — *α.β-Bis-[3.4-dimethoxyphenyl]-propionsäure*, $C_{19}H_{22}O_6$, F. 136°. — *2-Phenylindanon-(1)*, aus **V** mit H_3PO_4 (D. 1,75) u. P_2O_5 bei 170° u. Zers. mit Eis; 60%. *Oxim*, $C_{15}H_{13}ON$, F. 159°. — Analog folgende *Indanone-(1)*: *5-Methoxy-2-phenyl-*, $C_{16}H_{14}O_2$, F. 110° (A.); 40%. *Oxim* (**VI**), $C_{16}H_{15}O_2N$, F. 190°. — *6-Methoxy-2-phenyl-*, $C_{16}H_{14}O_2$, F. 153°; 20%.

Oxim, $C_{16}H_{15}O_2N$, F. 154° (Zers.). — *5.6-Dimethoxy-2-phenyl-*, $C_{17}H_{16}O_3$, F. 156°; 30%. *Oxim*, $C_{17}H_{17}O_3N$, F. 202° (Zers.). — *1-Amino-5-methoxy-2-phenylindan*, Kp.$_{0,15}$ 160°, aus **VI** mit Na-Amalgam u. Essigsäure in Alkohol. *Hydrochlorid*, $C_{16}H_{18}ONCl$, F. 126°, in Ae. mit HCl. — *1-Amino-6-methoxy-2-phenylindanhydrochlorid*, $C_{16}H_{18}ONCl$, F. 210° (Zers.). — *1-Amino-5.6-dimethoxy-2-phenylindanhydrochlorid*, $C_{17}H_{20}O_2NCl$, F. 210° (Zers.). — *1-Brom-2-phenylinden*, $C_{15}H_{11}Br$, F. 124° (80%ig. Alkohol), aus 2-Phenylinden mit N-Bromsuccinimid in sd. CCl_4 (30 Min.); 67%. (J. chem. Soc. [London] **1954**. 1640—42. Mai. South Road, Durham, Univ., Sci. Labors.)

GOLD. 2650

P. M. Pope und **D. Woodcock**, *Synthese von Pflanzenwachstumsregulatoren.* 3. Mitt. *ω-[Naphthyloxy-(2)]-alkancarbonsäuren.* (2. vgl. C. **1954**. 6716.) Ausgehend von Na-β-Naphtholat oder dessen Cl-Substitutionsprodd., werden durch Rk. mit Polymethylendibromiden *ω-[Naphthoxy-(2)]-alkylbromide* erhalten, die durch Kondensation mit Malonester, anschließendes Verseifen u. Decarboxylieren bzw. durch Umsetzung mit KCN u. anschließendes Verseifen in *ω-[Naphthoxy-(2)]-alkancarbonsäuren* übergeführt werden. Die *β-[Naphthoxy-(2)]-propionsäuren* wurden durch Umsetzung der β-Naphtholate mit β-Propiolacton erhalten. *6-[Naphthoxy-(2)]-hexansäure* ist dimorph. — Die Mitt. der biol. Unterss. wird in Aussicht gestellt.

Versuche: *β-[Naphthoxy-(2)]-propionsäure*, $C_{13}H_{12}O_3$, F. 143—144° (Methanol), aus 7,2 g β-Naphthol in sd. wss. NaOH mit β-Propiolacton, Prismen; 1,8 g (Ausbeute). — *3-[Naphthoxy-(2)]-propylchlorid* (**I**), $C_{13}H_{13}OCl$, Kp.$_{0,5}$ 138—142°, F. 51—52° (Leichtbenzin), aus Na-β-Naphtholat mit Brompropylchlorid in sd. A. (4 Std.) u. Extrahieren mit Ae., Prismen. *1.3-Bis-[naphthoxy-(2')]-propan*, $C_{23}H_{20}O_2$, F. 146 bis 147° (Bzl.), als in Ae. unlösl. Nebenprod., Tafeln. — *2-[Naphthoxy-(2)]-äthylbromid*, $C_{12}H_{11}OBr$, F. 94—95° (Bzn.). *1.2-Bis-[naphthoxy-(2)]-äthan*, $C_{22}H_{18}O_2$, F. 215—216° (Dioxan), als Nebenprodukt. — *3-[Naphthoxy-(2)]-propylbromid*, $C_{13}H_{13}OBr$, F. 56 bis 57° (Leichtbenzin). — *5-[Naphthoxy-(2)]-pentylbromid*, $C_{15}H_{17}OBr$, Kp.$_{0,2}$ 180 bis 184°. *1.5-Bis-[naphthoxy-(2)]-pentan*, $C_{25}H_{24}O_2$, F. 74—76° (Leichtbenzin), als Nebenprodukt. — *6-[Naphthoxy-(2)]-hexylbromid*, $C_{16}H_{19}OBr$, F. 40—41° (Leichtbenzin). *1.6-Bis-[naphthoxy-(2)]-hexan*, $C_{26}H_{26}O_2$, F. 152—153° (Bzl.), als Nebenprodukt. — *8-[Naphthoxy-(2)]-octylbromid*, $C_{18}H_{23}OBr$, F. 47—48° (A.). *1.8-Bis-[naphthoxy-(2)]-octan*, $C_{28}H_{30}O_2$, F. 129—130° (Bzl.), als Nebenprodukt. — *1.9-Bis-[naphthoxy-(2)]-nonan*, $C_{29}H_{32}O_2$, F. 128—129° (Bzl. + Leichtbenzin). — *10-[Naphthoxy-(2)]-decylbromid*, $C_{20}H_{27}OBr$, F. 54—55° (A.). *1.10-Bis-[naphthoxy-(2)]-decan*, $C_{30}H_{34}O_2$, F. 126 bis 127° (Bzl.), als Nebenprodukt. — *3-[3-Chlornaphthoxy-(2)]-propylchlorid*, $C_{13}H_{12}OCl_2$, F. 64—65° (Leichtbenzin). *1.3-Bis-[3-chlornaphthoxy-(2)]-propan*, $C_{23}H_{18}O_2Cl_2$, F. 192—193° (Bzl. + Leichtbenzin), als Nebenprodukt. — *5-[3-Chlornaphthoxy-(2)]-pentylbromid*, $C_{15}H_{16}OClBr$, F. 64—65° (Leichtbenzin). *1.5-Bis-[3-chlornaphthoxy-(2)]-pentan*, $C_{25}H_{22}O_2Cl_2$, F. 144—145° (Bzl. + Leichtbenzin). — *6-[3-Chlornaphthoxy-(2)]-hexylbromid*, $C_{16}H_{18}OClBr$, F. 67—68° (Leichtbenzin). — *3-[1-Chlornaphthoxy-(2)]-propylchlorid*, $C_{13}H_{12}OCl_2$, Kp.$_{0,5}$ 170—172°. — *5-[1-Chlornaphthoxy-(2)]-pentylbromid*, $C_{15}H_{16}OClBr$, F. 48—49° (Leichtbenzin). — *3-[8-Chlornaphthoxy-(2)]-propylchlorid*, $C_{13}H_{12}OCl_2$, Kp.$_{0,5}$ 162—164°. — *5-[8-Chlornaphthoxy-(2)]-pentylbromid*, $C_{15}H_{16}OClBr$, F. 58—60° (A.). — *3.[3.4-Dichlornaphthoxy-(2)]-propylchlorid*, $C_{13}H_{11}OCl_3$, F. 92—93° (A.). — *5-[3.4-Dichlornaphthoxy-(2)]-pentylbromid*, $C_{15}H_{15}OCl_2Br$, F. 66—67° (A.). — *3-[Naphthoxy-(2)]-propylcyanid* (**II**), $C_{14}H_{13}ON$, Kp.$_{0,5}$ 152—160°, F. 41—42° (PAe. + A.), aus **I** u. NaCN in sd. A., Tafeln. — *5-[Naphthoxy-(2)]-pentylcyanid* (**IV**), $C_{16}H_{17}ON$, F. 59—60° (A. + Ae.). — *8-[Naphthoxy-(2)]-octylcyanid*, $C_{19}H_{23}ON$, F. 51—52° (wss. Methanol). — *9-[Naphthoxy-(2)]-nonylcyanid*, $C_{20}H_{25}ON$, Kp.$_{0,5}$ 180—184°. — *3-[3-Chlornaphthoxy-(2)]-propylcyanid*, $C_{14}H_{12}ONCl$, F. 96—97° (A.). — *5-[3-Chlornaphthoxy-(2)]-pentylcyanid*, $C_{16}H_{16}ONCl$, F. 109—110° (A.). — *3-[1-Chlornaphthoxy-(2)]-propylcyanid*, $C_{14}H_{12}ONCl$, F. 82—83° (Ae. + Bzn.). — *5-[1-Chlornaphthoxy-(2)]-pentylcyanid*, $C_{16}H_{16}ONCl$, F. 74,5—75° (A.). — *3-[8-Chlornaphthoxy-(2)]-propylcyanid*, $C_{14}H_{12}ONCl$, F. 56—57° (A.). — *5-[8-Chlor-naphthoxy-(2)]-pentylcyanid*, $C_{16}H_{16}ONCl$, F. 74—76° (A.). — *3-[3:4-Dichlornaphthoxy-(2)]-propylcyanid*, $C_{14}H_{11}ONCl_2$, F. 85—86° (Methanol). — *5-[3.4-Dichlornaphthoxy-(2)]-pentylcyanid*, $C_{16}H_{15}ONCl_2$, F. 81—82° (Methanol). — *3-[Naphthoxy-(2)]-propylmalonsäure* (**V**), $C_{16}H_{16}O_5$, F. 171—172° (Zers., Ae. + Bzn.), aus **I** mit Na-Malonester in sd. A. (6 Std.), späterer Zugabe von 40%ig. NaOH, weiterem Kochen (1 Std.) u. Extrahieren mit Äther. — *5-[Naphthoxy-(2)]-pentylmalonsäure* (**VI**), $C_{18}H_{20}O_5$, F. 153—154° (Zers., Ae. + Bzn.). — *6-[Naphthoxy-(2)]-hexylmalonsäure* (**VII**), $C_{19}H_{22}O_5$, F. 161—162° (Zers., Essigsäure). — *10-[Naphthoxy-(2)]-decylmalonsäure* (**VIII**), $C_{23}H_{30}O_5$, F. 134—135° (wss. Essigsäure). — *6-[3-Chlornaphthoxy-(2)]-hexylmalonsäure* (**IX**), $C_{19}H_{21}O_5Cl$, F. 149—150° (Zers., wss. Essigsäure). — *4-[Naphthoxy-(2)]-buttersäure*, $C_{14}H_{14}O_3$, F. 122—123° (Bzl. + PAe.), durch Verseifen von II mit sd. wss. alkoh. KOH (18 Std.) u. Extrahieren der Säure mit Ae., Rhomben. — *6-[Naphthoxy-(2)]-hexansäure*, $C_{16}H_{18}O_3$, F. 94—95° bzw. F. 126—127° (wss. Methanol), durch Verseifen von IV, Prismen bzw. Tafeln. *S-Benzylthiuroniumsalz*, $C_{24}H_{28}O_3N_2S$, F. 156—157° (wss. A.), aus der Säure vom F. 94—95°, Prismen. — *9-[Naphthoxy-(2)]-nonansäure*, $C_{19}H_{24}O_2$, F. 98—99° (Ae. + Bzn.). — *10-[Naphthoxy-(2)]-decansäure*, $C_{20}H_{26}O_3$, F. 114—115° (Bzl.). — *3-[3-Chlornaphthoxy-(2)]-propionsäure*, $C_{13}H_{11}O_3Cl$, F. 173—174° (Methanol). — *4-[3-Chlornaphthoxy-(2)]-buttersäure*, $C_{14}H_{13}O_3Cl$, F. 174 bis 175° (wss. Essigsäure). — *6-[3-Chlornaphthoxy-(2)]-hexansäure*, $C_{16}H_{17}O_3Cl$, F. 114 bis 115° (wss. Methanol). — *10-[3-Chlornaphthoxy-(2)]-decansäure*, $C_{20}H_{25}O_3Cl$, F. 90 bis 91° (Ae. + Bzn.). — *3-[1-Chlornaphthoxy-(2)]-propionsäure*, $C_{13}H_{11}O_3Cl$, F. 170 bis 171° (Methanol). — *4-[1-Chlornaphthoxy-(2)]-buttersäure*, $C_{14}H_{13}O_3Cl$, F. 139—140° (Methanol). — *6-[1-Chlornaphthoxy-(2)]-hexansäure*, $C_{16}H_{17}O_3Cl$, F. 144—145° (Methanol). — *4-[8-Chlornaphthoxy-(2)]-buttersäure*, $C_{14}H_{13}O_3Cl$, F. 159—160° (Essigsäure). — *6-[8-Chlornaphthoxy-(2)]-hexansäure*, $C_{16}H_{17}O_3Cl$, F. 122—123° (Ae. + Bzn.). — *3-[3.4-Dichlornaphthoxy-(2)]-propionsäure*, $C_{13}H_{10}O_3Cl_2$, F. 168—169° (Methanol). — *4-[3.4-Dichlornaphthoxy-(2)]-buttersäure*, $C_{14}H_{12}O_3Cl_2$, F. 175—177° (Dioxan). — *5-[Naphthoxy-(2)]-pentansäure*, $C_{15}H_{16}O_3$, F. 111—112° (Bzl. + Leichtbenzin), aus V bei 185° (1 Std.), Tafeln. — *7-[Naphthoxy-(2)]-heptansäure*, $C_{17}H_{20}O_3$, F. 96—97° (Ae. + Leichtbenzin), analog aus VI. — *8-[Naphthoxy-(2)]-octansäure*, $C_{18}H_{22}O_3$, F. 91 bis 92° (Leichtbenzin), analog aus VII. — *12-[Naphthoxy-(2)]-dodekansäure*, $C_{22}H_{30}O_3$, F. 96—97° (A.), analog aus VIII. — *8-[3-Chlornaphthoxy-(2)]-octansäure*, $C_{18}H_{21}O_3Cl$, F. 74—75° (wss. Methanol), analog aus IX. (J. chem. Soc. [London] **1954**. 1721—24. Juni. Bristol, Univ., Res. Stat., Dep. of Agric. and Horticult.) GOLD. 2700

Lucjan Czerski, *Synthese von 4-Benzylphenanthren.* Abweichend von WILLGERODT u. ALBERT [1911] bzw. von BACHMANN (C. **1935**. II. 1004) wurde gefunden, daß Benzylchloriddämpfe bei Berührung mit einem $ZnCl_2$-Katalysator, der mit Phenanthren (I) durchsetzt ist, als Hauptprod. der Rk. *4-Benzylphenanthren* (III) liefern. Der Ansatz besteht aus einem 4fachen I-Überschuß u. einer 2—3 cm hohen $ZnCl_2$-Schicht. Die Dampftemp. beträgt 340°. Unverändertes I entfernt man mit auf 180° erhitztem Dampf, den Rest bei 190—195°/10—20 mm durch fraktionierte Dest.; bis 260° dest. *9-Benzylphenanthren* (II), dann eine gelblich gefärbte, erstarrende M. von gelblich-grüner Fluorescenz. Das Gemisch von I u. Benzylphenanthrenen zieht man mit heißem A. aus, in dem sich leicht I u. III (F. 92°) lösen, während II (F. 155—156°) ungelöst bleibt. Nach 2—3 Tagen scheidet sich aus der alkoh. Lsg. I in großen Blättchen aus, daneben grobe Kristalle von III. Die I-Kristalle entfernt man mechan. aus dem Gemisch. III bildet Plättchen, die in organ. Lösungsmitteln außer A. leicht lösl. sind. (Roczniki Chem. [Ann. Soc. chim. Polonorum] **24**. 218—20. 1950. Kraków, Akad. Górniczej, Zaklad Chem. Górniczej.) FREYTAG. 2850

Charles K. Bradsher, Dorothy J. Beavers und **Edwin D. Little**, *Eine neue Cyclisierungsreaktion.* *α-[Biphenylyl-(2)]-acetonitril* (I) wie das homologe *-butyronitril* u. *-valeronitril* sowie deren α-Alkyl- u. α-Aroylderivv. geben unter Einw. von konz. H_2SO_4 in einigen Std. bei 0° infolge Isomerisation in ca. 80—85%ig. Ausbeute *9-Phenanthrylamine* bzw. deren *10-Substitutionsprodukte*. — *9-Phenanthrylamin*, F. 134—136°, aus I + H_2SO_4 3 Std. bei 0°. — Analog aus *α-[Biphenylyl-(2)]-butyronitril* u. *-valeronitril* *10-Äthyl-* bzw. *10-Propyl-9-phenanthrylamin*, F. 117,5—119,5° (*N-Benzoylderiv.*, F. 241—243°) bzw. F. 101—102,5° (*N-Benzoylderiv.*, F. 220—221,5°). — *10-[o-Methoxybenzoyl]-9-phenanthrylamin*, F. 175—176°, analog aus α-[o-Methoxybenzoyl]-α-[biphenylyl-(2)]-acetonitril. Das von BRADSHER u. KITTILA (C. **1951**. II. 1576) aus *α-[p-Methoxybenzoyl]-α-[biphenylyl-(2)]-acetonitril* erhaltene Prod. ist demnach nicht *9-[p-Methoxyphenyl]-phenanthren-10-carbonsäureamid*, sondern *10-[p-Methoxybenzoyl]-9-phenanthrylamin.* (J. Amer. chem. Soc. **76**. 948. 5/2. 1954. Durham, N. C., Duke Univ., Chem. Dep.) LÖFFLER. 2850

Ng. Ph. Buu-Hoï, *Einiges über die Chemie von 6-Aminochrysen.* Durch Rk. von 6-Aminochrysen (I) mit Säurechloriden wird eine Reihe von *6-Acylaminochrysenen* dargestellt; *6-Acetyl-* (II) u. *6-Propionylaminochrysen* werden auch durch BECKMANNsche Umlagerung der entsprechenden Oxime synthetisiert. Die Halogenierung der 6-Acylaminochrysene erfolgt an $C_{(12)}$; die Konst. von *12-Brom-6-butyrylamino-* bzw. *12-Chlor-6-acetylaminochrysen* wird durch Entacylierung u. Oxydation zu *12-Brom-* bzw. *12-Chlor-5.6-chrysenchinon* bewiesen. Bei der SKRAUPschen Synth. liefert I *Pyridino-[3'.2':5.6]-chrysen.* Durch Umsetzung mit aromat. Aldehyden werden aus I einige *6-Arylidenaminochrysene* erhalten. Die Rk. von I mit Acetonylaceton (III) bzw. Nonandion-(2.5) (IV) ergibt *6-[2.5-Dimethyl-* bzw. *-2-Methyl-5-n-butylpyrryl-(1)]-chrysen.* Einige der dargestellten Verbb. sollen auf Leukopenie erzeugende Eigg. untersucht werden.

Versuche: *6-Propionylchrysen*, $C_{21}H_{16}O$, F. 127°, durch Zugabe von $AlCl_3$ zu Chrysen u. Propionylchlorid in CS_2, 12std. Rk. bei Raumtemp., Zers. mit W. u. Vakuum dest.; aus A. Nadeln; 57% (Ausbeute). Daraus über das *Oxim* analog nachst. II (Meth. b) *6-Propionylaminochrysen*, $C_{21}H_{17}ON$, F. 248°, auch aus I analog II (Meth. a). — *6-Acetylaminochrysen* (II), F. 301° (Essigsäure), a) durch Zutropfen von Acetylchlorid zu I in Pyridin bei 0° u. Gießen in verd. HCl; 98%; b) aus 6-Acetylchrysen über dessen *Oxim* ($C_{20}H_{15}ON$, F. 197—198°, aus A.-Bzl. Prismen) durch Rk. mit PCl_5 in Ae. u. Gießen auf Eis; 96%. — Analog II (Meth. a) folgende Chrysene: *6-n-Valerylamino-*, $C_{23}H_{21}ON$, F. 206°. — *6-n-Hexanoylamino-*, $C_{24}H_{23}ON$, F. 196°. — *6-n-Heptanoylamino-*, $C_{25}H_{25}ON$, F. 199°. — *6-n-Nonanoylamino-*, $C_{27}H_{29}ON$, F. 176°. — *6-n-Decanoylamino-*, $C_{28}H_{31}ON$, F. 175—176°. — *6-n-Undecanoylamino-*, $C_{29}H_{33}ON$, F. 177 bis 178°. — *6-n-Dodecanoylamino-*, $C_{30}H_{35}ON$, F. 168—169°. — *6-Phenacetylamino-*, $C_{26}H_{19}ON$, F. 269°. — *6-[4-Isopropylbenzoylamino]-*, $C_{28}H_{23}ON$, F. 239°. — *6-[α-Naphthoylamino]-*, $C_{29}H_{19}ON$, F. 256°. — *6-[4-Xenoylamino]-*, $C_{31}H_{21}ON$, F. 296°. — *6-[2-Thenoylamino]-*, $C_{23}H_{15}ONS$, F. 228°. — *6-Benzolsulfonylamino-*, $C_{24}H_{17}O_2NS$, F. 228°. — *6-[p-Chlorbenzolsulfonylamino]-*, $C_{24}H_{16}O_2NClS$, F. 227°. — *6-[p-Brombenzolsulfonylamino]-*, $C_{24}H_{16}O_2NBrS$, F. 245°. — *6-Formylamino-*, $C_{19}H_{13}ON$, F. 285°, durch 6std. Kochen von I in 98%ig. HCOOH. — *12-Brom-6-acetylamino-*, $C_{20}H_{14}ONBr$, F. 309—310°, durch Bromierung von II in Essigsäure; aus Essigsäure Nadeln; 88%. — Analog: *12-Brom-6-n-heptanoylamino-*, $C_{25}H_{24}ONBr$, F. 240°. — *12-Brom-6-n-nonanoylamino-*, $C_{27}H_{28}ONBr$, F. 215—216°. — *12-Brom-6-n-decanoylamino-*, $C_{28}H_{30}ONBr$, F. 214—215°. — *Pyridino-[3'.2':5.6]-chrysen*, $C_{21}H_{13}N$, F. 126°, durch ½std. Kochen von 30 g I in Ggw. von $FeSO_4$ mit Glycerin–Nitrobenzol, 4std. Rk. bei 145°, Entfernen von Nitrobenzol durch Dampfdest., Heißfiltrieren, Einengen u. Behandeln des *Sulfats* mit wss. NH_4OH; aus Toluol gelbliche Blättchen; 3 g. *Pikrat*, F. 242—243° (Zers. $>$ 230°); aus Nitrobenzol orangegelbe Prismen. — *12-Brom-6-aminochrysen*, $C_{18}H_{12}$·NBr, F. 222° (Zers.), durch 12std. Erhitzen von *12-Brom-6-n-butyrylaminochrysen* ($C_{22}H_{18}ONBr$, F. 285°; aus Essigsäure Nadeln; 95%) in 20%ig. äthanol. KOH u. Fällen mit W.; aus A. gelbliche Prismen; 85%. — *12-Brom-5.6-chrysenchinon*, F. 251°, durch 8std. Kochen vorst. Verb. mit $Na_2Cr_2O_7$ in Essigsäure u. Fällen mit W.; aus Essigsäure rote Prismen; 80%; gibt mit o-Phenylendiamin *12-Bromchinoxalino-[2'.3':5.6]-chrysen* (F. 253°; aus Nitrobenzol gelbe Nadeln) u. mit 3.4-Diaminotoluol ein *Gemisch von 6'- u. 7'-Methyl-12-bromchinoxalino-[2'.3':5.6]-chrysen* ($C_{25}H_{15}N_2Br$, F. ca. 230°; aus Essigsäure gelbe Nadeln). — *6-Acetylamino-12-chlorchrysen*, $C_{20}H_{14}$·ONCl, F. 288—289°, durch Chlorierung von II in Essigsäure; aus Essigsäure Nadeln; 61%. Daraus mit KOH in A. *6-Amino-12-chlorchrysen*, F. 214—215°, aus A. gelbliche Prismen; gibt mit $Na_2Cr_2O_7$ *12-Chlor-5.6-chrysenchinon*, F. 249°, aus Essigsäure rote Nadeln. — Durch 12std. Rk. von I mit den entsprechenden Aldehyden in sd. A. u. Kristallisation aus A. wurden folgende Verbb. fast quantitativ erhalten: *6-[p-Chlorbenzalamino]-chrysen*, $C_{25}H_{16}NCl$, F. 183°, hellgelbe Nadeln. — *6-p-Anisalaminochrysen*, $C_{26}H_{19}ON$, F. 155°, gelbe Prismen. — *6-[Acenaphthyliden-(5)-amino]-chrysen*, $C_{31}H_{21}N$, F. 206°; dunkelgelbe Prismen. — *6-[Pyrenyliden-(5)-amino]-chrysen*, $C_{35}H_{21}N$, F. 245°, rote Nadeln. — *6-[2.5-Dimethylpyrryl-(1)]-chrysen*, $C_{24}H_{19}N$, F. 253°, durch Kochen von I u. III u. Behandeln der krist. M. mit A.; aus Essigsäure gelbliche Nadeln; fast 100%. — Analog aus I u. IV *6-[2-Methyl-5-n-butylpyrryl-(1)]-chrysen*, $C_{27}H_{25}N$, F. 184°, aus A. Nadeln. (J. org. Chemistry **19**. 721—25. Mai 1954. Paris, Univ., Radium Inst., Dep. of Organ. Chem.) W. HOFFMANN. 2950

Ellis K. Fields, *Reaktionen von Monoolefinen mit Hexachlorcyclopentadien.* Hexachlorcyclopentadien (I) reagiert mit Verbb., die eine Doppelbindung enthalten, bei 85—150° glatt zu den entsprechenden DIELS-ALDER-Addukten. Die Verbb. aus I u. Cyclohexen bzw. 4-Methylcyclohexen (II) wirken insekticid. Für die Rk. von I mit Octadecen-(1) wurden folgende k-Werte [Liter·Mol^{-1}·sec^{-1}] gefunden: $6{,}7 \cdot 10^{-6}$ (97°); $1{,}8 \cdot 10^{-5}$ (110°); $1{,}7 \cdot 10^{-4}$ (138°), für die Rk. von I mit II: $1{,}9 \cdot 10^{-7}$ (85°); $4{,}9 \cdot 10^{-7}$ (97°); $6{,}6 \cdot 10^{-7}$ (101°). Die Aktivierungsenergien betragen 24,1 bzw. 20,3 kcal·Mol^{-1}.

Versuche: *Hexachlorcyclopentadien* (I), $Kp._3$ 88—89°, n_D^{20} 1,5639. — *Octadecen-(1)*, $Kp._{10}$ 172—174°, n_D^{20} 1,4415. — *4-Methylcyclohexen* (II), $Kp._{753}$ 101,5—102°, n_D^{20} 1,4432. — *Allylbutyrat*, Kp. 142—143°, aus Buttersäureanhydrid u. Allylalkohol (½ Std. bei 60° in Ggw. von 1% Äthansulfonsäure). — Folgende 1.4.5.6.7.7-Hexachlorbicyclo-[2.2.1]-heptene-(5) wurden dargestellt durch Erhitzen der entsprechenden Olefine mit äquimol. Mengen I (4 Std. auf 135° [a] bzw. 1 Std. auf 145—150° [b]): *2-n-Butyl-*, $Kp._3$ 149—151°, aus Hexen-(1) (a); n_D^{20} 1,5309; 65% (Ausbeute). — *2-n-Hexyl-*, $Kp._3$ 152—153°, aus Octen-(1) (a) in Ggw. von tert.-Butylperoxyd (86,6%) bzw. von tert.-Butylbrenzcatechin (79,5%); n_D^{20} 1,5235. — *2-n-Hexadecyl-*, aus Octadecen-(1) (b); 97%. — *2.3-Tetramethylen-*, F. 76,7° (CH_3OH), $Kp._9$,

154°, aus Cyclohexen (a); n_D^{20} 1,5647; 88%. — *2.3-[2'-Methyltetramethylen]-*, $Kp._{0,7}$ 146 bis 147°, aus **II** (a); n_D^{20} 1,5555; 97%. — *2-Chlormethyl-*, $Kp._{3,7}$ 142—144°, aus Allylchlorid (a); n_D^{20} 1,5600; 43%. — *2-Brommethyl-*, F. 77° (CH_3OH), aus Allylbromid (a); 87%. — *2-Oxymethyl-*, F. 165° (CH_3OH), aus Allylalkohol (a); 98%. — *2-Butyryloxymethyl-*, $Kp._{0,5}$ 158—159°, aus Allylbutyrat (b); 80%. — *2-Epoxyäthyl-*, F. 101—104° (CH_3OH), $Kp._{1,3}$ 137°, aus Butadienmonoxyd (a); 97%. — *1.4.5.6.7.7-Hexachlor-2-brommethylbicyclo-[2.2.1]-heptadien-(2.5)*, $Kp._{1,6}$ 137°, aus Propargylbromid (a), n_D^{20} 1,5860; 95%. *Pyridiniumsalz*, wird schwarz bei 250°, Zers. bei 270—280°; 95%. *Benzyldimethylammoniumsalz*, F. 171°; 97%. — Es wurden ferner *Addukte aus* **I** u. *α-Pinen* (b), *dl-Limonen* (b), *Methallylchlorid* (a), *Dicyclopentenylalkohol* (b) u. *Undecylensäure* (b) erhalten. (J. Amer. chem. Soc. **76.** 2709—10. 20/5. 1954. Whiting, Ind., Standard Oil Co. [Ind.], Res. Dep.) J. ROTHE. 2950

R. Pallaud und **F. Delaveau,** *Kondensation von cyclischen Ketonen mit Furfurol.* 1. Mitt. Cycl. Ketone wie Cyclopentanon (**I**), Cyclohexanon (**II**) u. Cycloheptanon (**III**) kondensieren mit Furfurol (**IV**) entweder in Ggw. von NaOH in wss.-alkoh. Lsg. oder Na-Äthylat in absol. Alkohol. Die erhaltenen ungesätt. Ketone besitzen 2 zur Ketogruppe symm. Doppelbindungen. Im Gegensatz zu HALLER u. WOLF (C. R. hebd. Séances Acad. Sci. **172.** [1923.] 1357 u. a.) konnte Monofurfurylidencyclohexanon nicht in bemerkenswerter Menge gefunden werden. Die Rk. verläuft ohne Schwierigkeiten, ist exotherm. u. kann ohne Kühlung durchgeführt werden. Es genügen Konzz. von weniger als $^1/_{100}$ an NaOH oder Na-Äthylat zur Kondensation. Die erhaltenen Prodd. werden aus A.-Äthylacetat in Form kanariengelber Kristalle gewonnen. Die Hydrierung mit RANEY-Ni führt zu den entsprechenden sek. Alkoholen, welche ölige hellgelbe, im WOOD-Licht sehr schwach fluorescierende Substanzen sind.

Versuche: *Difurfurylidencyclopentanon*, $C_{15}H_{12}O_3$, F. 169°, aus 20 g **IV**, 17 g **I**, 4 g NaOH in 100 cm³ W. (oder 4 g Na in 100 cm³ absol. A.) u. 200 cm³ A.; 75% (Ausbeute). — *Difurfurylcyclopentanol*, $C_{15}H_{18}O_3$, $Kp._{18}$ 197—198°, durch Hydrierung der vorigen Verb. in Ggw. von RANEY-Ni, $D.^{20}$ 1,0938, n_D^{20} 1,515; 70%. — *Difurfurylidencyclohexanon*, $C_{16}H_{14}O_3$, F. 145°, aus **II** u. **IV** wie oben; 75%. — *Difurfurylcyclohexanol*, $C_{16}H_{20}O_3$, $Kp._{11}$ 207—209°, durch Hydrierung der vorigen Verb. wie oben, $D.^{20}$ 1,110, n_D^{20} 1,516; 71%. — *Difurfurylidencycloheptanon*, $C_{17}H_{16}O_3$, F. 147°, aus **III** u. **IV** wie oben; 57%. — *Difurfurylcycloheptanol*, $C_{17}H_{22}O_3$, $Kp._{19}$ 205—208°, durch Hydrierung der vorigen Verb., $D.^{20}$ 1,087, n_D^{20} 1,516; 74%. (Bull. Soc. chim. France, Mém. [5] **19.** 741—43. Juli/Aug. 1952.) ROTTER. 3061

Helmuth Scheibler, Ernst Keintzel und **Klaus Falk,** *Über die Sulfonierungsprodukte des 2-Acetylaminothiophens und die Darstellung der 2-Aminothiophensulfonsäure-(5).* Zur Darst. der *2-Aminothiophensulfonsäure-(5)* (**I**), des Thiophenisologen der Sulfanilsäure (**II**), haben Vff. zunächst die Einw. von H_2SO_4 auf 2-Acetylaminothiophen (**III**) untersucht. Bei 50 oder 100° wird hierbei die Acetylgruppe abgespalten u. *2-Aminothiophendisulfonsäure-(3.5)* (**IV**) gebildet, die leicht lösl. in W. u. diazotierbar ist. Die Diazoverb. liefert mit Dimethylanilin (**V**) einen roten Azofarbstoff u. beim Verkochen mit A. eine *Thiophendisulfonsäure*, für die die Struktur der *2.4-Disulfonsäure* wahrscheinlich ist. Die bei 25° gebildete *2-Acetylaminothiophensulfonsäure-(5)* wurde als freie Säure isoliert u. ohne tiefgreifende Zers. in die acetylfreie Substanz übergeführt. **I** ist in W. leicht lösl. u. wurde nicht krist. erhalten, unterscheidet sich also deutlich von **II**.

Versuche: *2-Aminothiophendisulfonsäure-(3.5)* (**IV**), aus **III** u. 100%ig. H_2SO_4, 5 Min. bei 100° (89% Ausbeute) oder 30 Min. bei 50°; *Ba-Salz*, $C_4H_3O_6NS_3Ba \cdot H_2O$. — **IV** liefert in Ggw. von **V** beim Diazotieren einen roten *Azofarbstoff*, der durch Mineralsäuren zers. wird. — *Thiophendisulfonsäure-(2.4)*, aus **IV** u. Äthylnitrit in absol. A. mit etwas alkoh. HCl; *Ba-Salz*, $C_4H_2O_6S_3Ba$. — *2-Acetylaminothiophensulfonsäure-(5)*, aus **III** u. 100%ig. H_2SO_4, 25 Min. bei 25°; 80%; *Ba-Salz*, $C_{12}H_{12}O_8N_2S_4Ba \cdot H_2O$. — *2-Aminothiophensulfonsäure-(5)* (**I**), aus vorst. Verb. in absol. A., 5 Std. unter Rückfluß; 38%; *saures Ba-Salz*, $C_{16}H_{18}O_{12}N_4S_8Ba$. — **I** bildet wie **IV** einen roten Azofarbstoff. (Chem. Ber. **87.** 1184—86. 1954. Berlin-Charlottenburg, Techn. Univ., Organ.-Chem. Inst.) KLAMANN. 3071

Helmuth Scheibler und **Klaus Falk,** *Über Sulfonamide der Thiophenreihe.* (Vgl. vorst. Ref.) Im Rahmen von Verss., die bisher unbekannten, dem Sulfanilamid u. dessen Derivv. entsprechenden Thiophenverbb. darzustellen, gewinnen Vff. das *2-Acetylaminothiophensulfonsäure-(5)-chlorid* (**I**) durch Behandeln der freien Säure (**II**) mit PCl_5 in Acetylchlorid (**III**). **I** liefert, mit NH_3, Anilin (**V**) u. 2-Aminopyridin (**IV**) die entsprechenden *Sulfonamide* u. mit C_2H_5ONa in A. den *Äthylester*. Die Darst. von **I** aus 2-Acetylaminothiophen u. HSO_3Cl sowie die Abspaltung der Acetylgruppe aus den

Amiden von **II** gelang nicht. **II**-Amid u. -N'-Pyridyl-(2)-amid zeigten nur geringe bakteriostat. Wirkung.

V e r s u c h e: *2-Acetylaminothiophensulfonsäure-(5)-chlorid* (**I**), $C_6H_6O_3NClS_2$, F. 139—141° (Zers.); **II** mit PCl_5 in **III** 24 Std. bei Zimmertemp. schütteln; 35,3% (Ausbeute); Blättchen aus Bzl., leicht lösl. in Aceton, Dioxan, Essigester, lösl. in Ae. u. heißem Bzl., unlösl. in H_2O. — *2-Acetylaminothiophensulfonamid-(5)*, $C_6H_8O_3N_2S_2$, F. 212—214° (Zers.), aus 6,5 g **I** in Ae. durch Einleiten von NH_3; 3,5—4 g; Nadeln aus W., lösl. in heißem W., Aceton, Dioxan, Essigester, unlösl. in Ae. u. Benzol. — *2-Acetylaminothiophensulfanilid-(5)*, $C_{12}H_{12}O_3N_2S_2$, F. 218—220° (Zers.), aus **I** u. 10 g **V** in Ae.; 5 g; aus verd. A. Nadeln. — *2-Acetylaminothiophen-N'-pyridyl-(2)-sulfonsäure-(5)-amid*, $C_{11}H_{11}O_3N_3S_2$, F. 243,5—245,5° (Zers.), wie vorst. Verb. mit 4,5 g **IV**; 5,3 g; Blättchen, in W. u. organ. Lösungsmitteln sehr schwer löslich. — *2-Acetylaminothiophensulfonsäure-(5)-äthylester*, $C_8H_{11}O_4NS_2$, F. 106—108° (Zers.), aus **I** mit C_2H_5ONa in A. bei 50°; aus Bzl. Nadeln. (Chem. Ber. **87**. 1186—88. 1954.) KLAMANN. 3071

R. H. Glauert und Frederick G. Mann, *Thiooxindol, Thioindoxyl und verschiedene Carbonylderivate.* Vff. gelang es, durch vorsichtige Hydrolyse aus Thionaphthenchinon-3-hydrazon (**I**) *o-Mercaptophenylessigsäure* in guter Ausbeute zu erhalten, welche durch Ringschluß mit HCl fast quantitativ *Thiooxindol* (**II**) liefert. Auf gleiche Weise wird aus 6-Äthoxythionaphthenchinon *6-Äthoxythiooxindol* (**III**) erhalten. **II** existiert in 2 Modifikationen, einer bei 33—34° schm. nadelförmigen, vielleicht die Enolform, u. einer prismat. vom F. 44—45°, vielleicht die Ketoform. Das gleiche Verh. zeigt **III**, welches aus alkal. Lsg. in einer Form mit F. 39—40° erhalten wird u. nach 8tägigem Stehen an der Luft in die höherschm. Form von F. 47—48° umgelagert wird, die sich dann auch beim Umfällen aus alkal. Lsg. nicht verändert. — *Thiooxindolaldehyd-(3)* (**IV**) wurde auf 3 Wegen synthetisiert, am besten aus **II** u. Diphenylformamidin in A. über *Thiooxindolaldehyd-(3)-anil* (**V**). Die Kondensation von **II** mit Diphenylacetamidin (**VII**) führt dagegen erst bei 140—150° zum *3-Acetylthiooxindol* (**VIII**). **IV** ist weniger gut durch die GATTERMANNsche Aldehydsynth. aus **II** erhältlich. Von Ameisensäureäthylester + C_2H_5ONa wird **II** nicht angegriffen. Schließlich wird **IV** durch Hydrolyse des Kondensationsprod. **VIa** von Thionaphthenchinon (**XI**) mit Indoxyl erhalten. Während bei der Herst. von **VIa** keine Nebenprodd. gebildet werden, entstehen aus Indoxyl u. 6-Äthoxy-, 6-Chlor-4-methyl- u. 4.5-Benzothionaphthenchinon nebenbei stets die isomeren Verbb. vom Typ **VIb**, die sich wesentlich weniger leicht hydrolysieren lassen, wobei neben *Anthranilsäure* die entsprechenden *Thioindoxyl-2-aldehyde* entstehen; zum Vgl. wurden diese auch durch GATTERMANN-Synth. aus Thioindoxyl aufgebaut. — *2-Acetylthioindoxyl* ist durch Kondensation von Thioindoxyl mit **VII** u. Verseifung des entstandenen Reaktionsprod. zugänglich. — Verss., aus **IV** durch Methylierung mit Dimethylsulfat bzw. Methyljodid **VIII** zu bilden, schlugen fehl; dagegen reagierte **IV** glatt mit Diazomethan zum *Mono-* u. *Dimethylderiv.* **IX** bzw. **X**.

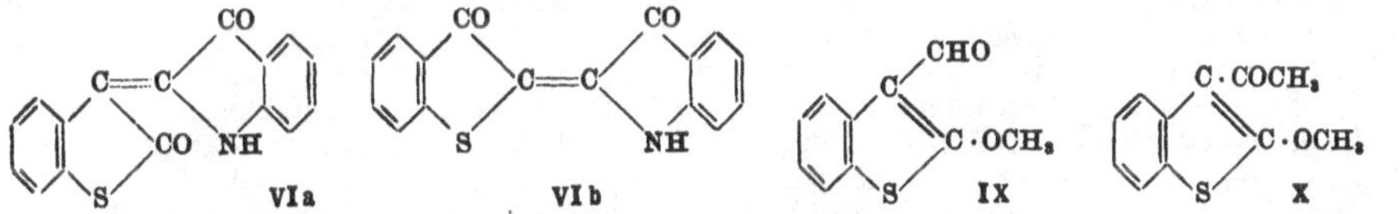

VIa VIb IX X

V e r s u c h e: *Thionaphthenchinon-3-hydrazon* (**I**), $C_8H_6ON_2S$, durch Erwärmen von Hydrazinhydrat mit **XI** in wenig A. u. Versetzen der heißen Lsg. mit W.; gelbe Platten aus wss. A., dann Cyclohexan, F. 136°; 67% (Ausbeute); **I** ist auch durch Kochen einer wss.-alkoh. Lsg. von **XI** mit Hydrazinhydrochlorid in Ggw. von Na-Acetat erhältlich; 64%. — *Thiooxindol* (**II**), C_8H_6OS, durch 16std. Kochen von **I** mit 25%ig. KOH, Fällen der *o-Mercaptophenylessigsäure* (F. 97°; 84%) u. Dampfdest. der letzteren in Ggw. von HCl; Nädelchen, F. 33—33,5°. Die höherschm. Form von **II** wird durch Erhitzen von **I** bis etwas über den F. erhalten, wobei unter starker exothermer Rk. u. Freiwerden grüner Dämpfe eine halbfeste M. hinterbleibt, die dest. wird; $Kp._{0,15}$ 100 bis 104°; Dampfdest. schwach hygroskop. Kristalle, F. 44—45°. Extraktion der halbfesten M. mit 10%ig. wss. KOH u. Ansäuern liefert wieder die niedrigschm. Form. — *6-Äthoxythionaphthenchinon-3-hydrazon*, $C_{10}H_{10}O_2N_2S$, analog **I**; orangegelbe Kristalle aus Cyclohexan, F. 145°. — *4-Äthoxy-2-mercaptophenylessigsäure*, $C_{10}H_{12}O_3S$, F. 80° (Leichtbenzin); 82%. — *6-Äthoxythiooxindol* (**III**), $C_{10}H_{10}O_2S$, Nadeln, F. 39—40°, nach 8tägigem Stehen F. 47—48°. — *Thiooxindolaldehyd-(3)* (**IV**), $C_9H_6O_2S$, durch Erwärmen einer alkoh. Lsg. von **II** mit N.N'-Diphenylformamidin; die ausgeschiedenen gelben Nadeln des *Thiooxindolaldehyd-(3)-anils* (**V**; F. 180—181°; 78%) werden mit wss.-

alkoh. KOH 1 Std. verseift, dann wird angesäuert; F. 130° (Cyclohexan); 72%. *Bis-[ω-phenylcarbamyl-o-tolyl]-disulfid*, $C_{28}H_{24}O_2N_2S_2$, aus den alkoh. Mutterlaugen von V nach längerem Stehen; F. 217° (Aceton); entsteht auch durch 2std. Kochen einer alkoh. Lsg. von **II** u. Anilin; 28%. **IV**-*Phenylhydrazon*, $C_{15}H_{12}ON_2S$, gelbe Nadeln aus A., F. 180—182° (Zers.). *2.4-Dinitrophenylhydrazon*, $C_{15}H_{10}O_5N_4S$, kleine leuchtendrote Kristalle aus Eisessig, F. 239—240° (Zers.). *Anil*, $C_{15}H_{11}ONS$, aus **IV** u. Anilin in alkoh. Lsg., gelbe Kristalle aus A., F. 184°. **IV**-*Benzoylverb.*, $C_{16}H_{10}O_3S$, strohgelbe Nadeln aus Bzl., F. 178°. — *6-Äthoxythiooxyindolaldehyd-(3)-anil*, $C_{17}H_{15}O_2NS$, aus **III** u. N.N'-Diphenylformamidin; gelbe Nadeln aus A., F. 139°; 69%. — *Bis-[4-äthoxy-ω-phenylcarbamyl-o-tolyl]-disulfid*, $C_{32}H_{32}O_4N_2S_2$, aus den Mutterlaugen vorst. Verb.; Nadeln aus A. u. Aceton, F. 205—206°. — *6-Äthoxythiooxindol-3-aldehyd*, $C_{11}H_{10}O_3S$, F. 156° (Cyclohexan); 87 %. *Phenylhydrazon*, $C_{17}H_{16}O_2N_2S$, gelbe Nadeln aus A., F. 168—169° (Zers.), bei Weitererhitzen Erstarrung u. dann F. ca. 272°. *2.4-Dinitrophenylhydrazon*, $C_{17}H_{14}O_6N_4S$, orangerote Platten aus Eisessig, F. 216—217° (Zers.). — **IV** ist weiterhin darstellbar durch Einleiten von HCl in eine Chloroformlsg. von **II** u. trockner Blausäure bei 0°; nach Behandeln des Nd. mit W. wird der ölige Rückstand mit Ae. extrahiert; Verdampfen hinterläßt das orangefarbene *Iminohydrochlorid*, welches mit 20%ig. wss. NaOH heiß verseift wird; das **IV**-K-Deriv. wird angesäuert; 5%. Durch 15 Min. Erwärmen von Indoxyl mit Thionaphthenchinonen in Essigsäure + etwas HCl entstehen Gemische der Kondensationsprodd. vom Typ **VIa** u. **VIb** (aus **XI** ausschließlich **VIa**) in folgenden Ausbeuten: Aus **XI** 84%, aus *6-Äthoxythionaphthochinon* 73%, aus *6-Chlor-4-methylthionaphthochinon* 80% u. aus *4.5-Benzothionaphthochinon* 82%. Wenn an Stelle von HCl mit $AlCl_3$ kondensiert wird, betragen die Ausbeuten für die letzten 3 Verbb. 57%, 49% u. 87%. — 15 Min. Verseifen von **VIa** mit wss.-alkoh. KOH liefert nach Stehen über Nacht u. Ansäuern **IV**; 60%. Die Substitutionsprodd. von **IV** werden durch 1std. Erwärmen des Gemisches der Kondensationsprodd. mit 12 Teilen 20%ig. wss. KOH u. 3 Teilen A., Verdünnen mit W., Einengen des Filtrats u. Ansäuern gewonnen. Der nicht verseifte Rückstand wird mit 9 Teilen 33%ig. alkoh. KOH in der Wärme hydrolysiert; die abgeschiedenen Kristalle ergeben mit Säure die *substituierten Thiooxindol-2-aldehyde*. — *6-Äthoxythiooxindolaldehyd-(3)*, nach Reinigung über die K-Verb. F. 154—156°; 30%. — *6-Chlor-4-methylthiooxindolaldehyd-(3)*, $C_{10}H_7O_2ClS$, Nadeln aus A., F. 154—155°; 10%. *2.4-Dinitrophenylhydrazon*, $C_{16}H_{11}O_5N_4ClS$, rotbraune Nadeln aus Eisessig, F. 262—263° (Zers.). — *4.5-Benzothiooxindolaldehyd-(3)*, $C_{13}H_8O_2S$, hellgelbe Nadeln aus Cyclohexan, F. 124°; 18% roh. Daneben wird in geringer Menge eine nicht identifizierte *Verb.* gebildet; gelblichbraune Kristalle aus wss. A., dann Cyclohexan, F. 104—105°; liefert kein 2.4-Dinitrophenylhydrazon. *2.4-Dinitrophenylhydrazon* des Aldehyds, $C_{19}H_{12}O_5N_4S$, orangebraune Kristalle aus Eisessig, F. 240—241°. *Anil*, $C_{19}H_{13}ONS$, hellgelbe Kristalle aus A., F. 213—214°. — *6-Äthoxythioindoxylaldehyd-(2)*, $C_{11}H_{10}O_3S$, hellgelbe Kristalle aus verd. A., F. 147—149°; 53%, 38% nach der GATTERMANN-Synth. aus Thioindoxyl. *2.4-Dinitrophenylhydrazon*, $C_{17}H_{14}O_6N_4S$, braune Nadeln aus Eisessig, dann Xylol, F. 231—233°. — *6-Chlor-4-methylthioindoxylaldehyd-(2)*, $C_{10}H_7O_2ClS$, gelbbraune Nadeln aus verd. A., F. 170—172°; 50 bzw. 48%. *2.4-Dinitrophenylhydrazon*, $C_{16}H_{11}\cdot O_5N_4ClS$, braune Nadeln aus Eisessig, F. 263—264° (Zers.). — *4.5-Benzothioindoxylaldehyd-(2)*, strohgelbe Nadeln aus A., F. 147—148°; 66%. *2.4-Dinitrophenylhydrazon*, $C_{19}H_{12}O_5N_4S$, orangebraune Nadeln aus Eisessig, F. 284° (Zers.). — *N.N'-Diphenylacetamidin* (**VII**), F. 128—129°, durch ³/₄std. Erhitzen von Acetanilid u. Anilin mit PCl_3 auf 110—120° u. Alkalisieren; aus A. Nadeln; 60%. — *3-Acetylthiooxindolanil*, $C_{16}H_{13}ONS$, durch 1½std. Erhitzen von **II** mit **VII** im Rohr u. Ausrühren der Schmelze mit Methanol; cremefarbene Kristalle aus A., F. 129,5—130°; 58%. Aus den Mutterlaugen ist *Bis-[ω-phenylcarbamyl-o-tolyl]-disulfid* erhältlich. — *3-Acetylthiooxindol* (**VIII**), $C_{10}H_8O_2S$, durch Verseifen vorst. Verb. mit verd. alkoh. KOH u. Ansäuern; F. 105° (90%ig. A.); 96%. — *2-Acetylthioindoxylanil*, $C_{16}H_{13}ONS$, aus Thioindoxyl u. **VII** bei 145—150° unter N_2; orangegelbe Kristalle aus Cyclohexan, F. 111°; 53%. — *2-Acetylthioindoxyl*, F. 79,5—80° (Methanol); 99%. — **IV**-*Monomethylverb.* (wahrscheinlich **IX**), $C_{10}H_8O_2S$, in äther. Lsg. aus 1 g **IV** mit ca. 4,25 Mol Diazomethan; nach Ausschütteln mit 5%ig. wss. KOH wird der Ae. abgedampft u. der Rückstand mit Methanol angerieben; F. 67° (verd. A.). — *3-Acetyl-2-methoxythionaphthen* (**X**), $C_{11}H_{10}O_2S$, wie vorst. aus 1 g **IV** in CH_3OH u. ca. 1,25 g CH_2N_2 in Ae.; nach Verdampfen des Ae. mit Methanol anreiben; hellgelbe Nadeln aus Methanol, F. 125—126°. (J. chem. Soc. [London] **1952**. 2127—35. Juni. Cambridge, Univ., Chem. Labor.) KÜHNEL. 3071

W. Carruthers, *6.7-Benzothionaphthen*. Die Red. von 6.7-Benzothioindoxyl (**I**) mit Zn-Staub u. anschließende S-Dehydrierung der Reduktionsmischung liefert *6.7-Benzothionaphthen* (**II**). Es ist mit dem von KRUBER u. RAEITHEL (C. **1954**. 10387) aus dem Steinkohlenteer isolierten Prod. identisch. Seine Entschwefelung mit RANEY-Ni ergab *2-Äthylnaphthalin*, seine Oxydation mit CrO_3 das *4.5-Chinon* **III**. *4.5-Benzothionaphthen* konnte auf einem analogen Wege erhalten werden.

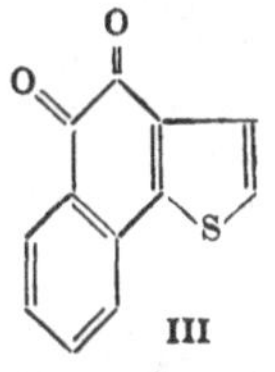

III

Versuche: *6.7-Benzothionaphthen* (**II**), $C_{12}H_8S$, F. 27—28° (Methanol), durch Red. von **I** mit Zn-Staub in sd. Eisessig (5 Std.), Verdünnen des Filtrats mit W., Extrahieren mit Bzl. u. Dehydrieren des erhaltenen Öls ($Kp._{0,2}$ 130°) mit S bei 260° (2 Std.), Extraktion mit Bzl. u. Dest.; zunächst als viscoses Öl vom $Kp._{02}$ 120°, das allmählich kristallisiert. *Pikrat*, $C_{18}H_{11}O_7N_3S$, F. 143—144° (A.), gelbe Nadeln. — *4.5-Chinon* **III**, F. 218 bis 219° (A.), rote Nadeln. *Azin*, F. 222—223° (A.), gelbe Nadeln. — *2-Äthylnaphthalin*, $C_{12}H_{12}$, $Kp._{0,2}$ 60°, aus **II** u. RANEY-Ni in sd. Ae. (30 Min.). *Pikrat*, F. 74—75° (A.), gelbe Nadeln. — *4.5-Benzothionaphthen*, $C_{12}H_8S$, F. 112° (Cyclohexan), aus *4.5*-Benzothioindoxyl wie **II** durch Red. mit Zn-Staub, Dehydrierung des erhaltenen gelben Öls ($Kp._{0,2}$ 150°) mit Chloranil in sd. Xylol (8 Std.) u. Chromatographieren des Rohprod.; Tafeln. *Pikrat*, F. 146—147° (A.), orangerote Nadeln. (J. chem. Soc. [London] **1953**. 4186—87. Dez. Glasgow, Univ.) GOLD. 3071

Alfred Treibs und **Karl Hintermeier**, *tert.-Butylester von Pyrrolcarbonsäuren*. (Vgl. C. **1954**. 10927.) Acetessigesäure-tert.-butylester (**I**) läßt sich wie der Äthylester (**XIV**) nitrosieren u. bei der Pyrrolsynth. nach KNORR sowohl als Isonitroso- als auch als Ketokomponente oder in Kombination mit anderen β-Dicarbonylverbb. bzw. deren Isonitrosoderivv. einsetzen. Da sich tert.-Butylester leicht in die *freien Säuren* u. *Isobutylen* spalten lassen, ist hierdurch eine Pyrrolsynth. gegeben, bei der bestimmte Estergruppen zerlegt werden, andere dagegen unverändert bleiben können. Eine Anzahl gemischter u. einheitlicher *tert.-Butylester* von *Pyrrolcarbonsäure* wurde synthetisiert u. ihr Verh. bei der katalyt. Zers. mit p-Toluolsulfonsäure (**II**) sowie die Decarboxylierung studiert. Bei α-Carbonsäuren findet bei der Esterspaltung gleichzeitig Decarboxylierung statt; bei β-Carbonsäuren kann letztere Rk. vermieden werden, erst bei höherer Temp. spalten diese CO_2 ab. Die Esterspaltung kann auch durch Kochen mit wss. Essigsäure erfolgen. Beobachtungen über die Decarboxylierung von α- u. β-Carbonsäuren mit W. oder wss. Salzlsgg. bestätigen die Annahme EISTERTs über den Verlauf derselben als Substitutionsreaktion. Die tert.-Butylester der α-Säure geben bei gewöhnlicher Temp. schwache, beim Erwärmen sehr starke EHRLICHsche Rk., die der β-Säuren nur in der Wärme. Beim Erhitzen von *2.4-Dimethyl-3-carbäthoxypyrrolcarbonsäure-(5)-tert.-butylester* (**IV**) mit Essigsäureanhydrid (**XI**) u. etwas H_2SO_4 entsteht *2.4-Dimethyl-3-carbäthoxy-5-acetylpyrrol*. Die tert.-Butylester der α-Säuren verhalten sich bei Kondensationen unter sauren Bedingungen wie Pyrrole mit α-unsubstituierten Methingruppen. Gegenüber alkal. Verseifung sind die tert.-Butylester widerstandsfähig. *2.4-Dimethyl-3-carbäthoxypyrrolcarbonsäure-(5)-isopropyl-* u. *-sek.-butylester* lassen sich mit **II** nicht spalten. Aus dem Isonitrosoderiv. (**V**) von **I** u. Acetondicarbonsäurediäthylester (**VI**) entsteht *3-Methyl-4-carbäthoxypyrrolessigsäure-(5)-äthylestercarbonsäure-(2)-tert.-butylester*, der glatt zum *3-Methyl-4-carbäthoxypyrrolessigsäure-(5)-äthylester* gespalten wird. Das Isonitrosoderiv. (**XII**) von **VI** u. **I** liefert *2-Methyl-5-carbäthoxypyrrolessigsäure-(4)-äthylestercarbonsäure-(3)-tert.-butylester*, der sich glatt spalten u. zum *2-Methyl-5-carbäthoxypyrrolessigsäure-(4)-äthylester* decarboxylieren ließ. Ausgehend von β-Ketoadipinsäureester (**VII**) konnten die entsprechenden *Propionsäurederivv.* erhalten werden. Aus 2-Acetylbernsteinsäure-tert.-butylester-(1)-äthylester-(4) (**VIII**) u. NH_3 entsteht *5-Oxy-2-methylpyrrolcarbonsäure-(3)-tert.-butylester*, der sich zur *freien Säure* spalten läßt, während bei saurer oder alkal. Verseifung Spaltung des Pyrrolringes eintritt; der Vers. der Decarboxylierung zu *2-Methyl-5-oxypyrrol* lieferte nur unreines Produkt. α-Acetonylacetessigsäure-tert.-butylester (**X**) u. NH_3 liefern *2.5-Dimethylpyrrol-3-carbonsäure-tert.-butylester*, der direkt zu *2.5-Dimethylpyrrol* gespalten wurde.

Versuche: *2.4-Dimethyl-3-carbäthoxypyrrolcarbonsäure-(5)-tert.-butylester* (**IV**), F. 131° (CH_3OH), aus **I** durch Nitrosieren mit $NaNO_2$ in Eisessig zu **V**, dann mit Acetessigsäureäthylester (**XIV**) u. Zn-Staub in Eisessig bei 65—75°; 71% (Ausbeute). — *2.4-Dimethyl-3-carbäthoxypyrrol*, F. 75—76° (CH_3OH-W.), $Kp._{10}$ 159—160°, aus **IV** durch Erhitzen mit etwas **II** auf 190—200°; 95%. — *Acetessigsäureisopropylester*, $Kp._{11}$ 69°, aus Isopropanol u. Diketen. — *Acetessigsäure-sek.-butylester*, $Kp._{11}$ 79°, aus sek.-Butanol u. Diketen. — *2.4-Dimethyl-3-carbäthoxypyrrolcarbonsäure-(5)-isopropylester*, F. 118,5° (A.), analog **IV**; Nadeln; 72%. — *2.4-Dimethyl-3-carbäthoxypyrrolcarbonsäure-(5)-sek.-butylester*, F. 96° (wss. A.), analog **IV**; Nadeln; 70%. — *2.4-Dimethyl-5-carbäthoxypyrrolcarbonsäure-(3)-tert.-butylester* (**XIII**), F. 126—127° (Nadeln aus CH_3OH), aus dem Isonitrosoderiv. von **XIV** u. **I** analog **IV**; 67%. — *2.4-Dimethyl-*

5-carbäthoxypyrrol, F. 122,5° (wss. CH_3OH), $Kp._{10,5}$ 135—136°, aus **XIII** mit **II** bei 190°, dann bei 290°; 65%. — *2.4-Dimethyl-5-carbäthoxypyrrolcarbonsäure-(3)*, F. 269 bis 270° (Zers.), aus **XIII** durch Kochen in 80%ig. Essigsäure; 100%. — *2.4-Dimethylpyrrol-3.5-dicarboxy-tert.-butylester-(3)* (**IX**), F. 165° (wss. CH_3OH), aus **XIII** durch Kochen mit alkoh. NaOH; 90%; wird bei 170—180° zu *2.4-Dimethylpyrrol* (**III**) gespalten. — *2.4-Dimethylpyrroldicarbonsäure-(3.5)-di-tert.-butylester*, F. 155° (Nadeln aus wss. CH_3OH), analog **IV**; 66%; wird bei 200—210° bei Einw. von **II** unter teilweisem Zerfall zur *Dicarbonsäure* gespalten; Decarboxylierung zu **III** bei 280—290°; Verseifung zu **IX** durch Kochen mit alkoh. NaOH. — *2.4-Dimethyl-3-acetylpyrrolcarbonsäure-(5)-tert.-butylester*, F. 148° (lange Nadeln aus wss. CH_3OH), aus **V** u. Acetylaceton; 78%. — *2.4-Dimethyl-3-acetylpyrrol*, F. 139° (wss. CH_3OH), $Kp._{11}$ 172—173°, aus vorst. Verb. mit **II** bei 200—210°; 89%. — *2.4-Dimethyl-5-acetylpyrrolcarbonsäure-(3)-tert.-butylester*, F. 157,5° (Nadeln aus wss. NH_3OH), aus Isonitrosoacetylaceton u. **I**; 61%; EHRLICH-Rk. in der Kälte schwach, in der Wärme stark. — *2.4-Dimethyl-5-acetylpyrrol*, F. 121° (wss. CH_3OH), $Kp._{10,5}$ 135°, aus vorst. Verb. mit **II** bei 210—220° u. Erhitzen der gebildeten *Carbonsäure* auf 265°; 86%. — *2.4-Dimethyl-5-acetyl-3-carbäthoxypyrrol* (**V**), F. 139° (wss. CH_3OH), aus **IV** mit **XI** u. wenig H_2SO_4 beim Sieden. — *3-Methyl-4-carbäthoxypyrrolessigsäure-(5)-äthylestercarbonsäure-(2)-tert.-butylester*, F. 101° (Nadeln aus wss. CH_3OH), aus **V** u. **VI** bei 60—65°; 65%; EHRLICH-Rk. in der Kälte negativ. — *3-Methyl-4-carbäthoxypyrrolessigsäure-(5)-äthylester*, $C_{12}H_{17}O_4N$, F. 71—72°, $Kp._{11}$ 200°, aus vorst. Verb. mit **II** bei 190—200°; silberglänzende Schüppchen aus wss. CH_3OH; 80%; EHRLICH-Rk. in der Kälte. — *2-Methyl-5-carbäthoxypyrrolessigsäure-(4)-äthylestercarbonsäure-(3)-tert.-butylester*, F. 117,5° (Nadeln aus wss. CH_3OH), aus **XII** (mit Amylnitrit) u. **I**; 64%. — *2-Methyl-5-carbäthoxypyrrolessigsäure-(4)-äthylester*, F. 92°, $Kp._1$ 179—180°, aus vorst. Verb. mit etwas **II** bei 210° u. Decarboxylierung der gebildeten *Carbonsäure* bei 260—265°; 60%. — *2-Methyl-5-carbäthoxypyrrolpropionsäure-(4)-äthylestercarbonsäure-(3)-tert.-butylester*, F. 112,5° (lange Nadeln aus CH_3OH), aus dem Isonitrosoderiv. von **VII** (mit Amylnitrit) u. **I**; 68%. — *2-Methyl-5-carbäthoxypyrrolpropionsäure-(4)-äthylester*, F. 66° (CH_3OH), $Kp._{0,6}$ 173°, aus vorst. Verb. mit **II** bei 170° u. Erhitzen der *Carbonsäure* auf 240—250°; 79%. — *2-Methyl-3-carboxy-5-carbäthoxypyrrolpropionsäure-(4)-äthylester*, F. 226° (Zers.), aus obigem tert.-Butylester durch Kochen mit 80%ig. Essigsäure. — *5-Oxy-2-methylpyrrolcarbonsäure-(3)-tert.-butylester*, $C_{10}H_{15}O_3N$, F. 146° (lange Nadeln aus W.), aus **VIII** u. NH_3 in absol. A. unter Eiskühlung, nach 24 Std. 2 Std. in Xylol kochen; 36—38%; im Vakuum sublimierbar, EHRLICH-Rk. kalt negativ, heiß stark; liefert mit **II** die *Carbonsäure*, die bei therm. Spaltung ein im Vakuum destillierbares Öl gab. — *2.5-Dimethylpyrrolcarbonsäure-(3)-tert.-butylester*, F. 97,5° (A.), aus **X** u. NH_3; 94%; EHRLICH-Rk. kalt positiv. — *2.5-Dimethylpyrrol*, Kp. 167—168°, aus vorst. Verb. mit **II**; 80—90%. — *2.5-Dimethylpyrrolcarbonsäure-(3)*, wie vorst. Verb. bei 130—135°. (Chem. Ber. **87**. 1167—74. 1954. München, TH, Organ.-chem. Inst.) KLAMANN. 3081

C. Mentzer, C. Beaudet und **M. Bory**, *Untersuchungen über Indole. 7. Mitt. Anwendung einer neuen Cyclisationstechnik zur Synthese der 5-Benzyloxyindolyl-(3)-essigsäure.* (6. vgl. C. **1954**. 9748.) Um auf synthet. Wege zu natürlich vorkommenden Indolderivv. zu gelangen u. ihre Konst. festzulegen, stellen Vff. *5-Benzyloxyindolyl-(3)-essigsäure* (**I**) aus dem p-Benzyloxyphenylhydrazon der Succinaldehydsäure dar. Dieses läßt sich nicht nach dem klass. Verf. in das Indolderiv. überführen, da es gegenüber sauren Agentien empfindlich ist; auch bei n. Temp. gelang die Cyclisierung nicht befriedigend, wohl jedoch, wenn 9%ig. methanol. Phosphorsäure als Kondensationsmittel verwendet u. bei 65° gearbeitet wird. **I**, auf diese Weise über den *Methylester* gewonnen, liefert mit H_2 in Ggw. von Pd. eine Lsg., die mit $FeCl_3$ eine Violettfärbung gibt u. wahrscheinlich *5-Oxyindolyl-(3)-essigsäure* enthält.

Versuche: *1-Benzyloxy-4-nitrobenzol*, $C_{13}H_{11}O_3N$, dargestellt nach KUMP [1884]; die Reinausbeute wird auf 79% erhöht, wenn p-Nitrophenol-K u. Benzylchlorid 9 Std. in Ggw. von Spuren Br_2 u. J_2 erhitzt werden. — *4-Benzyloxyanilinhydrochlorid*, $C_{13}H_{13}ON \cdot HCl$, F. 213°, durch Red. vorst. Verb. mit RANEY-Ni in A. unter n. Bedingungen u. Rk. mit HCl; 85% (Ausbeute). — *4-Benzyloxyphenylhydrazin*, F. 100°, ist nicht haltbar. Das *Hydrochlorid*, $C_{13}H_{14}ON_2 \cdot HCl$, F. 219°, wurde durch Diazotierung vorst. Salzes u. Zugabe von $SnCl_2$–HCl in der Kälte dargestellt; aus A. Blättchen; 96%. *Succinaldehydsäure-p-benzyloxyphenylhydrazon*, $C_{17}H_{18}O_3N_2$, F. 142°, durch Oxydation von Glutaminsäure mit NaOCl-Lsg., 30minütige Rk. der so erhaltenen Lsg. von Succinaldehydsäure mit vorst. Hydrochlorid in Ggw. 25%ig. Essigsäure bei 80° Ausäthern; aus Bzl.–PAe. (4:1) kleine gelbe Kristalle; 62,5% roh. — *5-Benzyloxyindolyl-(3)-essigsäure* (**I**), $C_{17}H_{15}O_3N$, F. 146°, durch 6std. Erhitzen vorst. Verb. in 9% H_3PO_4 enthaltenem Methanol auf 60—65°, Gießen in W., Einstellen auf p_H 4, Ausäthern, Eindampfen,

Chromatographie des *Methylesters* in Bzl. an Al_2O_3, Eluierung mit Ae. u. Verseifen mit 10%ig. KOH bei 40°; aus W. Blättchen; 17,8%. (Bull. Soc. chim. France, Mém. [5] **20.** 421—23. April 1953. Lyon, Fac. des Sci., Labor. de Chim. Biol.) NITZSCHKE. 3081

Alfred Löffler und **David Ginsburg,** *Eine neue Carbazolsynthese.* (Vgl. GINSBURG u. PAPPO, C. **1951.** 5992.) Therm. Cyclisierung der Oxime von *2-Phenylcyclohexanon* gab *1.2.3.4-Tetrahydrocarbazol,* F. u. Misch-F. 124—125° (aus wss. A.), von *2-Phenylcyclohexen-(2)-on* → *Carbazol,* F. u. Misch-F. 242°, von *2-[2'.3'-Dimethoxyphenyl]-cyclohexen-(2)-on* → *3.4-Dimethoxycarbazol* (I), $C_{14}H_{13}O_2N$, F. 134° (aus A.) u. von *2-[2'.3'-Dimethoxyphenyl]-cyclohexanon* → *1.2.3.4-Tetrahydro-5.6-dimethoxycarbazol* (II), $C_{14}H_{17}$·O_2N, Kp.₂ 180°, viscoses Öl. Behandlung von II mit Pd-Kohle in sd. Cymol gab ebenfalls **I.** (Nature [London] **172.** 820. 31/10. 1953. Rehovoth, Israel, Weizmann Inst. of Science u. Daniel Sieff Research Inst.) GENEST. 3081

Heisaburo Kondo, Toshikazu Nozoye und **Minoru Tobita,** *Die Synthese des 2.3-Furoindols.* 1. Mitt. Die Synth. von *2.3-Furoindol* wurde auf 5 Wegen versucht: 1. Aus γ-Oxybuttersäurephenylhydrazid durch trockene Destillation. Dabei trat Spaltung in *Phenylhydrazin* u. *Butyrolacton* ein. 2. Aus o-Nitrobenzylcyanid durch Kondensation mit Äthylenchlorhydrin. In Ggw. von $NaNH_2$ reagierten die Komponenten jedoch nicht. 3. Auch die Umsetzung von Benzylcyanid u. Äthylenchlorhydrin gab kein *α-Phenyl-γ-oxybutyronitril.* 4. β-Phenoxyäthylbromid statt Äthylenchlorhydrin führte zwar zu *α-Phenyl-γ-phenoxybutyronitril* u. die Hydrolyse zur *Säure,* aber bei der Ätherspaltung trat Decarboxylierung ein. 5. Als Vorvers. aus Oxindol (I) u. Acetaldehyd für die Synth. aus I u. Phenoxyacetaldehyd.

V e r s u c h e. *γ-Butyrolacton,* Kp. 202—205°, aus Trimethylenchlorhydrin ($Kp._{15}$ 69—73°) u. NaCN in A. u. anschließend Verseifung mit NaOH-Lsg. bei 80°; 27% (Ausbeute). *Phenylhydrazid,* F. 94° (A.). — *o-Nitrophenylessigsäureäthylester,* F. 63° (A.), aus Phenylessigester u. rauchender HNO_3 (D. 1,532) in Acetanhydrid (1 Std.); 26%. — *o-Nitrophenylessigsäure,* F. 137—138°, 80%. *Amid,* F. 157—158°; 82%. — *o-Nitrobenzylcyanid,* F. 81—82°, aus dem Amid u. $SOCl_2$ in Bzl.; 65%. — Die Kondensation von Benzylcyanid mit Äthylenchlorhydrin über $NaNH_2$ gab ein gelbes viscoses *Öl vom* $Kp._{11}$ *246°,* das zu einer gelblichen *Substanz vom* $Kp._{4,5}$ *151°* hydrolysiert wurde. — *α-Phenyl-γ-phenoxybutyronitril,* $Kp._{11,5}$ 195—254°, aus Benzylcyanid, β-Phenoxyäthylbromid u. $NaNH_2$ in Xylol; 15,4%. — *α-Phenyl-γ-phenoxybuttersäure,* $C_{16}H_{16}O_3$, F. 117 bis 118°, Nadeln (verd. A.), aus dem Nitril u. $Ba(OH)_2$; 14,5%. — *3-Äthylidenoxindol,* F. 164—169°, gelbe Nadeln aus I u. Acetaldehyd in Ggw. von Na_2SO_4 in Dimethylanilin im verschlossenen Rohr im Wasserbad. Als *zweite Form* orangerote Nadeln, F. 143,5—145°. — *3-Äthyloxindol,* F. 101,5—102,5°, aus vorst. Verb. durch Hydrierung mit Pd-Kohle. (Annu. Rep. ITSUU Lab. **1950.** 74—79. [Orig.: engl.]) NEZEL. 3081

Heisaburo Kondo, Toshikazu Nozoye und **Minoru Tobita,** *Die Synthese des 2.3-Furoindols.* 2. Mitt. (1. vgl. vorst. Ref.) Die Verss. zur Synth. des *2.3-Dihydro-[2.3; b]-furoindols* (I) wurden fortgesetzt. Oxindol (II) gibt zwar mit Acetaldehyd oder seinem Diäthylacetal *3-Äthylenoxindol,* das katalyt. zu *3-Äthyloxindol* (III) red. werden kann, mit Phenoxyacetal hingegen resultierte stets unverändertes II an Stelle des gewünschten 3-[β-Phenoxyäthyliden]-oxindols. *γ-Phenoxybuttersäurephenylhydrazid,* dessen Darst. beschrieben wird, ließ sich mit H_2SO_4, CaO oder $ZnCl_2$ nicht zu 3-[β-Phenoxyäthyl]-oxindol cyclisieren. — Es wurde ferner die Red. des *3-Acetyloxindols* zu **III** untersucht u. gefunden, daß bei der Red. nach CLEMMENSEN wie auch bei dem Vers., ein Hydrazon für die WOLFF-KISHNER-Red. zu erhalten, die Acetylgruppe abgespalten wird. Mit Pd oder PdO wird bei der katalyt. Red. kein H_2 aufgenommen, mit PtO werden ∼ 2 Mol H_2 aufgenommen unter Bldg. einer alkaliunlösl., mit Ketonreagentien nicht reagierenden Substanz.

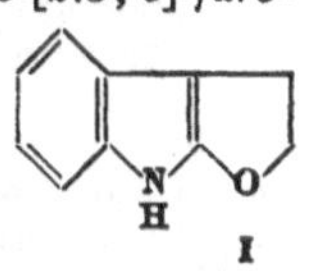

I

V e r s u c h e : *3-Äthylidenoxindol,* F. 141—144° (Bzl.), durch 12std. Stehen von **II** u. Acetal in A. u. etwas 80%ig. H_2SO_4 bei 0° u. 48 Std. bei Zimmertemp., Gießen auf Eis, Alkalisieren des rotbraunen Öls mit $NaHCO_3$, Ätherextraktion u. Chromatographie aus Bzl. am Al_2O_3. — *β-Phenoxyacetal,* $Kp._{12}$ 132—134°, aus β-Bromacetal, Phenol u. Na in A.; 67,6% (Ausbeute). — *β-Phenoxyäthylmalonsäurediäthylester,* $Kp._7$ 195—198,5°, aus β-Phenoxyäthylbromid u. Malonester; 78,8%. — *β-Phenoxyäthylmalonsäure,* F. 141,5—142° (Zers.), aus vorst. Verb. durch Verseifung mit wss.-alkoh. KOH; 82,2%. — *γ-Phenoxybuttersäure,* F. 64,5—65°, durch Decarboxylierung vorst. Verb.; 91,2%. — *γ-Phenoxybuttersäurephenylhydrazid,* $C_{16}H_{18}O_2N_2$, F. 113—114° (verd. A.), durch 2std. Erhitzen vorst. Verb. mit Phenylhydrazin auf dem Wasserbad; 56,6%. — *3-Acetyloxindol,* F. 203,5—204°, aus **II,** Äthylacetat u. Na in A.; 80,6%. CLEMMENSEN-Red. gibt **II.** Erhitzen mit Hydrazinhydrat in A. gibt ebenfalls **II,**

F. 124,5—125° (Bzl.). Katalyt. Hydrierung mit PtO in Eisessig gibt Kristalle vom F. 151—152° (A.). (Annu. Rep. ITSUU Lab. **1952.** 70—73. Tokyo. [Orig.: engl.])

RUSKE. 3081

J. Ledrut, G. Combes und **H. Swierkot,** *Untersuchungen in der Reihe der Pyrazolone.* 8. Mitt. *Untersuchung einiger molekularer Umlagerungen.* (7. vgl. C. **1952.** 1824.) Da, wie Vf. früher (C. **1950.** II. 2670) gezeigt hat, *4-Formylantipyrin* (**II**) sich unter dem Einfl. starker Basen in das *1-Phenyl-2-methyl-4-acetylpyrazolon-(5)* (**I**) umlagert, das Oxim hingegen beständig ist, scheint es für die Umlagerung notwendig zu sein, daß die Carbonylfunktion frei ist. Für den Reaktionsmechanismus werden folgende Gleichungen angenommen: **II** kondensiert sich mit 1 Mol **I** zum *Chalkon* **III.** Wird in **II** die CH_3-Gruppe in 3-Stellung durch C_6H_5-, oder die C_6H_5-Gruppe in 1-Stellung durch $(p)C_2H_5O$-C_6H_4—ersetzt, dann werden für diese Reaktionsbedingungen stabile Aldehyde erhalten. — Wird die CH_3-Gruppe in 3-Stellung durch C_2H_5— ersetzt, dann erfolgt unter dem Einfl. von NaOH die Umlagerung Aldehyd → Keton. — Ist bei Ketonen vom Typ **A** R verschied. von CH_3, z. B. C_6H_5 oder C_2H_5, dann tritt keine Umlagerung ein. — Die Arbeiten von PASSERINI u. Mitarbeitern (Gazz. Chim. Ital. **70.** [1940.] 410 u. C. **1953.** 7293) über die Umlagerung von **I** u. **II** können zwar bestätigt, die Versuchsergebnisse jedoch wegen der Unmöglichkeit der Reinigung nicht reproduziert werden. — Wird 1-Phenyl-2.3-dimethyl-4-aldoximpyrazolon-(5) (**IV**) nach CHAO-LEN-TSING (Sci. Rep. Nat. Univ. Pekin **1.** [1934.] 19) mit Al-Amalgam red., dann wird ein nichtkrist. *Amin,* dessen Hydrochlorid u. Pikrolonat leicht darstellbar sind, erhalten. Wird diese Red. auf 1-Phenyl-2-methyl-4-acetylketoximpyrazolon-(5) (**VI**) angewandt, dann erhält man das gleiche Hydrochlorid u. Pikrolonat wie aus **IV** (Misch-F.). Zur Klärung der Struktur der Amine wird, nach negativem Ergebnis der Red. der Azine von **I** u. **II**, durch Oxydation mit $KMnO_4$ die *Antipyrincarbonsäure-(4)* erhalten. Wird andererseits *4-Aminomethylantipyrin* (**V**) mit HCHO behandelt, dann wird *Diantipyrinmethan* (**VII**) gewonnen. Nach diesen Feststellungen wird angenommen, daß das aus der Red. von **IV** u. **VI** stammende nichtkrist. Amin mit **V** ident. ist, u. daß **VI** bei der Red. der Umlagerung unterliegt. — Den Mechanismus der Umlagerung erklären Vff. nicht durch Wanderung einer Alkylgruppe, sondern sie nehmen an, daß ähnlich der bei Oxazolen beobachteten Umwandlung (vgl. DEWAR, The electronic theory of Organic Chemistry, Oxford [1950.] 87), die auf das Aldehydmol. wirkenden OH-Ionen durch Elektronenanziehung zu einem intermediären mesomeren Ion führen, das sich zum Keton recyclisiert. Die BETTI-Rk. kann als Keton-Aldehydumlagerung betrachtet werden; der Vgl. der UV-Spektren von **I** u. **II** zeigt, daß sie innerhalb der Fehlergrenzen fast ident. sind (Diagramm). Diese Ähnlichkeit dürfte auf den Molekularbau zurückzuführen sein, während die verschied. Substituenten ohne Einfl. sind.

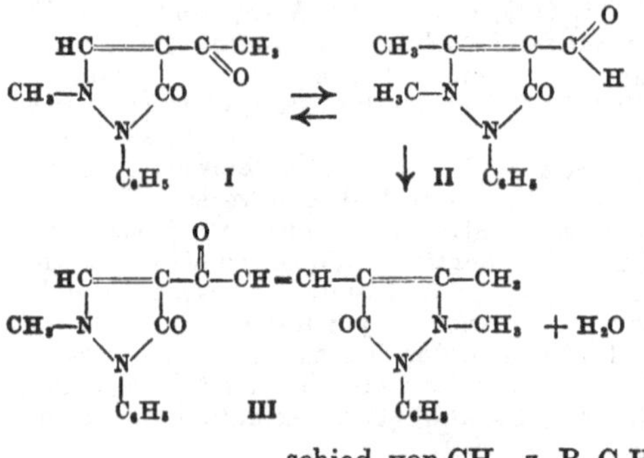

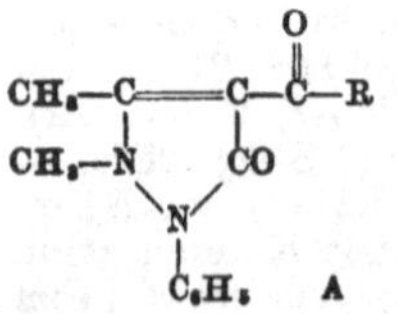

Versuche: Durch $1^1/_2$std. Einw. von 30%ig. NaOH bei 95° oder 3tägiger Einw. bei n. Temp. bleiben die alkoh. Lsgg. von **VI** u. **II**-Oxim unverändert. — *Chalkon* **III**, F. 256°, gelbe Kristalle, durch 30tägiges Einw. von wss. n/3 NaOH auf **I** in Ggw. oder Abwesenheit von Sonnenlicht, 10% (Ausbeute). — *1-Phenyl-3-äthylpyrazolon-(5),* F. 101°, durch Kondensation von Propionylessigsäureäthylester mit Phenylhydrazin nach BLEISE [1901]. — *1-Phenyl-2-methyl-3-äthylpyrazolon-(5),* F. 51°, durch Behandlung der vorigen Verb. mit $(CH_3)_2SO_4$, geringe Ausbeute. *Dehydrochloral,* F. 156—157°, durch 3std. Erhitzen mit Chloralhydrat auf 120°. — *1-Phenyl-2-methyl-3-äthyl-4-formylpyrazolon-(5),* F. 78—80°, Nadeln, aus der vorigen Chloralverbindung. — *1-Phenyl-2-methyl-4-propionylpyrazolon-(5),* F. 169—170°, aus W. Kristalle, durch $^1/_2$std. Erhitzen der vorigen Verb. mit 10%ig. NaOH auf dem Wasserbad. — 4-Propionyl- u. 4-Benzoylantipyrin bleiben mit 4%ig. wss. NaOH bei 80° (30 Min.) stabil. — Werden **I** u. 1-Phenyl-3-methylpyrazolon-(5) gemeinsam auf 100°, dann 150—155° (5 Min.) nach BETTI (l. c.) erhitzt u. dann mit 10%ig. NaOH behandelt, dann erhält man (neben Kristallen F. ca. 160°) *Antipyrin,* F. 112—113°, aus Benzol. — *4-Aminomethylantipyrin* (**V**), Öl, durch Red. von **IV** oder **VI** in Alkoholsuspension mit Al-Amalgan. *Hydrochlorid,* F. 178—180°, aus A.-Äthylacetat (1 : 1) Kristalle. *Pikrolonat,* $C_{22}H_{23}O_6N_7$,

F. 208°, aus absol. A. Kristalle. — *Antipyrincarbonsäure-(4)*, F. 218°, durch Oxydation von **V**·HCl mit $KMnO_4$ in der Kälte. — *Diantipyrinmethan*, $C_{23}H_{24}O_2N_4$, F. 150—152°, aus A., 1. durch Einstellen einer Mischung der wss. Lsgg. von 1 g **V**·HCl u. 0,40 cm³ HCHO (30%ig.) auf p_H 7 u. 1 std. Erhitzen, 0,36 g. 2. Durch Einstellen einer Mischung von 1,25 g **V**·HCl in W., 1,30 cm³ HCHO (30%ig.) u. 4 cm³ CH_3NH_2 (30%ig.) auf p_H 4 u. 1 std. Erhitzen, 0,33 g. (Bull. Soc. chim. France, Mém. [5] **19.** 185—88. Jan./Febr. 1952. Bruxelles, Univ. Libre, Labor de Pharmacodynamie et Thérapeutique.) Rotter. 3122

J. Ledrut und **G. Combes**, *Untersuchungen in der Reihe der Pyrazolone.* 9. Mitt. *Bemerkung über die Herstellung von Thiosemicarbazonen.* (8. vgl. vorst. Ref.) Auf der Suche nach weiteren tuberkulostat. Thiosemicarbazonen werden einige Verbb. der Formel **I** hergestellt. Die Wrkg. des *4-Formylantipyrinthiosemicarbazons* gegenüber Bacterium Koch ist in vitro von der gleichen Größenordnung wie die des TB I.

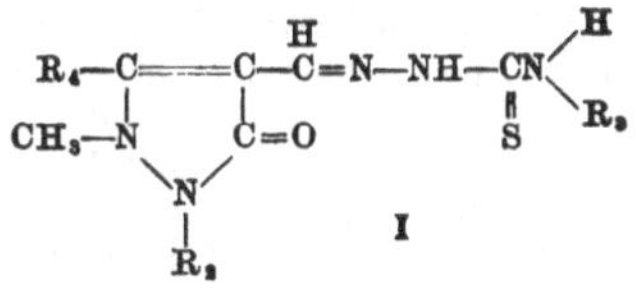
I

Versuche: *1-Phenyl-2.3-dimethyl-4-formylpyrazolon-(5)-Th* (Th = Thiosemicarbazon), $C_{13}H_{15}ON_5S \cdot H_2O$, F. 245—247° (A.), 1. aus 4-Formylantipyrin (**II**) in absol. A. u. Thiosemicarbazidhydrochlorid (**III**) in einer gesätt. wss. Na-Acetatlsg.; 92% (Ausbeute); 2. durch 3 std. Kochen einer Lsg. von Dimethylketon-*Th* (F. 179°) in wenig A. mit einer gesätt. **II**-Lsg. in A. unter Rückfluß; fast theoret. Ausbeute; 3. durch $^1/_4$ std. Kochen von **II** u. **III** in 60%ig. A.; theoret. Ausbeute. — *1.3-Diphenyl-2-methyl-4-formylpyrazolon-(5)-Th*, $C_{18}H_{17}ON_5S \cdot 4H_2O$, F. 233—235° (A.), durch 15 minütiges Kochen des Aldehyds mit **III** in absol. Alkohol. — *1-[p-Äthoxyphenyl]-2.3-dimethyl-4-formylpyrazolon-(5)-Th*, $C_{15}H_{19}O_2N_5S \cdot H_2O$, F. 233—235°, wie vorher. — *4-Phenylthiosemicarbazid* (**IV**), nach Pulvermacher [1894] aus Hydrazinhydrat u. Phenylisothiocyanat. — *4-Formylantipyrin-4-phenylthiosemicarbazon*, $C_{19}H_{19}ON_5S \cdot C_4H_8O_2$, F. 215—218° Zers., aus Dioxan gelbe Nadeln, aus **II** u. **IV** in absol. A. durch 15 Min. Erhitzen. — *4-Formylantipyrin-4-äthylthiosemicarbazon*, $C_{15}H_{19}ON_5S$, F. 246—247°, aus A., wie oben aus **II** u. 4-Äthylthiosemicarbazid. (Bull. Soc. chim. France, Mém. [5] **19.** 189—90. Jan./Febr. 1952.) Rotter. 3122

S. Searles und **H. M. Kash**, *Die Struktur des sogenannten „6-Phenyl-1.4-dihydroasymm.-triazins“.* Die Rk. von Acetophenonsemicarbazon mit CH_3MgBr bzw. C_2H_5MgBr führt zu *3(5)-Amino-5(3)-phenylpyrazol* u. nicht, wie von Biquard (Bull. Soc. chim. France, Mém. [5] **3.** [1936.] 656) angegeben, zu 6-Phenyl-1.4-dihydroasymm.-triazin.

Versuche: *3(5)-Amino-5(3)-phenylpyrazol*, F. 125—126°, Platten (W. oder Essigester–PAe.); a) nach Biquard (l. c.; insgesamt 7 Std. Kochen; 10% [Ausbeute]); b) aus β-Imino-β-phenylpropionitril u. 85%ig. Hydrazinhydrat in 95%ig. A. (6 Std. Kochen; 62%); Infrarotspektr. in Nujol angegeben. *Pikrat*, F. 202—203°. *Diacetylderiv.*, F. 156—157° (A.); Infrarotspektr. in Nujol. (J. org. Chemistry **19.** 928—29. Juni 1954. Manhattan, Kan., State Coll., Dep. of Chem.) J. Rothe. 3122

R. D. Haworth und **J. M. McLachlan**, *Galloflavin.* 1. Mitt. Durch systemat. Konstitutionsaufklärung gelangen Vff. für *Galloflavin* bzw. *Isogalloflavin* zu den neuen Formeln **I** bzw. **II.** Damit werden die von Herzig u. Mitarbeitern [1920] vorgeschlagenen Konstitutionen berichtigt. **I** u. **II** geben keine Ketonderivv., können also im Gegensatz zu den Vorschlägen von Herzig keine Keton-Carbonylgruppen enthalten. Tetramethylgalloflavin enthält keine akt. H-Atome, läßt sich mit Pd-Kohle oder PtO_2 nicht hydrieren u. gibt bei der Oxydation *3.4.5-Trimethoxyphthalsäure. 3-Acetyl-4.5.6-trimethoxyphthalid* (**V**), das zu Vergleichszwecken dargestellt wurde, konnte nicht aus 3-Cyan-4.5.6-trimethoxyphthalid u. CH_3MgJ erhalten werden. Die durch Decarboxylierung aus Trimethylisogalloflavin (**VII**) entstehende Verb. **III** nimmt bis zu 3 Mol H_2 auf; die Hexahydroverb. enthält dann ein akt. H-Atom u. hat die Konst. **IV.** Für den alkal. Abbau von **VII** zu **V**, wird ein Reaktionsmechanismus angegeben.

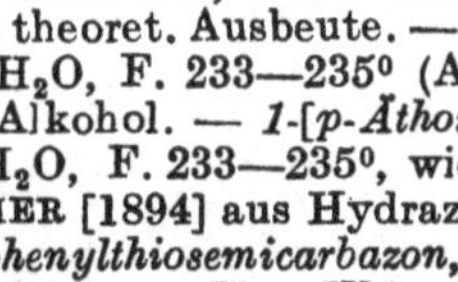
I

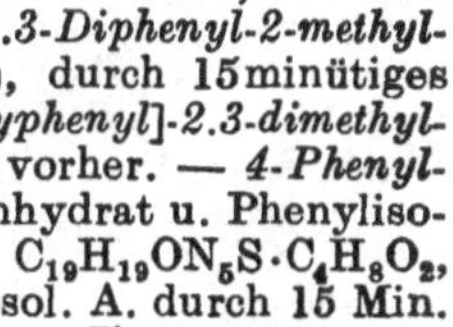
II

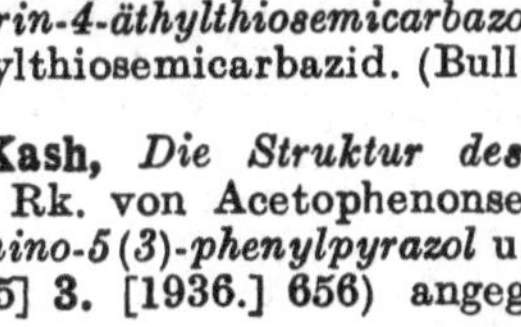
III

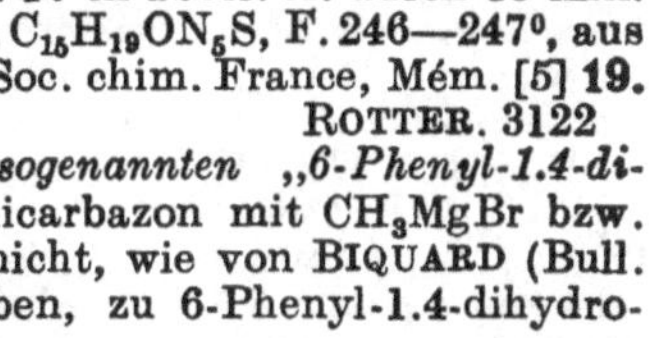
IV

Versuche: *Galloflavin* (I), $C_{12}H_6O_8$, F. 290° (Zers.), durch 5std. Luftoxydation von 25 g Gallussäure in einer Lsg. von 67 cm³ 28%ig. KOH in 435 cm³ A. u. 500 cm³ W. bei 0° u. anschließender Zers. des K-Salzes mit 2nHCl unter N_2; kleine, hellgelbe Prismen nach Sublimation bei 0,05 mm/220°; 10g (Ausbeute). — *Tetramethylgalloflavin*, $C_{12}H_2O_4(OCH_3)_4$, F. 236—237°, aus 10 g vorst. Verb. mit Diazomethan; hellgelbe Nadeln aus Eisessig oder Amylacetat; 10 g. — *3.4.5-Trimethoxyphthalsäureanhydrid*, F. 143—144°, durch Oxydation vorst. Äthers mit $KMnO_4$ in Aceton; aus Ae. Nadeln. — *Isogalloflavin* (II), $C_{12}H_6O_8 \cdot H_2O$, F. 275—280° (Zers.), aus 10 g I in 175 cm³ 10%ig. KOH nach 45 Min. Stehen u. Ausfällen mit konz. HCl; 4,8 g. Freies II ist in den gebräuchlichen organ. Lösungsmitteln unlösl., Hydratbildung mit heißem W., Nadeln aus Methanol. — *Triacetylisogalloflavin*, $C_{12}H_3O_5(OCOCH_3)_3$, F. 223° (Zers.), seidige Nadeln aus Methanol. — *Tetramethylisogalloflavin*, $C_{16}H_{14}O_8$, F. 233—234°, aus II mit CH_2N_2; aus A. Nadeln. — *Trimethylisogalloflavin* (VII), $C_{15}H_{12}O_8$, F. 259—260°, aus vorst. Verb. durch Hydrolyse mit KOH; aus A. Nadeln. — III, $C_{14}H_{12}O_6$, F. 130—132° durch Decarboxylierung von 1 g VII mit Cu-Pulver bei 280°; Nadeln aus Methanol; 0,8 g. — Durch katalyt. Red. von 0,47 g III in A. in Ggw. von Pd-Kohle wurden 0,46 g eines öligen Prod. erhalten, das die Fraktionen a) Kp.$_{0,007}$ 215° u. b) Kp.$_{0,007}$ 230° (Badtemp.) gab. Erstere bestand aus der *Tetrahydroverb.*, $C_{14}H_{16}O_6$, F. 83°, Prismen aus Ae.; 0,04 g; die zweite Fraktion war die *Hexahydroverb.* IV, $C_{14}H_{18}O_6$, F. 84—85°, u. wurde durch Chromatographie an Al_2O_3 rein erhalten; lange Platten aus Aceton; 0,2 g. IV ist auch durch eine weitere Red. der Tetrahydroverb. mit H_2 an Pd-Kohle erhältlich. *3.5-Dinitrobenzoat*, $C_{21}H_{20}O_{11}N_2$, F. 147,5—148,5°, mit 3.5-Dinitrobenzoylchlorid in Pyridin nach 10tägigem Stehen bei 20°; aus Bzl. Prismen. — *3-Acetyl-4.5.6-trimethoxyphthalid* (V), $C_{13}H_{14}O_6$, F. 75—76°, nach HERZIG u. TSCHERNE [1904]; Nadeln aus Methanol. *2.4-Dinitrophenylhydrazon*, $C_{19}H_{18}O_9N_4$, F. 203—204°. — Durch Hydrolyse von V mit alkoh. KOH wird *4.5.6-Trimethoxyphthalid*, F. 134—135° erhalten. — *3-Dichlormethylen-4.5.6-trimethoxyphthalid*, $C_{12}H_{10}O_5Cl_2$, F. 145—146°, durch 2std. Kochen von 3-Trichlormethyl-4.5.6-trimethoxyphthalid mit 12%ig. NaOH; aus A. Nadeln; gibt bei weiterem Kochen mit NaOH *4.5.6-Trimethoxyphthalid-3-carbonsäure*. — *4.5.6-Trimethoxyphthalid-3-carbonsäureamid*, $C_{12}H_{13}O_6N$, F. 203—205°, aus 1,2 g der Säure mit $SOCl_2$, dann NH_4OH; Nadeln aus A.; 0,51 g. — *3-Cyan-4.5.6-trimethoxyphthalid*, $C_{12}H_{11}O_5N$, F. 136—138°, durch 12std. Erhitzen von 1,8 g vorst. Verb. mit P_2O_5 in Toluol; Nadeln aus A.; 1 g. Nach Rk. von 5 g $CdCl_2$ mit CH_3MgJ in Ae. unter N_2, Zugabe von rohem 4.5.6-Trimethoxyphthalid-3-carbonsäurechlorid (aus 3 g Säure), Zers. mit HCl nach 3 Std., Ausäthern, Aufnehmen des Öls (1,4 g) in A., 1std. Kochen mit GIRARD-Reagens T in Eisessig, Gießen in CH_3COONa-Lsg., Hydrolyse u. Ausäthern wird etwas V erhalten. — *3-[1'.1'-Dichloräthyl]-4.5.6-trimethoxyphthalid*, $C_{13}H_{14}O_5Cl_2$, F. 110—112°, a) aus V durch 12std. Kochen mit PCl_5 u. Bzl.; b) durch 40std. Rk. von 3 g α.α-Dichlorpropionaldehyd, 4 g 3.4.5-Trimethoxybenzoesäuremethylester u. konz. H_2SO_4 bei n. Temp. u. Zers. mit Eis; aus CH_3OH Prismen; 3,6 g; liefert nach kurzem Kochen mit 8%ig. KOH u. Ansäuern V; 0,13 g. — *4.5.6-Trimethoxyindanon-(1)* (VI), $C_{12}H_{14}O_4$, F. 80—81°, durch 1¹/₄std. Erhitzen einer Benzollsg. von 1 g β-[2.3.4-Trimethoxyphenyl]-propionsäure mit P_2O_5 u. Adsorption aus äther. Lsg. an Al_2O_3; Nadeln aus PAe.; 0,35 g. — *2-Benzyliden-4.5.6-trimethoxyindanon-(1)*, $C_{19}H_{18}O_4$, F. 159—160°, aus A. hellgelbe Nadeln. — Eine *Verb.* $C_{24}H_{26}O_7$, F. 165—166°, wurde als Nebenprod. bei der Darst. von VI aus dem Al_2O_3-Chromatogramm erhalten u. stellt wahrscheinlich das *Anhydro-bis-indanon* dar. — *1-Keto-4.5.6-trimethoxyindan-2-glyoxylsäureäthylester*, $C_{16}H_{18}O_7$, F. 145—146°, aus 4 g VI mit 2,63 g Oxalsäurediäthylester in Na-Äthylatlsg.; gelbe Nadeln aus A.; 4 g. — *2-Brom-4.5.6-trimethoxyindanon-(1)*, $C_{12}H_{13}O_4Br$, F. 92°, durch Bromierung von 0,5 g VI in Chlf.; bei 0°; Nadeln aus Methanol; 0,65 g. — *2-Cyan-4.5.6-trimethoxyindanon*, $C_{13}H_{13}O_4N$, F. 111—112°, aus vorst. Verb. mit alkoh. KCN-Lsg.; Nadeln aus Methanol; 75%. — *2-Cyan-2-[2'-oxyäthyl]-4.5.6-trimethoxyindanon-(1)*, $C_{15}H_{17}O_5N$, F. 149—150°, aus 0,335 g vorst. Verb. mit Äthylenoxyd in A. in Ggw. von Piperidin; Nadeln aus A.; 0,2 g. (J. chem. Soc. [London] **1952.** 1583—89. Mai. Sheffield, Univ.) KÜHNEL. 3211

D. J. Dijksman und **G. T. Newbold,** *1.2-Dihydro-2-thianaphthalin-Derivate.* 2. Mitt. *Die Umwandlung von 1.2-Dihydro-1-keto-2-thianaphthalinen in Indanone.* (1. vgl. C. **1952.** 1318.) Vff. untersuchten die Entschwefelung von Thianaphthalinen mit RANEY-Ni u. stellten fest, daß aus 1.2-Dihydro-1-keto-2-thianaphthalin-3-carbonsäure (I) *o-Formylzimtsäure* entsteht, welche nicht isoliert werden konnte, da sie unter Decarboxylierung zum *Indanon-(1)* (III) ringschließt. In gleicher Art konnten Vff. III — über den intermediär entstehenden *o-Vinylbenzaldehyd* — aus 1.2-Dihydro-1-keto-2-thianaphthalin erhalten; das 7.8-Dimethoxy- u. das 4-Methylderiv. von I lieferten *6.7-Dimethoxyindanon-(1)* (IV) bzw. *3-Methylindanon-(1)*. — IV wurde außerdem nach einer modifizierten Meth. von SCHÖPF u. Mitarbeiter (C. **1940**. II. 484) dargestellt. Kondensation von Opiansäuremethylester mit Malonsäure liefert dabei *2-Carbomethoxy-3.4-dimethoxyzimtsäure* (**V**), welche durch alkal. Hydrolyse in *2-Carboxy-3.4-dimethoxyzimtsäure* (**VI**) überführbar ist, die durch Umkristallisation aus verd. HCl das Lacton, *Meconin-α-essigsäure* (**II**), bildet. **V** gibt bei Red. am Pt-Kontakt *β-[2-Carbomethoxy-3.4-dimethoxyphenyl]-propionsäure*; Hydrolyse führt zu *β-[2-Carboxy-3.4-dimethoxyphenyl]-propionsäure*, aus welcher bei Einw. von Essigsäureanhydrid **IV** gebildet wird.

Versuche: *2-Carbomethoxy-3.4-dimethoxyzimtsäure* (**V**), $C_{13}H_{14}O_6$, durch 2std. Erhitzen von Opiansäuremethylester u. Malonsäure in Pyridin bei Ggw. von wenig Piperidin auf dem Wasserbad u. Gießen auf Eis/HCl; rechteckige Platten aus wss. A., F. 161—162°; 84% (Ausbeute). **V**-*Methylester*, $C_{14}H_{16}O_6$, aus 2 g **V** mit Methanol/ H_2SO_4; Nadeln aus verd. Methanol, F. 64—66°; 1,7 g. — *2-Carboxy-3.4-dimethoxyzimtsäure* (**VI**), $C_{12}H_{12}O_6$, a) durch 1std. Verseifen von 0,5 g **V** mit wss. KOH u. Ansäuern; kleine Nadeln aus W., F. 171—172°; 0,35 g; b) durch Eindampfen von 4,5 g **II** mit 50%ig. KOH, anschließendes Eindampfen mit W. u. Ansäuern; 3,5 g. — *Meconin-α-essigsäure* (**II**), $C_{12}H_{12}O_6$, a) durch Umkristallisation von **VI** aus verd. HCl; Nadeln, F. 167°; b) durch Schmelzen von **VI** u. Kristallisation aus Wasser. — *β-[2-Carbomethoxy-3.4-dimethoxyphenyl]-propionsäure*, $C_{13}H_{16}O_6$, durch katalyt. Red. von 1,33 g **V** in bicarbonathaltiger wss. Lsg. bei 18°/1 at H_2; Nadeln aus PAe., F. 88—89°; 0,71 g. *β-[2-Carboxy-3.4-dimethoxyphenyl]-propionsäure*, $C_{12}H_{14}O_6$, durch Verseifen von 0,3 g vorst. Verb.; prismat. Nadeln aus Bzl./PAe., F. 125—126°; 260 mg. — *3-Methylindanon-(1)*, durch 5std. Erwärmen einer alkoh. Lsg. von 0,5 g 1.2-Dihydro-1-keto-4-methyl-2-thianaphthalin-3-carbonsäure mit RANEY-Ni; 0,28 g roh. *Semicarbazon*, $C_{11}H_{13}ON_3$, Nadeln aus A., F. 231° (Zers.). *2.4-Dinitrophenylhydrazon*, $C_{16}H_{14}O_4N_4$, rote prismat. Nadeln aus Essigester, F. 239—240° (Zers.). — *6.7-Dimethoxyindanon-(1)* (**IV**), aus 4 g 1.2-Dihydro-1-keto-7.8-dimethoxy-2-thianaphthalin-3-carbonsäure mit RANEY-Ni; 1,7 g roh. *Semicarbazon*, $C_{12}H_{15}O_3N_3$, kleine Nadeln aus verd. A., F. 217 bis 219° (Zers.). *2.4-Dinitrophenylhydrazon*, $C_{17}H_{16}O_6N_4$, leuchtend rote Nadeln aus Chlf./ Leichtbenzin, F. 246—248° (Zers.). *Indanon-(1)* (**III**), a) durch 5std. Erwärmen von 1,4 g 1.2-Dihydro-1-keto-2-thianaphthalin mit RANEY-Ni; nach Filtration im Vakuum einengen u. Rückstand mit Wasserdampf destillieren; F. 38—40° nach Sublimation; 0,53 g roh; b) ebenso aus 3 g **I**; 1,2 g roh. *Semicarbazon*, $C_{10}H_{11}ON_3$, kleine Prismen aus A., F. 237° (Zers.). *2.4-Dinitrophenylhydrazon*, $C_{15}H_{12}O_4N_4$, rote Stäbe aus Essigester, F. 258—260° (Zers.). Die Absorptionsmaxima der Indanone sind angegeben. (J. chem. Soc. [London] **1952**. 13—17. Jan. Glasgow, Royal Techn. Coll.) KÜHNEL. 3221

Jarosław Böhm, *Nitrierung von 5.6-Benzochinolin*. Die Nitrierung von *5.6-Benzochinolin* (**I**) durch Eintragen von trockenem **I**-Nitrat in konz. H_2SO_4 bei —10 bis —5° lieferte ein Gemisch von *3'*- (**II**), *5'*- (**III**) u. *6'-Nitro-5.6-benzochinolin* (**IV**), das durch fraktionierte Kristallisation der freien Basen aus A. u. unter Ausnutzung der verschied. Löslichkeiten der Hydrochloride in A. u. W. getrennt wurde. **II** u. **IV** sind bekannt, die Struktur von **III** wurde durch Red. zur *Aminoverb.* u. deren unabhängige Synth. nach BUCHERER bewiesen.

Versuche: *5.6-Benzochinolin* (**I**), F. 88—91°, aus β-Naphthylamin, trockenem As_2O_5, Glycerin u. konz. H_2SO_4 mit folgender Wasserdampfdest.; 79% (Ausbeute). **I**-*Nitrat*, durch Eintropfen von HNO_3 (D. 1,42) in eine Suspension von **I** in W. u. kurzes Aufkochen; 89%. — In konz. H_2SO_4 von —10° wurde gepulvertes **I**-Nitrat innerhalb von 4 Std. in der Weise eingetragen, daß die Temp. nicht —5° überstieg; nach weiteren 30 Min. Rühren wurde in W. gegossen, mit NaOH u. dann NH_4OH versetzt u. der gelbe Nd. mehrfach aus A. oder Methanol umkristallisiert: *3'-Nitro-5.6-benzochinolin* (**II**), F. 173,5—174°; 57%. Aus der Mutterlauge durch Ausfällen mit HCl *5'-Nitro-5.6-benzochinolin* (**III**)-*Hydrochlorid*. (**III**; $C_{13}H_8O_2N_2$, F. 169—170°; 10%) Aus der verbleibenden Lsg. nach Entfernung des A. aus HCl–W. *6'-Nitro-5.6-benzochinolin* (**IV**)-*Hydrochlorid*. (**IV**; F. 145—146°; 14%) — *5'-Amino-5.6-benzochinolin*, $C_{13}H_{10}N_2$, F. 196—197°, a) durch Red. von **III** mit $SnCl_2$ in konz. HCl; 91%; b) aus 5'-Oxy-5.6-benzochinolin nach BUCHERER; 21%. *Acetylderiv.*, $C_{15}H_{12}ON_2$, F. 229—231°. (Zers.). (Roczniki Chem. [Ann. Soc. chim. Polonorum] **24**. 128—34. 1950. Warszawskiej, Politechn., Zakład Chem. Organ.) FREYTAG. 3231

Mary L. Sherrill, Evalyn Ortelt, Susan Duckworth und **Zelda Budenstein**, *Die Kondensation von 4.6-Dichlorchinazolin mit Äthylaminoäthanol und mit 2-Chloräthyläthylamin. Die Bildung einer tricyclischen Ringverbindung.* Bei der Rk. von 4.6-Dichlorchinazolin (**I**) mit 2-Äthylaminoäthanol (**II**) entsteht kein [6-Chlorchinazolyl-(4)]-2-oxyäthyläthylamin (**III**), sondern ausschließlich *6-Chlor-4-[2-äthylaminoäthoxy]-chinazolin* (**IV**), welches auch aus 6-Chlor-4-äthoxychinazolin u. **II** erhalten wird. Die Kondensation von **I** mit 2-Chloräthyläthylamin (**V**) führt nicht zu [6-Chlorchinazolyl-(4)]-2-chloräthyläthylamin (**VII**), sondern zu einem quaternären Salz (**VIII**), das auf Grund seine chem. Verh. als *9-Chlor-1-äthyl-2.3-dihydro-1H-imidazo-[1.2: c]-chinazolinium-(4)-chlorid* bzw. als damit mesomeres *9-Chlor-1-äthyl-2.3-dihydro-4H-imidazo-[1.2:c]-chinazolinium-(1)-chlorid* (**VIIIa** bzw. **b**) identifiziert wird. Die ebenfalls denkbare Struktur eines N-Äthyl-N-[6-chlorchinazolyl-(4)]-äthyleniminiumchlorids (**IX**) wird ausgeschlossen, da das Hydrolyseprod. (**X**) von **VIII** das Verh. eines sek. Amins zeigt, während aus **IX** das tert. Amin **III** gebildet werden müßte; **X** muß demnach *6-Chlor-3-[2-äthylaminoäthyl]-chinazolon-(4)* sein. Für die Bldg. von **VIII** aus **I** u. **V** werden 3 Reaktionsmechanismen diskutiert; danach könnten **VII** u. vielleicht auch **IX** als Zwischenprodd. fungieren. Die Darst. einiger Derivv. von **VIII** u. **X** wird beschrieben. Zur Strukturdeutung werden die UV- u. Infrarotspektren von **IV**, **VIII**, **X**, **X**-*Hydrochlorid*, *6-Chlorchinazolon-(4)*, *3-Äthylaminoäthylchinazolon-(4)* u. *6-Chlor-3-propylaminocyclohexylchinazolon-(4)-hydrochlorid* herangezogen.

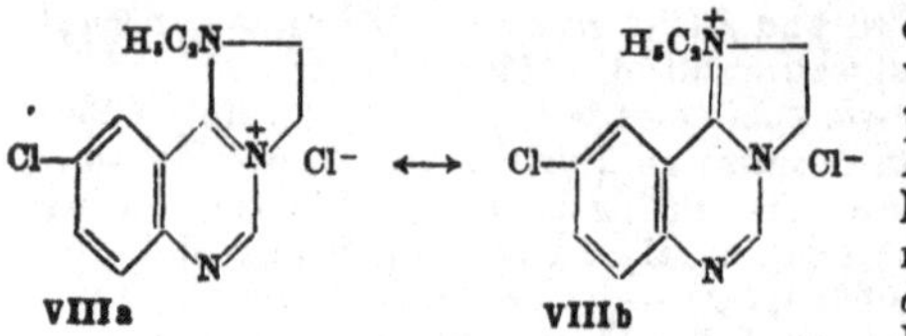

VIIIa VIIIb

Versuche (FF. korr.): *2-Chloräthyläthylamin* (**V**)-*Hydrochlorid*, F. 226 bis 227°, aus **II** (Kp.$_{760}$ 167,7°, Kp.$_1$ 65—66°; n_D^{20} 1,4400); daraus mit KOH oder K_2CO_3 in W. freies **V**, Kp.$_{27}$ 40°; 55% (Ausbeute); polymerisiert sich innerhalb weniger Min. zu einem *Prod. vom F. 208–214°* (Aceton). — *6-Chlor-4-[2-äthylaminoäthoxy]-chinazolin* (**IV**), $C_{12}H_{14}ON_3Cl$, F. 116—117°, a) durch Zugabe von **II** zu **I** (F. 155—156°) in Bzl., 3tägige Rk. bei Raumtemp., dann mehrstd. Kochen, Abfiltrieren von **II**-Hydrochlorid, Einengen u. Aufnehmen in sd. Ligroin; aus Ligroin Rosetten; 50%; b) durch Zugabe von 6-Chlor-4-äthoxychinazolin (F. 104,5—105°) zur Na-Verb. von **II** in **II**, $^1/_2$std. Erhitzen auf 70°, Gießen in W. u. 3std. Stehen; 53%. — *9-Chlor-1-äthyl-2.3-dihydro-1H-imidazo-[1.2: c]-chinazolinium-(4)-chlorid* (**VIII**), $C_{12}H_{13}N_3Cl_2$, F. 281—282°, a) durch Zugabe einer benzol. Lsg. von **V** zu **I** in Bzl., 30std. Kochen, Behandeln des Nd. (im Filtrat unverbrauchtes **I**) mit Chlf., dann Aceton u. mehrfaches Umfällen aus Chlf. mit Ligroin; Rosetten; 36% (bezogen auf umgesetztes **I**); b) durch 32std. Erhitzen von **I** u. **V** in Bzl. in einer Druckflasche auf 60—65°, dann weiter wie unter a); 19,2% (bezogen auf Ausgangsmenge **I**). Entsprechendes *Jodid*, $C_{12}H_{13}N_3ClJ$, F. 261,6—262,2°, a) durch 30std. Kochen von 0,2 g **VIII** mit CH_3J in Chlf.; aus absol. A. grünlichgelbe Nadeln; 0,125 g; b) durch mehrstd. Kochen von **VIII** u. NaJ in Chlf.-Aceton; ein Methojodid wird nicht gebildet. *Pikrat*, $C_{18}H_{15}O_7N_6Cl$, F. 154,2 bis 154,7°; aus basol. A. gelbe Nadeln; 0,3 g (aus 0,2 g **VIII**). *Chloroplatinat*, $(C_{12}H_{13}N_3Cl_2)_2 \cdot H_2PtCl_6$, orangefarben, instabil. — *6-Chlor-3-[2-äthylaminoäthyl]-chinazolon-(4)* (**X**), $C_{12}H_{14}ON_3Cl$, F. 107,2—107,9° (Aceton oder Ligroin), aus 2 g **VIII** mit konz. K_2CO_3 u. Behandeln des Nd. mit Chlf., dann Aceton u. Ligroin; glänzende Nadeln; 1 g. *Hydrochlorid*, $C_{12}H_{15}ON_3Cl_2$, F. 225,3—225,8°, a) aus **X**; b) durch Einw. von wss. $Na_2S_2O_3$ auf **VIII** u. Aufnehmen in absol. A.; c) durch $4^1/_2$std. Kochen von **VIII** in wss. NH_4OH; aus absol. A. Rosetten. *Methojodid*, $C_{13}H_{17}ON_3ClJ$, F. 218—219°, durch 8std. Kochen von **X** u. CH_3J in Chlf.; unrein. *Pikrat*, $C_{18}H_{17}O_8N_6Cl$, F. 247,2—248,2° (A.-Aceton). *Nitrosoderiv.*, $C_{12}H_{13}O_2N_4Cl$, F. 158,6—158,8°, durch Zugabe von $NaNO_2$ zu **X** in etwas HCl u. H_2SO_4 enthaltendem W. u. Behandeln des Nd. mit Ae., dann Essigester u. A.; aus A. gelbliche rechtwinklige Kristalle. — *N-Äthyl-N-[6-chlorchinazolon-(4)-yl-(3)-äthyl]-harnstoff*, $C_{13}H_{15}O_2N_4Cl$, F. 187,9—188,1°, a) durch mehrstd. Einw. von wss. KOCN auf **X**; b) durch Zugabe von **VIII** zu wss. KOCN u. 24std. Stehen; aus absol. A. flockige Rosetten. (J. org. Chemistry **19.** 699—710. Mai 1954. South Hadley, Mass., Mount Holyoke Coll., Dep. of Chem.) W. HOFFMANN. 3272

D. Hamer, Deirdre M. Waldron und D. L. Woodhouse, *Die Reduktion von Purinen und Pyrimidinen.* Verschied. Pyrimidine u. Purine [*Adenin* (**I**), *Guanin*, *Hypoxanthin* (**II**), *Xanthin* (**III**), *2-Amino-* (**IV**), *6-Amino-* u. *6-Amino-2-chlorpyrimidin*, *Isocytosin*, *Cytosin*, *Uracil* (**V**), *Thymin* (**VI**)] wurden mit Zn (in n-HCl oder H_2SO_4), Na-Amalgam (**VII**; in n-HCl), sowie elektrolyt. an der Hg-Tropfkathode (polarograph.) red. u. die UV-Spektren vor u. nach der Red. verglichen. Nach der **VII**-Red. waren die Maxima prakt. vollständig verschwunden. Als Zersetzungsprodd. entstanden bei verschied. Substanzen NH_3 oder Formaldehyd. Aus **I** u. **II** wurden durch **VII**-Red. u. längere polarograph. Red. diazotierbare Amine gebildet. Obgleich **VII** ein stärkeres Reduktionsmittel als Zn darstellt, gaben **III**, **IV**, **V** u. **VI** keine Abbauprodd., das heißt, diese Ringsysteme erleiden bei **VII**-Einw. anscheinend keine Spaltung. (Arch. Biochem. Biophysics **47.** 272—81. Dez. 1953. Birmingham, Med. School, Dep. of Pathol., Cancer Res. Labors.) K. MAIER. 3272

L. Berman, R. H. Meen und **George F. Wright,** *Die Nitrolyse von Hexamethylentetramin. 7. Mitt. Zwischenprodukte bei der Nitrolyse.* (Vgl. BOIVIN u. WRIGHT, C. **1952.** 214.) Die Bldg. von *Cyclonit* (**II**) aus Hexamin (**I**) durch Nitrolyse verläuft sicher über mehrere Zwischenstufen. Im Gegensatz zu VROOM u. WINKLER (C. **1954.** 9967) scheint aber nach Vff. *3.5-Dinitro-3.5-diazapiperidiniumnitrat* (**III**) kein solches Zwischenprod. mit nennenswerter Lebensdauer zu sein, da gezeigt werden kann, daß **III** unter den Bedingungen unbeständig ist, unter denen es gebildet werden soll. **III** entsteht wahrscheinlich durch Hydrolyse (bei der Aufarbeitung) der tatsächlichen Zwischenprodd. *1-Dimethylolaminomethyl-3.5-dinitro-1.3.5-triazacyclohexan* (**IV**) u./oder *1-Methylol-3.5-dinitro-1.3.5-triazacyclohexan* (**V**), die schon früher (vgl. CHUTE u. Mitarbeiter, Can. J. Res., Sect. B **27.** [1949.] 503) als Intermediärprodd. angenommen wurden. **IV** u. **V** dürften in verd. Säure so instabil sein, daß mit ihrer Isolierung nicht zu rechnen ist. Wenn das Nitrolysesyst. auf -55^0 abgekühlt u. mit Acetanhydrid versetzt wird, so kann außer **II** *1-Acetoxy-7-nitroxy-2.4.6-trinitro-2.4.6-triazaheptan* (**VI**) isoliert werden; wenn umgekehrt das Nitrolysesyst. zu kaltem Acetanhydrid zugefügt wird, so bildet sich außer **II** *1.7-Diacetoxy-2.4.6-trinitro-2.4.6-triazaheptan* (**VII**). **VI** u. **VII**, deren Gerüst je 4 C-Atome enthält, können nicht aus **III** (3 C-Atome) gebildet sein, wohl aber aus **IV** u. **V**. In Übereinstimmung hiermit steht die Isolierung von *1-Äthoxymethyl-3.5-dinitro-1.3.5-triazacyclohexan* (**X**) durch DUNNING u. DUNNING (C. **1954.** 7651) nach Nitrolyse von **I**-Dinitrat mit 97%ig. HNO_3 während 6 Min., Zugabe von Ae. u. Behandlung mit C_2H_5OH. Ob **IV** oder **V** das eigentliche Zwischenprod. mit einer gewissen Beständigkeit ist, läßt sich schwer entscheiden; für **V** würde die Bldg. von *Dimethylolnitramid* (**VIII**) sprechen, das beim Übergang **IV** → **V** gebildet werden müßte; aus **VIII** müßte sich durch Neutralisation mit NH_3 in Ggw. von HCHO *1.5-Endomethylen-3.7-dinitro-1.3.5.7-tetrazacyclooctan* (**IX**) bilden. Unter etwas abgeänderten Bedingungen ließ sich tatsächlich etwas **IX** neben **III** u. **I**-Dinitrat isolieren.

V e r s u c h e (FF. korr.): Die Abhängigkeit der Ausbeuten an **II** u. **III** bei der Nitrolyse von **I** mit 47 Mol HNO_3 (97—100%ig.) von der Reaktionszeit, -temp. u. der Säurekonz. sowie die Nitrierung von **III** sind in Tabellen wiedergegeben. — *3.7-Endomethylen-1.5-dinitro-1.3.5.7-tetrazacyclooctan* (**IX**), durch Behandlung von 0,01 Mol **I**-Dinitrat mit 0,2 Mol 97%ig. HNO_3 bei -45 bis -25^0 während 2 Min., Gießen auf Eis, Filtration nach 5 Min. bei -15^0 in Eis + Formalin u. Neutralisation mit NH_3; 4% (Ausbeute). Zers. von **IX** mit heißer 70%ig. HNO_3 gibt kein **II**. — *1-Acetoxy-7-nitroxy-2.4.6-trinitro-2.4.6-triazaheptan* (**VI**), $C_6H_{11}O_{11}N_7$, F. 146—147° (Aceton–PAe.). 0,01 Mol **I**-Dinitrat wurde in auf -45^0 abgekühlte 97%ig. HNO_3 (0,47 Mol) eingetragen, die Mischung 1 Min. gerührt (Erwärmung auf -35^0) u. auf -55^0 abgekühlt, dann wurden 0,5 Mol Acetanhydrid zugefügt (Temp. -35 bis -25^0); nach Abfiltrieren von **II** (F. 205—206°; 56%) wurde mit Eis verd., 40%ig. KOH zugefügt u. **VI** aus dem Nd. mit Aceton bei 25° extrahiert; 0,6 g. — *1-Acetoxy-7-äthoxy-2.4.6-trinitro-2.4.6-triazaheptan* (**XI**), $C_8H_{16}O_9N_6$, F. 107—108°, durch 3 Min. Kochen von **VI** in C_2H_5OH. — *1.7-Diacetoxy-2.4.6-trinitro-2.4.6-triazaheptan* (**VII**), F. 157° (CCl_4, 80%ig. A.), durch Nitrolyse von **I** wie bei **VI** beschrieben; das Reaktionsgemisch wurde bei -45^0 während 45 Sek. zu auf -70^0 abgekühltem Acetanhydrid zugefügt (Temperaturanstieg auf -35^0); nach 5 Min. bei -50^0 u. 3 Min. bei -35^0 wurde **II** abfiltriert, mit Eis verd. u. 40%ig. KOH zugegeben u. **VII** aus dem Nd. mit heißem Chlf. extrahiert; 15%. **VII** entsteht auch bei der Behandlung von **VI** mit Na-Acetat in CH_3COOH. — Die Ergebnisse der röntgenograph. Unters. von **VI, VII, X** u. **XI** sind in einer Tabelle wiedergegeben. (Canad. J. Chem. **29.** 767—76. Sept. 1951. Toronto, Ontario, Can., Univ., Chem. Labor.) SPAETH. 3313

R. Bognár und **P. Nánási,** *Umglucosylierung von aromatischen N-Glucosiden.* In einer Versuchsreihe wird die Umglucosylierung verschied. N-Glucoside in Hinsicht auf Ausbeute, Katalysatoren, Lösungsmittel u. aufgewendete Menge untersucht. Die Rk. ist abhängig von p_H-Wert, unter Umständen reversibel u. in Methylalkohol u. in A. bei niedriger Temp. in wenigen Min. beendet. Sie gelingt nicht nur mit freien Glucosiden, sondern auch mit Tetraacetylglucosiden. Es handelt sich sicher um eine Um- u. nicht um eine Reglucosylierung nach vorheriger Hydrolyse, da die Rk. auch in absol. A. erfolgt. — Glucoseanilid (**I**) + Sulfanilamid (1 : 1; in absol. A.; HCl-Gas als Katalysator) → *N⁴-Glucosesulfanilamid* (**II**); 70% (Ausbeute); mit konz. HCl 69%. — **I** (1 : 1,1; absol. A.; HCl) → *Glucose-p-nitranilid* (**III**); 41%; (80%ig. Methanol; konz. HCl); 43%. — Glucose-o-nitranilid (1 : 1,1; 87%ig. Methanol; konz. HCl) → **III**; 57%. — Glucose-m-nitranilid (**IV**; 1 : 1,1; absol. CH_3OH; HCl) → **III**; 68%; (1 : 1,5; konz. HCl) 65%. — **III** (1 : 1,5; absol. A.; HCl) → **IV**; 58%. — **IV** (1 : 1,1; absol. A.; HCl) → **II**; 85%; (96%ig. A.; konz. HCl) 60%. — **II** (1 : 2; 85%ig. A.; konz. HCl) →

IV; 79%. – III (1 : 1; absol. A.; HCl) → II; 97%; (96%ig. A.; konz. HCl) 72%. – II (1 : 2; 83%ig. CH_3OH; konz. HCl) → III; 92%. – Glucose-p-bromanilid (1 : 1,5; 83%ig. CH_3OH; konz. HCl) → III; 67%. – Glucose-o-bromanilid (1 : 1; absol. A.; HCl) → II; 84%; (absol. A.; konz. HCl) 71%. – p-Aminosalicylsäure-N-glucosid (V; 1 : 1,5; absol. CH_3OH; HCl) → III; 81%; (1 : 2; konz. HCl); 96%. – V (1 : 2; 96%ig. A.; konz. HCl) → II; 89%; (1 : 1; NH_4Cl); 83%. – Tetraacetyl-α-glucoseanilid (α-VI; 1 : 1,2; absol. A.; HCl) → *N^4-Tetraacetylglucosesulfanilamid* (VII; isomeres Gemisch); 56%. – β-VI (1 : 1; absol. A; HCl) → VII (isomeres Gemisch); 60%. (Nature [London] **171.** 475–76. 14/3. 1953. Debrecen, Ungarn, Univ., Inst. für organ. Chemie.) ROSSOW. 3400

C. G. Nordström, T. Swain und **A. J. Hamblin,** *Die Flavon-Glykoside der Petersilie.* 1. Mitt. *Isolierung von 7-[Apiosyl-glucosyl]-luteolin.* Durch papierchromatograph. Unterss. gelang es Vff. nachzuweisen, daß im alkoh. Petersilienextrakt neben dem *Apiin* (*Apigenin-7-apiosylglucosid*) (I) *7-[Apiosyl-glucosyl]-luteolin* (II) vorkommt u. nicht, wie von VONGERICHTEN [1900] vermutet, ein *Glykosid* des *Diosmetins.* Das Verhältnis I zu II beträgt ca. 5 : 1. Die Trennung gelang an WHATMAN-Papier Nr. 3 mit Butanol–Essigsäure–Wasser-Gemisch (4 : 1 : 5). Nach Eluieren mit 70%ig. A. ergab I bei der Hydrolyse mit verd. HCl *Glucose* u. vermutlich als zweiten Zucker *Apiose,* daneben entstand das Aglykon *Apigenin* (IIIa). II lieferte neben den gleichen Zuckern bei der sauren Verseifung ein Aglykon, das die gleichen Eigg. wie *Luteolin* (IVa) aufwies. – Partielle Verseifung des rohen Petersilienextraktes u. papierchromatograph. Trennung lieferte 2 Prodd., von denen eines als ein Apigeninmonoglucosid erkannt wurde; es lieferte nach Methylierung u. anschließender Hydrolyse ein mit *5.4'-Di-O-methylapigenin* spektralgleiches Prod. u. ist demnach *7-Glucosylapigenin* (IIIb). Die andere Verb. wurde in gleicher Weise als *Luteolin-7-monoglucosid* (IVb) identifiziert, da der Luteolinmethyläther – aus II durch Methylierung u. Hydrolyse erhalten – das gleiche Spektr. wie das *5.3'.4'-Tri-O-methylluteolin* zeigt. Somit stellt II das *7-Apiosylglucosid des Luteolins* dar. – Außerdem konnten Vff. aus den Rohextrakten noch in geringer Menge ein weiteres *Apigeninglucosid* u. ein *Naringeninderiv.* erhalten. (Chem. and Ind. **1953.** 85. 24/1. Cambridge, Low Temp. Res. Stat., u. Bristol, Univ., Dep. of Organ. Chem.) KÜHNEL. 3450

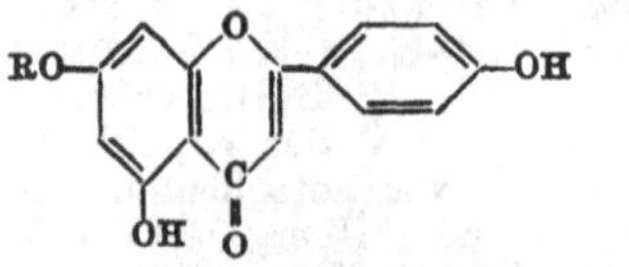

I R = Apiosylglucosyl
IIIa R = H
IIIb R = Glucosyl

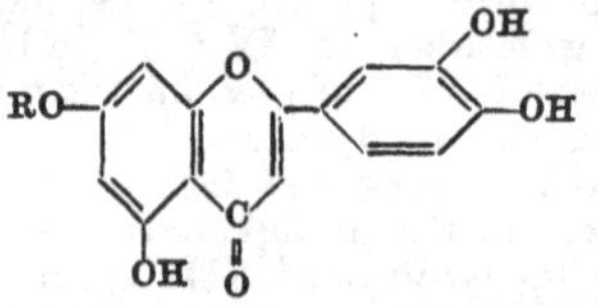

II R = Apiosylglucosyl
IVa R = H
IVb R = Glucosyl

R. Hemming und **W. D. Ollis,** *Die Flavon-Glykoside der Petersilie.* 2. Mitt. *Die Struktur des Apiins.* (1. vgl. vorst. Ref.) Die Behandlung des rohen Apiins mit Dimethylsulfat in alkal. Medium läßt ein durchmethyliertes Prod. entstehen, welches nach Hydrolyse neben methylierten Zuckern *7-Oxy-5.4'-dimethoxyflavon* (II) liefert. Papierchromatograph. Trennung des Zuckergemisches ergab zwei Komponenten, von denen die eine als *3.4.6-Trimethylglucose* (III) identifiziert wurde, während die andere vermutlich *Trimethylapiose* darstellen dürfte. Das Auftreten von II u. III als Hydrolysenprodd. weist auf eine 1–2-Bindung zwischen Apiofuranosyl- u. Glucopyranosylrest hin. Das bei vorsichtiger Hydrolyse entstehende *7-D-Glucosylapigenin,* sowie die starke Linksdrehung der Verb. u. die Bldg. eines *Hexaacetates* zeigen das Vorhandensein einer β-glykosid. Bindung in Apiin an; demzufolge ist ihm die Formel IV zuzuschreiben. Nicht geklärt ist bisher die Konfiguration der glykosid. Bindung zwischen Apiose- u. D-Glucoserest, sowie die Feinstruktur der Apiosehälfte. Vff. nehmen an, daß der Aldehydform des Zuckers die Formel I zukommt u. somit dem Apiosylrest Formel V bzw. VI. (Chem. and Ind. **1953.** 85–86. 24/1.) KÜHNEL. 3450

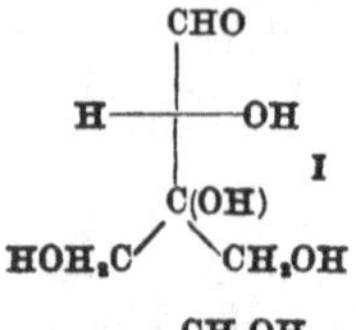

I

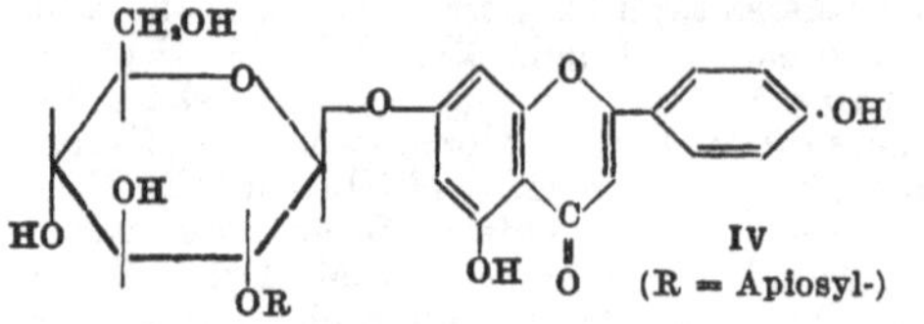

IV (R = Apiosyl-)

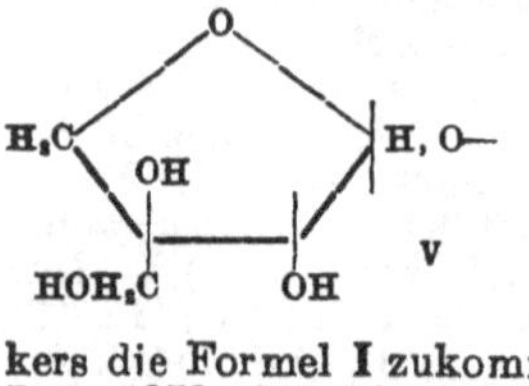

V

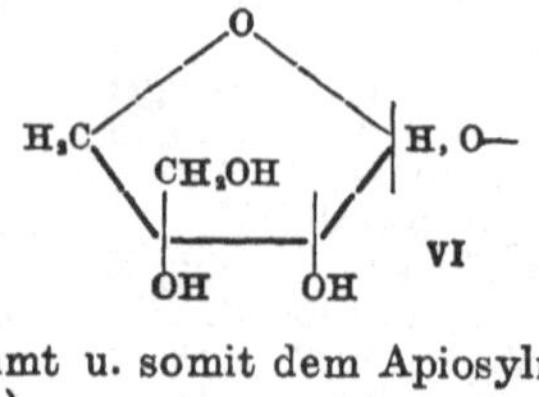

VI

Kakuji Goto und **Izuru Yamamoto,** *Über L-Thebainol.* 64. Mitt. *über Sinomenin.* (63. vgl. Proc. Jap. Acad. **29.** [1953.] 210.) Durch Red. von „L-Thebainon“ mit $LiAlH_4$ in sd. Tetrahydrofuran (2 Std.) erhielten Vff. „*L-(+)-Thebainol*“ (I), $C_{18}H_{23}O_3N$, F. 181, kurze Prismen (Aceton); $[\alpha]_D^{26}$ $+94,5^0$ (c = 1,937; Chlf.); *Diacetylderiv.*, $C_{22}H_{27}O_5N$, F. 173°, Prismen (Aceton). — I bildet mit der gleichen Menge 7-Desmethoxysinomeninol (D-(—)-Thebainol) in CH_3OH ein Racemat, *dl-Thebainol*, F. 193°, Prismen (CH_3OH oder Aceton). — Vff. schlagen vor, alle von Thebain abgeleiteten Verbb. als L-Verbb., alle von Sinomenin abgeleiteten als D-Verbb. zu bezeichnen, obwohl ihre absol. Konfiguration noch nicht feststeht. (Proc. Japan. Acad. **29.** 457—59. Okt. 1953. Tokyo, Kitasato Inst., Dep. of Chem. [Orig.: engl.]) J. ROTHE. 3500

Heisaburo Kondo, Hideyo Kataoka, Genzo Ito, Kanji Nakagawa und **Masato Ikechi,** *Synthese des Cepharanthins.* 1. Mitt. (2. vgl. C. **1592.** 3009.) *5.6-Methylendioxy-2'-methoxydiphenyläther-3.4'-dicarbonsäure* entstand in 10%ig. Ausbeute aus 5-Brompiperonylsäuremethylester u. Vanillinsäuremethylester durch Kondensation mit K-Methylat u. Cu-Pulver. 6-Methoxy-3.4'-ditolyläther wurde durch $KMnO_4$-Oxydation in *6-Methoxydiphenyläther-3.4'-dicarbonsäure* übergeführt. Aus dem Säuredichlorid wurde in einer doppelten ARNDT-EISTERT-Rk. *6-Methoxydiphenyläther-3.4'-diessigsäuredimethylester* synthetisiert.

Versuche: *5-Bromprotocatechualdehyd*, F. 223°, aus Protocatechualdehyd u. Br_2 in Eisessig bei 8—9°; Nadeln (CH_3OH); 57% (Ausbeute). — *Methylensulfat*, F. 150°, aus 450 g 50%ig. rauchender H_2SO_4 u. 50 g Paraformaldehyd bei 60—65° während 2 Std.; 50%. — *5-Brompiperonal*, F. 120°, in die Lsg. des vorvorst. Aldehyds in wss. KOH wird unter Rühren Methylensulfat während 2 Std. eingetragen; orangegelbe Nadeln (Ae.); 17%. — *5-Brompiperonylsäure*, F. 253°, Prismen, durch Oxydation des vorst. Aldehyds mit $KMnO_4$ in Aceton bei 40—45°; 87%. *Methylester*, F. 102°; $Kp._{10}$ 170—171°, durch Veresterung mit CH_3OH/H_2SO_4; Nadeln; 94%. — *Vanillinacetat*, F. 75—77°, aus Vanillin u. Acetanhydrid bei 140—170° im Ölbad; 78%. — *Vanillinsäure*, F. 207°, durch Oxydation vorst. Verb. mit $KMnO_4$ in Aceton u. alkal. Verseifung der Acetylvanillinsäure; 70%. *Methylester*, F. 64°, $Kp._{15}$ 164—165°, Nadeln. — *5.6-Methylendioxy-2'-methoxydiphenyläther-3.4'-dicarbonsäure*, F. 284—285°, Vanillinsäuremethylester wird mit $KOCH_3$ in das K-Salz verwandelt, bei 110° im Vakuum getrocknet u. dann fein gepulvert mit Cu-Pulver u. 5-Brompiperonylester gemischt u. auf 190—200° (5 Std.) erhitzt. Das Reaktionsprod. wird mit Ae. ausgezogen, die Ae.-Lsg. mit KOH-Lsg. gewaschen u. der Ae.-Rückstand destilliert. Nach Abtrennung des Piperonylsäuremethylesters wird der Destillationsrückstand alkal. verseift; Nadeln (CH_3OH); 10%. — *p-Toluidin*, Kp. 197—198°, aus p-Nitrotoluol durch Fe-Red.; 84%. — *p-Kresol*, Kp. 197—200°, über die Diazoniumverb. vorst. Verb.; 71%. — *2-Brom-p-kresol*, Kp. 212—220°, aus p-Kresol u. Br_2 in Chlf. bei 20°; 86%. — *2-Brom-p-kresolmethyläther*, $Kp._{24}$ 113—125°, aus Vorst. u. Dimethylsulfat in wss. NaOH auf dem Wasserbad; 89%. — *6-Methoxy-3.4'-ditolyläther*, $Kp._5$ 157—170°. Ein Gemisch von KOH, p-Kresol, Cu-Pulver u. vorst. Verb. wird bei 100° im Vakuum getrocknet u. 4 Std. bei 200—220° erhitzt; 39%. — *6-Methoxydiphenyläther-3.4'-dicarbonsäure*, F. 302—306°, durch Oxydation vorst. Verb. mit wss. $KMnO_4$-Lsg. auf dem Wasserbad; 47%. *Dichlorid*, F. 84—86°, aus der Säure u. PCl_5 bei 75°; 85%. — *6-Methoxydiphenyläther-3.4'-di-ω-diazomethylketon*, F. 130—132°, gelbliche Nadeln, aus dem Säurechlorid u. äther. CH_2N_2 bei 0—2°; 90%. — *6-Methoxydiphenyläther-3.4'-diessigsäuredimethylester*, $Kp._{0,0125-0,05}$ 233°, aus dem Diazoketon u. Ag_2O in CH_3OH; 51%. — *6-Methoxydiphenyläther-3.4'-diessigsäure*, F. 172—174°; 65%. (Annu. Rep. ITSUU Lab. **1950.** 54—61. [Orig.: engl.]) NEZEL. 3500

Heisaburo Kondo und **Toshikazu Nozoye,** *Untersuchungen über Uncaria-Alkaloide.* 9. Mitt. *Die Struktur des Uncarins.* 6. Mitt. (8. bzw. 5. vgl. J. pharmac. Japan [Yakugakuzasshi] **63.** [1943.] 393; 10. bzw. 7. vgl. C. **1952.** 3331.) *Uncarin A* (I) löst sich in 5%ig. NaOH u. wird durch CO_2 ausgefällt. Da es jedoch keine Diazo-Rk. oder $FeCl_3$-Rk. gibt u. bei der Einw. von CH_2N_2 unverändert bleibt, wird ein enol. Hydroxyl angenommen. I liefert auch ein Methojodid. Die Umwandlung von I in *Uncarin B* u. umgekehrt tritt bei zahlreichen Rkk. ein. Bei der Dehydrierung mit Pd-Acetat traten bei 250 bis 290° β-Kollidin, 3.4-Diäthylpyridin (II) u. bei 300—310° Isochinolin statt II auf. 3-Äthyloxindol u. Acetaldehyd wurden nicht beobachtet. Bei vermindertem Druck entstand bei der Dehydrierung eine neutrale *Verb.* $C_{10}H_{19}ON$, F. 185—186°, die auch beim Erhitzen von I-Methojodid erhalten wurde. Es wird vermutet, daß es sich hierbei um 2.3-Furoindol handelt.

Versuche: *Uncarin-A-methojodid*, $C_{22}H_{29}O_4N_2J$, amorph, aus I u. CH_3J in CH_3OH. — Aus 5 g I wurden beim 8std. Erhitzen bei 98° in verd. Essigsäure 2,5 g

Uncarin B u. 2 g I isoliert. — *Acetyluncarin*, $C_{23}H_{28}O_5N_2$, F. 165°, aus I oder Uncarin B u. Acetanhydrid/H_2SO_4 bei 20°. (Annu. Rep. ITSUU Lab. **1950**. 71—74. [Orig.: engl.]) NEZEL. 3500

A. Chatterjee und **S. Ghosh Majumdar,** *Alkaloide von Glycosmis pentaphylla (Retz.)DC.* 1. Mitt. Vff. isolierten aus *Glycosmis pentaphylla* durch Extraktion mit Ae. bzw. Chlf. 3 Alkaloide: *Skimmianin, Glycosminin* u. *Glycosin* (I). I ist eine ungesätt., einsäurige Base u. enthält 2 akt. H-Atome, eine N-Methyl- u. eine CONH-Gruppe. Das UV-Spektr. zeigt Maxima bei 231, 268, 277 u. 306 mμ; im Infrarotspektr. finden sich Absorptionsbanden bei 3, 6,1 u. 6,2 μ. Katalyt. Hydrierung bzw. Red. mit $LiAlH_4$ in Tetrahydrofuran bei n. Temp. führen zu *Dihydroglycosin*, alkal. Hydrolyse zu Phenylessigsäure u. N-Methylanthranilsäure, Oxydation mit Perjodat zu einer Base vom F. 255—256° u. Benzaldehyd. Auch durch Ozonspaltung wird Benzaldehyd erhalten. Oxydation mit Permanganat liefert *1-Methyl-2-keto-1.2-dihydrochinazolon-(4)*, das auch synthet. aus N-Methylanthranilamid (III) u. Chlorameisensäureester (II) dargestellt wurde. Aus diesen Ergebnisse folgt für I die Struktur *2-Benzyliden-1-methyl-1.2-dihydrochinazolon-(4)*.

V e r s u c h e: *Skimmianin*, $C_{14}H_{13}O_4N$, F. 175—176°, rhomboedr. Prismen, durch 48std. Extraktion von 1 kg getrockneter, gepulverter Blätter von Glycosmis pentaphylla mit Ae., Einengen, Ausziehen mit 2nHCl u. Behandeln mit Na_2CO_3; 0,3 g. *Pikrat*, F. 198° (Zers.), gelbe Nadeln (90%ig. A.). *Chloroplatinat*, Zers. >205 orangefarbene Platten (W.). — *Glycosminin*, F. 225—227°, Nadeln, aus der Mutterlauge vorst. Verb.; 0,03 g. — *Glycosin* (I), $C_{16}H_{14}ON_2$, F. 155—156°, rhomboedr. Prismen (90%ig. A.), durch 48std. Extraktion von 1 kg getrockneter, gepulverter, bereits mit Ae. extrahierter Blätter von Glycosmis pentaphylla mit Chlf. u. Reinigung über das *Hydrochlorid* [F. 209—210° (Zers.; Flocken aus 90%ig. A.)]; 2,5 g; gibt langsame Farb-Rkk. mit FRÖHDEs Reagens (rosa), mit konz. H_2SO_4 + $K_2Cr_2O_7$ (rosa) u. mit Vanillin + konz. HCl (purpurrot). *Pikrat*, F. 171—172° (Zers) gelbe, Nadeln (90%ig. A.). *Chloroplatinat*, Zers. >160°, orangefarbene Platten. — *Dihydroglycosin*, $C_{16}H_{16}ON_2$, F. 196°, Nadeln (Essigester oder A.), aus je 0,5 g I a) mit H_2 u. ADAMS-Platinoxyd bei 28° in A., b) mit $LiAlH_4$ in Tetrahydrofuran (4 Std., Eiskühlung; 0,4 g). — 4std. Erhitzen (100°) von 0,5 g I-Hydrochlorid → *Phenylessigsäure*, F. 70° (verd. A.), u. *N-Methylanthranilsäure*, F. 175°, Nadeln (PAe.–A.; 0,1 g), getrennt durch Dest. bei 0,01 mm. — 4std. Behandeln von I-Hydrochlorid mit 0,05n-HJO_4 bei n. Temp. → *Benzaldehyd* (*2.4-Dinitrophenylhydrazon*, F. 235°, orangerote Kristalle) u. eine *Base vom F. 255—256°*. — Ozonisation von I in Essigester–CH_3COOH bei —75° u. reduktive Spaltung → *Benzaldehyd*. — *1-Methyl-2-keto-1.2-dihydrochinazolon-(4)*, $C_9H_8O_2N_2$, F. 260°, Nadeln (A.), a) durch 6std. Behandeln von 0,5 g I mit $KMnO_4$ in Aceton (Eiskühlung, dann n. Temp.; 0,18 g), b) aus II u. III (2 Std. auf dem Wasserbad Erhitzen, dann 3 Std. Kochen; 1,2 g). (J. Amer. chem. Soc. **76**. 2459—63. 5/5. 1954. Calcutta, Indien, Univ. Coll. of Sci. and Technol., Dep. of Pure Chem.) J. ROTHE. 3500

Lindsay H. Briggs, G. A. Nicholls und **R. M. L. Paterson,** *Chemie der Gattung Coprosma.* 6. Mitt. *Anthrachinonartige Nebenfarbstoffe aus Coprosma australis.* (5. vgl. C. **1950**. I. 2239.) Vff. isolierten aus den aceton. Rindenauszügen von *Coprosma australis* durch chromatograph. Trennung an MgO 3 weitere Nebenfarbstoffe, von denen einer als *Soranjidiol* (*1.6-Dioxy-2-methylanthrachinon*) u. ein anderer als *Rubiadin* (*1.3-Dioxy-2-methylanthrachinon*) identifiziert werden konnte. Die dritte Verb. wurde als *Copareolatin-1*(oder *5*)*.6-dimethyläther* (I) erkannt. (Die bisherige Bezeichnung „*Areolatin*" für den Grundkörper *1.5.6.7-Tetraoxy-2-methylanthrachinon* [vgl. 2. u. 3. Mitt., J. chem. Soc. (London) **1948**. 568 u. 990] wurde durch „*Copareolatin*" ersetzt, da der Name „*Areolatin*" einer in ihrer Konst. bisher noch nicht aufgeklärten Verb. aus *Pertusaria rupestris* [*P. communis* (β) *areolata*] zugeordnet ist.) I ist isomer mit der durch partielle Methylierung von Copareolatin erhaltenen Verb., die wahrscheinlich die *6.7-Dimethoxyverb.* ist. Vergleichende UV-Spektraluntersс. von I, *Anthragallol*, *-1.2-dimethyäther*, *-trimethyläther*, *-2-methyläther*, *Copareolatin*, *-tetramethyläther* (II), *-1* (oder *5*)*.6.7-trimethyläther*, *-6-methyläther* u. *-6.7-dimethyläther* (Tabelle u. Kurven) führten zu keinem eindeutigen Nachw. über die Stellung der zweiten CH_3O-Gruppe in I.

V e r s u c h e: Nach Ausziehen des rohen Pigments aus der Rinde von Coprosma australis mit sd. Aceton wurde an MgO chromatographiert, mit Aceton + wenig CH_3COOH entwickelt. 1. Bande: *Morindon*. — 2. Bande: *Copareolatin-1*(oder *5*)*.6-dimethyläther* (I), $C_{17}H_{14}O_6$, F. 271° nach vorhergehendem Dunkeln, Sintern u. Sublimieren; orangefarbene hexagonale Platten aus Eisessig. Die Verb. ist orangerot in

NaOH u. Sodalsg., violett in konz. H_2SO_4 lösl.; mit $FeCl_3$ Braunfärbung. *Diacetat*, $C_{21}H_{18}O_8$, Zers. 131° bei langsamem Erhitzen, aus A. cremefarbene Nadeln. — Durch vollständige Methylierung mit Dimethylsulfat konnte I in den *Copareolatintetramethyläther* (II) übergeführt werden, F. 182—183°, aus A. hellgelbe Nadeln. — *Copareolatin-6-methyläther*, $C_{16}H_{12}O_6$, F. 241°, durch partielle Entmethylierung von 90 mg I mit 80%ig. H_2SO_4 (1½ Std. bei 100°) u. anschließende chromatograph. Trennung an MgO; orangefarbene Nadeln aus Eisessig; 50 mg; in 10%ig. NaOH u. Sodalsg. mit roter Farbe lösl., mit $FeCl_3$ Braunfärbung. — 3. Bande: *Soranjidiol*, F. 287—288°, aus Eisessig orangegelbe Nadeln. — 4. Bande: *Rubiadin*, F. 297°, gelbe Platten aus Eisessig. *Diacetat*, F. 235°, blaßgelbe Nadeln aus Acetanhydrid. — 5. Bande: *Rubiadin-1-methyläther*. — *Copareolatin-1*(oder *5*)*.6.7-trimethyläther*, $C_{18}H_{16}O_6$, F. 177—178°, durch chromatograph. Trennung einer Lsg. von rohem Copareolatin-6.7-dimethyläther (vgl. 2. Mitt., l. c.) an MgO; gelbe Nadeln aus A.; unlösl. in Sodalsg., lösl. mit roter Farbe in 10%ig. NaOH, mit $FeCl_3$ Braunfärbung; durch Weitermethylierung wird II erhalten. (J. chem. Soc. [London] **1952**. 1718—22. Mai. Auckland, New Zealand, Univ. Coll.) KÜHNEL. 3550

Ralph N. E. Bennett und **Frank L. Warren**, *Die Euphorbiaharze*. 3. Mitt. *Die Epimerisation und Dehydratation von Euphol*. (2. vgl. HAINES u. WARREN, J. chem. Soc. [London] **1949**. 2554; 5. vgl. KRÜSI, C. **1954**. 10726.) Vff. dehydrierten Euphol u. Dihydroeuphol (II) mit CuO zu *Euphon* (I) bzw. *Dihydroeuphon* (III). Der Vgl. der Spektren von I mit Euphylacetat zeigte, daß I kein α.β-ungesätt. Keton ist. Katalyt. Red. von I mit ADAMS-Katalysator ergab bei Normaldruck III, bei erhöhtem Druck dagegen II. Die MEERWEIN-PONDORFF-Rk. ließ sich unter n. Bedingungen nicht durchführen, ergab jedoch in Toluol oder Isobutanol in geringer Menge *Epieuphol*, dessen Red. mit ADAMS-Katalysator unter Druck *Dihydroepieuphol* lieferte. Das *Acetat* hiervon zeigte mit Epieuphylacetat nur eine F.-Depression von 3°. Durch Sieden von Euphyl-p-toluolsulfonat mit Essigsäure oder Pyridin wurde *Euphatrien* erhalten, das katalyt. zu *Euphen* hydriert werden konnte.

Versuche: *Euphon* (I), $C_{30}H_{48}O$, F. 117—118°, a) durch 12 Min. Erhitzen von Euphol mit frischgefälltem Cu auf 330—340° u. Dest. bei 180—240°/5 mm; aus CH_3OH + Aceton u. A. große Nadeln; $[\alpha]_D^{20}$ +78,2° (c = 1; Chlf.); b) durch 15 Min. Erhitzen von Euphol mit CuO unter CO_2 auf 300° u. Chromatographie an Al_2O_3(PAe.); 80% (Ausbeute). *Oxim*, $C_{30}H_{49}ON$, aus A. Platten, F. 192—193°; $[\alpha]_D^{20}$ +7,5° (c = 1; Chlf.). — *Dihydroeuphon* (III), F. 64° (A.), durch Oxydation von II mit CuO wie vorst.; b) durch katalyt. Hydrierung von I. *Oxim*, $C_{30}H_{51}ON$, aus A. Platten, F. 205—206°; $[\alpha]_D^{20}$ +3° (c = 1; Chlf.). — *Dihydroeuphol* (II), F. u. Misch-F. 117—118°, a) durch Hydrierung von I mit ADAMS-Katalysator bei 50 at; 100%; b) durch Behandeln von III mit Al-Isopropylat in Toluol u. Chromatographie (Ae.); Nadeln (A.), F. 120 bis 121°; c) 1std. Rückflußkochen wie vorst., Gießen in W., Ausäthern u. Behandeln mit Acetanhydrid + Pyridin ergab das *Acetat*, F. + Misch-F. 122—124°. — *Epieuphol*, $C_{30}H_{50}O$, F. 125°, a) durch 6std. Rückflußkochen von 1 g I mit Al-Isopropylat in Isobutanol im Ölbad bei 160° unter gelegentlichem Zufügen weiterer Mengen von Propylat u. Butanol, Abblasen mit Wasserdampf, Ansäuern mit verd. H_2SO_4, Ausäthern u. Chromatographieren; aus Aceton u. CH_3OH verfilzte Nadeln; $[\alpha]_D^{20}$ +22,6° (c = 0,9; Chlf.); 0,2 g; Misch-F. mit Euphol 88—94°, mit II 90—95°. Daneben ein nicht identifiziertes, schwerer eluierbares, unreines Produkt; b) durch 4std. Rückflußkochen von 1 g I mit Al-Isopropylat in Toluol, Zufügen von absol. Isopropanol, Abdest., Ausäthern u. Chromatographie. *Acetat*, $C_{32}H_{52}O_2$, aus CH_3OH stark lichtbrechende Platten, F. 112—113°; $[\alpha]_D^{20}$ —66° (c = 0,95; Chlf.). — *Dihydroepieuphol*, $C_{30}H_{52}O$, F. 128—129°, durch 6std. Hydrieren von vorst. Verb. in A. mit PtO_2 bei 80 at; aus CH_3OH verfilzte Nadeln; $[\alpha]_D^{20}$ +33,9° (c = 0,73; Chlf.); Misch-F. mit Epieuphol 108—110°. *Acetat*, $C_{32}H_{54}O_2$, aus CH_3OH lichtbrechende Platten, F. 111°; $[\alpha]_D^{20}$ —612° (c = 0,97; Chlf.); Misch-F. mit vorst. Acetat 108—110°. — *Euphyl-p-toluolsulfonat*, $C_{37}H_{56}O_3S$, F. 103,5—104,5°, durch 18std. Rk. von Euphol mit p-Toluolsulfochlorid in Pyridin bei 20°, Gießen in W., Ausäthern u. Chromatographieren; aus Aceton + W. Nadeln. — *Euphatrien*, $C_{30}H_{48}$, F. 116—117°, durch 2std. Rückflußkochen vorst. Verb. mit getrocknetem $CaCO_3$ in Pyridin, Gießen in W., Ausäthern nach Chromatographieren, Hydrolysieren u. Rechromatographie; aus Aceton große Nadeln; $[\alpha]_D^{20}$ +115,8° (c = 1; Chlf.). — *Euphen*, $C_{30}H_{52}$, F. 58—60°, durch Hydrieren vorst. Verb. in Essigester–Essigsäure mit ADAMS-Katalysator; aus Aceton Nadeln; $[\alpha]_D^{20}$ +37,6° (c = 1,03; Chlf.). (J. chem. Soc. [London] **1950**. 697—99. Febr.) LEHWALD. 3600

G. S. Davy, T. G. Halsall, E. R. H. Jones und **G. D. Meakins**, *Die Chemie der Triterpene*. 10. Mitt. *Die Konstitution einiger Isomerisierungsprodukte aus Betulin und*

Betulinsäure. (9. vgl. C. **1954.** 327.) Zur vollständigen Sicherung der Konst. des *Trioldiacetats* (**Ia**) wurde **Ia** sowohl mit BF_3-Acetanhydrid bei 20° als auch mit $POCl_3$-Pyridin bei 100° behandelt; in beiden Fällen konnte *Moradioldiacetat* (**II**) isoliert werden. CrO_3-Oxydation von **Ia** lieferte das *Ketodioldiacetat* (**III**), das durch $LiAlH_4$-Red. in das Triol (**I**) rückverwandelt werden konnte. — Vff. ziehen bzgl. der Konfiguration von **Ia** u. der von *Betulin* (**IV**) folgende Schlüsse (vgl. BARDON u. HOLNESS, Chem. and Ind. **1951.** 233): 1. Die Oxygruppe am $C_{(19)}$ ist polar u. trans-ständig zum Wasserstoffatom am $C_{(18)}$, das bei der Dehydratisierung mit abgespalten wird (Leichtigkeit der Wasserabspaltung u. der Oxydation, schwierige Acetylierbarkeit); 2. die Oxymethylgruppe am $C_{(17)}$ steht in cis-Stellung zur Oxygruppe am $C_{(19)}$ (Bldg. von **I** aus Oxyallobetulon [**V**] durch $LiAlH_4$-Red.). Daraus ergibt sich die trans-Verknüpfung der Ringe D/E in **I** u. in **IV**. — Die Stellung der Isopropenylseitenkette in **IV** relativ zum Substituenten an $C_{(17)}$ wird diskutiert; es besteht die Möglichkeit, daß beide Gruppen in trans-Stellung zueinanderstehen. — Für den aus **IV** durch Kochen mit Ameisensäure erhältlichen gesätt. Äther *Allobetulin* machte die Analogie zu **V** die Formel **VI** wahrscheinlich; CrO_3-Oxydation von **VI**-Acetat lieferte *Oxyallobetulinacetat* (= *Acetylbetulinsäurelacton* [**IVa**]), das durch Verseifung u. CrO_3-Oxydation in **V** übergeführt werden konnte.

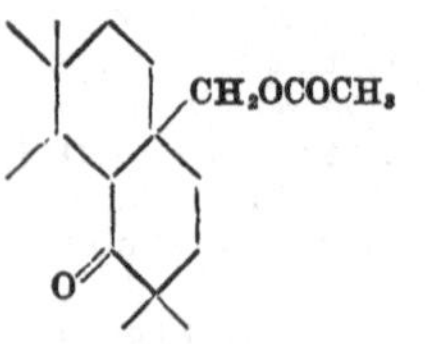

III

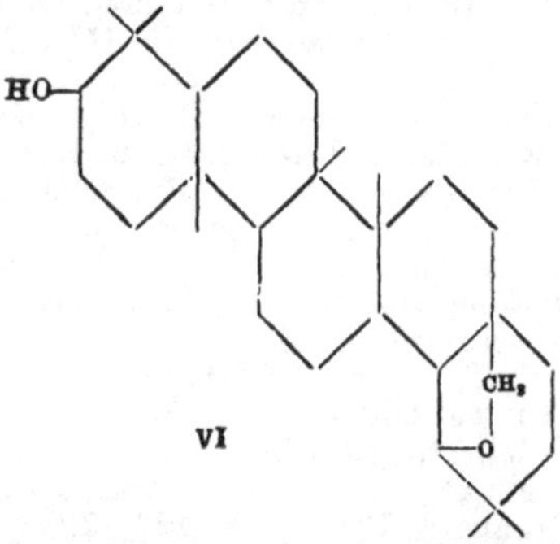

VI

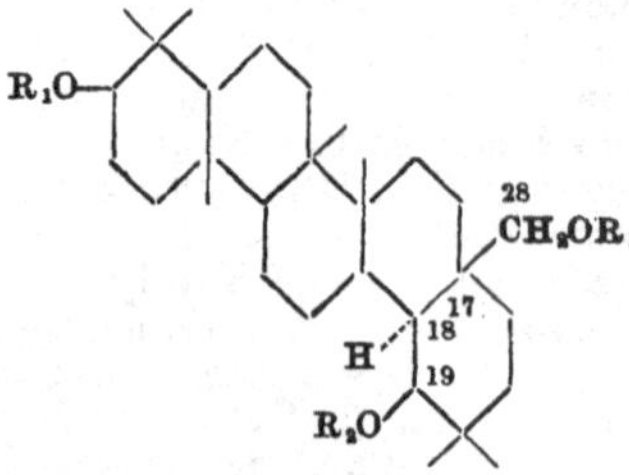

I: $R_1 = R_2 = H$;
Ia: $R_1 = CH_3CO$; $R_2 = H$

Versuche (FF. im KOFLER-Block u. korr., Drehungen in Chlf.; Chromatographie an Al_2O_3 der Aktivität I—II): *Moradioldiacetat* (**II**), F. 274,5—276° (Chlf.–Methanol), durch Behandlung von 100 mg **Ia** in Acetanhydrid mit BF_3–Essigsäure-Komplex (18 Std. bei 20°); nach Aufarbeitung wurde chromatographiert u. mit Bzl.–PAe. (1 : 1) eluiert; 27 mg (Ausbeute). Elution mit Bzl. lieferte ein nicht kristallisierbares Harz (61 mg), vermutlich **I**-Triacetat. **II** auch durch 1½std. Erhitzen von 100 mg **Ia** mit $POCl_3$ in Pyridin auf 100°; F. u. Misch-F. 276—277,5°; 64 mg. — *Ketodioldiacetat* (**III**), $C_{34}H_{54}O_5$, F. 220—222,5° (Methanol), durch CrO_3-Oxydation von **Ia** (477 mg) in Chlf.–Aceton–wss. Eisessig (45 Min., 20°); nach Aufarbeitung wurde aus Methanol krist., die Mutterlaugen eingeengt u. daraus **III** erhalten; $[\alpha]_D^{20}$ +37° (c = 0,90); 80 mg; ident. mit einem Prod. von BARTON u. HOLNESS (l. c.). — *Oxyallobetulinacetat* (**IVa**), F. > 360°, durch 15 Min. Kochen von 663 mg **VI**-Acetat mit CrO_3 in Eisessig; nach Chromatographie des Rohprod. (350 mg) aus Chlf.–Methanol Blättchen. — *Oxyallobetulon* (**V**), $C_{30}H_{46}O_3$, F. 333—334° (Umwandlungspunkt bei ca. 230°), durch 2std. Kochen von 220 mg **IVa** mit alkoh. KOH, 18std. CrO_3-Oxydation des Rohprod. in Chlf.–Eisessig bei 20° u. Al_2O_3-Chromatographie (eluiert mit Bzl.; 70 mg); $[\alpha]_D^{20}$ +84,7° (c = 1,05). (J. chem. Soc. [London] **1951.** 2702—05. Okt. Manchester, Univ.) FRUHSTORFER. 3600

W. G. Dauben, J. F. Eastham, R. A. Micheli, K. H. Takemura, L. Mandell und J. M. Chemerda, *Darstellung von $\Delta^{5,7}$-Steroiddienen.* (Vorl. Mitt. vgl. C. **1953.** 6897.) Bei der Behandlung von $\Delta^{4,6}$-Cholestadien-3-on (**I**) mit Acetylchlorid u. Acetanhydrid wird *3-Acetoxy-$\Delta^{3,5,7}$-cholestatrien* (**II**) gebildet. Die entsprechende Behandlung des aus Diosgenin durch Oxydation erhaltenen *$\Delta^{4,6}$-22-Isospirostadien-3-ons* (**III**) gibt *3-Acetoxy-$\Delta^{3,5,7}$-22-isospirostatrien* (**IV**), die Enolacetylierung in Ggw. von 1 Äquivalent Pyridin liefert dagegen *3.26-Diacetoxy-$\Delta^{3,5,7,20,22}$-furostatetraen,* während die Acetylierung mit Acetylchlorid u. Acetanhydrid in Ggw. von HCl unter Bldg. von *3-Chlor-$\Delta^{3,5,7}$-22-isospirostatrien* die Seitenkette intakt läßt. Die Red. von **II** mit $NaBH_4$ liefert *7-Dehydrocholesterin* (**V**), die Red. von **IV** läßt sich mit ähnlichem Erfolg durchführen (vgl. RINGOLD, ROSENKRANZ u. DJERASSI, C. **1953.** 866). Bei der **Rk.** von **I** oder **III** mit Acetanhydrid u. überschüssigem Pyridin bzw. mit Isopropenylacetat werden die entsprechenden *3-Acetoxy-$\Delta^{2,4,6}$-triene* erhalten. Zur Erklärung des

Reaktionsmechanismus wird angenommen, daß bei der sauren Katalyse ein Säurerest mit dem $C_{(3)}$-Carbonyl reagiert, wobei der Übergangszustand infolge Hyperkonjugation für das $\Delta^{3.5.7}$-Trien besser stabilisiert wird als für das $\Delta^{2.4.6}$-Trien. Dagegen wird im bas. Medium das weniger gehinderte $C_{(2)}$-Proton durch die Base angegriffen, wobei sich das Enolat des $\Delta^{2.4.6}$-Triens bildet, das dann acetyliert wird.

Versuche: *3-Acetoxy-$\Delta^{3.5.7}$-cholestatrien* (II), $C_{29}H_{44}O_2$, F. 101—102° (Ae.–Methanol), aus I in Acetanhydrid u. Acetylchlorid (18 Std. auf dem Dampfbad im Dunkeln unter N_2); $[\alpha]_D^{25}$ —149,3° (c = 0,288; in Chlf.); 24,6% (Ausbeute). Zur Red. wird II in Ae. u. Methanol mit $NaBH_4$ in wss. Methanol 3½ Std. bei Zimmertemp. im Dunkeln unter N_2 gerührt, nach Fällung als Digitonid werden durch Umsetzung mit 3.5-Dinitrobenzoylchlorid 42% V-*3.5-Dinitrobenzoat* (F. 206,3—207,0°, gelborangefarbene Nadeln aus Aceton) erhalten; in anderen Verss. werden 75 mg (aus 100 mg II) *7-Dehydrocholesterin* (V, F. 142—143°, aus Ae.–Methanol; $[\alpha]_D^{25}$ —115°) bzw. 37% V-*Benzoat* (F. 126—129°; $[\alpha]_D^{25}$ —48,7°) erhalten. — *3-Acetoxy-$\Delta^{2.4.6}$-cholestatrien* (VI), $C_{29}H_{44}O_2$, F. 101—103,5° (eingetaucht bei 100°, trübe Schmelze bei 102,5°, klare Schmelze bei 103,5°; aus Ae.–Methanol). Aus einer Lsg. von 1,0 g I u. 0,1 g p-Toluolsulfonsäure in 40 ml Bzl. werden 20 ml abdest., nach Zusatz von 10 ml Isopropenylacetat wird 4 Std. am Rückfluß unter N_2 im Dunkeln gekocht; $[\alpha]_D^{25}$ —18,5° (Chlf.)· 85%. — *$\Delta^{4.6}$-22-Isospirostadien-3-on* (III), F. 208—210° (nach Chromatographie, Elution mit Ae.), aus 50 g Diosgenin u. 300 g Benzochinon in 3500 ml Toluol (100 ml abdest.) u. 101 g Al-tert.-Butylat (1½ Std. am Rückfluß); 24 g. — *3-Acetoxy-$\Delta^{3.5.7}$-22-isospirostatrien* (IV), F. 187—190° (Ae. u. Methanol), aus III analog II (16 Std.); 18,2%. — *3-Chlor-$\Delta^{3.5.7}$-22-isospirostatrien*, $C_{27}H_{37}O_2Cl$, F. 156—157,5° (nach Chromatographie aus Bzl.–Methanol), aus III in einer Mischung aus Acetylchlorid u. Acetanhydrid, durch die vorher 10 Min. lang HCl durchgeleitet wurde (5 Std. am Rückfluß); 35,1%. — *3.26-Diacetoxy-$\Delta^{3.5.7.20.22}$-furostatetraen*, $C_{31}H_{42}O_5$, F. 101—103° (Methanol), aus III in Acetanhydrid, Acetylchlorid u. 1 Mol (pro Mol III) Pyridin (3 Std. am Rückfluß); 41,4%. — *3-Acetoxy-$\Delta^{2.4.6}$-22-isospirostatrien*, $C_{29}H_{40}O_4$, F. 166—169° (Bzl.–Methanol), aus III analog VI; $[\alpha]_D^{25}$ —104°; 90,6%. — Die UV-Maxima der dargestellten Verbb. sind angegeben. (J. Amer. chem. Soc. **75.** 3255—58. 5/7. 1953. Berkeley, Calif., Univ., Chem. Labors., u. Rahway, N. J., Merck & Co., Inc., Res. Labors.) H.-J. KOCH. 3700

Andre S. Dreiding und **Walter J. Pummer**, *Dehydrierung und Strukturbeweis von 1-Methylöstron.* Der *Methyläther* (I) des durch Umlagerung von $\Delta^{1.4}$-Androstadien-3.17-dion mit Mineralsäuren (DREIDING u. Mitarbeiter, J. Amer. chem. Soc. **75.** [1953.] 3159) bzw. von $\Delta^{1.4.6}$-Androstatrien-3.17-dion mit Acetanhydrid u. p-Toluolsulfonsäure u. nachfolgende Hydrierung (DJERASSI u. Mitarbeiter, C. **1951.** II. 2190) erhaltenen *1-Methylöstrons* liefert bei der Dehydrierung mit Pd-Kohle *1-Methylisoequileninmethyläther* (II) u. *1-Äthyl-2.5-dimethyl-7-methoxyphenanthren* (III). Die Struktur für II wird in Analogie zur Dehydrierung von Östronmethyläther zu Isoequileninmethyläther angenommen, dessen Infrarotspektr. mit dem von II fast übereinstimmt, außerdem ist II nicht ident. mit dem zum Vgl. dargestellten *1-Methylequileninmethyläther*, der ebenso wie II zu III dehydriert wird. III wird zum Vgl. aus γ-[2-Methyl-4-methoxyphenyl]-buttersäure (IV) dargestellt. IV liefert beim Ringschluß nach einer modifizierten Meth. von GILMORE u. HORTON (C. **1953.** 212) *5-Methyl-7-methoxytetralon-(1)*, das bei der Red. nach WOLFF-KISHNER *6-Methoxy-8-methyltetralin* u. daraus durch CrO_3-Oxydation *6-Methoxy-8-methyltetralon-(1)* (V) gibt. Dieses wird durch REFORMATSKI-Kondensation mit Äthylbromacetat u. anschließende Dehydratisierung, Dehydrierung u. Verseifung in *6-Methoxy-8-methylnaphthyl-(1)-essigsäure* verwandelt, die durch $LiAlH_4$ zum Alkohol red. wird. Dieser wird als Methansulfonat durch Malonestersynth. in α-Methyl-γ-[6-methoxy-8-methylnaphthyl-(1)]-buttersäure (VI) übergeführt, die auch durch REFORMATSKI-Rk. von V mit Methyl-γ-bromtiglat u. anschließende Dehydratisierung, Disproportionierung u. Verseifung erhalten wird. Das Säurechlorid von VI wird mit $SnCl_4$ zu *1-Keto-2.5-dimethyl-7-methoxy-1.2.3.4-tetrahydrophenanthren* cyclisiert, das bei Behandlung mit C_2H_5MgJ u. nachfolgender Dehydrierung III liefert.

Versuche: *1-Methylisoequileninmethyläther* (II), $C_{20}H_{22}O_2$, F. 140,5—142° (Methanol), aus I mit 5%ig. Pd-Kohle bei 350° (5 Min. unter N_2); 70% (Ausbeute); *symm.-Trinitrobenzolkomplex*, $C_{26}H_{25}O_8N_3$, F. 129—130°, orangefarbene Nadeln aus Methanol. Daneben aus den Mutterlaugen 7% *1-Äthyl-2.5-dimethyl-7-methoxyphenanthren* (III), $C_{19}H_{20}O$, F. 115—116,7°; *symm.-Trinitrobenzolkomplex*, $C_{25}H_{23}O_7N_3$, F. 133—135°, gelbe Nadeln aus Methanol; *Pikrat*, $C_{25}H_{23}O_8N_3$, F. 118—119°, orangefarbene Nadeln aus Methanol. Nach 30minütiger Dehydrierung von I werden 33% III erhalten. — *1-Methylequileninmethyläther*, $C_{20}H_{22}O_2$, F. 205—207°, aus 1-Methylequilenin (nach DJERASSI, l. c.) in A. mit wss. NaOH u. Dimethylsulfat; kurze rosafarbene Nadeln aus Methanol. Wird durch Dehydrierung analog **II** (15 Min.) in **III** verwandelt (35%). — *5-Methyl-7-methoxytetralon-(1)*, F. 243° (Zers.), aus **IV** mit P_2O_5/85%ig. H_3PO_4 (1 : 1) (1½ Std. auf dem Wasserbad); gelbe Nadeln aus Ae.–PAe.; 78%. *2.4-Dinitrophenylhydrazon*, $C_{18}H_{18}O_5N_4$, F. 243° (Zers.), orangefarbene Nadeln aus Äthylacetat. — *6-Methoxy-8-methyltetralin*, $Kp._{0,3}$ 86,5°, F. 16—17°, aus vorst. Verb., KOH, Hydrazinhydrat u. Äthylenglykol (1 Std. am Rückfluß); n_D^{25} 1,5474; 85%. Spaltung der Ätherbindung mit HJ/rotem P gibt *4-Methyl-ar-tetralol-(2)*, F. 104—105°. — *6-Methoxy-8-methyltetralon-(1)* (**V**), $C_{12}H_{14}O_2$, F. 69,5—70,5° (Methanol), aus vorst. Verb. in Eisessig, Propionsäure u. CrO_3 in wss. Eisessig (im Verlaufe von 2 Std. im Eisbad, dann 3 Wochen bei 0°); nach Chromatographie (Bzl.) Tafeln; 44,5%. *2.4-Dinitrophenylhydrazon*, $C_{18}H_{18}O_5N_4$, F. 236° (Zers.; aus Äthylacetat). — *6-Methoxy-8-methylnaphthyl-(1)-essigsäure*, $C_{14}H_{14}O_3$, F. 197—198°, aus **V** u. Äthylbromacetat in Ae.–Bzl. (4 : 1), anschließend Behandlung mit geschmolzenem $KHSO_4$ bei 160°, Dehydrierung mit Pd-Kohle bei 250° u. Verseifung, lange Nadeln aus Ae.–Bzl.; 55%. — *β-[6-Methoxy-8-methylnaphthyl-(1)]-äthanol*, $C_{14}H_{16}O_2$, F. 70—71°, aus dem Methylester vorst. Verb. mit $LiAlH_4$ im Verlaufe von 2 Std., dann noch 2 Std. am Rückfluß; aus Cyclohexan Nadeln; 88%. *Methansulfonat*, $C_{15}H_{18}O_4S$, F. 112,5 bis 113,5°, aus dem Alkohol in Pyridin u. Methansulfonylchlorid im Eisbad (15 Min. bei Zimmertemp.); 85%. — *α-Methyl-γ-[6-methoxy-8-methylnaphthyl-(1)]-buttersäure* (**VI**), $C_{17}H_{20}O_3$, F. 116—118°, a) aus vorst. Methansulfonat u. K-Malonester in Bzl.; die rohe *Malonsäure* (F. 212—220° nach der Verseifung) wird mit CH_2N_2 verestert u. nach Umwandlung in das K-Salz mit CH_3J bis zur neutralen Rk. (Phenolphthalein) behandelt; anschließend Verseifung u. Decarboxylierung bei 160°; schwachgelbe Mikrokristalle aus Ae.–PAe.; 18%; b) der rohe REFORMATSKI-Ester aus **V** u. Methyl-γ-bromtiglat (in Ae.–Bzl.) wird mit $KHSO_4$ dehydratisiert, mit Pd-Kohle isomerisiert (STORK, C. **1947**. E. 539) u. verseift; 1,8% (65% **V** zurück). — *1-Keto-2.5-dimethyl-7-methoxy-1.2.3.4-tetrahydrophenanthren*, $C_{17}H_{18}O_2$, F. 175—176,5° (Ae.–PAe.); aus **VI** in Bzl. u. Oxalylchlorid wird das Säurechlorid bereitet u. nach BACHMANN, COLE u. WILDS (J. Amer. chem. Soc. **62**. [1940.] 824) cyclisiert; 59%. — *1-Äthyl-2.5-dimethyl-7-methoxy-3.4-dihydrophenanthren*, F. 114,5—116° (Methanol), aus vorst. Verb. u. C_2H_5MgJ in Ae. (1 Std. am Rückfluß); 87%. Gibt bei der Dehydrierung mit Pd-Kohle (7 Min. bei 250—260°) **III** (61%). — Zum Konstitutionsbeweis werden die UV-Spektren in A. u. die Infrarotspektren in Mineralöl angegeben. (J. Amer. chem. Soc. **75**. 3162—65. 5/7. 1953. Detroit, Mich., Inst. of Cancer Res., Rollin H. Stevens Mem. Labor., u. Wayne Univ., Dep. of Chem.) H.-J. KOCH. 3750

R. P. Graber, A. C. Haven jr. und N. L. Wendler, *$\Delta^{9,11}$-Dehydrocorticosteroide. Synthese von $\Delta^{9,11}$-Anhydro-17-oxycorticosteronacetat.* 20-Cyan-Δ^{17}-pregnen-11β.21-diol-3-on-21-acetat (**I**) wird durch Behandlung mit $POCl_3$ u. Pyridin bei Zimmertemp. bzw. durch Kochen mit HCl–Essigsäure in das *$\Delta^{9,11}$-Anhydrocyanpregnen* (**II**) verwandelt, das sich mit OsO_4 zu *$\Delta^{9,11}$-Pregnen-17α.21-diol-3.20-dion-21-acetat* (**III**) hydroxylieren läßt. **II** wird auch leicht durch direkte Dehydratation von Pregnan-11β.17α.21-triol-3.20-dion-21-acetat (**IV**; 4.5-Dihydro-17-oxycorticosteronacetat) mit $POCl_3$ u. Pyridin erhalten. Die Bromierung von **III** u. nachfolgende Dehydrobromierung mit Semicarbazid führt zu *$\Delta^{9,11}$-Anhydro-17-oxycorticosteronacetat*, das in geringer Ausbeute auch bei der direkten Dehydratation von 17-Oxycorticosteronacetat gewonnen wird. Bei der HBr-katalysierten Bromierung von **IV** wurde auf Grund des Abfalls der opt. Drehung beobachtet, daß **IV** in Essigsäure (ebenso in Chlf. oder Acetonitril) bei Zimmertemp. eine Dehydratation zu **III** erfährt, dagegen durch p-Toluolsulfonsäure (bis zu 1 Mol) nicht dehydratisiert wird.

V e r s u c h e (FF. auf dem Mikroheiztisch): *20-Cyan-$\Delta^{9,11,17}$-pregnadien-21-ol-3-on-21-acetat* (**II**), $C_{24}H_{31}O_3N$, F. 127—129°, a) aus **I** in Pyridin in Ggw. von W. u. $POCl_3$ (3 Tage bei Zimmertemp.); nach Chromatographie aus Äthylacetat–PAe. u. Ae.–PAe. (Kp. 30—60°) Rosetten von schweren Nadeln; $[\alpha]_D^{25}$ +60,5° (c = 0,94 in Aceton); 53% (Ausbeute); b) aus **I** in konz. HCl/Eisessig (1 : 4), 20 Min. am Rückfluß, nach Zusatz von weiterer HCl/Eisessig-Mischung noch 20 Min. kochen, anschließend Acetylierung; 37%. — *$\Delta^{9,11}$-Pregnen-17α.21-diol-3.20-dion-21-acetat* (**III**), $C_{23}H_{32}O_5$, F. 207—210,5°, a) aus 2,13 g **II** u. OsO_4 in Bzl. u. Pyridin (1 Tag bei Zimmertemp.), Behandlung mit konz. HCl (2 Std.), mit 5%ig. wss. K_2CO_3 (1½ Std.) u. mit Chlf., Pyridin u. Acetanhydrid (bei Zimmertemp. über Nacht); körnige Prismen aus Aceton–Ae.; $[\alpha]_D^{25}$ +49,1° (c = 1,07 in Aceton), +55,5° (c = 1,105 in Essigsäure); 1,57 g; b) aus **IV** in trockenem Pyridin u. $POCl_3$ (bei Zimmertemp. über Nacht); 73%; c) aus 1,003 g **IV** in Eisessig in Ggw. von 0,97 n HBr (in Eisessig) bei Zimmertemp. bis zum konstanten opt. Drehwert (ca. 24 Std.); 1,095 g (Rohprod.), mit 0,01 n HBr in Chlf. oder mit 0,01 n HBr in Acetonitril 52 bzw. 50,8%. — *4-Brom-$\Delta^{9.11}$-pregnen-17α.21-diol-3.20-dion-21-acetat*, $C_{23}H_{31}O_5Br$, F. 211,5—212° (Zers.; aus Ae.), aus 1,02 g **III** in Eisessig u. 0,10 n Br_2 (in Eisessig) (50 Min.); $[\alpha]_D^{23}$ +93,1° (c = 0,912 in Chlf.); 0,695 g. Liefert bei Behandlung mit Zn-Staub in Eisessig (40 Min. bei 90°) **III** zurück. — *$\Delta^{4.9.11}$-Pregnadien-17α.21-diol-3.20-dion-21-acetat* (*$\Delta^{9.11}$-Anhydro-17-oxycorticosteronacetat*), $C_{23}H_{30}O_5$, F. 231,5—234,5° (Chlf.–Ae.), a) aus 0,52 g vorst. Verb. in Eisessig u. einer Lsg. von Semicarbazidhydrochlorid u. entwässertem Na-Acetat in wss. Eisessig (1 Std. bei 90° unter N_2), anschließend Zusatz von Brenztraubensäure, Na-Acetat u. W. (1 Std. bei 90°); $[\alpha]_D^{22}$ +124° (c = 1,04 in Chlf.); 0,31 g; b) aus 1,22 g 17α-Oxycorticosteronacetat analog **III** (b); 0,042 g. Die UV-Maxima von dieser Verb. u. von **II** sind angegeben. (J. Amer. chem. Soc. **75.** 4722—24. 5/10. 1953. Rahway, N. J., Merck & Co., Inc., Res. Labors.) H.-J. KOCH. 3750

Joan M. L. Stephen, *Abbauuntersuchungen an dem bei der chymotryptischen Verdauung von Insulin entstehenden Herzstück („core“).* Bei der Einw. von Chymotrypsin auf Insulin entsteht eine Anzahl von Peptidfragmenten, die in 0,25 n Trichloressigsäure lösl. sind, während ein Herzstück („core“) vom Mol.-Gew. ca. 5000 zurückbleibt. Das Dinitrophenyl (DNP)-deriv. des Herzstücks wurde mit Perameisensäure oxydiert, wobei 3 sich in der Löslichkeit unterscheidende Fraktionen erhalten wurden. Das Herzstück selbst wurde ebenfalls mit Perameisensäure oxydiert; das Hauptoxydationsprod. wurde nach Behandlung mit Fluordinitrobenzol oder Benzoylchlorid in beiden Fällen in 4 Fraktionen zerlegt; der S- u. N-Geh. der DNP- u. Benzoylderivv. dieser Fraktionen wurde bestimmt. Die DNP-Fraktionen sind mit einer Ausnahme (Fraktion „1/DNP 2/2“) Gemische von Polypeptidketten, bei denen *Glykokoll, Valin* u. *Leucin* als endständige Aminosäuren nachgewiesen wurden. Die homogene Fraktion 1/DNP 2/2, die ca. 13% des Herzstücks ausmacht, hat eine *Glykokollendgruppe*, ein Mol.-Gew. von ca. 2000 u. einen hohen Geh. an *Cysteinsäure.* Durch Pankreatin wurde aus dieser DNP-Fraktion ein endständiges Peptid abgespalten, das bei der Säurehydrolyse *DNP-Glykokoll, Isoleucin, Valin, Glutaminsäure* u. *Leucin* ergibt; Pepsin oder Papain greifen die DNP-Fraktion nicht an. (Biochem. J. **49.** 629—35. Okt. 1951. London, Middlesex Hosp. School, Courtauld Inst. of Biochem.) K. F. MÜLLER. 3750

Colette Douzon und **Jacques Baisse,** *Beitrag zur Kenntnis der Furanochromone der Ammi-visnaga.* (Vgl. auch C. **1952. 3867.**) Die *Phosphate* des *Khellins* (**I**) u. *Visnagins* (**II**) sind physikal. deutlich verschieden: das des **I** ist in H_3PO_4 besser lösl. als das des **II** u. zeigt Orangefärbung (ähnlich alkal. Bichromatlsgg.), während die Lsg. des **II**-Phosphats citronengelb gefärbt ist (ähnlich neutralen Bichromatlsgg.). Im WOOD-Licht zeigt **I** u. sein Phosphat keine, **II** u. bes. sein Phosphat intensive gelbgrüne Fluorescenz (ähnlich dem Uranylnitrat). — Die Phosphate der beiden Furanochromone sind Assoziationsprodd. von 1 Mol H_3PO_4 u. 1 Mol **I** oder **II**, werden jedoch, obwohl gut krist. u. an der Luft stabil, durch W., A. u. a. sehr leicht hydrolysiert. — Die Sulfate zeigen die gleichen Farbunterschiede, sind aber in der Löslichkeit sehr ähnlich. — Wird **II** mit so wenig sd. W. behandelt, daß ein Teil ungelöst bleibt, dann schm. dieser Rest u. bildet bei ca. 90° eine klare Fl.; hingegen schm. die Kristalle aus der überstehenden Lsg. erst bei 100°. Es handelt sich dabei nicht um ein echtes Hydrat, sondern wahrscheinlich um eine Lsg. von 5 Mol W. in 1 Mol **II**. — **I** u. **II** werden durch Dest. u. Rekristallisation gereinigt. — Die Phosphate werden durch Lösen von 0,5 g **I** oder **II** in 50 cm³ H_3PO_4 (1 : 1 mit W. verd.) bei 45—50° hergestellt. Nach dem Abkühlen krist. **II**-Phosphat in wenigen Min. aus. Bei Suspension in W. hydrolysiert es sofort unter Entfärbung u. **II** krist. in feinen Nadeln aus. **I**-Phosphat zers. sich viel langsamer u. die Färbung bleibt bis p_H 4 bestehen. — Die abgesaugten u. getrockneten Phosphate werden in heißem W. mit Uranylacetatlsg. titriert. (Bull. Soc. chim. France, Mém. [5] **19.** 724. Juli/Aug. 1952. Serv. Sci., Labor. Delalande.) ROTTER. 3950

Heisaburo Kondo, Shigeo Kobayashi und **Ayao Ono,** *Die Struktur des Andrographolids.* 1. Mitt. (2. vgl. C. **1952.** 2679.) *Andrographolid* (**I**), $C_{20}H_{28}O_5$, eine neutrale Substanz aus *Andrographis paniculata Nees*, ist offenbar ein Diterpen. Es entfärbt Brom u. Permanganat, red. ammoniakal. $AgNO_3$ u. bildet ein *Triacetylderiv.* (**II**), dessen Mol.-Refr. zu 124,7 bestimmt wurde. Mit Pd-Kohle nimmt **I** 2 H_2 auf, **II** 4 H_2. **I** enthält 2 C—CH_3-Gruppen. Beim Erhitzen bis nahe zum F. wird 1 Mol H_2O frei. Die Verb. scheint demnach ein Diterpen zu sein, das 4 Doppelbindungen u. einen Ring enthält. Es besitzt 3 alkoh. Hydroxyle, von denen eins leicht mit dem benachbarten H H_2O abspaltet. Außerdem wird ein Lactonring angenommen. 2 Hydroxyle scheinen der Ketoenoltautomerie zu unterliegen. **I** lagert 2 Moll. HCl u. 3 Moll. HBr an.

Versuche: *Andrographolid* (I), $C_{20}H_{28}O_5$, F. 228° (Zers.); $[\alpha]_D^{24}$ —151° (c = 1,3154, Eisessig). Getrocknete Andrographis paniculata Nees wird mit A. extrahiert, das Chlorophyll mit Pb-Acetat ausgefällt, die Lsg. eingeengt u. das rohe I in Pyridin chromatograph. gereinigt. *Hydrochlorid*, $C_{20}H_{28}O_5 \cdot 2\,HCl$, F. 172°, aus I in Eisessig durch Einleiten von HCl. — *Triacetylandrographolid* (II), $C_{26}H_{34}O_8$, F. 126°; $[\alpha]_D^{10}$ 118°, aus I u. Eisessig/H_2SO_4. *Dihydrochlorid*, $C_{26}H_{34}O_8 \cdot 2\,HCl$, gelbliches Pulver, Zers. bei 70—80°. *Trihydrobromid*, $C_{26}H_{34}O_8 \cdot 3\,HBr$, Zers. bei 85—116°. — Die Hydrierung von I mit Pd-Kohle in Eisessig gab ein sirupöses *Dihydroprod.*, ein krist. *Oktahydroandrographolid*, F. 140—145°, mit neutraler Rk., u. eine *saure Substanz* vom F. 237—241°. — Die Hydrierung von II gab *Triacetyloktahydroandrographolid*, $C_{26}H_{42}O_8$, F. 186°; $[\alpha]_D^{10}$ —60°; *Oktahydroandrographolid*, $C_{20}H_{36}O_5$, F. 140—145°; $[\alpha]_D^9$ +25°; *Oktahydroanhydroandrographolid*, $C_{20}H_{34}O_4$, F. 194—198°; $[\alpha]_D^{10}$ +24°, u. *Diacetyloktahydroanhydroandrographolid*, $C_{24}H_{38}O_6$, F. 96°; $[\alpha]_{D9}$ —48°. — Erhitzen von I bei 230—240° gab ein gelbes *Prod.*, $C_{20}H_{26}O_4$. (Annu. Rep. ITSUU Lab. **1950**. 65—71. [Orig.: engl.]) Nezel. 3950

C. A. Dekker und **D. T. Elmore,** *Die Isolierung von 5-Methylcytosindesoxyribosid aus Weizenkeimlingdesoxyribonucleinsäure. 5-Methylcytosindesoxyribosid* (I) wurde als *Hydrochlorid* u. als *Pikrat* aus enzymat. Hydrolysaten von Weizenkeimlingdesoxyribonucleinsäure in krist. Zustand isoliert. Die Hydrolyse erfolgte zunächst mit Desoxyribonuclease aus Rinderpankreas bei p_H 7,0 (22 Std. bei 37—38°) u. dann mit Phosphatase aus Kalbsdarmschleimhaut bei p_H 8,0. Die wss. Lsg. des alkoh. Hydrolysatextraktes wurde an einer Säule aus „Zeo-karb 215" (H^+) chromatographiert u. die Säule mit W. gewaschen, wobei *Thymidin* (II, F. 184—186°) abgetrennt wurde. In dem Eluat mit 0,5nNH_4OH ließen sich papierchromatograph. (mit Isopropanol–2nHCl) I, *Cytosindesoxyribosid* (III), *Guanin* (IV), *Hypoxanthin* (V) u. *Spuren* von II u. *Adenin* (VI) nachweisen. Die Purinbasen wurden aus der wss. Lsg. durch Fällung mit A. zum Teil entfernt; das restliche IV u. V u. ein Teil des VI u. II wurden durch Chromatographie (Chr.) an einer Cellulosesäule mit Isopropanol-2nHCl (65:35) als Lösungsm. abgetrennt. Durch Chr. an einer Cellulosesäule mit n-Butanol (gesätt. mit W.) als Lösungsm. wurden VI u. II restlos entfernt u. eine teilweise Trennung von I u. III erzielt. Aus diesen Fraktionen wurde I-*Pikrat* isoliert. Die Hauptmenge des Pikrats wurde durch Durchlaufenlassen der wss. Lsg. durch eine „Amberlite IRA-400"-Säule in das freie Nucleosid u. dieses in das *Hydrochlosid* übergeführt. Eine weitere Hydrochloridmenge wurde aus chromatograph. Fraktionen, die I u. III enthalten, durch Trennung an einer Cellulosesäule mit n-Butanol-NH_4OH (D. 0,88)-W. (60:15:25) als Lösungsm. erhalten.

Versuche: *5-Methylcytosindesoxyribosid* (I), *Pikrat*, $C_{16}H_{18}O_{11}N_6$, feine Nadeln aus A., F. 175—177° (Zers.). I-*Hydrochlorid*, $C_{10}H_{16}O_4N_3Cl \cdot \frac{1}{2}\,H_2O$, Prismen, F. 156°; $[\alpha]_D^{14}$ +65±4° (c = 0,461 in n-NaOH); λ_{max} 2860 u. 2090 Å (ε_{max} 11610 u. 9780); λ_{min} 2450 Å [ε_{min} 1050 (in n/100 HCl)]; λ_{max} 2770 u. 2060 Å (ε_{max} 8810 u. 13380); λ_{min} 2250 Å [ε_{min} 5430 (in n/90 NaOH)]. Die Desaminierung von I mit HNO_2 gibt II; λ_{max} 2680, λ_{min} 2350 Å (in neutraler Lsg.). (J. chem. Soc. [London] **1951**. 2864—68. Nov. Cambridge, Univ., Chem. Labor.) K. F. Müller. 3950

D₃. Makromolekulare Chemie.

E. J. Arlman und **W. M. Wagner,** *Einige Versuche zur Blockpolymerisation von Vinylchlorid.* Die Reinheit eines verwandten Monomeren bedingt weitgehend sein Verh. bei der Polymerisation sowie auch die Unterschiede, die von verschied. Autoren am gleichen Monomeren beobachtet wurden. Vff. berichten über einen Fall, in dem sie zu genau gleichen Ergebnissen bei der Benzoylperoxyd (I)-initiierten Polymerisation von *Vinylchlorid* (II) bei 40° wie in dem von Bengough u. Norrish (C. **1951**. II. 535) berichteten Vers. gelangt sind, obwohl Bezugsquelle u. Reinigungsmeth. von II verschieden waren. II wurde bei 40° mit I oder Azo-bis-isobutyronitril (III) blockpolymerisiert u. Umsatz gegen Zeit in einer Kurve aufgetragen, die sich völlig mit den von Bengough u. Norrish berichteten Werten deckt. Für 30° beträgt der Quotient aus den Geschwindigkeitskonstanten der Start-Rk. mit I u. III 3,0. Das mittlere Mol.-Gew. bleibt für 10—90% Umsatz konstant u. variiert nicht sehr mit der Initiatorkonz., was auf einen weitgehenden Einfl. von Transfer-Rkk. deutet. Die Änderung ist bei I größer als bei III. (J. Polymer Sci. **9**. 581—85. Dez. 1952. Amsterdam, Koninklijke Shell-Labor.) Ruske. 4010

L. H. Cragg und **R. H. Sones,** *Die Konstante k' der Viscositätskurve und ihre Änderung mit dem Molekulargewicht und der Temperatur.* Die Konstante k' der Hugginsschen Gleichung $(\eta_{spez}/c) = [\eta] + k'[\eta]^2 \cdot c$ (J. Amer. chem. Soc. **64**.

[1942.] 2716) wird als Maß der Wechselwrkg. zwischen Polymerem u. Lösungsm. bzw. Polymerem betrachtet u. als Ausdruck der Wrkg. verschied. Lösungsmittel auf das gleiche Polymere oder als Maß des Verzweigungsgrades bei Polymeren verwandt. In einem bestimmten Lösungsm. wird k' mit dem gleichen Wert auch für homologe lineare Polymere verschied. Kettenlänge angenommen. Von Manson u. Cragg (C. **1953**. 3252) war jedoch nachgewiesen worden, daß k' für Polystyrol in Bzl. bei sehr hohen Mol.-Geww. schwach ansteigt. Vff. finden, daß k' für Polystyrol in Cyclohexan mit steigendem Mol.-Gew. ansteigt u. mit steigender Temp. fällt. (J. Polymer Sci. **9**. 585—88. Dez. 1952. Hamilton, McMaster Univ., Dep. of Chem.) Ruske. 4010

P. Bosworth, C. R. Masson, H. W. Melville und **F. W. Peaker,** *Bestimmung des Molekulargewichts fraktionierter Polyvinylacetate durch ein neuartiges Lichtstreuungsinstrument.* Vff. beschreiben ein neuartiges Instrument zur Messung der Lichtstreuung, das dad. gek. ist, daß im Gegensatz zu den bisher gebräuchlichen Anordnungen nicht die Photozelle bewegt, sondern das Streulicht über eine Spiegelanordnung an einer stationären Photozelle vorbeibewegt wird, wodurch die Meßgenauigkeit erhöht wird, wenn die im Original angeführten Eichungsbedingungen des Instruments eingehalten werden. Die osmot. u. über die Lichtstreuung ermittelten Mol.-Geww. von fraktionierten *Polyvinylacetat*-Proben (Aceton–Methanol/W.) zeigten, daß die Fraktionierung die Moll. sowohl nach der Größe als auch nach der Art derart trennt, daß die wenigst lösl. Fraktion mit höchstem Mol.-Gew. in Lsg. auch am wenigsten linear, sondern verzweigt ist. Proben niedrigeren Mol.-Gew. sind weniger verzweigt u. mehr linear. Der Quotient aus dem durch Lichtstreuung ermittelten Mol.-Gew. u. dem Quadrat der mittleren Dimension der Polymerenkette (aus Dissymmetriemessungen) ist ein Maß des mittleren Verzweigungsgrades, dessen Minimalwert aus 10 Messungen 0,5 beträgt. Vff. halten diesen Wert als charakterist. für das lineare Molekül. Ein bei —25° bis 5% Umsatz hergestelltes Photopolymeres zeigte ebenfalls diesen Wert, u. bei dieser Temp. ist die Bldg. linearer Polymerer sehr wahrscheinlich. Das bei 17° hergestellte Photopolymere hatte hingegen einen Quotienten von 2,6, was auf beträchtliche Verzweigung deutet. (J. Polymer Sci. **9**. 565—74. Dez. 1952. Edgbaston, Birmingham, Univ., Chem. Dep.) Ruske. 4010

B. N. Rutowski und **G. Ss. Gontscharow,** *Einfluß der Intensität der Durchmischung auf die Geschwindigkeit der Heterophasenpolymerisation von Methylmethacrylat ohne Emulgatoren.* Aus Polymerisationsverss. mit *Methylmethacrylat* (I) unter den früher (Karapetjanz, Журнал Прикладной Химии [J. angew. Chem.] **26**. [1953.] 432) beschriebenen Bedingungen geht hervor, daß mit steigender Intensität der Durchmischung die Polymerisationsgeschwindigkeit rasch abnimmt u. bei 1000 U/Min. gleich Null wird. Dies erklärt sich aus der Inhibitorwrkg. des aus der Luft stammenden O_2. Die Diffusion des monomeren **I** in die wss. Phase erfolgt selbst bei geringer Dispersität der Tropfen so rasch, daß dadurch der Prozeß nicht begrenzt wird. Für das angewandte Rührwerk sind 300—400 U/Min. optimal für die **I**-Polymerisation. (Журнал Прикладной Химии [J. angew. Chem.] **26**. Nr. 4. 434—35. April 1953.) Lebtag. 4010

J. Schmets und **G. Smets,** *Verzweigte Polymere durch Addition.* Die Addition eines fremden Monomeren [*Styrol* (I), *Äthylacrylat* (II) oder *Methylmethacrylat* (III)] an ein Copolymeres mit noch vorhandenen lateralen Vinylbindungen [**III** bzw. **I** mit *Äthylidenbismethacrylat* (IV)] führt zu verzweigten lösl. Polymeren, deren laterale Ketten eine von der Hauptkette unterschiedliche chem. Konst. besitzen. Die kinet. Bedingungen ihrer Darst. sowie ihre Isolierung durch fraktionierte Fällung werden angegeben. Die beiden Copolymeren aus **III** u. **IV** bzw. **I** u. **IV** wurden in Aceton bzw. Bzl. im mol. Verhältnis 200 : 1 in Ggw. von 1% Benzoylperoxyd (V) bei 75° hergestellt (Umsatz 37—39 bzw. ~62%), die Addition an die Monomeren **II** (in Aceton), **I** oder **III** (in Butanon) erfolgte in Ggw. von 3 bzw. je 1% **V** (bezogen auf die Monomeren) bei 60° (100 Min.), 90° (400 Min.) bzw. 75° (150 Min.). Die Polymeren werden charakterisiert durch ihren Verzweigungsgrad, ihre Löslichkeit wird durch die chem. Zus. bestimmt u. ist von der Darstellungsmeth. unabhängig. Vf. vergleicht ferner die beiden Methoden zur Darst. von verzweigten Polymeren — Kettentransfer u. sek. Monomerenaddition — miteinander, wobei die zweite Rk. nur in verd. Lsg. durchführbar ist. (Bull. Soc. chim. belges **63**. 59—69. Jan./Febr. 1954. Louvain, Univ., Labor. de Chim. Macromol.) Ruske. 4010

Gerald Oster, *Durch Farbstoff eingeleitete Photopolymerisation.* Bei der Bestrahlung einer 7%ig. wss. Lsg. von *Acrylonitril* (I) mit sichtbarem Licht erfolgt eine Polymerisation von **I**, wenn die Lsg. z. B. Fluorescein (II) u. eine schwach reduzierende Substanz (z. B. Ascorbinsäure oder Phenylhydrazin) enthält u. wenn gleichzeitig O_2

anwesend ist. Vf. nimmt an, daß II in der red. Form unter Bldg. von OH-Radikalen reagiert: $DH_2 + \frac{1}{2} O_2 \rightarrow DH + OH$ (DH = Semichinonform von II). Auch reines I wird mit Acriflavin in Ggw. von $SnCl_2$ polymerisiert. Weitere auf ähnliche Weise polymerisierbare Monomere sind *Styrol, Acrylsäure, Methacrylsäure, Methylmethacrylat* u. *Vinylacetat.* An Stelle von II können auch andere Farbstoffe verwendet werden. Im allg. sind jedoch nur solche Farbstoffe verwendbar, deren Reduktionspotential negativer als das der reduzierenden Substanz ist. Monomere, die selbst reduzierend wirken, benötigen keinen Zusatz einer reduzierenden Substanz. — Z. B. wird eine wss. Lsg. von *Acrylamid* (III) bei 20° in Ggw. von Riboflavin mit einer 500-Wattlampe in 30 Min. zu einem steifen Gel polymerisiert mit einem Mol.-Gew. von ca. 8000000; bei Fehlen von O_2 unterbleibt die Polymerisation von III. Ähnlich wie III verhält sich auch *N-Vinylpyrrolidon.* (Nature [London] **173.** 300—01. 13/2. 1954 Brooklyn, N. Y., Polytechn. Inst. of Polymer. Res.) Fuchs. 4010

G. H. Wagner, D. L. Bailey, A. N. Pines, M. L. Dunham und **D. B. McIntire,** *Reaktionen von Vinyltrichlorsilan und Vinyltriäthoxysilan.* An *Vinyltrichlorsilan* (I) u. *Vinyltriäthoxysilan* (II) untersuchten Vff. die Reaktionsfähigkeit von an Si gebundenen Vinylgruppen. I wird leicht zu einem spröden, in A., Ae. u. Aceton lösl. Polysiloxan hydrolysiert, das mit einem Teil seiner Vinylgruppen vernetzte Mischpolymerisate mit anderen Vinylmonomeren bilden, bzw. ungesätt. Alkydharze vernetzen kann. Durch Mischpolymerisation von I mit anderen $RSiCl_3$-Moll. können Polysiloxane mit wechselnden Mengen funktioneller Gruppen erhalten werden. Diese Makromoll. sind vermutlich aus Ketten mit Cyclotri- bzw. Cyclotetrasiloxanringen aufgebaut [Mol.-Gew. der Phenylvinylsiloxanmischpolymerisate zwischen 1300 (reines Phenylpolysiloxan) u. 3800 (reines Vinylpolysiloxan); bei diesen Mischpolymerisaten wurde ein schwach inhibierender Einfl. der Phenylgruppen auf die Mischpolymerisationsfähigkeit der Vinylgruppen festgestellt]. Im Gegensatz zu II verläuft die Bromaddition beim I bei 20° sehr langsam. Des weiteren wurden die Chlorierung in fl. u. Gasphase bei verschied. Tempp., die Anlagerung von HCl, die Ozonspaltung, die Friedel-Crafts- u. Diels-Alder-Rkk. dieser ungesätt. Silane untersucht. Die Polymerisation von I ohne Katalysator bei mäßigen Drucken (290°) führt hauptsächlich zum Tetrameren. Bei Drucken von ca. 7000 atü entstehen feste, thermoplast. Prodd. mit einem Mol.-Gew. von 800—1000, während unterhalb 3500 atü nur viscose Fll. erhalten werden. Mit $AlCl_3$, $FeCl_3$ u. $ZnCl_2$ wird die Bldg. dieser niedermol. Prodd. beschleunigt. Während beim I eine Peroxydpolymerisation bei 50—90° nicht gelang, polymerisieren II u. Vinylpolysiloxane leicht in Ggw. von Peroxyden. Bei der Mischpolymerisation des I mit Propylen u. Vinylmonomeren wird nur ein geringer Teil des eingesetzten Silans eingebaut. Während I auch mit Maleinsäurediäthylester bzw. -anhydrid nicht polymerisiert, verläuft die Mischpolymerisation des II mit diesen Verbb. glatt.

Versuche: *1.2-Dichloräthyltrichlorsilan* (III), Kp. 181,5°, $D.^{25}$ 1,55, aus 835 g I u. Cl_2 bei 50—70° in 9 Std. u. Dest.; 845 g; daneben 224 g *Bis-[trichlorsilyl]-dichlorbutan,* $C_4H_6Cl_8Si$, $Kp._2$ 120°, $D.^{25}$ 1,57; oder analog in äquimol. Menge $SiCl_4$; 97%. — *α-Chlorvinyltrichlorsilan* (IV), Kp. 124,5°, $D.^{25}$ 1,428, n_D^{20} 1,4608, durch Chlorierung (Cl_2 + Ar) von I-Dampf (mit Ar verd.) bei 300° neben III. — *β-Chloräthyltrichlorsilan* (V), $C_2H_4Cl_4Si$, Kp. 151,5°, $D.^{25}$ 1,42, n_D^{20} 1,4622, aus 127,5 g I, $AlCl_3$ u. HCl, 3½ Std. bei 98—102,5°; 36 g neben 60 g I. — *Vinyltrichlorsilan* (I), Kp. 89—91°, $D.^{25}$ 1,23, aus 150 g V (durch Chlorierung von Äthyltrichlorsilan, mit 15% *1.1-Dichloräthyltrichlorsilan* verunreinigt) u. $AlCl_3$, 4 Std. bei 90—115°; 52 g, neben $SiCl_4$, 20 g IV u. 34 g V. — *β-Phenyläthyltrichlorsilan* (VI), $Kp._{2,4}$ 88—90°, $D.^{25}$ 1,22, aus 4 Mol Bzl., 2 Mol I u. $AlCl_3$ durch 1 std. Rückflußkochen, Abkühlen auf 0°, Zugabe von Triäthylamin ($AlCl_3$-Komplex) u. fraktionierte Dest.; 276 g, neben 50 g *Bis-[trichlorsilyläthyl]-benzol* (VII; $Kp._{0,5}$ 135—137°; $D.^{25}$ 1,38); oder aus 105 g Styrol, 150 g $SiHCl_3$ u. Pt-Kohle, 20 Std. bei 200° unter Schütteln; 222 g. — *α-Phenyläthyltrichlorsilan,* Kp. 230—231°, $D.^{25}$ 1,24, durch Zugabe (3 Std.) von 229 g α-Chloräthyltrichlorsilan zu 362 g kochendem Bzl. u. $AlCl_3$, 24 Std. bei 90°, Zugabe von Triäthylamin u. Dest.; 113,5 g, daneben 106 g VI (Kp. 240°). — VII, $Kp._1$ 149—150°, aus 123 g VI u. $AlCl_3$, 6 Std. bei 150°; 46 g. — *Cyclohexenyltrichlorsilan,* $C_6H_9Cl_3Si$, $Kp._{16}$ 87—88°, $D.^{25}$ 1,25, n_D^{20} 1,4905, aus 184 g I u. 60 g Butadien, 16 Std. bei 160° unter Druck (300—100 lbs./sq.in.); 179 g. — *Bicycloheptenyltrichlorsilan,* $Kp._{49}$ 116—117°, $D.^{25}$ 1,27, aus 273 g I u. 95 g Cyclopentadien, zuerst unter 80°, dann kurze Zeit bei 120° (insgesamt 9 Std.); 265 g. — *Bis-[trichlorsilyl]-äthan,* $Kp._1$ 44—57°, $D.^{25}$ 1,48, aus 215 g I, 22 Std. bei 350 g unter Druck (750—200 lbs./sq.in.); 25 g. — *Bicycloheptenyltriäthoxysilan,* $C_{13}H_{24}O_3Si$, $Kp._{12}$ 115—117°, $D.^{25}$ 0,98, aus 205 g II u. 57,5 g Cyclopentadien, 30 Min. bei Raumtemp., dann 4 Std. bis auf 170°; 115 g, oder aus

649 g II u. 303 g Dicyclopentadien, 16 Std. bis 187°; 376 g vom $Kp._8$ 106—108°. (Ind. Engng. Chem. **45.** 367—74. Febr. 1953. Tonawanda, N. Y., Linde Air Prod. Co., Res. Labor.) SCHÄFF. 4010

J.-P. Ehrbar, *Untersuchung über die Wärmeentwicklung bei der Dehnung und Entspannung von Kautschuk.* Dehnt man vulkanisierten Kautschuk, dann entwickelt sich langsam Wärme, während beim Entspannen rasch Abkühlung eintritt. Vf. findet experimentell, daß die Wärme bei der Ausdehnung nach dem exponentiellen Geschwindigkeitsgesetz $q/q_0 = 1 - e^{-kt}$ frei wird (q = freigewordene Wärme zur Zeit t, q_0 = nach t_∞). Die Konstante k beträgt für 16° 0,017 u. ist unabhängig von der Dehnung. Vf. bestimmt hieraus für diese Temp. eine Kristallisationsperiode von 20 Min., die prakt. mit der von THIESSEN u. WITTSTADT (Z. physik. Chem., Abt. B **41.** [1938.] 33) aus der Doppelbrechung bei 20° ermittelten übereinstimmt. (Experientia [Basel] **9.** 177—78. 15/5. 1953. Neuchâtel, Schweiz, Univ., Inst. de Chim., Labor de chim.-physique.) CANTOW. 4030

W. Je. Gul und **T. I. Geller,** *Untersuchung der plastischen Eigenschaften von Hochpolymeren.* (Vgl. KARGIN u. SSOGOLOWA, C. **1950.** I. 554.) Vff. untersuchten das viscose Fließen von kettenförmigen Hochpolymeren. Wenn die Deformationsfähigkeit der Hochpolymeren berücksichtigt wird, so muß in der NEWTONschen Viscositätsgleichung eine Korrektur hinsichtlich des ursprünglichen Querschnitts der Probe gemacht werden. Bei einem während der Deformation konstant bleibenden Vol. kann der Querschnitt aus dem Ausdruck $S_0 l_0 = S l_{pl}$ gefunden werden, wobei S_0 u. l_0 Querschnitt bzw. Länge des nichtdeformierten, S den Querschnitt u. die festgestellte Länge des deformierten Prüflings unter Berücksichtigung der plast. Formänderung allein bedeuten. Im Falle einer plast. Verformung unter der Einw. einer konstanten Spannung tritt bei einem *Naturkautschuk* mit dem Mol.-Gew. $180 \cdot 10^3$ folgende Gesetzmäßigkeit auf: $E_{pl} = t \cdot \sigma/\eta + E_0$, in der σ die deformierende Spannung bedeutet. Die Viscosität von smoked sheets wurde nach dieser Meth. mit $\eta = 2{,}5 \cdot 10^9$ festgestellt. Wenn angenommen wird, daß während der plast. Formänderung keine Formänderung der Kettenmoll. stattfindet, so kann η auch nach der Meth. von BARTENEW (vgl. Журнал теоретич Физики [J. theor. Physik **24.** [1950.] 1210] bestimmt werden. Tatsächlich aber findet während des stationären Fließprozesses eine hochelast. Formänderung statt, d. h. eine Formänderung der Kettenmoleküle. (Коллоидный Журнал [Kolloid-J.] **15.** 85—90. März/April 1953. Moskau, Inst. für Feine Chem. Technol., Lehrstuhl für Chem. u. Phys. des Kautschuks.) AMBURGER. 4030

C. H. Bamford, L. Brown, A. Elliott, W. E. Hanby und **I. F. Trotter,** *Alpha- und Betaformen von Poly-L-alanin.* Vff. gelang es, die α- u. β-Formen von Poly-L-alanin in hochkristalliner u. gut orientierter Form zu erhalten, die für Röntgenunterss. sehr geeignet waren. Die Äquatorinterferenzen auf dem Diagramm der α-Form führten zu einer hexagonalen Zelle mit $d_{10\bar{1}0} = 7{,}40$ Å. Für die Faserachse (c-Achse) ergibt sich ein Wert von 27 Å oder vielleicht auch 70,4 Å. Die äquatorialen Intensitäten stimmen befriedigend mit denen überein, welche man aus den Koordinaten der Atome einer α-Schraubenstruktur unter Zugrundelegung der Dimensionen der Polypeptidkette errechnet. Bei einem c-Wert von 27 Å würde man eine α-Schraubenstruktur mit 18 Resten in 5 Drehungen erhalten. Eine bessere Überereinstimmung zwischen berechneten u. beobachteten Lagen der Schichtlinien erhält man mit c = 70,4 Å. Dies entspricht einer α-Schraube mit 47 Resten in 13 Drehungen. Für die β-Form ergab sich eine rhomb. Zelle mit den Dimensionen a = 4,79 Å; b = 10,7 Å; c = 6,88 Å u. 2 Ketten pro Zelle. **Die wahrscheinliche strukturelle Anordnung** im Gitter ist derart, daß Schichten von parallelen Ketten in antiparalleler Art angeordnet sind. — Es wird noch auf die große Ähnlichkeit der Diagramme der β-Form u. von Tussahseide hingewiesen. (Nature [London] **173.** 27—29. 2/1. 1954. Maidenhead, u. Coventry, Courtaulds Ltd., Res. Labor.) GOTTFRIED. 4070

A. Elliott und **E. J. Ambrose,** *Struktur von synthetischen Polypeptiden.* Gemessen werden mit polarisierter Ultrarotstrahlung die Spektren von *Poly-L-glutaminbenzylester. Poly-L-glutaminmethylester* u. *Poly-DL-phenylalanin.* Die C=O-Bande, die doppelt bei 1629 u. 1658 cm^{-1} erscheint, wird auf Grund ihres Dichroismus der α- bzw. β-gefalteten Polypeptidkette zugeordnet. Auch die N—H-Deformationsfrequenz erscheint zweifach, während die N—H-Valenzschwingung bei 3305 cm^{-1} nur einfach vorhanden ist. In stark verd. Lsg. wird keine „freie" N—H-Bande (bei 3460 cm^{-1} etwa) beobachtet. In kurzer Diskussion wird auf die Ähnlichkeit der Ergebnisse der spektroskop. u. Röntgenunterss. an Faserproteinen u. den α- bzw. β-gefalteten synthet. Polypeptiden hingewiesen. (Nature [London] **165.** 921—22. 10/6. 1950. Maidenhead, Courtaulds Ltd., Res. Labor.) A. REUTER. 4070

J. M. Creeth, *Sedimentations- und Diffusionsuntersuchungen am Insulin: Das maximale Molekulargewicht.* Zur Mol.-Gew.-Best. wurden Sedimentations- u. Diffusionskonstanten von verschied., durch Umkristallisation gereinigten Zn-Insulinpräpp. bestimmt. Die Substanz ist im p_H-Bereich zwischen 7,0 u. 7,4 oberhalb der Konz. von 0,3 g/100 stabil. Die Sedimentationskonstante beträgt hier 3,12; die Diffusionskonstante 8,2. Unterhalb dieser Konz. setzte bei p_H 7,4 wie 8,0 Dissoziation ein. Abhängigkeit des Dissoziationsgleichgewichts von der Temp. wurde zwischen 14—30° nicht festgestellt. Aus den Meßwerten läßt sich nach der SVEDBERG-Gleichung das Mol.-Gew. zu 36000 bestimmen. Die Ergebnisse werden mit denen anderer Autoren verglichen. (Biochem. J. **53.** 41—47. Jan. 1953. London, Middlesex Hosp., Med. School, Courtauld Inst. of Biochem.) WALLIS. 4070

T. N. Jewreinowa und **N. W. Korolew,** *Anwendung der Ultraviolettmikroskopie zur Bestimmung der Nucleinsäuren in Koazervaten.* Mit Hilfe des visuellen UV-Mikroskops wurde festgestellt, daß die *Hefenucleinsäure* (**I**) mit steigender Konz. bis zu einem Grenzwert völlig im Koazervattropfen zurückgehalten wird. So geht **I** bei 48,75 mg% in den Koazervattropfen über. Bei 192,5 mg% bleibt **I** teilweise in der Lösung. In einem Koazervattropfen von $12{,}7 \cdot 10^{-6}$ mm³ sind $9{,}6 \cdot 10^{-5}$ mg **I** enthalten, entsprechend $2{,}8 \cdot 10^{13}$ Molekülen. Die **I**-Konz. im Tropfen ist ca. 15mal größer als in der Ausgangslösung. (Доклады Академии·Наук СССР [Ber. Akad. Wiss. UdSSR] N. S.] **87.** 105—08. 1/11. 1952.) ——————— LEBTAG. 4090

Leopold Scheflan and Morris Boris Jacobs, The handbook of solvents. New York: Van Nostrand. 1953. (736 S. Diagr.) $ 10,—.

Léon Velluz, (Collection publiée sous la direction de L. V.) Substances naturelles de synthèse. Volume 9. Paris: Masson. 1954. (187 S.) fr. 2280,—.

Alexander N. Winchell, The optical properties of organic compounds. 2nd. ed., rev. and enl. New York: Academic Press. 1954. (507 S. m. Abb.) $ 12,—.

E. Biologische Chemie. Physiologie. Medizin.

E_1. Allgemeine Biologie und Biochemie.

B. Huerkamp und **W. Zieglitz,** *Arangehalt der Luft und Glaukom.* Vff. konnten keine sichere Abhängigkeit des intraokularen Druckes vom Ozongeh. der Luft feststellen. Sie vermuten bei einem Teil der Kranken Einfl. des vegetativen Syst. als wesentlichen Faktor. Mit *Aran* werden nach CURRY (Medizin.-Meteorolog. Hefte **1951.** 39) alle oxydierenden Stoffe der Luft (in der Hauptsache bodennahes O_3) bezeichnet. (Graefes Arch. Ophthalmol. verein. Arch. Augenheilkunde **154.** 507—15. 1953. Göttingen, Univ., Augenklinik.) ZEMKE. 4102

H. L. Feldman, *Über die Ursachen der Unterdrückung der granulären Farbstoffablagerung bei Verletzung der Zellen.* Die Unterss. über den Einfl. des p_H auf die Koazervation des Eiweißes mit dem Farbstoff erfolgten mit *Eialbumin* (**I**), *Serumalbumin* (**II**) u. *Gelatine* (**III**), zur Kontrolle auch mit *Gummi arabicum* (**IV**) u. *Na-Ribonucleinat* (**V**), unter Verwendung der folgenden Farbstoffe: *Nilblau, Methylenblau, Neutralrot, Tanninheliotrop, Kristallviolett, Rhodamin, Pyronin, Irisamin, Trypanrot, Eosin, Erythrosin, Anilinorange, Tropäolin, Methylorange* u. *Indigocarmin.* Es zeigte sich, daß **I** u. **II** mit den Farbstoffen nur weit oberhalb des isoelektr. Punktes Koazervate bilden, **III** dagegen in einem weiten p_H-Bereich. Oberhalb des isoelektr. Punktes bildet **III** Koazervate mit den bas., unterhalb dieses Punktes mit den sauren Farbstoffen. **IV** u. **V** bilden im weiten p_H-Bereich Koazervate nur mit den bas. Farbstoffen. Die sauren Farbstoffe werden im gesamten untersuchten p_H-Bereich (2,2—12) im Tropfen diffus verteilt u. bilden nur in Ausnahmefällen einen gefärbten amorphen Niederschlag. Unterhalb p_H 6 bilden die Eiweißstoffe trotz Erhaltung der Nativität mit den bas. Farbstoffen kein Koazervat. Da bei der Verletzung der Zelle die Zell-Rk. häufig nach dem sauren Gebiet verschoben wird, ist anzunehmen, daß die Unterdrückung der Granulabldg. nicht nur durch die Denaturierung, sondern auch durch Erhöhung der H-Ionenkonz. in der Zelle bedingt ist. (Доклады Академии Наук СССР [Ber. Akad. Wiss. UdSSR] [N. S.] **89.** 343—46. 11/3. 1953.) LEBTAG. 4150

T. M. Jakowlewa, *Glykogen und alkalische Phosphatase als charakteristische cytochemische Kennzahlen der Regenerationszellen.* In Verss. an Axolotl wird gezeigt, daß bei der Umwandlung der Fibroblasten des Bindegewebes in Zellen des Regenerationsblastems die Aktivität der bas. *Phosphatase* im Plasma u. in den Chromatinstrukturen des Kerns stark erhöht wird, desgleichen in den Kollagenfaserbündeln nahe den Wundflächen. Gleichzeitig damit beginnt eine Synth. von *Glykogen.* Die Umwandlung des Bindegewebes in Regenerationszellen ist von einer verstärkten Anreicherung von

Ribonucleinsäure u. *Glykogen* begleitet, bedingt durch jene Fermente, die mit der Adenosintri- u. Adenosindiphosphorsäure zusammenhängen. Die Energie für die Synth. der komplizierten biol. Verbb. stammt aus dem glykolyt. Zerfall des Glykogens. (Доклады Академии Наук СССР [Ber. Akad. Wiss. UdSSR] [N. S.] **89.** 347—50. 11/3. 1953. Ssewertzow-Inst. für Morphol. der Tiere der Akad. der Wiss. der UdSSR.) Lebtag. 4150

Cecilie Leuchtenberger, Franz Schrader, David R. Weir und **Doreen P. Gentile,** *Der Desoxyribonucleinsäuregehalt von Spermatozoen zeugungsfähiger und steriler Männer.* Die mikrospektrophotometr. Unterss. des *Desoxyribonucleinsäure* (I)-Geh. der Spermatozoen von 21 zeugungsfähigen Männern u. 18 Männern unfruchtbarer Ehen ergaben, daß der I-Geh./Spermatozoon bei der ersten Gruppe bei den einzelnen Personen u. untereinander sehr konstant u. einheitlich war, während Zahl, Beweglichkeit u. Morphologie der Samenzellen stark schwankten. Der mittlere I-Geh. betrug, in willkürlichen Einheiten, $1{,}22 \pm 0{,}005$/Spermatozoon (maximale Abweichung zwischen 2 Personen 9%), etwa die Hälfte des I-Geh. der menschlichen somat. Zellen ($2{,}66 \pm 0{,}05$). Im Gegensatz hierzu wiesen die Spermien der Männer mit Verdacht auf Sterilität einen stark variierenden I-Geh. auf. Die Ergebnisse deuten darauf hin, daß zwischen einem I-Mangel der Spermien u. einem bestimmten Typ männlicher Sterilität möglicherweise eine Korrelation besteht. (Chromosoma **6.** 61—78. 1953. Cleveland, O., Western Res. Univ.; New York, N. Y., Columbia Univ., Dep. of Zool.; Cleveland, O., Maternal Health Ass., Infertility Clin.) K. Maier. 4150

L. F. Larionow, *Über die Nucleoproteide als eines der Substrate der biologischen Wirkung durchdringender Strahlen.* Vf. weist nach, daß die bei der ionisierenden Bestrahlung maligner Tumoren auftretenden destruktiven Prozesse mit wesentlichen biochem. Veränderungen der *Nucleoproteide* (I), vor allem der *Desoxyribonucleoproteide* der Zellkerne einhergehen. Dabei besteht eine Parallele zwischen der Radioempfindlichkeit des Tumors u. dem Geh. sowie der Umsatzgeschwindigkeit der Kern-I der Tumorzellen, speziell der Geschwindigkeit der Erneuerung des P der Desoxyribonucleinsäure. (Вестник Рентгенологии и Радиологии [Nachr. Röntgenol. Radiol.] **1954.** Nr. 2. 3—6. März/April. Röntgen-Radiol. Zentralinst. des Gesundheitsmin. der UdSSR, Abt. Krebsverss.) Rentz. 4160

W. C. Hueper und **C. C. Ruchhoft,** *Untersuchungen über die carcinogene Wirkung von Adsorbaten, die aus verschmutztem Rohwasser und gereinigtem Wasser gewonnen waren.* Unterss. von 4 Eluaten von Kohlenadsorbaten, gewonnen aus rohem u. gereinigtem Oberflächenwasser auf carcinogene Wirkung. Das aus Rohwasser stammende Eluat, welches zusätzlich durch Abwässer einer Ölraffinerie verschmutzt war, zeigte eine schwache cancerogene Wrkg., wenn es auf die Haut von C 57-Mäusen gepinselt wurde. Die übrigen Eluate, die aus verschieden verschmutzten Wässern gewonnen wurden, besaßen keine cancerogene Wrkg. auf Mäuse. Ein allg. Zusammenhang zwischen Genuß von verschmutztem Oberflächenwasser, welches vor dem Genuß in der üblichen Weise gereinigt wird, u. dem Auftreten von Krebserkrankungen ist daher nicht wahrscheinlich. (A. M. A. Arch. ind. Hyg. occupat. Med. **9.** 488—95. Juni 1954. Cincinnati, O., Public Health Service, U. S. Dep. of Health, Educat. and Welfare, Nat. Cancer Inst. and Sanitary Engng. Center.) Zeller. 4160

S. Rocchietta, *Triäthylenmelamin (TEM) als Krebschemotherapeuticum.* (Vgl. C. **1953.** 390.) Literaturübersicht über Anwendung u. Indikationen. — 8 Literaturangaben. (Boll. chim. farmac. **91.** 407—09. Okt. 1952.) Ippen. 4160

Rudolf Koch, *Ist der Krebs eine Viruskrankheit?* Zusammenfassende Übersicht über die Virusätiologie des Krebses, bes. bei Rousschem Hühnersarkom, Shopeschem Kaninchenpapillom u. den Virusbefunden bei menschlichen Neubildungen. — Zahlreiche Literaturangaben. (Z. Geburtshilfe Gynäkol. **139.** 129—45. 1953. Halle/Saale, Univ., Inst. für gerichtl. Med. u. Kriminalistik.) H. Scheurlen. 4160

Henry A. Blair, ed., Biological effects of external radiation. New York: McGraw-Hill. 1954. (525 S. m. Abb., Diagr.) $ 7,—.

D. M. Greenberg, ed., Chemical pathways of metabolism. V. 1. New York: Academic Press. 1954. (472 S. m. Abb.) $ 11,—.

Oskar Kempthorne and others, eds., Statistics and mathematics in biology. Ames: Ia State Coll Press. 1954. (641 S. m. Abb., Diagr.) $ 6.75.

Addison E. Lee and **Osmond P. Breland,** Laboratory studies in biology. New York: Harper. 1954. (264 S. m. Abb., Diagr.) $ 3,50.

R. D. Lillie, Histopathologic technic and practical histochemistry. New York: Blakiston. 1954. (510 S.; Diagr.) $ 7,50.

R. E. Zirkle, Biological effects of external X and gamma rays. London: McGraw-Hill. 1954. (530 S.) 58s.

E_2. Enzymologie. Gärung.

I. v. Glasenapp und **G. Leonhardi**, *Die biologische Oxydation in der menschlichen Haut.* Vff. konnten durch Einw. verschied. Fermentgifte den Ablauf der Glykolyse, des Citronensäurecyclus, der oxydativen Phosphorylierung u. das *Cytochromoxydase-Cytochrom-Syst.* in der menschlichen Epidermis hemmen u. so die Gleichartigkeit der oxydativen Vorgänge der Haut mit denen anderer Organe nachweisen. (Arch. Dermatologie Syphilis **196.** 319—24. 1953. Frankfurt/M., Univ., Hautklinik.) REPPEL. 4200

M. W. Fedorow, *Zwischenüberträger des Wasserstoffs und ihre Bedeutung bei den Atmungsprozessen.* Übersicht über den Chemismus der aerobem u. anaeroben Atmung, den Cyclus der Tricarbonsäuren sowie die Bedeutung der als H-Überträger auftretenden Zwischenprodd. für die Akkumulation der Oxydationsenergie. — 55 Literaturhinweise. (Микробиология [Mikrobiologie] **22.** Nr. 5. 586—601. Sept./Okt. 1953. Moskau, Landw. Timirjasew-Akad.) LEBTAG 4200

Harvey F. Fisher, Eric E. Conn, Birgit Vennesland und **F. H. Westheimer**, *Die enzymatische Übertragung von Wasserstoff.* 1. Mitt. *Die durch Alkoholdehydrogenase katalysierte Reaktion.* (Vgl. C. **1952.** 1341.) Durch Na-Hydrosulfitred. in D_2O hergestelltes red. *Diphosphopyridinnucleotid* (**I**) enthält 1,0 *D*-Atom/Molekül. Da nach Lösen in W. u. Isolierung der *D*-Geh. unverändert ist, erfolgt unter den milden Versuchsbedingungen am red. *C* kein Wasseraustausch. Wird **I** in Ggw. von Hefe-*Alkoholdehydrogenase* (**II**) mit *1.1-Dideuteroäthanol* (**III**; CH_3CD_2OH) red., dann enthält das gebildete red. **I** 1 austauschbares *D*-Atom/Mol., ebenso der gleichzeitig entstandene Acetaldehyd (**IV**) (**A**). Nach PULLMAN, SAN PIETRO u. COLOWICK (Privatmitt.) vollzieht sich die Red. von **I** nicht am $C_{(6)}$, sonden am $C_{(4)}$. Wird **I** mit n. A. in Ggw. von **II** in reinem D_2O red., dann enthält $I_{red.}$ kein austauschfähiges *D*. Aus diesen Verss. folgt, daß bei der enzymat. Redox-Rk. H direkt

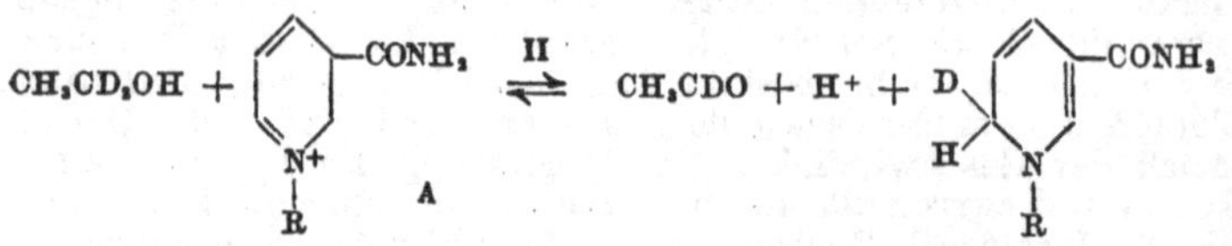

von A. auf das Coenzym übertragen wird. Bei der **I**-Red. durch **III** wird in den Dihydropyridinring ein neues Asymmetriezentrum eingeführt, so daß infolge der opt. Aktivität von **I** 2 stereoisomere $I_{red.}$-Moll. mit D an $C_{(6)}$ möglich sind, die diastereomer, nicht enantiomorph, sind. Auf Grund nachstehender Verss. verläuft die enzymat. Red. wahrscheinlich stereospezifisch. Wenn enzymat. hergestelltes, durch 1 *D* red. **I** enzymat. durch **IV** reoxydiert wird, enthält das oxydierte **I** kein *D*. **II** entfernt demnach selektiv *D*, weil diese Rk. anscheinend ster. begünstigt ist. Die enzymat. Oxydation von chem. red., wahrscheinlich ein Gemisch der beiden $I_{red.}$-Diastereomeren enthaltenden $I_{red.}$ mittels **IV** liefert **I** mit ca. 0,44 *D*-Atom/Molekül. Möglicherweise enthält das bei der enzymat. Red. von **IV** mit Deutero-$I_{red.}$ entstehende *Monodeuteroäthanol* nur eine der beiden möglichen enantiomorphen Formen. **III** wurde aus isotop. reinem $LiAlD_4$ u. Phenylacetat in Ae. hergestellt (Ausbeute 55%, bezogen auf $LiAlD_4$). (J. biol. Chemistry **202.** 687—97. Juni 1953. Chicago, Ill., Univ., Dep. of Biochem. and Chem.) K. MAIER. 4210

Frank A. Loewus, Peter Ofner, Harvey F. Fisher, F. H. Westheimer und **Birgit Vennesland**, *Die enzymatische Übertragung von Wasserstoff.* 2. Mitt. *Die durch Milchsäuredehydrogenase katalysierte Reaktion.* (1. vgl. vorst. Ref.) Reoxydation durch enzymat. Red. mit *1.1-Dideuteroäthanol* hergestellten red. *Diphosphopyridinnucleotids* (**I**) mittels *Pyruvat* (**II**) in Ggw. von *Milchsäuredehydrogenase* (**III**; aus Rinderherz, krist.) liefert *Lactat* (**IV**), das 1 *D*-Atom/Mol. enthält (**A**). Wird chem. red. Monodeutero-$I_{red.}$ (Diastereomeres Gemisch) an Stelle des enzymat. red. verwendet, so weist **IV** 0,58 *D*-Atom/Mol. auf. **III** katalysiert eine direkte Wasserstoffübertragung von

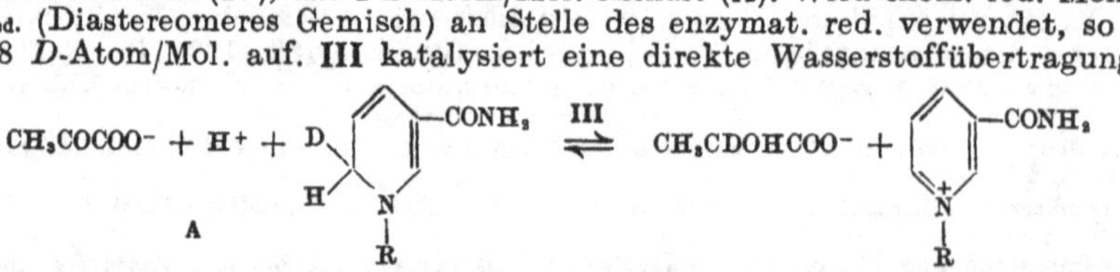

$I_{red.}$ auf **II** unter **IV**-Bldg., wobei **III** gegenüber **I** dieselbe Stereospezifität wie *Alkoholdehydrogenase* (**V**) entfaltet u. Wasserstoff von der gleichen Seite (räumlich) des red. Nicotinamidringes entfernt, wie dies von **V** bewirkt wird. *Li-Lactat*, aus dem angesäuerten Na-Salz von L-Milchsäure durch kontinuierliche Ae.-Extraktion u. Neutralisation mit LiOH; $[\alpha]_D^{24}$ —12,02° (c = 11,16 g/100 cm³ W.). — *Phenacyllactat*,

$C_{11}H_{12}O_4$, F. 87—88° (Bzl.-PAe.); $[\alpha]_D^{24}$ —4,99° (c = 10 g/100 cm³ Äthylacetat). (J. biol. Chemistry **202.** 699—704. Juni 1953. Chicago, Ill., Univ., Dep. of Biochem. and Chem.) K. MAIER. 4210

Wolfgang Jaeger, *Untersuchungen über dehydrierende Fermentsysteme der Cornea. (Ein Beitrag zur Physiologie und Pathologie des Hornhautstoffwechsels.)* 2. Mitt. *Die Bedeutung dehydrierender Fermentsysteme für die Pathologie der Cornea.* (1. vgl. C. **1954.** 5316.) Dehydrasen der Cornea werden durch Säuren u. Laugen zerstört. Gepufferte Systeme von saurem u. alkal. p_H sind stärker wirksam als ungepufferte Säuren u. Laugen (Eigenpufferung der Hornhaut). Die Schädigung der Dehydrasen geht mit der allg. Zerstörung des Gewebes parallel. Vergiftung des eisenkatalyt. Anteils der Sauerstoffaufnahme mit *Cyanid* führt nicht zu entzündlichen Rkk. des Auges. Bevorzugte Schädigung der Glykolyse durch *Monojodessigsäure* kann sogar vorübergehend entzündungshemmend wirken. Augenreizstoffe, *Bienengift* u. *Schlangengifte* sowie *Kupfersalze* sind Dehydrasengifte u. führen zu Hornhautschädigungen. Bakterientoxine haben keinen Einfl. auf die Dehydrasen. Unter den Augenreizstoffen verhalten sich Acrolein, Allylsenföl u. Chloracetophenon einheitlich. Die Grenzverdünnungen zur Hemmung der Milchsäure-, Citronensäure- u. Bernsteinsäuredehydrierung am homogenisierten ausgewaschenen Cornealepithel liegen in derselben Größenordnung wie die schmerz- u. entzündungserregenden Grenzkonzz. am Auge. Konzz., die schon eine Chemosis bewirken, hemmen die Dehydrasen des homogonisierten Cornealepithels total, die der überlebenden Hornhaut zu 20—30%. Erst bei Konzz., die an der überlebenden Hornhaut die Dehydrasenaktivität um mehr als die Hälfte hemmen, tritt in vivo eine Keratitis auf. Die schweren Entzündungen durch Bienengift, Kobragift u. das Toxin der afrikan. Speischlange Sepedon haemachates am Auge werden beschrieben (Krankengeschichten u. Tierverss.). 2 Std. nach Vergiftung bei klin. noch klarer u. intakter Cornea ließ sich schon totale Hemmung der dehydrierenden Fermente feststellen. Die Gifte anderer Schlangenarten (Viperiden) können in das Epithel der Cornea nicht eindringen. Kupfersalze zeigen ebenfalls Hemmung der Dehydrasen der Cornea. Auch für *Goldchlorid* findet sich eine solche, sowie eine Verzögerung der Eidotterkoagulation (Test nach FLECKENSTEIN). Schädigung der dehydrierenden Fermentsysteme der Cornea lösen entzündliche Rkk. dieses Gewebes aus. Hemmung der Dehydrasen kann die Ursache der Entstehung einer Keratitis sein. (Graefes Arch. Ophthalmol. verein. Arch. Augenheilkunde **154.** 401 bis 430. 1953. Heidelberg, Univ., Augenklinik.) LIPS. 4210

Wolfgang Jaeger, *Untersuchungen über dehydrierende Fermentsysteme der Cornea. (Ein Beitrag zur Physiologie und Pathologie des Hornhautstoffwechsels.)* 3. Mitt. *Einwirkung therapeutisch am Auge verwendeter Medikamente auf die dehydrierenden Fermentsysteme der Cornea.* (2. vgl vorst. Ref.) Mydriatica u. Miotica sowie die gebräuchlichen Antibiotica sind ohne Einfl. auf die Dehydrasen der Cornea. Sulfonamide wirken kaum, Oberflächenanästhetica stärker dehydrasenhemmend. Komplexbildende Substanzen inaktivieren Cu im Eidotter- u. im Dehydraseversuch. Mehrere *Antihistaminica* zeigen direkt antagonist. Wrkg. zum Cu u. zu *Bienen-* u. *Schlangengiften.* Die Reihenfolge der Wirkungsstärken einzelner Antihistaminsubstanzen wurde am Eidotterkoagulationstest festgestellt. Gegenüber *Cu-Salzen* u. *Goldchlorid* wirkt *Luvistin* am besten, *Thephorin* u. *Soventol* wirken kaum. Die Wirkungsstärken verändern sich gegenüber Bienengift u. Schlangengiften. Thephorin u. Soventol stehen an der Spitze, Luvistin rückt in die Mittelgruppe ab. Die genannten Gifte werden am wirksamsten durch Zn inaktiviert. Es wirkt nicht nur als Adstringens, sondern ist durch Schutz der dehydrierenden Fermente ein direkter Antagonist zu Entzündungsgiften (Typ Bienengift u. Schlangengift). Dagegen ist Zn wirkungslos gegenüber Augenreizstoffen u. Cu. Für die Therapie wird gefolgert, Zn bei Bienengift- u. Schlangengiftverletzungen des Auges zu verwenden. Die Cuprosis des Auges erfordert eine Therapie mit komplexbildenden Substanzen. (Graefes Arch. Ophthalmol. verein. Arch. Augenheilkunde **154.** 431—66. 1953. Heidelberg, Univ., Augenklinik.) LIPS. 4210

M. B. Thorn, *Inhibierung von Bernsteinsäuredehydrogenase aus Herzmuskeln durch Malonat.* Die MICHAELIS-Konstante K_m der *Bernsteinsäuredehydrogenase* wurde mit $K_3[Fe(CN)_6]$ als Wasserstoffacceptor zu $2{,}5 \cdot 10^{-4}$ bis $5{,}3 \cdot 10^{-4}$ ermittelt. Weiterhin wurde die Inhibitionskonstante K_i des Malonats bestimmt. Das Verhältnis K_m/K_i wurde zu 4,7—60 ermittelt, die gefundenen Werte wurden eingehend diskutiert u. mit denen anderer Autoren verglichen. (Biochem. J. **54.** 540—47. Juli 1953. London, Med. School, St. Thomas Hosp.) HEYNS. 4210

Kwan-Hua Lee und **John J. Eiler,** *Untersuchungen über die oxydative Phosphorylierung mit radioaktivem Phosphat.* 1. Mitt. *Austausch von Phosphat im acceptorfreien*

System. Es wurde ein Fällungsverf. entwickelt, das eine Best. der spezif. Aktivität des anorgan. Phosphats in Ggw. von $AT^{32}P$ erlaubt (Beschreibung der Meth.). Der Phosphataustausch in phosphatacceptorfreiem Homogenat bei oxydativer Überführung von anorgan. Phosphat in ATP steht im Gleichgewicht mit der Spaltungs-Rk. ATP → PO_4^{3-}. Das P:O-Verhältnis (Mikromol anorgan. Phosphat, das pro Mikroatom O-Verbrauch verestert wird) ist im acceptorfreien Syst. gleich, wie in Ggw. von Glucose; ebenso hat 2.4-Dinitrophenol in beiden Systemen keinen Einfl. auf den Phosphataustausch. Beide labilen ATP-Phosphate sind gleich akt. beim Austauschprozeß. (J. biol. Chemistry **203**. 705—17. Aug. 1953. San Francisco, Calif., Univ. of California, Coll. of Pharm.) GOEBEL. 4210

Kwan-Hua Lee und **John J. Eiler**, *Untersuchungen über die oxydative Phosphorylierung mit radioaktivem Phosphat*. 2. Mitt. *Mechanismus des Phosphataustausches*. (1. vgl. vorst. Ref.) Unter aeroben Bedingungen wird der stetige Austausch zwischen anorgan. $^{32}PO_4^{3-}$ u. labilem *ATP-Phosphat* in phosphatacceptorfreiem Rattengehirnhomogenat bestimmt durch das Ausmaß der oxydativen Phosphorylierung; dieser Austausch ist unter anaeroben Verhältnissen verschwindend gering. Beide labilen Phosphate von ATP scheinen in gleichem Maße durch anorgan. Phosphat ersetzt zu werden. Während Adenosin-5-phosphorsäure nicht als Acceptor für anorgan. Phosphat fungiert, ist es fraglich, ob Myokinase für die gleichmäßige Verteilung von Phosphat auf die labilen ATP-Phosphate verantwortlich ist. Die oxydative Überführung von anorgan. Phosphat in labiles Phosphat ist verknüpft mit einer Elektronenübertragung vom Substrat auf ADP. Die beim Phosphataustausch ablaufende Rk. kann wie folgt formuliert werden: $P_i \underset{\beta}{\overset{\alpha}{\rightleftharpoons}} P_2P_3$ (α = Verhältnis der oxydativen Überführung von anorgan. Phosphat in ATP; β = Rück-Rk.; P_i = anorgan. Phosphat; P_2P_3 = labile ATP-Phosphate); β scheint die Summe von 2 Prozessen zu sein, die ATP in anorgan. Phosphat spalten. 2.4-Dinitrophenol hat weder bei anaerober noch bei aerober Bebrütung eine Wrkg. auf die Phosphatabspaltung aus ATP. (J. biol. Chemistry **203**. 719—30. Aug. 1953.) GOEBEL. 4210

A. P. Barchasch und **M. Ja. Timofejewa**, *Oxydativer Abbau von Glucose-6-phosphat, 6-Phosphogluconat und Ribose-5-phosphat in tierischen und pflanzlichen Geweben*. Aus aceton. Präpp. von Leber, Niere u. Hirn der Ratte werden Extrakte gewonnen, in denen der oxydative Abbau von *Glucose-6-phosphat* (**I**) u. *6-Phosphogluconat* (**II**) untersucht wird. Bei Leber u. Niere werden je Mol **II** $^2/_3$ Mole O_2 aufgenommen, beim Hirnpräp. ist die Dehydraseaktivität erheblich geringer (kleinerer Proteingeh.). Nach Inkubation mit **II** ist der Geh. an Pentosen u. Ketosen erhöht. Auch die Ggw. von **I**-Dehydrase wird im Leberextrakt nachgewiesen. Unter anaeroben Bedingungen erweist sich *Pyocyanin* in stöchiometr. Mengen als H-Acceptor. In einer durch Fällung mit $(NH_4)_2SO_4$ gereinigten Fraktion geht die Pentoseanreicherung der CO_2-Entw. u. O_2-Aufnahme parallel (Verss. mit **II** u. Ribose-5-phosphat [**III**]). Beim Abbau von **III** im Leberextrakt nehmen die Ketosen, vermutlich infolge Isomerisierung **I** → Ribulose-5-phosphat, zu. Anreicherung von Phosphotriosen wird nicht beobachtet. Wenn die **I**- u. **II**-Dehydrase von Fermenten gereinigt werden, die den weiteren Abbau von **III** bewirken, ergibt sich eine 10fache Erhöhung der Aktivität der Dehydrasen. Unter Einw. eines rohen Enzympräp. aus Leber nimmt der Pentosengeh. zunächst zu, dann rasch auf den Anfangswert ab; mit gereinigtem Enzym lassen sich die Pentosen in einer dem abgebauten **II** fast äquivalenten Menge anreichern. In Verss. mit pflanzlichen Präpp. (Rübenblätter, Weizenblätter, Teeblätter, Kartoffelkeimlinge) zeigt sich, daß auch die höheren Pflanzen die akt. Fermente des oxydativen Abbaues von **I**, **II** u. **III** enthalten. Es wird folgender hypothet. Oxydationscyclus angenommen:

$$\mathbf{I} \rightarrow \mathbf{II} \rightarrow \mathbf{III} \left(\begin{array}{l} \nearrow \text{Glykolaldehyd} \rightarrow \text{Oxydation} \\ \searrow \text{Phosphotriose} \rightarrow \mathbf{I}. \end{array} \right)$$

(Биохимия [Biochemie] **17**. 611—25. Sept./Okt. 1952. Moskau, Bach-Inst. für Biochem. der Akad. der Wiss. der UdSSR.) R. K. MÜLLER. 4210

V. A. Knivett, *Phosphorylierung, gekoppelt mit anaerobem Citrullin-Abbau*. Die Phosphorylierung von Adenosindiphosphat (ADP) zu Adenosintriphosphat (ATP) wird im Zusammenhang mit dem Abbau von *Citrullin* (**I**) zu Ornithin (**II**) durch zellfreien Extrakt von *Streptococcus faecalis* (**III**) mit Hilfe von $KH_2{}^{32}PO_4$ untersucht. Die Ergebnisse zeigen, daß beide Prozesse nach folgendem Schema miteinander gekoppelt sind: **I** + ADP + Phosphat → **II** + CO_2 + NH_3 + ATP. Weiterhin kann Vf. die Ggw. von *Adenylatkinase* (*Myokinase*) im Extrakt von **III** nachweisen. — 24 Literaturangaben. (Biochem. J. **56**. 602—06. April 1954. Teddington, Middlesex, Chem. Research Labor.) LAMP. 4210

V. A. Knivett, *Der Einfluß von Arsenat auf bakteriellen Citrullin-Abbau.* Die Umwandlung von *Citrullin* (I) in Ornithin + CO_2 + NH_3 durch zellfreien Extrakt von Streptococcus faecalis in Ggw. von Adenosindiphosphat (II) u. Phosphat (III) wird durch Zusatz von Arsenat (IV) beschleunigt. IV bewirkt den Abbau von I auch bei Abwesenheit von II u. III, wobei der maximale Umsatz in gewaschenen Zellsuspensionen ca. 5mal größer ist als bei Ggw. von II u. III. Vf. diskutiert den Mechanismus der Arsenatwirkung. Eine verbesserte Meth. zur Best. von I wird mitgeteilt, die auf der Diacetyl-Rk. von FEARON beruht (vgl. FEARON, Biochem. J. **33.** [1939.] 902). (Biochem. J. **56.** 606—10. April 1954. Teddington, Middlesex, Chem. Res. Labor.) LAMP. 4210

W. J. Whelan, *Der enzymatische Stärkeabbau.* Übersicht mit 40 Literaturangaben. (Biochem. Soc. Symposia **1953.** Nr. 11. 17—26. Bangor, Caernarvonshire, Univ. Coll. of North Wales, Dep. of Chem.) KRUSEN. 4210

Helen Porter, *Stärkesynthese und -abbau in vivo.* Übersicht mit 28 Literaturangaben. Biochem. Soc. Symposia **1953.** Nr. 11. 27—41. London, Imperial Coll. of Sci., Res. Inst. of Plant Physiol.) KRUSEN. 4210

E. J. Bourne, *Die biologische Stärkesynthese.* Übersicht mit 107 Literaturangaben. (Biochem. Soc. Symposia **1953.** Nr. 11. 3—16. Birmingham, Univ., Dep. of Chem.) KRUSEN. 4210

G. J. Dutton und **I. D. Storey,** *Uridinverbindungen im Glucuronsäurestoffwechsel.* 1. Mitt. *Die Bildung von Glucuroniden in Lebersuspensionen. Glucuronid* (I)-Synth. kann in Lebersuspensionen nicht beobachtet werden, wenn nicht ein gekochter Leberextrakt zugesetzt wird. Der wirksame Faktor, der durch Kochen oder durch Trichloressigsäureextraktion gewonnen werden kann, ist säure- u. alkaliinstabil u. wird durch Phosphatase zerstört. Der Faktor dürfte etwa die Struktur der *Uridindiphosphatglucose* haben u. unter den Versuchsbedingungen seine *Glucuronsäure* auf das im Reaktionsgemisch vorliegende *α-Aminophenol* oder das *Menthol* übertragen. Die I-Synth. verläuft optimal bei p_H 7,5—8,0. Der Einfl. anderer Faktoren wird diskutiert. Die enzymat. Aktivität scheint an die in der Suspension vorliegenden größeren u. kleineren Cytoplasmagranula gebunden zu sein. Die Möglichkeit, daß der Faktor der *α-Glucuronidase* (II) als Substanz dient, kann ausgeschlossen werden. II dürfte an der Rk. überhaupt nicht beteiligt sein, da Saccharat z. B. nicht hemmend wirkt. (Biochem. J. **57.** 275—83. Juni 1954. Edinburgh, Univ., Dep. of Biochem. and Surg.) HANS THIELE. 4210

Viggo Faber, *Antistreptokokkenhyaluronidase.* 3. Mitt. *Die turbidimetrische Bestimmung von Antistreptokokkenhyaluronidase (ASH) in Seren von Patienten mit rheumatischem Fieber, Glomerulonephritis, Tonsillitis und rheumatoider Arthritis.* (2. vgl. C. **1954.** 2413.) Unter 500 untersuchten Patienten zeigten nur solche mit eiternden Halsentzündungen mäßige, die mit akutem rheumat. Fieber u. haemorrhag. Glomerulonephritis stark erhöhte *Antistreptokokkenhyaluronidase* (*ASH*)-Werte, als Zeichen einer Streptokokkeninfektion mit allerdings nur sehr beschränkter Korrelation zum klin. Erscheinungsverlauf. N. Werte werden oft erst nach 6—8 Monaten wieder erreicht. (Acta med. scand. **147.** 121—32. 10/11. 1953. Kopenhagen, Staatl. Seruminst.) GIBIAN. 4210

Alfred Nisonoff, Frederick W. Barnes jr. und **Theodore Enns,** *Mechanismen der enzymatischen Transaminierung. Bestimmung der Geschwindigkeit der Glutamat-Asparaginat-Reaktion im Gleichgewichtszustand.* (Vgl. C. **1954.** 8599.) Die noch wenig geklärte Kinetik enzymat. Rkk. im Gleichgewichtszustand wurde unter Verwendung von ^{15}N-markiertem *L-Glutamat* (I) am Beispiel des I-*Asparaginat* (II)-*Transaminase*-Syst. untersucht: L-II + *α-Ketoglutarat* (III) $\rightleftharpoons$ L-I + *Oxalacetat* (IV). Die Verss. erfolgten durch Zugabe von Enzym zu einer Gleichgewichtsmischung von I, II, III u. IV, Stoppen der Rk. nach verschied. Zeiten (Zugabe von A. u. HCl, Erhitzen zum Sieden) u. Best. des $^{15}N/^{14}N$-Verhältnisses in II nach dessen Isolierung aus dem Reaktionsgemisch. Die Anfangsgeschwindigkeit der Hin- u. Rück-Rk. wurde auf einen Wert von ca. 25% desjenigen, der für jede Rk. in Abwesenheit des Substratpaares der Gegenseite gemessen wurde, herabgesetzt. Möglicherweise reagieren die entgegengesetzten Substratpaare (II–III u. I–IV) mit den gleichen Stellen des Enzyms, u. jedes Paar blockiert nach Fixierung die Vereinigung dieser Reaktionszentren mit dem konkurrierenden Substratpaar. Da die Verlangsamung jeder Rk. im Gleichgewicht wesentlich mehr als 50% beträgt, ist es möglich, daß die Kombination mit den akt. Enzymstellen für jedes der 4 Substrate unabhängig erfolgt. Die scheinbare Gleichgewichtskonstante der Enzym-Rk. wurde bei 37,5° zu 7,8 ± 0,3 ermittelt. (J. biol. Chemistry **204.** 957—69. Okt. 1953. Baltimore, Md., Johns Hopkins Univ., Dep. of Chem. and School of Med., Dep. of Med. and Physiol. Chem.) K. MAIER. 4210

L. S. Dietrich, *Eine schnelle Methode zur Bestimmung von Dioxyphenylalanindecarboxylase in tierischen Geweben.* Es wird eine einfache u. schnelle Meth. zur Best. der Aktivität der *3.4-Dioxyphenylalanin* (I)-*decarboxylase* in Gewebehomogenaten beschrieben. Nach Incubation der Homogenate mit einem Überschuß von I wird das Reaktionsprod., 3.4-Dioxyphenyläthylamin, an eine Permutitsäule adsorbiert, eluiert u. mit FOLINs Phenolreagens colorimetr. bestimmt. Die Monoaminoxydase wird durch Octylalkohol gehemmt. Vf. erprobte die Meth. an Geweben von ausgewachsenen Mäusen. Nierenhomogenate zeigten die größte Aktivität. (J. biol. Chemistry **204.** 587—91. Okt. 1953. New York, N. Y., Columbia Univ., Coll. of Physic. and Surg., Dep. of Biochem. and Surg.) F. LEUSCHNER. 4210

Neil C. Davis und **Emil L. Smith,** *Teilweise Reinigung und Spezifität der Iminodipeptidase. Iminodipeptidase* (I) (früher „*Prolinase*") aus Schweinenierenrinde wurde mit 68%ig. Ausbeute auf etwa das 30fache angereichert (Fällung eines Homogenats bei -5^0 mit A. [Endkonz. 45%], Fällung eines wss. Extraktes des mit absol. A. u. Aceton gewaschenen u. getrockneten Nd. mit A. [70%] bei p_H 7,8—10^0, in Ggw. von Mn^{2+} [Endkonz. 0,02 mol. $MnCl_2$], Extraktion des Nd. nach Gefriertrocknung mit 0,02 mol. $MnCl_2$ bei p_H 7,8, Fällung mit A. [35%] bei -30^0, Gefriertrocknung der Fl. u. Extraktion derselben mit kalter 0,02 mol. $MnCl_2$-Lsg. bei p_H 7,8, Fällung mit A. [48%] bei -20^0, Lösen des Nd. in W., Gefriertrocknung). Die Hydrolyse von *L-Prolylglycin* u. *Oxy-L-prolylglycin* durch Mn^{2+}-aktivierte I nimmt mit steigendem p_H bis p_H 9 zu, wo Instabilität von I genaue Aktivitätsmessungen unmöglich macht. Die Unters. der Spezifität gereinigter I ergab, daß diese nur auf *Prolyl-* oder *Oxyprolyldipeptide* wirken, die eine freie *α-Imino-* u. eine freie α-COOH-Gruppe neben der empfindlichen Bindung besitzen. Iminodipeptide, die Glutaminsäure oder Asparaginsäure enthalten, werden von I nicht angegriffen. Rohe Extrakte aus Schweinenierenrinde enthalten metallaktivierte Enzyme, die die *Amide* von *L-Prolin* u. *Oxy-L-prolin* sowie verschied. *Tripeptide*, die diese Iminosäuren enthalten, hydrolysieren. Die Synth. u. Eigg. von *L-Prolylglycylglycin, Oxy-L-prolylglycylglycin* u. *Glycyl-L-prolylglycin,* sowie eine Anzahl krist. Derivv. derselben werden beschrieben, ferner eine Meth. zur Red. von *Carbobenzoxy-L-prolyl-L-prolin* u. *Carbobenzoxy-L-prolyloxy-L-prolin,* die zur Bldg. der gewünschten Dipeptide an Stelle der früher erhaltenen Diketopiperazine führt.

Versuche: *Carbobenzoxy-L-prolylglycylglycinäthylester,* $C_{19}H_{25}O_7N_3$, F. 144 bis 145^0, a) aus Carbobenzoxyoxy-L-prolinhydrazid über das Azid durch Umsetzung mit Glycylglycinester bei 0^0 in Essigester u. Stehen über Nacht bei Raumtemp.; Nadeln; Ausbeute 70%; b) einem bei -5^0 hergestellten Gemisch von Carbobenzoxy-oxy-L-prolin, $N(C_2H_5)_3$ u. Isobutylchlorcarbonat in Chlf. u. Glycylglycinäthylester in Chlf.; $[\alpha]_D^{21}$ $-11,1^0$ (1% in A.); 38%. — *Carbobenzoxyoxy-L-prolylglycylglycin,* $C_{17}H_{21}O_7N_3$, F. 159,5—160^0; durch Verseifung einer wss. Suspension vorst. Esters mit nNaOH; Kristalle (Aceton), $[\alpha]_D^{21}$ $-53,9^0$ (1% in W.). — *Oxy-L-prolylglycylglycin,* $C_9H_{15}O_5N_3 \cdot 2H_2O$, F. 216—$217^0$ (Zers.); aus vorst. Verb. durch H_2/Pd in CH_3·OH–Eisessig-W.; Plättchen, $[\alpha]_D^{21}$ $-13,2^0$ (1% in W.); 98%. — *Carbobenzoxy-L-prolylglycylglycinäthylester,* $C_{19}H_{25}O_6N_3$, F. 120—$120,5^0$; aus Gemisch von *Carbobenzoxy-L-prolin,* $N(C_2H_5)_3$ u. Isobutylchlorcarbonat in Chlf. u. Glycylglycinäthylester in Chlf.; Kristalle (Äthylacetat), $[\alpha]_D^{21}$ $-23,1^0$ (1% in A.); 62%. — *Carbobenzoxy-L-prolylglycylglycin,* $C_{17}H_{21}O_6N_3$, F. 134—135^0, Kristalle (Äthylacetat), $[\alpha]_D^{21}$ $-56,0^0$ (1% in W.); 57%. — *L-Prolylglycylglycin,* $C_9H_{15}O_4N_3$, F. 211—212^0 (Zers.), Kristalle, $[\alpha]_D^{21}$ $-22,1^0$ (1% in W.). — *Carbobenzoxyglycyl-L-prolylglycin,* $C_{17}H_{21}O_6N_3$, F. 144 bis 145^0; aus Gemisch von Carbobenzoxyglycyl-L-prolin, $N(C_2H_5)_3$ u. Isobutylchlorcarbonat in Äthylacetat u. Glycinäthylester mit anschließender Verseifung des erhaltenen Esters; Kristalle (Äthylacetat), $[\alpha]_D^{21}$ $-83,9^0$ (1% in W.); 27%. — *Glycyl-L-prolylglycin,* $C_9H_{15}O_4N_3 \cdot 1\frac{1}{2}H_2O$, lange Nadeln, $[\alpha]_D^{21}$ $-108,4^0$ (1% in W.). — *L-Prolyl-L-prolin,* $C_{10}H_{16}O_3N_2$, aus Carbobenzoxy-L-prolyl-L-prolin durch H_2/Pd in absol. A.–Eisessig; Nadeln, $[\alpha]_D^{21}$ $-160,2^0$ (1% in W.); 51%. — *L-Prolyloxy-L-prolin,* $C_{10}H_{16}O_4N_2 \cdot \frac{1}{2}H_2O$, wie vorst. aus dem Carbobenzoxydipeptid; Nadeln, $[\alpha]_D^{21}$ $-160,3^0$ (1% in W.). (J. biol. Chemistry **200.** 373—84. Jan. 1953. Salt Lake City, Ut., Univ. of Utah, Coll. of Med., Labor. for Study of Hereditary and Metabolic Disorder, u. Dep. of Biol. Chem. and Med.) K. MAIER. 4210

A. N. Parschin und **T. A. Gorjuchina,** *Über den Mechanismus des fermentativen Abbaus von Histidin in der Leber von Tieren.* Verss. mit wss. Extrakten aus Katzenleber u. freiem *Histidin* (I) ergaben, daß der enzymat. Abbau von I, entgegen der Vorstellung von EDLBACHER u. in Bestätigung früherer Unterss. der Vff. (vgl. C. **1953.** 6905) nicht zur Bldg. von Glutaminsäure oder eines Deriv. derselben führt. Das gleiche negative Ergebnis hatten auch Verss. zur Gewinnung des Ba-Salzes von I u. ebenso dessen

Nachw. mit Hilfe der Elektrodialyse. Im Sinne der Theorie von EDLBACHER verlaufende Verss. mit Isotopen sind nicht beweisend u. bedeuten nur, daß im tier. Organismus einzelne Teile der C-Kette von I für verschied. Synthesezwecke ausgenutzt werden können. (Доклады Академии Наук СССР [Ber. Akad. Wiss. UdSSR] [N. S.] **94.** 523 bis 526. 21/1. 1954. Onkol. Inst. der Akad. der Med. Wiss. der UdSSR.) RENTZ. 4210

E. Brouwer, *Auf- und Abbau von Fetten im tierischen Organismus.* Vortrag; behandelt die Bedeutung der Acetylgruppen für Auf- u. Abbau von Fetten, die oxydative Carboxylierung der Brenztraubensäure u. die Beteiligung des Coenzyms A. — 36 Literaturangaben. (Chem. Weekbl. **50.** 449—55. 26/6. 1954. Landbouwhovgeschool, Labor. voor Physiol. der Dieren.) P. LOCH. 4210

Adam Deutsch und **Roy Nilsson,** *Direkte Desaminierung von Adenosindiphosphat durch Actomyosin. Adenosintriphosphat* (**I**) wird durch Actomyosingel (**II**) bei 20° u. p_H 6,8—7,1 ohne Pufferzusatz in 4 Std. prakt. völlig zu *Inosindiphosphat*(**III**) desaminiert. Bei Einw. von 30 Min. wurden 20—30% **I** zu **III** u. 65—75% zu *Adenosindiphosphat* (**IV**) abgebaut. Bei einigen Verss. wurde daneben wenig **I** oder *Inosinmonophosphat* gefunden. Eine Reaktionszeit von 5 Min. führte zu erheblicher Dephosphorylierung, aber nur geringer Desaminierung, wobei neben **I** hauptsächlich **IV** u. 0—10% **III** gebildet wurden. Vorst. Ergebnisse wurden in Reaktionsgemischen von 5—25 mg/ml Actomyosin (Trockensubstanz) u. ca. 5 μMol/ml **I** erzielt. Sie stimmen hinsichtlich des zeitlichen Ablaufs der Dephosphorylierung u. Desaminierung mit denen von TARVER u. MORALES (J. celluar comparat. Physiol. **37.** [1951.] 235) überein. **II** wurde aus den Rücken- u. Hinterbeinmuskeln von Kaninchen durch 24std. Extraktion mit WEBERscher Lsg. (0,6 Mol KCl/Liter, 0,01 Mol Na_2CO_3/Liter u. 0,04 Mol $NaHCO_3$/Liter) u. Fällung als Gel mit 6—8 Voll. dest. W. dargestellt. Das Gel wurde durch Zugabe von so viel KCl wieder gelöst, daß die Lsg. 0,6 mol. an KCl war, u. 3mal durch 6—8faches Verdünnen umgefällt. Die Reaktionsprodd. wurden papierchromatograph. u. durch Ionenaustauscher nach der von DEUTSCH u. NILSSON (Acta chem. scand. C. **1954.** 7939) modifizierten Meth. von COHN u. CARTER (C. **1951.** II. 1792) getrennt u. identifiziert. **III** wurde in dem von Proteinen befreiten Reaktionsgemisch durch Vgl. des Papierchromatogramms mit dem von reinem **III** mittels UV-Photographie nachgewiesen u. durch UV-Absorptionsspektren u. P-Analysen der entsprechenden Eluate von Papierchromatogrammen bzw. Ionenaustauschern sowie die relative Lage der Zone bei letzterem bestätigt. Ferner wurde **III** aus den vereinigten Fraktionen durch Ionenaustauscher als Ba-Salz gefällt u. papierchromatograph. sowie durch chem. Analyse (Hypoxanthin, Ribose, säurelabiler P, Gesamt-P) identifiziert. Im Hinblick auf den zeitlichen Verlauf der Dephosphorylierung u. Desaminierung wird die Bldg. von **III** am besten als direkte Desaminierung von **IV** gedeutet. Ersatz von **I** durch eine äquivalente Menge **IV** führt bei 1—4 std. Einw. auf **II** zu etwa gleichen Ergebnissen. Bei einer Dauer von 30 Min. bildet sich jedoch mehr **III** (ca. 40%), wodurch die Annahme einer direkten Desaminierung von **IV** gestützt wird. Voruntersss. über die p_H-Abhängigkeit der Desaminierung von **IV** in 0,1 mol. Glycylglycinpufferlsg. (p_H 7,2), 0,05 mol. Acetatpufferlsg. (p_H 6,0 u. 6,2) u. 0,1 mol. Succinatpufferlsg. weisen auf einen optimalen p_H von ca. 6 hin. (Chem. and Ind. **1953.** 1149—50. 24/10. Lund, Schweden, Univ., Inst. of Chem.)
HELMUT HOFMANN. 4210

G. Je. Wladimirow und **L. M. Ginodman,** *Über die Größe der freien Hydrolyseenergie der energiereichen Phosphatbindung in der Adenosintriphosphorsäure.* Die Berechnung der freien Hydrolyseenergie der *Adenosintriphosphorsäure* (**I**) erfolgt unter Zugrundelegung der Umwandlung der Glucose in Milchsäure (**II**), die als eine Folge von 11 Rkk. dargestellt werden kann, von denen 9 als Zwischen-Rkk. der Glykolyse angesehen werden können. Die Hydrolyse der energiereichen Phosphatbindung von **I** ist danach bei 1 mol. Lsg. der Komponenten u. bei p_H 7 u. 25° von einer Freisetzung von 7450 cal/Mol begleitet. Berechnet man die freie Hydrolyseenergie von **I** auf Grund der Glycerinoxydation zu **II**, so erhält man bei p_H 7 u. Standardkonzz. ca. 8,6 kcal/Mol. Unter physiol. Bedingungen sind jedoch starke Abweichungen hiervon möglich. So erhält man beim Verhältnis **I**/Adenosindiphosphorsäure = 1 u. bei 0,01 mol. Lsg. für die reife Hydrolyseenergie der Phosphatbindung von **I** den Wert 12 kcal/Mol. (Биохимия [Biochemie] **18.** 490—98. Juli/Aug. 1953. Leningrad, Militärmed. Kirow-Akad. Lehrstuhl für biol. Chem.) LEBTAG. 4210

E_3. Mikrobiologie. Bakteriologie. Immunologie.

Denichi Mizuno und **Tomie Tamura,** *Untersuchungen über die Nährstofferfordernisse von Bakterien.* 8. Mitt. *Pyridin-3-sulfosäure als Wachstumsfaktor.* Gegenüber dem Shiga-Bacillus EWING I (Shigella dysenteriae I) bewirkte 10^{-2} bis 10^{-3}mol. *Pyridin-*

3-sulfosäure (I) Wachstumsförderung, vermutlich durch Schutz der Diphosphopyridinnucleotide, da die DPN-Nucleosidase gehemmt wird. Bei Staph. aureus konnte I in 10^{-4} bis 10^{-2} mol. Lsg. das Nicotinsäureamid (II) ersetzen. Bei 10^{-8} bis 10^{-6} mol. DPN beschleunigt I das Wachstum von *Staphylococcus aureus*, bei 10^{-5} mol. DPN ist jedoch kein Unterschied mehr festzustellen. I + II zusammen hemmen bei beiden Bakterien das Wachstum. I + DPN zusammen sind ohne Einfl. auf das Shigellawachstum. (Jap. J. Bacteriol. **8.** 27—31. Febr. 1953. Tokyo, Univ. [Orig.: japan.]) SCHULER. 4310

L. I. Solnzewa, *Gigantische Bakterienzellen und filtrierbare Formen.* Verss. mit *Bact. mycoides* u. *Bact. coli* ergaben, daß unter dem Einfl. von $MgSO_4$ u. *LiCl* kugelförmige Riesenzellen entstehen, die später zerstört werden, begleitet von einer feinkörnigen Detritbildung. Hierbei entstehen keine filtrierbaren Formen. Damit wird die Cyclogenietheorie widerlegt, wonach die durch Einw. von Salzen entstehenden Riesenzellen reproduktive Formen mit lebensfähigen Teilchen darstellen. (Микробиология [Mikrobiologie] **22.** 652—55. Nov./Dez. 1953. Moskau, Inst. für Mikrobiol. der Akad. der Wiss. der UdSSR.) LEBTAG. 4310

Tadashi Yamamoto, *Stoffwechel bei Rickettsia.* Übersicht mit 36 Literaturangaben. (Jap. J. Bacteriol. **8.** 163—68. April 1953. [Orig.: japan.]) SCHULER. 4320

Grunberg-Manago, J. Szulmajster und **C. Délavier,** *Bildung und Zerfall von Wasserstoffperoxyd durch anaerobe Bakterien.* Wegen der leichten Zerstörbarkeit des H_2O_2 ist es schwierig, dieses als Intermediärprod. beim Stoffwechsel von Bakterien nachzuweisen, zumal sich seine mögliche Bldg. u. Zers. im Inneren der Zelle abspielen. Es wurden deswegen WARBURG-Verss. mit verschied. Bakterien (Escherichia coli, Clostridium saccharobutyricum, Clostridium welchii, Clostridium sporogenes) u. einer Fraktion aus zermahlenen Bakterien durchgeführt. Sie zeigen, daß H_2O_2 durch Bakterien, deren katalyt. Aktivität durch N_3Na blockiert wurde, in Ggw. von H_2 gemäß $H_2 + H_2O_2 \rightarrow 2 H_2O$ zers. wird, diese Rk. in N_2-Atmosphäre aber nicht stattfindet. Sie wurde außerdem weder durch NH_2OH noch durch CN^- gehemmt, dagegen wurde sie durch *Monojodessigsäure* bei p_H 4,9 (7,3) auf $^1/_{10}$ ($^1/_2$) ihrer ursprünglichen Intensität zurückgedrängt. — Aus den Ergebnissen folgt, daß die fakultativen Anaerobier sich nicht einer Katalase oder Peroxydase zur Zerstörung des H_2O_2 bedienen, dieses vielmehr als Acceptor für H_2 auftritt, der entweder durch Hydrogenase aktiviert wird oder bereits aktiviert bei anderen Stoffwechselvorgängen entsteht. — Obligate Anaerobier besitzen darüber hinaus noch eine (mehrere) Substanz(en), die in red. Form H_2O_2 zersetzen u. durch Monojodessigsäure hemmbar sind, was darauf hinweist, daß diese eine SH-Gruppe enthalten. — Eine rasche Zers. des H_2O_2 ist für die Bakterien außerordentlich wichtig, da die Dehydrogenasen sehr empfindlich auf H_2O_2 reagieren. (Ann. Inst. Pasteur **83.** 102—17. Juli 1952. Paris, C. N. R. S. u. Serv. de Biochim.) DOSSMANN. 4320

M. W. Fedorow, *Inhibitoren der Synthese und der Fixierung von molekularem Stickstoff durch Azotobacter.* In Ggw. von *Semicarbazid* (I) nimmt die N_2-Fixierung aus der Luft durch Azotobacter agile ab, die Entw. der Zellen ist jedoch fast die gleiche wie in der Kontrolle. Dies erklärt sich daraus, daß N von I für die Bakterienzelle zugänglich ist. Nach 20 Tagen beträgt die N_2-Fixierung in Ggw. von 0,00001 mol. I 91,1%, bei 0,0001 mol. I 86,4%, bei 0,001 mol. I 61,6% (Kontrolle = 100%). In Ggw. von 0,0001—0,0005 Mol *2.4-Dinitrophenol* (II) wird die N_2-Fixierung um 25% erhöht, bis 0,001 mol. II nicht verändert. In Ggw. von *Malachitgrün* (III) bleibt die N_2-Fixierung prakt. fast unverändert (höchstens 10%ig. Abnahme). Die Oxydation des Zuckers wird durch III nicht gehemmt. Das Verh. von III kann man damit erklären, daß III nur mit jenen Dehydrasen konkurriert, die bei geringem Redoxpotential akt. sind. (Доклады Академии Наук СССР [Ber. Akad. Wiss. UdSSR] [N. S.] **89.** 351—54. 11/3. 1953. Moskau, Timirjasew-Akad. für Landwirtschaft.) LEBTAG. 4320

I. L. Rabotnowa und **R. M. Glagolewa,** *Die Anreicherung des Substrates mit stickstoffhaltigen Stoffen bei der Entwicklung von Azotobacter agile und Azotobacter chroococcum. Azotobacter chroococcum 54* (Az.ch.) u. *Azotobacter agile 22 D* (Az.a.) geben in den ersten Stadien des Wachstums auf N-freiem Nährboden in Ggw. von CH_3COONa (I) bis zu 80% des aus der durchgeblasenen Luft fixierten N als lösl. N-Verb. an das Substrat ab, in Ggw. von *Glucose* (II) bis zu 66%, in Ggw. von *Na-Lactat* (III) bis zu 50%. Die im Substrat nachweisbare N-Substanz ist weder eine Aminosäure noch NH_3. Das Wachstum ist auf I-Nährboden weniger intensiv als auf II oder III. Die Anreicherung der N-Substanz im Substrat erfolgt bereits in einem Stadium, da ein Zerfall der Zellen von Az.ch. u. Az.a. noch nicht möglich ist. Die das Substrat verlassende Luft enthält Spuren von NH_3. Mit fortschreitender Entw. der Kultur nimmt der N-Geh. des Filtrates ab. Demnach verläuft die N-Fixierung in 2 Phasen: Bldg. eines Zwischenprod. u. dessen Verbrauch durch die Bakterien. (Микробиология

[Mikrobiologie] **22.** Nr. 5. 506—10. Sept./Okt. 1953. Moskau, Lomonossow-Univ., Wiss. Forschungsinst. für Bodenbiol.) LEBTAG. 4320

B. P. Eddy, *Bakterieller Abbau von Cholin.* Vf. konnte zeigen, daß ein aus dem Gewebe des Wals isolierter Stamm von Aerobacter aerogenes *Cholin* (I) im logarithm. Verhältnis zu seinem Wachstum angreift. Hört die Teilung auf, dann auch die Bldg. von *Trimethylamin.* Gewaschene Suspensionen waren vollständig inaktiv. Sein Enzymsyst. ist spezif. für I u. *Acetylcholin.* Äthyltrimethylammoniumhydroxyd u. Tetramethylammoniumhydroxyd werden wahrscheinlich nur sehr schwach angegriffen. Keine Wrkg. tritt auf gegen Isochinolin, Betain, Phosphorylchinolin u. Dimethylaminoäthanol. Der I-Abbau wird durch *Glucose* gehemmt, nicht jedoch durch Äthylenglykol. (Nature [London] **171.** 573—74. 28/3. 1953. Cambridge, Univ., Low Temp. Res. Stat. for Res. in Biochem. and Biophysics u. Dep. of Sci. and Ind. Res.) ENDRASS. 4320

Louis Gershenfeld und **Bernard Witlin,** *Weitere Untersuchungen über die antibakterielle Wirksamkeit von Heliogen.* In vitro-Verss. mit *Heliogen*-Tabletten (HELIOGEN PRODUCTS INCORPARATION, Long Island City, N. Y.), die in wss. Lsg. 25 mg J in Freiheit setzen, wirken gegen Micrococcus pyogenes var. aureus u. Salmonella typhosa als Testbakterien bei variierenden p_H-Werten u. Tempp. baktericid u. lassen mit großer Wahrscheinlichkeit auf eine baktericide Wrkg. gegenüber den in Körpergeweben, Mundhöhle, Vaginaltrakt usw. vorkommenden vegetativen Bakterienformen schließen. (Amer. J. Pharmacy Sci. support. pupl. Health **125.** 258—64. Aug. 1953. Philadelphia, Pa., Coll. of Pharm. and Sci., Dep. of Bacteriol.) GERDA SCHULZE. 4330

S. Fallab, *Zum komplexchemischen Verhalten einiger Oxin-ähnlicher Verbindungen.* 23. Mitt. *Metallionen und biologische Wirkung.* (22. vgl. ERLENMEYER u. Mitarbeiter, Helv. chim. Acta **37.** [1954.] 636.) Vf. berichtet über Best. der Komplexbildungskonstanten zwischen Cu^{2+} u. einigen dem 8-Oxychinolin analogen Verbb. (*5-Oxychinoxalin, 4-Oxybenzthiazol* u. *4-Oxybenzoxazol*) mittels potentiometr. Messungen u. vergleicht die Ergebnisse (die Unterschiede in der Komplexstabilität derselben funktionellen Gruppe sind sehr groß) mit der biol. Wirkungssteigerung in Ggw. von mol./5000 Cu^{2+}, wobei sich eine Parallelität zwischen dieser u. der Zunahme der Komplexbeständigkeit ergibt. Der Abfall der Komplexbeständigkeit in der angegebenen Reihenfolge wird mit der verschied. Basizität der Heterocyclen erklärt. (Helv. chim. Acta **37.** 645—46. 15/3. 1954. Basel, Univ., Anstalt für anorgan. Chem.) NIEMITZ. 4330

H. Nishimura, K. Nakajima und **N. Shimaoka,** *Untersuchungen über Isonicotinsäurehydrazid und verwandte Verbindungen.* 1. Mitt. *Antituberkulöse Wirksamkeit in vitro von Benzaldehydderivaten des Isonicotinsäurehydrazids.* Bei Beobachtung in KIRCHNERs Medium mit 10% menschlichem Plasma an Myc. tubercul. H 37 Rv (21 Tage, 37°) ergaben sich als minimale mol. Konzz. für tuberkulostat. Wrkg. für Isonicotinsäurehydrazid 1:1,6 Million (= Mio), für *Benzaldehyd-, p-Acetaminobenzaldehyd-, 3.4-Dioxybenzaldehyd-, Heliotropin-* u. *Furfurolhydrazone* je 1:3,2 Mio, *m-Nitrobenzaldehyd-*, o-, m- u. *p-Oxybenzaldehydhydrazon* je 1:6,4 Mio, mit *Vanillin* u. *p-Dimethylaminobenzaldehyd* je 1:1,6 Millionen. (Ann. u. Rep. Shionogi Res. Lab. [Osaka] **1953.** Nr. 3. 198—202. [Orig.: japan., Auszug: engl.]) SCHULER. 4330

H. Nishimura, K. Nakajima und **N. Shimaoka,** *Über die Rolle von Isonicotinsäurehydrazid, Nicotinsäurehydrazid und Picolinsäurehydrazid als Wachstumsfaktor für Shigella paradysenteriae Ohara. Isonicotinsäurehydrazid* kann für das Wachstum von Shigella paradysenteriae Ohara nicht verwertet werden, *Nicotinsäure-* u. *Picolinsäurehydrazid* sind Wachstumsfaktoren in ca. 10^{-4} bis 10^{-5} mol. Lsg., reichen aber nicht an Nicotinsäureamid heran, ausgenommen darin, daß sie bereits nach 24std. Bebrütung rasches Wachstum bewirken. (Annu. Rep. Shionogi Res. Lab. [Osaka] **1953.** Nr. 3. 367—69. [Orig.: japan., Auszug: engl.]) SCHULER. 4330

H. Nishimura, S. Suda und **K. Nakajima,** *Untersuchungen über PAS (p-Aminosalicylsäure)-Antagonismus.* Wie die unterschiedliche Wirksamkeit von *p-Aminosalicylsäure* (I) auf Tuberkelbacillen in Glycerinbouillon u. KIRCHNER-Nährboden zeigt, entwickelt *Pepton* eine antagonist. Wirkung. Auch bei der Prüfung gegen Escherichia coli wurde das gleiche Verh. gefunden. — Die Wirksamkeit von I läßt sich auch durch äquimol. Mengen von *p-Aminobenzoesäure* (II) aufheben (SHIVE-Index I/II = 10000). Sie läßt sich verstärken, auch wenn Antagonisten gegenwärtig sind, wenn *Harnstoff* zugesetzt wird. Dadurch kann z. B. der SHIVE-Index I/II auf $^1/_{10}$ gesenkt werden. (Annu. Rep. Shionogi Res. Lab. [Osaka] **1953.** Nr. 3. 345—54. [Orig.: japan., Auszug: engl.]) SCHULER. 4330

A. Je. Kriss, *Der Aufbau der Bakteriophagen.* Auf Grund des Literaturmaterials (57 Hinweise) stellt Vf. fest, daß die Vorstellungen von einem hochentwickelten Aufbau der Bakteriophagenkorpuskeln abzulehnen sind. Das spermatozoidähnliche Aussehen der Bakteriophagen mit Kopf u. Schwanz ist durch eine spiralförmige Aggregation der Eiweißglobula bedingt. Diese Spirale kann durch hohen Druck u. Einw. von Harnstoff entknäuelt werden. Die Vorstellung, wonach die Bakteriophagen als Parasiten der Bakterien anzusehen seien, ist durch neuere Unterss. widerlegt. Das Eindringen der Bakteriophagen in die Bakterienzelle ist der Assimilation der Proteine u. anderer hochmol. Stoffe durch die Zelle ähnlich u. besteht darin, daß mit Hilfe von Bakterienenzymen niedrigmol. Verbb. gebildet werden, die die Bakterienhülle durchdringen können. Vor der Lysis der Bakterien u. nach dem Zerfall der Protoplasten sind keine Anzeichen dafür festzustellen, daß die Phagen einer Reproduktion durch Teilung fähig sind. Danach sind die Phagen als Biokatalysatoren von Mikrobenherkunft anzusehen. (Успехи Современной Биологии [Fortschr. gegenwärt. Biol.] **36.** 346—66. Nov./Dez. 1953.) LEBTAG. 4331

G. Frontali, *Resistenz gegen Streptomycin und Hydrazid.* Aus Cerebrospinal-Fl. von tuberkulösen Meningitiden isoliertes *Mycobacterinum tuberculosis*, das gegen 1—10γ *Streptomycin* (**I**)/cm³ empfindlich war, wurde von 0,02—0,2γ *Isonicotinsäurehydrazid*/cm³ gehemmt; ebenso ein gegen 1000γ **I**/cm³ resistenter Stamm. (Ann. paediatrici [Basel] **180.** 272—75. April/Mai 1953. Rom.) RUTKOWSKI. 4340

C. Bessière und **S. Lautrec,** *Die Einwirkung von Terramycin auf den Pneumobacillus: Klebsiella pneumoniae.* Vff. beschreiben die morphol. Veränderungen, die sich an Pneumobacillen unter dem Einfl. von *Terramycin* bei Ggw. von Ascites vollziehen. Es kann noch nicht mit Bestimmtheit behauptet werden, daß es sich bei den period. Veränderungen um einen Cyclus handelt, der zur L- (Zwerg-) Form führt. (Trav. Soc. Pharmac. Montpellier **13.** 126—27. 1953. Montpellier, Fac. de Pharm., Labor. de Microbiol.) BENISCHKE. 4340

E. Greib und **P. Duquénois,** *Vorläufige Mitteilung über die antibiotische Wirkung der Pilosella beim Wechselfieber. Hieracium pilosella L.* enthält neben Flavonabkömmlingen eine gegen Brucellastämme, wie *Micrococcus melitensis* BRUCE u. *Bacillus abortus* BANG, antibiot. wirkende Substanz, die *Pilosellin* genannt wird. Ein weingeisthaltiger Extrakt der frischen Pflanze hatte günstigen Einfl. auf die Behandlung einiger Brucellosen. (Bull. Acad. nat. Méd. **137** ([3] **117**). 319—22. 16.—23/6. 1953. Sarrebourg, Labor. E. Greib u. Strasbourg, Fac. de Pharm.) RUTKOWSKI. 4340

A. Sánchez-Marroquín und **M. Zapata,** *Beobachtungen über das Pigment von Streptomyces coelicolor.* Ein aus einer Bodenprobe aus Mexiko isolierter Stamm von Streptomyces coelicolor bildet am besten sein Pigment auf dem BOTTCHER-CONNs-Medium bei 28—30° u. einem p_H von 7,3—7,7. Mannose u. Glycerin werden als C- u. Na-Caseinat u. Pepton als N-Quelle benötigt. Durchlüftung der Kulturen hemmt die Pigmentproduktion. Zur Reinigung wird das Pigment (enthält 1,9% N) aus seiner wss. Lsg. mit HCl ausgefällt u. anschließend in ammoniakal. bzw. Essig- oder Acetonlsg. aufgenommen. Das gewonnene Pigment wirkt lediglich gegen Rhizobium meliloti u. japonicum antibakteriell. Diese Eig. kann gegebenenfalls zur Differenzierung von ähnlichen Pigmenten verwendet werden. (Appl. Microbiol. **2.** 102—07. März 1954. Mexico City, D. F. Mexico, Nat. Polytechn. Inst., Labor. of Exp. Microbiol.) ZELLER. 4350

A. J. Kluyver, J. P. van der Walt und **A. J. van Triet,** *Pulcherrimin, der Farbstoff von Candida pulcherrima.* Eine Mutante (**A**) der Hefe *Candida pulcherrima* (LINDNER) WINDISCH, sowie verschied. andere Hefearten u. einige Stämme von *Bacterium subtilis* bilden auf Fe^{III}-Salz-haltigen Nährmedien einen in organ. Solventien unlösl. roten Farbstoff, *Pulcherrimin* (**I**). **A** synthetisiert **I** in Oberflächen-, wie Submerskultur, wobei Schüttelkulturen in 2% Maisbrühe, 4% Saccharose u. 0,036% Ferri-NH_4-Citrat (30°) enthaltender Nährlsg. (100 cm³) sich als bes. vorteilhaft erwiesen. Die **I**-Isolierung erfolgt durch Behandlung des zentrifugierten u. mit CH_3OH gewaschenen roten Hefesedimentes mit alkal. CH_3OH (je 100 g Hefe 50 cm³ 50%ig. wss. KOH + 450 cm³ CH_3OH), wobei **I** in Lsg. geht. Die alkal. Lsg. wird nach Zusatz von 1 cm³ 5%ig. $FeCl_3$ zu 1 Liter Lsg. auf p_H 1,0 (HCl) gebracht u. ausgefallener **I** mit W., CH_3OH, Ae., verd. HCl u. W. gewaschen u. mit CH_3OH, verd. HCl u. W. ausgekocht (250—300 mg amorpher, tiefbrauner bis bordeauxroter **I**/100 g feuchter Hefe). **I** enthält 12,4% Fe, ist ungewöhnlich säureresistent, zers. sich ab 150°, bildet beim Erhitzen mit Zn-Staub bei 190° ein weißes Sublimat, bei 220° krist. Nadeln (**II**), neben wenig öligem Material, W. u. NH_3. Für das Pyrolyseprod. **II**, $C_{12}H_{18}O_2N_2$, wird auf Grund der großen Ähnlichkeit mit einer aus den Mutterlaugen von *Bromaspergillsäure* von DUTCHER erhaltenen Verb. der wahrscheinlichen Konst. **II** (R = C_4H_9) die gleiche Formel angenommen, wobei nur Unterschiede in der Seitenkette bestehen dürften. Reduzierende

Pyrolyse von I mit Zn-Staub–Pd im H_2-Strom gibt ein aus feinen Nadeln bestehendes, anscheinend mit *Leucinanhydrid* ident. Sublimat. I u. das *Ferrikomplexsalz* der *Aspergillsäure* zeigen gut übereinstimmende UV-Spektren (λ_{max} ca. 390 u. 490 mμ). Zusammen mit dem N–O-Verhältnis sprechen sie dafür, daß in I die Ferrieisen bindenden Liganden in einem Ringsyst. vorhandene *Hydroxamsäure*-Gruppen enthalten. In der durch langes Kochen von I in konz. HCl erhaltenen Fl. ist NH_2OH nachweisbar. Die doppelte Verknüpfung des Pigmentkernes mit Fe ergibt die Möglichkeit der Bldg. von Komplexen in Form eines Netzwerkes einer unbestimmten Zahl von I-Kernen, wobei die Fe-Atome den Zusammenhalt bewirken. Bei Annahme eines Fe-Chelats von *Di-N-oxy-3.6-di-sek.butyl-2.5-diketopiperazin* als I-Einheit ergibt sich für I die Formel $C_{12}H_{20}O_4N_2Fe_{2/3}$. Die Bldg. von I steht möglicherweise mit einer Störung des Aminosäurestoffwechsels der Zellen in Zusammenhang. (Proc. nat. Acad. Sci. USA **39.** 583—93. Juli 1953. Delft, Inst. of Technol., Labor. of Microbiol.) K. MAIER. 4350

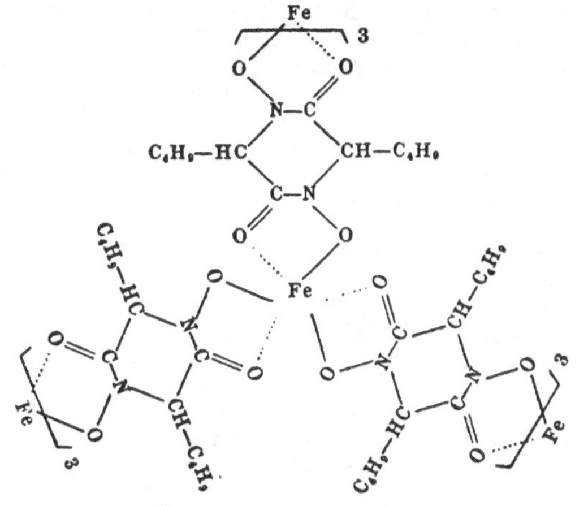

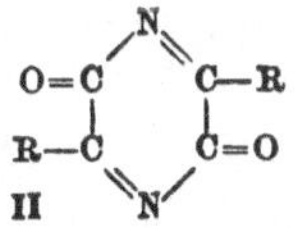
II

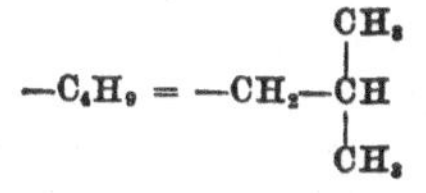

David Pressman, *Antikörper als spezifische chemische Reagentien.* Ausführliches Übersichtsarbeit (124 Literaturangaben) über die physikal.-chem. Eigg. der Antikörper, ihre Entstehung, spezif. Antigen–Antikörper-Rkk., unter besonderer Berücksichtigung der Rkk. mit künstlichen Haptenen u. haptenartigen u. markierten Antigenen. (Advances biol. med. Physics **3.** 99—152. 1953. New York, N. Y., Sloan Kettering Inst. for Cancer Res.) FISCHOEDER. 4370

Eunice F. Wellington, *Die Aminosäuren-Zusammensetzung einiger Insektenviren und ihrer charakteristischen Einschlußkörperproteine.* Die Aminosäurenzus. einer Reihe von Insektenviren u. ihrer charakterist. Einschlußkörperproteine in den Insekten [Porthetria dispar (L.), Choristoneura fumiferana (Clem.), Malacosoma americanum (F.) u. disstria (Hbn.), Bombyx mori (L.), Colias philodice eurytheme (Bdvl.), Neodiprion sertifer (Geoffr.) u. Cacoecia murinana (Hb.)] wurden mittels der quantitativen Papierchromatographie bestimmt. Die 7 analysierten Viren haben alle eine ähnliche strukturelle Aminosäurenzus., u. diese unterscheidet sich deutlich von dem Bild der Zus. der 8 untersuchten Einschlußkörperproteine. Proportional dem Gesamtaminosäurengeh. haben jene einen bedeutend höheren Geh. an ***Arginin*** u. ***Serin*** u. weniger ***Lysin*** u. ***Tyrosin*** als diese, die aber unter sich weniger Unterschiede zeigen. Die Unterschiede in der Aminosäurenzus. von Viren einer morpholog. Gruppe zeigen untereinander Ähnlichkeit. (Biochem. J. **57.** 334—38. Juni 1954. Ontario, Can., Labor. Insect. Pathol.) SCHÖNBERG. 4374

H. Fraenkel-Conrat und **B. Singer,** *Die Peptidketten von Tabakmosaikvirus.* Tabakmosaikvirusnucleoprotein wurde nach der Fluordinitrobenzol- u. der Phenylisothiocyanatmeth. zur Best. der N-haltigen Endgruppen untersucht. Die gefundene Anzahl ist noch weit geringer als die Zahl der Virusuntereinheiten oder die Zahl der Threoningruppen mit endständigem C. Die Entfernung aller Nucleinsäuren, Denaturierung u. ausgedehnte Dissoziation mit verschiedenartigen Mitteln vermehrte nicht die Zahl der feststellbaren N-haltigen Endgruppen. Behandlung des Virus mit Trichloressigsäure bei 100° führt zu einer großen Anzahl verschied. freier Aminoendgruppen, die aber wahrscheinlich künstlich durch die hydrolyt. Spaltung der sehr labilen Peptidbindungen entstehen. (J. Amer. chem. Soc. **76.** 180—83. 5/1. 1954. Berkeley, Calif., Univ., Virus Labor.) SCHÖNBERG. 4374

W. A. Smirnowa, *Elementarkörper bei der Mosaikkrankheit der Zwiebel.* In den X-Körpern von mosaikkranker Zwiebel wurden kugelförmige Körper von 0,2—0,3 μ Durchmesser beobachtet, die ohne merkliche Deformation durch absol. A., Formalin, Essigsäure u. CARNOY-Reagens fixiert werden. Durch saure Pufferlsg. u. schwache

HCl können sie nicht in Kristalle umgewandelt werden. Sie geben mit Pyronin, Lichtgrün, Eisenhämatoxylin, Methylenblau u. Carminacetat eine Färbung, sind beständig gegenüber Pepsin u. ähneln den Elementarkörpern einiger tier. Viren. Die FEULGEN-Rk. ist negativ, jedoch noch kein Beweis für das Fehlen von Thymonucleinsäure. Die beobachteten Körper übertreffen an Größe die bisher bekannten pflanzlichen Virusteilchen. (Микробиология [Mikrobiologie] **22.** Nr. 5. 572—76. Sept./Okt. 1953. Moskau, Mikrobiol. Inst. der Akad. der Wiss. der UdSSR.) LEBTAG. 4374

F. Challenger, D. B. Lisle und **P. B. Dransfield,** *Untersuchung über die mykologische Methylierung mit radioaktiven Methyldonatoren und -quellen.* Es werden Arbeiten u. Hypothesen über die methylierende Wrkg. von Scopulariopsis brevicaulis von anorgan. As-, Se- u. Te-Verbb. u. organ. Disulfiden zusammenfassend besprochen. Vff. untersuchen diese Rk. mit *^{14}C-Cholin* (**I**), *^{14}C-Betain* (**II**), *Na-^{14}C-Formiat* (**III**) u. *^{14}C-dl-Methionin* (**IV**) als Methyldonatoren u. S. brevicaulis u. Aspergillus niger auf Brotkulturen. *Trimethylarsin* u. *Dimethylselenid* werden dabei als $(CH_3)_3As \cdot 2 HgCl$ u. $(CH_3)_2Se \cdot HgCl_2$ gefaßt u. ihre Radioaktivität gemessen. Die Transmethylierung durch **I**, **II** u. **III** schwankt zwischen 1—5%, die durch **IV** zwischen 25—90%. Bei **IV** geht nur ein geringer Teil vom ^{14}C als $^{14}CO_2$ verloren. In ähnlicher Weise konnte *Diäthylsulfid* mit **I** u. **III** zu nichtradioakt. *Äthylmercaptan* u. radioakt. *Methyläthylsulfid* in Ggw. von S. brevicaulis auf Brotkulturen, die als $(C_2H_5S)_2Hg$, das Methyläthylsulfid als Mercurichloridderiv. gefaßt, methyliert werden. (Chem. and Ind. **1953.** 128—29. 7/2. Leeds, Univ., Dep. of Organ. Chem.) WALTER LORENZ. 4380

Raymond Dokhan, *Über die Anwesenheit von freiem und gebundenem Arginin in Meeresalgen.* In verschied. Arten von Meeresalgen wird *Arginin* teils in freier Form, teils in Proteinen nachgewiesen. Es wird angenommen, daß die freie Säure im Zuge der Proteinsynth. neu entsteht u. nicht aus einem Abbau der Proteine stammt. (C. R. Séances Soc. Biol. Filiales **147.** 1566—68. Okt. 1953. Concarneau, Coll. de France, Labor. de Biol. marine.) U. BAUMANN. 4380

E_4. Pflanzenchemie. Pflanzenphysiologie. Pflanzenpathologie.

Harmon Craig, *Kohlenstoff 13–Veränderungen in Ringen der Sequoia und in der Atmosphäre.* Vf. hat die Ringe einer *Sequoia gigantea* auf die Veränderung des ^{13}C-Geh. untersucht. Der Innenteil des Stammes wird auf das Jahr 1115 v. Chr. datiert. Für die ersten 150 Jahre ließ sich ein stetiges Ansteigen des ^{13}C-Geh. beobachten, während in der Folgezeit auffallenderweise nur geringe Schwankungen ohne erkennbare Abhängigkeit von der Zeit auftraten. Vf. neigt zu der vorläufigen Ansicht, daß die Veränderungen nicht auf Schwankungen des Geh. in der Atmosphäre zurückzuführen sind, sondern auf unregelmäßige Veränderungen in der Isotopenfraktionierung des Baumes. Immerhin muß die C-Isotopenzus. in den letzten 2500 Jahren um weniger als 1‰ geschwankt haben. (Science [Washington] **119.** 141—43. 29/1. 1954. Chicago, Ill., Univ., Inst. for Nucl. Studies.) HILLER. 4400

P. I. Rykowski, *Der Gehalt an Carotin in den Futtersorten der Sojabohne.* Unters. des Geh. an *Carotin* (**I**) bei verschied. Sojasorten ergab, daß derselbe in der grünen M. zur Blütezeit wesentlich höher liegt als bei der unter gleichen Bedingungen aufgewachsenen Luzerne: 30,0—58,7 mg/kg (je nach Sorte) gegenüber 23,5 mg/kg. Dagegen herrscht zur Zeit der Blütenknospenbldg., wo der **I**-Geh. am höchsten ist, das umgekehrte Verhältnis (31,0—62,53 bzw. 65,4 mg/kg). Zur Gewinnung eines vitaminreichen Futters wird eine Sojaernte zur Zeit der Blütenknospenbldg. empfohlen, obwohl der Erneertrag hier 3mal geringer ist als später. (Животноводство [Tierzucht] **1954.** Nr. 2. 108. Febr. Fernöstliches Forschungsinst. für Landw. u. Tierzucht.) ULMANN. 4420

M. N. Saprometow, *Chromatographie des Teetannins.* Inhaltlich identisch mit der C. **1954.** 348 referierten Arbeit. (Природа [Natur] **41.** Nr. 11. 106—08. Nov. 1952. Biochem. Bach-Inst. der Akad. der Wiss. der UdSSR.) WITTWER. 4420

L. M. Kossobutzkaja und **A. A. Krassnowski,** *Die Bedingungen der Chlorophyllbildung in kolloidalen Lösungen der Substanz etiolierter Bohnenblätter.* Die in einer früheren Arbeit der Vff. (vgl. C. **1953.** 237) gezeigte Umwandlung von *Protochlorophyll* (**I**) in *Chlorophyll* (**II**) bei kurzer Belichtung der koll. Lsgg. von etiolierten Blättern wurde eingehender bei aeroben u. anaeroben Bedingungen in Abhängigkeit von Temp., Einw. von Lösungsmitteln, Inhibitoren u. UV-Licht sowie von der Aufbewahrung an den koll. Lsgg. von etiolierten Bohnenblättern untersucht. Danach erfolgt bei schwacher Belichtung (30 W) eine Bldg. von **II** mit dem Absorptionsmaximum 670 mμ gegenüber dem Maximum 678 mμ beim **II** des grünen Blattes. Bei starker Belichtung in Ggw.

von O_2 werden I u. II rasch zerstört. Die I-Umwandlung in II ist ein rein photochem. Prozeß: Bei 20 u. 0° entsteht bei schwacher Belichtung in 3 Min. die gleiche I-Menge. Nach 30std. Aufbewahrung der koll. Lsg. der etiolierten Blätter entstehen bei Belichtung im Vgl. zur sofort belichteten Lsg. noch 30% I, während die photochem. Aktivität der grünen Lsg. nach 15—20std. Aufbewahrung bei 0° völlig verlorengeht Die II-Bldg. in der koll. zellfreien Lsg. erfolgt beim p_H 4,8—10 in annähernd gleicher Stärke. Bei Belichtung der koll. Lsg. aus der Kürbissamenhülle, die I enthält, kann keine II-Bldg beobachtet werden. Hier liegt I wahrscheinlich in einer inakt. aggregierten Form vor. (Биохимия [Biochemie] **19.** 37—44. Jan./Febr. 1954. Moskau, Bach-Inst. für Biochem. der Akad. der Wiss. der UdSSR.) LEBTAG. 4460

Joseph Clarens und **Jean Lacroix,** *Kalium und Boden: Das assimilierbare Kalium.* Beim Extrahieren von Bodenproben mit $Ca(NO_3)_2$-Lsg. sowie mit HNO_3 u. anschließender K-Best. wird eine frühere Arbeit (C. R. hebd. Séances Acad. Sci. **210.** [1940.] 787) bestätigt, wonach der größte Teil des assimilierbaren K einer Ca-reichen Bodenprobe für die von den Pflanzen ausgeschiedenen Säuren nicht direkt, sondern unter Vermittlung einer Austausch-Rk. mit Ca zugänglich wird. (C. R. hebd. Séances Acad. Sci. **236.** 1600—02. 20/4. 1953.) SCHLOTTMANN. 4460

Adele Schöntag, *Über den Einfluß von Mineralsalzen auf den Zuckergehalt des Nektars.* Unterss. an Himbeer-, Stachelbeer-, Johannisbeer-, Raps- u. Luzernepflanzen ergaben, daß der Zuckergeh. des Blütennektars von der Versorgung der Pflanzen mit K, N u. P nicht beeinflußt wird. Ein Mangel an diesen Nährstoffen zeigte sich bei den Pflanzen dagegen deutlich in der stark verminderten Anzahl der vollentwickelten Blüten, die dann aber die gleiche Zuckermenge wie vollwertig ernährte Pflanzen aufwiesen. In Anbetracht früherer Ergebnisse, die den mitgeteilten Beobachtungen entgegenstehen, diskutiert Vf. die Frage, ob die Gleichförmigkeit der gefundenen Werte darauf zurückzuführen ist, daß zu den Verss. Pflanzen aus Klonen verwendet wurden. (Z. vergleich. Physiol. **35.** 519—26. 1953. München, Univ., Zool. Inst.) KRUSEN. 4470

M. Ss. Jakowlew und **D. P. Snegirew,** *Der Einfluß von Wuchsstoffen auf die Bildung von mehrkeimigen Weizenkörnern.* Das Aufpudern von *p-Chlorphenoxyessigsäure* auf die Ähren von Melanopus 069 nach beendeter Befruchtung der Weizenblüten führte zur Bldg. von zusätzlichen Embryonen, die als vegetative Polyembryonie angesehen werden kann. Wenn die Stimulierung nicht zu einer vollständigen Ausbildung der Embryonen führte, entwickelte sich aus den unterentwickelten Embryonen eine einzige Pflanze, die aus mehreren zusammengewachsenen Individuen bestand („embryonale Polymerie“). Auf Grund der Versuchsergebnisse betrachten Vff. die Polyembryonie als Möglichkeit zur Formbldg. in der Natur u. im Experiment. (Ботанический Журнал [Bot. J.] **39.** 187—94. März/April 1954. Leningrad, Botan. Komarow-Inst. der Akad. der Wiss der UdSSR; Jalta, Botan. Molotow-Garten.) LEBTAG. 4485

Hans Linser und **Fridolin Maschek,** *Colorimetrische und biologische Bestimmung sowie chromatographische Trennung von Wuchsstoffen aus Pflanzen.* Durch Extraktion mit A. aus verschied. Brassiceen u. Tomaten gewonnene Pflanzenextrakte wurden an Al_2O_3 (BROCKMANN) chromatographiert u. die pflanzlichen Wuchsstoffe sowohl biol. nach der Pastenmeth. von LINSER an der Avenakoleoptile als auch colorimetr. nach der Perchlorsäuremeth. von GORDON u. WEBER quantitativ bestimmt, wobei mit der letzten Meth. nicht nur *Indol-3-essigsäure* (I), sondern verschied. Indolderivv. nachgewiesen werden. Die Verss. zeigten, daß bei Brassiceen die Werte für die an Al_2O_3 adsorbierten Wuchsstoffmengen im Pastentest höher lagen als die colorimetr. bestimmten Werte für I, so daß angenommen werden muß, daß außer I ein nichtindolartiger Wuchsstoff adsorbiert wird. In den Chromatogrammfiltraten wurden sowohl große Mengen nichtindolartiger Wuchsstoffe nachgewiesen als auch Indolderivv., wobei es sich aber nicht um I handeln kann, da I adsorbiert wird. Unterss. über die Verteilung der Wuchsstoffe in der ganzen Pflanze ergaben eine Zunahme des Anteils der indolartigen Wuchsstoffe in Richtung von der physiol. Spitze zur physiol. Basis u. eine Abnahme des Anteils der nichtindolartigen Wuchsstoffe in der gleichen Richtung. Die schon früher gefundenen Ergebnisse, daß es sich bei Brassiceen um sehr wuchsstoffreiche, bei Tomaten um wuchsstoffarme Pflanzen handelt, wurden bestätigt. (Planta **41.** 567—88. 1953. Linz/Donau, Österreich. Stickstoffwerke A.-G., Biol. Labor.) BEINERT. 4485

E₅. Tierchemie. Tierphysiologie. Tierpathologie.

J. H. Weniger und **K. Funk,** *Untersuchungen über den Calcium- und Phosphorgehalt ganzer Schweinekörper.* Nach Mitt. von Literaturangaben über Mineralstoffunterss. verschied. Körperteile u. Organe von Schweinen werden die eigene Schlachtmeth. u. chem. Unters. des gesamten Schweinekörpers einschließlich aller Fleisch- u. Fettmengen, der Innereien, Knochen, Schwarten, des Blutes u. des Abfalles einschließlich der Durchführung der Ca- u. P-Bestimmungen beschrieben u. die Werte für Ca u. P mitgeteilt. Fett- u. P-Geh. im Fleisch stehen im umgekehrten Verhältnis zueinander. Das Skelett, in dem die weitaus größten Ca- u. P-Mengen eingelagert sind, nimmt eine Sonderstellung im Mineralstoffgeh. ein. Der Ca-Geh. in der Knochenasche beträgt 37%, der P-Geh. 17,89%. Entsprechend dem Knochengeh. der Schweine ändert sich der absol. Mineralstoffgehalt. Tiere mit hohem Fettprozentgeh. haben wenig Ca u. P eingelagert. Der Ca- u. P-Geh. neugeborener u. saugender Ferkel liegt relativ höher als der älterer Tiere. Mit zunehmendem Gewicht verringern sich laufend die Ca- u. P-Einlagerungen. (Arch. Tierernähr. **3.** 325—41. Mai/Juni 1953. Halle-Wittenberg, Martin-Luther-Univ., Inst. für Tierzucht.) PATZSCH. 4510

H. Lincke, *Beiträge zur Chemie des Hautoberflächenfettes.* 2. Mitt. *Die Säurezahl.* (1. vgl. Arch. Dermatologie Syphilis **188.** [1949.] 453.) Es wurde die Abhängigkeit der SZ. des Hautoberflächenfetts (I) vom Alter der Versuchsperson, der Produktionskapazität u. der Körperregion untersucht. Das Untersuchungsmaterial wurde durch Abwischen der Haut mit ätheracetonbefeuchteter Watte, Ae.-Extraktion der Watte u. Einengen der filtrierten Ae.-Extrakte unter Stickstoff u. zuletzt im Vakuum erhalten; die Best. der SZ. erfolgte potentiometr. mit Glaselektrode nach einer Mikromethode. Der Anteil der freien Fettsäuren in I schwankte zwischen einzelnen Versuchspersonen u. verschied. Körperregionen in ziemlich weiten Grenzen; SZ. unter 20 oder über 70 bildeten jedoch die Ausnahme. Es bestand keine die Fehlergrenze der Meth. überschreitende Abhängigkeit der SZ. von der Talgproduktionskapazität. Dagegen wurde eine geringe, um das 15. Lebensjahr (Pubertät) einsetzende Erhöhung der SZ. gefunden; vorher (1—15 Jahre) lag sie zwischen 36 u. 38, nachher (16—40 Jahre) zwischen 41 u. 44. Nach den Mittelwerten aller ♂ u. aller ♀ Versuchspersonen (39,9 bzw. 40,3) ist die SZ. vom Geschlecht unabhängig. Nach diesen Befunden ist eine Beziehung zwischen SZ. des I u. den Sexualhormonen unwahrscheinlich. (Arch. Dermatologie Syphilis **194.** 436—49. 1952. Zürich, Univ., Dermatol. Klin.)
W. FRANKE. 4520

H. Lincke, *Beiträge zur Chemie des Hautfettes.* 3. Mitt. *Der Talg–Cholesterin-Spiegel.* (2. vgl. vorst. Ref.) Es wird die Abhängigkeit des Cholesterinspiegels im Hauttalg von Alter u. Geschlecht der Versuchsperson, von der pro Zeit- u. Flächeneinheit ausgeschiedenen Talgmenge, vom Cholesterinspiegel des Blutes u. von der Körperregion ermittelt. Aus den Ergebnissen wird abgeleitet, daß zwischen dem Talg–*Cholesterin* (I)-Spiegel u. den vorgenannten Variabeln beim einzelnen Individuum keine Beziehungen bestehen; nur bei Kindern bis zu 14 Jahren zeichnet sich die Tendenz einer Erhöhung des I-Spiegels ab. Bei hoher Talgproduktion ist im allg. erniedrigter I-Spiegel feststellbar. Talge verschied. Körperregion können erheblich unterschiedliche I-Werte aufweisen. Es wird vermutet, daß der I-Spiegel des Blutes den des Hauttalges beeinflußt, wobei aber andere Einflüsse die Verknüpfung überdecken können. (Arch. Dermatologie Syphilis **195.** 540—48. 1953.) TÄUFEL. 4520

T. W. Goodwin, *Die Pigmente bei verschiedenen Larvenphasen der Plusia gamma L.* (*Silber-Y-Motte*). Die Larven der *Plusia gamma L.* unterscheiden sich in der solitären u. sozialen Phase durch ihre Färbung (hell- bzw. dunkelgrün). Die Pigmente der Körper-Fl. u. der Hülle werden chromatographiert u. ihre Adsorptionsspektren aufgenommen. Die Körper-Fl. beider Arten enthält ein *Insektoverdin,* dessen gelbe Komponente *Lutein,* die blaue *Mesobiliverdin* ist. Die Hülle beider Arten enthält *Lutein,* gegebenenfalls Spuren *Mesobiliverdin.* Hülle u. Körper-Fl. zeigen *Tyrosinase*-Aktivität. Die dunklere Färbung der sozialen Form ist auf ein Vork. von *Melanin* in der Hülle zurückzuführen. (Biochem. J. **55.** 834—38. Dez. 1953. Liverpool, Univ., Dep. of Biochem.) U. BAUMANN. 4520

K. H. Kimbel und **H. Kinzlmeier,** *Quantitative intragastrale Bestimmung der Säureproduktion des gesunden und kranken Magens.* Es wird eine Magensonde beschrieben, die eine Antimonelektrode trägt u. das Einführen von Lsgg. gestattet. Mit dieser Anordnung wird zunächst die aktuelle Acidität u. die zur Erreichung eines bestimmten p_H-Wertes (5,0) notwendige Menge 0,1 n NaOH gemessen. Die Meßergebnisse bei Patienten mit Verdauungsstörungen werden diskutiert. (Gastroenterologia [Basel] **81.** 193—205. April 1954. Erlangen, Univ., Med. Klin.) KROMREY. 4555

G. V. Heyndrickx, A. de Vleeschauwer und **G. Peeters,** *Elektrophoretische Untersuchungen von Milch.* 4. Mitt. *Untersuchungen von Milch und Blut durchströmter, isolierter Rindereuter.* (1. vgl. C. **1951.** II. 1149.) Isolierte Kuheuterhälften werden mit Glucose, Na-β-Oxybutyrat, Na-Butyrat, Na-Acetat oder Caseinhydrolysat in heparini-

siertem, oxygeniertem Rinderblut durchströmt, während die zweite symm. Hälfte außerdem noch Zusätze von Glycerin, Cortison, Insulin oder Wuchshormon zur Perfusions-Fl. erhielt. Die gewonnenen Milchproben werden nach elektrophoret. Unters. miteinander u. mit der Milch der lebenden Kühe verglichen. Es wurden keine nennenswerten Änderungen festgestellt. (Meded. Landbouwhogeschool Opzoekingsstat. Staat Gent **18.** 592—609. 1953. Sep. Gent, Rijkslandbouwhogeschool, Leerstoel voor Technologie u. Veerartsenijschool, Labor. voor Physiologie en Pharmacologie.)
WESLY. 4555

John S. Rienzo, *Der Gebrauch von Hormonen zur Verhinderung der aktiven Hyperämie der Brustdrüse.* Kombinierte Verabreichung von *Methyltestosteron* (I) u. *Dienöstrol = 3.4-Di-p-oxyphenyl-2.4-hexadien* (II) (I u. II = *Estan*, WHITE LABORATORIES, Kenilworth, N. Y.) hemmt nicht nur die Lactation, sondern auch weitgehend die Hyperämie der Brustdrüse u. Spannungsbeschwerden. I allein hemmt nur die Lactation. (Amer. J. Obstetr. Gynecol. **66.** 1248—52. Dez. 1953. Syracuse, N. Y., Syracuse Memor. Hosp., Dep. of Obstetr.) LEUSCHNER. 4559

Lars Ph. Bengtsson, *Untersuchungen über den Stoffwechsel von säurelöslichem Phosphat in der Vagina von Kaninchen nach einer einzigen Injektion von östrogenem Hormon.* Verss. mit ^{32}P an kastrierten Kaninchen zeigten eine Erhöhung der spezif. Orthophosphataktivität in der Vaginalschleimhaut durch Östrogene von 41 auf 62 (nach 2 Std.) bzw. auf 85 (nach 16 Std.). Ganz analog verhält sich die Zunahme des labilen Phosphates. Daraus kann auf eine Erhöhung der Permeabilität der Zellmembranen für Phosphat durch das östrogene Hormon geschlossen werden. Die Aktivität des stabilen Phosphates nimmt von 5,3 (relative Werte) auf 14,0 (nach 2 Std.) bzw. 24,6 (nach 16 Std.) zu. Das Verhältnis stabiles/labiles Phosphat nimmt durch Östrogene zu, was auf eine Erhöhung des Phosphatstoffwechsels im Zellinneren schließen läßt. Die Wassermenge in der Vagina wird durch die Hormonwrkg. innerhalb von 16 Std. um 27% gesteigert, vermutlich nimmt dabei gleichzeitig das säurelösl. Phosphat um 20% zu. (Acta endocrinol. [Copenhagen], Suppl. **13.** 1—75. 1953. Lund, Obstetr. and Gynecol. Clin.) H. SCHEURLEN. 4559

Egon Diczfalusy, *Choriongonadotrophin und Östrogene in der menschlichen Placenta.* Vf. beschreibt eine Anreicherungsmeth. für das *Choriongonadotrophin* aus der menschlichen Placenta u. einen qualitativen (Bldg. von Corpora lutea bei jugendlichen Mäusen) u. quantitativen (Gewichtszunahme der accessor. Geschlechtsdrüsen bei jugendlichen männlichen Ratten) Test zu seiner Bestimmung. Die Choriongonadotrophinkonz. hat ihr Maximum im 2.—3. Schwangerschaftsmonat (200—600 I.E./g), fällt dann stark ab u. bleibt bis zum Ende der Schwangerschaft konstant bei ca. 10 bis 20 I.E./g. Nach einem anderen Verf. wurden aus menschlicher Placenta die Östrogene isoliert, getrennt nach freien Östrogenen, Östrogenkonjugaten u. proteingebundenen Östrogenen, die dann durch Gegenstromverteilung (50%ig. wss. Methanol/CCl_4) in *Östron* (I), *β-Östradiol* (II) u. *Östriol* (III) aufgetrennt u. fluorometr. quantitativ bestimmt wurden. Nach Zusatz von krist. Hormon wurden nach diesem Verf. 79% I, 66% II u. 76% III wiedergefunden. Die Placenta in der fortgeschrittenen Schwangerschaft enthält ca. 53 γ/kg Naßgewicht I, 5 γ/kg II u. 168 γ/kg III. Die gleichzeitig im Blut bestimmten Östrogene ergaben als Mittelwerte 17 γ/kg I, 2 γ/kg II u. 122 γ/kg III. In der Placenta der frühen Schwangerschaft ist die Menge I + II ungefähr der Menge von III gleich, dagegen enthält die diesem Schwangerschaftsstadium entsprechende fötale Leber wesentlich mehr Östrogene als die Placenta (hauptsächlich als Konjugate). Die Amnion-Fl. enthält nur sehr wenig Östrogene (6 γ/Liter I, kein II u. 26 γ/Liter III). (Acta endocrinol. [Copenhagen], Suppl. **12.** 1—175. 1953. Stockholm, Karolinska Sjukhuset.) H. SCHEURLEN. 4559

William H. Sternberg, Albert Segaloff und **Cornelia J. Gaskill,** *Der Einfluß des Choriongonadotropins auf die Hiluszellen (Leydigsche Zellen) des menschlichen Ovars.* Die Hiluszellen von Patienten, die mit *Choriongonadotropin* (I) behandelt wurden, erfahren deutliche histolog. Veränderungen: Vergrößerung, vermehrtes granuliertes, acidophiles Cytoplasma mit nur geringer Lipoidvacuolisation u. in einzelnen Fällen Auftreten von Zellen in der Mitose. Die Veränderungen der Hiluszellen in der Schwangerschaft u. bei Chorionepitheliom sind, abgesehen von fehlender Mitose, sehr ähnlich. Vff. glauben, daß die Proliferation der Hiluszellen unter der Einw. von I nicht durch die selten beobachtete Mitose, sondern durch Differenzierung aus Bindegewebszellen zu erklären ist. Die mittlere Zunahme der 17-Ketosteroidausscheidung bei I-Behandlung beträgt 6,2 mg/24 Stunden. (J. clin. Endocrinol. Metabolism **13.** 139—53. Febr. 1953. New Orleans, La., Univ., School of Med., Deps. of Pathol., Med. and Gynecol. and Alton Ochsner Med. Found. and Charity Hosp.) H. SCHEURLEN. 4559

John W. Partridge, Lenore Boling, Loren DeWind, Sheldon Margen, Laurence W. Kinsell (unter Mitarbeit von **Florence Olson, Judith Lange, Nancy Dawson, Eleanor Kipp** und **Sadie Smyrl**), *Klinische- und Stoffwechselwirkungen von Methylandrostendiol beim Menschen.* Wie die bei der Behandlung von 9 Patienten mit *Methylandrostendiol* (**I**; *17α-Methyl-Δ^5-androsten-3β.17β-diol*) erhaltenen Ergebnisse zeigen, besitzt **I** erst bei solchen Dosen eine Wrkg. auf den Stoffwechsel, bei denen auch ein androgener Effekt auftritt. Nach Ansicht der Vff. besitzt **I** therapeut. keine Vorteile gegenüber *Testosteron*-Präparaten. (J. clin. Endocrinol. Metabolism **13.** 189—202. Febr. 1953. Oakland, Calif., Highland Alameda County Hosp.) H. SCHEURLEN. 4559

Wolfgang Laskowski, *Reaktionen der primären und sekundären Geschlechtsmerkmale von Platypoecilus variatus (♂ heterogamet) und Platypoecilus maculatus (♂ homogamet) auf Sexualhormone.* Vf. untersuchte den Einfl. von Sexualhormonen auf die Ausbildung von sek. (Gonopodium) u. prim. (Gonaden u. Ausführungsgänge) Geschlechtsmerkmalen bei P. variatus u. P. maculatus. *Methyltestosteron* bedingt bei juvenilen Weibchen u. Männchen die Ausbildung eines „Gonopodiums", ferner ruft es bei jungen u. erwachsenen Weibchen männliche Sexualinstinkte hervor u. bewirkt wahrscheinlich auch das Auftreten verschied. Pigmente. Eine Wrkg. auf die prim. Geschlechtsmerkmale zeigte sich bei genet. Männchen in einer Beschleunigung der Spermatogenese u. einer höheren Sekretproduktion des Samenleiters; bei genet. Weibchen wurden keine Rkk. beobachtet. Zwitterdrüsen traten nicht auf. Weibliches Sexualhormon bedingt bei genet. Männchen Entwicklungshemmung der Gonaden, bei Weibchen ein verstärktes Auftreten von Umformungszellen im germinativen Epithel der Ovarialhöhle. (Roux' Arch. Entwicklungsmechan. Organismen **146.** 137—82. 1953. Berlin, Freie Univ., Inst. für Genetik.) H. SCHEURLEN. 4559

Robert E. Bailey, *Nebenorgane der Vermehrung bei männlichen Finkenvögeln: Zeitbedingte Veränderungen und Beeinflussung durch verschiedene Geschlechtshormone.* Die accessor. Geschlechtsorgane der männlichen u. die rudimentären der weiblichen Tiere waren nur durch androgene Substanzen zu beeinflussen. (Anatom. Rec. **115.** 1—19. Jan. 1953. Berkeley, Calif., Univ., Div. of Anatomy and Inst. of Exp. Biol.) H. SCHEURLEN. 4559

W. H. Pearlman und **Emily Cerceo,** *Die Bestimmung von gesättigten und α.β-ungesättigten ketonischen Verbindungen in Placentaextrakten.* Für die Mikrobest. von *Cholestenon* (**I**), *Allopregnan-3β-ol-20-on* (**II**) u. *Progesteron* (**III**) werden die UV-Absorptionsspektren der Thiosemicarbazid (**IV**)-Derivv. herangezogen. Dazu werden z. B. 50—200 γ **II** mit 10 mg **IV** u. 0,5 ml Eisessig ½ Min. schwach gekocht, mit wss. NaOH (zur Neutralisation von ca. $^9/_{10}$ des Eisessigs ausreichend) versetzt, 3 mal mit Chlf. ausgezogen, gewaschen, getrocknet, filtriert u. in alkoh. Lsg. die opt. Dichte bei 273 mμ (für **II**) bzw. 301 mμ (für **III**) bestimmt. Für die Best. von **III** müssen mindestens 100 γ des Steroids eingesetzt werden. Auf diese Weise wurden in menschlicher Placenta 1—1,5 mg **III**/kg Gewebe gefunden.

V e r s u c h e (FF. korr.; UV-Spektren in absol. A.): *Cholestenonthiosemicarbazon*, $C_{28}H_{47}N_3S$, F. 195—200° (Zers.), aus 101 mg **I** u. 301 mg **IV** in 95%ig. A. (2 Std. am Rückfluß); Nadeln aus A.; λ_{max} 301 u. 248 mμ (ε = 36700 u. 11430); 23 mg (Ausbeute). — *Allopregnan-3β-ol-20-on-thiosemicarbazon,* $C_{22}H_{37}ON_3S$, F. 255—257° (Zers.; aus Chlf.-A.), aus 34 mg **II** analog vorst. Verb.; λ_{max} 273 u. 230 mμ (ε = 26100 u. 76600); 17 mg. — *Progesteron-bis-thiosemicarbazon,* $C_{23}H_{36}N_6S_2$, F. >480°, aus 400 mg **III** u. **IV** in Eisessig (0,5—1 Min. am Rückfluß); mkr. Nadeln aus Chlf. u. A.; λ_{max} 301, 280 u. 235 mμ (ε = 4250, 38400 u. 15900); 162 mg. (J. biol. Chemistry **203.** 127—34. Juli 1953. Philadelphia, Pa., Jefferson Med. Coll., Dep. of Biochem.) H.-J. KOCH. 4559

K. H. Mannherz und **H. J. v. Daacke,** *Versuche mit Regenwürmern als Testtiere für den biologischen Schwangerschaftsnachweis.* Die von HASENBEIN (C. **1953.** 4230) beobachtete gonadotrope Wrkg. von *Chorionprolan* bei Regenwürmern konnte von Vff. auch in einer anderen Versuchsanordnung nicht bestätigt werden. Nach Ansicht der Vff. ist der Regenwurm nicht als Testobjekt für den biol. Schwangerschaftsnachw. geeignet. (Z. Geburtshilfe Gynäkol. **139.** 227—39. 1953. Heidelberg, Univ., Frauenklin., u. Kaiserslautern, Privatfrauenklin. Dr. Kessler-Dr. Handorn.) H. SCHEURLEN. 4559

M. X. Zarrow und **G. M. Neher,** *Untersuchungen über die Gültigkeit des Hooker-Forbes-Testes zur Bestimmung von Progesteron im unbehandelten Blut.* Gleichzeitige Injektion von *Progesteron* (**I**) u. *Östradiol* im Verhältnis 20:1, oder **I** u. *Östron* im Verhältnis 1:1 in den Mäuseuterus gibt einen negativen HOOKER-FORBES-Test. *Pregnandiol* oder *Testosteronpropionat* wirken in keinem Verhältnis antagonist. zu **I** im HOOKER-

FORBES-Test. (J. clin. Endocrinol. Metabolism **13.** 203—09. Febr. 1953. Lafayette, Ind., Univ., Dep. of Biol. Sci.) H. SCHEURLEN. 4559

K. Takeda, Y. Noda, K. Ikeda und **T. Minesita,** *Untersuchung über den Spermaausschüttungsfaktor des gonadotropen Hypophysenhormons beim Frosch.* Aus Vorderlappen von Rinderhypophysen wurden durch fraktionierte Essigester-, A.- u. Acetonfällung zwei Hormonpräpp. (H_1 u. H_2) erhalten, die an Ratten u. ♂ Fröschen geprüft wurden. H_1 ruft im Gegensatz zu H_2 nur eine geringe Gewichtsvergrößerung des Ovars hervor. H_2 stimuliert außerdem die Luteinisierung u. den Östrus u. bewirkt eine Vergrößerung der Prostata. Es besitzt auch eine größere Aktivität auf die Spermaausschüttung (Frosch) als H_1. Bei beiden geht diese Aktivität durch Behandeln mit *Trypsin* verloren. Dagegen war Speichelamylase ohne Wirkung. H_1 erwies sich im Gegensatz zu H_2 als kristallisierbar u. elektrophoret. als einheitlich. An Aminosäuren wurden *Tryptophan* u. *Tyrosin* festgestellt. (Annu. Rep. Shionogi Res. Lab. [Osaka] **1953.** Nr. 3. 203—06. [Orig.: japan., Auszug: engl.]) SCHULER. 4560

M. F. A. Woodruff und **Thelma Boswell,** *Die Wirkung von Cortison und ACTH auf Nebennierentransplantationen bei Ratten.* An nebennierenlosen Ratten wurden Auto- u. Homotransplantationen von Nebennierengeweben unter der Einw. von *Cortison* u. *ACTH* studiert. Die beiden Hormone beeinflussen die Regeneration einer Autoplantation kaum, u. sie haben keinen begünstigenden Effekt bei der Regeneration einer Homotransplantation. (J. Endocrinology **10.** 86—93. Nov. 1953. Aberdeen, Univ., Dep. of Surgery.) NIEMANN. 4560

H. P. Koepchen, G. C. Loeschcke und **H. H. Loeschcke,** *Über die Wirkung von adrenocorticotropem Hormon auf die Lungenventilation des Menschen.* Vff. untersuchten die Wrkg. von *ACTH* auf die Lungenventilation des Menschen vor u. nach intramuskulärer u. intravenöser Injektion durch Aufstellung von CO_2-Atmungskurven. Nach intramuskulärer Injektion von 50 mg u. nach intravenöser Injektion von 10 mg wird eine Mehrventilation beobachtet. Diese Ventilationsänderungen werden in Zusammenhang mit den bekannten rhythm. Tagesschwankungen der Nebennierenrindenausscheidung diskutiert. (Pflügers Arch. ges. Physiol. Menschen Tiere **258.** 475—80. 1954. Göttingen, Univ., Physiol. Inst.) K. BÖHM. 4560

Keith Ball, *Corticotropinbehandlung von schwerem Asthma.* (Lancet **266.** 1162—65. 5/6. 1954. London, Central Middlesex Hosp.) DOSSMANN. 4560

Brian H. R. Hill und **Peter D. Swinburn,** *Tod durch Corticotropin.* Bericht über einen Dermatitisfall. Obwohl Patient auf *Corticotropin* (I) = *Organon* vom Schwein Unverträglichkeits-Rkk. gezeigt hatte, erhielt er eine 2. Kur mit I vom Rind, die zum Tod durch anaphylakt. Schock führte. (Lancet **266.** 1218—19. 12/6. 1954. New Zealand, Napier Hosp.) DOSSMANN. 4560

Ferdinand Hoff, *Akuter totaler Pigmentverlust.* Bericht über 1 Fall, Diagnose universelle Vitiligo, mit plötzlichem totalen Pigmentverlust der Haare, Haut, Augen, Schwerhörigkeit eines Ohres u. Störungen der Dunkeladaptation u. der Sexualsphäre. Die möglichen Faktoren zur Erklärung des Phänomens werden diskutiert. Die Ursache wird in einer Schädigung des Zentralnervensyst. im Bereich des Hypothalamus vermutet. Auf Implantationen von Kalbshypophysen u. Injektion von *Chorioman* sprach der Patient an. (Dtsch. med. Wschr. **79.** 284—87. 19/2. 1954. Frankfurt/M., Univ., I. Med. Klin.) DOSSMANN. 4560

P. Weisz, E. Gláz, Sz. Vasenszky, T. Gáti (unter technischer Mitarbeit von **A. Schulz** und **J. Szendi),** *ACTH-Titration nach Durchtrennung des Rückenmarks.* Zur Wirksamkeitsbest. reiner *ACTH*-Präpp. werden Ratten nach Rückenmarksdurchtrennung (in Höhe von D 1—2) entsprechende Mengen des Hormons intravenös injiziert. Die Differenz der Gehh. an *Ascorbinsäure* in der rechten Nebenniere u. der vor der ACTH-Gabe extirpierten linken Nebenniere bildet ein brauchbares Maß für die Hormonaktivität. (Acta med. Acad. Sci. hung. **4.** 201—05. 1953.) H. SCHEURLEN. 4560

F. M. Antonini, F. Grandonico und **G. Piva,** *Die Schutzwirkung des Cholesterins gegenüber einigen durch Cortison hervorgerufenen Stoffwechselveränderungen beim Kaninchen.* Beim Kaninchen kommt es unter *Cortison* (I; 25 mg täglich) im Verlauf von 4 Wochen zu einer Abnahme des Serumalbumins u. des γ-Globulins, während das α-Globulin eine leichte Zunahme zeigt. Gleichzeitige Gaben von *Cholesterin* (II; 1 g täglich) verhindern diesen Effekt, während II allein keine Wrkg. auf die Serumeiweißfraktionen erkennen läßt. Der Lipoidgeh. des Serums nimmt unter I ebenfalls zu, II zeigt hierbei keinen Einfluß. Gleiches wurde im Verh. des II-Spiegels beobachtet. I u. II zusammen gegeben erhöhen die Phospolipoide, während I oder II allein verabreicht keine signifikanten Änderungen hervorrufen. Der Gesamtlipoproteidgeh. sinkt unter I

u. unter I u. II, wobei diese Abnahme gleicherweise das β_1- u. β_2-Lipoproteid betrifft. Dies tritt bes. deutlich im Verhältnis der β_1- bzw. β_2- zu den α-Lipoproteiden zutage. In der Wrkg. auf die Glykoproteide hemmt II die Zunahme unter I. (Sperimentale **103.** 331—56. 1953. Firenze, Univ., Clin. Med. Generale.) P. G. SCHEURLEN. 4561

Rosa M. Campbell, Gillian Sharp, A. W. Boyne und **D. P. Cuthbertson,** *Cortison und das Ansprechen des Stoffwechsels auf Verletzungen.* Da ein gesteigerter Proteinabbau, der auf eine Verletzung (z. B. Fraktur) folgt, dem Verlauf bei *Cortison* (I)-Implantation vergleichbar zu sein scheint, wurde die Proteinabbauwrkg. bei Verletzung u. bei I-Verabreichung bei der Ratte untersucht. Untersucht wurden 4 Gruppen von Tieren; sie erhielten a) subcutane Implantation von 25 mg I, b) Oberschenkelfraktur, c) Implantation von 50 mg I, d) Fraktur + 25 mg I. Die Messung von Harn-N ergab für a) u. b) analoge Werte, durch Überlagerung von weiteren 25 mg I bzw. einer Fraktur zu a), Gruppe c) u. d) war der Effekt ähnlich, ausgesprochener aber nicht additiv. Das Ergebnis wird im Hinblick auf die Hormonproduktion der Nebennierenrinde diskutiert. (Nature [London] **172.** 158—60. 25/7. 1953. Bucksburn, Aberdeenshire, Rowett Res. Inst.) DOSSMANN. 4561

K. Nicolay, *Operationsvorbereitung und Beeinflussung der postoperativen Krankheit durch Nebennierenrindenhormon und Ascorbinsäure.* Das Verh. von 50 Patienten mit n. u. ungenügender Funktionstüchtigkeit der Nebenniere wurde vor der Operation durch Eosinophilenzählung kontrolliert. Bei Unterfunktion wurde durch Verabreichung von *Desoxycorticosteronglucosid* = *Percorten* (I; CIBA) 10 mg I + 1,0 g *Ascorbinsäure* im Gemisch mit maximal 6 Injektionen, Funktionserhöhung erzielt u. damit postoperative Komplikationen weitgehend ausgeschaltet. (Med. Mschr. **8.** 36—37. Jan. 1954. Zell/Mosel, Kreiskrankenhaus.) DOSSMANN. 4561

Pietro de Franciscis, *Die Reaktionsunterschiede bei peripherer und transhepaticaler Infusion von Adrenalin und Noradrenalin.* Vf. infundierte Hunden kleine Dosen (0,41—1,09 γ/kg) *l-Adrenalin* (I) u. *l-Noradrenalin* (II) in die vena brachialis u. die vena portae. Registrierung des arteriellen Druckes, der Sauerstoffsättigung, der peripheren Durchblutung u. des Gaswechsels ergaben die charakterist. Reaktionsunterschiede von I u. II. Bei I überwiegende Tendenz zur Blutdrucksenkung u. Umsatzsteigerung, bei II Blutdruckanstieg u. kaum Änderung im Gaswechsel. I u. II verlieren weitgehend ihre Wrkg. bei Infusion in die vena portae. Es wird vermutet, daß II nicht das wirksame Prinzip des von REIN beschriebenen Milz-Leber-Mechanismus sein kann. (Pflügers Arch. ges. Physiol. Menschen Tiere **258.** 452—60. 1954. Heidelberg, Max-Planck-Inst. für med. Forsch., Inst. für Physiol.) K. BÖHM. 4561

Barnett Zumoff und **Jay J. Gold,** *Die Bestimmung der Blutdruckwirkung von Norepinephrin bei Gesunden und bei Patienten mit Addison'scher Krankheit. Norepinephrin* bewirkt bei Gesunden u. bei Patienten mit ADDISONscher Krankheit dieselbe Blutdruck- u. Pulsfrequenzveränderung. (J. clin. Endocrinol. Metabolism **13.** 225—27. Febr. 1953. Brooklyn, N. Y., Jewish Hosp., Med. Services.) H. SCHEURLEN. 4561

Jean Roche, Raymond Michel und **Jamshed Tata,** *Über das Vorkommen von Glucuronverbindungen des Trijodthyronins und des Thyroxins im Blut nach Unterbrechung des Ductus choledochus.* Im Blutplasma von Ratten, denen die Schilddrüse entfernt wurde u. deren Gallengang unterbrochen ist, treten nach Injektion von *3.4.3'-Trijodthyronin* (I) u. *Thyroxin* (II) die Glucuronverbb. der Substanzen auf. Da I im Plasma dem Stoffwechsel viel schneller nutzbar gemacht wird als II, u. außerdem nach Verabreichung von II kein I als Nebenprod. erscheint, ist die Hypothese, daß sich I aus II durch Dejodierung bildet, nicht haltbar. — Bei Tieren mit intaktem Gallengang konnten die Glucuronverbb. nicht nachgewiesen werden. Sie sind aber wahrscheinlich in Spuren vorhanden. (C. R. Séances Soc. Biol. Filiales **147.** 1574—76. Okt. 1953. Coll. de France, Biochim. gén. et comparée.) U. BAUMANN. 4562

Ju. B. Skebelskaja, *Der Einfluß von Natriumbromid auf die Schilddrüse weißer Ratten.* 10 mg *NaBr* (I), weißen Ratten täglich einmal mit der Milch verabreicht, führten während der ersten 1—3 Tage zu einer Herabsetzung der Schilddrüsentätigkeit, welcher bei Fortsetzung der Bromierung am 5.—10. Tage eine Erhöhung folgte. Bei 50 mg I täglich fehlt die anfängliche Hemmung, u. es kommt zu einer Steigerung der Schilddrüsenfunktion. Ähnlich wie I wirkt auch *Amytal-Na.* Bei Ratten, die auf Klingelgeräusche verschieden reagieren, ist auch die Rk. der Schilddrüse auf die gleiche I- oder *Coffein* (II)-Dosis eine verschiedene. Aus den Verss. wird geschlossen, daß die Wrkg. von I u. II auf die Schilddrüse über das Zentralnervensyst. verläuft. (Доклады Академии Наук СССР [Ber. Akad. Wiss. UdSSR] [N. S.] **94.** 165—68. 1/1. 1954. Allunions-Inst. für exp. Endokrinol. des Gesundheitsminist. der UdSSR.) RENTZ. 4562

I. Snapper, *Parathyreoideahormon und Mineralstoffwechsel.* Zusammenfassende Übersicht. — 27 Literaturangaben. (Bull. New York Acad. Med. [2] **29.** 612—24. Aug. 1953. Chicago, Ill., Cook County Hosp.) H. SCHEURLEN. 4563

H. Bénard, A. Cruz-Horn, P. Galistin, P. Rambert und **A. Seeman,** *Direkte glykogenolysierende Wirkung von Alloxan im Mechanismus der anfänglichen Hyperglykämie bei der Alloxanvergiftung.* Kurzer Bericht über Verss. an der Leber eines Hundes, die vom verd. citratisierten Blut des Tieres durchströmt wurde. Zugabe von *Alloxan* (I; 0,35 g) führt zu einer Hyperglykämie, die sich rasch stabilisiert, aber unter dem Einfl. einer neuen Dosis von I wieder erneut auftritt. (C. R. Séances Soc. Biol. Filiales **147.** 284—85. Febr. 1953.) R. KÖNIG. 4564

Willy Preibisch, *Eine Pankreasfunktionsprüfung mit vereinfachter Fermentbestimmung.* Im Duodenalsaft, Harn u. Blut wird der *Amylase-*, *Lipase-* u. *Trypsin-*Geh. bestimmt, der zur diagnost. Auswertung herangezogen wird. Eingehende Beschreibung der Intubation zur Gewinnung von Duodenalsaft u. der Technik der Fermentbestimmung. (Gastroenterologia [Basel] **81.** 206—25. April 1954. Wien, Univ., 2. Med. Klinik.) KROMREY. 4564

K. E. Rothschuh, *Neuere Erfahrungen über die Rolle des Acetylcholins im Herzen.* (Vgl. C. **1954.** 357.) *Acetylcholin* (I) kommt im Froschherzmuskel in gebundener Form in einer durchschnittlichen Menge von 0,34γ/g Muskel vor u. bildet wohl die Hauptquelle für das bei der Kontraktion freizusetzende **I.** Bei schlagendem Herzen erkennt man Permeabilitätsänderung der Membranstruktur der elektr. Grenzflächen, die am ruhenden Herzen fast nie beobachtet werden. Bei Konzz. von 10^{-3} bis 10^{-9} bewirkte **I** eine Beschleunigung der Erregungsleitung. (Verh. dtsch. Ges. Kreislaufforsch. **1953.** 274—76. Münster, Univ., Physiol. Inst.) JORDAN. 4569

O. Eichhorn, *Zur Frage der Histaminbehandlung von endogenen Psychosen.* Besprechung der Rolle von *Histaminen* (**I**) bei Psychosen, Vgl. der **I**-Wrkg. mit der des Elektroschocks u. Angabe von 47 Fällen mit **I**-Behandlung. Erfolg nur in **6** Fällen. Die beobachtete Euphorie wird auf O_2-Red. durch **I** zurückgeführt. Einschleichende **I**-Dosierung, Injektionen beginnend mit 0,5 mg/Tag, Steigerung bis zu 5 mg, Behandlungszeit 4—5 Wochen. Nach Vf. ist der Erfolg von Elektroschockbehandlungen nicht auf eine **I**-Wrkg. zurückzuführen. (Med. Mschr. **8.** 19—22. Jan. 1954. Graz, Univ., Psychiatr.-Neurol. Klinik.) DOSSMANN. 4569

Dietrich Bodenstein, *Untersuchungen über den Einfluß der Hormone auf Wachstum und Metamorphose der Küchenschabe Periplaneta americana.* 3. Mitt. *Hormonwirkungen auf den Stoffwechsel.* (2. vgl. J. exp. Zoology **123.** [1953.] 413.) Entfernt man bei Schaben (*Periplaneta americana*) die *corpora allata* u. *cardiaca,* so können im Fettgewebe keine *Harnsäuresalze* mehr nachgewiesen werden. Gleichzeitig wird dadurch der Fettgeh. in den Fettzellen vermindert. Nach Reimplantation der *corpora cardiaca* tauchen sie aber wieder auf, woraus geschlossen wird, daß sie den Proteinstoffwechsel der Schaben steuern. (J. exp. Zoology **124.** 105—15. Okt. 1953. Maryland, Army Chem. Center, Med. Labor.) U. BAUMANN. 4569

S. P. Bessman, J. F. Fazekas und **A. N. Bessman,** *Ammoniakaufnahme durch das Gehirn im Coma hepaticum.* Die Beziehung zwischen Lebercoma u. erhöhtem *Ammoniak* (**I**)-Geh. des Blutes wurde mit einer Mikrodiffusionsmeth. u. Nesslerisation untersucht. Bei Leberkranken wurde eine signifikante **I**-Aufnahme durch das Gehirn festgestellt, bei Gesunden ist dies nicht nachzuweisen. Der beim Coma hepaticum vorliegende Mechanismus wird diskutiert. (Proc. Soc. exp. Biol. Med. **85.** 66—77. Jan. 1954.) WOLFGANG ALBRECHT. 4572

A. J. Anderson, *Eine Methode zur Isolierung von Harn-Mucoproteinen.*

Versuche: *Mucoprotein A* (**I**) u. *B* (**II**), N 10,54—5,10%, Acetyl 3,67—9,03%, Hexosamin 14,41—18,29%. Reduktionswrkg. (Glucose) vor Hydrolyse 7,2—3,6%, Maximum nach Hydrolyse mit 2nHCl bei 100°: 17,5—30,7%. MORGAN-ELSON-Test für N-Acetylhexosamin positiv für **I** u. **II**. **I** u. **II** sind wasserlösl., können mit üblichen Reagentien präcipitiert werden, positive MOLISCH-Rk.; **I** gibt positive Biuret-, Ninhydrin-, Xanthoprotein-, MILLON- u. SAKAGUCHI-Rk.; **II** gibt negative Biuret- u. Ninhydrin-Rk.; Zus. der Aminosäure von **I** u. **II** mittels Papierchromatographie: *Asparaginsäure, Glutaminsäure, Phenylalanin, Tyrosin, Valin, Prolin, Arginin, Lysin, Alanin, Threonin, Glycin, Serin, Leucin, Isoleucin.* Identifizierung von *Galaktose, Mannose, Fucose, Glucosamin* u. wahrscheinlich *Galaktosamin.* — Isolierung von **I** u. **II** durch Zufügen von 20% Aceton zu n. männlichem Harn. Behandlung des Nd. mit Aceton, des Rückstandes mit W., p_H 9—9,5. Nach weitgehender Dialyse erfolgt Präcipitation von Mucoprotein durch Zugabe von NaCl bis zur 0,2mol. Konzentration. Nach Eingießen der Lsg. in 5 Voll. kaltes Aceton wurde ein weißer Nd. von **I** erhalten. Aus 100 cm³ Harn 3,87 mg **I**. Durch A.-Fraktionierung der obenst. Lsg. wurde ein brauner Nd. von

II erhalten. Aus 100 cm^3 Harn 3,11 mg II. (Biochem. J. **56.** XXV. März 1954. London, Westminster Med. School, Dep. of Chem. Pathol.) BRATFISCH. 4577

Kläre Schiller, *Über den Ergänzungswert von Eiweißträgern verschiedener Herkunft in der tierischen Ernährung.* 1. Mitt. *Die biologische Eiweißwertigkeit der reifen Körner einiger Soja- und Lupinensorten und ihre Ergänzung durch Fischmehl.* Mittels N-Bilanz wurde bei Ratten die biol. Wertigkeit von 3 deutschen Sojaschroten (I) im Vgl. zu einem handelsüblichen Sojaextraktionsschrot (II; mit 12% Rohprotein in der Trockensubstanz) bestimmt. Trotz großer Unterschiede im Rohproteingeh. der einzelnen Sorten weichen die Werte nicht wesentlich voneinander ab. Die Differenz im Verdauungswert (bei I nicht unerheblich höher als bei II) wird auf den in rohen I enthaltenen Hemmstoff für Trypsin zurückgeführt. Die für 3 Lupinensorten gefundenen relativ großen Unterschiede der biol. Wertigkeit sind vermutlich auf ungünstige Begleitstoffe zurückzuführen. Durch Dämpfen wurde der Wert des Eiweißes von I erhöht. Eine erhebliche Steigerung der biol. Eiweißwertigkeit für das Gemisch von I, Gerste u. Kartoffel gegenüber I allein wurde durch Zugabe von Fischmehl erzielt. Eine Ergänzungswrkg. von Dorschmehl u. Lupineneiweiß konnte mit Sicherheit nicht festgestellt werden. (Arch. Tierernähr. **3.** 342—59. Mai/Juni 1953. Braunschweig-Völkenrode, Forschungsanst. für Landw., Inst. für Tierernährung.) PATZSCH. 4585

Siegfried Stampa, *Ein Beitrag zur Futterverwertung, mit kritischer Verarbeitung bisheriger Versuchsergebnisse.* Übersicht über Methoden u. Ursachen individueller Unterschiede in der Futterverwertung. — 93 Literaturangaben. (Arch. Tierernähr. **3.** 360—88. Mai/Juni 1953. Gießen, Justus-Liebig-Hochschule, Inst. für Tierzucht u. Milchwirtschaft.) PATZSCH. 4585

L. M. Ssokolowa, *Die Bedeutung von Kobalt für die landwirtschaftlichen Tiere.* Man kann bei Haustieren durch Co-Verabreichung Gewichtszunahmen, Besserung des Appetits, Steigerung der Erythrocytenzahl, Zunahme von Fruchtbarkeit u. Milchproduktion u. bei Schafen eine bessere Wollequalität erzielen sowie Lungenkrankheiten u. Anämien verhindern. Empfohlen werden Tabletten, bestehend aus 0,96 g *NaCl* u. 0,04 g $CoCl_2$ (I). Schafe erhalten 1 Tablette alle 10 Tage oder reines I prophylakt. 3—4 Wochen lang: täglich 2 mg bei Schafen u. Ziegen, 1 mg bei Lämmern, 5 mg bei Schweinen u. Kälbern u. 10 mg bei Rindern. Die therapeut. Dosen (bei Stoffwechselstörungen infolge Co-Mangel in der Nahrung) betragen etwa das Doppelte der prophylaktischen. (Ветеринария [Tierheilkunde] **31.** Nr. 5. 49—53. Mai 1954.) RENTZ. 4585

Ss. I. Teresa, *Vitamin A und die individuelle Entwicklung.* Hinweise auf die Wichtigkeit von *Vitamin A* (I) u. *Carotin* (II) für die frühesten Entwicklungsstadien des menschlichen u. tier. Organismus. Der Geh. an I u. II im Blut von Schwangeren ist wesentlich höher als unter n. Verhältnissen. Der Vitamingeh. der Placenta hängt ab von der Nahrung der Mütter, der Jahreszeit u. der Entw. der Frucht. Anfangs finden sich in der fötalen Leber sehr große Mengen an I u. II, die sich jedoch im Maße des Bedarfs der übrigen Organe daran verringern. I u. II zeigen einen wesentlichen morphogenet. Einfl. auf die embryonalen u. endokrinen Organe, indem sie den Prozeß der Differenzierung stimulieren. (Архив Анатомии, Гистологии и Эмбриологии [Arch. Anatom. Histol. u. Embryol.] **31.** Nr. 2. 35—45. April/Juni 1954.) ULMANN. 4587

K. Hurter, *Über die Wirkung der hochdosierten Aneurin-Panthenol-Medikation auf den Verlauf der Tuberkulose.* Vf. berichtet über die Wrkg. der mit *Vitamin C* eingeleiteten hochdosierten *Aneurin* (I)-*Panthenol* (II)-Medikation auf den Verlauf der Lungentuberkulose. Dosierung I: 0,05 g/10 kg u. II: 0,1 g/10 kg, das Schema wird angegeben. Die kombinierte I + II-Medikation bewirkte eine auffällige Wendung im Krankheitsbild, sie eignet sich auch in Verbindung mit *INH.* Beim tuberkulösen Diabetiker wirkt I insulinsparend; Nebenwirkungen außer Durchfällen traten nicht auf. (Tuberkulosearzt **7.** 740—44. Dez. 1953. Freiburg/Br.) DOSSMANN. 4587

L. M. Henderson, O. J. Koeppe und **Harriet H. Zimmerman,** *Niacin–Tryptophan-Mangel infolge eines gestörten Aminosäuregleichgewichts bei caseinfreier Ernährung.* Bei der Ernährung von Ratten mit einem Futter, das 10% hydrolysiertes Casein oder 10% Zein u. die Mindestmenge *Tryptophan* (I) enthält, wird durch die Erhöhung des Spiegels gewisser essentieller Aminosäuren ein *Niacin* (II)-Mangel hervorgerufen. So bewirkt die Erhöhung von *Threonin* von 0,33 auf 0,38%, von *Lysin* über 0,5% bzw. von *Valin* über 0,7% ein vermindertes Wachstum, das durch Gaben von II wieder n. wird. Danach wird beim gestörten Aminosäuregleichgewicht I auf Kosten der II-Synth. vorwiegend in Protein eingebaut. (J. biol. Chemistry **201.** 697—706. April 1953. Urbana, Ill., Univ. of Illinois, Noyes Labor. of Chem., Div. of Biochem.) H.-J. KOCH. 4587

M. M. Kusnetz, *Vitamin D_2 in der Therapie bei Psoriasiskranken.* Wenn auch eine bei 100 Kranken durchgeführte Behandlung mit *Vitamin D_2* bei 2000 I.E./kg u. täglichen Dosen von 80000—160000 I.E. bei gleichzeitigen Gaben von $CaCl_2$ infolge der

Kompliziertheit u. Vielseitigkeit der Pathogenese von Psoriasis noch keine endgültigen Schlußfolgerungen zulassen, so dürfte sich eine Behandlung mit Vitamin D_2 in Kombination mit anderen Mitteln doch empfehlen. (Вестник Венерологии и Дерматологии [Nachr. Venerol. Dermatol.] **1953.** Nr. 5. 20–22. Sept./Okt. Baschkir. Dermatolog.-Venerolog. Inst.) ULMANN. 4587

A. T. Phillipson, *Verdauung von Cellulose durch Wiederkäuer.* Übersicht mit 29 Literaturangaben. (Biochem. Soc. Symposia **1953.** Nr. 11. 63–70. Bucksburn, Aberdeenshire, Rovet Res. Inst.) KRUSEN. 4594

Felix Friedberg und **Lawrence M. Marshall,** *Glucogene und ketogene Aminosäuren.* Vff. bringen eine Übersicht über die Ergebnisse der Stoffwechselunterss. der Aminosäuren während der letzten Jahre, betonen die zentrale Stellung des KREBS-Cyclus u. kommen zu der Auffassung, daß eine Einteilung in glucogene u. ketogene Aminosäuren den heutigen Kenntnissen nicht mehr entspricht. – 127 Literaturangaben. (Euclides [Madrid] **14.** 157–73. April 1954. Washington, D. C., Howard Univ., Coll. of Med.) DOSSMANN. 4596

Lars Reinius, *Biosynthese von ^{14}C-markierter Linolsäure und ihr Schicksal in der normalen und in der im Fettmangel stehenden Ratte.* Unterss. mit ^{14}C-Linolsäure (I) hinsichtlich der Resorption aus dem Verdauungstraktus der Ratte, der Menge des ausgeatmeten $^{14}CO_2$ des im Harn enthaltenen u. der Verteilung des ^{14}C in den Geweben; ferner Verss. zur Prüfung, ob hinsichtlich der I irgendwelche Unterschiede zwischen n. ernährten u. im Fettmangel stehenden Ratten bestehen. Ausführliche Erörterungen über die Meth. zur Best. der Radioaktivität isotoper Verbb. sowie über den biosynthet. Einbau von $^{14}CO_2$ in Zucker auf dem Wege der Assimiliation mittels der Blätter von Canna indica nach der Arbeitsweise von HASSID (vgl. CALVIN u. Mitarbeiter, Isotopic Carbon; John Wiley & Sons, New York 1949), wobei das dargebotene $^{14}CO_2$ prakt. vollständig verwertet wird. Einsatz der photosynthet. gebildeten isotopen Saccharide im Biovers. (Oberflächenkultur) mit der Hefe Trichosporon pullulans (LINDNER); Ausführungen über die aus dem Mycel in üblicher Weise isolierten Lipoide mit besonderer Berücksichtigung der I; I wird (als Äthyllinolat) mit einer spezif. Aktivität des C-Atoms zu 232 C.p.m. je mg C gefunden, entsprechend 73,100 C.p.m. für das gesamte Muster; die Ausbeute an ^{14}C im Äthyllinolat stellt sich auf ca. 0,2% der Aktivität des eingesetzten $^{14}CO_2$. Verfütterung der radioaktiven I an 2 weibliche Ratten, deren eine n. ernährt wird, deren andere im Fettdefizit steht; beide Tiere werden 6 Std. im Stoffwechselkäfig gehalten (Best. der $^{14}CO_2$) u. dann getötet; Isolierung von Leber, Nieren, Herz, Gehirn, Fettgewebe, Genitalgewebe, Verdauungstraktus usw. u. Unterss. der aus den Homogenaten hergestellten Lipoidextrakte auf Radioaktivität. Aus den Ergebnissen wird abgeleitet, daß die im Fettmangel stehende Ratte I rascher resorbiert u. in größeren Mengen in den wichtigen Organen speichert als das n. genährte Tier; innerhalb 6 Std. resorbiert die n. gefütterte Ratte ca. $^1/_3$ der Aktivität der I, das im Fettdefizit stehende Tier aber ca. $^1/_2$. Die Menge von $^{14}CO_2$ in dem ausgeatmeten Gas ist bei beiden Tieren etwa gleich, der gesamte Stoffwechselumsatz aber beträgt bei der im Fettdefizit stehenden Ratte etwa das 1,5fache desjenigen des Normaltieres. Innerhalb 6 Std. werden rund 10% der resorbierten Aktivität als $^{14}CO_2$ ausgeatmet u. ca. 1–2% im Harn ausgeschieden. (Suomalaisen Tiedeakatemian Toimituksia [Ann. Acad. Sci. fennicae], Sarja A. II. Nr. **49.** 1–66. 1953. Helsinki, Vet. Coll., Dep. of Physiol.) TÄUFEL. 4596

Michael C. Schotz, Leslie I. Rice und **Roslyn B. Alfin-Slater,** *Verteilung und Stoffwechsel von Cholesterin, untersucht durch differenzierendes Zentrifugieren.* 2. Mitt. *Weitere Versuche an Cholesterin in Leberzellenfraktionen von normalen und von mit Cholesterin gefütterten Ratten.* (1. vgl. C. **1954.** 2658.) Es werden die bisherigen Kenntnisse über Synth., Abbau u. Speicherung von *Cholesterin* (I) in der Rattenleber erörtert; Hinweis auf die Ergebnisse einer solchen Unters. (RICE u. Mitarbeiter, C. **1954.** 2658) an Fraktionen, die durch Ultrazentrifugieren von Rattenleberhomogenaten erhalten worden sind. Fortsetzung u. Erweiterung dieser Verss. durch fraktioniertes Zentrifugieren nach der Meth. von SCHNEIDER u. HOGEBOOM (C. **1950.** II. 1962), wobei 5 verschied. Fraktionen aus Rattenleber auf freies bzw. verestertes I untersucht werden, nämlich eine Nuclear-, eine Mitochondria-, ein submkr., eine Oberflächen- sowie eine unmittelbar von den festen Partikeln des Homogenates abgetrennte Fraktion. Es zeigt sich, daß bei n. gefütterten Ratten mehr als 60% des freien I in den submkr. Partikeln lokalisiert sind, während der Hauptteil des veresterten I mit der zentripetalen Schicht wandert. Bei Ratten, die vor der Herst. des Leberhomogenates 7 Tage mit I gefüttert worden sind, wird eine deutliche Erhöhung des Geh. an verestertem I in der zentripetal wandernden Schicht ermittelt, während in den anderen cellularen Fraktionen nur eine geringe Erhöhung erfolgt. (J. biol. Chemistry **204.** 19–26. Sept. 1953.

Los Angeles, Calif., Univ. of Southern California, School of Med., Dep. of Biochem. and Nutr.) TÄUFEL. 4596

E. Opitz, *Der Stoffwechsel des Gehirns und seine Veränderung bei Kreislaufstillstand.* Das menschliche Gehirn besitzt eine Konstanz seines O_2-Verbrauchs, der höher liegt als der anderer parenchymatöser Organe. Eine Anoxie oder Ischämie führt zu fortschreitenden Änderungen des Hirnstoffwechsels, dessen Reduktionszeit kurz ist. Über 5 Min. hinaus wird keine Anoxämie vom Gehirn überlebt. Ischämie u. Anoxie wirken unterschiedlich, da die Glucoseversorgung durch das Blut ausschlaggebend ist. Allg. steigt der Glucosebedarf in der Anoxie an, der Energieumsatz sinkt ab. Der Nutzeffekt der anaeroben Glykogenolyse ist gering. Ferner kommt es zu einem Verlust an Phosphaten, zur Milchsäureanhäufung (Glykolyse), zum Absinken des p_H u. einem Verlust der an sich reich vorhandenen Coenzyme. Die aeroben u. anaeroben Reserven des Gehirns sind gering, sein Strukturumsatz relativ hoch. (Verh. dtsch. Ges. Kreislaufforsch. **1953.** 26—44. Göttingen, Univ., Physiol. Inst.) JORDAN. 4596

D. Saffer, *Neuere Erkenntnisse über den Chemismus des Sehvorganges.* Die bekannten Sehpigmente *Rhodopsin* (**I**) u. *Porphyropsin* (**II**) in den Stäbchen, *Jodopsin* (**III**) u. *Cyanopsin* (**IV**) in den Zäpfchen sind *Carotinoidproteide*: **I** u. **III** enthalten *Retinen*$_1$ (Vitamin-A_1-aldehyd), **II** u. **IV** *Retinen*$_2$ (Vitamin-A_2-aldehyd), **I** u. **II** *Scotopsin* (**V**) als Protein, **III** u. **IV** *Photopsin.* Bei Belichtung zerfällt **I** über *Lumirhodopsin* u. *Metarhodopsin* zu *all-trans-Retinen*$_1$ u. **V** (energiefordernde Rk.). In der Verschiedenheit der Absorptionsspektren von **I**, **III** u. **IV** vermutet Vf. eine Grundlage für die Farbunterscheidung. (Wiener klin. Wschr. **66** ([N. F.] **9**). 529—31. 30/7. 1954. Innsbruck, Univ., Med.-chem. Inst.) ZEMKE. 4598

Hans Pau, *Histochemische Untersuchungen an der Netzhaut.* Verss. ergaben ein stark positives Redoxpotential (Cytochrom–Cytochromoxydase-Syst.) mit p-Phenylendiamin in der Stäbchen–Zapfen-Schicht u. den segmentkernigen Leukocyten, negative Redoxpotentiale (Dehydrasen, Ascorbinsäure, Glutathion) mit Triphenyltetrazoliumchlorid unter Bldg. von Formazan in den Gefäßwänden u. inneren Netzhautschichten. (Graefes Arch. Ophthalmol. verein. Arch. Augenheilkunde **154.** 546—52. 1953. Düsseldorf, Med. Akad., Augenklinik.) ZEMKE. 4598

Robert L. Craig, Hormones in health and disease. New York: Macmillan. 1954. (346 S.) 42 s.

Guy-H. Deltour, Biosynthèse et métabolisme de l'hormone thyroïdienne étudiés à l'aide de l'iode radioactif. Lons-le-Saunier: impr. de M. Declume. 1954. (132 S. m. Abb.)

R. S. Harris and others, eds., Vitamines and hormones V 10. New York: Academic Press. 1954. (433 S. m. Abb.) $ 8,—.

J. H. Means, Lectures on the thyroid. London: Oxford U. Press. 1954. (128 S. m. Abb., Diagr.) 24 s.

Paul Niehans, Die Zellulartherapie. Mit Beitr. v. **R. Abderhalden, G. Ackermann, Fr. E. Bircher.** München, Berlin: Urban & Schwarzenberg. 1954. (VIII + 468 S. m. Abb., 4 Taf.) DM. 41.50.

R. W. Swift and **C. E. French,** Energy metabolism and nutrition. London: Bailey Bros. & S. 1954. (264 S.) 25 s.

Burnham S. Walker and others, Biochemistry and human metabolism. 2nd ed. Baltimore: Williams and Wilkins. 1954. (904 S.) $ 10,—.

Albert M. Walter u. **Ludwig Heilmeyer,** Antibiotika-Fibel. Indikation u. Anwendung d. Chemotherapeutika u. Antibiotika. Stuttgart: Thieme. 1953. (VII + 823 S. m. zahlr. Übersichten, Tab. u. Abb.) DM 79.—.

—, La Masse Azotée de l'organisme humain et ses variations pathologiques. Rapports du XXIXe congrès français de médecine, Paris 1953. Paris: Masson, 1953. (197 S. m. Abb.) fr. 1100,—.

—, Physiologie, pathologie, chimie et cytologie des foies gras, 24, 25 et 26 mars 1953. Paris: Service des publications du Centre national de la recherche scientifique. 1954. (404 S. m. Abb.) fr. 1200,—.

E6. Pharmakologie. Therapie. Toxikologie. Hygiene.

Santosh Mitra, K. L. Bhattacharya, A. Bose und **K. P. Chakraborty,** *Veränderungen der cellulären Bestandteile des Blutes nach Verabreichung von* ^{32}P. Die Verss. ergeben, daß eine bestimmte Fraktion der Blutzellen bes. empfindlich gegen die Bestrahlung ist. Die Strahlungsempfindlichkeit einer Zellart ist umgekehrt proportional zu ihrer Lebensdauer. (Acta radiologica [Stockholm] **40.** 593—602. Dez. 1953. Kalkutta, Indien, Chittaranjan Cancer Hosp.) H. MATTHIES. 4601

M. P. Domschlak, Ju. G. Grigorjew und **Ss. A. Rajewskaja,** *Ein Versuch zur Behandlung der Polycythämie mit radioaktivem Phosphor.* Zur Behandlung der Polycythämie empfehlen Vff. eine Lsg. von $Na_2H^{32}PO_4$ in 10—15 ml Glucose per os. Bei einmaliger Verabreichung erwies sich die Dosis von 6 mC als die geeignetste. Gibt man das Mittel in Dosen von 2 mC mit Intervallen von 10—12 Tagen, so sind 8 mC erforderlich. 4 mC sind nur selten ausreichend. Die ersten Zeichen der Besserung traten nach 1—1½ Monaten auf. Bei 16 von 18 Patienten kam es innerhalb von 2 Monaten zur Remission, die 7 Monate bis zu 2½ Jahren vorhielt. Von Nebenwirkungen beobachtete man gelegentlich eine vorübergehende Leuko- bzw. Thrombocytopenie. Eine Wiederholung der Kur darf nicht früher als 4 Monate nach Abschluß der ersten Behandlung erfolgen. (Вестник Рентгенологии и Радиологии [Nachr. Röntgenol. Radiol.] **1954.** Nr. 2. 56—63. März/April.) RENTZ. 4601

K. P. Narzissowa, *Ein Versuch zur Behandlung organischer Formen chronischer Ekzeme und Neurodermatitiden mit radioaktivem Phosphor.* 28 Patienten mit lokalisiertem chron. Ekzem u. 26 Patienten mit Neurodermatitiden wurden mit *radioakt. P* (I) behandelt. Ein der Ausdehnung der Erkrankung entsprechendes Stück Stoff wird mit einer Lsg. von I getränkt, nach Trocknung in eine Cellophanhülle getan u. täglich bzw. alle 2 Tage auf die erkrankte Haut appliziert. Die einmalige Bestrahlungsdosis beträgt 100—150 r, die Gesamtdosis 500—800 r. Die β-Strahlen üben einen direkten Einfl. auf die Exteroceptoren der Haut aus, was zur Entw. einer parabiot. Hemmung im Anlysator u. zur Normalisierung der neurotroph. Prozesse führt. (Вестник Рентгенологии и Радиологии [Nachr. Röntgenol. Radiol.] **1954.** Nr. 2. 64—67. März/April. Ukrain. Wiss. Dermato-Venerol. Forschungsinst.) RENTZ. 4601

W. Holczabek, *Ein experimenteller Beitrag zur Phosphorvergiftung.* Ratten (ca. 250 g) erhielten per Schlundsonde gelben *P* mit ^{32}P in Olivenöl. Bei akuter Vergiftung wurde der höchste P-Geh. im Magen festgestellt. Er enthielt zehnmal soviel wie die Leber. Außer in der Niere waren in Herz, Lunge, Milz u. Blut nur geringe P-Mengen festzustellen. Bei längerer Überlebenszeit (1—4 Tage) nahm der P-Geh. im Magen ab, der im Dickdarm erhöhte sich in den ersten Tagen, um später abzufallen. In Herz, Milz u. Blut ebenfalls Anstieg bis zu Gehh. wie in der Leber, jedoch nur $^1/_5$—$^1/_3$ so hoch wie in Magen oder Darm. Aber auch hier sanken mit der Zeit die Werte. In den Knochen wird gespeichert. — Ausscheidung von P mit dem Harn bereits 6 Std. nach Verabreichung. — Leberverfettung konnte erst nach 4 Tagen festgestellt werden. (Klin. Med. [Wien] **8.** 256—61. 1/6. 1953. Wien, Univ., Inst. für gerichtliche Med.) BRAUKMANN. 4606

Vincent Morelle, *Wirkung von Nickelchlorid auf die endokrinen Pankreasinseln beim Meerschweinchen.* Durch einmalige intravenöse Injektion von 30 mg $NiCl_2$ oder 2—3 malige subcutane Applikation der gleichen Menge werden beim Meerschweinchen spezif. Veränderungen der α-Zellen des Pankreas hervorgerufen, die sich in totaler Degranulation der Zellen, wie sie nach $CoCl_2$-Zufuhr schon früher beobachtet wurde, zeigen. Die β-Zellen werden nicht deutlich verändert. (C. R. Séances Soc. Biol. Filiales **147.** 1649—50. Okt. 1953. Louvain, Univ., Inst. d'Anatomie.) KRUSEN. 4606

William Münich und **Hans-Henning Dietze,** *Über den Einfluß von Alloxan auf die Epithelregeneration der Kaninchencornea.* Zusammenfassung über Einw. von *Monojodessigsäure, Chymotrypsin, Jodacetat, Fluorid, Chinon, Hg-, As-*Verbb., *Ag-Protein,* $ZnSO_4$, *Metaphen, Zephirenchlorid, Merbromin, Antibioticis* u. *Vitaminen* auf das Hornhautepithel. Verss. über die Wrkg. von *Alloxan* (I) u. *Penicillin* auf die Epithelregeneration mit dem Ergebnis, daß I den Entzündungsstoffwechsel günstig beeinflußt. (Graefes Arch. Ophthalmol. verein. Arch. Augenheilkunde **154.** 483—87. 1953. Würzburg, Univ., Augenklinik.) ZEMKE. 4607

Jerome D. Genzer, Mary N. Lewis, Freeman H. McMillan und **John A. King,** *Optische Spaltung von Parsidol.* Zur Prüfung auf unterschiedliche pharmakol. u. physiol. Wrkg. zerlegten Vff. *N-[2-Diäthylaminopropyl]-phenothiazin* (I, *Parsidol, Lysivane, Ethopropazine, RP 3356* u. *W-483*) in seine opt. Isomeren durch Spaltung mit d-Weinsäure in n-Propanol. Die so erhaltenen *d-Bitartrate von d-*I u. *l-*I sowie die hieraus gewonnenen dl-, d- u. *l*-I-Hydrochloride zeigten bei Mäusen die gleiche tox. Wirkung. Die intravenöse Dosis (DL_{50}) war für die rac. u. opt.-akt. I-Hydrochloride gleich groß, dagegen war die Toxizität der d- u. *l*-I-d-Bitartrate geringer, nur d-I-d-Bitartrat war weniger tox. als die freien Basen. Die nicotinolyt. Aktivität wurde an Kaninchen bestimmt u. gefunden, daß sie 2 mal so stark ist bei *l*-I (Hydrochloride u. Bitartrate) als bei d-I u. deren entsprechenden Salzen.

V e r s u c h e: *dl-N-[2-Diäthylaminopropyl]-phenothiazin* (dl-I), aus dem Hydrochlorid nach A. P. 2 526 118; C. **1952.** 3869, Racematspaltung von dl-I mit d-Weinsäure in warmem n-Propanol ergab beim Erkalten Kristalle des *d-Bitartrats der d-Base,* $C_{19}H_{24}N_2S \cdot C_4H_6O_6$, F. 156—158°, $[\alpha]_D^{25}$ —4,6° (8% in W.); 45% (Ausbeute). Aus dem Filtrat krist. das *d-Bitartratdihydrat der l-Base,* $C_{19}H_{24}N_2SC_4H_6O_6 \cdot 2\ H_2O$, aus, F. 93 bis 95° (W.), $[\alpha]_D^{25}$ +19°; 40%. — *dl-Bitartrat,* F. 135—138°, $[\alpha]_D^{25}$ ca. +7 bis +8° (8% in W.). — Aus den Bitartraten werden durch Lösen in W., Versetzen der Lsg. mit Alkali u. Extraktion mit Ae. das ölige *d-N-[2-Diäthylaminopropyl]-phenothiazin,* $[\alpha]_D^{25}$ +16,7° (4% in A.), u. das ölige *l-N-[2-Diäthylaminopropyl]-phenothiazin,* $[\alpha]_D^{25}$ —16,7° (4% in A.), erhalten u. daraus mit HCl-Gas in Ae. das *d-Hydrochlorid,* $C_{19}H_{24}N_2S \cdot HCl$, $[\alpha]_D^{25}$ +1° (6% in A.), u. das *l-Hydrochlorid,* $C_{19}H_{24}N_2S \cdot HCl$, $[\alpha]_D^{25}$ —1° (6% in A.), gewonnen; die Hydrochloride lassen sich auf übliche Weise in die freien Basen verwandeln. — *dl-Hydrochlorid*, F. 220—225°. (J. Amer. chem. Soc. **75.** 2506—07. 20/5. 1953. New York, Warner-Chilcott Res. Labors.) O. W. SCHULZ. 4607

Harold D. West, Ghabharan R. Mathura und **Loretha A. Black,** *Eine Laboratoriumssynthese von p-Chlorphenyl-L-cystein und dessen Acetylierung durch die Ratte. p-Chlorphenyl-L-cystein* (I) u. dessen Acetylverb., *p-Chlorphenylmercaptursäure* (II) werden synthet. dargestellt. Nach Verabreichung von Monochlorbenzol an einen Hund wurde aus dessen Urin biosynthet. gebildete II isoliert. Weiter wird gezeigt, daß im Rattenorganismus I in II umgewandelt wird.

Versuche (FF. unkorr.): *p-Chlorphenyl-L-cystein* (I), $C_9H_{10}O_2NClS$, analog der Synth. der entsprechenden p-Br-Verb. durch DU VIGNEAUD, WOOD u. BIRKLEY (J. biol. Chemistry **138.** [1941.] 369), aus W., F. 181—181,5° (Zers.); $[\alpha]_D^{28}$ +17,5° (1%ig. in 0,1 n NaOH). *p-Chlorphenylmercaptursäure* (II), $C_{11}H_{12}O_3NClS$, durch Acetylierung von I in 2 n NaOH mit Acetanhydrid u. 2 n NaOH unter Eiskühlung, Platten aus W., F. 155°. $[\alpha]_D^{29}$ —13,2° (1%ig. in A.), —20,3° (0,27%ig. in A.). Biosynthet. II durch Verabreichung von 3 g Monochlorbenzol innerhalb von 3 Tagen u. Chloroformextraktion der gesammelten Urine, 0,6 g aus W., F. u. Misch-F. 153—154°. — Nach Verabreichung von 2 g I an eine erwachsene, männliche Albinoratte innerhalb von 13 Tagen wurden aus dem gesammelten Harn 1,25 g II mit Chlf. extrahiert, aus W., F. u. Misch-F. 153—154°. (J. biol. Chemistry **193.** 133—35. Nov. 1951. Nashville, Tenn., Meharoy Med. Coll., Dep. of Biochem.) K. F. MÜLLER. 4607

Siegfried Feist, *Placentabehandlung bei der tabischen Sehnervenatrophie.* 10 Patienten mit tab. Opticusatrophie wurden mit Einpflanzung teils junger, teils reifer Placenten behandelt. Auffallende Besserung in 6 Fällen. Zwischen verschieden alten Placenten wurde kein wesentlicher Unterschied beobachtet. Vf. erklärt die Erfolge mit einer anhaltenden Gefäßerweiterung. (Klin. Monatsbl. Augenheilkunde augenärztl. Fortbild. **123.** 34—45. 1953. Wien, Krankenanst. Rudolfsstiftung, Augenabt.)
DAUTZENBERG. 4609

Célio de Almeida, *Das N-Methylglucaminantimoniat oder Glucantime bei Leishmaniengeschwüren.* Kurze kasuist. Mitt. über die Behandlung von zwei Fällen mit Leishmaniosegeschwüren mit *N-Methylglucaminantimoniat* (Publicações méd. **24.** 41—42. 1953. Bauru, Spanien, Av. Rodrigues Alves.) P. G. SCHEURLEN. 4610

H. J. Küchle, *Experimentelle Grundlagen für eine optimale PAS-Therapie in der Augenheilkunde.* 1. Mitt. *Der PAS-Gehalt in Blut* und *Kammerwasser bei verschiedenen Arten der Allgemeinapplikation.* Methodik der Konzentrationsbest. wird beschrieben. Die PAS-Konz. im Kammerwasser steigt mit der im Blut, aber in stärkerem Maß, u. ist bei intravenöser Zufuhr u. als Na-Salz optimal. (Graefes Arch. Ophthalmol. verein. Arch. Augenheilkunde **154.** 467—82. 1953. München, Univ.-Augenklinik.)
ZEMKE. 4610

E. Cerkovnikov, *Das Problem der Chemotherapie der Tuberkulose.* Übersicht über die Bekämpfung der Tuberkulose durch Chemotherapeutica. (Farmac. Glasnik **9.** 185—94. Mai 1953. Zagreb, Univ.) BECKMANN. 4610

Dietrich Wentz, *Klinische Erfahrungen mit chemotherapeutischen Aerosolen bei Lungentuberkulose.* Bericht über Erfahrungen mit Aerosolbehandlung von 78 Patienten mit *Conteben* u. 51 Fällen mit *INH* in 5%ig. Suspension bzw. Lsg.; bei sachgemäßer Anwendung sind mit dieser Therapie nach Vf. befriedigende Resultate zu erzielen. (Tuberkulosearzt **7.** 728—34. Dez. 1953. St. Blasien, Sanatorium.) DOSSMANN. 4610

O. O. Makejewa und **G. N. Perschin,** *Verbindungen der Thiosemicarbazonklasse bei der Chemotherapie der experimentellen Tuberkulose.* 1. Mitt. *Tibon* (I), *Amithizon* (II) u. *Cuthizon* (III) werden in ihrer in vitro-Wrkg. auf Tuberkelstäbchen (Typus humanus) geprüft (nähere Angaben über die sowjet. Präpp. II u. III werden nicht gebracht). Sie hemmen deren Wachstum bis zur Verdünnung 1 : 4000000 (I), 1 : 1000000 (II) u. 1 : 32000000 (III). Alle 3 Verbb. gehen im Meerschweinchenvers. schnell aus dem Darm in das Blut über, so daß dieses bald nach der Aufnahme eine starke bakteriostat. Wrkg. zeigt. III ist im Mäusevers. bei peroraler Zufuhr giftig, I u. II nicht. In Verss. an tuberkuloseinfizierten Mäusen ist III trotz der geringeren Mengen, in denen es infolge seiner Giftigkeit verwendet wird, am wirksamsten. Die optimale Dosis beträgt bei I 1,25, bei II 2,5, bei III 0,125 mg. (Журнал Микробиологии Эпидемиологии и Иммунобиологии [J. Mikrobiol., Epidemiol., Immunobiol.] **1953.** Nr. 8. 3—8. Aug. Moskau, Chem. Pharm. Wiss. Forsch.-Inst.) DU MANS. 4610

O. O. Makejewa und **G. N. Perschin,** *Verbindungen der Thiosemicarbazonklasse in der Chemotherapie der experimentellen Tuberkulose.* 2. Mitt. (1. vgl. vorst. Ref.) Die Wrkg. von *Tibon* (I), *Amithizon* (II) u. *Cuthizon* (III) wurde an mit Tuberkulose infizierten Meerschweinchen geprüft. Mit allen 3 Verbb. konnten sowohl gute prophylakt. (bei 25 Tage vorher infizierten Tieren) als auch therapeut. Erfolge erzielt werden.

Die besten Resultate ergaben 20 mg **III** u. 150 mg **I**. Die entzündlichen Herde wurden resorbiert, die tuberkulösen Erscheinungen der inneren Organe rückgebildet, die Milz war frei von Herden u. Erregern. (Журнал Микробиологии Эпидемиологии и Иммунобиологии [J. Mikrobiol., Epidemiol., Immunobiol.] **1953.** Nr. 8. 8—12. Aug. Moskau, Chem. Pharm. Wiss. Forsch.-Inst.) DU MANS. 4610

A. I. Kiprianow, *Fortschritte der organischen Chemie im Kampfe mit der Tuberkulose.* Kurzer Fortschrittsbericht. Im einzelnen werden behandelt: *Sulfonamide* u. *Sulfone, Pyocyanin* u. *Sanasin, p-Aminosalicylsäure, Streptomycin, Thiosemicarbazone* sowie *Isonicotinsäurehydrazid* u. dessen Derivv. *Diisonicotinoylhydrazin* u. *Isonicotinoylglucosylhydrazin.* (Украинский Химический Журнал [Ukrain. chem. J.] **19.** Nr. 3. 239—46. 1953. Inst. für Organ. Chem. der Akad. der Wiss. der UkrSSR.) RENTZ. 4610

Wolfgang Wilde, *Neuartige Rhodanverbindung zur Tuberkulosebehandlung.* 2. Mitt. *Experimentelle Mitteilung.* (1. vgl. C. **1954.** 7897.) Bericht über Tierverss. mit *Azorhodanid H = Dairin* (**I**; HUBOLD & BARTSCH, Hamburg, u. PHARMACOLOR GMBH, Sandkrug/Oldb.) bei experimenteller Tuberkulose u. Vgl. des Verlaufs der Infektion bei *Isoniazid* (**II**)-, *Streptomycin* (**III**)- u. *PAS* (**IV**)-Therapie. Beim Kaninchen ergaben sich rasche Erfolge durch **II** u. **III** unter Zurücklassung virulenter Keime, keine Wrkg. mit **IV**, protrahierte **I**-Wrkg., aber keine Resistenz lebensfähiger Keime. Das Gewebe von Milz, Leber u. Lunge infizierter u. mit **I, II** u. **III** behandelter Meerschweinchen wurde gesunden Tieren intraperitoneal verabreicht; mit **II** u. **III** behandelte Gewebe ergaben schwere Infektion u. Generalisierung, mit **I** behandelte nur Abscesse an der Injektionsstelle mit kulturell nicht vermehrungsfähigen Tuberkeln. Bei Kulturverss. mit **I**—**IV**, *Conteben, Solvoteben, Parateben* u. *Necacyl* wurde potenzierte Wrkg. von **I** + *Thiosemicarbazonen* (**V**) festgestellt; **II**- u. **III**-Wrkg. auf M. tuberculosis wird von **I** nicht nachteilig beeinflußt. Gute Verträglichkeit von **I** mit *Bepanthen.* Körpereigene Ketonkörper wie Brenztraubensäure setzen die tuberkulostat. Wrkg. von **II** herauf, von **III** u. **V** herab, **IV** bleibt unbeeinflußt. Gewichtsgleiche **I**-Mengen heben diesen Effekt auf u. bewirken mit **V** Potenzierung. (Med. Mschr. **8.** 390—93. Juni 1954. Heilstätte Wilhelmsheim der LVA Württemberg.) DOSSMANN. 4610

Kurt Schlapper, *Über Nebenwirkungen bei INH-Therapie.* Besprechung der bisher bekannt gewordenen Nebenwirkungen der *INH* (**I**)-Therapie. Bei Einhaltung einer Dosierung von 5—10 mg/kg/Tag sind diese weitgehend zu reduzieren, ebenso durch Kombination von **I** mit anderen tuberkulostat. wirkenden Mitteln. Hinweis auf die synergist. Wrkg. von **I** u. *Pyramidon*; die Verträglichkeit von Krampfgiften, wie *Cardiazol, Coramin,* wird durch gleichzeitige **I**-Verabreichung herabgesetzt, desgleichen die von *Novocain.* (Münchener med. Wschr. **96.** 840—42. 16/7. 1954. Sanatorium Eberbach, Kreis Heidelberg.) DOSSMANN. 4610

Herbert Claus, *Beitrag zur Resistenzfrage bei INH-Therapie der Lungentuberkulose.* Im Verlauf einer über mehrere Monate sich erstreckenden *INH* (**I**)-Therapie blieben von 287 tuberkulösen Patienten 77 im Sputum positiv. Von diesen wurden über 53% resistent, davon ca. 80% innerhalb der ersten 6 Wochen. 46,3% von diesen wurden trotz kombinierter Kur mit *Streptomycin* **I**-unempfindlich, wobei viermal eine Doppelresistenz auftrat. Bei der Mehrzahl der resistent gewordenen Patienten handelte es sich um Kranke mit Restcavernen unter Kollapstherapie. (Tuberkulosearzt **7.** 452—56. Aug. 1953. Mölln/Lbg., Schleswig-Holstein, Heilstätte der LVA.) RUTKOWSKI. 4610

Julius Hirsch, *Experimentelle Grundlagen einer peroralen Kombinationstherapie der Tuberkulose.* Bericht über Verss. zur Best. der therapeut. Wirksamkeit von *Pyridin-3-aldehydthiosemicarbazon = GT 1* (**I**) u. *p-Acetylaminobenzaldehydthiosemicarbazon = TB 1* (**II**) bei experimenteller Mäusetuberkulose. Bei einer Dosierung von 100 mg/kg/Tag war **I** dem **II** deutlich überlegen, ebenso *Pyridin-4-aldehydthiosemicarbazon* (**III**). Mit **I** bzw. **III** + *Isoniazid* (**IV**) wurde synergist. Wrkg. festgestellt, aber nicht bei **II** + **IV** unter gleichen Bedingungen. Ferner Angabe der Resultate einer therapeut. Prüfung von **I, II,** *Dihydrostreptomycinsulfat* (**V**), **IV** u. *Pyridin-4-aldehydisonicotinoylhydrazon* gegenüber **IV**-resistenter Mäusetuberkulose; diese spricht auf **I** u. **V** an. Zur Verhütung **IV**-resistenter Populationen wird Kombination von **IV** mit **I** u. **V** notwendig. Eine bereits bestehende **IV**-Resistenz kann mit **I** + **IV** nicht überwunden werden. Hinweis auf **I** + **IV**-Tabletten = *GT 3* (GEIGY, Basel). (Wiener klin. Wschr. **66** ([N. F.] **9**). 463—65. 2/7. 1954. Basel.) DOSSMANN. 4610

O. Ruziczka, *Klinische Ergebnisse einer peroralen Kombinationstherapie kindlicher Tuberkulose.* (Vgl. vorst. Ref.) Bericht über Erfolge mit *Pyridin-3-aldehydthiosemicarbazon = GT 1* (**I**) bei 66 Kindern in einer Dosierung von 0,5 bis maximal 2 mg/kg/Tag, Behandlungszeit 2—6 Monate. Keine Nebenwirkungen, in 4 Fällen Verabreichung von **I** + *Streptomycin* (**II**). Ferner Behandlung von 56 Kindern mit *INH* (**III**), 5 mg/kg;

davon wurden 21 von I auf III umgestellt, 35 erhielten ausschließlich III, einige III + II. Röntgenolog. Besserung scheint mit III früher als mit anderen Mitteln einzutreten. Hervorgehoben wird Kombinationsbehandlung bei 114 Fällen mit *GT 3* = 4 Teile III + 1 Teil I, Dosierung meist 4—6 mg/kg/Tag, wenn notwendig Steigerung der Dosis, Behandlungsdauer bis zu 6 Monaten, sehr gute Verträglichkeit, Abkürzung der Behandlungsdauer gegenüber allen anderen Mitteln. (Wiener klin. Wschr. **66** ([N. F.] **9**). 465—68. 2/7. 1954. Wien, Univ., Kinderklinik.) DOSSMANN. 4610

John Lorber, *Isoniazid und Streptomycin bei tuberkulöser Meningitis.* (Lancet **266** 1149—51. 5/6. 1954. Sheffield, Univ.) DOSSMANN. 4610

J. Kimmig, *Neuzeitliche Behandlung mit Antibioticis und Sulfonamiden.* (Geburtshilfe u. Frauenheilkunde **13.** 673—86. Aug. 805—22. Sept. 1953. Hamburg-Eppendorf, Univ., Hautklinik.) DOSSMANN. 4610

J. L. Fluker, *Streptomycin bei tuberkulöser Meningitis und Miliartuberkulose. Ein fünfjähriger Überblick.* (Brit. J. Tubercul. **48.** 188—99. Juli 1954. Plymouth, Scott Isolation Hosp.) DOSSMANN. 4611

L. B. Dainjak, *Die Streptomycinbehandlung der ödematösen und phlegmonösen Laryngitis.* 20 Patienten mit ödematösen u. phlegmonösen Laryngitiden wurden täglich morgens u. abends mit je 500000 E. *Streptomycin-HCl* (I) behandelt (in physiol. NaCl-Lsg. gelöst, intramuskulär injiziert). Die benötigte Gesamtmenge von I betrug pro Patient 2—9 g, bei 16 Patienten 5 g. Unter der I-Behandlung verschwanden die Krankheitssymptome nach ca. 6—7 Tagen, wobei die ödematöse Form der Laryngitis besser reagierte als die phlegmonöse. Zu Komplikationen kam es in keinem Falle, doch mußte in 2 Fällen die Tracheotomie durchgeführt werden. (Вестник Ото-Рино-Ларингологии [Nachr. Oto-Rhino-Laryngol.] **16.** Nr. 3. 56—60. Mai/Juni 1954. Moskau, 2. Med. Stalin-Inst., Klinik für Ohren-, Hals- u. Nasenkrankh.) RENTZ. 4611

G. W. Ossetschenskaja, *Über die hämostatische Wirkung von Penicillin.* Bei 40 Blutkranken (17 Leukosen, 17 hypoplast. bzw. aplast. Anämien, 6 andere Erkrankungen des Blutsyst.) wurde die Wrkg. des *Penicillins* (I) auf die Gerinnungszeit, Prothrombin (II)-Geh. des Blutes u. Blutungszeit untersucht. I wurde intramuskulär (200000 E. je 24 Std.) eingeführt; bei einem Teil wurde die erste Injektion (70000 E.) intravenös verabreicht. Bei 21 Patienten wurde eine Verkürzung der Gerinnungszeit vorwiegend in der 1. Std. nach der Injektion festgestellt. Die Art der Verabreichung des I war gleichgültig. II-Geh. u. Blutungszeit waren wenig u. nur bei wenigen Patienten beeinflußt. Bei 6 Kranken trat eine Verlängerung der Gerinnungszeit ein. Die hämostat. Wrkg. des I ist im allg. also gering. Eine schädigende Wrkg. auf die Blutbldg. konnte auch bei mehrfachen Injektionen des I (bis 25000000 E. u. mehr) nicht beobachtet werden. (Клиническая Медицина [Klin. Med.] **31** (**34**). Nr. 11. 52—56. Nov. 1953. Moskau, Hämatol. Klinik des Zentral-Inst. für Hämatol. u. Bluttransfus.) DU MANS. 4611

Gerd Huber, *Penicillinschäden des Zentralnervensystems. Cerebrale Arzneimittelallergose und Herxheimersche Reaktion.* Eingehender klin. u. anatom. Bericht über 2 letal verlaufene zentralnervöse Komplikationen nach intramuskulärer *Penicillin*-Injektion, deren unterschiedliche Krankheitsbilder gegeneinander abgegrenzt werden. (Dtsch. Z. Nervenheilkunde **171.** 460—73. 1954. Heidelberg, Univ., Psychiatr. u. Neurol. Klinik.) DOSSMANN. 4611

Boris Mravunac, Branko Bezjak und **Pero Ljubibratic,** *Einige klinische Beobachtungen und Befunde bei der Penicillintherapie während der Scharlachepidemie in Zagreb von 1949 bis 1951.* Bericht über Erfahrungen an 3172 Scharlachfällen, die zu 45,5% leicht, zu 52,5% schwerer waren. Behandlung von 1141 Fällen mit *Penicillin* (I); am 2.—3. Krankheitstag Verabreichung von krist. I-G $2 \cdot 10^5$ E./Tag, später von *Procain*-I in Öl $3 \cdot 10^5$ E., in der Mehrzahl der Fälle I-Gesamtmenge $1{,}5 \cdot 10^6$ E. über 5 bis 7 Tage. Bei isolierten, mit I behandelten Fällen konnte das Auftreten von Komplikationen von 29,1% bei den Kontrollen auf 9% gesenkt werden, bei nicht isolierten Fällen betrug der Anteil 20,3%. (Acta med. scand. **147.** 253—64. 11/12. 1953. Zagreb, Yugoslavia, Fever Hosp.) DOSSMANN. 4611

T. Porcelli, *Das Chloramphenicolpalmitat in der Kinderheilkunde.* Bericht über Erfahrungen mit dem *Chloramphenicol* (I)–*Palmitat* als Granulat u. in Sirupform = *Symptomycin* (II; LEPETIT) an 40 Kindern mit Krankheiten, die auf I ansprechen. Verabreichung 1 g II/Tag in 4 Einzeldosen, Behandlungsdauer 3—20 Tage. Beide II-Formen wurden gut vertragen, die II-Erfolge sind als I-gleichwertig zu bezeichnen. (Schweiz. med. Wschr. **84.** 763—65. 10/7. 1954. Mailand, Kinderspital.) DOSSMANN. 4611

K. Beckmann, W. Müller und **U. Wiedenmann,** *Die Aureomycinbehandlung der Hepatitis epidemica.* Bericht über 17 Fälle mit akuter Hepatitis. Beginn der *Aureomycin* (I)-Behandlung im Frühstadium, Verabreichung von insgesamt 10 g **I** über 5—8 Tage. 11 Fälle zeigten deutliche Besserung, 6 blieben unbeeinflußt. Nach Vff. wirkt **I** vermutlich nicht direkt auf das Hepatitisvirus, sondern unspezif. mit Abtötung toxinbildender Bakterien des Magen–Darm-Traktes, wodurch mit **I** ein indirekter Leberschutz erreicht wird. (Dtsch. med. Wschr. **79.** 271—72. 19/2. 1954. Stuttgart-Bad Cannstatt, Städt. Krankenhaus.) DOSSMANN. 4611

Joachim Holz und **Gottfried Bringmann,** *Elektronenmikroskopische Befunde zur Aureomycintherapie der Toxoplasmose.* Aufzählung der Therapeutica, mit denen bisher versucht worden ist, die Toxoplasmose, deren Erreger zu den Protozoen gerechnet wird, zu bekämpfen: *Atebrin, Trypaflavin, Rivanol, Neosalvarsan, Tryparsamid, Germanin, Sulfathiazol, Sulfapyridin, Sulfamerazin, Sulfadiazin* (**I**), *Sulfametdiazin, Sulfapyrin, Irgafen, Debenal, Aristamid, Diazol, Supronal, Protozid, Tibatin, Cibazol, Eubasin, Solu-* u. *Neostibusan, Sulfapyrimidin, Elkosin* mit *Sb, Diazon, Arralen, PAS, Sulfomylon, Toluidinblau, Theophyllin, Paludrin, As-Verbb., Endochin, Fuadin* mit *Pyrifer, Typhusvaccine, Daraprim* (**II**), *Terramycin, Aureomycin* (**III**). **III** u. **II** + **I** gelten heute als Mittel der Wahl. Vff. besprechen elektronenmkr. wahrnehmbare Erscheinungen an Toxoplasmen von Mäusen, die mit **III** behandelt wurden. Die Abbildungen lassen eine Beeinflussung von *Nucleinsäure*-Stoffwechsel u. Zellteilung beim Erreger erkennen. **III** führt bei einem Teil der Erreger zu lyt. Prozessen, andere bleiben morpholog. unbeeinflußt u. dürften als **III**-resistent anzusprechen sein. (Z. Hyg. Infektionskrankh. **139.** 393—98. 1954. Berlin, Freie Univ., Inst. für Parasitologie; Inst. für Wasser-, Boden- u. Lufthyg. im Bundesgesundheitsamt u. Max-Planck-Gesellschaft, Forschungsstelle für Mikromorphologie.) DOSSMANN. 4611

Joachim Scharnke, *Die Enzymtherapie und der extrapleurale Pneumothorax.* Injektion einer Ampulle *Varidase* (100000 E. *Streptokinase* + 25000 E. *Streptodornase*; LEDERLE New York), aufgelöst in 10—20 cm³ physiol. Kochsalzlsg. führte in 12 Fällen zur Verflüssigung postoperativer Pneumolysenhämatome. (Tuberkulosearzt **7.** 472—75. Aug. 1953. Herrsching/Ammersee, Tuberkulosekrankenhaus der Arbeitsgemeinschaft der Bayer Landesversicherungsanstalten.) RUTKOWSKI 4614

Rudolf Binder, Hertha Binder, Maria Gubatta und **Walter Ölsinger,** *Experimentelle Untersuchungen über die Wirkung von Antikoagulantien und Streptokinase am Tierauge.* Vff. sahen eine Beeinträchtigung der Wundheilung von Hornhautverletzungen durch *Heparin* als Folge mangelnder Fibrinbldg., günstige Wrkg. der *Streptokinase* (mit *Streptodornase* als „*Varidase*") durch Lösung der Fibrinmembran bei gleichen Erkrankungen, ferner bei intraokulären Blutungen, dagegen im Glaskörper Auftreten von Trübungen. (Graefes Arch Ophthalmol. verein. Arch. Augenheilkunde **154.** 488—90. 1953. Wien, Univ., I Augenklinik.) ZEMKE 4614

Hartmut Goethe, *Antihistamine und Seekrankheit. Zu dem Artikel von E. M. Glaser.* Ergänzend zu den Mitteilungen von GLASER (vgl. C. **1953.** 6529) sind nach Vf. *Scopolamin* mit Bromsäurekomponente u *Vasano* nur als prophylakt. Mittel gegen Seekrankheit geeignet. Antihistamine wirken sowohl prophylakt. als auch bei eingetretenen Kinetosen. Herausgestellt wird *β-Dimethylaminoäthylbenzhydryläther-1.3-Dimethyl-8-chlorxanthin* = *Vomex A* (**I**). Die Nebenerscheinung der Schlaflosigkeit, die auch beim *Phenergan* vorliegt, wird durch Kopplung mit *Chlortheophyllin*-Körpern unterdrückt, wie bei *Avomin, Dramamine, Novamin* = *β-Dimethylaminoäthylbenzhydryläther-8-Chlortheophyllin* u. dem deutschen **I.** Hinweis auf *Chloreton* als Adjuvans. (Dtsch. med Wschr **79.** 227—28. 5/2. 1954. Hamburg, Bernhard-Nocht-Inst für Schiffs- u Tropenkrankheiten.) DOSSMANN. 4625

James A. Baird und **Eldon M. Boyd,** *Bromazinhydrochlorid und zusammengesetzt-koordinierte Reflexaktivität.* Vff fanden, daß *Bromazinhydrochlorid* (**I**) in oralen u. subcutanen Dosen bis zu 200 mg/kg Körpergewicht bei Albinoratten keinen Einfl. auf die Messung der zusammengesetzt-koordinierten Reflexaktivität hatte. *Diphenhydraminhydrochlorid* (**II**) hatte bis zu Dosen von 25 mg/kg Körpergewicht keine Wirkung Höhere Dosen von **I** u **II** vermehrten die gemessene Reflexaktivität. Orale Dosen von 400 mg/kg Körpergewicht von **I** u. von 200 mg/kg Körpergewicht von **II** bewirkten Konvulsionen u Mortalität von 80%. (J Pharmacy Pharmacol. **6.** 38—42. Jan. 1954 Kingston, Ontario, Can., Queen's Univ., Dep. of Pharmacol.) K. BÖHM 4625

Eldon M. Boyd und **R. Noreen Hicks,** *Versagen von Bromazinhydrochlorid, die Auswurfmenge und Zusammensetzung des Respirationstraktsekretes zu beeinflussen.* *Bromazinhydrochlorid* hatte in Dosen von 0,5—100 mg/kg Körpergewicht bei Kaninchen, Katzen, Meerschweinchen u. Albinoratten keine Wrkg. auf Menge, D., relative

Viscosität u. Cl-Geh. des Respirationstraktsekretes. Diese Befunde u. die therapeut. Anwendung der Antihistaminica in der Behandlung des Hustens werden erörtert. (J. Pharmacy Pharmacol. **6.** 43—49. Jan. 1954. Kingston, Ontario, Can., Queen's Univ., Dep. of Pharmacol.) K. BÖHM. 4625

N. I. Krakowski und **F. W. Masina,** *Bestimmung der Novocainkonzentration im Harn von Kranken und Versuchstieren nach Novocainblockade und Anästhesie.* Die *Novocain* (I)-Ausscheidung im Urin nach Lumbalblockade beim Menschen (Kranke im Alter von 21—65 Jahren) geschieht innerhalb der ersten 2 Std. nach der Injektion. 3 Std. danach wurde im Urin kein I mehr gefunden. Es wurden 0,6—15% des verabreichten I mit Urin ausgeschieden. Nach I-Injektionen an anderen Körperstellen (retromammar, femoral, am Unterschenkel, vagosympath. cervical) wurden 1—20% des I im Urin ausgeschieden. Es wurden jeweils I-Mengen von 125—450 u. 6250 mg eingeführt. Ein Zusammenhang zwischen der Ausscheidungsmenge u. der Körpertemp. bzw. dem Blutbild, dem Alter oder dem Geschlecht des Kranken konnte nicht festgestellt werden. Auch Art u. Schwere der Erkrankung u. die Menge der eingeführten I-Lsg. waren ohne Bedeutung. Die Ausscheidung war am stärksten, wenn unmittelbar nach dem Eingriff eine starke Diurese einsetzte. Bei frühzeitig einsetzender Diurese war die I-Ausscheidung auch bei geringer Urinmenge hoch. Vff. vermuten, daß die Ausscheidung des I im Urin durch den Zustand des Nervensyst. u. seine Einw. auf die Nieren bestimmt wird. Bei Verss. an Hunden wurden jeweils 100 mg 0,25%ig. I-Lsg. in das die Nieren umgebende Gewebe eingespritzt. Im Urin wurden hier 21,5—36,6% ausgeschieden, der größte Teil des I im Laufe der 2. u. 3. Std. nach der Injektion. Bei geringen Mengen von dem Hunde getrunkenen W. war die Ausscheidung höher. Die gleichen Gesetzmäßigkeiten erhielt man, wenn man die I-Lsg. in die Wadenmuskulatur oder in die Gelenke einführte. Die im Verhältnis zu den Erfahrungen am Menschen sehr hohe Menge des im Urin ausgeschiedenen I bei Hunden wird auf die Tatsache zurückgeführt, daß bei den Hunden die Prozesse der Acetylierung fehlen, denn bei der von Vff. gewählten Meth. wurde nur die Ausscheidung der aromat. Amine bestimmt. (Клиническая Медицина [Klin. Med.] **31** (**34**). Nr. 11. 29—34. Nov. 1953. Moskau, Inst. für Chirurgie der Akad. der Med. Wiss. der UdSSR.) DU MANS. 4627

W. Donald Graham, R. Slinger und **H. Teed,** *Polyvinylpyrrolidon als wirkungsverzögerndes Mittel.* 1. Mitt. *Wirkung auf Barbiturate.* Vff. fanden mit *Polyvinylpyrrolidon* (I)-Lsgg. bis zu 40 g/100 ml nur geringen oder keinen Einfl. auf Stärke u. Dauer der Wrkg. von Barbituraten, wenn sie I als Trägervehikel bei intraperitonealer Verabreichung für *Quinalbarbitone, Hexabarbiton* (II) u. *Pentobarbiton* (III) oder bei intravenöser Anwendung für *Thiopenton* nahmen. Bei subcutaner Injektion von II konnte I 40%ig die Resorption aufschieben. Die Toxizität von intraperitoneal gegebenem III wurde durch I nicht beeinflußt. Für die Diskrepanz zwischen diesen Befunden u. der in der Literatur angegebenen wirkungsverzögernden Aktion von I konnte keine Erklärung gefunden werden. (J. Pharmacy Pharmacol. **6.** 27—31. Jan. 1954. Ottawa, Can., Food and Drug Labor., Dep. of Nat. Health and Welfare.) K. BÖHM. 4627

H. Hofmann und **H. Holzer,** *Die Wirkung von Muskelrelaxantien auf den intraokularen Druck.* Zur Ruhigstellung der äußeren Augenmuskeln wurden *d-Tubocurarin* (*Intocostrin,* SQUIBB; I), *Dekamethonium* (*Curalysin,* SANABO; II) u. *Succinyl-bischolinester* (*Lysthenon,* ÖSTERREICH. STICKSTOFFWERKE; III) vergleichend untersucht. Als am besten geeignet erwies sich I, trotz eventueller Nebenwirkungen. Mit II kann ohne Atemlähmung nur Ruhigstellung von 5—6 Min. erzielt werden, mit III nur für 1—2 Min.; bei III tritt stets ein Anstieg des intraokularen Druckes auf, der bei I nie beobachtet wurde. Bei II schwankt der intraokulare Druck nach beiden Seiten. (Klin. Monatsbl. Augenheilkunde augenärztl. Fortbild. **123.** 1—16. 1953. Graz, Univ., Augenklinik u. Chirurg. Klinik.) DAUTZENBERG. 4628

Ju. N. Strojkow, *Einfluß der curareähnliche Wirkung zeigenden Präparate Paramyon und Pyrolaxon auf die Entwicklung der Leukocytenreaktion.* Bei Katzen tritt durch Decerebration eine starke Leukocytose mit Verschiebung der Leukocytenformel nach links u. Erhöhung der Blutbldg. im Knochenmark ein. Diese Rkk. werden durch Verabreichung von *Paramyon* oder *Pyrolaxon* (intravenös 1—3 mg/kg) herabgesetzt; die Zus. des peripheren Blutes wird normalisiert. (Фармакология и Токсикология [Pharmakol. u. Toxikol.] **16.** Nr. 5. 32—36. Sept./Okt. 1953. Leningrad, Sanit.-Hyg. Med. Inst., Lehrstuhl für Pharmakol.) R. K. MÜLLER. 4628

W. W. Garverick und **George R. Burch,** *Behandlung von Koliken bei Pferden mit Neostigminmethylsulfat.* Bericht über Erfahrungen mit *Stiglyn* (I; PITMAN-MOORE CO., Indianapolis, Ind.) = Lsg. von 2 mg *Neostigminmethylsulfat*/cm^3 bei Darmkoliken von 200 Pferden in einer Dosierung von 1 mg/100 lbs. Wenn der Stuhlgang innerhalb 1 Std. nach subcutaner I-Verabreichung nicht einsetzt, ist eine Wiederholung der Injektion innerhalb 2—5 Std. durchaus zulässig. I wirkt milder als *Arecolinhydrobromid, Physostigmin = Eserin* u. *Lentin* (MERCK & CO.). (J. Amer. veterin. med. Assoc. **124.** 472—73. Juni 1954. New Augusta, Ind.) DOSSMANN. 4628

F. Schennetten und **E. Ladewig,** *Klinisch-experimentelle Untersuchungen mit der ganglienblockierenden Substanz Pendiomid. Pendiomid* wirkt blutdrucksenkend mit Einengung der Amplitude, wobei die Änderungen des Druckes von der Dosis u. der Druckausgangslage abhängig waren. Beim Vagotoniker kam es zu tachycardem, beim Sympathicotoniker zu bradycardem Effekt. (Verh. dtsch. Ges. Kreislaufforsch. **1953.** 290—95. Berlin, Humboldt-Univ., Charité, I. Med. Univ.-Klinik, Cardiolog. Abt.) JORDAN. 4630

E. Ostwald, *Die Beeinflussung der intracraniellen Durchblutung mit gefäßerweiternden Mitteln.* Mittels Messung des Lumballiquorabflusses unter method. genau mitgeteilten Bedingungen wurde der gefäßerweiternde Effekt von *Padutin* (I), *Nicotinsäureamid* (II), *Ronicol* (III), *Nicotinsäure* (IV), *Priscol* (V) u. *Dilatol* (VI) geprüft. Eine Steigerung der Hirndurchblutung fand sich auf diese Weise für III u. IV in geringem, für V u. VI in deutlichem Maße, während I u. II ohne Erfolg blieben. (Verh. dtsch. Ges. Kreislaufforsch. **1953.** 250—52. Köln-Deutz, Eduardus-Krankenhaus.) JORDAN. 4630

F. Mainzer, *Die Aminophyllinbehandlung des Schlaganfalls.* (Vgl. auch C. **1953.** 3600; **1954.** 3749. 7695.) *Aminophyllin* (= *Euphyllin*) kann bei frühzeitiger intravenöser Anwendung eine apoplekt. Hemiplegie sowie das Koma beseitigen. Diese Behandlung bleibt trotz Mitt. von 30% Therapieversagern die Meth. der Wahl. Der Wirkungsmechanismus spricht dafür, daß der endgültigen strukturellen Zerstörung des Hirnareals ein Stadium reversibler funktioneller, vermutlich vasoconstrictor. Anoxie voraufgeht. (Verh. dtsch. Ges. Kreislaufforsch. **1953.** 246—49. Alexandrien, Ägypten, Anglo-Swiss Hosp.) JORDAN. 4630

E. Moskopf und **H. Sarre,** *Die Wirkung von Herzglykosiden (Strophanthin, Digitoxin) auf die Leistungsfähigkeit des gesunden Herzens von Meerschweinchen im Schwimmversuch und auf Herz- und Nebennierengewicht.* Bei Meerschweinchenschwimmverss. unter Trainingsbedingungen konnte *Digitoxin* (I) die Leistung des physiol. hypertrophierten Herzens über eine offenbar vagotone Umstellung (verlängerte Diastole, O_2-Sparwrkg. u. Bradycardie) erhöhen, während *Strophanthin* (II) keine solche Wrkg. aufwies (ungenügende Resorption?). Mit I u. II ließ sich auch die Überlebensrate der stark trainingsbeanspruchten Tiere erhöhen. Die Herzhypertrophie stand gegenüber der entwickelten Nebennierenhyperplasie zurück. (Verh. dtsch. Ges. Kreislaufforsch. **1953.** 283—89. Freiburg/Br., Univ., Med. Poliklinik.) JORDAN. 4630

M. A. Angarskaja, Ja. I. Chadshai und **G. N. Maxmenko,** *Pharmakologische Untersuchung von Herzglykosiden aus Helleborus caucasicus und Helleborus purpurascens.* Die krist. Glykoside *Corelborin K* (I) u. *P* (II) aus Helleborus caucasicus bzw. H. purpurascens (Wurzeln) sind biol. die aktivsten Herzglykoside. Sie entsprechen nach der biol. Aktivität dem *Desglucohellebrin* u. sind wesentlich stärker wirksam als *Hellebrin.* Die letale Dosis beträgt bei Fröschen 0,0003 mg/g bei I u. 0,0004 mg/g bei II. Die Wrkg. von I u. II setzt, ähnlich wie bei Strophanthin, rasch nach der intravenösen oder subcutanen Einführung ein. In der kumulativen Wrkg. stehen sie *Digitoxin* nahe; sie ist bei I stärker als bei II. Die biol. Aktivität beträgt bei I 11500, bei II 11363 KE/g. (Фармакология и Токсикология [Pharmakol. u. Toxikol.] **16.** Nr. 5. 46—49. Sept./Okt. 1953. Charkow, Wiss. Chem.-Pharmaz. Forschungsinst., Pharmakol. Labor.) R. K. MÜLLER 4630

J. Delphaut und **C. Hedel,** *Über die experimentelle Verabfolgung von Khellin auf rectalem Wege.* An Hunden, die ca. 5 mg *Khellin*/kg auf rectalem Wege erhalten hatten, wurde durch Unterss. danach entnommener Blutproben (ANREP u. Mitarbeiter, C. **1950.** I. 577; C. **1947.** 742; Amer. Heart J. **37.** [1949.] 531) die Resorptionsgeschwindigkeit festgestellt. Noch nach 24 Std. wurden therapeut. wirksame Konzz. vorgefunden. (Trav. Soc. Pharmac. Montpellier **13.** 128—29. 1953. Marseille, Fac. de Méd. et de Pharmac.) BENISCHKE. 4630

Walter Constantin Meyer und **Manfred Weber,** *Die Behandlung der akuten und chronischen Hepatitis. Erfahrungen mit Subtiltryptasin.* Besprechung der Behandlungsmeth. bei den verschied. Stadien der Hepatitis u. Angabe der Erfahrungen mit *Subtiltryptasin* (I; BYK-GULDEN), einem trockenen Pulver. Gute Beeinflussung der Diurese durch I. Eine direkte Einw. von I auf den Eiweißhaushalt war nicht festzustellen. Die Erfolge bei den verschied. Hepatitisformen werden diskutiert. (Med. Mschr. **8.** 26—31. Jan. 1954. München, Nymphenburger Krankenhaus.) DOSSMANN. 4640

A. F. Platonowa-Petrowskaja und **R. W. Rudyi,** *Über den Einfluß von Histidin bei Hepatitis in der Klinik und im Experiment.* Bei Hunden mit Gallenblasenfistel wurden in der Galle Pigmente u. Gallensäuren im Venenblut, Prothrombinzeit, Zuckergeh. u. Bilirubin bestimmt. Nach Feststellung der n. Werte wurden den Hunden 4 g/kg Körpergewicht CCl_4 (I) zugeführt, daneben je 2 cm³ 4%ig. *Histidin* (II). Nach 2 Wochen Behandlung wurden die Tiere getötet. II zeigte dabei eine ausgeprägte therapeut. Wirkung. Funktionsstörungen der Leber waren bei den behandelten Tieren im Gegensatz zu den Kontrollen gering u. kurzfristig, ebenso der Gewichtsverlust. Die Kontrolltiere hatten bereits nach 2 Vergiftungstagen eine auf 500% verlängerte Prothrombinzeit, starke Herabsetzung der Galleblg. u. parallele Verminderung der Cholatkonz. in der Galle u. im Trockenrückstand. Weiterhin erhielten 30 Hepatitiskranke je 15—20 intramuskuläre Injektionen von 5 cm³ 4%ig. II-Lösung. Gleichzeitig wurden 500 cm³ 5%ig. Glucoselsg. subcutan eingeführt. Je nach Schwere der Erkrankung wurde eine schnelle Senkung des Bilirubins bis 2,8 mg% (beim Ausgangswert von 8,3 mg%) bzw. 0,6 mg% (beim Ausgangswert von 3 mg%) bewirkt. Die Prothrombinzahl konnte nur unbedeutend gesenkt werden. Die synthet. Funktion der Leber konnte bei etwa der Hälfte der Kranken erheblich gebessert werden. Der Kohlenhydratstoffwechsel wurde nur wenig gebessert. Die Zeit des Krankenhausaufenthaltes konnte von 20—27 auf 14—20 Tage herabgesetzt werden. Am ehesten wurde die Pigmentfunktion der Leber wiederhergestellt. (Клиническая Медицина [Klin. Med.] **31** (34). Nr. 11. 35—39. Nov. 1953. Lwow, Med. Inst. Hosp. für Therap. u. Lehrstuhl für Pharmakol.) DU MANS. 4640

T. Okanishi, A. Shimaoka, T. Mineshita und **K. Hirose,** *Anthelminthische Wirkung der Samen und Blüten von Carpesium abrotanoides L. Carpesialacton* (I), $C_{15}H_{20}O_3$ (KARIYONE, 1949), sowohl aus den Samen als auch aus den Blüten, war gegen Rhabdias bufonis letal bei Konzz. über 1 : 100 bis 1 : 500, bei Ascaris suilla über 1 : 1000 (24 Std.). Rhabd. buf. zeigt keine Chemotropie gegen I. Die Wrkg. von I ist zentralerregend bis zu tödlichem Krampf, ähnlich *Santonin*, aber schwächer. Bei Hunden sind für 90% Austreibung (als lebende Würmer) 50 mg/kg von I aus Samen u. 200 mg/kg von I aus Blüten nötig. Santonin brauchte für 70% Austreibung 50 mg/kg. Orale Anwendung von I brachte keine merkliche Veränderung im Verdauungstrakt u. anderen Organen. (Annu. Rep. Shionogi Res. Lab. [Osaka] **1953.** Nr. 3. 207—14. [Orig.: japan.; Auszug: engl.]) SCHULER. 4649

T. Mineshita, K. Hirose und **Y. Murakami,** *Versuche über anthelminthische Wirkungen. Über die Anti-Cestoidea-Wirkung eines proteolytischen Enzyms, erhalten aus dem getrockneten, in vitro kultivierten Fungus „Lei-Wan", einer chinesischen Droge.* Ein aus Lei-Wan (Mylitta lapidescens oder Ompholia lapid.?) mit 10%ig. wss. Glycerin extrahiertes proteolyt. Enzym zeigte anthelminth., aber nicht helminthicide Wrkg. gegen Ophiotenia ranarum, Iwata, Yamaguchi, die in Froscheingeweiden lebt u. als Versuchstier zur Prüfung auf Anti-Cestoidea-Wrkg. benutzt werden kann. (Annu. Rep. Shionogi Res. Lab. [Osaka] **1953.** Nr. 3. 335—43. [Orig.: japan.; Auszug: engl.]) SCHULER. 4649

A. K. Strogow, *ASD — ein geeignetes Mittel zur Behandlung der Huffäule von Schafen.* Auf Grund seiner günstigen Erfahrungen empfiehlt Vf. zur Behandlung der Huffäule von Schafen die Anwendung der 3. Fraktion des Präp. *ASD* (antisept. DOROGOW-Stimulator). Die 2fache Pinselung hat 2—3mal mit 1—2tägigen Intervallen zu erfolgen. Das Mittel wirkt bactericid u. bakteriostat. u. fördert die Regenerationsprozesse. (Достижения Науки и Передового Опыта в Сельском Хозяйстве [Errungenschaften Wiss. u. fortschr. Erfahrung Landwirtsch.] **1952.** Nr. 12. 48—50. Dez. Allunions Wiss. Forschungsinst. für experim. Tierheilkunde.) RENTZ. 4660

H. v. Beroldingen, *Auf welche Weise läßt sich die Arthrosis deformans therapeutisch beeinflussen?* Bericht über *Genutropal* (I; Dr. BAUER & Co., Lichtenfels/Main), enthaltend Extrakt aus Cartilago, Synovialis u. Synovial-Fl. mit Pflanzengesamtauszug neben Keimdrüsenextrakten (Testis- oder Ovarialextrakt). I-Wrkg. beruht auf Beeinflussung des *Hyaluronsäure/Hyaluronidase*-Systems. Der Wirkungsmechanismus im Hinblick auf die Einw. auf Arthrosen wird besprochen. Günstige Erfolge mit I in einer Dosierung von täglich 4—6 Dragées über mehrere Wochen werden angegeben. (Med. Mschr. **8.** 38—39. Jan. 1954. Würzburg.) DOSSMANN. 4670

A. Plichet, *Die Behandlung manischer Zustände mit Lithiumsalzen.* Bericht über Erfolge in der Therapie verschied. Geisteskrankheiten mit *LiBr*, Li_2CO_3 u. *Li-Citrat.* Unterstützung der Schocktherapie. (Presse méd. **62.** 869—70. 5/6. 1954. Paris.) ZEMKE. 4670

James Marshall, *Kontaktdermatitis durch DDT.* (South African med. J. **24.** 300—01. 22/4. 1950. Johannesburg.) P. Loch. 4675

I. A. Kosstin, *Toxische Eigenschaften einiger Fische.* Vf. stellt in Tier- u. Selbstverss. fest, daß das „schwarze Häutchen", die pigmentierte lamina parietalis des Bauchfells von *Schizothorax pseudaksaiensis Herzenstein* u. *Schizothorax argentatus Kessler* — entgegen der Literatur u. der Volksmeinung — völlig ungiftig ist, ebenso die Milch u. das Darmfett der genannten Fische, während der Rogen sich für den Menschen u. den Warmblüter (mit Ausnahme des Igels) als sehr giftig erwies (Tod durch allmähliche allg. Lähmung; am Menschen: Erbrechen, Durchfälle, Gastritis, Schwächegefühl). Fische u. Amphibien reagieren auf das Rogengift (I) nicht. Vögel sind weniger empfindlich als Säuger. Die Bldg. von I beginnt im 3. Reifestadium der Ovarien. Der Winter- u. Frühjahrsrogen ist 2mal giftiger als der Herbstrogen. Wss. Auszüge aus dem Rogen sind für alle Versuchstiere unschädlich. I gehört zu den Proteinen aus der Gruppe der Globuline. Durch Trocknen des Rogens u. unter der Einw. von Sonnenstrahlen wird die Toxizität herabgesetzt. 5 Monate langes Aufbewahren bewirkte keine Abnahme der Toxizität, jedoch wird I durch Fäulnisprozesse zerstört. Am sichersten zerstört man I durch 1std. Kochen. Auf diese Weise lassen sich aus dem giftigen Rogen vollkommen unschädliche, schmackhafte u. calorienreiche Konserven u. Eiweißkonzentrate herstellen. (Известия Академии Наук Казахской ССР, Серия Биологическая [Nachr. Akad. Wiss. KasachSSR, Ser. Biol.] **1953.** Nr. 8. 65—86.) Rentz. 4675

E. F. Fleck, *Zur Differentialdiagnose und Behandlung des Berylliumgranuloms der Haut.* Bericht über einen Fall von *Beryllium*-Granulom des Gesichts u. des Ellenbogens, das durch Schnittverletzung an einer Leuchtröhre entstanden war. Diskussion der klin. Befunde u. der Ergebnisse von Kaninchenverss., bei denen Be-haltige Leuchtstoffe subcutan implantiert wurden. Die Behandlung bestand in der peroralen Verabfolgung von täglich 140 I.E. *Cortison* (insgesamt 2240 I.E.) u. führte innerhalb 27 Tagen zur Resorption der Granulome. (Dermatol. Wschr. **129.** 649—55. 1954. Berlin, Univ.-Hautklinik der Charité.) Zeller. 4681

Hans Braun u. Elsie Yvonne Braun, Hrsg. Jahrbuch der gesamten Therapie 1954. Berlin: Duncker & Humblot. 1954. (X + 712 S.) DM 28,—.

Stuart C. Cullen, Anesthesia in general practice. 4th ed. Chicago: Year Bk. Publ. 1954. (312 S. m. Abb.) $ 5,—.

Alexander Hollaender ed. Radiation biology. V. 1. High energy radiation. Pts 1 and 2. New York: McGraw-Hill. 1954. (1274 S. m. Abb., Diagr.) $ 17,50 set.

Hans Killian u. Hellmuth Weese, Hrsg. Die Narkose. Ein Lehr- u. Handbuch. Stuttgart: Thieme. 1954. (XXVIII + 1003 S. m. 412 Abb.) DM 170,—.

John C. Krantz and C. Jelleff Carr, Pharmacologic principles of medical practice. 3rd ed. Baltimore: Williams & Wilkins. 1954. (1183 S. m. Abb.) $ 12,—.

Eduard Melchior, Emetin, seine Wirksamkeit auf schwere chirurgische Infekte. Stuttgart: Enke. 1954. (VI + 132 S. m. 57 Abb.) DM 11,50.

John D. N. Nabarro, Biochemical investigations in diagnosis and treatment. London: H. K. Lewis. 1954. (X + 300 S. m. Abb.) 25 s.

F. Pharmazie. Desinfektion.

H. Thier, *Vorschläge für die Rubrik „Tabletten" im DAB 7.* Im Hinblick auf ein DAB 7 werden die diesbzgl. Abschnitte neuzeitlicher Pharmakopöen anderer Länder besprochen u. die daraus entstehenden Probleme zur Diskussion gestellt. (Dtsch. Apotheker-Ztg. **93.** 639—41. 27/8. 1953. Nürnberg.) Ulex. 4750

Charles W. Bauer und **Robert J. Geraughty,** *Darmlösliche Überzugsmassen in der Apothekenrezeptur.* 1. Mitt. *Voruntersuchungen.* Auf Grund von Verss. in vivo zur Erprobung darmlösl. Überzüge für Tabletten schlagen Vff. für den prakt. Apothekenbetrieb statt des bisher gebräuchlichen Salol eine Mischung von 70 (Teilen) n-Butylstearat u. 30 Carnaubawachs vor. Die Überzugsmasse schm. bei 74° u. erstarrt in wenigen Sek., so daß nach dem 1. Eintauchen die weiteren Überzüge sofort vorgenommen werden können. (J. Amer. pharmac. Assoc., pract. Pharmacy Edit. **14.** 504—07. Aug. 1953. Boston, Mass., Massachusetts Coll. of Pharmacy.) Spitaler. 4766

Mitchell J. Stoklosa und **Leslie M. Ohmart,** *Darmlösliche Überzugsmassen in der Apothekenrezeptur.* 2. Mitt. *Eine praktische Methode zum schnellen Versehen mit einem darmlöslichen Überzug.* (1. vgl. vorst. Ref.) Haltbarkeitsverss. an Kapseln, die mit einem Überzug einer Mischung von Butylstearat u. Carnaubawachs (70 : 30) versehen waren, ergaben, daß sich nach Lagerung von über 4 Wochen bei Zimmertemp. (erheblich früher bei 0°) Risse u. Sprünge im Überzug zeigten. Zur Vermeidung dieses Vorgangs wurde Zusatz eines Weichmachers versucht u. als geeignete Überzugsmasse eine Mischung aus 45 (Teilen) n-Butylstearat, 30 Carnaubawachs u. 25 Stearinsäure (I) empfohlen. Die Zerfallsgeschwindigkeit im Darm scheint etwas langsamer zu sein als ohne Zusatz von I, weshalb eingehende Unterss. über den Einfl. eines wechselnden Mischungsverhältnisses der einzelnen Bestandteile vorgeschlagen werden. (J. Amer. pharmac. Assoc., pract. Pharmacy Edit. **14**. 507. 514—15. Aug. 1953.) SPITALER. 4766

Z. Blažek und **J. Böswart,** *Über die Alkaloide des auf Phragmites communis und Baldingera arundinacea vorkommenden Mutterkorns.* Der Geh. des auf Phragmites u. Baldingera vorkommenden Mutterkorns an Alkaloiden (I), die zur Ergotoxingruppe gehören, betrug 0,27 bzw. 0,32%. Die Best. erfolgte mittels einer photometr. Mikrometh. (vgl. C. **1954**. 10770). Das Verhältnis der wasserlösl. zu den wasserunlösl. I lag bei 1 : 6 bzw. 1 : 7. Zur Trennung wurde der Ae.-Extrakt mit MCILVAINE-Puffer (p_H 6,8) u. dann mit 2%ig. Weinsäurelsg. ausgeschüttelt. — 4 Tabellen. (Pharmazie **8**. 1051—53. Dez. 1953. Prag, Forschungsinst. für Heilpflanzen.) K. HERRMANN. 4782

E. Steinegger und **F. Geßler,** *Der Einfluß von Antibioticis auf Wachstum und Wirkstoffgehalt von Datura.* Pflanzen von *Datura stramonium L.* wurden täglich mit einer wss. Lsg. von Penicillin G (10000 E./Liter) begossen. Jede Pflanze erhielt täglich ca. 2000 E., Totalverbrauch je Pflanze 140000 Einheiten. Das Wachstum wurde hierdurch um 50% gesteigert, das Frisch- u. Trockengewicht erhöhte sich um das 5—7fache. Der prozentuale Alkaloidgeh. der Frischdroge war deutlich erniedrigt, glich sich aber infolge des höheren Wassergeh. der behandelten Pflanzen bei der Trockendroge wieder aus. Der Totalgeh. der Stengel u. Blätter stieg demnach in gleichem Ausmaße wie das Trockengewicht, wurde also ebenfalls verfünffacht. — Das Verhältnis von Hyoscyamin zu Scopolamin wurde eher etwas zugunsten des Hyoscyamins verschoben. (Pharmac. Acta Helvetiae **29**. 256—59. Aug. 1954. Beilage zu: Schweiz. Apotheker-Ztg. Bern, Univ., Pharmazeut. Inst., Pharmakogn. Abt.) BARZ. 4782

L. Hörhammer und **S. B. Rao,** *Über Sapogenine aus Symplocos spicata.* Während Extrakte aus *Symplocos racemosa Roxb.* u. *Symplocos baddomei C. B. Clarke* kein Schaumvermögen besaßen, zeigten Extrakte aus *Symplocos spicata* ausgeprägte Schaumbldg. mit Wasser. Es gelang, 2 *Sapogenine* über die Acetate zu isolieren: Substanz A, $C_{25}H_{40}O_5$, F. 248—250°; Substanz B, $C_{24}H_{40}O_2$, F. 220—222°. Bei der Se-Dehydrierung der Substanz B entstand ein KW-stoff, der als Pikrat isoliert wurde u. mit Agathalinpikrat keine F.-Depression ergab. Die Rinden der 3 genannten Symplocos-Arten werden in der ind. Medizin angewandt. — Beschreibung der Versuche. (Arch. Pharmaz. Ber. dtsch. pharmaz. Ges. **287/59**. 76—79. 1954. München, Univ., Inst. für Pharmaz. Arzneimittellehre.) ULEX. 4782

Edward A. Hartshorn, *Überblick über Stabilisierungsmittel für parenterale Injektionslösungen.* Literaturübersicht (48 Zitate) mit Besprechung vieler Substanzen. (Amer. J. Pharmacy Sci. support. publ. Health **125**. 365—86. Nov. 1953. Philadelphia, Pa., Jefferson Medic. Coll. Hosp.) BOYE. 4786

Max Schirm, *Über Lösungen. Ein Beitrag zu den wissenschaftlichen Grundlagen der Galenischen Pharmazie.* Die eingehende Übersicht behandelt folgende Punkte: Homogene u. heterogene Systeme, Bedeutung der Lsg. für die Arzneiwrkg., Lösungsgeschwindigkeit u. Vorgang der Auflösung, mol. Struktur u. Löslichkeit, Verteilungszustände gelöster Stoffe, Best. der Teilchengewichte, Lösungsvermittler. — 25 Literaturangaben. (Arch. Pharmaz. Ber. dtsch. pharmaz. Ges. **287/59**. 98—108. 1954. Freiburg/Br., Univ., Pharmaz. Inst.) ULEX. 4790

U. Bogs, *Zur Frage der Herstellung von Tinkturen im DAB 7.* Im Anschluß an eine Veröffentlichung von HERZOG (C. **1953**. 98) tritt Vf. (bes. aus wirtschaftlichen Gründen) bei der Herst. von Tinkturen für das Perkolationsverf. ein u. schlägt vor, standardisierte Drogen zu verwenden, um Tinkturen mit gleichbleibendem Wirkungswert zu erhalten. (Pharmazie **8**. 650—51. Aug. 1953. Halle/Saale.) SPITALER. 4790

E. Donath, *Fragen zur Herstellung und Verwendung von Kräutersäften.* Vf. stellt die (bisher übliche) Verwertung der Kräuter als Trockenkräuter den Kräutersäften (I) (Preßsäfte aus Frischkräutern) gegenüber. Aus dieser Gegenüberstellung ergibt sich klar der grundsätzliche Unterschied zwischen den I einerseits u. Tees u. galen. Zubereitungen andrerseits. Es wird ein Überblick über die zur Zeit angewandten Herstellungsverff. für I u. deren Vor- u. Nachteile gegeben. Dabei wird betont, daß das noch sehr empir. Arbeiten auf dem Gebiete der I einer wissenschaftlichen Durchdringung bedarf. (Pharmazie **9**. 761—66. Sept. 1954. Dresden-Pillnitz, Dtsch. Akad. der Landwirtschaftswissenschaften zu Berlin, Inst. für Gartenbau.) BARZ. 4790

V. Kwasniewski, *Das „Destillococt-Verfahren", eine neue Methode zur Herstellung wässeriger Auszüge aus Drogen mit ätherischen Ölen (zugleich eine Anregung für das*

DAB 7). Zur Vermeidung des ca. 80% betragenden Verlustes an äther. Öl, wie er bei den nach DAB 6 hergestellten Infusen auftritt, entwickelte Vf. das „Destillococt-Verf.", bei dem das äther. Öl zuerst abdest. u. dann mit dem Filtrat der Drogengekochung aus dem Destillierkolben vereinigt wird. Das Verf. wird zur Aufnahme in das DAB 7 vorgeschlagen. (Pharmazie **8.** 651—53. Aug. 1953. Königslutter a. Elm.)
SPITALER. 4790

H. Köhler, *Die Zubereitung von glycyrrhizinfreiem Succus Liquiritiae.* (Vgl. HENNEMANN u. KUNERT, C. **1953.** 7594.) Vf. stellt seine Erfahrungen bei der Entfernung der Glycyrrhizinsäure aus Süßholzsaft zur Diskussion. Bei seiner Meth. ist mit einem Verlust von 25—30% zu rechnen. (Pharmazie **9.** 770. Sept. **1954.** Weißenfels, Klara-Zetkin-Krankenhaus, Apotheke.)
BARZ. 4790

S. Casadio, *Emulsionen im allgemeinen: Emulsionen von Ricinusöl im besonderen.* Übersicht über die für die Herst. haltbarer Emulsionen maßgebenden Faktoren u. den heutigen Stand der Herst. stabiler Emulsionen von Ricinusöl mit Angabe einiger erprobter Rezepte. — 28 Literaturangaben. (Boll. chim. farmac. **92.** 462—72. Dez. 1953.)
R. K. MÜLLER. 4790

F. H. Summers, *Gefärbte Nahtseide.* Um dem Bedarf an gefärbtem Nahtmaterial bei Augenoperationen abzuhelfen, entwickelte Vf. ein Verf., mit dem sich Nahtseide rot u. goldgelb färben läßt. Die Seide wird durch 5 Min. langes Eintauchen bei 0—4° in folgende Lsg. diazotiert: $NaNO_2$ 10 g, HCl 5 cm^3, W. ad 100 cm^3. Darauf wird die Seide gespült u. 5 Min. lang zur Rotfärbung in Lsg. A, zur Gelbfärbung in Lsg. B gebracht. Lsg. A: β-Naphthol 10 g, KOH 5 g, W. ad 100 cm^3. Lsg. B: Chlorxylenol 10 g, KOH 5 g, W. ad 100 cm^3. Die Nahtseide wird vor dem Sterilisieren gut mit W., danach mit A. gewaschen; ihre Dehnungsfähigkeit wird durch den Färbeprozeß nicht beeinträchtigt. (Pharmac. J. **172** ([4] **118**). 83. 30/1. **1954.** East Grinstead, Queen Victoria Hosp.)
SPITALER. 4794

Hans Hebel, *Beitrag zur Herstellung von Dauertropfinfusionen der p-Aminosalicylsäure. p-Aminosalicylsäure* (I) ist in wss. Lsgg. instabil. Durch Decarboxylierung bildet sich leicht giftiges m-Aminophenol (II), daher müssen fl. Präpp., wie z. B. Dauertropfinfusionen u. Sirupe, jeweils frisch bereitet werden. Lsgg. mit p_H 6—7 sind am stabilsten. Zur Sterilisation wird Entkeimungsfiltration empfohlen. — Beispiel für einen I-Sirup: PAS-Na 280, Ascorbinsäure 5, Menthol 0,2, Ol. Citri gtts XXX, Ol. Menthae gtts XXV, Spiritus 20, Aqu. dest. 100, Sir. simpl. ad 1000. Die Best. des II kann bromometr. oder colorimetr. erfolgen. (Dtsch. Apotheker-Ztg. **93.** 641—42. 27/8. 1953. München.)
ULEX. 4806

Raymond Charonnat und **Paul Lechat,** *Versuch einer Einteilung der Lokalanästhetica.* Der Vgl. der Einw. eines Lokalanästheticums (LA) auf die Hornhaut des Kaninchenauges in Ggw. oder Abwesenheit von Glucose (I) gestattet, 3 Gruppen zu unterscheiden, je nachdem I (2—10%ig. Lsgg.) sich antagonist., indifferent oder synergist. verhält. Die hierbei festgestellte Modifikation der Wrkg. erstreckt sich mehr auf die Intensität als auf die Dauer der Anästhesie. Das Verhältnis der Reizzahlen an beiden Augen ohne u. mit I ist in Gruppe 1 0,07—0,75; in 2 1; in 3 1,05—1,08. Für jede Gruppe werden typ. Beispiele gebracht. Die Unterschiede scheinen durch die chem. Natur der LA bedingt zu sein. (Ann. pharmac. franç. **11.** 409—14. Juni 1953. Paris, Quai de la Tournelle, Pharmacie Centr. des Hôpitaux et Hospices Civils.)
SCHULENBURG. 4806

Helge Aspelund und **Per Olof Hagberg,** *Die Beständigkeit der Natriumsalze einiger Schlafmittel der Barbitursäurereihe in Lösung.* 3. Mitt. Barbitursäuren, die in der α-Stellung einen Methylsubstituenten tragen, sind gegen alkal. Hydrolyse sehr beständig (z. B. 5-Äthyl-5-[1-methylbutyl]-barbitursäure = *Pentobarbital U.S.P. XIV*). Eine Verb. mit dem Methyl in β-Stellung ist beständiger als eine solche mit dem Methyl in γ-Stellung. Eingehende Beschreibung der Versuche. (Acta Acad. Aboensis, Math. Physica **18.** Nr. 4. 1—15. 1952.)
ULEX. 4806

Ingrid Weis, *ACTH und Cortison.* Überblicke über physiol. Verh., Toxizität, klin. Anwendung u. Präparate. Genannt sind folgende Verbb.: *ACTH, 11-Desoxycorticosteron* [Desoxycorticosteron, Δ^4-Pregnendion-(3.20)-ol-(21)], *Corticosteron* [Verb. B, Δ^4-Pregnendion-(3.20)-diol-(11.21)], *11-Dehydrocorticosteron* [Verb. A, Δ^4-Pregnentrion-(3.11.20)-ol-(21)], *11-Desoxy-17-oxycorticosteron* [Verb. S, Δ^4-Pregnendion-(3.20)-diol-(17.21)], *Cortison* [Verb. E, 11-Dehydro-17-oxycorticosteron, Δ^4-Pregnentrion-(3.11.20)-diol-(17.21)] u. *Hydrocortison* [Verb. F, 17-Oxycorticosteron, Δ^4-Pregnendion-(3.20)-triol-(11.17.21)]. — 29 Literaturangaben. (Subsidia med. [Wien] **6.** 39—64. April 1954. Wien, Fa. Sanabo.)
BARZ. 4808

M. A. Ogryzlo und **A. G. Gornall**, *Veränderungen der Wirksamkeit von ACTH-Präparaten: Unzulänglichkeit der heutigen Standardisierungsmethoden.* Durch Vgl. der therapeut. Wirksamkeit von *ACTH*-Präpp. bei rheumatoider Arthritis mit den durch verschied. Dosen ACTH erhaltenen 17-Ketosteroid- u. Corticoidausscheidungen u. Verminderung der Eosinophilen fanden Vff., daß verschied. ACTH-Präpp. sehr verschieden starke Wirksamkeit besitzen können, auch wenn sie auf Grund von Tierverss. gleiche Wirksamkeit haben müßten. Die einzelnen untersuchten ACTH-Präpp. unterscheiden sich in ihrer Wirksamkeit bis zu 1 : 8, sowohl bei intramuskulärer als auch bei intravenöser Applikation. (J. clin. Endocrinol. Metabolism **13.** 165—80. Febr. 1953. Toronto, Can., Univ., Deps. of Med. and Pathol. Chem.; Toronto Gen. Hosp.; Sunnybrook Hosp.) H. Scheurlen. 4808

R. J. Hobbs, J. L. Livingstone, J. Reece und **W. A. Woodard**, *Vorläufige Beobachtungen bei der Stabilisierung von Penicillinlösungen mit Hexamin.* Lsgg. von *Benzylpenicillin-Na* (I), gepuffert oder ungepuffert, werden durch Zusatz von *Hexamin* (II) stabilisiert. Solche Lsgg. sind 2—3mal solange wirksam wie n. gepufferte. Die beste Stabilisationswrkg. wird bei I-Lsgg. mit 100000—200000 I.E./ml mit einer Zugabe von 0,5% II, 0,3% Na-Citrat u. 0,001% Phenylmercurinitrat erzielt. II verhütet das Auftreten von Mißfärbungen u. häßlichen, fettigen Filmen bei *Procain-Benzylpenicillin* enthaltenden Präpp. in siliconbehandelten Ampullen. Tox. Erscheinungen durch II wurden nicht beobachtet; auch scheint die jodometr. Best. von I durch II nicht gestört zu werden. (J. Pharmacy Pharmacol. **4.** 911—16. Nov. 1952. Greenford, Middlesex, Glaxo Labors., Ltd.) Endrass. 4810

G. Scandellari, *Antiseptica mit aktivem Chlor.* 2. Mitt. Auf Grund der Literatur werden folgende Cl-haltige Antiseptica besprochen: *Daktin* (I; 1.3-Dichlor-5.5-dimethylhydantoin), *Chloroazodin* [Cl—N=C(NH_2)—N=N—C(NH_2)=N—Cl] u. *Antibac* (25% I + neutrale anorgan. Salze + stabiles Adsorbens + saure Komponente); akt. Br entwickelnde Desinfektionsmittel sind 5.5-Dibrombarbitursäure u. 1.3.4-Tribrom-β-naphthol. (Boll. chim. farmac. **92.** 456—57. Dez. 1953.) R. K. Müller. 4832

Edgar Schnohr, *Hexachlorophenpräparate mit und ohne Seife zur schnellen chirurgischen Händedesinfektion und als Schutz gegen Lebensmittelinfektionen.* Vf. prüfte 3 seifenhaltige Präpp. [*Hexodorm, Rexona K* (Kemifarma u. Sunlight Factories), *pHisohex*] u. 2 seifenfreie [*Morfat* (International Morfat Corp.) u. *Kerodex 71 H* (Scientific Pharmacals Ltd.)], die je 2—3% *Hexachlorophen* (I) enthielten, auf ihre baktericide Wrkg. vor u. nach Operationen bei zahlreichen Versuchspersonen u. verglich die Ergebnisse mit n. Seife. Alle I-haltigen Präpp. erwiesen sich als nahezu gleich wirksam u. geeigneter zur Händedesinfektion als Seife. Ein in die Hände eingeriebener I-haltiger Krem verhinderte bei der Mount Everest-Expedition 1953 durch Lebensmittelinfektion hervorgerufene Dysenterie. (Ugeskr. Laeger **116.** 841—46. 3/6. 1954. Sundby, Hosp.) Genest. 4832

Samuel W. Goldstein, *Antibakterielle Mittel in zusammengesetzten Augenlösungen.* Hinweis auf die Notwendigkeit, Augentropfen oder -wässer vor Verunreinigung durch Bakterien u. Schimmelpilze zu schützen. Nach einer Anordnung der „Federal Food and Drug Administration" müssen Augenlsgg. des Handels steril, bzw. solche, die zu wiederholtem Gebrauch durch den Patienten bestimmt sind, mit einem Konservierungsmittel versetzt sein. Vf. fordert auch für die in der Apotheke nach ärztlichem Rezept zusammengesetzten Augentropfen Zusatz eines Konservierungsmittels u. macht entsprechende Vorschläge mit tabellar. Übersicht über unverträgliche Mischungen mit den in Frage kommenden Arzneimitteln. (J. Amer. pharmac. Assoc., pract. Pharmacy Edit. **14.** 498—500. 524. Aug. 1953. A. Ph. A. Labor.) Spitaler. 4832

S. J. Prokhovnik, *Die Untersuchung pharmazeutischer Präparate mit Hilfe der Absorptionsspektrophotometrie.* Hinweis auf die Ausführungen von Stuckey (C. **1953.** 1212). Hervorhebung der analyt. Bedeutung der Absorptionsspektrophotometrie für die Unters. an Hand von Beispielen (Vitamin A, Aspirin–Phenacetin–Coffein-Tabletten. (Australas. J. Pharmacy [N. S.] **33.** 853—55. 30/9. 1952.) Spitaler. 4880

Suzanne Lambin, Maurice-Marie Janot und **Denise Mauron**, *Bakteriologische Prüfung von pharmazeutischen Tabletten.* Untersucht wurden 19 verschied. Tabletten. Es wurden bestimmt: Aerobe u. anaerobe Mikroben, Schimmel- u. Hefepilze. Weiter wurden durchgeführt mkr. Unterss., Prüfungen auf die Kulturart u. die biochem. Eigentümlichkeiten sowie speziell auf Colibakterien. Die Ergebnisse werden eingehend besprochen. (Ann. pharmac. franç. **11.** 620—37. Sept./Okt. 1953. Paris, Fac. de Pharmacie, Labor. de Microbiol. et de Pharmacie galén.) Boye. 4880

J. G. Dare, *Einige Beobachtungen bei der Prüfung pyrogener Stoffe nach der Britischen und Amerikanischen Pharmakopöe.* B.P. u. U.S.P. prüfen pyrogene Stoffe (I) durch Messen der Temperaturerhöhung bei Kaninchen nach intravenöser Injektion, wobei die Art der Auswertung bei beiden verschieden ist; die zulässige Maximalsteigerung steht nicht in Beziehung zu einem Normpräp.; zusätzliche Einww. auf den Temperaturanstieg können alsc die Empfindlichkeit der Prüfung beeinflussen. Daher wurde die Wrkg. geänderter experimenteller Bedingungen auf die Empfindlichkeit beider Methoden untersucht u. ihre Leistungsfähigkeit verglichen. Daraufhin wird eine Abänderung der Vorschriften in dem Sinn empfohlen, daß die wiederholte Verwendung der gleichen Tiere für den Fiebertest untersagt, die maximale Diäteinschränkung festgelegt wird u. nur elektr. Thermometer gebraucht werden. U.S.P. weist geringere Mengen an I nach als B.P.; ihre Meth. sollte daher von der B.P. über nommen werden. Bei beiden ist die Möglichkeit einer Fehldiagnose für das Vorliegen eines I gering u. kann vernachlässigt werden. (J. Pharmacy Pharmacol. **5.** 898—910. Nov. 1953. Leeds, Univ., Dep. of Pharmacol.) SCHULENBURG. 4880

George S. Warner, John H. Brewer und **H. A. Brown Dunning jr.,** *Die Verwendung von Bromsulphalein zur Bestimmung von Kobragift. Kobra- (Naja-)Gift* bildet mit einer sauren, gepufferten Lsg. von *Bromsulphalein* (I, *Di-Na-Salz der Tetrabromphenolphthaleindisulfonsäure*) einen Nd.; die Farbintensität einer alkal. Lsg. dieses Nd. ist dem tox. Index des Kobragiftes bei Mäusen (Mäuseeinheiten/ml) proportional, wie an 6 Beispielen gezeigt wurde. Der vorgeschlagenen colorimetr. Meth. liegt wahrscheinlich nicht eine spezif. Fraktion des Giftes zugrunde, sondern die Titration freier Aminogruppen u. anderer freier Radikale des Giftes, die den Farbstoff bei saurem p_H binden können. Wenn auch die Meth. den Toxizitätstest nicht überflüssig macht, so ist sie doch von Wert für die Produktionskontrolle u. die vorläufige Best. von Kobragiftlösungen. A u s f ü h r u n g : Zu 1 ml Kobragiftlsg. werden 1 ml 0,85%ig. NaCl-Lsg. u. 2 ml I-Lsg. (1,5 ml einer 5%ig. I-Lsg. werden mit 98,5 ml Citrat–Phosphat-Puffer vom p_H 2,5 nach MCILVAIN versetzt) gegeben u. 10 Min. bei Raumtemp. stehengelassen. Der Nd. wird 15 Min. mit 2500 Touren zentrifugiert, die Fl. wird verworfen. Der Rückstand wird in 2 ml 10%ig. NaOH-Lsg. gelöst u. mit W. zu 25 ml ergänzt. Die Farbintensität der Lsg. wird im Elektrophotometer unter Verwendung des (Grün-) Filters Nr. 525B bestimmt. Die I-Eichkurve wird mit I-Lsgg. von 2—20 mg/Liter, die mit 2 ml 10%ig. NaOH versetzt u. mit W. entsprechend verd. werden, aufgenommen. (J. Amer. pharmac. Assoc., sci. Edit. **41.** 133—34. März 1952. Baltimore, Md., Hynson, Westcott & Dunning, Inc.) K. F. MÜLLER. 4880

Deutsche Hydrierwerke Akt.-Ges., Düsseldorf (Erfinder: **Stefan Morgenstern,** Berlin), *Kakaobutterersatz,* bestehend aus festen, etwa bei Körpertemp. schm. Fettalkoholen (mit 8—18 C-Atomen) u. Estern aus ungesätt., seifenbildenden Fettsäuren u. höhermol., ungesätt. aliphat. Alkoholen, bes. natürlich vorkommenden Estern, die auch bis zur salbenartigen Konsistenz anhydriert sein können, unter Zusatz von gehärteten Ölen pflanzlicher oder tier. Herkunft u./oder Partialestern aus 2- oder mehrwertigen Alkoholen, bes. des Pentaerythrits u. seifenbildender Carbonsäuren. (**D. B. P. 886 208** Kl. 30h vom 30/6. 1943, ausg. 13/8. 1953. **Zusatz zu D. B. P. 879 592; C. 1953. 8141.**) E. PETERSEN. 4787

Merck & Co., Inc., übert. von: **Karl Folkers,** Rahway, N. J., V. St. A., *Alkaloidfreie Fraktionen von Erythrina.* Physiol. wirksame Fraktionen von Erythrina durch Befreien der Samen von Fett u. Extrahieren des vorbehandelten Materials mit A., Konzentrieren des Extraktes, Zufügen von W., Ansäuern der Lsg. mit HCl, Klären u. Konzentrieren bei niedriger Temp. im Vakuum, Entfernen des auskrist. Hypaphorin, Verdünnen des Filtrats, Alkalisieren u. Extrahieren mit einem organ., mit W. nicht mischbaren Lösungsm. u. Verdampfen desselben. (**Can. P. 479 946** vom 28/10. 1941, ausg. 1/1. 1952. A. Prior. 12/10. 1940.) WITTHOLZ. 4791

Jack De Ment, Portland, Oreg., V. St. A., *Kalthärtender Zahnzement,* bestehend aus dem Reaktionsprod. zwischen ca. 2—4 Teilen Zn-Hydroxylapatit (I) der Formel $3Zn_3(PO_4)_2 \cdot Zn(OH)_2$ u. ca. 1 Teil einer Härtelsg., die aus einer 20—70%ig. wss. Lsg. von $ZnCl_2$, ZnF_2 oder $ZnBr_2$ besteht; an Stelle des I kann man auch die entsprechende Ca- oder Pb-Verb. verwenden. In I können die OH-Gruppen durch Halogen ersetzt sein; auch kann man calciniertes I verwenden. Zur Herst. des I wird $ZnCl_2$ u. KH_2PO_4 in stöchiometr. Mengen in kleinen Mengen in viel kochendes W. gegeben, wobei durch Zusatz ausreichender Mengen von NaOH die Rk. neutral oder alkal. gehalten wird. Die Umsetzung verläuft nach der Gleichung: $10\,ZnCl_2 + 6\,KH_2PO_4 + 14\,NaOH = 3\,Zn_3(PO_4)_2 \cdot Zn(OH)_2 + 6\,KCl + 14\,NaCl + 12\,H_2O$. Der Hydroxylapatit fällt aus, er wird abfiltriert, getrocknet u. gewaschen. Der Ca- u. Pb-Hydroxylapatit wird in analoger Weise dargestellt. (**A. P. 2 658 832** vom 25/7. 1950, ausg. 10/11. 1953.) E. PETERSEN. 4799

Arthur Emil Julius Müller, Friedrichsdorf, *Imprägnieren von Hohlräumen und Capillaren.* Man verwendet die lösl. Doppelsalze (I) schwerlösl. Verbb. (II), bes. Ag-Halogenide u. Cu(I)-Rhodanid, mit gleich- oder analogionigen Verbb., z. B. Alkalihalogenide u. Halogenwasserstoffsäuren. Die I werden in den Capillaren u. dgl. unter Abscheidung von II wieder durch W. zersetzt. — Beispiel: 33 (g) KJ u. 23 g AgJ in 30 cm^3 W. unter Erwärmen lösen u. die Lsg. bis zur Bldg. einer Kristallhaut eindampfen. In die Wurzelkanäle (III) eines extrahierten *Zahnes* eingebracht, ergibt sich nach dem Entkalken u. opt. Aufhellen des Zahnes ein durchsichtiges Präp., in dem die feinen Verästelungen der III u. der Capillaren der Dentinkanälchen durch ausgeschiedenes AgJ deutlich sichtbar sind. (**D. B. P. 864 907** Kl. 30h vom 7/11. 1950, ausg. 29/1. 1953.) E. PETERSEN. 4799

Ciba Akt.-Ges., Basel, Schweiz, *Quaternäre Ammoniumverbindung.* Man quaterniert N.N.N'.N'.3-Pentamethyl-3-azapentan-1.5-diamin mit Dimethylsulfat teilweise zu *N.N.N.N'.N'.N'.3-Heptamethyl-3-azapentan-1.5-diammoniumdimethylsulfat,* F. 85 bis 87°, zerfließlich. — *Ganglienblocker.* (**Schwz. P. 292 702** vom 15/2. 1949, ausg. 16/11. 1953. **Zusatz zu Schwz. P. 284 212; C. 1954. 839.**) SIEVERS. 4807

Sharp & Dohme, Inc., Philadelphia, Pa., V. St. A., *p-Carboxybenzolsulfonyldi-n-propylamid,* F. 193—195°, erhält man durch Kondensation von p-Cyanbenzolsulfonylhalogenid (Chlorid) mit Di-n-propylamin u. Verseifung der Cyangruppe des gebildeten p-Cyanbenzolsulfonyldi-n-propylamids, F. 53—54°, z. B. mit 10 % ig. NaOH. — Verwendung zur *Blockierung* der *Ausscheidung* des *Penicillins* aus dem Blutstrom über die Nierentubuli. (**Schwz. P. 288 891** vom 24/4. 1950, ausg. 1/6. 1953. A. Prior. 20/8. 1949.) KRAUSS. 4807

N. V. Koninklijke Pharmaceutische Fabrieken v/h Brocades-Stheeman & Pharmacia, Amsterdam, Holland, *Verestern von Mandelsäure* mit aliphat. oder cycloaliphat. Alkoholen, die 5—9 C-Atome aufweisen, in Ggw. von trockenem HCl. Als Alkohole kommen n-Amyl- bzw. Gärungsamylalkohol, *l*-Äthylpropanol, 3-Methylbutanol-(2), Cyclopentanol, Cyclohexanol, 3.3.5-Trimethylcyclohexanol oder n-Heptylalkohol in Betracht. — *Spasmolyt.* Wirkung. (**E. P. 707 227** vom 6/6. 1950, ausg. 14/4. 1954. Holl. Prior. 7/6. 1949.) K. HEINZE. 4807

Troponwerke Dinklage & Co., Köln (Erfinder: **Fritz Külz,** Frankfurt/M.), *1-Oxyphenyl-3-aminobutanderivate* der Formel $HO \cdot C_6H_4 \cdot CH_2 \cdot CH_2 \cdot CH(CH_3) \cdot N(X)(Y)$, worin X = H, Alkyl, Alkenyl, Cycloalkyl, Cycloalkenyl, Aralkyl oder Aralkenyl, Y = Alkyl, Alkenyl, Cycloalkyl, Cycloalkenyl, Aralkyl oder Aralkenyl bedeuten, wirken *analgetisch.* Sie entstehen durch Alkylierung der freien Amine oder durch Rk. von 1-Oxyphenyl-3-halogenbutan mit prim. oder sek.-Aminen oder durch Red. entsprechender Ketone in Ggw. von Aminen. — *1-o-Oxyphenyl-3-butylaminobutanhydrochlorid,* F. 161—162°. — *1-m-Oxyphenyl-3-butylaminobutanhydrobromid,* F. 117°. — *1-p-Oxyphenyl-3-äthylaminobutanhydrobromid,* F. 130°. — *1-p-Oxyphenyl-3-propylaminobutanhydrobromid,* F. 138°. — *1-o-Oxyphenyl-3-propylaminobutanhydrochlorid,* F. 143°. — *1-p-Oxyphenyl-3-butylaminobutanhydrobromid,* F. 170°. — *1-p-Oxyphenyl-3-methylaminobutanhydrobromid,* F. 143°. — *1-p-Oxyphenyl-3-benzylaminobutanhydrobromid,* F. 158°. — *1-p-Oxyphenyl-3-piperidinobutanhydrobromid,* F. 218—219°. — *1-p-Oxyphenyl-3-amylaminobutanhydrobromid,* F. 125°. — *1-p-Oxyphenyl-3-allylaminobutanhydrobromid,* F. 115—116°. — *1-p-Oxyphenyl-3-cyclopentylaminobutanhydrobromid,* F. 180—182°. — *1-p-Oxyphenyl-3-crotylaminobutanhydrobromid,* F. 173 bis 174°. — *1-p-Oxyphenyl-3-cyclopentenylaminobutanhydrochlorid,* F. 157—158°. — *1-o-Oxyphenyl-3-(methyl-n-butylamino)-butan,* $Kp._{0,6}$ 160—170°. — *1-p-Oxyphenyl-3-(methylbenzylamino)-butan,* $Kp._{0,2}$ 220—230°; *Hydrochlorid,* F. 163—166°. — *1-p-Oxyphenyl-3-piperidinobutan,* $Kp._{0,8}$ 115—120°, F. 112—113°; *Hydrochlorid,* F. 145 bis 146°. — *1-p-Oxyphenyl-3-dimethylaminobutan,* $Kp._2$ 180°; *Hydrochlorid,* F. 161—163°. — *1-p-Oxyphenyl-3-diäthylaminobutan,* $Kp._{0,1}$ 170—175°; *Hydrochlorid,* F. 156 bis 157°. — *1-m-Oxyphenyl-3-(n-butylallylamino)-butan,* $Kp._{0,05}$ 170—180°. — *1-p-Oxyphenyl-3-(äthylcyclopentylamino)-butan,* $Kp._{0,01}$ 190—195°. (**D. R. P. 764 598** Kl. 12 q vom 22/2. 1940, ausg. 16/4. 1953.) LANGER. 4807

Troponwerke Dinklage & Co., Köln, übert. von: **Clemens Schöpf** und **Karl Jakob Kunz,** Darmstadt, *1-(p-Oxyphenyl)-2-(α-methyl-γ-phenylpropylamino)-propanol-(1)* (I). Die beiden diastereoisomeren Formen besitzen *pharmakol. Eigg.*; sie werden gewonnen, indem man das Gemisch der freien Basen beider Diastereoisomerer, nachdem man es gegebenenfalls aus den Hydrochloriden durch Alkali in Freiheit gesetzt hat, aus Methanol oder A. umkristallisiert. — *Niedriger schm.* I: F. 111—112°; *Hydrochlorid*, F. 223—224°; *Acetat*, F. 184—189°; *Propionat*, F. 175—177°; *Butyrat*, F. 168—169°. — *Höher schm. iso-Form*: F. 139—140°; *Hydrochlorid*, F. 223—224°; *Acetat*, F. 195—199°; *Propionat*, F. 186—188°; *Butyrat*, F. 178—180°. (**A. P. 2 661 372** vom 7/4. 1949, ausg. 1/12. 1953.) LANGER. 4807

Merck & Co., Inc., Rahway, N. J., V. St. A., *Herstellung von Thiolurethanen und ihren quaternären* NH_4*-Salzen* der allg. Zus. I (R_1 u. R_2 = gesätt. KW-stoffreste). Man schm. 2700 (g) $Na_2S \cdot H_2O$, leitet unter Rühren bei 50—60° H_2S ein u. tropft innerhalb 2 Std. 700 Dimethylaminoäthylchlorid zu, erhitzt dann 1 Std. unter Rückfluß auf 90—105°, extrahiert mehrfach mit Ae. u. erhält durch mehrfache Dest. 748 (88%) *Dimethylaminoäthylthiol* (II), $C_4H_{11}NS$, Kp.$_{20}$ 37—43°. — Man gibt zu Xylol (III) bei —10° 297 $COCl_2$ u. zu dieser Lsg. innerhalb 5 Std. 1800 cm³ bei 5—10° 516 n-Dibutylamin (IV) in 1030 cm³ III, rührt weiter 18 Std. bei Raumtemp., trennt IV-Hydrochlorid ab u. erhält 361 (94,2%) *Dibutylcarbamylchlorid* (V), Kp.$_2$ 89—90°. — Man löst 35 II in 250 cm³ Pyridin, fügt 57,5 V zu, erhitzt unter Rückfluß ca. 3 Std., dampft im Vakuum zur Trockne, nimmt in 200 cm³ W. auf, stellt mit 30 cm³ konz. HCl auf p_H 3 ein, extrahiert 4mal mit je 100 cm³ Ae., macht die wss. Lsg. mit Na_2CO_3 alkal., extrahiert 3mal mit je 100 cm³ Chlf. u. erhält aus der Chloroformlsg. nach Erhitzen auf 100—110°/1 mm ca. 76 (97%) *Dimethylaminoäthylthioldibutylurethan*, das man mit 235 C_2H_5J 3 Std. auf 25—30° erwärmt u. nach Zugabe von 750 cm³ Ae. über Nacht stehenläßt. Man erhält 116 (96,5%) *Dimethyläthyl-β-thioläthylammoniumjodiddibutylurethan*, F. 56°. — 116 dieser Verb. werden in 1100 cm³ 90%ig. A. gelöst, 60 Ag_2SO_4 (VI)-Pulver zugegeben, 2 Std. gerührt, AgJ abgetrennt, Lsg. im Vakuum konz., Sirup in 400 cm³ W. gelöst, Lsg. 2mal mit je 200 cm³ Ae. extrahiert, wss. Lsg. mit wss. $Ba(OH)_2$-Lsg. auf p_H 6,7 eingestellt, Ag-Reste mit H_2S gefällt, 5 Aktivkohle zugesetzt, filtriert, Filtrat im Vakuum konz., Rückstand 3mal mit je 150 cm³ Bzl. dest. (?; der Referent) u. nach Trocknen über H_2SO_4 bei 1 mm 83,3 (99,3%) *Dimethyläthyl-β-thioläthylammoniumsulfatdibutylurethan*, $C_{30}H_{66}O_6N_4S_3 \cdot H_2O$ erhalten. — II + Dicyclohexylcarbamylchlorid (F. 85—86°) → *Dimethylaminoäthylthioldicyclohexylurethan* (F. 48—50°) + C_2H_5J → *Dimethyläthyl-β-thioläthylammoniumjodiddicyclohexylurethan*, $C_{19}H_{37}ON_2JS$ (F. 190—191°) + VI → *Dimethyläthyl-β-thioläthylammoniumsulfatdicyclohexylurethan*, $C_{38}H_{74}O_6N_4S_3 \cdot 5{,}5H_2O$, F. 143—144°. — *Dimethyl-n-propyl-β-thioläthylammoniumjodiddicyclohexylurethan*, $C_{20}H_{39}ON_2JS$, F. 149—151°. — *Dimethyl-n-butylverb.*, $C_{21}H_{41}ON_2JS$, F. 161,5—162,5°; *β-Thioläthylammoniumsulfatderiv.*, $C_{42}H_{82}O_6N_4S_3 \cdot 6H_2O$, F. 99—99,5°. — *Dimethyl-n-propyl-β-thioläthylammoniumsulfatdicyclohexylurethan*, $C_{40}H_{78}O_6N_4S_3 \cdot 6\,H_2O$, F. 137—139°. — *Dimethyl-n-amyl-β-thioläthylammoniumjodid*-Verb., $C_{22}H_{43}ON_2JS$, F. 179—180°. — *Ammoniumsulfat*-Deriv., $C_{44}H_{86}O_6N_4S_3 \cdot 6H_2O$, F. 99—105°. — *Dimethyläthyl-β-thioläthylammoniumäthylsulfat*-Deriv., $C_{21}H_{42}O_5N_2S_2$, F. 178—179°. — *Dimethyläthyl-β-thioläthylammoniumjodiddiamylurethan*, $C_{17}H_{37}ON_2JS$ (amorphe M.); *Ammoniumsulfat*-Deriv., $C_{34}H_{74}O_6N_4S_3 \cdot 1{,}5\,H_2O$, F. 124—125°. — *Ammoniumäthylsulfat*-Deriv., $C_{19}H_{42}O_5N_2S_2 \cdot 0{,}5\,H_2O$ F. 55—56°. — *Antispasmodica.* (**E. P. 688 726** vom 14/11. 1950, ausg. 11/3. 1953. A. Prior. 13/12. 1949.) MÜLLER-MEININGEN. 4807

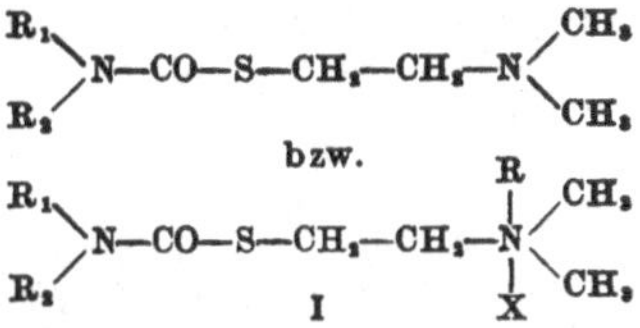

Nopco Chemical Co., Harrison, N. J., V. St. A., *Benzhydryläther* der allg. Formel I (R = Aryl, Aralkyl, Cycloalkyl, Heterocyclus), ihre Salze mit organ. u. anorgan. Säuren, sowie ihre quaternären Ammoniumverbb. erhält man durch Kondensation von Benzhydrylhalogeniden oder Benzhydrylalkoxyden mit N-substituierten Piperidinolen bzw. deren Alkalisalzen oder N-substituierten 4-Halogenpiperidinen, bes. in Ggw. eines tert. Amins, dessen Reste mindestens je 3 C-Atome enthalten. — *Benzhydryläther* (I) *des 1-Cyclohexyl-4-piperidinols, freie Base:* F. 58—60°, *Hydrochlorid*: F. 230—232°, *Hydrobromid*, F. 228 bis 231°. — I *des 1-Benzyl-4-piperidinols, freie Base:* F. 77—79°, *Hydrochlorid*, F. 246 bis 248°. Es werden ferner genannt: I *des 1-α-Pyridyl-, 1-Cyclopentyl-, 1-Äthylphenyl-* u. *1-Phenylpiperidinols.* — *Spasmolytica, Anästhetica.* (**E. P. 688 354** vom 12/3. 1951, ausg. 4/3. 1953. A. Prior. 7/4. 1950.) SIEVERS. 4807

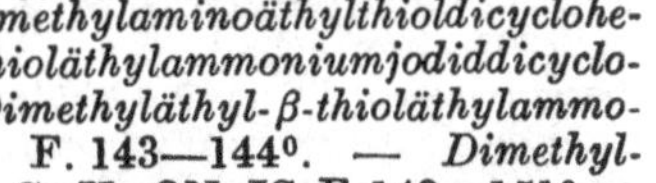

Badische Anilin- & Soda- Fabrik Akt.-Ges. (Erfinder: **Gotthilf Werner** und **Hans-Georg Trieschmann**), Ludwigshafen/Rh., *Tertiäre Amine*, die einen Oxazolidonrest enthalten. Man setzt cycl. Urethane mit CH_2O u. mit Verbb. um, die mindestens

1 sek., bas. reagierende Aminogruppe enthalten. — *Oxazolidon-(2)* + CH_2O + $(C_4H_9)_2NH$ → *Dibutyloxazolidonylmethylamin*, Kp.$_{0,4}$ 130—132°. — *Dimethyloxazolidonylmethylamin* Kp.$_{0,2}$ 107°. — *Oxazolidon-(2)-yl-(3)-pyrolidinomethan*, Kp.$_{0,2}$ 123°. — *Zwischenprodd.* zur Herst. von *Heilmitteln*. (**D. B. P. 917 973** Kl. 12 p vom 30/12. 1951, ausg. 16/9. 1954. Anmeldung bekanntgemacht 18/2. 1954.) BRÖSAMLE. 4807

E. R. Squibb & Sons, New York, N. Y. (Erfinder: **Walter G. Christiansen,** Glen Ridge, N. J.), V. St. A., *Herstellung von 2-Aminothiazol oder 2-Amino-4-aryl- oder -4-alkylthiazolen*, dad. gek., daß man Thioharnstoff (I) mit einem α.β-Dihalogenäthylester einer niederen Fettsäure bzw. mit einem solchen Deriv. eines dieser Ester umsetzt, der in β-Stellung des halogenierten Äthylrestes einen Alkyl- oder Arylrest aufweist. Man kann auch I mit einem Rohprod. umsetzen, das durch Versetzen eines Vinylesters oder eines β-Alkyl- oder β-Arylvinylesters einer niederen Fettsäure mit Halogen, bes. Cl_2, im Überschuß entstanden ist. In den Beispielen sind α.β-Dichlor- u. α.β-Dibromäthylacetat, α.β-Dichlorpropylacetat, α.β-Dibromäthylbutyrat u. β-phenyläthylacetat genannt. — *Zwischenprodd.* zur Herst. von *Heilmitteln*. (**D. B. P. 910 300** Kl. 12 p vom 31/12. 1940, ausg. 29/4. 1954. Anmeldung bekanntgemacht 10/9. 1953. A. Prior. 13/1. 1940.) SCHINDLER. 4807

Soc. des Usines Chimiques Rhône-Poulenc, Seine, Frankreich (Erfinder: **Paul Gailliot** und **Jacques Gaudechon**), *Herstellung von Thioxanthonderivaten*. Derivv. des Thioxanthons von der allg. Formel A (n = 2 oder 3, R ein niederes Alkyl) erhält man durch Kondensation von 1-Chlor-4-methylthioxanthon (I) mit einem substituierten Piperazin (z. B. 1-Äthyl-4-β-aminoäthyl-, 1-Äthyl-4-γ-aminopropyl-, 1-Butyl-4-γ-aminopropylpiperazin) in einem Lösungsm. von höherem Kp. (z. B. Phenol, Chinolin). Man kann anstatt I auch das Reaktionsprod. von Thiosalicylsäure mit p-Chlortoluol verwenden. Das hierbei ebenfalls entstehende, mit I isomere 4-Chlor-1-methylthioxanthon bleibt bei der Herst. der Thioxanthonderivv. unverändert. — Z. B. erhitzt man ein Gemisch von 110 (g) Chlormethylthioxanthon (Rohprod.), 60 1-Äthyl-4-β-aminoäthylpiperazin u. 280 Phenol 4 Std. auf 180°. Man erhält nach Aufarbeitung des Reaktionsprod. *1-Äthyl-4-β-[4'-methylthioxanthonyl-(1')]-aminoäthylpiperazindihydrochlorid*, F. 220—230°. Es werden noch folgende Piperazindihydrochloride (P) genannt: *1-Äthyl-4-γ-[4'-methylthioxanthonyl-(1')]-aminopropyl-***P**, F. ca. 200°; *1-Butyl-4-γ-[4'-methylthioxanthonyl-(1')]-aminopropyl-***P**, F. ca. 230—235°. — *Therapeut.* Verwendung (Behandlung von Schistosomiasen). (**F. P. 1 041 572** vom 15/11. 1950, ausg. 26/10. 1953.) OPPERMANN. 4807

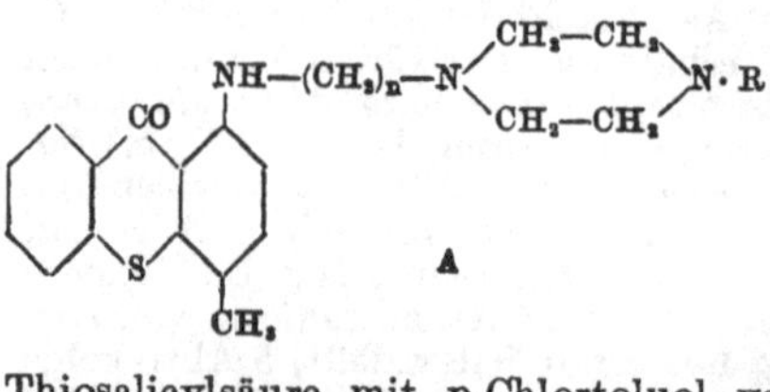

A

F. Hoffmann-La Roche & Co. Akt.-Ges., Basel, Schweiz (Erfinder: **Hermann Herbert Fox,** Passaic, N. J., V. St. A.), *Isonicotinsäurederivate* erhält man durch Rk. von Isonicotinsäurehydrazid mit Aldosen, bes. Aldohexosen oder Aldopentosen, z. B. Glucose, Galaktose, Xylose oder Ribose, unter kondensierenden Bedingungen, bes. in Methanol bei Siedetemperatur. Nach den Beispielen werden erhalten: *1-Isonicotinoyl-2-D-glucosylhydrazin*, Zers. bei 160°; *1-Isonicotinoyl-2-D-galaktosylhydrazin*, F. 154,5—156° (Zers.); *1-Isonicotinoyl-2-D-xylosylhydrazin* u. *1-Isonicotinoyl-2-D-ribosylhydrazin*. — *Therapeutica*. (**D. B. P. 910 298** Kl. 12 p vom 15/12. 1951, ausg. 29/4. 1954. Anmeldung bekanntgemacht 20/8. 1953. A. Prior. 18/1. 1951.) SCHINDLER. 4807

Ciba Ltd., Basel, Schweiz, *1-Hydrazinoisochinoline*. Durch Rk. von 1-Chlorisochinolin mit Hydrazin erhält man *1-Hydrazinoisochinolin* (I), F. 172°; *Hydrochlorid*, F. 247—248°. — Bei Einw. von Aceton auf I entsteht *1-(N.N-Dimethylmethylenhydrazino)-isochinolin*, F. 105—106°. — *Blutdrucksenkende* Mittel. (**E. P. 710 047** vom 4/7. 1952, ausg. 2/6. 1954. Schwz. Priorr. 6/7. 1951 u. 30/5. 1952.) BRÖSAMLE. 4807

Imperial Chemical Industries Ltd., London (Erfinder: **Eric London** und **Charles Henry Vasey,** Blackley, Manchester), England, *Herstellung von Pyrimidinderivaten* der Formel I, worin R_1 einen eingliedrigen carbocycl. Rest u. R_2 einen Alkylrest mit nicht >3 C-Atomen bedeuten, dad. gek., daß Verbb. der Formel II, worin R_3 einen Alkyl-, Alkenyl- oder Aralkylrest bezeichnet, in neutralem oder alkal. Medium durch katalyt. Hydrierung red. werden. — Z. B. erhält man aus 2-Methoxy-5-phenyl-5-äthyltetrahydropyrimidin-4.6-dion das *5-Phenyl-5-äthylhexahydropyrimidin-4.6-dion*, F. 281°. Die gleiche Verb. erhält man aus der 2-Äthoxyverb., die

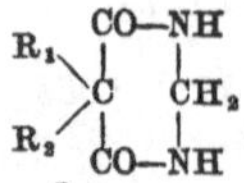

I

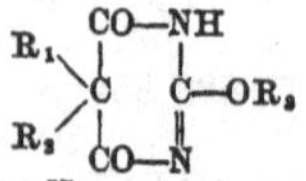

II

durch Kondensation von Phenyläthylmalonylchlorid mit Äthylisoharnstoff erhalten wird. F. 104—105°. — *Spasmolyticum.* (**D. B. P. 909 341** Kl. 12 p vom 24/4. 1952, ausg. 15/4. 1954. Anmeldung bekanntgemacht 3/9. 1953. E. Prior. 23/4. 1951.) SCHINDLER. 4807

J. R. Geigy Akt.-Ges., Basel, Schweiz (Erfinder: **Wilhelm Taub**, Rehovot, Palästina), *Therapeutisch wirksame 5.5-Cyclohepten-(1)-ylalkyl- oder -alkenylbarbitursäuren* der Formel I [X = gesätt. oder ungesätt. Alkyl, Y = gesätt. oder ungesätt. Alkyl, H, Z = unsubstituiertes oder substituiertes Cyclohepten-(1)-yl] u. ihre Salze erhält man durch Kondensation von Cyclohepten-(1)-yl-alkyl- oder -alkenylmalon- oder -cyanessigsäuren oder ihren Derivv. mit Harnstoff oder Monoalkylharnstoffen in bekannter Weise. Bei Verwendung von Harnstoff können die Substituenten auch nachträglich eingeführt werden. — Cyclohepten-(1)-ylmethylcyanessigsäuremethylester gibt mit Harnstoff in Na-Äthylat nach 8std. Erhitzen bei 80° *5.5-Cyclohepten-(1)-ylmethylbarbitursäure,* Nadeln mit schwach bitterem Geschmack, F. 215°. Mit *Diäthylaminoäthanol* in Methanol erhält man nach dem Eindampfen bei 40° das entsprechende *Salz.* — *5.5-Cyclohepten-(1)-yläthylbarbitursäure,* F. 174°. *Na-Salz.* — *5.5-Cyclohepten-(1)-ylallylbarbitursäure,* F. 157°. — *5.5-Cyclohepten-(1)-ylmethyl-N-methylbarbitursäure,* Prismen, F. 124°. — *5.5-Cyclohepten-(1)-yläthyl-N-methylbarbitursäure,* F. 105°. (**D. R. P. 756 489** Kl. 12 p vom 8/3. 1941, ausg. 9/4. 1953. Paläst. Prior. 9/3. 1940.) KRAUSS. 4807

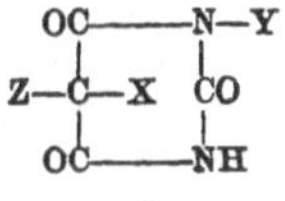

I

Chemische Fabrik von Heyden Akt.-Ges., München (Erfinder: **Rudolf Gebauer**, Dresden), *5-Äthyl-5-piperidinobarbitursäure* durch Rk. von 5-Äthyl-5-brombarbitursäure mit Piperidin in Ggw. von W. u. CH_3Cl als Lösungsmittel. (**D. R. P. 763 145** Kl. 12 p vom 29/5. 1942, ausg. 3/5. 1954.) SCHINDLER. 4807

Wellcome Foundation Ltd., London, England, *1.3.5-Triazine* mit *amöbicider Wirkung. 2-Amino-4.6-di-(3'-pyridyl)-1.3.5-triazin.* Durch Rk. von 3-Cyanopyridin mit Guanidin in Alkohol, F. 320—323°; *Hydrochlorid,* F. 322—323°. — *2-Amino-4.6-di-[4'-amino-2'-methylpyrimidyl-(5')]-1.3.5-triazin.* Durch Rk. von 4-Amino-2-methyl-5-cyanopyrimidin mit Guanidin in Alkohol, F. >350°. (**E. P. 708 256** vom 10/11. 1950, ausg. 5/5. 1954.) BRÖSAMLE. 4807

Roche Products Ltd., Welwyn Garden City, Herts., England, *Azepinderivate* der allg. Formel I (R_1 = H, einwertiger KW-stoffrest, —OH oder Dialkylaminoalkylrest; n = 0 oder 1; $[R_2^+ \cdots X^-]$ = Mineral- oder organ. Säure bzw. quaternisierende Verb. im ionisierten Zustand). Man setzt o.o'-Bis-brommethylbiphenyl (**II**) mit der äquivalenten Menge oder einem Überschuß von NH_3, eines prim. oder sek. Amins um u. führt das entstandene Amin mit einer organ. oder anorgan. Säure bzw. mit einer quaternisierenden Verb. in das entsprechende Salz über. — **II** in Ae. + methanol. NH_3 bei 20° → *6.7-Dihydro-5H-dibenz-[c.e]-azepinhydrobromid,* F. 283—284°; freie Base, Kp.$_{13}$ 185—190°. — (Für 6.7-Dihydro-5 H-dibenz-[c.e]-azepin jeweils: 6.7-da.) — *6-Methyl-6.7-da,* Oxalat, F. ca. 175°; Phosphat, F. ca. 187°; Jodid, F. ca. 287—288°. — *6.6-Dimethyl-6.7-da,* Bromid, F. 260—262°. — *6-Äthyl-6.7-da,* Bromid, F. ca. 203—204°. — *6-n-Propyl-6.7-da,* Bromid, F. ca. 204—205°. — *6-Isopropyl-6.7-da,* Bromid, F. ca. 238—240°. — *6-Allyl-6.7-da,* Kp.$_{12}$ 176—179°; Phosphat, F. ca. 210°; Jodid, F. ca. 182—184°. — *6-n-Butyl-6.7-da,* Bromid, F. ca. 163—164°. — *6-Cyclohexyl-6.7-da,* Bromid, F. ca. 264°. — *6-Benzyl-6.7-da* (**III**), Chlorid, F. ca. 205°; Jodid, F. ca. 188—190°. — *6-(β-Phenyläthyl)-6.7-da,* Kp.$_1$ 250—255°; Chlorid, F. ca. 221°. — *6-Phenyl-6.7-da,* Bromid, F. ca. 230—233°. — *6-(β-Oxyäthyl)-6.7-da,* Phosphat, F. ca. 179—181°. — *6-(β-Diäthylaminoäthyl)-6.7-da,* Phosphat, F. ca. 233—234°. — **III** + Chlorid + H_2/Pd-Kohle → *6.7-Dihydro-5H-dibenz-[c.e]-azepinchlorid,* F. ca. 284—286°. — *Therapeutica.* (**E. P. 689 668** vom 20/4. 1951, ausg. 1/4. 1953. A. Prior. 21/4. 1950.) SIEVERS. 4807

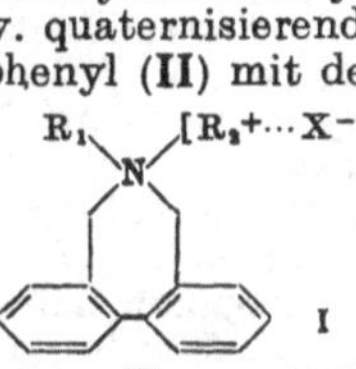

I

Roche Products Ltd., Welwyn Garden City, England, *Blutgerinnungsverhinderungsmittel,* enthaltend Polyschwefelsäureester von hydrolyt. abgebauter Chondroitinschwefelsäure mit einem S-Geh. von 11—16% u. einer inneren Viscosität von 0,05—0,10. Es können auch die Alkalisalze, bes. Na-Salze, verwendet werden. Die Hydrolyse der Chondroitinschwefelsäure erfolgt durch Einw. verd. Mineralsäuren, bes. HCl, bei 50—80°. Verestert wird durch Rk. mit Chlorsulfonsäure, SO_3 oder Oleum in Ggw. organ. Basen, wie Pyridin, α-Picolin oder Chinolin. Ausfällung des Reaktionsprod. durch Zugabe von Aceton, Methanol oder Alkohol. (**E. P. 704 516** vom 9/7. 1952, ausg. 24/2. 1954. Schwz. Prior. 12/7. 1951.) K. HEINZE. 4807

Van Patten Pharmaceutical Co., Inc., Chicago, Ill., übert. von: **Edgar A. Ferguson jr.**, Brooklyn, N. Y., V. St. A., *Herstellung eines Ephedrin-Äthylendiamin-Komplexes* durch Rk. von Ephedrin mit Äthylendiamin in alkal. Medium. — *Therapeut.* Verwendung. (**Can. P. 491 413** vom 29/4. 1949, ausg. 17/3. 1953.) M. F. MÜLLER. 4807

Knoll Akt.-Ges. Chemische Fabriken, Ludwigshafen/Rh., *Katalytische Dehydrierung von Dihydroisochinolinverbindungen.* Man läßt z. B. eine auf 80° vorgewärmte 20%ig. Lsg. von Dihydropapaverin in Tetrahydronaphthalin unter Ausschluß von Sauerstoff über einen Pd-Katalysator bei 205—210° fließen u. erhält so 91% der Theorie an *(Roh-)Papaverin,* F. 145—147° (gereinigt). (**Schwz. P. 291 506** vom 2/2. 1951, ausg. 16/9. 1953. D. Prior. 28/6. 1949.) SIEVERS. 4807

National Research Development Corp. (Erfinder: **Alexander R. Todd** und **Adolf M. Michelson**), England, *Herstellung von Adenosin-5'-triphosphat* (I) durch Kondensation von Dibenzylchlorphosphonat mit dem Ag-Salz (Disalz) vom Adenosin-5-phosphat u. durch anschließende Hydrierung des gebildeten Tetrabenzyl-adenosin-5'-triphosphats, wobei die Benzylgruppen abgespalten werden. Die Verb. wird mit Ba-Acetat als Ba-Salz abgeschieden. — *Medizin. Mittel für Muskelkontraktion.* (**F. P. 1 055 787** vom 19/7. 1950, ausg. 22/2. 1954. E. Priorr. 20/7. 1949 u. 19/6. 1950.) M. F. MÜLLER. 4807

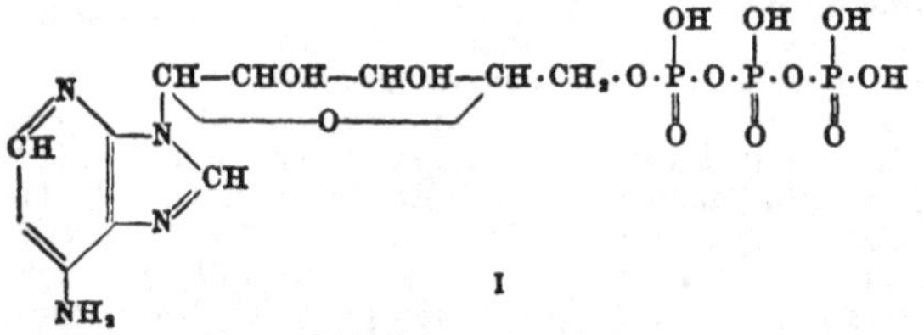

I

Upjohn Co., übert. von: **Albert P. Centolella,** Elkhart, Ind., und **Frederick W. Heyl,** Kalamazoo, Mich., V. St. A., *3-Substituierte 5-Ternorcholenylformaldehyde* der allg. Formel I (Z = OH, Acyloxy- bzw. Alkoxyrest mit 1—8 C-Atomen). Man ozonisiert z. B. Stigmasterylacetatdibromid bei 0° mit 2,58 Äquivalenten O_3, spaltet das Ozonid mit Zn/Essigsäure, nimmt mit Ae. auf, entfernt die als Nebenprod. gebildete 3-Acetoxy-5-bisnorcholensäure als Na-Salz u. trennt den *3-Acetoxy-5-bisnorcholenaldehyd-(22),* F. 116—117°, ab, *Semicarbazon,* F. 210°; $[\alpha]_D^{26}$ —41,9°; *2.4-Dinitrophenylhydrazon,* F. 247 bis 248°; $[\alpha]_D^{28}$ —25,9°. — *3-Benzoyloxy-*Verb., F. 180°; *Semicarbazon,* F. 255°. — *6-Methoxyisoternorcholenylformaldehyd, Semicarbazon,* F. 188—190°. — *3-Methoxy-5-ternorcholenylformaldehyd, Semicarbazon,* F. 204—206°. — *3-Oxy-*Verb., F. 151—153°; *Semicarbazon,* F. 202—203°; *Diäthylacetal,* F. ca. 175°. — *3-Butoxy-*Verb., aus 3-n-Butoxystigmasterin, F. 109—110°; $[\alpha]_D^{26,5}$ —47,4°. — *3-Äthoxy-*Verb., aus 3-Äthoxystigmasterin, F. 98—100°; $[\alpha]_D^{28}$ —38,5°. — *3-Benzyloxy-*Verb., aus 3-Benzyloxystigmasterin (F. 99—100° bzw. 118—119°; $[\alpha]_D^{26}$ —39,5°). — Zwischenprodd. für die *Synth. von Steroiden.* (**A. P. 2 623 052** vom 1/5. 1950, ausg. 23/12. 1952.) SIEVERS. 4809

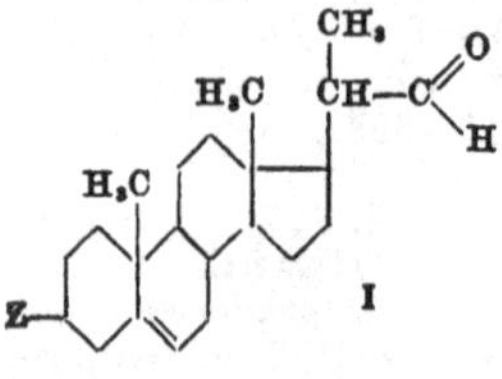

I

Organon Laboratories Ltd., England (Erfinder: **Colin Leslie Hewett**), *Gewinnung von Cholesterin.* Man löst nichtverseifbare Bestandteile des Wollfetts (Wollfettalkohole) in einem Gemisch von Methanol u. Bzl., Toluol oder Xylol, läßt das Isocholesterin auskrist. u. gewinnt aus der Mutterlauge das Cholesterin. — Z. B. löst man 200 kg Wollfettalkohole in 500 Litern eines sd. Gemisches von 60 (Vol.-%) Bzl. u. 40 Methanol. Dann kühlt man die Lsg. auf 50° ab, versetzt sie mit Kristallkeimen von Isocholesterin, läßt sie in zwei Tagen auf 30—31° abkühlen u. filtriert das ausgeschiedene *Isocholesterin* bei 30—35° ab. Das Filtrat dest. man bei n. Druck, bis die Temp. auf 110° gestiegen ist, u. entfernt die letzten Spuren von Lösungsm. durch Dest. im Vakuum. 360 kg des Rückstandes vermischt man mit 300 Litern Essigsäure bei 60°, versetzt die Lsg. bei 50° mit Kristallkeimen von Cholesterin u. läßt die Lsg. in 2 Tagen auf 32° abkühlen. Das ausgeschiedene Cholesterin filtriert man bei 32—35° ab, wäscht es bei 32° mit 150 Litern Essigsäure u. trocknet es im Vakuum. Zur weiteren Reinigung behandelt man das erhaltene Cholesterin (60—80 kg) 60 Min. mit 240 Litern techn. Alkohol, welchem man Holzgeist zugesetzt hat, läßt die Lsg. bis zum anderen Tage abkühlen u. auskrist. u. wäscht das ausgeschiedene, abfiltrierte Cholesterin mit techn. Alkohol. Das so gereinigte Cholesterin hat einen F. von 148—149°, ein spezif. Drehungsvermögen von —39°; Ausbeute 60—70 kg. (**F. P. 1 040 894** vom 20/7. 1951, ausg. 19/10. 1953. E. Prior. 21/7. 1950.) OPPERMANN. 4809

Deltafor N. V., Amsterdam, Holland, *Herstellung von vitamin- oder hormonhaltigen Präparaten.* Die oxydationsempfindlichen Vitamine oder Hormone werden mit hydrophoben Trägerstoffen vermischt, fein vermahlen u. dann mit einer wss. Lsg. von Alkylcellulosen vermischt u. schließlich in fettartige oder wachsartige Stoffe eingekapselt. (**Finn. P. 26 891** vom 5/1. 1951, Auszug veröff. 31/3. 1954. Oe. Prior. 7/1. 1950.) JÜRGEN SCHMIDT. 4809

United States Vitamin Corp., V. St. A., *Herstellung von Vitaminpräparaten.* Man löst 1 (Teil) einer fettlösl., in W. normalerweise unlösl. Substanz (bes. Vitamin A oder D) in ca. 5—20 eines Polyalkylenoxydfettsäureesters, welcher 16—25 Mol Alkylenoxyd/Mol Fettsäureester enthält, u. versetzt diese Lsg. mit Wasser. — Z. B. löst man 0,544 g Vitamin-A-Konzentrat (mit 1838000 U. S. P.-Einheiten/g) in 5,1 g Sorbitan-(Äthylenoxyd)$_{20}$-monolaurat unter mäßigem Erhitzen vorzugsweise in einer inerten Atmosphäre u. versetzt diese Lsg. mit so viel luftfreiem W., daß sich ein Gesamtvol. von 100 cm^3 ergibt. Man erhält eine klare Lsg. mit einem Vitamingeh. von mehr als 10000 U. S. P.-Einheiten/cm^3. (**F. P. 1 015 457** vom 9/8. 1948, ausg. 13/10. 1952.) OPPERMANN. 4809

Farbenfabriken Bayer, Leverkusen (Erfinder: **Friedrich Schenck**, Wuppertal-Elberfeld), *7-Bromcholesterin* (I) erhält man durch Behandeln von Cholesterin, vorteilhaft als Ester, mit Perbromiden von organ. Basen oder ihren Salzen unter Bestrahlung. — Cholesterylacetat gibt in CCl_4 beim Erhitzen mit Pyridinhydrobromiddibromid unter Belichtung mit 1000 Watt I, das mit tert. Basen beim Erwärmen *7-Dehydrocholesterin* liefert. Weitere Bromierungsmittel sind: Hexamethylentetramindibromid bzw. -tetrabromid. — *Zwischenprod. für Provitamine.* (**D. B. P. 834 697** Kl. 12o vom 4/3. 1950, ausg. 23/7. 1953.) KRAUSS. 4809

Dawe's Products Co., übert. von: **Myer Freed,** Chicago, Ill., V. St. A., *Vitamin-A-alkohol.* 1-Brom- oder 1-Chlor-2-methylbutadien wird in Ggw. von KOH oder K-Acetylid bei —30° mit Acetylen zu 4-Methylhexa-3.5-dien-1-in, Kp.$_{123}$ 65—66°, umgesetzt. Die mit C_2H_5MgBr daraus gewonnene GRIGNARD-Verb. gibt nach der Hydrolyse 3-Oxy-3.7-dimethyl-1-[2'.6'.6'-trimethylcyclohexen-(1')-yl]-nona-1.6.8-trien-4-in. Durch partielle Hydrierung mit Pd-Kohle entsteht daraus 3-Oxy-3.7-dimethyl-1-[2'.6'.6'-trimethylcyclohexen-(1)-yl]-nona-1.4.6.8-tetraen, aus dem durch Isomerisierung *Vitamin A* in Ggw. von Methanol *Vitamin-A-methyläther* gewonnen wird. (**A. P. 2 587 457** vom 9/8. 1950, ausg. 26/2. 1952.) KRAUSS. 4809

United Domestic Industries Ltd., London, und **Ernst Katscher,** Bristol, Gloucestershire, England, *7-Halogensterinester* der nebenst. Formel (R_1CO = organ. Säurerest, R_2 = offenkettiger KW-stoffrest, X = Cl, Br) u. *7-Dehydrosterinester.* Die Halogenierung erfolgt mit N-Chlor- oder N-Bromsuccinimid in Ggw. von Alkali- oder Erdalkalicarbonaten oder -bicarbonaten; die Dehalogenierung mit Alkali- oder Mg-Carbonaten oder -Bicarbonaten in einem organ. Lösungsm. (aliphat., cycl. oder aromat. KW-stoffe). — Cholesterinbenzoat gibt mit Na-Bicarbonat in PAe.

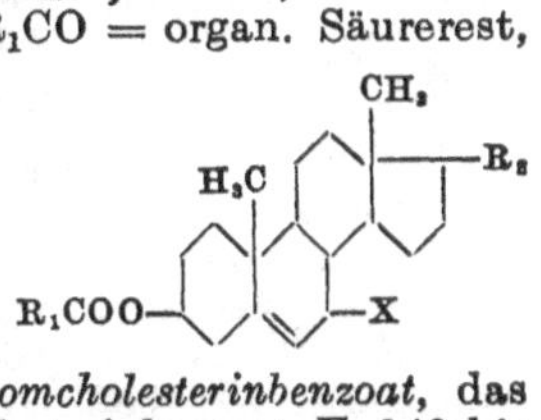

(Kp. 60—80°) beim Erhitzen mit N-Bromsuccinimid *7-Bromcholesterinbenzoat,* das beim Erhitzen mit $NaHCO_3$ in Xylol auf 100° *7-Dehydrocholesterinbenzoat,* F. 140 bis 142°, $[\alpha]_D^{20}$ —56°, liefert, aus dem durch Hydrolyse *7-Dehydrocholesterin,* F. 146°, $[\alpha]_D^{20}$ —107°, entsteht. — Verwendung zur Herst. von *Vitamin D.* (**E. P. 683 129** vom 23/8. 1949, ausg. 26/11. 1952.) KRAUSS. 4809

Giuseppe Buitoni, Seine, Frankreich, *Behandlung von Ergosterin enthaltender Hefe und ähnlichen Produkten* zwecks Herst. von Vitamin D. Die Prodd. werden getrocknet u. dann in dünner Schicht unter Ausschluß von O_2 mit UV-Licht bestrahlt. — *Antirachit.* Mittel. (**F. P. 1 013 482** vom 29/1. 1948, ausg. 29/7. 1952.) OPPERMANN. 4809

Usines Chimiques des Laboratoires Français (U. C. L. A. F.), Seine, Frankreich (Erfinder: **Jaroslav Bartos**), *Herstellung von Triphosphorsäureestern des Oxythiamins und des Thiamins.* Man löst 100 g Oxythiamindihydrochlorid in ca. 1150 cm^3 85%ig. Alkohol u. kocht die Lsg. mit 140 g Pikrinsäure bis zur völligen Auflösung. Beim Abkühlen krist. das *Oxythiamindipikrat* aus, F. 120—121°; Ausbeute 90%. Durch Umsetzen von 100 g des Dipikrats mit 100 cm^3 80%ig. H_3PO_4 erhält man das *Oxythiaminphosphat,* F. 127—129° (Zers.); Ausbeute 80%, von welchem 100 g mit 48 g P_2O_5 geschmolzen u. auf 145° erhitzt nach Aufarbeitung ein hellgelbes mikrokristallines Pulver von *Oxythiamintriphosphorsäureester* (I) ergeben, F. gegen 215°; Ausbeute 50%. Ausgehend von Vitamin B_1, kann man nach

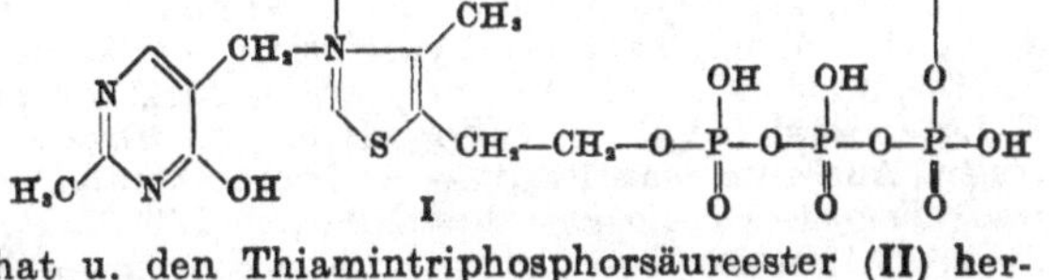

I

diesem Verf. das Thiaminphosphat u. den Thiamintriphosphorsäureester (II) herstellen. I besitzt die gleiche *physiol.* Wrkg. wie II, aber in bedeutend gesteigertem Maße. (**F. P. 1 000 786** vom 18/11. 1949, ausg. 15/2. 1952.) OPPERMANN. 4809

Roche Products Ltd., Welwyn Garden City, Hertfordshire, *Darstellung von Riboflavin-5'-phosphorsäureester* (I). Man setzt Riboflavin mit HPO_3 um, hydrolysiert das Reaktionsgemisch u. trennt I durch fraktionierte Kristallisation u. Salzbldg. von Riboflavin u. Riboflavinpolyphosphorsäureestern ab. (**E. P. 712 387** vom 1/12. 1952, ausg. 21/7. 1954. Schwz. Prior. 10/12. 1951.) Brösamle. 4809

Merck & Co., Inc., Rahway, N. J., V. St. A., *Vitamin* B_{12} trennt man aus Lsgg., die noch Verunreinigungen enthalten, mittels eines Anionenaustauscherharzes in Ggw. von CN-Ionen ab. Als Austauscher sind z. B. genannt: Amberlite XE-75 u. XE-98. (**E. P. 711 754** vom 3/6. 1952, ausg. 7/7. 1954. A. Prior. 13/6. 1951.) Brösamle. 4809

American Cyanamid Co., New York, übert. von: **Seymour Bernstein, Rose Mary Antonucci**, Pearl River, und **Milton D. Heller**, Monsey, N. Y., V. St. A., *Δ^5-Pregnen-11β.17α.21-triol-3.20-diondiäthylenketal* (I), F. 177—182°. Cortison (= Δ^4-Pregnen-17α.21-diol-3.11.20-trion) gibt mit Äthylenglykol in Bzl. in Ggw. von p-Toluolsulfonsäuremonohydrat beim Erhitzen Δ^5-Pregnen-17α.21-diol-3.11.20-trion-3.20-diäthylenketal (= *Cortisondiäthylenketal*), aus Aceton-PAe., F. 235—239°, $[\alpha]_D^{26}$ —7,5° (Chlf.); daraus entsteht durch Behandeln mit $LiAlH_4$ in Butyläther u. Zers. mit W. I. —. *Heilmittel.* (**A. P. 2 622 081** vom 4/12. 1951, ausg. 16/12. 1952.) Krauss. 4809

Ayerst, McKenna & Harrison Ltd., St. Laurent, übert. von: **Desmond Beall und Gordon Allison Grant**, Montreal, Quebeck, Kanada, *Gewinnung der Östrogene* aus Pferdeharn durch Fällung mit p-Diisobutylphenoxyäthoxyäthyldimethylbenzylammoniumchlorid, wobei sich das wasserunlösl. Salz bildet. (**A. P. 2 649 399** vom 1/2. 1951, ausg. 18/8. 1953. **Belg. P. 508 780** vom 28/1. 1952, ausg. 3/7. 1953. A. Prior. 1/2. 1951.) Krauss. 4809

Trustees of the University of Pennsylvania, übert. von: **Maximilian R. Ehrenstein**, Philadelphia, Pa., V. St. A., *Im Ring A aromatisierte Steroide* der nebenst. Formel

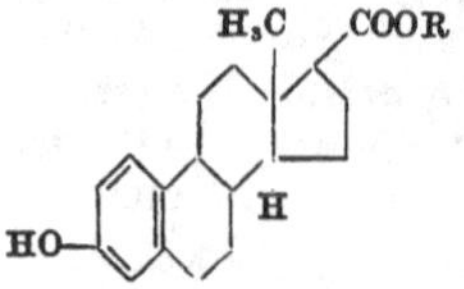

(R = niedermol. Alkyl) erhält man durch Behandeln eines 3β.5.19-Trioxyätiocholansäureesters mit Raney-Ni in Ggw. eines H-Acceptors (Ketone) oder durch Hochvakuumdest. von 3β.19-Diacetoxy-5-oxyätiocholansäuren. — 3β.5.19-Trioxyätiocholansäureäthylester, F. 185—187°, wird mit Raney-Ni u. redest. Cyclohexanon, Kp. 148—150°, 24 Std. auf 128 bis 132° (Badtemp.) in Toluol erhitzt. Nach dem Verjagen des Lösungsm. u. chromatograph. Reinigung erhält man *3-Oxy-$\Delta^{1.3.5,10}$-östratrien-17-carbonsäureäthylester*, F. 176—178° bzw. 184—186°; mit Tetranitromethan in Chlf. Orangefärbung. *3-Oxy-$\Delta^{1.3.5,10}$-östratrien-17-carbonsäure*, F. 266—270°. *Methylester*, F. 217—219°. — Die Verbb. sind *östrogen* wirksam. (**A. P. 2 609 377** vom 26/5. 1950, ausg. 2/9. 1952.) Krauss. 4809

Armour & Co., übert. von: **Emil Kaiser, Alford L. Andersen jr.** und **Jerry J. Svarz**, Chicago, Ill., V. St. A., *Östrogene Cyclohexenderivate* erhält man durch Umlagerung von Cyclohexen-(2)-yläthern von Diäthylstilböstrol, Hexöstrol u. Dienöstrol durch Erhitzen in einem N-disubstituierten Anilin, zweckmäßig unter N_2. Die Ausgangsstoffe erhält man z. B. durch Kondensation von 1-Bromcyclohexen-(2) mit Diäthylstilböstrol u. K_2CO_3 in Methyläthylketon oder von 1.2-Dibromcyclohexen mit Diäthylstilböstrol in Ggw. von Na-Alkoholat. — Diäthylstilböstroldicyclohexen-(2)-yläther, $C_{30}H_{36}O_2$, F. 118—119°, gibt beim Erhitzen in Diäthylanilin unter N_2 nach 7 Std. *3.3'-Dicyclohexen-(2)-yldiäthylstilböstrol*, $C_{30}H_{36}O_2$, F. 154—156°, daraus mit Benzoesäureanhydrid → *3.3'-Dicyclohexen-(2)-yldiäthylstilböstroldibenzoat*, $C_{44}H_{44}O_4$, F. 188—189°. — Hexöstroldicyclohexen-(2)-yläther, $C_{30}H_{38}O_2$, F. 123—124° → *3.3'-Dicyclohexen-(2)-ylhexöstrol*, $C_{30}H_{38}O_2$, F. 160—171° → *Dibenzoat*, $C_{44}H_{46}O_4 \cdot CH_3OH$, F. 198—201°; *Dipropionat*, $C_{36}H_{46}O_4$, F. 133,5—135°. — Dienöstroldicyclohexen-(2)-yläther, F. 155—155,5° → *3.3'-Dicyclohexen-(2)-yl-dienöstroldibenzoat*, $C_{44}H_{42}O_4 \cdot CH_3OH$, F. 154° (Erweichen). — Zwischenprodd. zur Herst. von *Östrogenen* u. *Baktericiden*. (**A. P. 2 586 343** vom 13/11. 1947, ausg. 19/2. 1952.) Krauss. 4809

Syntex Soc. An., übert. von: **George Rosenkranz** und **Stephen Kaufmann**, Mexico City, Mex., *17β-Oxysteroide*. 17-Ketosteroide werden mit $LiAlH_4$ erhitzt u. die gebildeten Metallkomplexverbb. hydrolysiert. — Androstendion-3.17-enol-3-benzyläther, F. 164°, wird in absol. Ae. mit $LiAlH_4$ rückfließend erhitzt. Nach Beendigung der H-Entw. wird mit W. u. 10%ig. H_2SO_4 zu *trans-Testosteronbenzyl-3-enoläther* hydrolysiert, Ausbeute quantitativ. — Androstendion-3.17-cyclohexyl-3-enoläther, F. 164° → *trans-Testosteroncyclohexyl-3-enoläther*, F. 130—131°. — *trans-Testosteronäthyl-3-enoläther*, F. 120—122°. — Dehydroisoandrosteron → *Androsten-17-trans-diol*, F. 175 bis 178°. — Östron → *α-Östradiol*, F. 176—178°. — Zwischenprodukte. (**A. P. 2 588 294** vom 24/3. 1948, ausg. 4/3. 1952.) Krauss. 4809

American Cyanamid Co., New York, übert. von: **Seymour Bernstein** und **Karl J. Sax**, Pearl River, N. Y., V. St. A., *$\Delta^{8,14}$-Androstendiole* der Formel I (R = H, Acyl oder Benzoyl) erhält man durch Hydrierung von $\Delta^{5,7}$-Androstadienestern mit H_2 in einem sauren Lösungsm. in Ggw. eines Hydrierungskatalysators. — $\Delta^{5,7}$-Androstadien-3β.17β-dioldiacetat gibt mit H_2 in Eisessig in Ggw. von PtO *$\Delta^{8,14}$-Androsten-3β.17β-dioldiacetat*, F. 136,5—138°, daraus durch Verseifung mit 5%ig. alkoh. KOH *$\Delta^{8,14}$-Androsten-3β.17β-diol*, F. 166,5—168°, daraus mit Benzoylchlorid *$\Delta^{8,14}$-Androsten-3β.17β-dioldibenzoat*, F. 170,5—171,5°. — *Pharmaceutica*. (**A. P. 2 588 608** vom 14/6. 1950, ausg. 11/3. 1952.) Krauss. 4809

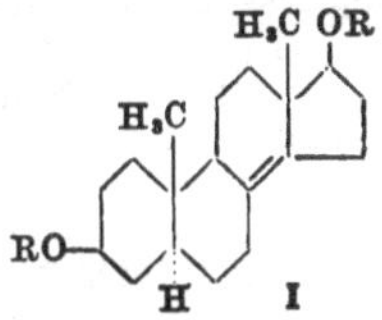

I

G. D. Searle & Co., Chicago, Ill., übert. von: **Max Niel Huffman**, Dallas, Tex., V. St. A., *Steroidester* erhält man durch Behandeln eines Steroidäthers mit acylierenden Mitteln (Propion-, Benzoesäureanhydrid, Benzoyl-, Butyrylchlorid) in Ggw. einer aromat. Sulfonsäure als Katalysator. — Aus Cholesterylmethyläther u. Essigsäureanhydrid unter Erhitzen in Ggw. von p-Toluolsulfonsäuremonohydrat *Cholesterylacetat*, F. 113—113,5°. Androstentriol-3-methyläther (= Hirschmanns Triol, F. 195—196°) → *Androstentrioltriacetat*, Platten aus wss. A., F. 183—185°. — Zwischenprodukte. (**A. P. 2 585 553** vom 19/2. 1949, ausg. 12/2. 1952.) Krauss. 4809

Bristol Laboratories, Inc. (Erfinder: **William B. Wheatley**, Syracuse, und **Joseph T. Albert**, Jamesville), N. Y., V. St. A., *Aminsalze des Penicillins* (I) erhält man durch Rk. des I bzw. seiner Salze mit Aminen der allg. Formel II, in der R_1, R_2 u. R_3 = H oder Alkylreste, R_4 = H oder Alkylreste mit nicht >6 C-Atomen u. R_5 = H oder eine Oxygruppe bedeuten, bzw. deren Salzen. Es wurden dargestellt: die I-Salze des α.β-Diphenyl-β-oxyäthylamins, des α.β-Diphenyl-β-oxy-N-methyläthylamins, des α.β-Diphenyläthylamins, des α.β-Diphenyl-β-oxypropylamins u. des α.β-Diphenyl-β-oxy-N.N-diäthyläthylamins. Lang dauernde antibiot. Wrkg., doch therapeut. inaktiv. (**D. B. P. 913 171** Kl. 12p vom 4/9. 1951, ausg. 10/6. 1954. Anmeldung bekanntgemacht 5/11. 1953. A. Prior. 16/2. 1951.) Schindler. 4811

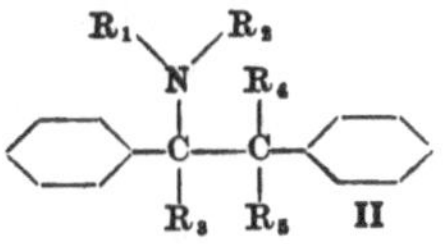

II

Farbwerke Hoechst Akt.-Ges. vormals Meister Lucius & Brüning (Erfinder: **Gustav Ehrhart, Heinrich Ruschig** und **Walter Aumüller**, Frankfurt/M., und **Leonhard Stein**, Bad Soden), *Herstellung schwerlöslicher Penicillinverbindungen*, dad. gek., daß man Ester, die einerseits von bas. Alkoholen, andererseits von in 2-Stellung substituierten Derivv. der 4-Aminobenzoesäure (I), bes. 2-Chlor- oder 2-Methyl-I oder 2.4-Diaminobenzoesäure, abgeleitet sind, bzw. die Salze dieser Ester, ausgenommen die entsprechenden 4-Aminosalicylsäureester u. deren Salze, mit Penicillinen bzw. deren Salzen umsetzt. — Man erhält z. B. die *Penicillinsalze* des *2.4-Diaminobenzoesäurediäthylaminoäthylesters*, F. 131° (Zers.); des *2-Chlor-4-aminobenzoesäurediäthylaminoäthylesters*, F. 119° (Zers.), u. des *2-Methyl-4-aminobenzoesäurediäthylaminoäthylesters*, F. 130° (Zers.). — Schwerlösl. Verbb. mit *therapeut.* Depotwirkung. (**D. B. P. 908 249** Kl. 12p vom 31/3. 1951, ausg. 5/4. 1954. Anmeldung bekanntgemacht 20/11. 1952.) Schindler. 4811

Farbenfabriken Bayer Akt.-Ges., Leverkusen (Erfinder: **Hans Brockmann**, Göttingen, und **Arnold Bohne**, Wuppertal), *Herstellung des Antibioticums Actinochrysin* unter Verwendung von Pilzstämmen aus der Gruppe der Actinomyceten, die in der Lage sind, einen Farbstoff zu bilden, der die Nährlsg. in natürlichen Konzz. gelb färbt u. als ziegelrotes Prod. mit F. ca. 254° isoliert werden kann, bes. des *Streptomyces* (*Actinomyces*) *chrysomallus*. Die Züchtung erfolgt bes. im Submersverfahren. Das Actinochrysin wird aus den Kulturen im Extraktions- u. Adsorptionsverf. gewonnen, angereichert u. rein dargestellt. Morphologie, Züchtung u. Kultur des Mikroorganismus. (**D. B. P. 912 010** Kl. 30h vom 11/10. 1949, ausg. 24/5. 1954. Anmeldung bekanntgemacht 20/3. 1952.) Schindler. 4811

Parke, Davis & Co., Detroit, Mich., V. St. A., *dl-reg.-1-Phenyl-2-acetamino-3-acetoxypropanol-(1)* entsteht beim Erwärmen von dl-reg.-1-Phenyl-2-aminopropan-1.3-diol mit Acetanhydrid auf 70°, F. 110—111°. — Verwendung als Zwischenprod. zur Herst. von *antibiot. Verbindungen*. (**Schwz. P. 286 746** vom 15/12. 1948, ausg. 2/3. 1953. A. Prior. 16/3. 1948. **Zusatz zu Schwz. P. 282 088; C. 1953. 9726.**) Langer. 4811

Parke, Davis & Co., Detroit, Mich., V. St. A., *dl-pseudo-1-(p-Nitrophenyl)-2-dichloracetamino-1.3-diacetoxypropan* (I), aus dl-pseudo-1-Phenyl-2-dichloracetamino-1.3-diacetoxypropan u. HNO_3–H_2SO_4 bei 0°, F. 113—114°. — Analog *l*-I: F. 141—142°;

$[\alpha]_D^{25}$ —8,4° (in A.). — Verwendung zur Herst. von *antibiot. Verbindungen.* (**Schwz. P. 286 751** vom 15/12. 1948, ausg. 2/3. 1953. A. Prior. 16/3. 1948. **Zusatz zu Schwz. P. 282 090; C. 1953. 9726.**) LANGER. 4811

Dr. A. Wander Akt.-Ges., Bern, Schweiz, *Wirkstoff* zur *Reizkörpertherapie* durch oxydativen Abbau von pyrogenen Polysacchariden aus *E. coli.* Der mit H_2O_2 durchgeführte Abbau wird bes. bei 95° so weit getrieben, bis das Reaktionsprod. beim Menschen kein Fieber mehr erzeugt. Dauer der Einw.: 90—150 Minuten. Gewinnung der Polysaccharide aus E. coli durch Extraktion mit W., W.-Pyridin oder W.-Phenol. (**Schwz. P. 295 835** vom 31/3. 1951, ausg. 16/3. 1954.) K. HEINZE. 4813

Dow Corning Ltd., London, England, *Mundpflegemittel,* bestehend aus 0,25—10 (%) eines alkohollösl. organ. Polysiloxans mit 1—3 Alkyl-, Aryl- oder Aralkylresten je Si-Atom, 0,05—20 eines nichttox. Emulgators, 1—50 A. u. 30—98,7 Wasser. — Beispiel: 5 (Teile) eines mit Trimethylsiloxygruppen endblockierten Dimethylpolysiloxans (Viscosität: 5 cSt bei 25°), 3 Glycerylmonooleat u. 2,5 Borsäure werden in 89,5 A. gelöst. Zum Gebrauch wird 1 dieser Lsg. in 4 W. eingerührt. (**E. P. 689 679** vom 17/10. 1951, ausg. 1/4. 1953. A. Prior. 11/12. 1950.) E. PETERSEN. 4823

Hanus Kraus, Twickenham, England, *Mundpflegemittel* zur prophylakt. oder curativen Behandlung von Pyorrhoe, bestehend aus 12 (%) Milchsäure, einem Puffersalz, z. B. 12 Na- oder K-Lactat, gegebenenfalls 1 Pfefferminzöl oder dgl., sowie 5 $Ca_3(PO_4)_2$ in (100 cm³) W. (p_H ca. 4). (**E. P. 691 246** vom 25/11. 1949, ausg. 6/5. 1953.) E. PETERSEN. 4823

C. G. van Arkel, Onverenigbaarheid van geneesmiddelen. 4e dr. Amsterdam: D. B. Centen. (167 S.) fl. 6,—.
O. Zekert, W. Weis u. H. Brauner, Austria-Codex. 8e éd. Vienne: Oesterr. Apotheker Verlag. 1953. (644 S.) —, Les Fruits qui Guérissent. 3e éd. Paris: Edit. Amour et Vie. 1953. (80 S. m. Abb.) fr. 200,—.

G. Analyse. Laboratorium.

D. T. Radford, *Aus fünf Gallonen fassenden Ölbehältern hergestellter Gasometer.* (School Sci. Rev. **34.** 119—20. Nov. 1952. Lichfield, King Edward VI School.) GOTTFRIED. 5006

Alban Charnley und **Geoffrey L. Isles,** *Apparat zum Einhalten von konstantem Druck in Gasfließsystemen.* Beschreibung der apparativen Einrichtung. (Analytic. Chem. **25.** 1942. Dez. 1953. Manchester, Univ., Chem. Dep.) GOTTFRIED. 5006

H. H. Grossman, C. B. Pratt und **W. S. Myers,** *Proberohr für nadelförmige Proben.* Es wird ein App. zum Einziehen von geschmolzenen Mg-Legierungen in Borsilicatglasröhrchen zur spektroskop. Analyse beschrieben. (Analytic. Chem. **25.** 1939. Dez. 1953. Midland, Mich., Dow Chemical Co., Spectroscopy Labor.) GOTTFRIED. 5012

L. Riddiford, *Bemerkung über das Ionisationsmanometer.* Berichtigung zu der C. **1954.** 2879 referierten Arbeit. (J. sci. Instruments **31.** 111. März 1954. Birmingham, Univ., Phys. Dep.) GOTTFRIED. 5026

Trevor I. Williams, *Chromatographie in Vergangenheit und Gegenwart.* Kurze Übersicht über Entw. u. Wert der Chromatographie in der chem. Analyse. (Analytica chim. Acta [Amsterdam] **8.** 192. Febr. 1953.) ENDRASS. 5062

N. C. Ganguli, *Modifizierte Horizontalwanderungsmethode in der Papierchromatographie.* Vf. beschreibt eine Meth. zur besseren chromatograph. Trennung von Substanzen mit ähnlichen R_F-Werten. Durch Einschnitte in Filterpapier u. Einsetzen von Papierdochten, die das Lösungsm. aus einer unter dem Filter befindlichen PETRI-Schale aufsaugen, erzielt Vf. eine radiale Verteilung der chromatographierten Substanzen. (Nature [London] **174.** 189—90. 24/7. 1954. Calcutta, Univ. Coll. of Sci. and Technol., Dep. of Appl. Chem.) PAULIG. 5062

G. Hermann und **E. Oberhausen,** *Zur Auswertung von Papierelektrophoresen.* Zur Vereinfachung des von GRASSMANN u. HANNIG (C. **1952.** 739) beschriebenen Verf. der direkten Durchleuchtung des Papierelektrophoresestreifens wurde von Vff. ein Gerät entwickelt, bei dem ein Galvanometerlichtzeiger den Kurvenzug direkt auf Photopapier vom Format 9 × 12 cm aufzeichnet. Der gewonnene Kurvenzug setzt sich aus mehreren ineinander übergehenden GAUSSschen Verteilungskurven zusammen, deren Flächen der Konz. der an den Proteinkomponenten fixierten Farbstoffmengen entsprechen. Einzelheiten über das neue Gerät werden mitgeteilt. (Naturwissenschaften **40.** 412. Aug. 1953. Homburg, Saarland, Univ., Med. Klinik u. Inst. für Med. Phys.) G. HEINRICH. 5062

W. Pasveer, *Die spektrographische Rechnung mit Nomogrammen.* Es wird gezeigt, daß nach Streckung der Schwärzungskurve mit einer SEIDEL-Transformation für in der Spektralanalyse übliche Berechnungen Fluchtlinientafeln an Stelle von Kurven verwendet werden können. Die Anwendung von 2 miteinander gekoppelten Fluchtlinientafeln wird beschrieben. (Spectrochim. Acta [London] **5.** 163—69. Juli 1952.) EICHHOFF. 5063

William H. Duerig und **Irving L. Mador,** *Eine optische Zelle für die Verwendung mit flüssigem Helium.* Beschreibung einer tragbaren, ganz aus Metall bestehenden Anordnung, die bei der Temp. des fl. He bis 24 Std. dauernde Messungen der verschiedensten Art, wie Absorptions- u. Emissionsmessungen vom Infrarot bis zu γ-Strahlen, Leitfähigkeitsmessungen u. a., an verschied. Stoffen bei einmaliger Füllung des 1 Liter-He-Füllraumes gestattet. (Rev. sci. Instruments **23.** 421—24. Aug. 1952. Silver Spring, Md., Johns Hopkins Univ., Appl. Phys. Labor.) RUDOLPH. 5063

A. Gatterer, *Über die Eignung von Gitter- und Prismenspektrographen für spektrochemische Arbeiten.* Nach einer Diskussion der Eigg. eines für spektrochem. Analysen geeigneten Spektrographen wird untersucht, inwieweit Gitter- u. Prismenspektrographen diesen Anforderungen entsprechen u. ein Gitterspektrograph mit WADSWORTH-Aufstellung beschrieben. (Spectrochim. Acta [London] **5.** 30—35. Juli 1952. Castel Gandolfo, Astrophysikal. Labor. der Vatikan. Sternwarte.) EICHHOFF. 5063

H. Bückert, *Über einige Verbesserungen an den Apparaturen für die spektrochemische Analyse.* Beschreibung eines gesteuerten Funkenerzeugers mit 12000 pF Kapazität, eines Abreißbogengerätes mit maximal 15 A u. 300 V, Brenndauern zwischen $^1/_{20}$ u. 2 Sek. u. Dunkelzeiten zwischen $^2/_{10}$ u. 5 Sek., die in 20 verschied. Verhältnissen eingestellt werden können. Für die Auswertung wird ein Doppelprojektor mit eingebautem Projektionsphotometer beschrieben, außerdem ein Quarz-Spektrograph mit FÉRY-Prisma für den Arbeitsbereich von 2000—10000 Å bei einer Kamerabrennweite von 3600 mm, welcher wahlweise mit Platten oder Multipliern als Strahlungsempfängern benutzt werden kann. (Spectrochim. Acta [London] **5.** 5—8. Juli 1952. Milano, Optica Soc. p. Az.) EICHHOFF. 5063

Heribert Moser und **Wolfgang Schmidt,** *Die Anwendung der Minimumstrahlkennzeichnung auf spektroskopische Untersuchungen.* Vff. geben eine neue Meth. der Minimumstrahlkennzeichnung für spektroskop. u. spektrometr. Messungen an. Sie benutzen dabei einen Phasenschieber, bei dem eine lichtundurchsichtige Ag-Schicht als reflektierende Oberfläche verwendet wird. Sie erreichen damit eine Erhöhung des Auflösungsvermögens von Prismenspektralapparaten sowie eine erhöhte Genauigkeit bei Abstandsmessungen von Spektrallinien. (Z. Physik **134.** 546—53. 1953. München, Univ., Physikal. Inst.) D. HAHN. 5063

L. Bartoli und **C. Becchio,** *Untersuchung der Hauptfehlerquellen in quantometrischen Bestimmungen mit dem Quantometer A.R.L.* (*S.Q.A.*). Vff. bestimmen gesondert (unter Anwendung statist. Methoden) die dem Quantometer anhaftenden Fehlerquellen u. diejenigen, die auf die Funkenerregung u. die physikal. Eigg. der Probe zurückzuführen sind. Dabei werden die Ursachen von Eichfehlern, die Qualität der Standardproben u. der Einfl. einer Wärmebehandlung auf die Standardprobe erörtert. Die mit dem Quantometer auf spektralanalyt. Wege erhaltenen Ergebnisse werden mit den auf nassem Wege erhaltenen verglichen, wobei sich mittlere Differenzen von 0,025 bis 0,026 (Mn, Ni, Si) bzw. 0,015% (Cr) ergeben. (Spectrochim. Acta [London] **5.** 184—200. Juli 1952. Terni, Acciaierie.) R. K. MÜLLER. 5063

A. Giavino, *Einige Aspekte der Eichung von Quantometern.* Auf das „Quantometer Adapter A.R.L." (APPL. RES. LABORS., Glendale, Calif.) wird die Eichung von photograph. Emulsionen sinngemäß übertragen, um seine Empfindlichkeitskurve zu ermitteln u. das Gerät zu eichen. Dabei werden 2 Methoden angewandt: a) Verwendung von 2 Standardproben; b) Verwendung einer Standardlampe; Vor- u. Nachteile beider Verff. werden erörtert. Als 3. Verf. kommt noch die Eichung mit Stufenfiltern in Frage, die bisher nicht versucht wurde. (Spectrochim. Acta [London] **5.** 52—62. Juli; Metallurgia ital. **44.** 422. Aug./Sept. 1952. Dalmine S. p. A., Labor. centr.) R. K. MÜLLER. 5063

D. M. Smith, *Spektrographische Kupfer-Standards. Eine vorläufige Mitteilung zur Standardisierungstechnik.* 3 abgestufte Serien von „MATTHEY" Cu-Standardlegierungen sind in Bearbeitung, welche die Bereiche von 0,05—0,0001% an Al, Sb, Bi, Cr, Ga, Pb, Ag, Sn (Serie A), Co, Fe, Mn, Ni, Si (Serie B) u. 0,05—0,001% As, Be, P, Se, Te, Zn (Serie C) überdecken sollen. Die 0,05%-Standards wurden chem. analysiert, die Verdünnungen mit reinstem Cu werden nach der „globule arc"-Meth. spektrograph. untersucht. Die Restverunreinigungen des Cu werden durch Extrapolation des linearen Teils der Eichgeraden ermittelt. (Spectrochim. Acta [London] **5.** 1—4. Juli 1952. Wembley, Johnson, Matthew & Co. Ltd.) EICHHOFF. 5063

E. A. Braude, J. S. Fawcett und **C. J. Timmons,** *Fluorescenz und das Beer-Lambert-Gesetz. Eine Bemerkung zur Technik der Absorptionsspektrometrie.* Vff. machen darauf aufmerksam, daß bei Absorptionsmessungen an fluorescierenden Substanzen (z. B.

Naphthalin in alkoh. Lsg., *Anthracen* in A., *Styryldimethylcarbinol* in Dioxan) das Lambert-Beersche Gesetz nicht genau gilt, da durch das abgestrahlte Fluorescenzlicht die Intensität des durchgelassenen Lichtes scheinbar erhöht wird. Dieser Effekt wirkt sich bei den gebräuchlichen Apparaten verschieden aus, je nachdem, ob sich die durchstrahlte Probe vor oder hinter dem Monochromator befindet. Bei Extinktionswerten zwischen 0,3 u. 0,7 liegen die Abweichungen meist innerhalb der Fehlergrenzen, bei Extinktionen über 1,0 muß fast immer die Gültigkeit der Gesetze überprüft werden. (J. chem. Soc. [London] **1950**. 1019—21. März. London, Imp. Coll. of Sci. and Technol.)
A. Reuter. 5063

Jacques-Emile Dubois, Pierre Maroni und **Walter Walisch,** *Die „Dead stop end point"-Methode in der analytischen Chemie.* 2. Mitt. *Experimentelle Grundlagen der D.S.E.P.-Methode und ihre Anwendung.* (1. vgl. C. **1953.** 3451.) Auf Grund ihrer Unterss. der elektr. Bedingungen der D.S.E.P.-Meth. entwickeln Vff. 2 elektron. Anzeigegeräte, die entweder ein mag. Auge oder eine Ne-Lampe als Indicator besitzen u. für verschied. Titrationen zu benutzen sind. Angabe von Schaltskizzen. (Ann. Univ. Saraviensis **1.** 319—25. 1952.)
Fretzdorff. 5066

Jacques-Emile Dubois und **Walter Walisch,** *Über eine D.S.E.P.-Methode zur Titration von Säuren und Basen.* (Vgl. vorst. Ref.) Es wird gezeigt, daß es auch mit der D.S.E.P.-Meth. möglich ist, Säuren u. Basen mit einer elektr. Anzeigeapp. zu titrieren. Das Prinzip einer entsprechenden App. (Schaltskizze) u. die Durchführung einer solchen Titration wird beschrieben. (Ann. Univ. Saraviensis **1.** 326—31. 1952. Saarbrücken, Labor. de Chim.-Phys. de la Fac. des Sci., Inst. de Chim.)
Fretzdorff. 5066

J. Morsing, *Gravimetrische Gasanalysenmethode.* Zur Vermeidung der bei der volumetr. Gasanalyse häufigen Diskrepanzen verschied. Apparaturen u. Beobachter, wurde eine gravimetr. Meth. ausgearbeitet. 100 oder 200 cm³ Gas (feuchtigkeitsgesätt. oder trocken) werden abgemessen u. durch den Analyseapp. geleitet, der aus Absorptionsrohren für H_2O zur Trocknung (Füllung: Dehydrit), für H_2S ($CuSO_4$), CO_2 (Ascarit) u. C_nH_m (rauchende H_2SO_4 mit ca. 20% freiem SO_3) besteht, weiter aus einem Verbrennungsrohr mit CuO (290°) zur Verbrennung von H_2 u. CO, Absorptionsrohren für H_2O u. CO_2, einem 2. Verbrennungsrohr mit CuO + Fe_2O_3 zur CH_4-Verbrennung (650°) u. wieder Absorptionsrohren für H_2O u. CO_2. Als Absorptionsmittel für O_2 dient FeS. Vor u. nach der Best. wird mit N_2 gespült. Die App. wird eingehend beschrieben (Abb.) u. die Ausführung der Analyse u. die Berechnung der Ergebnisse erläutert. Mit einem Gerät können täglich 2—3 Analysen durchgeführt werden. Das Verf. ist bes. für Analysen von Generatorgas geeignet. (Jernkontorets Ann. **138.** 142—58. 1954.)
R. K. Müller. 5086

a) Elemente und anorganische Verbindungen.

R. J. P. Williams, *Eine systematische Untersuchung über die Wahl von organischen Reagentien für Metallionen.* Vf. weist nach, daß die spezif. Rkk. organ. Reagentien in bezug auf Komplexbldg. mit Metallionen u. Fällung bzw. Verteilung in W. u. einem anderen Lösungsm. auf Grund der Änderung der Bildungswärmen u. der Entropie vorausgesagt werden können. Es wird das Verh. von Kationen mit geringer Elektronegativität u. hohem Ionenpotential, sowie das der elektronegativen Metallionen an Hand von Beispielen besprochen. (Analyst **78.** 586—94. Okt. 1953. Oxford, Merton Coll.)
Moslé. 5100

E. G. Brown, *Die qualitative Bestimmung von Tellur in Tellur–Blei-Legierungen.* Folgender Tüpfeltest auf Te, das in Pb-Legierungen mit 0,04—0,05% Te u. 0,06 bis 0,07% Cu enthalten ist, wird beschrieben. Die Oberfläche der Legierung wird nach Evans u. Higgs (Analyst **72.** [1947.] 105) gereinigt, u. in ein Loch des Metalls werden 4 Tropfen einer Mischung aus 2 Voll. 30%ig. H_2O_2, 1 Vol. Eisessig u. 2 Voll. W. gegeben. Nach 1 Min. wird die Lsg. in ein Mikroreagensglas übergeführt, mit 10 Tropfen gesätt. NaCl-Lsg. u. 2 Tropfen HCl (D. 1,18) versetzt u. im Wasserbad erhitzt, bis die Lsg. klar ist. Dann werden 4 Tropfen 1 mol. $SnCl_2$-Lsg. in konz. HCl zugegeben u. im Wasserbad wieder einige Min. erhitzt. Bei Ggw. von Te entsteht eine grauschwarze koll. Trübung. Se gibt eine ähnliche Färbung. Die von Feigl u. Uzel (Mikrochemie **19.** [1936.] 133) beschriebene Rk. mit 4-wertigem Cu-Komplex blieb erfolglos. (Analyst **78.** 623—24. Okt. 1953. Aintree, Liverpool, Brit. Enka Ltd., Res. and Developm. Dep.)
Moslé. G 255

Joan Pedley Crowther, *Papierchromatographische Analyse von Phosphatgemischen.* Vf. beschreibt ein verbessertes Verf. zur Trennung u. Best. der Komponenten von Ortho-, Pyro-, Tri-, Trimeta- u. Tetrametaphosphatgemischen auf Schleicher u. Schüll-Papier Nr. 589 mit einer Mischung von tert. Butylalkohol, W. u. Ameisensäure als Lösungsmittel. Der P-Geh. der einzelnen Bänder wird colorimetr. bestimmt.

Phosphate mit mehr als 4 P-Atomen je Mol. werden dabei nicht getrennt. Vf. wendet zu deren Trennung ein Gemisch von n-Propanol, W. u. NH_4OH an. (Nature [London] **173.** 486—87. 13/3. 1954. Toronto, Ontario Res. Foundat., Dep. of Chem.) Max Schmidt. G 264

János Proszt und **Károly Győrbiró,** *Potentiometrische Bestimmung von Aluminium mit Fluorid. Unmittelbare maßanalytische Bestimmung von Aluminium in Bauxiten.* Vff. verfeinerten die Meth. von Iwanow u. Besjaiko (vgl. Заводская Лаборатория [Betriebs-Labor.] **15.** [1940.] 511), indem sie die Notwendigkeit der genauen p_H-Einstellung zwischen 1,9 u. 2,1 fanden u. zu diesem Zweck einen Mischindicator, bestehend aus 5 Teilen 0,1%ig. alkoh. Tropäolin 00- u. 1 Teil 0,1%ig. alkoh. Methylenblaulsg., benutzten. Es gelang auf diese Weise, Al im Bauxit u. Stahl mit einer Genauigkeit von $\pm 0{,}2\%$ zu bestimmen. Ti stört, deshalb wird die Best. des Al nach Trennung mit NaOH durchgeführt. Stahlproben werden in 30%ig. $HClO_4$ gelöst, das Fe mit ruhender Hg-Kathode elektrolyt. entfernt u. dann Al titriert. Die Zeitdauer konnte auf 30 Min. abgekürzt werden. (Magyar Kémiai Folyóirat [Ung. Z. Chem.] **58.** 117—23. April 1952. Budapest, Techn. Univ., Anorg. Chem. Inst.) Plank. G 294

Enrico Arreghini und **Tullio Songa,** *Beobachtungen über die Empfindlichkeit des spektralen Nachweises von Verunreinigungen im Blei.* Beim spektralen Nachw. von Verunreinigungen im Pb werden die Nachweisbarkeitsgrenzen in %, auf Cu = 1 bezogen, in Übereinstimmung mit der Literatur befunden. Im Gang der Empfindlichkeit lassen sich 3 Gruppen unterscheiden: 1. Elemente mit hohem F. u. Kp. (Ag, Cu, Ni, Au, Pt); 2. Elemente mit mittlerem Verh. (Cd, Hg, Tl, Zn); 3. Elemente mit wenig ausgeprägtem Metallcharakter (Sn, As, Sb, Bi, Te); diese Einteilung entspricht derjenigen von Hume-Rothery. In der 1. Gruppe geht die Empfindlichkeit der Verdampfungswärme parallel, in der 3. Gruppe ist sie vermutlich durch die Stellung der empfindlichsten Linien im Schumann-UV beeinträchtigt. (Spectrochim. Acta [London] **5.** 114—23. Juli 1952. Fabbr. Accumulatori Hensemberger-Monza.) R. K. Müller. G 328

A. Portalupi, *Die im Gange befindliche Gemeinschaftsarbeit zur Vereinheitlichung einer quantitativen Spektralanalyse für Gußeisen.* Die Gemeinschaftsarbeit von 5 Stellen erstreckt sich auf die Herst. einheitlicher Standardtypen, deren genaue chem. Analyse u. die Festsetzung einer rationellen, einheitlichen Arbeitsweise. (Spectrochim. Acta [London] **5.** 182—83. Juli 1952.) R. K. Müller. G 354

C. Rossi und **R. Intonti,** *Über die Vereinheitlichung in der Spektralanalyse mittellegierter Stähle.* Durch Festlegung einheitlicher Typenproben, Geräte, Arbeitsweisen u. Auswertungsverff. zwischen 18 Laboratorien ist es gelungen, übereinstimmende Ergebnisse zu erhalten. Es wird das Funkenspektr. zwischen flachen Scheiben der Probe u. einer Gegenelektrode aus Al, Eichung mit Stufenkeil u. kontrastreiche Entw. angewandt. Die Standardabweichungen betragen für Mn u. Cr ca. 3%, für Ni u. Si ca. 5%. (Spectrochim. Acta [London] **5.** 147—57. Juli 1952. A. I. M., Centro Ricerche spettrochim.) R. K. Müller. G 354

Ivo Ubaldini und **Luisa Nebbia,** *Die Analyse von Platin des Handels.* Beschreibung eines Verf. zur quantitativen Analyse von Handelsplatin: Abtrennung des Pt von den anderen Metallen nach dem Verf. von Gilchrist u. Wichers (Z. analyt. Chem. **109.** [1937.] 123), die des Pd durch Fällung mit Dimethylglyoxim, die des Rh nach dem Verf. der Vff. (XXI. Congr. de chim. ind. Bruxelles [Sept. 1948]) durch Fällung mit Mercaptobenzthiazol u. Fällung des Ir durch Ansäuern des Filtrats mit Essigsäure. (Chim. e Ind. [Milano] **33.** 360—61. Juni 1951. Novara, Ist. di Ricerche „G. Donegani" della Soc. Montecatini.) Rumpf. G 368

M. H. Khundkar und **S. J. Quadir,** *Eine abgeänderte Methode zum Aufschluß von Chromiterzen.* 1 g gepulvertes Erz wird mit 5—6 ml H_2SO_4 (D. 1,82) u. unter Erhitzen mit 15—17 g wasserfreiem K_2SO_4 versetzt. Es wird so lange weiter erhitzt, bis eine homogene Schmelze erhalten wird. Die erkaltete Schmelze wird mit H_2SO_4 (1 + 20 W.) extrahiert. (Analyst **78.** 623. Okt. 1953. Dacca, East Pakistan, Univ., Dep. of Chem.) Moslé. 5292

b) Organische Verbindungen.

J. P. Riley, *Spektrophotometrische Bestimmung des Hydroxylgehaltes bei aliphatischen und alicyclischen Alkoholen.* Es wird eine spektrophotometr. Meth. zur Best. des Geh. an OH-Gruppen in aliphat. u. alicycl. Alkoholen beschrieben. Durch Veresterung mit β-(2.4-Dinitrophenyl)-propionylchlorid wird an Stelle jeder OH-Gruppe ein Chromophorsyst. (β-2.4-Dinitrophenylpropionsäure, λ_{max} 242 mμ, $\varepsilon = 1300$) in das Mol. eingeführt, dessen intensive Absorption bei 242 mμ quantitativ gemessen wird. Aus der Extinktion wird auf den Geh. an veresterten Gruppen u. damit auf den Geh. an ursprünglichen OH-Gruppen geschlossen. Die Meth. kann nicht für Alkohole benutzt werden, die selbst bei 242 mμ absorbieren. An 13 verschied. Alkoholen (*Butyl-*, *Amyl-*, *Octyl-*, *sek.-Octyl-*, *Dodecyl-*, *Tetradecyl-*, *Cyclohexyl-*, *Methylcyclohexyl-*, (+)-*Bornylalkohol*, *Oxystearinsäure-*, *Ricinolsäure-*, *Di-* u. *Tetraoxystearinsäuremethylester*) wurde die Meth. geprüft u. auf *Ricinusöl*, welches durch Alkali gereinigt war, angewendet. (J. chem. Soc. [London] **1952.** 2108—10. Juni. Liverpool, Univ.) Brück. 5362

Robert M. Ikeda, A. Dinsmoor Webb und **R. E. Kepner,** *Chromatographische Trennung von p-Phenylazophenacylestern an Kieselsäure.* Verss. zur chromatograph. Trennung von p-Phenylazophenacylestern von Fettsäuren an einer Kieselsäuresäule unter Verwendung von Bzl. (75%)-Skellysolve B (25%) für das Acetat bis Valerat u. Bzl. (50%)-Skellysolve B für die Ester mit höherem Mol.-Gew. werden beschrieben. Folgende Ester wurden untersucht: *p-Phenylazophenacylacetat* (F. 125—127°), *-propionat* (F. 104—105°), *-butyrat* (**I**; F. 98—99°), *-isobutyrat* (**II**; F. 101,5—102°), *-valerat* (**III**; F. 69,5—70°), *-caproat* (F. 83—84°), *-caprylat* (F. 83—83,5°), *-caprinat* (F. 84,5 bis 85,5°), *-laurat* (F. 87—87,5°), *-myristat* (F. 92—93°), *-palmitat* (F. 95—96°) u. *-stearat* (F. 99—100°). Die chromatograph. Trennung von **II** u. **I** gelang nicht, die von **II** u. **III** nur teilweise. Wenig Erfolg hatte die Trennung von Estern, deren Kettenlänge nur um 2 C-Atome differierte. Alle anderen Ester waren gut trennbar. Die Darst. der Ester erfolgte durch Rk. der entsprechenden Fettsäuren mit p-Phenylazophenacylbromid ($C_{14}H_{11}ON_2Br$, F. 104—105°, erhalten durch Bromierung in Eisessig von p-Phenylazoacetophenon [F. 114,5—116°, aus A.], dieses durch Rk. von p-Aminoacetophenon u. Nitrosobenzol in Eisessig). (Analytic. Chem. **26.** 1228—29. Juli 1954. Davis, Calif., Univ., Dep. of Chem. u. Dep. of Viticult.) G. Paulig. G 810

John R. Clark und **S. M. Wang,** *Titration von Pikraten aromatischer und aliphatischer Amine in nichtwässeriger Lösung.* Die Titration von Amin-Pikraten mit 0,1 n-Perchlorsäure in Eisessig unter Verwendung von Methylviolett als Indicator wird beschrieben. Titriert wurden *Dimethylanilin-* (F. 162—163°), *Diäthanolamin-* (F. 109—110°), *Anilin-* (F. 165°, Zers.), *2-Aminopyridin-* (F. 216—217°), *2.4.6-Collidin-* (F. 155—156°) u. *Piperidinpikrat* (F. 150—152°) sowie *Äthylendiamindipikrat* (F. 232—233°). Die Meth. ist zur Best. von prim., sek. u. tert. aromat. oder aliphat. Aminen geeignet. (Analytic. Chem. **26.** 1230. Juli 1954. Newark, N. J., Maltbie Labors., Inc.) G. Paulig. G 910

H. W. Spier und **G. Pascher,** *Zur quantitativen Mikroanalyse freier Aminosäuren mittels einer einfachen Cu-Komplexmethode.* Vff. modifizieren die Cu-Phosphatmeth. zur Best. freier Aminosäuren dadurch, daß sie mit festem Cu-Phosphat u. bei p_H 7,4 arbeiten. Das gelöste Cu wird mit Na-Diäthyldithiocarbamat colorimetr. bestimmt; es können nach dieser Meth. 5—50 γ Amino-N erfaßt werden. Die erhaltenen Ergebnisse stehen in Übereinstimmung mit den nach der Ninhydrinmeth. von Moore u. Stein erhaltenen. Während für die einzelnen Aminosäuren der theoret. Wert von Cu/N = 0,44 nicht immer erreicht wird, tritt bei Aminosäuregemischen eine Angleichung an den theoret. Wert ein. Ergebnisse mit synthet. u. natürlichen Aminosäuregemischen werden angeführt. (Hoppe-Seyler's Z. physiol. Chem. **296.** 147—54. 1954. München, Univ., Dermatolog. Klinik u. Poliklinik.) Nehring. G 950

Enno Wolthuis, Stephen Kolk und **Luke Schaap,** *Quantitative Bestimmung aromatischer Nitroverbindungen.* Die quantitative Best. von aromat. Nitroverbb. durch Red. der Verbb. mit Zn u. HCl in Eisessig u. Titration der gebildeten Amine mit $NaNO_2$-Lsg. wird beschrieben. Titriert wurden *Nitrobenzol*, *o-* u. *p-Nitrotoluol*, *o-* u. *m-Nitrochlorbenzol*, *2-Chlor-6-nitrotoluol*, *p-Nitrophenol*, *p-Nitroanisol*, *p-Nitrobenzoylchlorid 3-nitro-4-chlorbenzolsulfonsaures K*, *2-chlor-5-nitrobenzolsulfonsaures Na*, *2-nitrotoluol 4-sulfonsaures K*, *2-Amino-4-nitrobiphenyl* u. *4.4'-Dinitrocarbanilid*. Die Meth. versagt bei *o-Jodnitrobenzol*, da das J zu Jodid red. u. bei der Diazotierung zu freiem Jod oxydiert wird. Bei Dinitroverbb., bei denen sich beide Nitrogruppen an demselben Kern befinden, treten Neben-Rkk. auf, die die Titration unmöglich machen. Nitroamine mit einer prim. Aminogruppe können ohne Red. titriert werden. Vff. verwenden die gleiche Meth. mit anschließendem Kuppeln der Diazoniumverbb. mit R-Salz zur qualitativen Prüfung auf aromat. Mononitroverbindungen. (Analytic. Chem. **26.** 1238 bis 1240. Juli 1954. Grand Rapids, Mich., Calvin Coll., Chem. Dep.) G. Paulig. G 1010

R. G. S. Johns und **J. R. Marrack,** *Bestimmung von Glucosamin in Gegenwart von Protein.* Die Best. von Hexosaminen nach Elson u. Morgan (Biochem. J. **27.** [1953.] 1824) stößt bei immunochem. Unterss. auf Schwierigkeiten durch die Ggw. größerer Mengen von Proteinen. Vff. fanden um ca. 10% zu hohe Werte, ohne daß es ihnen bisher gelungen ist, den Fehler befriedigend auszuschalten. (Biochem. J. **50.** **XVII.** Jan. 1952. London, London Hosp. Med. Coll.) Nehring. G 3400

Charles Spannié und **Henri Lapin,** *Struktur und Papierverteilungschromatographie von Steroidsapogeninen.* Vorl. Mitt. zu der C. **1954.** 2020 referierten Arbeit. (C. R. hebd. Séances Acad. Sci. **235.** 581—82. 15/9. 1952.) Spaeth. G 3650

János Nyilasi und **Zoltán Kováts,** *Über die Biuretreaktion der Eiweißstoffe.* 1. Mitt. *Die Untersuchung des Kupferkomplexes der Gelatine.* Inhaltlich ident. mit der C. **1954.** 619 referierten Arbeit. (Magyar Kémiai Folyóirat [Ung. Z. Chem.] **59.** 33—35. Febr. 1953.) Plank. G 4070

e) Bestandteile von Pflanzen und Tieren.

Philip P. Goland, Robert S. Jason und **Kathryn P. Berry,** *Kombinierte Carbowax-Paraffintechnik zum Mikrotomieren fixierter Gewebe.* Ein 4std. Imprägnieren von mit CH_2O oder A. fixierten Gewebestücken mit *Polyäthylenglykolen* (H. E. M.) oder deren Estern (Di- u. Monostearat, Monolaureat, Monooleat; Mol.-Gew. ca. 600, 1000 u. 4000, 4000 bzw. 6000) bei 61°, dann 30 Min. langes Einlegen in Xylol u. Einbetten in Paraffin erlaubt zusammenhängende Serienschnitte von 6 μ Dicke, die nach Wässern u. Trocknen (oder Entwässern mit A. usw.) mit Hämatoxylin–Eosin, Sudan III u. Carmin gefärbt, gut erhaltene Einzelheiten u. keine Schrumpfungen zeigen. — Die Meth. versagt nur bei hohem Fettgeh. der Gewebe. (Stain Technol. **29.** 5—8. Jan. **1954.** Washington, D. C., Howard Univ., Coll. of Med., Dep. of Pathol.) Blumrich. 5661

Donald H. Enlow, *Kunststoffüberzug zum Einbetten von Knochendünnschliffen.* Angaben zur Herst. von Knochendünnschliffen, ihrer Umkleidung mit einer Haut von *Nitrocellulose* durch Einlegen in eine Lsg. von 28 g *Parlodion* in 250 ml Butyl- oder Amylacetat u. Trocknen vor dem üblichen Bedecken. Die Lacunae u. Canaliculi bleiben dabei mit Luft gefüllt, so daß gute Kontraste, bes. im polarisierten Licht, erhalten werden. (Stain Technol. **29.** 21—22. Jan. 1954. College Station, Tex., A. & M. Coll., Dep. of Biol.) Blumrich. 5661

Osamu Itikawa und **Yukiko Ogura,** *Vereinfachte Herstellung und histochemische Anwendung von Schiffschem Reagens.* 0,5%ig. Fuchsinlsg. wurde durch Einleiten von SO_2 bis zur Violettfärbung oder durch Zusatz von 1,5—4 Vol.-% einer 5,6%ig. H_2SO_3-Lsg. u. Stehenlassen entfärbt (p_H 3—1,8). Die besten Färbungen nach Feulgen (Desoxyribonucleinsäurenachw.) wurden bei p_H 3 u. nach McManus (Mucinnachw.) bei p_H 2,4 erhalten. (Stain Technol. **29.** 9—11. Jan. 1954. Tokyo, Governm. Exper. Stat. for Animal Hyg.) Blumrich. 5661

Osamu Itikawa und **Yukiko Ogura,** *Die Feulgen-Reaktion nach Hydrolyse bei Raumtemperatur.* Aus Reihenverss. ergab sich, daß *Desoxyribonucleinsäure* nach Hydrolyse mit 5nHCl oder 5nHNO_3 während 10 Min. bei 12° durch 45 Min. lange Einw. von Schiffschem Reagens vom p_H 3 (vgl. vorst. Ref.) mindestens ebenso scharf u. sicher nachzuweisen ist wie nach 4—6 Min. langer Hydrolyse mit nHCl bei 60°. — Vorteil: Die Dünnschnitte lösen sich nicht vom Objektträger ab. (Stain Technol. **29.** 13—15. Jan. 1954.) Blumrich. 5661

Walther Lipp, *Heidelbeerfarbstoff als histologisches Färbemittel.* Der Farbstoff der Heidelbeere, *Myrtillin,* besteht aus einem Gemisch von Galaktosiden u. Glucosiden des Syringidins u. des Delphinidins. Vf. isolierte das Myrtillin in Form seines Pikrats, das unter dem Namen *Gewacinblau* in den Handel kommt. Es werden kurze Angaben über seine Löslichkeit, Rk., Indicatoreigg., sein Verh. bei der Elektrophorese, Oxydation u. Red. gemacht. Färbeverss. ergeben, daß der Farbstoff als sehr gutes Kernfärbemittel anzusehen ist. Zur gleichzeitigen Färbung von Kern u. Plasma muß man dem Gewacinblau Azophloxin zusetzen. Diese Farbstoffkombination, die als *Simultan-Gewacin* im Handel erhältlich ist, liefert in einem Arbeitsgang Färbungen, welche der Hämatoxylin–Eosin-Färbung in den meisten Fällen nicht nur nicht nachstehen, sondern sie oft an Klarheit u. Prägnanz übertreffen. (Mikroskopie [Wien] **6.** 32—40. 1951. Graz, Univ., Inst. für Histologie u. Embryologie.) Gottfried. 5661

J. Chayen und **Ursula J. Miles,** *Präparieren pflanzlicher Wurzelspitzenzellen für die mikroskopische Untersuchung.* Zur Erhaltung von Mitochondrien usw. werden Wurzelspitzen entweder in Bichromatlsg. fixiert u. osmiert (Lipoide werden dadurch unlösl. Newcomer-Zirkle), bevor sie entwässert werden, oder nach Fixieren in CH_2O mit einem wasserlösl. Entwässerungs- u. Einbettungsmittel, wie *Aquax-Glycerin,* behandelt. — Die Auflösung der fixierten Wurzeln in Einzelzellen ohne Verlust von Ribonucleinsäure usw. wird durch Ersatz der HCl (bei 60°) durch 45%ig. Essigsäure, besser noch durch Einw. von *Pectinaselsg.* in Ggw. von Pepton (1%) erzielt. — Die Mitochondrien bleiben bes. gut erhalten bei 24 std. Fixieren in 5%ig. wss. *Polyvinylalkohollsg.* u. Macerieren in einer Lsg. von 10% Pectinase mit 1% Pepton. (Stain Technol. **29.** 33—39. Jan. 1954. London, King's Coll., Biophys. Res. Unit, Wheatstone Physics Labor. and Med. Res. Council.) Blumrich. 5661

E. W. Yemm und **A. J. Willis,** *Die Bestimmung von Kohlenhydraten in Pflanzenextrakten mittels Anthrons.* Die Farb-Rk. von Anthron mit natürlich vorkommenden

Kohlenhydraten wird colorimetr. u. spektrophotometr. für verschied. Pentosen u. Hexosen näher untersucht. Die maximale opt. Dichte liegt bei ca. 630 mμ. Für Mischungen mehrerer Zucker liegt die opt. Dichte des Gemisches innerhalb $\pm 3\%$ der Summe der opt. Dichten der Einzelbestandteile. Die Rk. ist für Hexosen empfindlicher als für Pentosen. Die größte Farbdichte entwickelt sich nach 3 Min. Erhitzen des Reaktionsgemisches im sd. Wasserbad. In Pflanzenextrakten werden nach chromatograph. Trennung die Zucker mit Anthron bestimmt. Dabei werden im Gegensatz zur Meth. mit Cu-Reagens auch die stabilen Glykoside erfaßt. (Biochem. J. **57**. 508—14. Juli 1954. Bristol, Univ., Dep. of Botany.) GENEST. 5666

e) Medizinische und toxikologische Analyse.

Guilio Vanzetti und **Giovanni Brenna,** *Die Methode nach Winnick zur Blutalkoholbestimmung und das Problem des sogenannten physiologischen Blutalkoholspiegels.* Nach der Meth. von WINNICK, die der von WIDMARK sehr ähnlich ist, wurde an einem großen Untersuchungsgut der Blutalkoholgeh. bestimmt. Die Probe ist verläßlich. Bei n. Personen wurde kein A. im Blut festgestellt. (Minerva med. [Torino] **45. I.** 1185—91. 28/4. 1954. Milano, Ospedale Maggiore.) P. G. SCHEURLEN. 5727

J. Sonnet und **J. Rodhain,** *Untersuchung von Serumeiweißkörpern durch Papierelektrophorese.* 1. Mitt. *Technik und normale Ergebnisse.* Ein preiswerter App. zur Papierelektrophorese wird beschrieben. Die damit erzielten Ergebnisse sind befriedigend. Die Technik nach GRASSMANN u. HANNIG (vgl. u. a. C. **1952.** 739; C. **1954.** 5356) hat sich vor anderen am besten bewährt. Die Werte mit direkter photometr. Best. oder nach Elution stimmen überein. (Rev. belge Pathol. Méd. exp. **22.** 226—40. Dez. 1952. Louvain, Univ., Clinique Médicale.) FRESENIUS. 5728

Fritz Hartmann und **Hans Joachim Müller,** *Präparative Papierelektrophorese.* Auf 50×15 cm großen Filterpapierstreifen (SCHLEICHER & SCHÜLL Nr. 2071, 2 mm stark), getränkt mit Veronal-Veronalnatriumpuffer p_H 8,4 u. getrocknet unter einer Infrarotlampe, werden 2—3 cm³ Serum unter der Infrarotlampe aufgetragen u. so ein sauberer Eiweißstreifen erzielt. Bei Verwendung von Kohleelektroden wird bei 24std. Laufzeit (110 V u. 1—5 mA) eine vollständige Trennung von α_1-, α_2-, β_1-, β_2- u. γ-*Albumin* erreicht, wenn man die Teile des Puffers gegenseitig austauscht. Die Fraktionen können ausgeschnitten werden, da die Fronten fast geradlinig verlaufen. Nach Eluierung wird auf 1—2% Eiweiß eingeengt. Die Meth. ergibt 200—300 mg prakt. reiner Serumfraktionen. (Naturwissenschaften **39.** 282—83. Juni 1952. Göttingen, Univ., Klinik u. Poliklinik.) E. BRINCKMANN. 5728

Jean Fong, Frederick L. Schaffer und **Paul L. Kirk,** *Die Ultramikrobestimmung von Glykogen in der Leber. Vergleich der Anthronmethode und der auf der Bestimmung reduzierender Zucker beruhenden.* Die von PETERSON u. ROSE (Canad. J. Technol. **29.** [1951.] 317) angegebene Meth. zur Zuckerbest. mit Anthron u. das Verf. zur Best. reduzierender Zucker nach STERN u. KIRK (C. **1949.** E. 453) wurden nach einigen Änderungen zur Mikrobest. von *Glykogen* (I) in der Leber angewendet. Durch die eingeführten Modifikationen können I-Mengen von 1 γ quantitativ bestimmt werden, so daß durch Nadelpunktur erhaltenes Lebergewebe schon in Menge von 1 mg Trockensubstanz untersucht werden kann. Vergleichende Unterss. mit den beiden Verff. ergaben keine wesentlichen Unterschiede. (Arch. Biochem. Biophysics **45.** 319—26. Aug. 1953. Berkeley, Calif., Univ. of California, Div. of Biochem.) KRUSEN. 5756

G. W. Walker, *Eine polarographische Bestimmungsmethode für γ-Hexachlorcyclohexan in Rindertauchbädern.* Nach Extraktion des mit konz. HCl ausgefällten, gewaschenen u. getrockneten Hexochlorcyclohexangemisches mit A. wird in Ggw. von Gelatine u. mit KCl als Leitsalz das γ-Isomere polarograph. nach der Meth. von DRAGT (C. **1949.** II. 795) bestimmt. (Nature [London] **174.** 44—45. 3/7. 1954. Mpwapwa, Tanganyika, Veter. Res. Labors.) MOISAR. 5780

Wilhelm Autenrieth u. **Oskar Keller,** Quantitative chemische Analyse zum Gebrauch in chemischen und pharmazeutischen Laboratorien. 9. durchges. Aufl. Dresden u. Leipzig: Steinkopff. 1954. (XX + 292 S. m. 21 Abb.) DM 11,—.

Friedrich Cramer, Papierchromatographie. 3. erg. Aufl. Weinheim/Bergstr.: Verl. Chemie. 1954. (136 S. m. 68 Abb., 4 Farbtaf. 2 Arbeitsschablonen u. 1 Ausschlagtaf.) = Monographien zu „Angewandte Chemie" u. „Chemie-Ingenieur-Technik" Nr. 64. DM 12,80.

Frank Wild, Estimation of organic compounds. New York: Cambridge Univ. Press. 1953. (247 S., Diagr.) $ 4,75.

—, A handbook of colorimetric chemical analytical methods for industrial research and clinical laboratories, developed for use with the Lovibond comparator, and the B. D. H., Lovibond Nessleriser. 3e éd. The Tintometer, Salisbury. 1953. (206 S. m. Abb.) fr. 15,—.

—, Spectrographic Analysis of Low — Alloy Steels, Londres; Iron and Steel Inst. 1952. (84 S. m. 17 Abb., 3 Pl. u. 9 Taf.)

H. Angewandte Chemie.

I. Allgemeine chemische Technologie.

J. M. Lenoir, W. A. Junk und **E. W. Comings,** *Messung und Berechnung der Wärmeleitfähigkeit von Gasen bei hohem Druck.* Die Wärmeleitfähigkeit der Gase N_2, CH_4, A, C_2H_6 wurde bei Drucken zwischen 1 u. 200 at dadurch gemessen, daß man Wärme durch eine 0,2 mm dicke Gasschicht strömen ließ, die in Serie mit einer ähnlichen eines Normalgases lag. Die Temp. wurde konstant gehalten, der Druck variiert. Das Verhältnis der Leitfähigkeiten bei Meßdruck u. Atmosphärendruck wurde in Tabellen u. Kurven angegeben. Die Messungen wurden mit den von COMINGS u. NATHAN berechneten druckabhängigen Leitfähigkeiten verglichen. In der Nähe des krit. Druckes ist die Übereinstimmung schlecht. Daher wurden neue Rechnungen mit besserer Übereinstimmung vorgenommen durch Einführung der Begriffe red. Temp. u. red. Druck, sowie Berücksichtigung der gegebenenfalls auftretenden Konvektion. Die Berechnung der Leitfähigkeitskurve für Äthan nach dem Theorem der übereinstimmenden Zustände konnte auch mit den Messungen, die sogar zur Bestätigung der Reproduzierbarkeit wiederholt wurden, nicht zur Übereinstimmung gebracht werden. Die gemessenen Werte lagen tiefer. (Chem. Engng. Progr. **49.** 539—42. Okt. 1953. Lafayette, Ind., Purdue Univ.) MIETHING. 5814

H. Kramers, *Der Einfluß der Streuung der Verweilzeit auf das Ergebnis von kontinuierlichen Arbeitsverfahren.* Das Ergebnis kontinuierlich ausgeführter Arbeitsverff. hängt u. a. ab von der Streuung der Verweil- oder Reaktionszeit der sich miteinander umsetzenden Stoffe. Ein kontinuierliches Syst., in dem alle Volumenelemente gleich lange verweilen, führt zu denselben Ergebnissen wie ein diskontinuierliches Arbeitsverfahren. Ein einfacher Fall von großer Streuung der Verweilzeit ergibt sich in einem kontinuierlich durchströmten, vollkommenen Mischer, das heißt einem Gefäß, in dem so gut gerührt wird, daß die Zus. des Reaktionsgemisches auch bei kontinuierlichem Betrieb überall den gleichen Wert aufweist. An Beispielen des Wärmeüberganges u. der Kristallisation wird gezeigt, daß der vollkommene Mischer qualitativ ungünstigere Ausbeuten oder andersartige Prodd. liefert. Das gilt auch für kontinuierlich ausgeführte chem. Verfahren. Ein graph. Verf. gestattet es, aus den Werten für eine diskontinuierlich verlaufende Rk. den Reaktionsverlauf der kontinuierlich ausgeführten Rk. in einem Reaktionsgefäß oder mehreren hintereinandergeschalteten Reaktionsgefäßen vorauszusagen. (Chem. Weekbl. **50.** 167—71. 27/2. 1954.) WESLY. 5822

Wł. Skoraszewski, *Kationenaustauscher großer Kapazität.* Während die natürlichen (grünen) Glaukonitsande (auch veredelt) sowie die sulfonierten Kohlen keine hohe Austauschkapazität besitzen, ist das Austauschvermögen der synthet. Zeolithe, mehr noch das der synthet. sulfonierten Phenol–Formalin-Harze, bes. jedoch das der sulfonierten Harze des polymerisierten Styrols oder Divinolbenzols schon recht ansehnlich, u. daher sind diese für die Reinigung des W., bes. die Styrolharze, zu empfehlen. Styrolharz verliert seine Austauschfähigkeit weder bei 105—110° (p_H 10) noch bei Behandlung mit NaOH (8% bei 65°) noch bei Filtration von saurem W. (p_H 3—3,5). Die Regeneration erfolgt mit 10%ig. NaCl-Lsg. (35°) in 60 Minuten. (Gaz, Woda Techn. sanit. **27.** 17—18. Jan. 1953.) v. WILPERT. 5826

Arthur Guinness Son & Co. Ltd., Dublin, Irland, *Reinigen von Filtermassen.* Die zerkleinerten Filterkuchen werden in W. aufgeschwemmt, gut durchmischt u. in eine schnellaufende Zentrifuge (>700 Umdrehungen/Min.) gebracht, wobei die Filtermasse auf der Zentrifugenschale als Kuchen abgesetzt u. eine die Verunreinigungen enthaltende Schicht von der Innenseite der abgesetzten Kuchenschicht mit Schaumlöffeln oder dgl. entfernt wird. Dieses Verf. wird bis zum erwünschten Reinheitsgrad wiederholt. (**E. P. 642 851** vom 11/6. 1948, ausg. 13/9. 1950.) DEMMLER. 5831

Jean Ch. Séailles, Frankreich, *Vergrößerung der Korngröße von Niederschlägen,* bes. von MgO, $Al(OH)_3$, $BaSO_4$ oder $CaCO_3$. Die durch Umsetzung der Reaktionslsgg. gebildeten Ndd. werden über ein Absetzgefäß geleitet, an dessen Boden sich der Nd. ansammelt. Er wird, gegebenenfalls nach vorheriger Mahlung, dem Reaktionsgefäß wieder zugeführt, um durch die zugeführten, als Keime wirkenden Niederschlagsteilchen eine Vergrößerung derselben unter Bldg. eines neuen Nd. auf ihnen zu erreichen. (**F. P. 993 060** vom 20/11. 1944, ausg. 26/10. 1951.) WITTHOLZ. 5879

Lockheed Aircraft Corp., Burbank, Calif., übert. von: **Melvin F. George jr.,** Los Angeles, und **Perry M. Reedy jr.,** Burbank, Calif., V. St. A., *Hydraulische Flüssigkeit,* bestehend aus wenigstens 50% eines Trialkylphosphates, dessen Alkylgruppen weniger als 9 C-Atome enthalten, z. B. Triäthyl- oder Tributylphosphat, u. einem mehrwertigen

A., z. B. Äthylenglykol, Glycerin, Propylen- oder Butylenglykol. Zur Verdickung kann man noch geringe Mengen eines polymeren Polyoxyalkylenoxyds zusetzen. (**A. P. 2 659 699** vom 28/7. 1949, ausg. 17/11. 1953.) DERSIN. 5893

Houdry Process Corp., Wilmington, Del., übert. von: **Walter L. Weidmann**, Woodbury, N. J., **Hubert A. Shabaker**, Media, und **Edward B. Cornelius**, Swarthmore, Pa., V. St. A., *Chemische Behandlung feinverteilter Feststoffe mit Gasen*, z. B. Schwefelung von Tonen. In einer ersten Behandlungszone werden die feinverteilten Teilchen in mehreren, übereinander angeordneten Schichten, aus denen sie durch Überlaufrohre in die nächst untere gelangen können, durch unterhalb der tiefsten Schicht eingeleitetes heißes Gas (1—2% H_2S) bei ca. 1200—1500° F in wirbelnder Bewegung gehalten. Aus der untersten Schicht gelangen die Teilchen in eine 2. Zone mit kleinerem Querschnitt, wo sie ebenfalls in mehreren übereinanderliegenden Schichten durch kälteres, jedoch konz. Gas (25% H_2S) einer Nachbehandlung unterworfen werden. — Vorrichtung. (**A. P. 2 596 611** vom 7/4. 1948, ausg. 13/5. 1952.) STEIL. 5903

Houdry Process Corp., Wilmington, Del., übert. von: **Hubert A. Shabaker**, Media, Pa., V. St. A., *Schwefelung von Mineralien* zwecks Verwendung als *Katalysatoren*. Tone, z. B. säureaktivierter Bentonit, der noch Fe enthält, werden als ein bewegtes Bett von Körnern durch einen Reaktionsraum geleitet, zunächst mit großen Mengen eines verd. Sulfidierungsgases [0,7—2,1 (%) H_2S, 15 CO_2, höchstens 4 H_2, Rest N_2] auf 1350° F während $^1/_2$—5 Std. gehalten u. anschließend mit kleinen Mengen eines konz. Sulfidierungsgases (15—50 H_2S) bei geringerer Tempp. 5—15 Min. behandelt. Zweckmäßig wird das konz. Gas an einer verengten Stelle des Reaktionsraumes u. an einer Stelle größeren Querschnitts das heiße Inertgas eingeleitet. — Vorrichtung. (**A. P. 2 596 609** vom 6/2. 1948, ausg. 13/5. 1952.) STEIL. 5905

Imperial Chemical Industries Ltd., London, England, *Katalysatoren*, bes. zur *Oxydation von SO_2* oder *Naphthalin*, erhält man durch langsame Zugabe von K_2SiO_3-Lsg. zu verd. H_2SO_4, worauf man das erhaltene SiO_2-Sol ($p_H < 4$) mit der Lsg. einer V-Verb., z. B. Vanadylsulfat, -chlorid, -oxalat oder NH_4-Vanadat bei von 6,5 auf 8 bis 8,5 steigendem p_H versetzt, das abfiltrierte Prod. bei 180—220° trocknet u. anschließend z. B. in „fluidisiertem" Zustand calciniert. $K_2O:V_2O_5$ im Endprod. = 2:1. (**E. P. 705 615** vom 24/9. 1951, ausg. 17/3. 1954.) MÜLLER-MEININGEN. 5905

J. M. Coulson and **J. F. Richardson**, Chemical engineering. Vol. 1. London: Pergamon Pr. 1954. (376 S m. Abb.) 38 s. 6 d.

Arnold Luehrs Reimann, Vacuum technique. New York: Anglobks. 1953. (458 S. m. Abb., Diagr.) $ 11,75.

W. Bradford Shank, Filters and their uses. Rev. ed. New York: Crown. 1954. (112 S. m. Abb., Diagr.) $ 1,—.

Helmut Wittneben, Physikalisch-chemische Beziehungen und Wechselwirkungen zwischen Katalysatoren und chemischer Struktur. Bsp. von Katalysatorwirkungen aus d. Gebiete d. Enzymchemie. Betrachtungen über Weichmacher f. d. Probleme d. Anstrichfilme u. d. Kunststoffgebiet. Göttingen/Grone: Schönhütte. 1954. (116 S. m. 6 Abb., 9 Tab. etc.) = Wissenschaftl. Literaturberichte. Naturwiss. Reihe Bd. 1. DM 14,40.

III. Elektrotechnik.

K. E. Latimer, Ph. D. Member und **H. B. MacDonald**, *Eine Übersicht über mögliche Anwendungen von Ferriten*. Es werden die allg. mechan. u. magnet. Eigg. der Ferrite, bes. der Mn–Zn-Ferrite, zusammengestellt u. die techn. Anwendungsarten, für die sie geeignet scheinen, diskutiert. Es folgen Beispiele solcher Anwendungen mit Hinweisen, Kurven, Tabellen u. Maßskizzen, die zeigen, was quantitativ erreicht werden kann, bes. in prakt. Entwürfen von Filterspulen u. HF-Transformatoren. (Commun. News **11**. 76—90. Sept. 1950. Mullard Electronic Products Ltd.) v. HARLEM. 5958

J. de Gier, Th. Hagenberg, H. J. Meerkamp van Embden, J. A. M. Smelt und **O. L. van Steenis** mit Einleitung von **J. G. W. Mulder**, *Eine Fernsehbildröhre aus Stahl*. Nach einer histor. Übersicht über die Entw. der Stahlröhrentechnik wird die neue Fernsehbildröhre MW 43—43 beschrieben, die aus einem Stahlkonus besteht, der ein rechteckiges Bildfenster aus Glas (Diagonale 43 cm) trägt. Es wurde ein besonderes „Eisenglas" entwickelt, das absol. bleifrei ist u. seinen Erweichungspunkt bei 645° hat. Weitere Daten: Ausdehnungskoeff. $11{,}8 \cdot 10^{-6}$ $Grad^{-1}$. Niedrigste (höchste) Entspannungstemp.: 450 (470) Grad. Spezif. elektr. Widerstand bei 50 (100)°: $1{,}5 \cdot 10^{15}$ $(7 \cdot 10^{12})$ Ohm·cm. Für den Quetschfuß der Röhre wird bleihaltiges Eisenglas mit Armco-Eisen für die elektr. Durchführungen verwendet. Der mit dem neuen Glas verschmelzbare Stahlkonus besteht aus Flußstahl, der durch Einchromieren mit einer oberflächlichen Chromeisenschicht versehen wird. Die technolog. Probleme der Verschmelzung u. Haltbarkeit der Röhre werden behandelt. (Philips' techn. Rdsch. **15**. 60—71. Aug. 1953.) REUSSE. 5974

Raymond Jacquesson, *Gekoppelte Röntgenröhren für Untersuchungslaboratorien.* Vf. beschreibt eine Anlage mit 3 Röntgenröhren u. verschied. Antikathode, die alle an dem gleichen Hochspannungstransformator u. der gleichen Vakuumpumpe hängen. Der Heizstrom wird von drei verschied., isoliert aufgestellten Akkumulatorenbatterien geliefert. Jede Röhre kann für sich abmontiert werden, ohne daß der Betrieb unterbrochen wird. (J. Physique Radium **11.** 639—40. Nov. 1950. Poitiers, École Nat. Sup. de Mécanique et d'Aérotechnique.) GOTTFRIED. 5974

W. T. Renne, W. M. Fainitzki und **D. Ss. Warschawski,** *Wachsbildung im Isolierstoff der Papier–Öl-Kondensatoren.* Die Unters. durchgeschlagener Kondensatoren ergab, daß eingedrungene Feuchtigkeit nicht die einzige Ursache des Durchschlagens gewesen sein konnte. Es zeigte sich nämlich eine deutliche Wachsbldg. an bestimmten Stellen, an denen die Ölzwischenlage bes. dick war, am stärksten zwischen der Verkleidung u. der ersten Papierschicht. Diese Wachsschicht wird als Hauptursache der Durchschläge angesehen. Die Wachsbldg. ist die Folge einer Ionisation im Dielektrikum u. der dadurch bewirkten Zers. des Öls. (Электричество [Elektrizität] **1953.** Nr. 12. 55—58. Dez. Wiss. Forschungsinst. für Gleichstrom des Minist. für Elektrostationen u. Elektroind.) v. WILPERT. 5982

Siemens-Schuckertwerke Akt.-Ges., Berlin und Erlangen (Erfinder: **Harry Heering,** Berlin), *Hochflexibler Leiter.* Ein biegsamer Kern aus nichtmetall. Werkstoff, z. B. einem Textilfaden, ist mit einem halbleitenden oder leitenden Werkstoff, z. B. einer Ruß- oder Graphitaufschlämmung, überzogen oder getränkt u. in einer Hülle aus halbleitendem natürlichem oder synthet. Gummi oder gummiähnlichem Werkstoff eingebettet. Als Leiter kann bes. ein Strang aus einem biegsamen Kunststoff, z. B. einem Polyamid, dienen, der nach dem Überziehen oder Tränken mit halbleitendem Stoff noch mit einem dünnen, z. B. elektrolyt. aufgebrachten Metallüberzug versehen werden kann. (**D. B. P. 901 666** Kl. 21c vom 26/1. 1944, ausg. 14/1. 1954. Anmeldung bekanntgemacht 13/5. 1953.) KESSEL. 5953

Siemens-Planiawerke Akt.-Ges. für Kohlenfabrikate, Meitingen bei Augsburg (Erfinder: **Paul Daimer,** Groß-Veitsch, Österreich, **Josef Soppa,** Sternberg, und **Conrad Meinusch,** Frankfurt), *Selbstbrennende Elektroden.* Die den Hauptteil der M. bildenden Kokse werden unter Zusatz einer zum Ablöschen des Staubes ausreichenden Menge Dünnteer oder Teeröl (I) mit gemahlenem Hartpech (II) kalt gemischt. Der E. von **I** liegt so hoch über 80°, daß **II** bei den während der Mischung u. Lagerung der M. vorkommenden Tempp. nicht weich wird. (**D. B. P. 901 577** Kl. 21h vom 21/10. 1944, ausg. 14/1. 1954. Anmeldung bekanntgemacht 6/3. 1952.) KESSEL. 5953

Einar Bergve, Oslo, Norwegen, *Elektrisch isolierende Einbrennlacke,* bes. zur *Isolierung elektrotechnischer Eisenbleche,* bestehen prakt. aus 45—65%ig. $(NH_4)_2SO_3$-Celluloselauge u. 3—10% H_3PO_4, bes. mit Zusatz von 0,5—2% eines keine elektr. leitenden Salze enthaltenden oder bildenden Netzmittels, z. B. Polyäthylenglykol. (**D. B. P. 899 523** Kl. 21c vom 4/10. 1951, ausg. 14/12. 1953. Anmeldung bekanntgemacht 2/4. 1953.) KESSEL. 5957

— (Erfinder: **Dieter Sundhoff,** Leuna, **Ehrhard Fritzsche,** Premnitz, **Franz Bandel** und **Ernst Seidel,** Hettstedt), *Isolierlack für metallische Leiter* mit polymerisiertem Caprolactam als Lackrohstoff. Das Polymerisat wird in einem Gemisch von ein oder mehreren aromat. Komponenten mit ein oder mehreren phenol. Komponenten gelöst, wobei man gegebenenfalls noch Alkohole u. gegebenenfalls noch Bzn. zusetzt. Der Lack kann außerdem ein synthet. oder natürliches Harz enthalten. — In ein Gemisch aus 475 (Gewichtsteilen) Kresol u. 360 90er Handelsbenzol gibt man 115 extrahiertes Perlon in kleinstückiger Form u. 50 eines aus Kresol DAB IV (? Die Redaktion) u. Formalin hergestellten Kresolharzes zu. Es wird gerührt u. dabei bis zur Lsg. erhitzt. Nach dem Abkühlen auf 25° wird filtriert. (**D. P.** [**DDR**] **2 326** Kl. 39c vom 15/5. 1952, ausg. 20/7. 1953 [Wirtschaftspatent.]) M. F. MÜLLER. 5957

Christian Kellerer, München, *Herstellung von Elektroden-Gittern für Akkumulatoren.* Um Stromfahnen an den Gittern anzubringen, werden durchlochte Folien aus Polyvinylverbb. (I) mit dem unmetallisierten Gewebe aus Fasern von **I** verbunden u. das Ganze dann dem Vorverbleiungsprozeß unterworfen. — Die pastierten Elektrodenbänder werden unter Zwischenlage von bandförmigen Separatoren zu Wickeln vereinigt. (**D. B. PP. 911 504** Kl. 21b vom 21/6. 1944, **911 505** Kl. 21b vom 4/6. 1941 u. **911 506** Kl. 21b vom 6/8. 1942, alle ausg. 17/5. 1954. Anmeldungen bekanntgemacht 27/8. 1953. **Zusätze zu D. B. P. 907 788; C. 1954. 7025.**) LAASS. 5971

Henri Berthet, Isère, Frankreich, *Trennwände für Elektrolyse und Sammler.* Zur Herst. von steifen, porösen, elektrolytfesten Trennwänden werden Platten aus billigen tier., mineral. oder pflanzlichen Faserstoffen, z. B. Glaswolle, Asbest, Holzbrei, Wolle, mit einer Lsg. oder wss. Suspension von Polyvinylverbb., Polystyrol, Polyäthylen oder Silicon getränkt oder anderweitig durchfeuchtet u. darauf durch Wärme die Verdünnungsmittel entfernt u. die synthet. Stoffe stellenweise verklebt. — 5 Beispiele für an sich übliche Verff. der Verarbeitung, z. B. Kalandern bei Verwendung von Textilfasern. (**F. P. 1 044 328** vom 31/10. 1951, ausg. 17/11. 1953.) B. Schmidt. 5971

Allgemeine Elektricitäts-Gesellschaft, Berlin (Erfinder: **August Glaser,** Berlin, **Werner Koch,** Belecke, und **Karl Heinrich Voigt,** Kassel), *Halbleiterelement* mit einer elektropositiven u. einer elektronegativen Elektrode, einem beide trennenden krist. Stoff u. einer in diesen eingelagerten Steuerelektrode. Der krist. Stoff hat einen Brechungsindex >2 (z. B. CdS oder ZnO) u. ein gestörtes stöchiometr. Gleichgewicht. Die Steuerelektrode besteht aus einem Metall mit elektronegativem Verhalten gegenüber dem Anion des krist. Stoffes, z. B. aus Pt, die Kathode z. B. aus Ca, die Anode z. B. aus Pt. (**D. B. P. 887 542** Kl. 21g vom 16/11. 1938, ausg. 24/8. 1953.) Kessel. 5971

Fernseh G. m. b. H., Darmstadt (Erfinder: **Werner Fanselau,** Hildesheim, und **Gisela Wellmann,** Darmstadt), *Speicherelektrode,* bes. für *Fernsehröhren.* Eine Al-Platte wird nach sorgfältiger Reinigung im O_2-Strom bei ca. 500° oxydiert u. dann elektrolyt. oxydiert. Vor der Oxydation im O_2-Strom kann auch schon eine 1. elektrolyt. Oxydation vorgenommen werden. Vor oder nach der Oxydation kann im Vakuum eine dünne reine Al-Schicht aufgedampft werden. Schließlich kann in einer feindispersen Al_2O_3-Suspension eine elektrophoret. Nachbehandlung vorgenommen werden. (**D. B. P. 901 570** Kl. 21g vom 30/1. 1945, ausg. 14/1. 1954. Anmeldung bekanntgemacht 12/3. 1953.) Kessel. 5975

Allgemeine Elektricitäts-Gesellschaft (Erfinder: **Hans Pulfrich),** Berlin, *Vakuumdichte Lötverbindungen,* bes. für elektr. *Entladungsgefäße.* Als Lot dient eine Legierung aus 50—80 (%) Cu, 10—40 Ag u. 5—20 Sn, die noch bis zu 1 P enthalten kann. (**D. B. P. 902 052** Kl. 21g vom 28/6. 1938, ausg. 18/1. 1954. Anmeldung bekanntgemacht 26/3. 1953.) Kessel. 5975

Magnasca Ltd., Tanger, Algerien, und **Friedrich Hansen,** Genf, Schweiz (Erfinder: **Friedrich Hansen),** *Atomenergiegewinnung aus Kernreaktionsketten.* Zwei Körper A u. B werden zusammengebracht, von denen der Körper A so beschaffen ist, daß seine Kernreaktionen (I) bei Beschießung mit Protonen, Neutronen oder α-Teilchen von der Emission von Teilchen begleitet sind, die im Körper B I auslösen, die wiederum von der Emission von Teilchen begleitet sind, die ihrerseits in dem Körper A I hervorrufen, die die Emission von Teilchen bewirken, die in dem Körper A den an 1. Stelle genannten I gleiche Rkk. hervorrufen können. Die Körper A u. B sind dabei so gewählt, daß die Gesamtbilanz der I exotherm ist. Die Reaktionsketten werden durch fremderzeugte Teilchenstrahlen eingeleitet. Die Körper A u. B haben ein Atomgewicht <14 (z. B. Li, Be, B, N, F, Na u. Al), sind jedoch, soweit sie in derselben Reaktionsanordnung zusammenwirken, voneinander verschieden oder durch verschied. Isotope desselben Elements dargestellt. Der Körper A ist prakt. Li in Form von LiF, der Körper B sehr reines Al; Beispiel: 10—40 (%) Al, 90—60 LiF. (**D. B. P. 903 364** Kl. 21g vom 17/11. 1951, ausg. 4/2. 1954. Anmeldung bekanntgemacht 7/5. 1953. **F. P. 1 045 298** vom 20/11. 1951, ausg. 25/11. 1953. Beide Luxemburg. Prior. 21/11. 1950.) Kessel. 5975

IV. Wasser. Abwasser.

A. Joel Kaplovsky und **Jay L. Harmic,** *Untersuchung über die Verunreinigung der Entwässerungsanlagen des Red Clay Creek-Flußbeckens.* 2. Mitt. *Feststellung der bestehenden Stromverhältnisse.* (1. vgl. C. **1954.** 3089.) Die biol. Prüfung an 3 Prüfstellen des Red Clay Creek u. die dabei festgestellte Abnahme an Species der Lebewesen von Blaugrünalgen bis zu Fischen mit der zunehmenden Verschmutzung des Flusses zeigte, daß sie bei geringer, durch Selbstreinigung weitgehend abgebauter Verunreinigung ein empfindlicher Nachw. ist, bei grober jedoch Best. der Giftigkeit sowie chem., physikal. u. bakteriolog. Unterss. schnell u. beweiskräftig zum Ziele führen. (Sewage ind. Wastes **25.** 1072—76. Sept. 1953. Dover, Del., Delaware Water Poll. Comm. u. Del. Game & Fish Comm.) Mühlmeister. 6038

O. Gübeli und **Yvonne Dorta-Schaeppi,** Einleitung von **W. D. Treadwell,** *Die Neuanalyse schweizerischer Mineralquellen.* 1. Mitt. Auf Grund der Fortschritte der analyt. Chemie der letzten Jahrzehnte werden Verff. ausgewählt, um bei der Unters. „analysenreifer" Quellen bis auf (Spuren) den Geh. an Li^+ ($1{,}5 \cdot 10^{-7}$ mol.), Na^+, K^+, NH_4^+, Ca^{2+}, Sr^{2+} ($1{,}1 \cdot 10^{-7}$ mol.), Ba^{2+}, Mg^{2+}, Fe^{2+} ($0{,}9 \cdot 10^{-7}$ mol.), Mn^{2+}, Al^{3+}, Cl^-, Br^- ($0{,}6 \cdot 10^{-7}$ mol.), J^- ($0{,}8 \cdot 10^{-8}$ mol.), F^-, SO_4^{2-}, HCO_3^-, HPO_4^{2-}, $HAsO_4^{2-}$ ($0{,}3 \cdot 10^{-8}$ mol.), NO_3^-, H_2SiO_3, H_3BO_3 ($0{,}9 \cdot 10^{-7}$ mol.), N_2, O_2, CO_2, H_2S, CH_4, ferner den Trockenrückstand, F., die elektr. Leitfähigkeit, D. u. p_H zu bestimmen. Neue Verff. wurden dabei angewandt für den Nachw. von *Rb*$^+$ u. *Cs*$^+$ nach Dora Meier (Diss.

ETH **1949**) durch Spektroskopie der Linien Rb 4215,6 u. Cs 4555,3 Å, die Best. des NH_4^+ nach Y. SCHAEPPI (Diss. ETH **1945**) durch Dest. des NH_3 im zirkulierenden Luftstrom u. Colorimetrieren des mit NESSLER-Reagens versetzten Destillats (Blaufilter Hg 436), des Sr^{2+} nach AGNES PINTER (Diss. ETH **1945**) u. W. EGLI durch Funkenspektrographie mittels der Linien Sr 4077 u. Ca 3157 Å als Leitlinie. Die Berechnung der FF. aus der analyt. Zus. mittels der Gleichungen von DEBYE u. HÜCKEL gab Übereinstimmung mit den Messungen auf ca. 0,02°. Wieder untersucht wurden 16, neu untersucht 29 Quellen in Baden, Bad Ragaz, Lenk im Simmental, Leukerbad, Rietbad (Toggenburg), Stabio (Tessin), Tarasp-Schuls-Vulpera, Val Sinestra. (Mitt. Gebiete Lebensmittelunters. Hyg. [Bern] **41.** 272—337. 1950. Zürich, ETH, Labor. für anorgan. Chem.) METZENER. 6058

Remo Navone, *Natriumbestimmung mit Harzionenaustauscher.* Schnelle Nachprüfung der Richtigkeit chem. W-Analysen ermöglicht eine Meth., bei der eine auf 100 cm³ verd. Probe von 20—50 (B) cm³ mit 2 g Harzkationaustauscher *Amberlite I R-120 (H)* pro anal. von ROHM & HAAS CO. 15 Min. gerührt, durch Glaswolle filtriert u. ausgewaschen u. mit 0,02 n NaOH bis p_H 4,5, bestimmt mit p_H-Messer, titriert wird (A cm³). In Milliäquivalenten [I] wird daneben im Rohwasser die Alkalinität mit 0,02 n H_2SO_4 (C) bis p_H 4,5 u. die Härte mit Di-Na-Dihydroäthylendiamintetraacetat (H) bestimmt. Es ist D (Gesamtkationen je 1 in I) = A·0,02·1000/B + C, für W. mit geringen Konzz. an NH_4 u. K mg Na/l = 23(D—H) u. % Na = D—H/D·100. Bei der Nachprüfung wurden Abweichungen von ± 0,12 I/l gefunden. (J. Amer. Water Works Assoc. **46.** 479—80, Mai 1954. Los Angeles, Calif., Dep. of Publ. Health.) MÜHLMEISTER. 6060

George C. Clark jr., *Amperometrische Restchlor-Bestimmung.* In einer Pt-Ag-Zelle durch die oxydierende Wrkg. von freiem Cl_2 oder J_2 erzeugter u. in einem Amperemeter angezeigter Gleichstrom erlischt, wenn Cl_2 u. J_2 durch Phenylarsenoxyd (**I**) gebunden werden, mit dem sie in weitem p_H-Bereich quantitativ reagieren. **I** wird so eingestellt, daß 1 cm³ 1 mg Cl/l entspricht. Gebundenes Cl kann dadurch bestimmt werden, daß Monochloramin (**II**) J_2 aus KJ bei p_H 7, Mono- u. Dichloramin (**III**) bei p_H 4 freisetzen. In einem Arbeitsgang wird so verfahren, daß bei p_H 7, durch Phosphatpuffer eingestellt, zunächst das freie Cl_2 u. nach Zusatz von 0,2 cm³ 5%ig. KJ-Lsg. aus der Differenz **II** bestimmt wird. Mit 1 cm³ Acetatpuffer wird dann p_H 4 eingestellt, weiter 1 cm³ KJ-Lsg. zugefügt u. **III** bestimmt. Wenn KJ bei p_H 4 gleich anfangs zugesetzt wird, kann das Gesamt-Cl sofort festgestellt werden. Eine vom W. durchflossene Zelle aus Pt-Legierung/Cu, deren Elektroden durch aufgewirbelten Sand blank gehalten werden, erzeugt einen Gleichstrom proportional dem Geh. an freiem Cl_2 oder J_2, der dadurch auf einem Mikroamperemeter fortlaufend registriert wird. Eichung u. Anwendungsbeispiele werden besprochen. (Instruments and Automat. **27.** 610—11. April 1954. Belleville, N. J., Wallace & Tiernan Inc.) MÜHLMEISTER. 6060

J. S. Beveridge, G. J. Hunter und **B. J. MacNulty,** *Die Bestimmung von Fluorid in Mikrogramm-Mengen.* 2. Mitt. *Die Fluoridbestimmung in Wässern und Abwässern unter Anwendung des Aluminium-Hämatoxylin-Komplexes.* (1. vgl. C. **1953.** 9251.) Das l. c. beschriebene Verf. zur Fluoridbest. wird auf die Unters. von Seewasser, Flußwasser, Trinkwasser u. Abwässern angewandt. In Flußwasser u. Trinkwasser lassen sich bei Abwesenheit störender Ionen Fluoridkonzz. von > 0,1 Millionstel im allg. ohne vorherige Isolierung des Fluorids bestimmen. Bei der Unters. von Abwässern ist eine Abtrennung des Fluorids durch Dest. als H_2SiF_6 in jedem Falle erforderlich. Fll. mit geringerem Fluoridgeh. müssen durch Eindampfen konz. werden. — Der Fluoridgeh. einiger engl. Flüsse wurde bestimmt. (Analytica chim. Acta [Amsterdam] **9.** 330—37. Okt. 1953. London, Kidbrooke, Ministry of Supply, Chem. Inspectorate.) FORCHE. 6060

F. W. Melpolder, C. W. Warfield und **C. E. Headington,** *Massenspektrometrische Bestimmung flüchtiger Verunreinigungen in Wasser.* Vff. haben eine Meth. entwickelt, um Verunreinigungen in W., die aus unterhalb 400° F sd. KW-stoffen bestehen, massenspektrometr. qualitativ u. quantitativ zu bestimmen. Die Probe wird, am Rückfluß kochend, von H_2 durchperlt, der die Verunreinigungen austreibt u. in eine mit fl. N_2 gekühlte Falle führt, aus der sie später in das Massenspektrometer gebracht werden. Aus dem Massenspektr. wird der Geh. an KW-stoffen nach bekannten Methoden berechnet. Als Beispiele sind Analysen synthet. Gemische aus 7 KW-stoffen oder von Benzinen u. Heizölgemischen angeführt. Der umfaßte Konzentrationsbereich der wss. Lsgg. liegt zwischen 0,01 u. $100 \cdot 10^{-6}$, die Zeitdauer einer Analyse wird mit ca. 3,5 Std. angegeben. (Analytic. Chem. **25.** 1453—56. Okt. 1953. Philadelphia, Pa., The Atlantic Refining Co.) CONRAD. 6060

Marie W. E. Evers und **J. S. N. Cramer,** *Die Bestimmung der Gesamthärte in Trinkwasser nach dem Versenat- (Äthylendiamintetraacetat-) Verfahren.* Die von SIJDERIUS angegebene Arbeitsweise (C. **1953.** 2502) wird wie folgt abgeändert: Man titriert das HCO_3^-, zers. den Indicator mit Br_2, erwärmt ca. 30 Min. auf dem Wasserbad, läßt auf 40° abkühlen, versetzt mit 4 cm³ einer Pufferlsg. von 8,91 g NH_4Cl, 94,6 cm³ NH_3–W., D. 0,88, u. 6 g Mg–Versenat in 1 Liter W., fügt kurz vor dem Titrieren 6 Tropfen einer Lsg. von 0,5 g Eriochromschwarz u. 2,25 g $NH_2OH \cdot HCl$ in 100 cm³ 96%ig. A. zu u. titriert mit einer Lsg. von 10 g Na–Versenat in 1 Liter W. (a cm³). Diese Lsg. wird gegen einen Standard (Lsg. von 200,2 mg $CaCO_3$ in 40 cm³ n. HCl auf 100 cm³ aufgefüllt) eingestellt; 1 cm³ Na–Versenatlsg. entspricht t mg CaO. — Die Gesamthärte des W. beträgt a·t °d. (Chem. Weekbl. **50.** 218—19. 20/3. 1954. Utrecht, Rijks-Inst. voor de Volksgezondheid.) WESLY. 6062

A. Smola und **G. Hofbauer,** *Die komplexometrische Bestimmung der Härtebildner des Wassers.* Die Härtebest. nach SCHWARZENBACH u. ACKERMANN, (C. **1949.** II. 25) mit Komplexon III (Di-Na-Salz der Äthylendiamintetraessigsäure) u. Eriochromschwarz T als Indicator für Ca u. Mg-Best., Murexid für Ca allein bei p_H 10 durch Pufferlsg. wird als einfache u. schnelle Meth. eingehend beschrieben u. für sehr hartes W. als Verbesserung angegeben, daß statt nach Verdünnung bei 40° unverd. bei Raumtemp. sofort nach Zusatz der Pufferlsg. titriert wird, wobei gegen Ende die Maßlsg. genügend langsam nur tropfenweise zufließen darf, da durch den in der Kälte schleppenden Farbumschlag leicht übertitriert werden kann. Dabei muß auf die Abwesenheit von $CaCO_3$-Kristallisationskeimen geachtet werden, am besten durch vorheriges Ausspülen der Kolben mit warmer verd. HCl. Parallelbestimmungen, bei denen die Komplexonlsg. der Probe im Unterschuß zugesetzt, mit Pufferlsg. versetzt, auf 40° erwärmt u. nach Zusatz des Indikators flott zu Ende titriert wurde, gaben gute Übereinstimmung. Trübe Proben sind zu verwerfen. — Tabelle der Wasserhärten in den Gemeinden Groß-Wiens. (Mitt. chem. Forsch.-Inst. Wirtsch. Österreichs **8.** 12—16. Febr. 1954. Wien, Oesterr. Unilever A.G.) MÜHLMEISTER. 6062

Harold J. Northup, *Ein Vergleich über den beim Permanganat und BOD-Test verbrauchten Sauerstoff bei der Untersuchung von Textilabwässern.* Die Unterss. haben gezeigt, daß der BOD-Test (biochemical oxygen demand), obwohl er mehr Zeit u. Ausrüstung benötigt, befriedigendere u. vor allem übereinstimmendere Ergebnisse liefert als der $KMnO_4$-Test. Letzterer ist zu sehr von den Reaktionsbedingungen, wie Zeit, Temp., $KMnO_4$-Konz. sowie Säure- u. Alkaligeh. der Abwässer abhängig. Für rasche Best. allerdings ist die Oxydation mit $KMnO_4$ oder $K_2Cr_2O_7$ nicht zu umgehen. Die Ausführung der verschied. Methoden ist ausführlich beschrieben. (Amer. Dyestuff Reporter **43.** P 130—31. 1/3. 1954.) H. G. FRÖHLICH. 6068

V. Anorganische Industrie.

J. Remond, *Neue Verfahren zur Fabrikation von Wasserstoffperoxyd.* Überblick über neuere Patente. (Rev. Produits chim. **57.** 9—14. 31/1. 1954.) WINIKER. H 241

H. Beduneau, *Das Chlordioxyd. Eigenschaften, Herstellung, Anwendungen.* Zusammenfassender Überblick. — 27 Literaturhinweise. (Rev. Produits chim. **57.** 173—77. 31/5. 257—61. 31/7. 1954.) WINIKER. H 247

M. Schofield, *Entwicklungen in der Industrie der Phosphorsäure und der Phosphate.* Beschreibung der geschichtlichen Entw. der Verff. zur Herst. von H_3PO_4 sowie Diskussion der techn. Verwendung von H_3PO_4 u. Phosphaten. (Manufact. Chemist **24.** 246—49. Juni 1953.) GERHARD GÜNTHER. H 264

Chloberag Chlorbetrieb Rheinfelden Akt.-Ges., Deutschland, *Gewinnung von Chlordioxyd* aus Alkalichloraten, z. B. $NaClO_3$, durch Einw. von trockenem HCl-Gas bei Tempp. unter 10° in Ggw. von CCl_4 oder Trichloräthylen als Lösungsmittel. (**F. P. 1 026 630** vom 27/10. 1950, ausg. 29/4. 1953. D. Prior. 27/10. 1949.) M. F. MÜLLER. H 247

Lonza-Werke Elektrochemische Fabriken G. m. b. H. (Erfinder: **Hans Füldner,** Waldshut), *Durchführung elektrothermischer Verfahren, wie Erzeugung von Calciumcarbid,* dad. gek., daß die Wandzonen der Überdachung des Ofens im wesentlichen aus keram. Baustoffen ausgebildet sind, deren Temperaturleitfähigkeit „a" in solchem Umfang durch Erhöhung des freien Porenvol. erniedrigt ist, daß die Verhältniszahl $a/E \cdot \beta$ zwischen 0,03 u. 0,5 bleibt. Solche Baustoffe sind z. B. Mischungen aus C-haltigen Stoffen, wie Ruß, Holzkohle, mit feinstgemahlenem Si u. organ. Bindemitteln, die unter Druck geformt u. bei hohen Tempp., z. B. 1500°, gebrannt sein können. Die genannten Baustoffe leiten weniger Wärme ab als die im Hauptpatent vorgeschlagenen. Durch eine elektr. u. therm. isolierende Zwischenschicht zwischen den Wandzonen u. dem metall. Traggerüst kann man die Wärmeverluste noch weiter verringern.

(D. B. P. 913 167 Kl. 12i vom 13/7. 1944, ausg. 10/6. 1954. Anmeldung bekanntgemacht 6/8. 1953. Zusatz zu D. B. P. 908 855; C. 1954. 8190.) ZÜRN. H 260

Soc. d'Électro-Chimie, d'Électro-Métallurgie & des Aciéries Électriques d'Ugine, Paris, übert. von: **André Sablé,** Marseille, Frankreich, *Herstellung von Tonerde.* Ein monoklines Tonerdehydrat vom Typ des Gibbsits wird bei 180—220° therm. zers. u. das aufgeschlossene Hydrat unter Druck u. Wärme in eine weniger wasserhaltige, rhomboedr. Form umkristallisiert. — Zeichnung. (**A. P. 2 659 660** vom 16/11. 1951, ausg. 17/11. 1953.) NEBELSIEK. H 294

Aluminum Co. of America, Pittsburgh, Pa., übert. von: **Ralph W. Brown,** East St. Louis, Ill., V. St. A., *Ausfällen von $Al(OH)_3$.* In einem kon. zulaufenden, oberen Teil eines Fällgefäßes, der durch eine Sperre vom größeren, unteren Teil abgetrennt ist, durch die 2 Rohre führen, von denen das eine in den unteren Teil Luft eintreten läßt u. das andere mittels Pumpe Lsg. u. $Al(OH)_3$ abzieht, läßt man kontinuierlich gesätt. Alkalialuminatlsg. zufließen; am oberen Rand des unteren Teils des Fällgefäßes zieht man verbrauchte Lsg. ab. Die gesätt. Lsg. tritt durch die geöffnete Sperre in den unteren Teil des Fällgefäßes, wird durch die eingeführte Luft durcheinandergewirbelt u. nach oben gedrückt. Hier trifft sie an den Trennwänden auf bereits ausgefälltes $Al(OH)_3$, das als Keim wirkt u. nur aus der aufwärtsströmenden Lsg. $Al(OH)_3$ ausfällt. Unterhalb des kon. Bodens des oberen Teils des Fällgefäßes sammelt sich diese an ausgefälltem $Al(OH)_3$ angereicherte Lsg. u. wird durch das 2. Rohr mittels Pumpe abgezogen. (**A. P. 2 653 858** vom 22/9. 1951, ausg. 29/9. 1953.) NEBELSIEK. H 294

Pennsylvania Salt Mfg. Co., Philadelphia, übert. von: **William A. LaLande,** Plymouth Meeting, und **Isadore Mockrin,** Philadelphia, Pa., V. St. A., *Gewinnung von fluorhaltigen Aluminiumverbindungen.* Ein trockenes Gemisch aus 6 (Mol) Na_2SiF_6 u. 1 $Al_2(SO_4)_3$ wird auf 400—700°, bes. 550—650°, erhitzt. Dabei erhält man synthet. Kryolith ($Na_3 \cdot AlF_6$) bzw. Chiolith ($Na_5Al_3F_{14}$). (**A. P. 2 659 657** vom 30/8. 1952, ausg. 17/11. 1953.) NEBELSIEK. H 294

Union Carbide & Carbon Corp., übert. von: **Roger G. Sweet,** Bexley, Ohio, V. St. A., *Gewinnung von fluorfreiem Uranoxyd.* Man stellt eine konz., wss. Uranylfluoridlsg. (UO_2F_2) her, fügt NH_4F (1:3 Mol) zu u. erhält einen granulierten, leicht filtrierbaren Nd. aus einem Doppelfluoridsalz (3 $NH_4F \cdot UO_2F_2$). Man filtriert u. calciniert in Ggw. von Wasserdampf zu U_3O_8. (**A. P. 2 659 655** vom 12/3. 1949, ausg. 17/11. 1953.) NEBELSIEK. H 339

Ralph D. Nye und **Dana James Demorest,** Columbus, Ohio, V. St. A., *Gewinnung der Oxyde des U und V.* Das feingemahlene Erz wird red., dann mit einer heißen Alkalicarbonatlsg. angeschlämmt, wobei die U- u. V-haltigen Bestandteile (**I**) in Lsg. gehen u. so von den groben Sand-**I** abgetrennt werden. Diese Lsg. erhitzt man, um sie einzuengen u. dabei die U-Verbb. zu lösen. Dann säuert man an u. trennt die U-Lsg. von dem ungelösten Rückstand (**II**) ab. Aus der sauren U-Lsg. fällt man mit Alkalihydroxyd Alkaliuranat u. red. dieses zu U_3O_8. Den **II** erhitzt man, um alle organ. **I** zu verbrennen, das W. auszutreiben u. ein V-Konzentrat zu erhalten. (**A. P. 2 654 653** vom 8/8. 1949, ausg. 6/10. 1953.) NEBELSIEK. H 339

C. K. Williams & Co., East St. Louis, Ill., übert. von: **Robert A. Stephens,** Palmer Township, Pa., V. St. A., *Gewinnung von Fe_2O_3,* das bes. als *Schminke* oder *Pigment* verwendet wird, aus rohem Eisenerzschlamm, der noch organ. u. anorgan. Verunreinigungen enthält. Man ändert den rohen Eisenoxydgeh. durch Kombination folgender Verfahrensschritte: 1. calciniert man das Oxyd bei 500—900°, wobei es in Fe_2O_3 übergeht, die organ. Verunreinigungen werden im wesentlichen verbrannt, es bleibt ein Rest an C zurück, 2. flotiert man dieses Prod. u. drückt den C-Geh. auf ca. 0,15% herab. Es fällt also ein Fe_2O_3 an, das noch die anorgan. Verunreinigungen enthält, die im wesentlichen aus Komplexen von SiO_2, Al_2O_3 u. Fe–Al-Silicaten bestehen. (**A. P. 2 653 080** vom 6/1. 1948, ausg. 22/9. 1953.) NEBELSIEK. H 354

Linde Air Products Co., New York, V. St. A., *Monokristalliner Korundkörper.* Ein pulveriges Gemisch von Al_2O_3 u. einer Ti-Verb., z. B. TiO_2, wird beim Passieren einer Knallgasgebläseflamme geschmolzen u. die Schmelze auf einer Unterlage aufgefangen. Hierbei werden die therm. Bedingungen beim Wachsen u. Kristallisieren des Körpers aus der geschmolzenen M. derart variiert, daß sich nacheinander dünne, konvexe Schichten auf der Unterlage bilden, die sich durch wechselnde Verteilung des TiO_2 in dem Al_2O_3 unterscheiden. Die C-Achse der Korundkristalle soll hierbei parallel oder senkrecht zu der Längsachse des Kristallwachstums liegen. Bei Verwendung eines Gemisches von 99,5 (%) Al_2O_3, 0,2 TiO_2 u. 0,3 Fe_2O_3 entstehen blaue *Saphire,* bei Verwendung eines Gemisches von 98,9 Al_2O_3, 0,1 TiO_2 u. 1 Cr_2O_3 entstehen *Rubine.* — Zeichnung. (**Schwz. P. 289 320** vom 15/12. 1950, ausg. 1/7. 1953. A. Prior. 21/12. 1949.) REINHART. 6153

Süd-Chemie Akt.-Ges. (Erfinder: **Otto Eckart**), München, *Bleicherde.* Zur Herst. hochakt., granulierter Bleicherde wird n. aktivierte Bleicherde in Ggw. von Feuchtigkeit mit roher Bleicherde, z. B. in Form von Schlamm, gemischt, getrocknet u. granuliert. Die granulierte Bleicherde wird 1 Std. auf 300—400° erhitzt. (**E. P. 704 495** vom 13/3. 1952, ausg. 24/2. 1954.) REICHELT. 6157

VI. Silicatchemie. Baustoffe.

Pietro Rossi, *Anwendung von Methan in einem Libbey-Owens-Ofen zur Herstellung von Flachglas.* Bericht über die Umstellung einer ursprünglich für Generatorgas gebauten Anlage auf Naturgas u. die Überwindung der anfänglichen Schwierigkeiten. (Calore **24.** 554—60. Dez. 1953.) R. K. MÜLLER. 6172

—, *Der Ursprung des Wasserstoffs im emaillierten Stahl.* Für zahlreiche Fehler in Emailschichten auf Stahl wird H_2 verantwortlich gemacht. Um zu ermitteln, woher dieser H_2 stammt, wurde an verschied. Stellen des Emaillierprozesses schweres W. zugesetzt u. als „tracer" verwendet. Es wurde festgestellt, daß der H_2 von der Feuchtigkeit der Fritte stammt. Dieses Ergebnis konnte durch Verss. mit trocknen Fritten bestätigt werden, die entweder durch Vakuumschmelzen getrocknet oder aus trocknen Rohstoffen hergestellt waren. (Sheet Metal Ind. **29.** 1126—27. Dez. 1952.) VIER. 6212

N. W. Ssolomin, N. M. Galdina und **N. A. Fridlender,** *Wärmeausdehnung einiger feuerfester Massen, die in der Glasindustrie angewandt werden.* Es wurden Wärmeausdehnungskurven bei gebranntem *Kaolin, Schamotte, Dinas* (**I**), elektrogeschmolzenem *Zr-Mullit* (**II**), synthet. glasförmigem Mullit, feuerfesten *Korundmassen* (**III**) u. *Porzellan* (pyrometr. Röhren) aufgenommen. — Die Kurven verliefen stetig (Ausnahme **II** oberhalb 600°), die Werte für die Ausdehnungskoeffizienten lagen nahe beieinander (Ausnahme **III**: fast doppelter Wert). **I** der D. 2,48 verhielt sich beim Erhitzen viel schlechter als ein solcher der D. 2,35. (Стекло и Керамика [Glas u. Keram.] **8.** Nr. 3. 8—11. März 1951.) v. WILPERT. 6218

R. L. Pewsner, *Untersuchung der Eigenschaften der Tufflava aus Artik im Hinblick auf ihre Anwendung als teilweiser Ersatzstoff für feuerfeste Massen.* Die Unters. des billigen Rohstoffs ergab dessen Brauchbarkeit für die Auskleidung von Ziegelbrennöfen, da seine Deformation erst bei 1100° (bei Fe-haltigeren Proben 1050°) beginnt. [Стекло и Керамика [Glas u. Keram.] **10.** Nr. 7. 19—20. Juli 1953.) v. WILPERT. 6218

Paul Blanchard, *Feuerfeste Ofenauskleidungen aus SiO_2-Ausstampfungen. Verbesserung und Überwachung des Ausstampfens und Trocknens.* Die empfohlene Ofenauskleidung besteht aus 90 (%) SiO_2, 6,4 Al_2O_3, 0,5 Fe_2O_3, 0,27 CaO, 0,35 TiO_2, Spuren MgO u. 2,22 Glühverlust. Es werden die besonderen Verff. zum Trocknen u. Ausstampfen erörtert. — Diskussion. (Fonderie **1954.** 3864—71. März.) HOCHSTEIN. 6218

Felix Singer, *Sintertonerde als Werkstoff für Drehwerkzeuge und Turbinenschaufeln.* Übersicht über den Stand der Forschung u. Entw. der hochfeuerfesten Oxyde u. Carbide, bes. aber der Tonerde mit sehr ausführlicher Literaturzusammenstellung. (Sprechsaal Keram., Glas, Email **84.** 362—66. 20/9.; 394—99. 5/10.; 415—17. 20/10. 1951.) SCHÜTZ. 6220

A. W. Ssatalkin, *Die Rolle der russischen Forscher in der Aufstellung und Entwicklung der Theorie der Portlandzementerhärtung.* (Журнал Прикладной Химии [J. angew. Chem.] **25.** 457—64. Mai 1952.) v. WILPERT. 6222

P. de Groote, *Über die Anwendung von Schlacke in einer Fabrikation keramischer Platten.* Die Hauptübelstände, die durch eine neue Schlacke bei der Herst. keram. Steine verursacht werden, beruhen auf dem Auftreten von Ausblühungen, Farbtonabweichungen, weißer u. harter Warzen oder schwarzer oder grauer Punkte auf der Steinoberfläche. Letztere dürften auf eine zu starke Red. während des Brennens zurückzuführen sein. Es werden die Ursachen u. Wege zur Vermeidung dieser Fehler besprochen. (Silicates ind. **16.** 125—28. Mai 1951.) PISTOR. 6228

B. N. Gak und **G. A. Kalantar,** *Schnellbrennen von Ziegeln nach dem Verfahren von P. A. Duwanow.* In einem Betrieb gelang es, nach dem Schnellbrennverf. von DUWANOW die Brenndauer bis auf 2 Tage ohne Güteverlust der Ziegel zu verkürzen. Um die Brenndauer für Ringöfen mit mindestens 20 Kammern u. mindestens 120 m Ofenlänge noch weiter herabzusetzen, muß das Brennen mit 2 Feuerungen erfolgen. Der Brennstoff betrug 122 kg/1000 Ziegel. (Стекло и Керамика [Glas u. Keram.] **8.** Nr. 3. 17—22. März 1951.) v. WILPERT. 6228

Otto Telle, *Kornverteilungsanalysen an Pulvern und Stäuben mit einem lichtelektrischen Verfahren.* Es wird über ein in den USA entwickeltes Verf. berichtet, welches die Best. der Kornverteilung von pulverförmigen Substanzen lichtelektr. zu ermitteln erlaubt. (Tonind.-Ztg. keram. Rdsch. **76.** 369—73. Dez. 1952.) K. SEIDEL. 6240

Hubert Schardin, *Glastechnische Interferenz- und Schlierenaufnahmen.* Die Verformung einer Lichtwellenfläche nach Durchtritt durch ein Objekt infolge innerer u. äußerer Optik kommt sowohl beim Interferenz- als auch beim Schlieren- u. Schattenverf. zum Ausdruck. Physikal. Prinzip u. grundsätzlicher Aufbau der Apparaturen werden beschrieben u. Beispiele für die prakt. Anwendung im glastechn. Labor. gegeben. (Glastechn. Ber. **27.** 1—12. Jan. 1954. Freiburg, Breisgau.) F. HEINRICH. 6242

VII. Agrikulturchemie. Schädlingsbekämpfung.

Vincent Sauchelli, *Phosphat, Düngemittel und Landwirtschaft.* Überblick über die Entw. der Phosphatindustrie in den USA. (Agric. Chemicals **8.** Nr. 8. 33—36. 115—19. Aug. 1953. Baltimore, Md., Davidson Chem. Corps.) W. LORENZ. 6282

J. Harold Thompson, *Basische Schlacken. Ihre Herstellung, Zusammensetzung und Düngerwert.* Sammelbericht über die Entw. der Thomasmehlherst., seine Zus., Düngerwrkg. u. Verwendung bei den wichtigen Kulturpflanzen. (Fertiliser, Feeding Stuffs Farm Suppl. J. **40.** 319—26. 14/4. 1954.) GRIMME. 6282

D. A. de Vries, *Physikalische Betrachtungen über den Diffusionswiderstand und die Wärmeleitfähigkeit von Böden.* Der Einfl. der Bearbeitung des Bodens auf seine physikal. Eigg. läßt sich theoret. voraussagen. Die Gasdiffusion spielt eine wichtige Rolle beim Austausch von O u. CO_2 zwischen Boden u. Luft. Ihre Geschwindigkeit wird durch die Beziehung $D = a \cdot D_0$ ausgedrückt, wobei D_0 den Diffusionskoeff. für Luft u. a einen den Boden kennzeichnenden Faktor darstellt. D ist der scheinbare oder mittlere Diffusionskoeff. des porösen Bodens. Der Faktor a läßt sich aus Form, Volumenfraktion u. Leitfähigkeit der Bodenkörner berechnen. Der Wert für a hängt hauptsächlich von dem Wert des luftgefüllten Porenvol. ab. Eine Veränderung der Bodenstruktur bei unveränderlichem Verhältnis des luftgefüllten Porenvol. zum Gesamtvol. hat meist nur einen geringen Einfl. auf den Diffusionswiderstand. Die Wärmeleitfähigkeit läßt sich in entsprechender Weise berechnen. Jedoch kann die Zusammenballung der Bodenteilchen einen großen Einfl. ausüben. An einigen Beispielen wird der Einfl. der Bodenbearbeitung auf die Nachtfrostgefahren erörtert. (Landbouwkund. Tijdschr. **65.** 676—83. Nov. 1953. Wageningen, Landbouwhogeschool, Labor. voor Natuuren Weerkunde.) WESLY. 6302

M. Trénel, *Über Kondensationsvorgänge im Boden.* Im Boden sind Wassergewinne in Dampfform aus der Atmosphäre möglich, da die Umkehrung des Temperaturgefälles Atmosphäre—Boden am Morgen Wassermoll. in den Boden hineinführt. Bei starker Sonneneinstrahlung weicht das W. in den Bodencapillaren nach der Tiefe aus. Die Kondensation wird durch die Hygroskopizität der akt. Oberflächen der Bodenkolloide wesentlich unterstützt. Die Beobachtungen der Geologen, daß an Talsperren mehr W. abfließt, als im Einzugsgebiet Ndd. fallen, sind durch Kondensation zu erklären. Auch die Aufnahme des W. durch die Wurzel wird durch die inneren Destillationsvorgänge im Boden wesentlich erleichtert, indem W. als Dampf mit dem Temperaturgefälle der Wurzel zuströmt. In Trockenzeiten leben die Pflanzen von Kondenswasser. Auch das Grundwasser der Oasen wird als Kondenswasser des Bodens aufgefaßt. (Dtsch. Akad. Landwirtschaftswiss. Berlin, S.-B. **3.** Nr. 6. 1—30. 1954. Berlin, Inst. für Bodenkunde der Humboldt-Univ.) A. JACOB. 6302

L. D. Doneen und **D. W. Henderson,** *Wassereinsickerungsprüfungen.* Nach den Ergebnissen der Unters. von 24 californ., im Labor. verdichteten Bodenproben ist die Bodendichte allein kein gutes Kriterium für die Unters. der Wassereinsickerung. Eine geringe Steigerung der Dichte bewirkt bei relativ niedrigen Bodendichten eine starke Zunahme der Einsickerungsgeschwindigkeit, bei hohen Bodendichten dagegen nur eine geringe Zunahme derselben. (Calif. Agric. **6.** 5. 14—15. Okt. 1952. Davis, Calif., Univ. of California, Coll. of Agric.) RANG. 6302

A. Jacob, *Agrikulturchemische Betrachtungen zur Volldünger-Frage.* (Vortrag.) Vf. diskutiert die Vor- u. Nachteile der Volldüngung u. kommt zu dem Schluß, daß die Vorteile überwiegen. (Landwirtsch. Forsch. **6.** 180—84. 1954.) WINIKER. 6304

R. L. Luckhardt, *Flüssiger Mineraldünger.* Mineraldüngung der Hauptnährstoffe in fl. Form wird in den USA in steigendem Maße angewandt. Die gebräuchlichsten Düngerlsgg. sind: Ammoniakwasser (20% N), NH_4NO_3-Lsg. (20% N), NH_3–NH_4NO_3-

Lsg. (40% N) u. Harnstofflsgg. (ca. 20% N). Phosphatlsgg. (~52% P_2O_5) werden gewöhnlich mit H_3PO_4 hergestellt, Kalidüngung als KCl-Lsg. gegeben. Für prakt. Zwecke werden die Lsgg. kombiniert. Von den verschied. Anwendungsmöglichkeiten hat sich das „Eindrillen" der Lsgg. in den Boden, das Beregnen der Ernterückstände sowie eine Kopfdüngung als prakt. erwiesen. Diesen Zwecken angepaßte Geräte, die auch zum Spritzen von Schädlingsbekämpfungsmitteln benutzt werden können, müssen noch entwickelt werden. In zahlreichen Verss. konnte eine größere Wirksamkeit dieser Art der Düngung im Vgl. zu festen Düngemitteln ermittelt werden, sofern nicht die Geländegestaltung oder Bodenart das Eindringen der Lsg. in tiefere Schichten verhindert. Besondere Vorteile der fl. Düngung sind: größe Löslichkeit, gleichzeitige Wasserversorgung der Pflanze, schnellere Nitrifizierung u. längere Nachwrkg. des NH_3 auch in leichteren Böden, sowie bessere Verteilung. Auch braucht die Lsg. nicht tief in den Boden gebracht zu werden. Der größte Ballast bei der Lagerung muß allerdings in Kauf genommen werden. (Agric. Chemicals **8.** Nr. 9. 45—47. Sept. 1953. Wasco, Calif., Agriform Co., Inc.) Lenhard. 6304

L. Schmitt und **K. Jungermann,** *Über Aufnahme und pflanzenphysiologische Wirkung der Phosphorsäure verschiedener Phosphate.* 1. Mitt. Bei Düngungsverss. mit *Rhenania-Phosphat* (**I**), *Superphosphat* (**II**) u. *Thomas-Phosphat* (**III**) in Bodenzylindern, Mitscherlich-Gefäßen u. Zementkästen wurden folgende Ergebnisse erzielt: In Bodenzylindern war **II** bei starker Trockenheit in der P_2O_5-Aufnahme durch Haferjungpflanzen auf Sandboden **I** u. **II** als Krumendünger deutlich u. als Kopfdünger leicht überlegen. Während in Gefäßverss. bei Krumendüngung die Phosphate prakt. in gleicher Weise auf den Ertrag wirkten, waren bei Kopf- u. Horizontdüngung **I** u. ganz bes. **II** dem **III** überlegen. Die guten Erfahrungen mit der P_2O_5-Horizontdüngung im Gefäß wurden durch Verss. mit P_2O_5-Banddüngung in Zementkästen bestätigt. Bei **I**- u. **II**-Banddüngung waren die Erträge immer, bei **III**-Banddüngung zum Teil größer als die durch Krumendüngung erzielten. (Landwirtsch. Forsch. **6.** 161—86. 1954. Darmstadt, Landwirtsch. Versuchsanstalt.) Winiker. 6304

R. W. Carpenter, H. J. Haas und **E. F. Miles,** *Die Stickstoffaufnahme des Weizens in Beziehung zum Stickstoffgehalt des Bodens.* Es zeigten sich Beziehungen zwischen Kornertrag u. Stickstoffgeh. der Pflanzen. Die Stickstoffaufnahme fällt bei stickstoffarmen Böden nach dem Schossen stark ab, während sie bei stickstoffreichen Böden kontinuierlich weitergeht. (Agronomy J. **44.** 420—23. Aug. 1952. U. S. D. A. Div. of Soil Management and Irrigation.) Grütz. 6304

P. H. Nye, *Ein Überblick über den Wert von Düngemitteln für die Nutzpflanzenanbaugebiete der Goldküste.* 1. Mitt. *Ziele und Methoden der Untersuchung.* (Empire J. exp. Agric. **21.** 176—83. Juli 1953. Ibatan, Univ. Coll.) Winiker. 6304

P. H. Nye, *Ein Überblick über den Wert von Düngemitteln für die Nutzpflanzenanbaugebiete der Goldküste.* 2. Mitt. *Die granitischen Böden des fernen Nordens.* (1. vgl. vorst. Ref.) Auf granit. Böden der Goldküste wurden durch Superphosphatdüngung die Erträge an Erdnüssen u. Cerealien erhöht. Zur Erhöhung der Cerealienerträge eignete sich auch Ammoniumphosphat. (Empire J. exp. Agric. **21.** 262—74. Okt. 1953.) Winiker. 6304

J. Bonnet und **R. Coppens,** *Die Aufnahme von Nährstoffen durch den Hopfen.* Analysenergebnisse von Hopfenproben der Ernten 1950 u. 1952. Angegeben werden: Trockengewicht (in g; Trocknung bei 35—40°), Restfeuchtigkeit, Geh. an N, P_2O_5, CaO, MgO u. K_2O (jeweils in %). Auf Grund dieser Befunde wird bestimmt, welche Nährstoffmengen (in kg) pro ha dem Boden entnommen wurden. (Bull. Inst. agronom. Stat. Rech. Gembloux **22.** 3—9. 1954.) Winiker. 6304

G. Demortier, A. Riga, M. Darcheville, J. Fouarge und **E. Sacre,** *Die Entwicklung von Stecklingen von Populus robusta Schneid. in Abhängigkeit vom p_H und vom Ca^{2+}/Mg^{2+}-Verhältnis.* Mit Hilfe von Gefäßverss. (schlammiger Sandboden) wurde festgestellt, daß für die Stecklinge von Populus robusta ein $p_H > 8$ u. ein Ca^{2+}/Mg^{2+}-Verhältnis von ca. 10 : 1 am günstigsten ist. Hierbei erwiesen sich die entsprechenden Sulfate meist als den Chloriden überlegen. (Bull. Inst. angronom. Stat. Rech. Gembloux **22.** 10—17. 1954.) Winiker. 6304

A. P. Vanselow, *Spurenelemente bei Citrus.* Zur Feststellung der Toxizität von Ni für Citrus wurden Sämlinge von Süßorangen mit Ni-Konzz. von 25—300 p.p.m., bezogen auf lufttrockenen Boden, behandelt. Die mit 150 p.p.m. Ni gedüngten Sämlinge starben sofort oder nach kurzer Zeit ab. Das Trockengewicht der mit 75 p.p.m. Ni gedüngten Pflanzen betrug nach 11 Monaten nur $^1/_{10}$ des Gewichts der Kontrollen; bei mit 25 p.p.m. Ni behandelten war das Wachstum um ca. 30% vermindert. — Gleichartige Düngungsverss. mit Cu zeigten, daß Ni auf die Sämlinge viel giftiger wirkt als

Cu. — Spektrograph. Analyse der Blätter ergab, daß Ni aus dem Boden von den Pflanzen leicht aufgenommen wird. Durch Ggw. von Ni in tox. Konzz. wird die Aufnahme von Cu durch die Pflanze scheinbar gemindert. Der Cr-Geh. der Blätter ist leicht erhöht; der Mn-Geh. bleibt unverändert, außer wenn erhöhte Ni-Konzz. vorhanden sind. — Südkaliforn. Böden enthielten nach Analyse 15—30 p.p.m. Ni, welches normalerweise im Boden in Form von sehr wenig lösl. Verbb. vorhanden ist. Bei starker Bodenversäuerung können jedoch für die Pflanzen tox. Konzz. an Ni, Cu, Mn u. Zn lösl. werden. (Calif. Agric. **6.** 5—14. Jan. 1952. Riverside, Univ. of California, Coll. of Agric.) RANG. 6304

J. Völk und **O. Bode,** *Weitere Untersuchungen zur Frage eines Zusammenhanges zwischen Düngung, Blattlausbesatz und Krankheitsausbreitung in Kartoffelbeständen.* 2. Mitt. (1. vgl. C. **1952.** 7243.) Blattlausbeobachtungen bei ungedüngten u. bei mit NaCl, KCl, K_2SO_4 u. N gedüngten Parzellen ergaben bei keiner der genannten Behandlungsformen Extremwerte. In keinem Falle waren die Werte der KCl- bzw. NaCl-Parzellen höher als die der anderen Parzellen. Der Blattrollbesatz hingegen war bei KCl- bzw NaCl-Düngung deutlich erhöht. Ersatz des Chlorids durch Sulfat (K_2SO_4) bewirkte bei hohen Läusezahlen niedrigen Blattrollbefall. Vff. sind der Ansicht, daß die hohen Blattrollwerte bei Chloriddüngung auf einer Erhöhung der Anfälligkeit der Pflanze gegenüber dem Blattrollvirus zurückzuführen sind u. daß die entscheidende Rolle für diesen Vorgang dem Chlor zukommt. (Z. Pflanzenkrankh. [Pflanzenpathol.] Pflanzenschutz **61.** 49—70. Febr. 1954.) WINIKER. 6304

B. Dabin, *Erste Feststellungen zur nützlichen Mikrobenflora in den Böden des nigerischen Zentraldeltas.* Eine Unters. der Organismen, die N binden u. Cellulose zersetzen, ergab, daß nur eine schwache N-Bindung stattfindet u. daß der Azotobacter sich nur wenig entwickelt. Der Grund wurde in zu niedrigem p_H der Böden, sowie in Mangel an P, Mg u. Spurenelementen gesehen. Auch die Anreicherung des Bodens an Humus hängt davon ab, daß dem Boden diese Mineralstoffe ausreichend zugeführt werden. Die verschied. Entw. der cellulosezers. Bakterien, bes. Cytophaga, steht in Verbindung mit dem Geh. des Bodens an mineral. N. Die Nitrifikation ist um so schwächer, je niedriger die p_H-Zahl ist. (Agronom. tropicale **9.** 302—12. Mai/Juni 1954.) A. JACOB. 6306

Austin O. Simonds, Gestur Johnson und **L. A. Schaal,** *Wirkung von mehrwertigen Phenolen und anderen Verbindungen auf die Bildung von Schutzhäuten bei zerteilten Saatkartoffeln.* Vernarbungen können das Eindringen von Pilzkeimen in die Schnittwunden von zerteilten Saatkartoffeln verhindern. Die Bldg. solcher Schutzhäute wird durch die meisten angewandten o-Diphenolverbb. begünstigt, nicht aber durch Resorcin wegen seiner Hemmung der Tyrosinasewirkung. Brenzcatechin erwies sich am wirksamsten. (Bot. Gaz. **115.** 190—95. Dez. 1953. Colorado Agric. Exp. Stat.) JANICKE. 6312

P. Riepma, *Spritztechnik und Witterungsverhältnisse.* Übersicht über die Einfll. von Spritztechnik u. Witterungsverhältnissen auf die Vernichtung von Unkraut nach Verss. mit *DNOC* an Sämlingen von Brassica napus. (Landbouwkund. Tijdschr. **66.** 99—107. Febr. 1954. Centr. Inst. voor. Landbouwkundig Onderzoek.) WESLY. 6312

Paul C. Marth, William H. Preston jr. und **John W. Mitchell,** *Wirkungen einiger quartärer Ammoniumverbindungen auf das Wachstum verschiedener Pflanzenarten.* Vff. untersuchten die das Längenwachstum hemmende Wrkg. von *Amo-1618* [Piperidin-1-carbonsäureester des (4-Oxy-5-isopropyl-2-methylphenyl)-trimethylammoniumchlorids] auf die Bohnenart Phaseolus vulgaris L. Die dem Boden zugesetzte Verb. wird langsam aufgenommen sowie u. a. in den Früchten lokalisiert, um so durch drei Generationen zu wirken. Vff. beschreiben ferner die Wrkg. von Amo-1618 auf 43 weitere verschied. Species sowie die Wrkg. von 7 neuen quartären Ammoniumverbb. auf Bohnen. Etwa ebenso wirksam wie Amo-1618 waren *Benzyldimethyl-(3.5.5-trimethylhexyl)-ammoniumbenzolsulfonat, Benzyldodecyldimethylammoniumbenzolsulfonat, Hexyldimethylpiperonylammoniumchlorid* u. *Dodecyltrimethylammoniumchlorid.* Etwas weniger wirksam waren *1-Allylchinaldiniumbromid, 1-(2.4-Dichlorbenzyl)-pyridiniumchlorid* u. *Tetraäthylammoniumbromid.* (Bot. Gaz. **115.** 200—04. Dez. 1953. Beltsville, Md., U. S. Dep. of Agric., Bur. of Plant Ind., Soils and Agric. Engng.) JANICKE. 6312

J. R. Escritt, *Zurückhalten des Graswuchses mit Maleinsäurehydrazid.* Es wird über Verss. berichtet, das Graswachstum auf Schnittrasen u. Spielplätzen durch *Maleinsäurehydrazid* (I) zurückzuhalten. Bei Verwendung geringer I-Konzz. wurden keine befriedigenden Ergebnisse erzielt, durch hohe I-Konzz. wurde der Rasen zum Teil geschädigt. (J. Sports Turf Res. Inst. **8.** 269—73. 1953.) GOEBEL. 6312

R. B. Dawson, *Unkrautbekämpfung auf Rasen.* Bericht über verschied. Arten der Unkrautbekämpfung auf Rasen durch geeignete Düngung u. Schnitt oder/u. durch Unkrautvertilgungsmittel (*MCPA, 2.4-D, 2.4.5-T,* As_2O_3 bzw. *Na-Arsenit,* $NaClO_3$). Selektive Unkrautmittel wirken als Spritzmittel besser als in Staubform; Anwendungsmenge für MCPA oder 2.4-D 20—30 Gall. Spritzbrühe/acre gegen Klee, Gänseblümchen, Löwenzahn u. Wegerich. 2.4.5-T wirkte bei einigen Verss. besser als 2.4-D u. MCPA u. besitzt eine größere Wirkungsbreite. (J. Sports Turf Res. Inst. **8.** 261—68. 1953.) GOEBEL. 6312

M. A. Sprague, *Die Verwendung von Chemikalien an Stelle der Bodenbearbeitung zur Erneuerung von Weiden.* Eine neue Technik für die Erneuerung nichtpflügbarer Weiden wurde in New Jersey durch Besprühen mit selektiven Chemikalien entwickelt. Unter Verwendung der Scheibenegge wird *TAC* (Natriumtrichloracetat) in einer Menge von 25 lbs/acre Säureäquivalent in wss. Lsg. versprüht. Das wertlosere Blaugras wird dabei vernichtet, ohne daß das Weidevieh Vergiftungen erleidet. Der prozentuale Anteil an Klee u. anderen wertvolleren Futterpflanzen wird erhöht. (Agronomy J. **44.** 405—09. Aug. 1952. New Brunswick, N. J., Univ. of New Jersey, Agric. Exp. Stat.) GRÜTZ. 6312

D. D. Jensen, *Viruskrankheiten der Orchideen.* Neben anderen vorbeugenden Maßnahmen müssen die virusübertragenden Insekten, bes. Aphiden, durch geeignete Insekticide bekämpft, die Gewächshäuser möglichst gegen Insekten gesichert u. Unkräuter sowie andere Wirte aus ihnen entfernt u. vernichtet werden. (Calif. Agric. **6.** 3. 15. Jan. 1952. Berkeley, Calif., Univ. of California, Coll. of Agric.) RANG. 6312

John C. Schread, *Tannenmilbenbekämpfung.* Sammelbericht über die Bekämpfung der Tannenmilbe, Paratetranychus ununguis Jacobi mit den Phosphorsäureestern *Bladex* (= TEPP), *Parathion, EPN 300* u. vor allem mit dem organ. Sulfit *Aramite.* Letzteres zeigt lange Haftfähigkeit, ist relativ ungiftig u. kann unbedenklich mit den meisten Insekticiden u. Fungiciden gemischt werden, so daß es als Mischspritzmittel empfohlen werden kann. (Connecticut agric. Exp. Stat., New Haven, Circ. **1951.** 3—11. Juli.) GRIMME. 6312

John S. Barker und **Oscar E. Tauber,** *Fruchtbarkeit und Pflanzenschäden der Erbsenblattlaus infolge Änderungen der Ernährung der Gartenerbse.* Unterss. an der Erbse *Pisum sativum L.* über den Einfl. der Veränderung der Nährmedien auf den Befall durch die Blattlaus Macrosiphum pisi (Kalt). Es ergab sich, daß bei Mangel an N, P, K, Ca u. Mg nicht der Befall stärker ist, sondern daß die Pflanzen bes. bei N- u. P-Mangel eher der Schädigung durch die Parasiten unterliegen als die voll ernährten. Gleichzeitig mit der Schwächung der Pflanzen tritt jedoch eine Hemmung im Fortpflanzungscyclus der Tiere auf. (J. econ. Entomol. **44.** 1010—12. Dez. 1951. Ames, Io., Iowa Exp. Stat.) LÜPNITZ. 6312

A. Earl Pritchard, *Anwendung von Malathon bei Zierpflanzen.* Bei 2jährigen Gewächshausverss. wurden Coccus hesperidum L. u. ähnliche Arten, Spinnmilben u. Blattläuse bei über 100 Arten von Blatt- u. Blütenpflanzen durch Emulsions sprays der organ. P-Verb. *Malathon* erfolgreich bekämpft. (Calif. Agric. **6.** 6. Okt. 1952. Berkeley, Univ. of California, Coll. of Agric.) RANG. 6312

Leland G. Merrill jr., *Gekörnte Misch-Insekticide zur Bekämpfung von Wurzelmaden in auf naturgedüngtem Boden gezüchteten Gemüsen.* (Vorläufiger Bericht.) *Heptachlor* u. *Dieldrin* erwiesen sich in Mischung mit dem den Brand verhütenden Fungicid *Thiram* in bestimmter Körnung als wirksam gegen Maden verschied. Fliegenarten bei Zwiebel u. Radieschen, bei letzteren jedoch auch schädigend. — 5 Literaturangaben. (Michigan State Coll., agric. Exp. Stat., quart. Bull. **36.** 173—78. Nov. 1953. Dep. of Entomol.) JANICKE. 6312

Neely Turner, *Bekämpfung von Tabakschädlingen.* Beschreibung der wichtigsten Tabakschädlinge u. ihrer Schadwirkungen. Sammelbericht über ihre Bekämpfung mit Rotenon, DDT, Chlordan, Toxaphen, Parathion, Tetraäthylpyrophosphat u. Lindan. (Connecticut agric. Exp. Stat., New Haven, Circ. **1950.** 3—16. Dez. New Haven, Conn., Agric. exp. Stat.) GRIMME. 6312

Francesco Santucci, *Pentodon punctatus.* Bei der Bekämpfung bewährten sich gammexanhaltige Pulverpräpp, wie *Geogamma,* in Gaben von 50—60 kg/ha. — 12 Literaturzitate. (Tabacco **58.** 96—105. März 1954. Perugia.) GRIMME. 6312

A. S. Perry und **W. M. Hoskins,** *Untersuchungen über Resistenz gegen Insekticide.* 1. Mitt. *Synergistische Wirkung mit DDT gegen resistente Hausfliegen.* Verss. an einem ausgesucht DDT-resistenten Stamm von Musca domestica mit den Verbb. *p.p'-DDT, p.p'-DDD, Methoxychlor* (I), *Piperonylcyclonenen* [II; Handelsprod.; Gemisch der

2 Verbb.: 3-Hexyl-5-(3.4-methylendioxypheny)-6-carbäthoxyl-3-cyclohexen-1-on; u. 3-Hexyl-5-(3.4-methylendioxyphenyl)-3-cyclohexen-1-on]. *Piperonylbutoxyd* = 3.4-Methylendioxy-6-propylbenzyl-1-butyldiäthylenglykoläther (= *Octacide* oder Van Dyk *264*); *N-(2-Äthylhexyl)-bicyclo-[2.2.1]-5-hepten-2.3-dicarboximid, Piperin, Isobutylundecylenamid, Isosafrol, n-Amyl-β-naphthyläther, Methylallyl-β-naphthyläther, Sesamöl* (Wirkstoff *Sesamin*). Die Verbb. wurden durch Versprühen oder lokal mit den Tieren in Berührung gebracht. **I** u. **II** wirkten nur wenig auf Tiere eines n. Stammes ein, erhöhten jedoch die tox. Wrkg. bei DDT-resistenten Tieren. Die optimalen Verhältnisse zwischen DDT u. Synergisten sind nicht stöchiometr. abzuleiten. (J. econ. Entomol. **44.** 839—49. Dez. 1951. Berkeley, Calif., Univ., Div. of Entomol. and Parasitol., Labor. of Insect Physiol. and Toxicol.) Lüpnitz. 6312

A. S. Perry und **W. M. Hoskins,** *Untersuchungen über Resistenz gegen Insekticide.* 2. Mitt. *Entgiftung von DDT als ein Faktor bei der Resistenz von Hausfliegen.* (1. vgl. vorst. Ref.; vgl. C. **1951.** I. 380.) In *DDT*-resistenten Stämmen (a) von Hausfliegen wird absorbiertes DDT unter HCl-Abspaltung weitgehend in das weniger tox. Äthylenderiv. *DDE* übergeführt; in Spuren wird dieses auch durch den DDT-empfindlichen Stamm gebildet. *Piperonylcyclonene* (**I**) als Synergist verhindert diese Rk. u. steigert die DDT-Wrkg. auf a. Außerdem erklärt sich die DDT-Desaktivierung auch durch Bldg. eines noch unbekannten Deriv., wobei **I** nicht wirksam ist. (J. econ. Entomol. **44.** 850—57. Dez. 1951.) Lüpnitz. 6312

O. H. Fullmer und **W. M. Hoskins,** *Untersuchungen über Resistenz gegen Insekticide.* 3. Mitt. *Wirkungen von DDT auf die Atmung empfänglicher und resistenter Stubenfliegen.* (2. vgl. vorst. Ref.) Die Zufuhr von DDT erhöht bei DDT-empfindlichen Fliegen vorübergehend die Respiration, während sie bei resistenten Fliegen viel weniger beeinflußt wird. Behandlung mit *1.1-Bis-p-chlorphenyl-2-nitropropan* steigert die Respiration bei beiden Stämmen. Zusatz von *Piperonylcyclonene* zu DDT stimuliert ebenfalls die Respirationshöhe bei beiden Stämmen gleichmäßig. Es wird angenommen, daß aufgenommenes DDT im Insektenkörper teilweise gespeichert wird u. aus einem Depot heraus die typ. Muskelaktivität hervorruft. Wenn in diesem Depot die Konz. vermindert wird, etwa durch Detoxifikation, sind die Tiere resistent, wenn jedoch dieser Entgiftungsvorgang gehemmt wird, werden die Tiere wieder DDT-empfindlich. (J. econ. Entomol. **44.** 858—70. Dez. 1951.) Lüpnitz. 6312

Gerda Bönig, *Quantitative Bestimmung der Mikronährstoffe Kupfer, Kobalt, Mangan und Zink im Volldünger,* Cu, Co u. Zn werden in schwefelsaurer Lsg. mit Dithizon in chloroformhaltiger Lsg. in Ggw. von Citrat extraktiv angereichert u. anschließend durch Ringpapierchromatographie getrennt. Mn wird in einem aliquoten Teil der schwefelsauren Lsg. als $KMnO_4$ photocolorimetr. bestimmt. Genaue Arbeitsvorschrift u. Beispiel für die Anwendungsmöglichkeit der Methode. (Landwirtsch. Forsch. **6.** 177—79. 1954. Kiel, Landwirtsch. Untersuchungs- u. Forschungsanstalt der Landwirtschaftskammer Schleswig-Holstein.) Winiker. 6322

G. Manil und **F. Delecour,** *Vergleich von zwei granulometrischen Analysenmethoden unter Verwendung von wiederhergestelltem Boden.* Ein Vgl. der densimetr. Meth. von Bouyoucos mit der gravimetr. Meth. von Robinson ergab, daß beide Methoden zur Teilchengrößenbest. von Böden geeignet sind, da sie recht genaue u. vergleichbare Werte liefern. Die densimetr. Meth. wird wegen ihrer Einfachheit u. Schnelligkeit bes. empfohlen. (Bull. Inst. agronom. Stat. Rech. Gembloux **22.** 24—31. 1954.) Winiker. 6324

H. Riehm und **B. Ulrich,** *Quantitative colorimetrische Bestimmung der organischen Substanz im Boden.* Zur quantitativen Best. von organ. Substanz im Boden entwickelten Vff. eine Modifikation der Meth. Lichterfelde, die darin besteht, daß der beim Aufschluß der Proben mit $H_2SO_4 + K_2Cr_2O_7$ verbleibende Überschuß an $K_2Cr_2O_7$ nicht oxydimetr., sondern colorimetr. bestimmt wird. (Landwirtsch. Forsch. **6.** 173—76. 1954. Augustenberg, Bad. Staatl. Landwirtschaftl. Versuchs- u. Forschungsanstalt.) Winiker. 6324

J. A. A. Ketelaar, *Chemische Untersuchungen über Insekticide.* 2. Mitt. *Die Hydrolyse von O.O'-Diäthyl- und -Dimethyl-O''-p-nitrophenylthiophosphat* (*Parathion und Dimethylparathion* [*E 605*]). (Vgl. Ketelaar u. Bloksma, Recueil Trav. chim. Pays-Bas **67.** [1948.] 665.) *O.O'-Diäthyl-O''-p-nitrophenylthiophosphat* (*Parathion*; **I**) u. *O.O'-Dimethyl-O''-p-nitrophenylthiophosphat* (*Dimethylparathion*; **II**) verschied. Reinheit werden in sehr verd. wss. Lsg. oder in W.-A. (1:1) mit 0,002—1nNaOH bei verschied. Tempp. hydrolysiert u. der Fortgang der bimol. Rk. wird an der Lichtabsorption des entstehenden Na-Nitrophenolats bei 405 mμ spektrometr. verfolgt. Die bei hohen

Tempp. entnommenen Proben wurden mit Eiswasser gekühlt u. rasch gemessen. Die Gleichgewichtskonstanten sind für **I** bzw. **II** bei 15° 2,15·10^{-2} bzw. 9,20·10^{-2} Mol·$^{1-}$ Min.$^{-1}$, die allg. Ausdrücke sind log k = 10,95—16600/2,303 RT bzw. 10,71—15450/ 2,303 RT, somit die Aktivierungswärmen 16,6 bzw. 15,45 kcal/Mol. Die Ergebnisse können als Grundlage zur analyt. Unterscheidung der beiden Stoffe dienen. Dabei sowie durch Vgl. der Ultrarotspektren von **I** u. **II** ergab sich, daß die insekticiden *E 605-Präpp.* des Handels als wirksame Komponente **II** enthalten. (Recueil Trav. chim. Pays-Bas **69**. 649—58. April 1950. Amsterdam, Univ., Labor. für Allg. u. Anorg. Chem.) AHRENS. 6328

Ludwig Wilhelm Sattler (Erfinder: **August Chwala** und **Ludwig W. Sattler**), Wien, Österreich, *Als Blatt- und Samendüngemittel verwendbare Schwermetallsalzmischungen.* Das Gemisch der Schwermetallsalze, bes. von Salzen der Spurenelemente, enthält gegen die Schwermetallsalze unempfindliche Schutzkolloide, wie Gelatine, Leim, Albumin, Stärke, Tannin u. zur Trockne eingedampfte Sulfitablauge. — Beispiele: Salze des Fe, Cu, Mn, Zn, Mg, Ti u. B. Mischungsverhältnis von Salzen zu Adsorptionsmitteln, z. B. Kieselgur, Talkum, Kohle u. dgl., zwischen 20:80 u. 80:20, bes. 50:50. Zusatzmengen an Schutzkolloiden ca. 11%. In den auch bei Verwendung von hartem W. klaren Spritz-Fll. werden Umsetzungen zu unlösl. Verbb. vermieden. Die Haftfähigkeit trockener Einstäubemittel an Samen mit glatter Schale wird erhöht. (**D. B. P. 901 058** Kl. **16** vom 28/12. 1951, ausg. 7/1. 1954. Oe. Prior. 17/9. 1947.) KARST. 6293

B. F. Goodrich Co., New York, N. Y., übert. von: **William D. Stewart**, Brecksville, O., V. St. A., *Mittel zur Beeinflussung des Pflanzenwachstums,* bestehend aus einer ein Netzmittel enthaltenden wss. Lsg., welche 0,001—5,0 Gew.-% einer β-(Heterocycl.-thio)-propionsäure der allg. Formel A—S—CH_2·CH_2·COOH enthält. A ist ein Stickstoff enthaltender heterocycl. Rest. Genannt ist z. B. die *β-[4-Äthylthiazyl-(2)]-mercaptopropionsäure.* Vgl. die A. PP. 2 535 875, 2 535 876 u. 2 535 877; C. **1952**. 4364. (**Can. P. 491 348** vom 10/6. 1952, ausg. 17/3. 1953. A. Prior. 3/9. 1947.) M. F. MÜLLER. 6297

Monsanto Chemical Co., St. Louis, Mo., übert. von: **David T. Mowry** und **Arthur H. Schlesinger**, Dayton, O., V. St. A., *Herbicide Mittel,* bestehend aus einer Öl in W.-Emulsion, die 0,1—2% eines Ketons der Formel **I** enthält, in der R H u. Alkylreste mit 1—5 C-Atomen u. Y ein Alkylrest mit 1—5 C-Atomen darstellen. — Beispiele: *Methyl-2-, Äthyl-3-, Isopropyl-5-methyl-2-, Methyl-6-n-amyl-2-, n-Butyl-3-, n-Propyl-4-methyl-2-, Isoamyl-7-äthyl-2-thionaphthenylketon,* die durch Rk. von Thionaphthenen oder geeigneten Alkylthionaphthenen mit den entsprechenden Acylhaliden hergestellt werden. Geeignete Emulgier- u. organ. Lösungsmittel sind: Alkylbenzolsulfonate, langkettige Polyalkylenglykole oder Succinate bzw. Kerosin, Hexane, Benzol, CCl_4, Chlorbenzole, Cyclohexanon oder Methyläthylketon. Gemische der Verbb. mit festen, inerten Trägerstoffen, z. B. Ton, Talkum, Bentonit oder dgl., u. Insekticiden oder Fungiciden können als Stäubemittel verwendet werden. Die Mittel werden auf die zu bekämpfenden Pflanzen oder den Kulturboden aufgespritzt oder zerstäubt. Vernichtung von bes. breitblättrigen Pflanzen u. keimenden Unkrautsamen sowie Entblätterung von Bohnen, Baumwolle oder dgl. kurz vor der Ernte. (**A. P. 2 634 201** vom 26/12. 1951, ausg. 7/4. 1953.) KARST. 6313

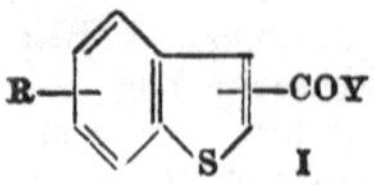

I

Golden Bear Oil Co., Los Angeles, übert. von: **Fritz S. Rostler**, Bakersfield, Calif., V. St. A., *Unkrautbekämpfungsmittel,* bestehend aus einer Emulsion aus W. u. einer thermoplast., harzigen Petroleumfraktion [Flammpunkt >250°; Viscosität bei 25° >750 cp, D. 1,0—1,05 (60° F)], in der bekannte Herbicide, wie Pentachlorphenol oder 2.4-Dichlorphenoxyessigsäure, gelöst sind. (**A. P. 2 646 350** vom 17/6. 1950, ausg. 21/7. 1953.) NEBELSIEK. 6313

Ethyl Corp., New York, N. Y., übert. von: **Waldo B. Ligett**, Pontiac, **Rex D. Closson**, Detroit, und **Calvin N. Wolf**, Ferndale, Mich., V. St. A., *Fungicides Mittel,* im wesentlichen bestehend aus N.N'-Phthalylhydrazin, dessen Metallsalzen, z. B. des Na, K, Cu, Cr, Ag, oder dessen Salzen mit organ. Basen, wie Alkyl- oder Arylaminen, einem inerten Verdünnungsmittel, z. B. Bzl., u. einem oberflächenakt. Mittel, z. B. einem Fettsäureester von polyhydrierten Alkoholen. (**A. P. 2 654 689** vom 30/1. 1952, ausg. 6/10. 1953.) NEBELSIEK. 6313

Imperial Chemical Industries Ltd., London, England, *Fungicides Mittel,* bestehend aus 1-Fluor-3-halogen-4.6-dinitrobenzolen (**I**) im Gemisch mit einem bekannten inerten Lösungs- oder Verdünnungsmittel u./oder Zusatz von DDT. Die **I** erhält man, indem man vom m-Nitranilin ausgeht, zuerst Dihalogenbenzol herstellt u. dieses durch

Nitrieren in 4.6-Dinitroderivv. überführt. — Beispiele: 3-Chlor-4.6-dinitrofluorbenzol, 3-Brom-4.6-dinitrofluorbenzol u. 3-Jod-4.6-dinitrofluorbenzol. (**E. P. 700 185** vom 27/12. 1950, ausg. 25/11. 1953.) NEBELSIEK. 6313

Allied Chemical & Dye Corp., New York, übert. von: **Everett E. Gilbert**, Flushing, und **Jack V. Schurman**, Bellaire, N. Y., V. St. A., *2-Chlor-4-nitrophenol*, F. 101—109°, erhält man durch Chlorieren von geschmolzenem 4-Nitrophenol in Ggw. von 20 bis 35%ig. wss. HCl, zweckmäßig bei 70—90° in 94,1%ig. Ausbeute. *Baktericid* u. *Fungicid*. (**A. P. 2 629 745** vom 23/4. 1951, ausg. 24/2. 1953.) KRAUSS. 6313

Ethyl Corp., New York, N. Y., V. St. A. (Erfinder: **Alfred Jerome Kolka** und **Waldo Buford Ligett**), *Chlor- und/oder Bromfluornitroaromaten*. Durch therm. Zers. von aromat. Diazoniumfluorboraten oder -fluoriden wird in den Arylkern (Bzl., Naphthalin, Anthracen, Phenanthren, Chrysen) F eingeführt; anschließend wird chloriert u./oder bromiert u. dann nitriert, so daß der Kern mindestens 4 Substituenten enthält. — Anilin + $NaNO_2$ in Fluorborsäure → Benzoldiazoniumfluorborat, daraus durch Erhitzen → Fluorbenzol; dieses gibt mit Cl_2 in Ggw. von $FeCl_3$ eine Mischung aus Mono-, Di- u. Trichlorfluorbenzol, daraus mit einer Mischung aus 18 (%) HNO_3 u. 80 H_2SO_4 bei 60—65 bzw. 90° → *Trichlorfluornitrobenzol*, $Kp._9$ 123°, das bei weiterer Nitrierung *Trichlorfluordinitrobenzol*, $Kp._7$ 142—153°, liefert. — *Dichlorfluor-, Chlordifluornitrobenzol.* — *Chlorfluor-, Chlordifluor-, Dichlorfluor-, Trichlorfluor-, Dichlordifluor-, Monochlortrifluordinitrobenzol.* — *Chlorfluornitrobrombenzol.* — *Dichlordifluor-, Trichlorfluor-, Tetrachlorfluor-, Trichlordifluor-, Dichlortrifluor-, Chlortetrafluornitrobenzol.* — *Chlordifluornitronaphthalin.* — *Trichlorfluornitroanthracen.* — *Dichlordifluordinitrochrysen.* — *Bromdichlorfluornitrophenanthren. Fungicide*, bes. gegen *Mehltau* (Tabelle). (**E. P. 687 962** vom 11/7. 1950, ausg. 25/2. 1953.) KRAUSS. 6313

S. O. B. I. V. A. (Société de Biologie Végétale Appliquée), Frankreich, *Spritzmittel gegen durch Schädlinge verursachte Pflanzenkrankheiten*, bes. gegen Mehltau, Monilia, Erkrankung von Weinreben, Kartoffeln u. Obstbäumen, bestehend aus bzw. enthaltend die Salze der *Methylendithiocarbaminsäure*. Genannt sind die Alkali-, Erdalkali-, NH_4-, Fe-, Zn-, Mg- u. Cu-Salze. (**F. P. 1 044 939** vom 8/11. 1951, ausg. 23/11. 1953.) M. F. MÜLLER. 6313

Dow Chemical Co., übert. von: **Lewis R. Drake**, Midland, und **Clarence L. Moyle**, Clare, Mich., V. St. A., *O-2.4.5-Trichlorphenyl-O.O-dialkylthiophosphate* (**I**) u. *O.O-Di-(polyhalogenphenyl)-N-substituierte-amidothiophosphate* (**II**) (R = CH_3, C_2H_5; X = Br, Cl; n = 3—5; R′ u. R″ = Alkyl, Cycloalkyl, R′ = auch H). I erhält man durch Kondensation entsprechender Dichlorthiophosphate mit Alkalialkoholaten; II aus Alkalipolyhalogenphenolaten mit N-substituierten Dichlorthiophosphoramiden $Cl_2P(=S)-N(R',R'')$ in einem organ. Lösungsm. bei ca. 30—110°.

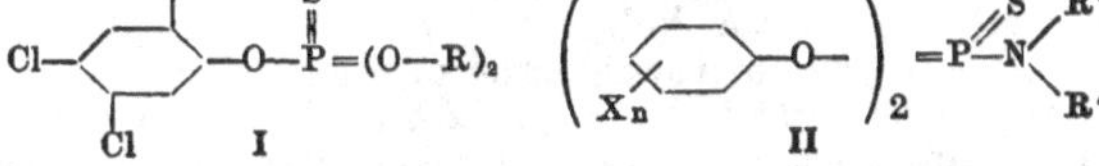

I II

— Aus O-(2.4.5-Trichlorphenyl)-dichlorthiophosphat, $D.^{25}$ 1,65, n_D^{35} 1,6054, u. Na-Methylat in Methanol bei 40° → *O-2.4.5-Trichlorphenyl-O.O-dimethylthiophosphat*, Kp. 152—154°, $D.^{28}$ 1,46, n_D^{35} 1,5597. — *O-2.4.5-Trichlorphenyl-O.O-diäthylthiophosphat*, schwachgelbes Öl, $D.^{23}$ 1,32, n_D^{35} 1,5388. — Aus 4-Chlorphenol + KOH in Methanol + N-Methyldichlorthiophosphoramid bei 50° → *O.O-Di-(4-chlorphenyl)-N-methylamidothiophosphat*, $D.^{26}$ 1,26, n_D^{35} 1,5356. — *O.O-Di-(4-chlorphenyl)-N-äthyl-atp* (*atp* = amidothiophosphat), $D.^{28}$ 1,15, n_D^{35} 1,5290. — *O.O-Di-(4-chlorphenyl)-N-isopropyl-atp*, $D.^{19}$ 1,13, n_D^{35} 1,5250. — *O.O-Di-(4-chlorphenyl)-N.N-dimethyl-atp*, $D.^{24}$ 1,16, n_D^{35} 1,5533. — *O.O-Di-(4-chlorphenyl)-N.N-diäthyl-atp*, $D.^{28}$ 1,16, n_D^{35} 1,5458. — *O.O-Di-(4-chlorphenyl)-N.N-disek.-butyl-atp.* — *O.O-Di-(4-chlorphenyl)-N-dodecyl-atp.* — *O.O-Di-(4-chlorphenyl)-N-n-butyl-N-n-hexyl-atp.* — *O.O-Di-(4-chlorphenyl)-N-n-octyl-atp.* — *O.O-Di-(2.4.5-trichlorphenyl)-N.N-dimethyl-atp*, $D.^{31}$ 1,35, n_D^{35} 1,5737. — *O.O-Di-(4-brom-2.6-dichlorphenyl)-N-isopropyl-atp*, $D.^{30}$ 1,23, n_D^{35} 1,5103. — *O.O-Di-(2.3.4.6-tetrachlorphenyl)-N-äthyl-atp*, $D.^{30}$ 1,22, n_D^{35} 1,5608. — *O.O-Di-(pentachlorphenyl)-N-äthyl-atp*, $D.^{30}$ 1,36, n_D^{35} 1,5536. — *O.O-Di-(2.4.6-trichlorphenyl)-N-n-amyl-atp*, $D.^{31}$ 1,07, n_D^{36} 1,4956. — *O.O-Di-(2.4.5-trichlorphenyl)-N-cyclohexyl-atp*, F. 66—72°. — *O.O-Di-(pentachlorphenyl)-N-n-octyl-atp.* — *O.O-Di-(2.4.6-tribromphenyl)-N-(4-phenylcyclohexyl)-atp.* — *O.O-Di-(2.3.4.6-tetrachlorphenyl)-N.N-di-sek.-butyl-atp.* — *O.O-Di-(2.4.6-trichlorphenyl)-N.N-dicyclohexyl-atp.* — *O.O-Di-(pentachlorphenyl)-N-(2.4-dimethylcyclohexyl)-atp.* — *O.O-Di-(2.4.6-trichlorphenyl)-N-n-dodecyl-atp.* — *O.O-Di-(2.3.4.6-tetrachlorphenyl)-N-(4-methylcyclohexyl)-atp.* — *O.O-Di-(2.4.5-tribromphenyl)-N-methyl-N-cyclohexyl-atp.* — 2.4.5-Trichlorphenol + $PSCl_3$ → O-(2.4.5-Trichlor-

phenyl)-dichlorthiophosphat, Kp.$_1$ 110°, D.^{20} 1,6653, n_D^{20} 1,6084, + 4-Chlorphenol → *O-(2.4.5-Trichlorphenyl)-O-(4-chlorphenyl)-atp*, D.^{22} 1,685, n_D^{35} 1,5985. — *O-(2.4.5-Trichlorphenyl)-O-(4-bromphenyl)-atp*, D.^{22} 1,715, n_D^{35} 1,6062. *Insekticide* u. *Fungicide*, bes. gegen *mexikan. Bohnenkäfer* u. *Spinnenmilben*. Vgl. E. P. 666 928; C. **1953**. 7388. (**E. P. 699 064** vom 13/3. 1952, ausg. 28/10. 1953. **A. PP. 2 615 037**, **2 615 038** vom 15/10. 1948 u. **2 615 039** vom 2/11. 1949, sämtlich ausg. 21/10. 1952.)
KRAUSS. 6313

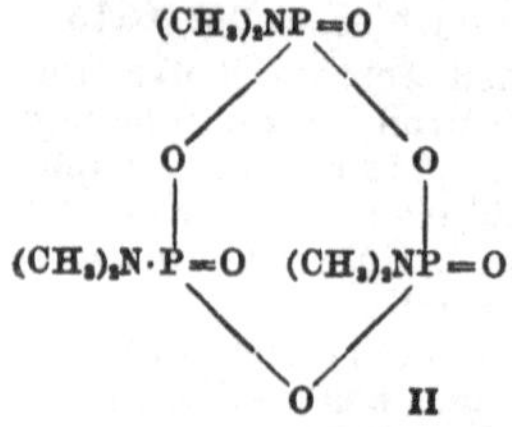
II

Pest Control Ltd., Bourn, Cambridgeshire, England, *Insekticides Mittel*, das als wirksames Mittel eine P-Verb. enthält. Man läßt auf 2 n (Mol) eines wasserfreien Dialkylamins, z. B. Dimethylamin (**I**), $POCl_3$ einwirken (oder 1 n **I** mit 1 $POCl_3$ unter Zusatz von 1 tert. Amin reagieren). Das erhaltene Prod. setzt man mit (3 n)/2 W. u. einem tert. Amin um (n = 1,7 oder 1,8). — Beispiele: $(R'_2N)_2\cdot P(:O)\cdot O\cdot R'_2\cdot NP(:O)\cdot O(R'_2N)_2PO$, worin R′ eine Alkylgruppe darstellt, u. **II**. (**E. P. 688 773** vom 12/5. 1950, ausg. 11/3. 1953.)
NEBELSIEK. 6313

Allied Chemical & Dye Corp., New York, übert. von: **John Douglas Calfee**, Manhasset, N. Y., und **Patrick A. Florio**, Wilmington, Del., V. St. A., *1.1-Difluoräthylfluorsulfonate*, $R-CH_2-CF_2-O-SO_2F$ (R = H, Cl), erhält man aus 1.1-Difluoräthenen u. FSO_3H in fl. Phase bei n. oder erhöhtem Druck. — *Fluorsulfonsäure-1.1-difluoräthylester*, Kp. 74—75°, Dampfdruck bei 25° 137 mm. — *1.1-Difluor-2-chloräthylfluorsulfonat*, Kp. 108°, Dampfdruck bei 25°/41 mm. *Pesticide Räuchermittel*, bes. für *Getreidekörner*, *Mehl*, *Textilien* u. *Teppiche*. Vgl. A. P. 2 570 917; C. **1952**. 6275. (**A. P. 2 628 972** vom 3/8. 1949, ausg. 17/2. 1953.)
KRAUSS. 6313

Merck & Co., Inc., Rahway, übert. von: **Ida Marie Rasmussen**, New Brunswick, und **Edward F. Rogers**, Middletown, N. J., V. St. A., *Insekticides Mittel*, bes. gegen *Motten*, bestehend aus einer Verb. der allg. Formel $X-C_6H_4-SO_2NH-CH_2-NH\cdot SO_2-C_6H_4-X$, in der X Cl oder Br bedeutet, u. einem üblichen Trägerstoff, wie Talkum oder Kieselgur. — Man erhält diese Verbb. durch Rk. von p-halogeniertem Benzolsulfonamid mit CH_2O. — Beispiele: *Bis-(p-chlorbenzolsulfonyl)-methylendiamin*; *Bis-(p-brombenzolsulfonyl)-methylendiamin*. (**A. P. 2 654 677** vom 1/12. 1950, ausg. 6/10. 1953.)
NEBELSIEK. 6313

Arvey Corp., übert. von: **Morton Kleiman**, Chicago, Ill., V. St. A., *Schädlingsbekämpfungsmittel*, bestehend aus einer Gruppe von Verbb., die eine teilweise hydrierte Naphthalinstruktur haben mit 1,4- u. 5,8 C-Atomen, die jeweils überbrückt sind durch eine Endomethangruppe u. eine O_2-Brücke u. außerdem hexahalogeniert sind. Diese Verbb. sind *Hexahalogen-1.4-methylen-5.8-oxido-hexahydronaphthaline*. Um sie zu gewinnen, geht man vom Hexachlorcyclopentadien aus u. läßt dieses mit Vinylchlorid reagieren. Das Reaktionsprod. ist Hexahalogenbicyclo-[2.2.1]-2.5-heptadien (**II**). — Durch Rk. von **II** bei ca. 100—200° unter Druck mit Furan erhält man *1.2.3.4.10.10-Hexachlor-1.4-methylen-5.8-oxido-1.4.4a.5.8.8a-hexahydronaphthalin*, F. 138,7—139,6°, mit 2-Methylfuran *1.2.3.4.10.10-Hexachlor-1.4-methylen-5-methyl-5.8-oxido 1.4.4a.5.8.8a-hexahydronaphthalin* u. mit 2.5-Dimethylfuran *1.2.3.4.10.10-Hexachlor-1.4-methylen-5.8-dimethyl-5.8-oxido-1.4.4a.5.8.8a-hexahydronaphthalin*. — Diese Verbb. werden mit üblichen Trägerstoffen oder auch gemischt mit anderen Insekticiden oder Fungiciden angewendet. (**A. P. 2 655 513** vom 5/7. 1952, ausg. 13/10. 1953.) NEBELSIEK. 6313

Hercules Powder Co., übert. von: **Georges Allen Buntin**, Wilmington, Del., V. St.A., *Insekticides Mittel*, bestehend aus einem bicycl. Polychlorterpenketon (**I**) mit ca. 50 bis 70° Cl u. einem oberflächenakt. Dispergiermittel, z. B. einer Harzseife, gegebenenfalls in Verbindung mit anderen bekannten tox. Mitteln, z. B. Rotenon oder Pyrethrum. Man erhält **I** durch Chlorieren von Campher oder Fenchon in einem inerten Lösungsm., z. B. CCl_4, mit gasförmigem Cl_2 in Ggw. eines Katalysators, z. B. Pb-Alkyle oder organ. Peroxyde, bei 50—100°. (**A. P. 2 657 164** vom 8/9. 1950, ausg. 27/10. 1953.)
NEBELSIEK. 6313

C. T. de Wit, A physical Theory on placement of fertilizers. Wageningen: Landbouwhoogeschool. 1953. (71 S. m. 48 Abb., 13 Taf.)

—, IIIe Congrès International de Phytopharmacie. I. Discours — Conférences — Rapports et Vœux des Commissions. Paris: Secrétariat du Congrès. 1953. Coll. „Phytiatrie-Phytopharmacie, n° spécial". (208 S.)

VIII. Metallurgie. Metallographie. Metallverarbeitung.

Wilhelm Schmitt, *Die Brennerabmessungen von Maerzöfen*. (Stahl u. Eisen 73. 1640—44. 3/12. 1953. Düsseldorf.)
HOCHSTEIN. 6370

Alfred Send und **Franz Strähuber,** *Ermittlung der Wärmeverluste von Hochöfen durch Kühlwassermessungen.* Bei der Unters. mehrerer Hochöfen unterschiedlichen Alters u. mit unterschiedlicher Schachtmauerdicke wurde gleiche Größe der Wärmeverluste des Unterofens gefunden; Unterschiede der Wärmeverluste zeigten sich in den Ofenschächten. Die Gesamtverluste bewegten sich zwischen 4 u. $5 \cdot 10^6$ kcal/Std. u. ergaben bei einer Gestellbelastung von 1000 kg/m² Std. 150—200 kcal/kg Koks. Als wichtigste Kennzahlen werden vorgeschlagen: Verluste in kcal/Betriebsstd., Verluste in kcal/m² Ofenoberfläche u. Betriebsstd. u. Verluste in kcal/kg Koks. — Diskussion. (Stahl u. Eisen **72.** 1509—13. 20/11. 1952. Duisburg-Huckingen.) HABBEL. 6370

R. F. Jennings, *Die Auslegung von Sinter-Anlagen für ein wirtschaftliches Ausbringen.* (J. Iron Steel Inst. **175.** 248—56. Nov. 1953.) HOCHSTEIN. 6378

W. Andrews, *Synthetische Harze als Kernbindemittel.* Überblick. (Foundry Trade J. **96.** 521—27. 6/5. 1954.) HOCHSTEIN. 6382

H. J. Marshall, *Das Austenal-Wachsausschmelzverfahren.* Überblick. (Giesserei **41.** 120—23. 4/3. 1954. Paris.) HOCHSTEIN. 6382

A. G. L. Lewis, *Kupolofenkoks, mit besonderer Berücksichtigung von aschenreichem Koks.* Der südafrikan. Kupolofenkoks enthält über 15% Asche. Die Einw. von aschenreichem Koks u. von Unterschieden in der Koksbeschaffenheit auf die Gewinnung von *Gußeisen* aus Kupolofenschmelzen wird im einzelnen beschreiben. Die Güte des Gußeisens steigt mit der Güte des Kokses. (Foundry Trade J. **93.** 89—93. 24/7. 1952.) WESLY. 6402

L. M. Marijenbach und **Ju. Ss. Ssuchartschuk,** *Über Austauschstoffe für Kupolofenkoks.* Ein Kupolofen kann als Schachtofen ohne wesentlichen Umbau ausschließlich mit Gießereikoks oder einem gleichwertigen festen Brennstoff betrieben werden. Brennstoffe, die die günstigsten Resultate ergeben u. den Anforderungen hinsichtlich der Temp. für das *Gußeisen* entsprechen, sind außer Kupolofenkoks noch Thermoanthracit u. ein pechhaltiger Koks. Es wird ein Kupolofenbetrieb mit vorgewärmter Luft oder mit an O_2 angereicherter Luft empfohlen. (Литейное Производство [Giessereiwesen] **1953.** Nr. 7. 10—11. Juli.) HOCHSTEIN. 6402

Charles O. Burgess, *Spannungsbeseitigung bei Grauguß.* Überblick über den Einfl. der Temperaturhöhe, der Wärmebehandlungszeit, der Abkühlungsgeschwindigkeit u. der Höhe der Anfangsspannungen auf die Möglichkeit der Spannungsbeseitigung in grauem Gußeisen. — Schrifttumsangaben. (Foundry **81.** Nr. 8. 112—14. Aug. Nr. 9. 128—31. 302—04. Sept. 1953.) HOCHSTEIN. 6402

K. Grütter und **B. Marinček,** *Die Bestimmung der Oberflächenspannung verschiedener geschmolzener Gußeisen.* Beschrieben wird ein Verf., nach dem die Oberflächenspannung (I) verschied. geschmolzener Roh- u. Gußeisen bestimmt wird. Für n. Werkstoffe dieser Art wurden Werte von 800—1100 dyn/cm ermittelt. Gußeisen mit Kugelgraphit hat eine höhere I von ca. 1300—1400 dyn/cm. Ermittelt wurde eine starke Abhängigkeit der I vom S-Geh. des Gußeisens, während eine Temperaturabhängigkeit nicht festgestellt werden konnte. Mit steigender Temp. bleibt die I fast konstant, um bei hohen Tempp. schwach abzusinken. Ferner wurde eine Abhängigkeit der Graphitisierungsvorgänge von der I angedeutet. — Schrifttumsangaben. (Giesserei, techn.-wiss. Beih. Nr. 12. 587—92. Okt. 1953. Zürich, ETH.) HOCHSTEIN. 6402

I. N. Jukalow, *Der Einfluß der Überhitzungstemperatur und des Haltens des flüssigen Metalles auf die mechanischen Eigenschaften und den Gehalt an Graphit im Gußeisen.* Mit einer Erhöhung der Überhitzungstemp. (I) des Gußeisens im fl. Zustande nehmen seine Festigkeit u. Härte zu. Hierbei wächst auch die Menge an gebundenem C u. an Perlit. Graphit wird bei einer Überhitzung zunächst vergrößert u. geht in Kugelform über; dann aber wird er zerkleinert u. geht in eine zwischendendrit. Form über. Ein merkliches Wachsen der Festigkeit des Gußeisens beginnt bei einer I über 1350°. Eine Überhitzung bei grauem unlegiertem Gußeisen ergibt eine I über 1500 bis 1550° keine Erhöhung der Festigkeit. Die Festigkeit von Gußeisen, das in seiner Gattierung carbidbildende Komponenten enthält, wird schon bei einer niedrigeren I erhöht; dagegen wird die Festigkeit von Gußeisen, das in seiner Zus. eine erhöhte Menge Si aufweist, bei Erhöhung der I erniedrigt, wobei der Graphit vergrößert wird u. die Porosität des Gußeisens wächst. Ein Halten von ungenügend hochüberhitztem Gußeisen führt zu einer Erniedrigung der Festigkeit u. zu einer groben Graphitbildung. (Литейное Производство [Giessereiwesen] **1953.** Nr. 10. 24—29. Nov./Dez.) HOCHSTEIN. 6402

K. P. Shadnow, *Die Regelung des Temperns von Temperguß auf Grund der magnetischen Eigenschaften.* Bei getemperten Gußstücken wird die durch das Tempern erhaltene *Brinell*-Härte durch Messung der Koerzitivkraft bestimmt. In Kurvenform wird für weißes Gußeisen die Abhängigkeit der Härte von der Koerzitivkraft angegeben. (Литейное Производство [Giessereiwesen] **1954**. Nr. 1. 29—30. Jan./Febr.) HOCHSTEIN. 6406

William C. Bell, *Arbeitsweise und Technik der europäischen Eisen- und Stahlindustrie.* Bericht über die Methoden zur Entfernung des *P*, speziell in der BESSEMER-Birne, durch mit O_2 angereicherter Luft oder O_2-Dampfgemisch. (Brit. Steelmaker **19.** 524—33. Sept. 1953. Stewarts & Lloyds Ltd.) RUMPF. 6408

Walter Koch und **Franz Wever,** *Beiträge zur Desoxydationsführung in Stählen.* Oxydeinschlüsse in Stählen entstehen durch Umsetzungen im Stahl bis zur Erstarrung u. bei der Erstarrung. Die Natur der Einschlüsse kann durch einfache Maßnahmen im Stahlwerk maßgebend beeinflußt werden. Durch Isolierung u. mikrochem. u. mkr. Unters. der isolierten Einschlüsse in Verbindung mit planmäßigen Desoxydationsverss. kann der Ablauf der Umsetzungen ermittelt werden. Bei der Bldg. der Einschlüsse im fl. Stahl laufen Reaktionsfolgen ab, an denen fl. u. feste Oxydteilchen teilnehmen. Für den Desoxydationserfolg ist ausschlaggebend, wie schnell die gebildeten Oxyde aus der Schmelze aufsteigen. Diese Aufstiegsgeschwindigkeit hängt stark von der chem. Zus. der Oxyde ab. Es können z. B. verhältnismäßig kleine Al_2O_3-Gehh. den Aufstieg von fl. Mn-Silicattröpfchen erheblich hemmen. Andererseits haben sehr dünnfl. Oxyde, die gut aufsteigen, die unerwünschte Eig., sich bei der Erstarrung der Stähle auf den Primärkorngrenzen zu verteilen. Zweckmäßig wird O_2 des Stahles beim Abstich so abgebunden, daß fl. Oxyde entstehen, die schnell aus der Schmelze aufsteigen. Zu diesem Zweck muß die Schmelze möglichst lange abstehen, Erst unmittelbar vor dem Gießen werden Elemente, wie kleine Mengen *Al* oder *Si*, zugesetzt, die die Oxyde im notwendigen Umfang verfestigen. Bei der Desoxydation in der Pfanne läßt man Legierungselemente eingeschmolzen in Rohren einwirken. Die Verwendung von derartigen Desoxydationsrohren bringt neben der günstigen Wrkg. auf die Einschlüsse noch den Vorteil, daß der Abbrand der Desoxydationselemente stark herabgesetzt wird. (Stahl u. Eisen. **74.** 264—71. 25/2. 1954. Düsseldorf, Max-Planck-Inst. für Eisenforschung.) HOCHSTEIN. 6408

Walther Dick, *Eigenschaften kohlenstoffarmen unberuhigten Thomasstahls nach Wasserhärtung aus der Walzhitze.* Zug- u. Kerbschlagverss. an wassergehärteten u. gerichteten Form- u. Stabstählen lassen den Einfl. der Ablöschtemp. u. der Stückdicke auf die Versuchswerte von ungealterten u. gealterten Proben erkennen. Die Zunahme der Festigkeit u. Abnahme der Zähigkeit sind eine Folge der Nachhärtung beim Lagern. Unberuhigter wassergehärteter THOMAS-Stahl ist nicht alterungsbeständig, jedoch ist er sprödbruchunempfindlich. Ein Einfl. kurzzeitiger örtlicher Wärmeeinwirkungen erwies sich als ungünstig. Eine Begrenzung der chem. Zus., bei der negative Warmaushärtung als störender Einfl. auf die Festigkeitseigg. nicht mehr auftritt, ist wegen Gießart u. Geh. an Begleitelementen schwer festzustellen, jedoch soll der C-Geh. bei dünnen Abmessungen unter 0,15% liegen. Beim Kaltwalzen u. -ziehen bewährte sich der unberuhigte THOMAS-Stahl. Auch lassen die Verss. seine Verwendbarkeit für geschweißte Bauteile unter ruhender Last erkennen. — Diskussion. (Stahl u. Eisen **73.** 945—66. 16/7. 1953. Oberhausen/Rhld.) HOCHSTEIN. 6408

Friedrich Eisenkolb und **Günter Ehrlich,** *Über die Wasserstoffaufnahme austenitischer Stähle bei kathodischer Beladung.* Austenit. Cr–Ni-Stähle, eine Fe–Ni-Legierung mit 30% Ni, Rein-*Nickel* mit 95% Ni u. ein unlegierter Stahl wurden kathod. mit H_2 beladen, wobei bes. der Einfl. des Elektrolyten u. geringer Zusätze von *As*, *Pb*, *S* u. *Se*, der Elektrolysierbedingungen u. des Werkstoffzustandes untersucht wurden. Gemessen wurde die H_2-Aufnahme u. die dadurch bedingte Versprödung. Es zeigt sich, daß bei kathod. Beladung eine Aufnahme von H_2 auch bei austenit. Stählen erfolgt, bes. wenn bestimmte Zusatzstoffe, die sich auch bei ferrit. Werkstoffen als wirksam erwiesen haben, im Elektrolyten vorhanden sind. Dagegen konnte eine Durchlässigkeit des austenit. Stahles für H_2 nicht nachgewiesen werden. Aus der verhältnismäßig geringen Versprödung rein austenit. Proben u. der raschen Abgabe von H_2 wurde geschlossen, daß fast die gesamte Menge des aufgenommenen H_2 in einer dünnen Randzone enthalten ist. Nach längeren Beladungszeiten wird meist die aufgenommene H_2-Menge geringer. Kalt verformte oder geglühte Proben wurden durch die H_2-Beladung stark versprödet. — Schrifttumsangaben. (Arch. Eisenhüttenwes. **25.** 187—94. März/April 1954. Dresden, TH, Inst. für Werkstoffkunde.) HOCHSTEIN. 6410

R. S. Watts, *Behandlung von Werkzeugstählen für Preßwerkzeuge und Scherenmesser in der Blechverarbeitung.* Mitgeteilt werden die Erfahrungen über das Normalisieren, Härten u. Anlassen von unlegierten Werkzeugstählen u. legierten Stählen mit: 0,9 (%) C, 0,25 Si, 1,2 Mn, 0,5 Cr, 0,20 V u. 0,50 W bzw. mit 0,9 C, 0,25 Si, 1,6 Mn, 0,35 Cr, 0,3 Mo u. 0,2 V bzw. mit 1,0 C, 0,25 Si, 0,35 Mn, 1,4 Cr u. 0,4 Mo bzw. mit 2,15 C, 0,35 Si, 0,35 Mn, 12,0 Cr, 0,8 Mo, 0,5 Ni, 0,8 V u. 0,75 W bzw. mit 1,5 C, 0,4 Si, 0,4 Mn, 0,6 Co, 12,0 Cr, 0,9 Mo u. 0,8 V bzw. mit 1,0 C, 0,25 Si, 0,6 Mn, 5,25 Cr, 1,10 Mo u. 0,4 V bzw. mit 1,5 C, 0,4 Si, 0,4 Mn, 3,10 Co, 12,0 Cr, 0,90 Mo u. 0,8 V. Die Volumenänderungen u. Gefügeaudbildungen durch die verschied. Wärmebehandlungen werden angegeben. Ferner wurden das Salzbad- u. Flammenhärten sowie das Schleifen u. die Bearbeitbarkeit von Werkzeugstählen erörtert. — Diskussion. (Sheet Metal Ind. **30.** 269—76. 280. April. 375—84. Mai. 553—65. Juli. 669—74. Aug. 1953.) HOCHSTEIN. 6410

André Ross, *Eine Anwendung der Atomchemie in der Metallurgie: Die stickstoffhaltigen Stähle.* Vf. zeigt, daß die Härtungserscheinungen für C-haltige Stähle in gleicher Weise bei Einlagerung von N_2 auftreten. Die Vermutungen über die aufhaltende Wrkg. von *Ni* u. *Mn* auf die Martensitbldg. werden durch Verss. mit stickstoffhaltigen Stählen bestätigt. Die verschied. Verff. zur Verstickung von Stählen werden angeführt, wobei sich zeigt, daß sich sowohl für Werkzeugstähle als auch für nichtoxydierbare oder teilweise oxydierbare Stähle die Eigg. von N_2 industriell nutzen lassen. (Chim. et Ind. **71.** 277—80. Febr. 1953.) GERHARD SCHMIDT. 6410

W. I. Prosswirin, N. Ss. Kreschtschanowski und **R. P. Saletajewa,** *Zur Frage des Schmelzens von austenitischen Chrom–Nickel-Stählen, die mit Stickstoff legiert sind.* Die Anreicherung von austenit. Cr–Ni-Stählen an N während des Schmelzens erfolgt durch Zusatz von nitriertem *Ferrochrom* mit 65 (%) *Cr*, 1,5 *Si*, 0,053 *P* u. 2—3 *N*. Es werden Angaben über Zeit, Temp. u. Menge des N-reichen Ferrochromzusatzes zum Schmelzbad gemacht. Der günstigste N-Geh. eines Stahles mit 15—17 Cr beträgt 0,15—0,20. Die Zusätze werden vorzugsweise in einem Elektroofen bei 1400—1550° gemacht, worauf das Bad noch 20—30 Min. unter einer sauren Schlackendecke gehalten wird. Eine Haltezeit von über 30 Min. führt zu einer stärkeren Entstickung. Die Neigung der Cr–Ni-Stähle, eine N-Menge von 0,2—0,3% bei Badtempp. von 1500—1550° behalten zu können, wird nicht durch Ggw. von Nitriden ermöglicht, sondern dadurch, daß im Bade bei der betreffenden Temp. eine wesentlich größere Menge N gelöst werden kann als in einem n. Stahlbade. (Литейное Производство [Giessereiwesen] **1952.** Nr. 9. 22—23. Sept.) HOCHSTEIN. 6410

N. Ss. Kreschtschanowski, W. I. Prosswirin und **R. P. Saletajewa,** *Der Einfluß von Stickstoff auf die Oberflächenspannung und Kristallisation von austenitischem Stahl.* Es wird nachgewiesen, daß die Ggw. von 0,02—0,23% N_2 in einem austenit. *Cr–Ni*-Stahl prakt. keinen Einfl. auf die Primärkristallisation zeigt. Sowohl die Korngröße als auch die Tiefe der Ausdehnung der Stengelkristallisationszone in N_2-haltigen u. N_2-freien Stählen sind prakt. gleich. (Литейное Производство [Giessereiwesen] **1954.** Nr. 1. 23—24. Jan./Febr.) HOCHSTEIN. 6410

Samuel Storchheim, *Beeinflussung der Eigenschaften von kaltgezogenem austenitischem 18% Chrom–8% Nickel-Stahldraht durch Wärmebehandlung.* Die magnet. Eigg. von kaltgezogenem austenit. Stahl mit 0,08—0,09 (%) *C*, 8,70—9,41 *Ni*, 17,78—18,39 *Cr*, 0,48—0,91 *Mn*, 0,38—0,59 *Si* u. Spuren bis 0,1 *Mo* werden bei Tempp. bis 595° nicht beeinflußt. Bei 595—760° tritt jedoch ein Wandel von den magnet. Eigg. zu den unmagnet. ein. Auch fallen die Zugfestigkeit u. der elektr. Widerstand in dem Maße, wie die Temp. ansteigt. (Iron Age **172.** Nr. 14. 112—14. 1/10. 1953. Bayside, N. Y., Sylvania Electric Prod., Inc.) HOCHSTEIN. 6410

Samuel Storchheim, *Einfluß einer Wärmebehandlung auf die magnetischen Eigenschaften eines kaltverformten austenitischen Stahls mit 18% Chrom und 8% Nickel.* Ein Temperaturanstieg von Raumtemp. auf ca. 595° verursacht keine merkbare Veränderung des $(B{\cdot}H)_{max}$-Wertes. Ein plötzlicher u. starker Anstieg der Remanenz ohne eine wesentliche Veränderung der Koerzitivkraft wurde an einem stark kaltverformten Draht beobachtet, wenn er bei ca. 630° geglüht wurde. Bei Tempp. oberhalb 630° änderten sich die B-H-Werte kontinuierlich, bis ein unmagnet. Zustand erreicht wurde. Während dieser Änderung nahm die Koerzitivkraft zu, während die Remanenz abfiel. Die Zugfestigkeit der Drähte u. der elektr. Widerstand nahmen mit zunehmender Glühtemp. ab. Je länger die Zeit war, die der Draht bei der Martensit–Austenit-Umwandlungstemp. verweilte, desto geringer war die Remanenz u. umso höher war die Koerzitivkraft. (Wire and Wire Products **29.** 147—50. Febr. 1954.) HOCHSTEIN. 6410

Klaus Kronenberg, *Alterungsuntersuchungen an stabförmigen Dauermagneten bei verschiedenen Temperaturen.* Gemessen werden die zeitlichen Änderungen der scheinbaren Remanenz stabförmiger Dauermagnete aus Guß- u. Sinterlegierung *AlNi 120*

(Stahl mit 13 [%] Al u. 27 Ni), *AlNiCo 400* (Stahl mit 9 Al, 24 Co u. 15 Ni) mit Vorzugsrichtung u. *Co-Stahl Co 040* mit 2 Co, 4 Cr u. 0,6 W sowie an Preßmagneten auf Al–Ni-Grundlage mit Kunststoffbindemittel bei Tempp. zwischen 500 u. —190°. Im Gegensatz zum Verh. von Magneten auf martensit. Grundlage, deren Gefügealterung beträchtlich ist, lassen die Dauermagnetwerkstoffe auf Al–Ni-Grundlage mit Aushärtung überhaupt keine Gefügealterung erkennen, solange sie nicht in den Bereich der für die Aushärtung wirksamen Auslagerungstemp. gelangen. Durch das Fehlen der Gefügealterung bei Raumtemp. werden die Gesetzmäßigkeiten der Magnetisierungsalterung meßbar erfaßt. (Arch. Eisenhüttenwes. **24.** 441—46. Sept./Okt. 1953. Clausthal, Bergakademie.) HOCHSTEIN. 6410

I. R. Krjanin und **G. I. Babuschkina,** *Niedriglegierter Stahl für umkleidete Schaufeln von Wasserturbinen.* Ein Stahl mit 0,16—0,22 (%) *C*, 0,6—0,8 *Si*, 1,00—1,14 *Mn*, 0,014—0,028 *S*, 0,018—0,023 *P*, 0,022—0,20 *Cr*, 0,08—0,10 *Ni* u. 0,02—0,24 *Cu* entspricht hinsichtlich seiner Festigkeitseigg. u. bes. seiner Dauerwechselfestigkeit am besten den an umkleidete Turbinenschaufeln von Wasserturbinen zu stellenden Anforderungen. (Литейное Производство [Gießereiwesen] **1954.** Nr. 1. 2—5. Jan./Febr.) HOCHSTEIN. 6410

L. N. Podwoisski und **W. P. Tunkow,** *Eigenschaften von Guß aus hochmanganhaltigem Stahl.* Es werden Angaben über die Gefügeausbildung, die Festigkeitseigg. u. bes. über die Verschleißfestigkeit von austenit. Manganhartstahl mit 1,2 (%) *C*, 12 *Mn*, bis 1 *Si* u. bis 0,1 *P* nach Abschrecken des Stahles von 1050—1100° gemacht. Bei langsamer Abkühlung fallen im Temperaturgebiet von 800—400° Carbide aus. In einem abgeschreckten Stahl beginnt bei einer Erwärmung die Carbidausscheidung bei ca. 400°. Unterss. zeigen, daß mit einer Erhöhung des C-Geh. die Verschleißfestigkeit ansteigt, jedoch tritt eine starke Erniedrigung der Kerbschlagzähigkeit ein, wenn der C-Geh. über 1,3% steigt. Es wird die Abhängigkeit der Verschleißfestigkeit u. Kerbschlagzähigkeit vom Mn–C-Verhältnis u. der Einfl. von C, Mn, Si u. P auf die Neigung zur Warmrißbldg. untersucht u. gezeigt, daß ein Einfl. des C-Geh. bei hohem P-Geh. auf die Warmrißbldg. fehlt, jedoch die Warmrißbldg. mit zunehmendem P-Geh. u. bei Mn-Gehh. über 12% sowie bei Si-Gehh. über 0,65% stark begünstigt wird. (Литейное Производство [Giessereiwesen] **1952.** Nr. 9. 3—7. Sept.) HOCHSTEIN. 6410

Fritz Benesovsky, *Neuentwicklungen auf dem Gebiete der hochschmelzenden und seltenen Metalle.* Es werden die Herstellungsverff. u. die wesentlichen Grundsätze der Weiterverarbeitung der hochschm. Metalle *Ti*, *Zr*, *Hf*, *V*, *Nb*, *Ta*, *Cr*, *Mo* u. *W* erörtert. — Anwendungsmöglichkeiten. 38 Schrifttumsangaben. (Stahl u. Eisen **74.** 210—15. 11/2. 1954. Reutte/Tirol.) HOCHSTEIN. 6420

—, *Ein nickel- und cadmiumvergütetes Lagermetall.* Überblick über Schmelz- u. Gießbedingungen des Lagermetalls *Thermit* (Zus. nicht genannt); Zusammenstellung der Eigg. u. Vgl. mit denen von Weißmetall, Angabe über Verwendungsmöglichkeiten u. Vorbereitung der auszugießenden Stützschale. (Giessereipraxis **71.** 288—89. 25/8. 1953.) APEL. 6420

Edmund R. Thews, *Die Mitverwendung von Abfällen und Altmetallen bei der Herstellung von Legierungen in Metallgiessereien.* Überblick über die Vorteile der Verwendung der Altmaterialien, die Art der Ausgangswerkstoffe u. die zu beachtenden Maßnahmen. — Schrifttumsangaben. (Metallurgie u. Giessereitechn. **3.** 426—28. Okt. 1953. Berlin.) APEL. 6420

H. Kiessler, *Verfahren zur Herstellung von Lötzinn und Antifriktionsmetallen.* Herst. unter Verwendung eines Vormaterials, das aus Sn-Asche, Krätzen, Schlacken u. Oxyden erschmolzen, durch Entfernen von As, Zn, Cu, Ni u. Fe raffiniert u. durch Zusatz von Neumetallen zu Lötzinnstangen oder Antifriktionsmetallen weiterverarbeitet wird. — Schrifttumsangaben. (Metall **7.** 870—72. Nov. 1953. Karlsruhe/Baden.) APEL. 6428

J. Hérenguel, *Kupfer mit 0,6% Chrom.* Neben den Cu–Be-, u. den Cu–Si–Ni-Legierungen gewinnen die *Cu–Cr*-Legierungen in zunehmendem Maße an Interesse, da sie Festigkeiten bis 55 kg/mm² mit guter elektr. u. therm. Leitfähigkeit verbinden u. diese Eigg. bis zu Tempp. von 400° beibehalten. Die elektr. Leitfähigkeit beträgt ca. 80% derjenigen des Cu. Nach Homogenisierungsglühung bei 950—990° u. Wasserabschreckung hat die Legierung das beste Formänderungsvermögen. Härtung wird erzielt durch 4std. Anlassen bei 450°. Im weichen Zustand beträgt die Festigkeit ca. 23 kg/mm², die Elastizitätsgrenze 10 kg/mm², Dehnung 25%. Härte 70 kg/mm². Im gehärteten Zustand steigt die Festigkeit auf 45 kg/mm², die Elastizitätsgrenze auf 32 kg/mm², die Härte auf 100 kg/mm². Die Leitfähigkeit beträgt 82% des Cu. Durch Kaltverformung der gehärteten Legierung findet eine weitere Steigerung der mechan. Eigg. auf ca. 55 kg/mm² Festigkeit, 52 kg/mm² Streckgrenze u. 140 kg/mm² Härte statt, wobei die Dehnung, die im gehärteten Zustand noch 10% betrug, auf 1—2% absinkt. Weitere Angaben über Schweißen u. Löten der Legierung, ferner Warm- u. Kaltformgebung, Beizung (10%ig. H_2SO_4 bei 50° oder 20%ig. HNO_3 in der Kälte), Glühung in neutraler oder reduzierender Atmosphäre. — Anwendungsbeispiele. (Cuivre, Laitons, Alliages **1952.** Nr. 6. 19—23. März/April. Antony, Seine, Soc. des Trèfilries et Laminoirs du Havre.) WERNER. 6432

W. W. Kee, *Überwachung der Eigenschaften von Kupfer und Kupferlegierungen beim Heiß- und Kaltwalzen.* Erscheinungen, die beim Walzen von *Cu* u. *Messing* auftreten, werden beschrieben u. die Überwachungsmethoden erörtert. Bes. wird hingewiesen auf den Einfl. des Kaltwalzens u. der Korngröße auf die Eigg. u. der Glühbehandlung auf die Rekristallisation u. das Kornwachstum. Der Einfl. von Verunreinigungen im Metall wird besprochen. — Schrifttumsangaben. (J. Inst. Metals **82.** 307—22. März 1954. Enfield, Middlesex, Enfield Copper Refining Co. Ltd.) VIER. 6432

—, *Federn aus Kupfer und Kupferlegierungen.* Die Herst. der Federn u. die Leitfähigkeit, Zugfestigkeit, Dauerwechselfestigkeit, Erweichungstempp., Temperaturkoeffizienten verschied. Legierungen werden besprochen u. sind in Tabellen zusammengestellt. — 32 Schrifttumsangaben. (Metall **7.** 983—92. Dez. 1953. London, Copper Development Assoc.) APEL. 6432

E. C. Mantle, *Die Entgasung mit Stickstoff und die Metall-Gießform-Reaktion bei der Herstellung von Bronzeguß.* Zur Erzielung von druckfestem Bronzeguß sind Entgasung der Schmelze mit N (Gewinnung konsistenter Schmelzen) u. Zugabe von Phosphorkupfer zur Schmelze (Desoxydation) bei einer Gießtemp. von 1100—1150° erforderlich. Wenn die Legierung P-Gehh. über 0,05—0,08% aufweist, absorbiert sie Gas infolge Rk. mit dem beim Gießen in die Sandform entstehenden Dampf. Diese sogenannte Metall-Gießform-Rk. vollzieht sich unter den genannten Bedingungen in erwünschtem Umfang; höhere P-Gehh. u. Gießtempp. haben eine stärkere Gasabsorption der Legierung zur Folge. — Diskussion. (Foundry Trade J. **93.** 95—100. 24/7. 1952.) WESLY. 6432

J.-M. Pouvreau, *Die Spannungsrißempfindlichkeit des Messings.* Überblick. An Hand einer Mikroaufnahme wird gezeigt, daß bes. das Zusammenwirken von Spannungen verschied. Richtung u. Größe die Spannungsrißbldg. begünstigt. Grobes Korn scheint ungünstig zu wirken. Der Rißverlauf ist immer interkristallin. Es wird hervorgehoben, daß von unbestreitbarem Einfl. sind: Ammoniakdämpfe, Hg-Salze, feuchtes SO_3, Kondensation schwefelsaurer Dämpfe in Ggw. von Feuchtigkeit, Reste von Beiz-Fll. zahlreiche Amine, wie Methylamin, Trimethylamin, Äthanolamin, Anilin u. ähnliche. Selbst bei Fetten u. Ölen, die als Schutzmittel bei der Lagerung von Messingteilen verwendet werden, muß darauf geachtet werden, daß sie keine korrodierende Wrkg. ausüben. Das sicherste Mittel zur Verhinderung der Spannungsrißkorrosion des Messings ist eine Spannungsfreiglühung bei 250—350°, Glühdauer ca. 2 Stunden. Abschließend Ausführungen über die Prüfung der Spannungsrißempfindlichkeit des Messings mit Hg-Nitrat [100 g $Hg(NO_3)_2$ u. 13 cm³ HNO_3, D. 1,42 auf 1 Liter]. (Cuivre, Laitons, Alliages **1952.** Nr. 6. 55—57. März/April. St.-Denis, Cie Fse des Métaux, Labor Centr.) WERNER. 6432

Jean R. Maréchal, *Untersuchungen über beim Walzen von Messing mit 67% Kupfer und 33% Zink auftretende Fehler.* Bei gewalztem *Ms 67/33* treten folgende 3 Fehler auf: 1. Am Rande ausgestanzter Rohlinge treten Risse auf; dieselben Risse sind bei Scherverss. in der Zerreißmaschine zu beobachten; 2. Auftreten von blättrigen Bruchflächen bei Zerreißproben; 3. Auftreten feinkörniger Zonen an den Kantenflächen der Bleche. Es wurde festgestellt, daß diese Fehler nur oberhalb einer bestimmten Mindestdicke auftreten u. beim nachfolgenden Kaltwalzen u. Zwischenglühen wieder verschwinden. Sie werden auf das Vorhandensein der β-Phase zurückgeführt, die sich entweder bei der Verfestigung oder bei zu hohem Glühen ausgeschieden hat. Auch bei der Warmverformung auftretende Mängel konnten auf die Bldg. der β-Phase beim Glühen bei 800° erklärt werden. — Schrifttumsstellen. (Rev. Métallurgie **51.** 441—58. Juli 1954.) VIER. 6432

Frank R. Nichols, *Das Properzi-Verfahren für kontinuierliches Gießen und das Walzen von weitergezogenen Aluminiumstangen.* (Wire and Wire Products. **28.** 1185—87. 1229—31. Nov. 1953. Davenport, Io., Nichols Wire and Aluminium Co.) HOCHSTEIN. 6446

N. Krupnik und **Hugh Ford,** *Stufenweise Spannungs/Dehnungs-Kurve einiger Aluminiumlegierungen.* Mit 4 Al-Legierungen wurden Zugverss. unter konstanter Belastung durchgeführt. Legierungen, die über das ganze Gebiet der Spannungs/Dehnungs-Kurve unter n. Versuchsbedingungen abgestuftes Fließen zeigten, können unter besonderen Versuchsbedingungen, z. B. sehr niedriger u. konstanter Belastung, eine glatte Kurve ergeben. Wo sich eine glatte Kurve ergab, schien sie mit der Umgebung der abgestuften Kurve übereinzustimmen, wobei die Stufen Abweichungen von der glatten Kurve nach unten sind. Es wurde gefunden, daß plötzliche Störungen an der Prüfmaschine die an sich sonst glatte Kurve in Stufen unterteilte u. daß so einige der bei den n. Prüfmethoden beobachteten Unregelmäßigkeiten zu erklären sind. — Schrifttumsangaben. (J. Inst. Metals **81.** 601—15. Aug. 1953. Haifa, Israel u. London, Imp. Coll. of Sci. and Technol.) APEL. 6446

V. A. Phillips, A. J. Swain und **R. Eborall,** *Fließgrenzenerscheinungen und Fließlinien bei Aluminium–Magnesium-Legierungen.* Die Bldg. von Fließlinien bei Al–Mg-Legierungen wurde mit dem Spannungs/Dehnungs-Diagramm in Beziehung gebracht. Beginnendes Fließen u. damit verbundene Verformung rufen Fließlinien ähnlich den LÜDERSschen Linien beim *Stahl* hervor. Beim Pressen erscheinen diese Linien (Typ A) in der Zone leichter Verformung u. stellen schwere Fehler dar. Sie treten in feinkörnigem, rekrist. Material auf, während sie in grobkörnigen u. verformten Legierungen, auch wenn diese anschließend vergütet sind, nicht vorkommen. Beim Zugvers. bei Raumtemp. treten viele aufeinander folgende Fließvorgänge (Typ B) auf, die auf eine Verfestigung während des Vers. zurückzuführen sind. Die Fließlinien sind dabei nur bei starker Streckung deutlich erkennbar. Die Fließgrenze des Typs A ist der Sperrung der Gleitung von Korn zu Korn infolge einer höheren Konz. des in Lsg. befindlichen Mg an den Korngrenzen zuzuschreiben. Die Kaltverfestigung u. die Fließgrenze nach Typ B beruhen auf einem einfachen COTTRELL-Vorgang mit Mg als dem wichtigsten in Lsg. befindlichen Element. — 48 Schrifttumsangaben. (J. Inst. Metals **81.** 625—47 u. Tafeln XC—XCII. Aug. 1953. London, Brit. Non-Ferrous Metals Res. Assoc.) APEL. 6446

Maurice Cook, *Das neue Metall Titan.* Im Anschluß an eine Übersicht über die Geschichte, Herst., Eigg. u. Legierungen des Ti wird bes. über die Dissoziation des Ti aus TiJ_4 u. die Red. von $TiCl_4$ mit metall. Mg berichtet, u. es werden Einzelheiten über seine Reinigung durch Vakuumbehandlung mitgeteilt. (J. Inst. Metals **82.** 93—106. Nov. 1953. Birmingham, Imp. Chem. Ind., Ltd.) VIER. 6448

B. W. Holman, *Ilmenit in Aegypten.* Mit dem Erz von Wadi-Ranga, welches sehr reines Ilmenitvork. darstellt, wurden Aufbereitungsverss. vorgenommen durch Zerkleinern, Waschen u. magnet. Aufbereitung, wodurch sich der Magnetit gut entfernen läßt. Es wurden Konzentrate mit 46—48% *TiO_2* erhalten. (Mining Mag. **89.** 212—16. Okt. 1953.) ENSSLIN. 6448

O. W. Boston, *Spanabhebende Bearbeitbarkeit von Titan.* 1. Mitt. Untersucht wurden handelsübliches reines Ti, *Ti 75 A*, *Ti 150 A*, *Ti 150 B* u. *RC 130 B* u. im Vgl. hierzu die *Stähle SAE 1020* u. *1045* u. der rostbeständige Stahl *304* auf Spanbldg. u. Kaltverfestigung, die Toleranzen, Schnittempp. u. Oberflächenbeschaffenheit des Werkstücks u. der Zustand des Werkzeugs nach der Bearbeitung. Als Schneidwerkzeuge wurden Schnelldrehstahl u. solche mit karbid. Hartmetallschneiden verwendet. Bei der n. Bearbeitung war bei Ti u. den Ti-Legierungen ein im Vgl. zum Stahl ungewöhnlich hoher Vorschub erforderlich; die Späne waren außerordentlich klein, der Preßdruck auf das Schneidwerkzeug hoch, die Berührungsfläche zwischen Span u. Werkzeug sehr klein, die Tempp. an der Werkzeugschneide höher u. die Oberfläche glatter. (Iron Age **173.** Nr. 3. 100—03. 21/1. 1954. Ann Arbor, Mich., Univ. of Michigan.) APEL. 6448

P. Schwed, *Die Oberflächendiffusion beim Sintern von Kugeln auf Flächen.* Rechner. Ermittlung auf Grund rein theoret. Überlegungen. (J. Metals **3.** Trans. AIME 245—46. März 1951. Cleveland, O., Lewis Flight Propulsion Labor.) HOCHSTEIN. 6474

Ivan Ljungberg, *Herstellung und Eigenschaften von Elektrolyteisenpulver.* Der Elektrolyt, die Badtemp. u. die sonstigen Bedingungen werden so eingestellt, daß eine zusammenhängende, aber leicht mahlbare Kathodenabscheidung entsteht, die nach dem Waschen u. Trocknen in einer Kugelmühle gemahlen wird. Das Pulver wird red. u. nachgemahlen. Dieses Pulver zeichnet sich durch einen bes. hohen Reinheitsgrad aus. Durch Veränderung der Arbeitsbedingungen bei der Elektrolyse sowie der Mahl- u. Reduktionsbedingungen werden die Eigg. des Pulvers in weiten Grenzen verändert. Zwei Pulversorten werden genannt (das *HVA*-Standard- u. das *HVA*-Schwamm-Elektrolyteisenpulver), von denen das erste sich zur Herst. von Sinterteilen hoher D. nach dem Doppelpreßverf. u. das zweite sich zur Herst. poriger Sinterteile mit hohen

Werten für die Bruchdehnung eignet. (Stahl u. Eisen **74.** 279—85. 25/2. 1954. Huskvarna.) HOCHSTEIN. 6474

Gerhard Zapf, *Technische Sinterwerkstoffe aus dem System Eisen–Kupfer.* Die Sinterwerkstoffe aus dem Syst. Fe–Cu werden nach dem Cu-Geh. u. dem Herstellungsverf. in drei Sorten eingeteilt. Die Herst. der Tränkwerkstoffe aus Fe, Fe u. C oder legierten Stählen als Sinterskelettkörper u. Cu oder Cu-legierten Tränkmetallen wird erörtert. Das einfachste Verf. hierzu besteht in einem gemeinsamen Sintern u. Tränken eines Preßlings aus Fe-Pulver mit Cu. Ein anderes Verf. besteht im Tränken eines Preßlings aus Fe-Pulver, Fe-Pulver mit Graphit oder legiertem Fe-Pulver mit einer Cu-Legierung, die ca. 3% Fe u. bis zu 6% Mn enthält. Beim dritten Verf. wird der Skelettkörper im Doppelpreßverf. hergestellt u. das Tränken gemeinsam mit der zweiten Sinterung vorgenommen. Bei einem Verf. zur Herst. von Sinterkörpern aus Fe–Cu-Pulvergemischen durch einmaliges Pressen u. Sintern wird der Einfl. der Pulversorte, Cu-Geh., Sintertemp. u. Preßdruck auf die Zugfestigkeit u. Bruchdehnung solcher Sinterwerkstoffe ermittelt. Beim Doppelpreßverf. werden Festigkeitseigg. erzielt, die sich denen der gewalzten Stähle nähern. (Stahl u. Eisen **73.** 338—47. 11/3. 1953. Huskvarna, Schweden.) HOCHSTEIN. 6474

E. de Beauchamp, *Die Pseudolegierungen.* Überblick mit Mikrographien von Pseudolegierungen von *W-Cu, W-Mo-Ni, Cu-Ni,* poröse *Bronze, W-Carbid* mit 11% *Co* u. *Cu + Graphit.* (Cuivre, Laitons, Alliages **1952.** Nr. 6. 43—46. März/April.) WERNER. 6474

L. van Ouwerkerk, *Zerstörungsfreie Prüfung (Team E. C. A.).* (Vgl. C. **1953. 9615.**) Ausführlicher Bericht (T. A. project 47–63) über Prüfmethoden mittels Ultraschall u. magnet. Messungen in Amerika an metall. u. nichtmetall. Werkstoffen unter besonderer Berücksichtigung der Wandstärkenmessungen u. der radiograph. Unters. von Schweißungen. (Metalen **8.** 44—50. 15/2. 76—79. 28/2. 98—101. 14/3. 158—63. 15/4. 1953.) RUMPF. 6480

Samuel A. Wenk und **Karl Eisenkolb,** *Ein Überblick über die Praxis der zerstörungsfreien Werkstoffprüfung in Amerika.* (Z. Metallkunde **45.** 145—53. April 1954. Columbus, O., Battelle Mem. Inst.; bzw. Frankfurt/M.) HOCHSTEIN. 6480

Friedrich Wieland und **Friedrich Rosche,** *Elektronische Fehlersortierung mit dem Multitest-Gerät.* Vollautomat. Verf. zur Sortierung von Wälzlagerkugeln auf Rissefreiheit. (Z. Metallkunde **45.** 231—33. April 1954. Steyr.) HOCHSTEIN. 6480

Josef Krautkrämer, *Fortschritte der Werkstoffprüfung mit Ultraschall.* (Vgl. C. **1954. 4248.**) Vereinfachung des Impulsechoverf. u. Beschreibung verbesserter Prüfapparate. (Z. Metallkunde **45.** 154—57. April 1954. Köln.) HOCHSTEIN. 6480

R. Wilson, *Ultraschallprüfung von dünnen Metallblechen und -platten.* (Sheet Metal Ind. **30.** 146—60. Febr. 1953. Kelvin and Hughes, Industrial, Ltd.) PAHL. 6480

Alfred Michalski, *Die Überschalldurchlässigkeit von Stahl und ihre Bedeutung für die Prüfergebnisse mit dem Impulsechoverfahren.* Eine schlechte Überschalldurchlässigkeit (I) ist nicht allein die Folge grobkörnigen Gefügeaufbaues, sondern wird auch durch feine Trennungen, die entlang den Korngrenzen verlaufen, hervorgerufen. Diese Ursache wird an Rohblöcken beobachtet, wo das Gebiet der schlechten I sich fast über den ganzen Querschnitt u. auch in Längsrichtung erstreckt, während schwere Schmiedestücke unmittelbar nach der Warmverformung oft geringe I aufweisen, die in einer grobkörnigen Kernzone mit starken Ferritausscheidungen an den Korngrenzen begründet ist. Durch Normalglühen werden im allg. diese störenden Erscheinungen beseitigt; es können jedoch als Folge von C-Seigerungen schlecht durchlässige Bereiche zurückbleiben. (Stahl u. Eisen **74.** 26—33. 1/1. 1954. Völklingen/Saar.) HOCHSTEIN. 6480

Joseph L. Rosenholtz und **Dudley T. Smith,** *Die Dilastrainmethode zur Bestimmung der Dauerfestigkeit von Werkstoffen.* Die Dauerschwingfestigkeit wird mit der „wahren Fließgrenze" gleichgesetzt. Diese ist die Spannung, bei der eine bleibende, nicht umkehrbare räumliche Veränderung im Atomgitter auftritt. Die Dilastrainmeth. benutzt die Erscheinung, daß an der „wahren Fließgrenze" der Wärmeausdehnungskoeff. sprunghaft abfällt. Eine größere Zahl von gleichen Proben wird einem Schwingungsvers. mit Belastungen unter u. über der erwarteten wahren Fließgrenze unterworfen. Für diese vorbeanspruchten Proben werden dann in einem Mehrprobengerät im Luftbad die Wärmeausdehnungskoeffizienten bestimmt u. über den Vorbeanspruchungen aufgetragen. Der tiefste Punkt der Kurve ergibt die Dauerfestigkeit. (Metal Progr. **61** 85—88. Febr. 1952. Troy, N. Y., Rensselaer Polytechnic Inst.) DEUTSCH. 6480

N. T. Gudzow und **M. G. Losinski,** *Derzeitiger Stand und Entwicklungswege der Vakuummetallographie.* Beschreibung einiger neuerer Apparate zur Unters. von im

Vakuum erhitzten Metallschliffen, die es gestatten, die strukturellen Veränderungen im Metall beim Erwärmen auf hohe Tempp. zu verfolgen, Härtemessungen durchzuführen, sowie sonstige Eigenschaftsänderungen (Verdampfungsintensität, Verformungsvorgänge usw.) zu beobachten. Anwendungsbeispiele in der Metallforschung. (Журнал Технической Физики [J. techn. Physik] **22.** 905—20. Juni 1952.)
EHMCKE. 6482

W. Ss. Kogan und **B. Ja. Piness,** *Röntgenographische Methode zur Bestimmung der Zusammensetzung in Legierungen wechselnder Konzentration.* 1. Mitt. *Mängel der Berechnungsmethoden zur Bestimmung der lokalen Konzentration.* Es wird eine Meth. zur Best. der Dicke u. Zus. einer Metallschicht angegeben, die auf der Schwächung der monochromat. Röntgenstrahlung beruht. Benutzt wird ein vierfenstriges Feinfokusrohr, Monochromator u. Ionisationskammer. Auf einige zu beachtende Vorsichtsmaßregeln bei der Ableitung der Folgerungen wird hingewiesen. (Журнал Технической Физики [J. techn. Physik] **21.** 1244—53. Okt. 1951.) K. SCHUBERT. 6484

R. Shuttleworth, *Die Anwendung radioaktiver Isotope in der Metallurgie.* Überblick über die verschied. Anwendungsmöglichkeiten radioakt. Isotope unter besonderer Berücksichtigung von Diffusionsvorgängen innerhalb der Metalle. Beschreibung einiger Meßmethoden. — 25 Literaturangaben. (J. appl. Physics **4.** 326—29. Nov. 1953. Leeds, Univ., Metallurgy Dep.) MAX SCHMIDT. 6484

C. A. Turner jr. und **S. L. Yarborough,** *Normalisieren mit Schnellgasöfen.* Die bisherige Wärmebehandlung im Salzbad wurde durch eine sehr schnelle Ofenbeheizung mit Strahlungsgasbrennern auf eine Temp. oberhalb A_3 ersetzt. Durch die besondere Art der Gasheizung wurde die Erwärmungszeit von 81 mm starken Werkstücken von 1 Std. auf 2 Min. herabgedrückt. Die Härte der Stücke im ausgeglühten Zustand ist gleich der im Salzbad behandelten, jedoch sind im Mikrogefüge der gasbehandelten Stücke die Perlitanteile feiner u. gleichförmiger verteilt. (Iron Age **170.** Nr. 21. 140—42. 144. 20/11. 1952. Philadelphia, Selas-Corp., u. San Pablo, Calif., Rheem Mfg. Co.)
HOCHSTEIN. 6492

W. G. Patton, *Örtliche Flammenhärtung von Nockenwellen.* Beschreibung einer Flammenhärtungsanlage zum örtlichen Oberflächenhärten von Nockenwellen zur Verbesserung des Verschleißwiderstandes. (Iron Age **172.** Nr. 20. 171—74. 12/11. 1953.)
HOCHSTEIN. 6492

Hans Bühler, *Eigenspannungen durch Oberflächenhärten mit Flammen.* An zylindr. Proben von 45 u. 58 mm Durchmesser aus unlegierten Stählen mit 0,31 u. 0,50% C wurden verschied. Einflüsse auf die entstehenden Eigenspannungen (I) bei der Oberflächenhärtung mit Brenngas-O_2-Flammen untersucht. Hierbei wurde der Einfl. verschied. Vorschubgeschwindigkeiten auf die Größe u. Verteilung der entstehenden **I** verfolgt. Es ergaben sich hierbei eindeutige Beziehungen zwischen der Einhärtungstiefe u. Größe sowie Verteilung der **I** im Querschnitt der oberflächengehärteten Stahlzylinder. Sehr lange Entspannungszeiten vermögen gegenüber den üblichen Entspannungszeiten bei den Entspannungstempp. von 180—230° keine weitere nennenswerte Verminderung der **I** zu bringen. (Arch. Eisenhüttenwes. **25.** 153—58. März/April 1954. Saarbrücken, Inst. für Metallforschung.) HOCHSTEIN. 6492

G. N. Dubinin, *Eine keramische Methode zur Gaschromierung von Stahl.* Beschrieben wird die Inchromierung von Stahl mit $CrCl_2$ bei 950—1050°. Dieses an sich bekannte Verf. kann beim Fehlen von fertigem $CrCl_2$-Salz dahingehend abgeändert werden, daß die Inchromierung auf dem Wege einer voraufgehenden Einführung von gasförmigen Chromchloriden in poröses keram. Material mit nachfolgender Freimachung der Chromchloride aus den Poren erfolgt. Als keram. Material können hierzu Schaumschamottesteine u. verschied. tonhaltige Stoffe mit über den Umfang gut verteilter Porosität verwendet werden. Das Verf. u. dabei erzielte günstige Ergebnisse werden erörtert. (Вестник Машиностроения [Nachr. Maschinenbau] **33.** Nr. 12. 69—70. Dez. 1953.)
HOCHSTEIN. 6492

Harrison S. Sayre, *Entwicklung aufgeschmolzener Metallüberzüge.* Neue Anwendungen der Auftragsschweißung von schützenden Überzügen. (Welding J. **31.** 35—39. Jan. 1952. Annapolis, Md., U. S. Naval Engng. Exp. Stat.) KATZ. 6506

F. Wuttke, *Bündelschweissung für Grauguss.* (Schweisstechnik **4.** 89—90. März 1954. Görlitz.) HOCHSTEIN. 6506

F. Emery Garriott, *Schweissen von eisenhaltiger alpha-Aluminium-Bronze.* Prüfung der Schweißbarkeit mit den verschied. Verfahren. Die Schweißnähte besitzen die gleichen Korrosions-, Erosions- u. Kavitationsbeständigkeiten wie der Grundwerkstoff. — Anwendungen. (Welding J. **31.** 18—28. Jan. 1952. Milwaukee, Wis., Ampec Metal., Inc.)
KATZ. 6506

—, *Harteloxierung (Hard-Coatings)*. Das Eloxalverf. eignet sich nicht für dekorative Zwecke, kann aber in vielen Fällen die Hartverchromung ersetzen u. die Verwendung von Leichtmetallen an Stelle von legierten, gehärteten oder hartverchromten Stählen ermöglichen. Die erzielte Verschleißfestigkeit ist höher als bei Hartchromschichten. (Metalloberfläche, Ausg. B **6.** 76—77. Mai 1954.) VIER. 6514

W. A. Wesley, *Die Elektrochemie des Nickels.* An Hand der Literatur gibt Vf. einen zusammenfassenden Überblick über die heutige, sowohl wissenschaftliche wie prakt. Kenntnis der elektrochem. Rkk. des Ni, soweit sie für industrielle Zwecke von Wichtigkeit sind. Besprochen werden die verschied. in der Industrie verwandten Elektrolyt-Fll. zur Vernickelung, sowie die Eigg. der erhaltenen Ni-Überzüge. (Ind. Engng. Chem. **44.** 957—65. Mai 1952. Bayonne, N. J., Internat. Nickel Co., Res. Labor.) GOTTFRIED. 6520

R. F. Tylecote, *Die Oxydation von Kupfer im Temperaturgebiet von 200—800° C.* Der Einfl. von Luft, O_2, N_2 u. Luft enthaltendem Wasserdampf auf Bleche aus Cu hoher Reinheit wurde durch Gewichtsveränderung während der Oxydation (I) in einem Zeitraum von 100 Std. untersucht. Außerdem wurde der Einfl. der Form der Probestücke, eines von den Verss. bereits durch Luft gebildeten Oxydfilms u. der Rekristallisation auf die Oxydbldg. von kaltverfestigtem Cu ermittelt. Begrenzten Perioden parabol. I folgt bei 200—365° eine diskontinuierliche I. Bei 520—700° verläuft die I häufig nach der kub. Gleichung $w^0 = k_3t + c$ u. dann im allg. nach dem Parabelgesetz. Zusatz von Feuchtigkeit vermindert die I-Geschwindigkeit bei 370° u. erhöht sie bei 420—700°, O_2 setzt sie bei 200—420° herab u. läßt sie bei 520° u. darüber leicht ansteigen. Bei 420° ist die I-Geschwindigkeit von Draht bedeutend geringer als die von Blech. Kaltverformtes Blech zeigt anfangs eine geringere I als geglühtes. Glühen während der I führt zum selben Endergebnis wie bei vorher geglühtem Blech. — 29 Schrifttumsangaben. (J. Inst. Metals **81.** 681—700. Aug. 1953. Newcastle-on-Tyne, Univ. of Durham, King's Coll.) APEL. 6530

Willi Machu und **Ezzat M. Khairy,** *Über die Passivität des Thalliums in Perchlorsäure-, Salzsäure-, Natriumchlorid- und Natriumsulfatlösungen.* Während in $HClO_4$- u. in Na_2SO_4-Lsgg. nur ein einziger schneller Abfall der Stromstärke beobachtet werden konnte, wurden in Cl-Ionen enthaltenden Elektrolyten 2 aufeinanderfolgende Stromstärkeabfälle festgestellt. Es treten also 2 verschied. Stadien der Passivität bei Tl auf. Das anod. Verh. von Tl ist durch sein Auftreten in 2 Wertigkeitsstufen gek., u. zwar als Tl^+ u. als Tl^{3+}. In allen untersuchten Lsgg. geht das Tl zunächst als Tl^+ in Lösung. Beim Passivieren bildet sich bei der 1. Stufe des Vorganges eine Tl I-Verbindung. Erst bei weiterem Fortschreiten bildet sich dann eine Deckschicht aus einem Tl III-Salz. (Werkstoffe u. Korrosion **5.** 11—17. Jan. 1954. Cairo, Ägypten, Cairo-Univ., Dep. of Chem.) MARKHOFF. 6538

Gebr. Böhler & Co. Akt.-Ges., Wien, handelnd durch die Zweigniederlassung, Stuttgart-Untertürkheim, *Erhöhung der Durchvergütbarkeit von Vergütungsbaustählen.* In der Schmelze werden durch Zusatz einerseits von Sondernitridbildnern, wie *Al, Ti, Zr, Ta, Nb* u. *V*, einzeln oder zu mehreren, bis zu 0,5% u. andererseits von N_2-haltigem Eisen, *Mn* oder *Cr* oder von eisen-, mangan- oder chromnitridhaltigen Legierungen, schwer- oder unlösl. Nitride, welche schon in geringen Mengen (0,02—0,03%) wirksam sind, in feinverteilter Form gebildet. Zweckmäßig wird N_2 in Form von leichtlösl. Nitriden erst dann in die Schmelze eingebracht, wenn die Sondernitridbildner, wie Al, Ti, Zr, Ta, Nb u. V, bereits im Schmelzbad aufgelöst sind. Zweckmäßig wird das Verf. auf Stahlschmelzen angewendet, die bis zu 5 (%) *Cr, Ni* oder *Mn,* bis zu 3 *Si* u. bis zu 2 *Mo, W* oder *V*, einzeln oder zu mehreren enthalten. (**D. B. P. 906 701** Kl. 18d vom 27/8. 1944, ausg. 18/3. 1954. Anmeldung bekanntgemacht 23/7. 1953.) HOCHSTEIN. 6411

Vereinigte Deutsche Metallwerke Akt.-Ges., Frankfurt/M. (Erfinder: **Klaus Graßmann** und **Johannes Brandis,** Hildesheim, und **Altenburg** und **Schichtel,** Bitterfeld), *Schweißmittel zum Schweißen von Aluminiumlegierungen insbesondere magnesiumhaltigen.* Das nach dem Hauptpatent für das Schweißen von Mg-Legierungen vorgeschlagene Schweißmittel, bestehend aus 15—47 (%) MgF_2, 15—40 *LiF*, 18—50 CaF_2, Rest 20—50 BaF_2 wird zum Schweißen von Al-Legierungen verwendet. Dabei kann das BaF_2 ganz oder teilweise durch SrF_2 ersetzt sein. Nach D. B. P. 909 791 kann das Schweißmittel außerdem noch beim Schweißen flüchtige oder flüchtige Verbb. abspaltende Fluoride oder Fluoridverbb., wie NH_4*-Fluoride, B-Fluoride, Fluoborate* u. *Silicofluoride,* bes. Mg-Silicofluoride enthalten. (**D. B. PP. 909 790** u. **909 791** Kl. 49h vom 22/11. 1942, ausg. 26/4. 1954. Anmeldungen bekanntgemacht 30/7. 1953. **Zusätze zu D. B. P. 887 437; C. 1954. 877.**) VIER. 6507

Rheinische Schmirgel-Werke Beuel-Bonn G. m. b. H., Deutschland, *Reinigungs- und Poliermittel für Metalle* besteht aus einer Emulsion von vorzugsweise 30 (Gewichtsteilen) *Bzn.* oder *Petroleum*, 25 *W.*, 6 *Dodecylbenzolsulfonat*, 5 H_3PO_4 u. 34 *Poliermittel.* Der Zusatz des Sulfonats bewirkt eine Stabilisation der Emulsion. (**F. P. 1 041 145** vom 10/8. 1951, ausg. 21/10. 1953. D. Prior. 7/10. 1950.) MARKHOFF. 6513

Eastern Stainless Steel Corp., übert. von: **Irvine C. Clingan**, Baltimore, Md., V. St. A., *Reinigen der Oberfläche von Metallen, besonders von nichtrostenden Stählen.* Die Gegenstände werden in ein Schmelzbad aus 90 (Teilen) *NaOH*, 10 *Alkalinitrat*, 0,1—4 $Na_2B_4O_7$ u. Spuren von *Fe* getaucht. Nach dem Tauchen in kaltes W. wurden die Gegenstände nacheinander noch in 10%ig. H_2SO_4 u. 6—8%ig. HNO_3 mit 1—2% *HF* behandelt. (**A. P. 2 655 481** vom 4/4. 1949, ausg. 13/10. 1953.) MARKHOFF. 6513

Joseph Wullschleger, Schweiz, *Reinigen von angelaufenen Silberwaren.* Die Gegenstände werden in einer Alkali- oder Erdalkalihydroxyd- oder -carbonatlsg. in Ggw. von Al oder Zn behandelt. Der bei der Aluminat- oder Zinkatbldg. entstehende H_2 red. die auf dem Ag. befindliche schwarz gefärbte Schicht. — Abbildung. (**F. P. 1 035 762** vom 30/3. 1951, ausg. 31/8. 1953.) MARKHOFF. 6513

Thor Hansen Westby, V. St. A., *Herstellen von Aluminium-Überzügen* durch Tauchen in ein schmelzfl. Al-Bad. Die zu überziehenden Gegenstände werden mit einer Lsg. behandelt, die neben freier *HCl* enthält: $ZnCl_2$, $PbCl_2$ u./oder $CdCl_2$ u./oder $SnCl_2$, z. B. 0,453 kg $ZnCl_2$, 0,014 kg $PbCl_2$, 15 cm^3 *HCl* u. 3,785 Liter Wasser. (**F. P. 1 048 103** vom 10/9. 1951, ausg. 21/12. 1953. A. Prior. 29/12. 1950.) VIER. 6517

Pechiney, Comp. de Produits Chimiques et Électrométallurgiques, Frankreich, *Flußmittel zum Herstellen von Aluminiumüberzügen* durch Tauchen in schmelzfl. Bäder. Das Flußmittel besteht aus 40—80 (%) AlF_3, 10—25 *KF*, 10—25 *LiF*, 5—15 *NaF*, oder aus K_2ZrF_6 oder einer Mischung von K_2ZrF_6 u. $KZrF_5$. (**F. P. 1 034 061** vom 16/3. 1951, ausg. 17/7. 1953.) VIER. 6517

Siemens & Halske Akt.-Ges., Berlin und München (Erfinder: **Norbert Müllbauer**, Berlin), *Herstellung von Metallniederschlägen durch Kondensation von Metalldampf, besonders bei Atmosphärendruck.* Der Metalldampf tritt aus einer Düse in Form eines Metalldampfstrahles aus u. wird von einer inerten oder reduzierenden, hoch erhitzten Schutzgasatmosphäre in Form eines Gasstrahles umhüllt. Das Schutzgas ist mindestens so hoch erhitzt, daß eine Kondensation des Metalldampfes nicht eintritt. Um den erhitzten Schutzgasstrahl ist ein weiterer kalter Schutzgasstrahl vorgesehen. (**D. B. P. 909 276** Kl. 48b vom 18/6. 1941, ausg. 15/4. 1954. Anmeldung bekanntgemacht 3/9. 1953.) VIER. 6517

Hermann Schladitz, Deutschland, *Herstellen von Metallüberzügen durch thermisches Zersetzen von Metallverbindungen.* Der zu überziehende Körper wird an seiner Oberfläche, z. B. durch Kontakterhitzung oder elektr. Wirbelfelder, kurzzeitig auf die Zersetzungstemp. der Metallverb. gebracht, nachdem der Körper vorher bis dicht unter diese Temp. erhitzt war. Nach dem Verf. werden gleichbleibende Reaktionsbedingungen u. damit gleichmäßige Überzüge erhalten. (**F. P. 1 031 607** vom 18/10. 1950, ausg. 25/6. 1953. D. Prior. 21/10. 1949.) VIER. 6517

Office National d'Études et de Recherches Aéronautiques, Frankreich, *Herstellen von harten Oberflächenschichten auf Molybdän, Wolfram, ähnlichen Metallen und ihren Legierungen.* Die Gegenstände werden zur Bldg. der entsprechenden *Carbide* in reinem C oder Graphit in nichtoxydierender Atmosphäre erhitzt. An Stelle von festem C können auch C-haltige Gase Verwendung finden. Beim Erhitzen von Mo in reinem C bei 1200° während 30 Min. bildet sich eine festhaftende Oberflächenschicht von Mo_2C mit einer Dicke von 10 u. einer Härte von 2000 kg/mm^2. In Ggw. von N_2 oder N_2 enthaltender Atmosphäre bilden sich sehr harte *Nitride.* Dabei bleiben geringe Mengen von H_2 oder O_2 ohne Einfluß. (**F. P. 1 056 564** vom 15/5. 1952, ausg. 1/3. 1954.) VIER. 6529

Chemische Fabrik Griesheim, Deutschland, *Erzeugen von Schutzschichten auf Eisen und Stahl.* Die Gegenstände werden in Lsgg. behandelt, die *Oxalsäure* oder *Oxalate, Chlorate* u. *Phosphate*, deren Kationen lösl. komplexe Fe-Salze in der Behandlungslsg. bilden, enthalten. Durch den Phosphatzusatz wird die Bldg. von unlösl., schlammbildenden Verbb. verhindert. — Beispiel: 1 Liter Badlsg. enthält 20 (g) Oxalsäure, 12,5 $NaClO_3$, 5 Ammoniumoxalat u. 10 $(NH_4)H_2PO_4$; p_H-Wert 1,6—1,7. (**F. P. 1 032 645** vom 12/12. 1950, ausg. 3/7. 1953. D. Priorr. 12/12. 1949 u. 11/10. 1950.) MARKHOFF. 6529

Georg Hass, Fort Belvoir, Va., V. St. A., *Korrosionsbeständige Schutzschicht.* Durch Aufdampfen hergestellte Schichten, welche *Si* u. *O* in annähernd gleichen atomaren Verhältnissen enthalten, dienen als korrosionsschützende Überzüge. (**D. B. P. 907 965** Kl. 48d vom 13/6. 1943, ausg. 1/4. 1954. Anmeldung bekanntgemacht 18/2. 1954.) Markhoff. 6529

Jean Cournot, Structure des métaux et alliages. Paris. 1950. (II + 78 S. m. Abb.) fr 245—.

Emil Kohl, Uran. Stuttgart: Enke 1954. (VIII + 234 S. m. 23 Abb. u. 35 Zahlentaf.) = Die metallischen Rohstoffe. H. 10. DM 29.—.

—, Heat treating, aluminum alloys. Louisville 1. Ky.: Reynolds Metals Co. (119 S. m. Abb.) $ 1,—.

IX. Organische Industrie.

J. P. Fortuin und **H. I. Waterman,** *Darstellung von Phenol aus Cumol.* Nach Hock u. Lang (C. **1944.** II. 523) gibt Cumol (**I**) durch Oxydation mit Luftsauerstoff (**II**) in fl. Phase Cumolhydroperoxyd (**III**), das sich katalyt. in Phenol (**IV**) u. Aceton zerlegen läßt, ein Verf., das großtechn. ausgebildet wurde. Vff. untersuchen laboratoriumsmäßig die verschied. Einflüsse auf die Bldg. von **IV** aus **I**. Da techn. **I** wegen des Vorhandenseins S-haltiger Verunreinigungen mit **II** nicht reagiert, wurde die bei 151—156° sd. Fraktion durch H_2SO_4 u. Schütteln mit 5%ig. Hg-Acetat gereinigt. In einer App. aus Pyrexglas mit Rührer u. Düse vorgenommene Verss. ergaben Ausbeuten an **III** bis zu 90% bei 110°. Zugabe von 5% **III** zu **I** sowie von 0,5% Cu oder Ag waren vorteilhaft, Rühr- u. O_2-Durchflußgeschwindigkeit ohne Einfl.; in einer Cu-App. verkürzte sich die Reaktionsdauer auf die Hälfte (3 Std.), die Ausbeute stieg auf 96% **III**. Die Zers. von **III** in **IV** wird nach Kharasch u. Mitarbeiter (C. **1952.** 7959) säurekatalyt. beschleunigt. Die Zers. von **III** mit SO_2 konnte wegen Explosionsgefahr nur in der Weise vorgenommen werden, daß **III**, vorteilhaft in **I** gelöst, in einer SO_2-Atmosphäre an einer Kühlerwandung herabfloß u. das Reaktionsgemisch in einer eisgefüllten Vorlage aufgefangen wurde. Nach Fraktionierung wurde Ausbeuten bis zu 93% **IV** erzielt. Es wurde eine kontinuierlich arbeitende App. konstruiert u. zwecks Vermeidung einer Kondensation das **IV** enthaltende Reaktionsgemisch mit entwässerter Na_2CO_3 vorbehandelt u. im Vakuum destilliert. (Chem. Engng. Sci. **2.** 182—92. Aug. 1953. Delft, Univ., Labor. for chem. Technol.) Steiner. H 1060

Standard Oil Development Co., Elizabeth, N. J., V. St. A., *Extraktive Destillation von Kohlenwasserstoffen* zwecks Trennung von Gemischen nahe beieinander sd. KW-stoffe. Als extraktives Lösungsm. verwendet man eine wss. Lsg. eines Salzes einer organ. Verb., die mindestens 1 polare Gruppe enthält (z. B. Na-Salze aromat. Sulfonsäuren). Das Verhältnis des KW-stoffgemisches zum extraktiven Lösungsm. soll so sein, daß während der Fraktionierung nur eine einzige fl. Phase vorliegt, wobei sich die relativen Flüchtigkeiten der Bestandteile der Mischung ändern, so daß die flüchtigeren Bestandteile von den weniger flüchtigen abgetrennt werden können. Das Lösungsm. enthält mindestens 40 Gew.-% des Salzes der organ. Verbindung. Der Siedebereich der KW-stoffmischung soll nicht größer als 50° sein. — Zeichnung. (**E. P. 695 501** vom 9/5. 1951, ausg. 12/8. 1953.) Unger. H 500

Standard Oil Development Co., Del., übert. von: **Walter G. May,** Roselle, und **George L. Matheson,** Summit, N. J., V. St. A., *Aufarbeitung von H_3PO_4-Polymerisationskatalysatoren,* die bei der Polymerisation von Olefinen zu niedrigsd. Polymeren agglomerieren, erfolgt durch Waschen des Katalysatorschlammes, der aus agglomerierten Teilchen der an Silicagel, Kieselgur oder Diatomeenerde gebundenen H_3PO_4 besteht, mit solchen Lösungsmitteln, die das verklebende Polymerisat leicht lösen, wie bes. aromat. KW-stoffen, z. B. Xylol. — Schema der Katalysatoraufarbeitung. (**A. P. 2 658 933** vom 17/8. 1951, ausg. 10/11. 1953.) Möllering. H 510

United States of America, übert. von: **William T. Miller,** Ithaca, N. Y., und **Edward W. Fager,** Chicago, Ill., V. St. A., *Intramolekulare Umlagerungen perhalogenierter C-Verbindungen* mit mindestens 2 C- u. 2 F-Atomen im Mol., erfolgt durch Einw. bei 0—95° zwischen 1—7 Std. in Ggw. von $AlCl_3$, $AlBr_3$ oder deren Mischungen u. gegebenenfalls noch gemischt mit $ZnCl_4$, $SbCl_3$, $HgCl_2$. Der Katalysator kann als Pulver oder gelöst in einem Lösungsm. angewandt werden. Er kann auch auf Träger, wie akt. C oder gesintertes AlF_3, aufgebracht sein. — $CF_2ClCFCl_2$ (6 Mol) mit 1 Mol $AlCl_3$ bei 55—60° unter Rückfluß 6 Std. erhitzt, ergibt *CF_3CCl_3*, Kp. 46,4°, F. 13,5—14°, n_D^{20} 1,3603, $D.^4_{20}$ 1,5771, u. *$CF_2Cl\cdot CCl_3$*, Kp. 91—92°, F. 40,5—40,6°. Hergestellt werden ferner: *$CF_3CCl_2CF_2Cl$*, Kp. 71—72°, F. —5°, n_D^{23} 1,3490, u. *$CF_3CCl_2CCl_3$*, Kp. 151,8—152°, F. 108,9—109,2°, aus $CF_2ClCFClCF_2Cl$; *1.2-Dichlorperfluorcyclobutan* ergibt *1.1-Dichlorperfluorcyclobutan.* 1.2-Dichlorperfluorpropan ($CF_2Cl\cdot CFCl\cdot CF_3$) liefert *2.2-Dichlorperfluorpropan* ($CF_3\cdot CCl_2\cdot CF_3$). (**A. P. 2 598 411** vom 23/11. 1948, ausg. 27/5. 1952.) G. König. H 510

Phillips Petroleum Co., übert. von: **John C. Hillyer**, Bartlesville, und **Clark H. Ice**, Norman, Okla., V. St. A., *Dehalogenierung organischer Verbindungen*, bes. von polyhalogenierten Paraffinen $C_nH_{(2n+2-a)}X_a$ (X = Cl, Br, J), polyhalogenierten Olefinen $C_nH_{(2n-a)}X_a$ (X = Br, J, n = 2—20, a = wenigstens 2 u. nicht größer als n), polyhalogenierten Cycloparaffinen $C_nH_{(2n-a)}X_a$ (X = Cl, Br, J) u. polyhalogenierten Cycloolefinen $C_nH_{(2n-2-a)}X_a$ (X = Br, J, n = 3—8, a = wenigstens 2 u. nicht größer als n) erfolgt mit Alkali- oder Ammoniumformiaten in Ggw. eines Alkohols oder Ketons u. eines Alkali- oder Ammoniumjodids unter Erhitzen. — Aus 1 (Mol.) Äthylendichlorid in Ggw. von 2 wasserfreiem Na-Formiat, 0,25 KJ u. absol. Methanol → *Äthylen*. — 1.2.3.4-Tetrabrombutan → *Butadien* (I). — 1.4-Dibrom-2-buten → I. — Weitere Ausgangsstoffe sind: 2.3-Dibrombutan, 1.5-Dibrom-2-penten; 1.2-Dijodpentan; 1.2-Dichlorpropan; 1.4-Dibrom-3-methyl-2-hexen; 1.2-Dibromcyclobutan; 1.4-Dibrom-2-cyclobuten; 1.2.4.5-Tetrabromcyclohexan; 1.4-Dibrom-2-cyclohexen. (**A. P. 2647934** vom 7/5. 1951, ausg. 4/8. 1953.) KRAUSS. H 520

Allied Chemical & Dye Corp., New York, N. Y., übert. von: **Lee B. Smith**, Woodbridge, N. J., und **Charles B. Miller**, Lynbrook, N. Y., V. St. A., *Fluorolefine* erhält man durch Dechlorierung von Verbb. CXYY'CX'Y''F (X,X' = Cl, Br, J, Y, Y', Y'' = H, Halogen, Alkyl, Aryl) mit Zn in Ggw. von A. mit höchstens 6 (%) W. u. höchstens 2 HCl. — CCl_2FCClF_2, Kp. 47,6° → *$CClF{=}CF_2$*, Kp. −28°. — 1.1.1.2-Tetrachlor-2.2-difluoräthan, CCl_3CClF_2, → *1.1-Dichlor-2.2-difluoräthylen*. (**A. P. 2 635 121** vom 17/10. 1951, ausg. 14/4. 1953.) KRAUSS. H 520

Phillips Petroleum Co., übert. von: **John Paul Hogan**, Bartlesville, Okla., V. St. A., *2.2.3-Trimethylpenten* (= *Methyltripten*), das sich zu Gasolin mit hoher Octanzahl hydrieren läßt, erhält man durch Mischpolymerisation von 2-Buten mit Isobuten im Mol.-Verhältnis 5: 1 bis 14: 1 in Ggw. eines mit Ni- oder Co-Oxyd aktivierten SiO_2–Al_2O_3-Katalysators, wobei das Mol.-Verhältnis von 18: 1 bis 25: 1 erhöht wird, wenn die Katalysatoraktivität u. die Polymerenbldg. nachläßt (Reaktionsbedingungen vgl. Tabelle). — Vorr., Zeichnung. (**A. P. 2 642 467** vom 11/5. 1950, ausg. 16/6. 1953.) KRAUSS. H 520

Comp. Française Thomson-Houston, Seine, Frankreich (Erfinder: **Robert Bruce Young**), *Herstellung von Vinylchlorid*. Man verwendet bei seiner Herst. aus Acetylen, u. HCl-Gas einen Katalysator, welchen man dadurch erhält, daß man von einer porösen Kohle, z. B. granulierter Holzkohle oder akt. Kohle in Pastillen eine Lsg. eines Cu-Salzes (z. B. CuCl, $CuCl_2$, $CuSO_4$, $CuBr_2$, $Cu[NO_3]_2$) absorbieren läßt. Die Umsetzung erfolgt bei 100—200°, vorzugsweise bei 130—185°. — Z. B. löst man 90 (Teile) CuCl in ca. 268 HCl (D. 1,19) u. gießt diese Lsg. langsam auf 300 akt. granulierte Holzkohle. Über diesen Katalysator leitet man unter Erwärmen trockenes HCl-Gas u., wenn die Temp. auf 130—150 gestiegen ist, ein Gemisch von 5 Vol. HCl-Gas u. 4 Vol. Acetylen mit einer Geschwindigkeit von ca. 360 cm^3 in der Minute, u. erhält in den ersten 32 Std. eine Ausbeute von 100% Vinylchlorid/angewendete Menge Acetylen. Nach 108 Std. beträgt die Ausbeute noch mindestens 95%. (**F. P. 1 040 105** vom 25/7. 1951, ausg. 13/10. 1953. A. Prior. 5/8. 1950.) OPPERMANN. H 520

E. I. du Pont de Nemours & Co., übert. von: **Jesse Harmon**, Wilmington, Del., V. St. A., *Herstellung von Vinylfluorid*. 1.1-Difluoräthan (**II**) wird unter n. Druck bei 350—1000° mit der Geschwindigkeit einer Erhitzungszeit von nicht über 3 Min. über einen geeigneten Kontakt geleitet, worauf aus den Abgasen Vinylfluorid (**I**) abgetrennt wird, indem dieselben zunächst von HF u. Acetylen befreit u. dann die organ. Dämpfe durch Kühlung u. Kompression kondensiert werden u. aus dem Kondensat **I** durch fraktionierte Dest. vom unveränderten **II** getrennt wird. Als Kontraktmassen sind geeignet z. B. freie Metalle, Salze u. Oxyde von Elementen der Gruppen I A, I B, II A, II B, V B u. VIII des Period. Syst. der Elemente, so Bromide, Borate, Chloride, Chromate, Chromite, Dichromate, Manganate, Molybdate, Nitrate, Selenate, Sulfate, Vanadate, Wolframate, Uranate u. Fluoride, ebenso bei den Reaktionstempp. beständige Formiate, Acetate, Propionate, Oxalate u. Benzoate. (**A. P. 2 599 631** vom 6/12. 1945, ausg. 10/6. 1952.) HERBST. H 520

Firestone Tire & Rubber Co., übert. von: **Kenneth C. Eberly**, Akron, und **Robert J. Reid**, Canal Fulton, O., V. St. A., *2.3-Dichlor-1.3-butadien* erhält man durch Erhitzen von 1.2.3.4-Tetrachlorbutan mit Kalkmilch auf 81°, $Kp._{100}$ 42—45°. — Vorr., Zeichnung. (**A. P. 2 626 964** vom 22/12. 1948, ausg. 27/1. 1953.) KRAUSS. H 520

Firestone Tire & Rubber Co., übert. von: **Kenneth C. Eberly**, Akron, und **Robert J. Reid**, Canal Fulton, O., V. St. A., *Dimere aus 2.3-Dichlor-1.3-butadien* (**I**). Beim Erhitzen einer Mischung aus gereinigtem **I** u. Phenyl-β-naphthylamin auf 60° entstehen nach 132 Std. neben Polymeren *1.2.5.6-Tetrachlor-1.5-cyclooctadien*, $C_8H_8Cl_4$, aus Methanol, F. 99—100°; Kp.$_{13}$ bzw. $_{740}$ 175 bzw. 292°; daraus durch Hydrierung in Eisessig mit ADAMS-Pt-Oxyd u. H_2 bei 50 lbs./sq.in. *Cyclooctan*, C_8H_{16}, Kp.$_{734}$ 148—151°; F. 8°; n_D^{20} 1,4604, D.$^{20}_4$ 0,843. Mit Na in fl. NH_3 bei —75° *1.5-Cyclooctadien*, C_8H_{12}, Kp.$_{742}$ 141°; F. —28°; n_D^{20} 1,4829; D.$^{20}_4$ 0,893. Durch Oxydation mit $KMnO_4$ in Aceton → Bernsteinsäure. Durch Erhitzen auf 460—500° → *1.2.5.6-Tetrachlortricyclooctan*, $C_8H_8Cl_4$, F. 237° (unter Druck), Sublimationspunkt 230°; dieses gibt mit Na in fl. NH_3 *Tricyclooctan*, C_8H_{12}, Kp.$_{735}$ 128°; F. —32°; n_D^{20} 1,4736; D.$^{20}_4$ 0,924. — Als Nebenprodd. *1.3.4-Trichlor-1-(1'-chlorvinyl)-3-cyclohexen*, $C_8H_8Cl_4$, Kp.$_{13}$ ca. 155° (Zers.); n_D^{20} 1,5530; D.$^{20}_4$ 1,423; daraus durch Hydrierung Äthylcyclohexan, C_8H_{16}, Kp.$_{74}$ 129—131°; n_D^{20} 1,4358; D.$^{20}_4$ 0,795. Durch Dest. unter 10—100 mm → *3.4-Dichlor-1-(1-chlorvinyl)-1.3-cyclohexadien*, $C_8H_7Cl_3$, Kp.$_{2-4}$ 110—114°; n_D^{20} 1,5545; D.$^{20}_4$ 1,372. Durch Pyrolyse bei 490—530° → α.m-Dichlorstyrol, $C_8H_6Cl_2$, Kp.$_{100}$ 146—148°, n_D^{20} 1,5721, D.$^{20}_4$ 1,275. — Formelschema, Zeichnung. (**A. P. 2 626 961** vom 30/3. 1949, ausg. 27/1. 1953.)

KRAUSS. H 520

Standard Oil Development Co., übert. von: **Warren M. Smith**, Baton Rouge, La., V. St. A., *Reinen Isooctylalkohol* erhält man aus dem Reaktionsprod. der Oxosynth. durch Behandeln der rohen, wss. Lsg. mit 5—25%ig. wss. Alkalihydroxydlsg. bei 175 bis 400° F, Abscheiden der gereinigten Alkoholphase von der wss. alkal. Phase, Waschen mit W. bis zur Alkalifreiheit u. anschließende Destillation. (**A. P. 2 626 284** vom 17/9. 1949, ausg. 20/1. 1953.) G. KÖNIG. H 560

California Research Corp., San Francisco, übert. von: **Paul C. Cond't**, Berkeley, und **John A. Spence**, Richmond, Calif., V. St. A., *Herstellung sauerstoffhaltiger Kohlenstoffverbindungen*. Die Oxosynth. wird derart durchgeführt, daß zuerst eine wss. Lsg. einer Fe-, Co- oder Ni-Verb. (Acetat, Naphthenat) bei 350—450° F (bes. 275—425° F) u. 100—400 at mit CO oder CO + H_2 vorbehandelt u. dann in einer 2. Stufe die so erhaltene Lsg. als Katalysator für die Rk. einer eine olefin. Doppelbindung enthaltenden organ. Verb. mit CO + H_2 bei Tempp. unter 300° F (bes. 200—300° F) u. bevorzugt bei 100—250 at benutzt wird; bei niederen Tempp. werden vorzugsweise Aldehyde, bei höheren Tempp. Alkohole gebildet. — Eine Lsg. von 20 g $Co(CH_3COO)_2 \cdot 4 H_2O$ in 100 cm³ W. wird in einem Autoklaven unter 2000 lbs./sq.in. CO-Druck 100 Min. bei 400° F geschüttelt; nach dem Abkühlen werden 168 g Diisobutylen zugesetzt, 2000 lbs./sq.in. CO + H_2 (1 : 1) aufgedrückt u. auf 254° F erhitzt, bei welcher Temp. Druckabfall die beginnende Rk. anzeigt. Dann wird 200 Min. auf 400° F erhitzt. Die abgesetzte organ. Schicht wird getrocknet u. ergibt beim Dest. 12,5% *Isooctan* u. 69,5% *Nonylalkohol*. (**A. P. 2 647 149** vom 20/10. 1947, ausg. 28/7. 1953.) W. HEROLD. H 560

Deutsche Gold- & Silberscheideanstalt vormals Roessler, Frankfurt/M. (Erfinder **Heinrich Brendlein**, Wolfgang bei Hanau), *Herstellung aliphatischer oder acyclischer Diäther* von der Formel R_1—O—$(CH_2)_\alpha$—O—R_2, worin R_1 u. R_2 aliphat. oder acyl. Reste bedeuten, die gegebenenfalls halogen-, oxy- oder alkoxysubstituiert sein können, u. α = 1 oder eine höhere ganze Zahl ist, dad. gek., daß man Alkoxyacetale in fl. Phase u. in Ggw. von Katalysatoren sowie höherem Druck, z. B. mehr als 5 at, vorteilhaft 50—300 at, mit H_2 oder H-haltigen Gasen behandelt. Reaktionstempp. >50°. — Aus Butoxypropionaldehyddibutylacetal erhält man bei 170° u. 100 at *1.3-Trimethylendibutyläther*. Das β-Äthoxydiäthylacetal ergibt *1.3-Trimethylenglykoldiäthyläther*. (**D. B. P. 911 849** Kl. 12o vom 10/9. 1938, ausg. 20/5. 1954. Anmeldung bekanntgemacht 8/10. 1953.) G. KÖNIG. H 570

Badische Anilin- & Soda-Fabrik Akt.-Ges., Ludwigshafen/Rh., *Neutrale Polyglykolätherester*. Man kondensiert 2 (Mol.) eines Polyglykoläthers A—$(OC_2H_4)_n$—B (A = Alkyl, Cycloalkyl, Aryl oder heterocycl. Rest mit 3—23 C-Atomen, B = OH, —OMe, Me = Alkalimetall, n = >2) mit einer C-freien 2bas. anorgan. Säure oder, wenn B = Halogen, —OSO_3 oder —OSO_3Me, mit 1 eines Alkalisulfids. — Aus Dodecylnonaglykoläther (9 Äthylenoxyd + 1 Dodecylalkohol) in Bzl. mit SO_2Cl_2 bei 35° u. Neutralisation mit Na_2CO_3 → *Didodecylnonaglykolsulfat*, $[C_{12}H_{15}(OC_2H_4)_9]_2SO_4$. — Dodecylnonaglykolbromid, $C_{12}H_{15}(OC_2H_4)_9Br$ + Na_2S bei 120° unter Druck → *Didodecylnonaglykolthioäther*, $[C_{12}H_{15}(OC_2H_4)_9]_2S$. Weitere Ausgangsstoffe sind: Propylhexaglykol-, Amylhexaglykol-, Octadecyldekaglykol-, $[C_{18}H_{37}(OC_2H_4)_{10}OH]$, Oleyldodekaglykol-, Laurinsäureoktaglykol-, Buttersäureäthanolamiddekaglykol-, $[C_3H_7 \cdot CONHCH_2CH_2(OC_2H_4)_{10}OH]$, Palmitylaminononaglykol-, Cyclohexanolhexaglykol-, Phenolpentaglykol-, Hexylheptylnaphtholdekaglykol-, Benzoesäureoktaglykol-, Salicylsäurepentaglykol-, Furfurylpentadekaglykol-, Pyridincarbonsäureoktaglykoläther. — *Netz-, Dispergier-, Textil-, Lederhilfsmittel*, wenn lipoidlösl., dann *Anästhetica, Kosmetica*. (**E. P. 695 314** vom 2/3. 1951, ausg. 5/8. 1953. D. Prior. 15/3. 1950.)

KRAUSS. H 570

Cities Service Oil Co., Bartlesville, übert. von: **Jack Newcombe**, Pawhuska, Okla., V. St. A., *Methanol und Formaldehyd* erhält man bei der Hydrolyse von Methylal mittels W. bei Tempp. $>130^0$ (190—285°) in Ggw. aktivierter Holzkohle oder mit H_3PO_4 oder H_2SO_4 aktivierter Holzkohle. — Skizze. (**A. P. 2 605 287** vom 24/8. 1950, ausg 29/7 1952.) G. KÖNIG. H 670

Distillers Co. Ltd., Edinburgh, Schottland (Erfinder: **Charles Albin Woodcock**), *Oxydation von Olefinen*, z. B. von *Propylen* u. *Isobuten* zu *Acrolein* u. *Methacrolein*, erfolgt bei 230—400° mit O_2-haltigen Gasen in Ggw. von Se u. Cu auf natürlichem Bauxit als Katalysator, der vorher auf 600—1000° erhitzt wurde u. der nur einen geringen Fe-Geh. hat. Umwandlungsgrad 74%. (**E. P. 689 392** vom 23/3. 1950, ausg. 25/3 1953. **Zusatz zu E. P. 655 210; C. 1952. 6128.**) KRAUSS. H 670

Texaco Development Corp., übert. von: **Frank Henry Bruner**, New York, N. Y., V. St. A., *Reaktionsprodukte, die Metallcarbonyle des Fe, Co oder Ni enthalten*, leitet man in ein Gefäß u. zers. die Metallcarbonyle bei höherer Temp. (450—500° F) u. Drucken <100 lbs./sq.in. in CO u. Metall, das sich in dem Gefäß niederschlägt. CO gelangt in den Kreislauf. Das Gefäß kann mit Adsorptionsstoffen für das Metall (uncalcinierte Diatomeenerde) gefüllt sein. — Aus C_2H_4, CO u. H_2 erhält man an Metallcarbonylen freien *Propionaldehyd* u. *Diäthylketon.* (**E. P. 672 880** vom 17/8. 1948, ausg 28/5. 1952. A. Prior. 13/9. 1947.) G. KÖNIG. H 710

Standard Oil Development Co., Del., übert. von: **John J. Owen** und **Egi V. Fasce**, Baton Rouge, La., V. St. A., *Alkohole und Carbonsäuren* gewinnt man bei der *Oxosynth.*, indem man die Reaktionsprodd. der CO- u. H_2-Anlagerung hydriert u. aus dem Hydrierungsprod. die niedrigsd. Alkohole bis C_9 durch Dest. entfernt. Das Bodenprod. unterwirft man einer selektiven Oxydation mittels O_2 oder Luft bei 100—300° F u. Drucken bis 500 lbs./sq.in. in Ggw. eines Oxydationskatalysators, bestehend aus Metallsalzen von Fettsäuren (Co-Oleat), in Mengen von 0,2—3,5 Gew.-% auf die Menge der zu oxydierenden Stoffe bezogen. Man verseift das rohe Reaktionsgemisch, trennt von den neutralen Bestandteilen u. arbeitet die verbleibenden Seifen auf. Die neutralen Prodd. kann man einer Nachhydrierung unterwerfen. (**A. P. 2 594 341** vom 13/9 1949, ausg. 29/4. 1952.) G. KÖNIG. H 810

Ruhrchemie Akt.-Ges., Oberhausen (Erfinder: **Otto Roelen**, Oberhausen, und **Karl Büchner**, Duisburg), *Trennung isomerer Fettsäuregemische* (**I**) in verzweigte u. weniger verzweigte Anteile, dad. gek., daß man, gegebenenfalls nach z. B. destillativer Fraktionierung von **I** verschied. Mol.-Größe u. mit mehr als 8 C-Atomen, die Anteile annähernd gleicher Mol.-Größe teilweise verseift u. die nichtverseiften, verzweigteren Anteile abtrennt. (**D. R. P. 766 091** Kl. 12o vom 5/5. 1942, ausg. 31/5. 1954.) MÜLLER-MEININGEN. H 810

Wacker-Chemie G. m. b. H., München (Erfinder: **Josef Wimmer**, Burghausen), *Gewinnung reiner wasserfreier Essigsäure* (**I**) aus wasserhaltiger, bes. aus Acetylen erhaltener Rohsäure, durch Dest. mit Hilfs-Fll. (**II**), die nach Abscheiden des W. im Kreislauf wiederverwendet werden, dad. gek., daß man nach Abscheiden des W., fortlaufend oder zeitweise einen Teil der **II** abzieht u. aus dieser mit wss., höchstens 50%ig **I**, die Nebenprodd., bes. **I**-Methylester, auswäscht, worauf die **II** wieder zur Dest der rohen **I** verwendet werden kann. Als **II** verwendet man Verbb., die mit W. ein $>57^0$ sd. Gemisch bilden, z. B. Chlor-KW-stoffe, Benzine u. bes. Benzol. (**D. B. P. 911 492** Kl. 12o vom 7/2. 1952, ausg. 17/5. 1954. Anmeldung bekanntgemacht 9/7. 1953) MÜLLER-MEININGEN. H 810

Pomosin-Werke Komm.-Ges. Fischer & Co. (Erfinder: **Gerhard Winkler**, Frankfurt/M.), *Herstellung von festem, wasserlöslichem Al-Acetat* durch Eindampfen von wss. Al-Acetatlsgg., zusammen mit geringen Mengen eines Zusatzstoffes (**I**) bei red. Druck bis zur Trockene, dad. gek., daß man als **I** ca. 3% Gelatine (berechnet auf den Trockengeh. der einzudampfenden essigsauren Tonerdelsgg.) in wss. Lsg. verwendet. (**D.R.P. 765 191** Kl. 12o vom 11/12. 1941, ausg. 31/5. 1954.) MÜLLER-MEININGEN. H 810

Imperial Chemical Industries Ltd., London, England, *Gewinnung von Nonansäuren* aus Gemischen von 5—40 Gew.-% eines Olefins u. einem gesätt. aliphat. Aldehyd (**I**), bes. aus der „Oxo“-Synth., erfolgt durch Abtrennung des **I** u. dessen Oxydation mit O_2 oder O_2-haltigen Gasen in fl. Phase bei 50—75°. Die Abtrennung des **I** erfolgt z. B. durch Red. des **I** zum entsprechenden Alkohol oder durch Dest., während als Oxydationskatalysator Co-, Mn- oder Pb-Salze organ. Säuren dienen. — Beispiele: 3.4.4-Trimethylhexanal-1 + 2.3.3-Trimethylpenten-1 → *3.4.4-Trimethylhexansäure-1.* — 3.4.5-Trimethylhexanal-1 + 2.3.4-Trimethylpenten-1 → *3.4.5-Trimethylhexansäure-1.* — 4.5.5-Trimethylhexanal-1 + 3.4.4-Trimethylpenten-1 → *4.5.5-Trimethylhexansäure-1.* — 3.5.5-Trimethylhexanal-1 + Diisobuten → *3.5.5-Trimethylhexansäure-1.* —

Ausgangsprodd. zur Herst. von Sikkativen, Holz- u. Textilkonservierungsmitteln. (**E. P. 706 009** vom 19/1. 1950, ausg. 24/3. 1954.) MÜLLER-MEININGEN. H 810

Badische Anilin- & Soda-Fabrik (Erfinder: **Walter Reppe,** Ludwigshafen/Rh., und **Hugo Kröper,** Heidelberg), *Carbonsäureester* erhält man durch Rk. von Olefin, gegebenenfalls im Gemisch mit Paraffin-KW-stoffen, mit CO u. Alkoholen oder Phenolen in Ggw. von carbonylbildenden Metallen oder deren Verbb. u. gegebenenfalls von Aktivatoren, bes. bei 120—300° unter Druck. — Man preßt z. B. 70 at CO zu 30 (Teilen) α-Butylen, 40 A., 3 Ni-Chlorid u. 2 Eisessig, erhitzt 18 Std. auf 170° (150 at) u. erhält 90% *Isovaleriansäureäthylester,* Kp. 135°. — Dodecylen → ca. 90% *Methyllaurinsäureäthylester,* $Kp._1$ 103—105°, u. *n-Tridecylsäureäthylester,* $Kp._8$ 106—108°. — Octylen (I) → 95% *Isopelargonsäure-,* $Kp._8$ 86—90°, u. *n-Pelargonsäureäthylester,* $Kp._8$ 86—90°. — Butylen → 95% *Methylbuttersäure-* (Kp. 135°) u. *Valeriansäureäthylester,* Kp. 142 bis 143°. — Oktadecylen → *Methylstearinsäure* (II), $Kp._{0,5}$ 185—189°, u. II-*Butylester,* $Kp._{1,4}$ 168—173°. — II-*Äthylester,* $Kp._{0,5}$ 175—180°. — I + Äthylenglykol + RANEY-Ni + Cu-Jodur + CO → *Mono-* u. *Dimethylcaprylsäureglykolester*-Gemisch, $Kp._{0,4}$ 140 bis 160°; VZ. 275. — I + Phenol → *Methylcaprylsäurephenylester,* $Kp._{11}$ 156—158°; VZ. 240. (**D. B. P. 879 987** Kl. 12o vom 13/3. 1940, ausg. 18/6. 1953.) MÜLLER-MEININGEN. H 810

Farbwerke Hoechst, vormals Meister Lucius & Brüning (Erfinder: **Ludwig Orthner,** Frankfurt/M., **Karl Platz,** München, und **Karl Horst,** Hofheim), *Herstellung esterartiger Kondensationsprodukte,* dad. gek., daß man die in kettenförmigen Formalen oder Polyformalen von Diolen bzw. Polyolen enthaltenen freien OH-Gruppen teilweise mit Carbonsäuren verestert, die mindestens 6 aliphat. oder cycloaliphat. gebundene C-Atome enthalten u. in den Reaktionsprodd. noch vorhandene freie OH-Gruppen gegebenenfalls mit reaktionsfähigen Verbb., die wasserlöslichmachende Gruppen enthalten, umsetzt. Verwendung der gelblich bis braun gefärbten, öligen, wachs- oder salbenartigen Prodd. zur Behandlung von Textilien, Papier, Leder u. dgl., bes. die öllösl. Prodd. sind gute Emulgiermittel, ferner Durchfärbe- u. Waschmittel sowie Flotationsmittel u. Mittel zur Spaltung von Erdölemulsionen. (**D. B. P. 877 898** Kl. 12o vom 7/3. 1944, ausg. 28/5. 1953.) MÜLLER-MEININGEN. H 810

General Aniline & Film Corp., New York, N. Y., übert. von: **Giffin D. Jones,** Easton, Pa., V. St. A., *α-unsubstituierte und α-substituierte Acrylsäureoxyalkylamide* erhält man durch Kondensation der entsprechenden Säurehalogenide mit Alkylolaminen in Ggw. eines Lösungsm. für das Amid u. eines Nichtlösers für das Alkylolaminhydrohalogenid. — Methacrylsäurechlorid, Kp. 68—70°, gibt mit Äthanolamin, Kp. 80—81°, in Acetonitril bei 0° *N-β-Äthanolmethacrylamid,* $C_8H_{11}O_2N$, in 65%ig. Ausbeute, $Kp._{0,5}$ 130—140°; n_D^{25} 1,4988. — *N-Methyl-N-β-äthanolmethacrylamid,* $C_7H_{13}O_2N$, $Kp._{0,5}$ 110—115°; n_D^{20} 1,4842; $D.^{20}_4$ 1,0466. — *N-β-Äthanolacrylamid,* $C_5H_9O_2N$, $Kp._{1,5}$ 135—140°; n_D^{25} 1,5022. — *N-Methyl-N-äthanolacrylamid,* $C_6H_{11}O_2N$, $Kp._1$ 115—120°. — *N-Propyl-, N-Butyl-, N-Amyl-N-β-äthanolmethacrylamid, N-Diäthanolacrylamid.* Die Monomeren lassen sich in üblicher Weise zu wasserlösl. Polymeren polymerisieren. Vgl. A. P. 2 508 717; C. **1951.** I. 530. — Zwischenprodukte. (**A. P. 2 593 888** vom 16/10. 1945, ausg. 22/4. 1952.) KRAUSS. H 810

Rohm & Haas' Co., Philadelphia, übert. von: **Willard J. Croxall,** Bryn Athyn, und **Marian F. Fegley,** Mont Clare, Pa., V. St. A., *Äthercarbonsäureester* der allg. Formeln I u. II erhält man durch Kondensation eines substituierten Acetylens R'C≡CH mit dem Kohlensäureester eines einwertigen Alkohols $(RO)_2CO$ (R' = Alkyl mit höchstens 4 C-Atomen, Alkenyl mit 2—3 C-Atomen oder Phenyl, R = Alkyl mit höchstens 2 C-Atomen, n = 1 oder 2) nach dem Reaktionsschema $R_1C{\equiv}CH + (RO)_2CO \rightarrow$ ROC(R')=CH—COOR (I) + $(RO)_nC(R')CH_nCOOR$ (II) bei 20—110° in Ggw. eines alkal. Katalysators (Alkaliacetylide, Alkalialkoholate, quaternäre Ammoniumalkoholate). — Eine Mischung aus Na-Alkoholat, Diäthylcarbonat, α-Methylvinylacetylen wird 6½ Std. auf 70—80° erwärmt, durch fraktionierte Dest. erhält man *2-Methyl-3-äthoxy-4-carbäthoxy-1.3-butadien* (III), $Kp._3$ 85°, n_D^{20} 1,4699, u. *2-Methyl-3.3-diäthoxy-4-carbäthoxy-1-buten,* $Kp._1$ 100—101°, u. als Nebenprod. *2-Methyl-3-oxo-4-carbäthoxy-1-buten* (= *Isopropenylcarbäthoxymethylketon*). III gibt beim Hydrieren mit RANEY-Ni *2-Methyl-3-äthoxy-4-carbäthoxybutan,* $Kp._{10}$ 81—81,5°. — *β-Phenyl-β-äthoxyacrylsäureäthylester. β-Phenyl-β.β-diäthoxypropionsäureäthylester.* — *β-Butyl-β.β-diäthoxypropionsäureäthylester. β-Butyl-β-äthoxyacrylsäureäthylester.* — *β-Phenyl-β-methoxyacrylsäuremethylester,* $Kp._1$ 81—86°. *β-Phenyl-β.β-dimethoxypropionsäuremethylester.* — (**A. P. 2 560 277** vom 2/10. 1948, ausg. 10/7. 1951.) KRAUSS. H 850

Kali-Chemie Akt.-Ges. (Erfinder: **Manfred Oesterlin**), Hannover, *Herstellung von α-Acylacetessigestern,* dad. gek., daß man Arylaminocrotonsäureester in Ggw. von

Pyridin (I) oder einer anderen tert. Base mit Säurechloriden umsetzt, wobei man organ. Lösungsmittel verwendet, die die als Nebenprodd. gebildeten Acylamide nicht lösen, z. B. Ligroin (II), u. das als Zwischenprod. gebildete Aminoderiv. des Acylcrotonsäureesters bes. bei Zimmertemp. mit verd. Mineralsäure verseift. — Man versetzt z. B. die Lsg. von 1 (Mol) β-Anilinocrotonsäureäthylester in 200 cm^3 II bei 0° mit 1,2—1,5 Mol I, trägt bei gleicher Temp. 1 CH_3COCl ein, rührt ohne Kühlung noch 1 Std. weiter, löst durch Zugabe von Eiswasser I-Hydrochlorid, filtriert vom Acetanilid ab, verrührt die II-Schicht mit ca. 10%ig. HCl, bis keine Anilinabspaltung mehr stattfindet (ca. 5 Std.), u. erhält aus der II-Schicht 85% *α-Acetylacetessigester*, Kp_{16} 103°. — β-[p-Phenetidino]-crotonsäureäthylester + C_4H_9COCl → *α-Butyrylacetessigsäureäthylester*, $Kp._{16}$ 112°. — Zwischenprodd. z. B. zur Herst. von Thiouracilen. (**D. B. P. 912 211** Kl. 12o vom 13/10. 1951 ausg. 28/5. 1954. Anmeldung bekanntgemacht 8/10. 1953.)

Müller-Meiningen. H 870

Hoffmann-La Roche, Inc., Nutley, übert. von: **Walter Kimel**, Highland Park, N. J., V. St. A., *3-Oxobutansäure-3.7.11-trimethyl-1-dodecen-3-yl-ester* (I), $CH_3CH\cdot(CH_3)CH_2CH_2CH_2CH(CH_3)CH_2CH_2CH_2C(CH_3)(OCOCH_2COCH_3)CH = CH_2$ erhält man durch Anlagern von Diketen an 3.7.11-Trimethyl-1-dodecen-3-ol bei 10—20°. I gibt beim Erhitzen unter CO_2-Abspaltung *6.10.14-Trimethyl-5-pentadecen-2-on*, $Kp._{0,5}$ 120—125°, n_D^{25} 1,4542, das in Hexahydrofarnesylaceton überführbar ist. Zwischenprodd. für Pharmazeutica u. Parfüms. (**A. P. 2 628 251** vom 18/7. 1952, ausg. 10/2. 1953.) Krauss. H 870

Minerec Corp., übert. von: **Arthur H. Fischer**, New York, N. Y., V. St. A., *Carbonylverbindungen* der Formeln R—O—C(=S)—S—COOR′ bzw. R′O—C(=S)—S—CO—Y—CO—S—C(=S)—OR″ (R = Alkyl mit wenigstens 2 C-Atomen, R′ u. R″ = gesätt. oder ungesätt. organ. Rest, der auch eine oder mehrere polare Gruppen, wie Halogen, CN oder NO_2 enthalten kann, Y = Glykolrest) erhält man durch Kondensation von z. B. Alkylxanthaten mit Chlorformiaten bzw. mit Bis-[halogenformiaten]. —Aus Na-Äthylxanthat·2 H_2O u. Diäthylenglykol-bis-[chlorformiat] in W. bei 30—45° → $C_2H_5OC(=S)-S-COOC_2H_4OC_2H_4OOC-S-C-(=S)OC_2H_5$, gelbes Öl; S-Geh. 31,41 (%). — Na-Diäthyldithiophosphat + Äthylenglykol-bis-[chlorformiat] → $(C_2H_5O)_2\cdot P(=S)-S-COOC_2H_4OOC-S-P(=S)(OC_2H_5)_2$; S-Geh. 26,35. — $C_2H_5O-C(=S)-S-COOC_2H_4Cl$. — Allylchlorformiat + K-Butylxanthat → *Butylxanthogenallylformiat*, $C_4H_9OC(=S)-S-COOCH_2CH=CH_2$; S-Geh. 27,45. — *Flotationsmittel.* Vgl. A. PP. 2 501 269; C. **1950.** II. 1398 u. 2 574 554; C. **1952.** 8048. (**A. PP. 2 602 814** vom 26/6. 1946, ausg. 8/7. 1952, **2 608 572** u. **2 608 573** vom 2/6. 1948, ausg. 26/8. 1952.)

Krauss. H 880

Dow Chemical Co., Midland, Mich., V. St. A., *Extraktion von Cyanwasserstoff* aus HCN-haltigen Gasgemischen mit Hilfe einer bei n. Temp. fl. Phosphorylverb. der allg. Formel $(R)_3\equiv P=O$, in der jedes R einen beliebigen Alkyl-, Alkoxy- oder Dialkylamidorest mit 1—4 C-Atomen bedeutet, z. B. Tris-(dimethylamido)-phosphinoxyd, Dimethyläthanphosphonat, Diäthyläthanphosphonat oder Trimethylphosphat. (**E. P. 708 517** vom 4/12. 1952, ausg. 5/5. 1954.) Nebelsiek. H 890

Dow Chemical Co., Midland, Mich., V. St. A., *Cyanwasserstoffgewinnung.* Man extrahiert das gasförmige HCN-haltige Gemisch mit einem Lösungsm. aus der Klasse von substituierten Amidverbb., die bei n. Temp. fl. sind u. die allg. Formel $R\cdot CO\cdot N(R)_2$ besitzen, in der jedes R entweder H oder einen Alkylrest mit 1—4 C-Atomen bedeutet, wobei wenigstens 1 R ein Alkyl ist, z. B. Dimethylformamid, Diäthylacetamid, Methylformamid. (**E. P. 707 868** vom 4/12. 1952, ausg. 21/4. 1954.)

Nebelsiek. H 890

Phillips Petroleum Co., übert. von: **Willie W. Crouch** und **Robert T. Werkman**, Bartlesville, Okla., V. St. A., *β-Mercaptopropionitril* (I), $Kp._{15}$ 75°; $D.^{20}{}_4$ 1,0696; n_D^{20} 1,4877. Man lagert Thioessigsäure an Acrylnitril in Ggw. von 0,1—5, bes. 0,5—2% einer quaternären Ammoniumverb. $(R_1, R_2, R_3, R_4)NOH$ (R_1, R_2, R_3 = Alkyl mit 1—6 C-Atomen, R_4 = gleiches oder verschied. Alkyl oder Aralkyl, Alkaryl, Aryl, bes. Trimethylbenzylammoniumhydroxyd, oder tert.-Butylhydroperoxyd bei 10 bis 150°, bes. 30—75°, an u. verseift das entstandene *2-Cyanäthylthiolacetat*, $CH_3CO-S-CH_2CH_2CN$, $Kp._3$ 94°, $D.^{20}{}_4$ 1,1212, n_D^{20} 1,4912, mit 5—30, bes. 10—15%ig. wss. Alkalien bei 2—40°. Zwischenprodd. u. *Modifizierungsmittel*, bes. *zur Herst. von synthet. Kautschuk.* (**A. PP. 2 630 452** u. **2 630 448** vom 28/11. 1949, ausg. 3/3. 1953.)

Krauss. H 920

Frederick C. Bersworth, Verona, N. J., V. St. A., *Chloralkylalkylenpolyaminocarbonsäuren.* — *N.N′-Bis-(chloräthyl)-äthylendiamin-N.N′-diessigsäure.* Aus Äthylendiamin-N.N'-diessigsäure, Äthylenchlorbromid u. NaOH. *Hydrobromid*, F. 200°. — Analog: *N.N'-Bis-(2-chloräthoxyäthyl)-äthylendiamin-N.N'-diessigsäure.* — *N.N'-Bis-(chloräthyl)-propylendiamin-N.N'-diessigsäure.* (**A. P. 2 630 455** vom 29/6. 1951, ausg. 3/3. 1953.) LANGER. H 950

Siegfried Nitzsche, Burghausen, **Egon Wiberg** und **Askan Hertwig,** Seelze, *Organosilane* erhält man aus Chlor-KW-stoffen u. Siliciumsubhalogeniden in der fl. oder gasförmigen Phase bei Tempp. >300°. Katalysatoren, wie Salze oder Oxyde von Schwermetallen, können vorhanden sein. Die Rk. kann in Ggw. von Gasen, wie H_2, HCl oder KW-stoffen, durchgeführt werden. — CH_3Cl u. $SiCl_{1,1}$ geben bei 320° Methylchlorsilane (*Methyltrichlor-* u. *Dimethyldichlorsilan*). (**A. P. 2 640 065** vom 1/11. 1951, ausg. 26/5. 1953. D. Prior. 23/8. 1950.) G. KÖNIG. H 980

N. V. de Bataafsche Petroleum Mij., Den Haag, Holland, *Organophoshine* erhält man duch Addition eines 3wertigen P-Deriv. mit der Gruppe P—H mit einer organ. Verb., welche wenigstens eine aliphat. Mehrfachbindung enthält, in Ggw. freier Radikale (kurzwelliges Licht, das diese erzeugt, Peroxyde, vgl. ROBERTSON u. WATERS, C. **1948.** II. 1049). — Eine Mischung aus Phosphin, 1-Buten u. Di-tert.-butylperoxyd wird 16 Std. auf 122° erhitzt. Durch fraktionierte Dest. erhält man *Tri-1-butylphosphin*, $Kp._{54}$ 144—146°, das ein *CS_2-Addukt* mit F. 65—66° liefert. — *Trioctylphosphin.* — *(2-Butyl)-phosphin*, Kp. 66—77°; *Di-(2-butyl)-phosphin*, Kp. 162 bis 165°. — *1-Butylphosphin*, Kp. 86,2—87,8°, n_D^{20} 1,4477. — *Di-1-butylphosphin*, Kp. 181—185°, n_D^{20} 1,4572. — *Isobutyl-*, *Diisobutyl-*, *Triisobutylphosphin*, Kp. 78 bis 79,6°, 169,6—171,8°, über 171,8°; durch Oxydation mit rauchender HNO_3 erhält man die entsprechenden *Phosphinsäuren* bzw. die *Oxyde.* — *Cyclohexyl-*, *Dicyclohexylphosphin*, Kp. 146,8—149,4°, über 149,4°. — *3-Oxypropyl-*, *Bis-(3-oxypropyl)-*, *Tris-(3-oxypropyl)-phosphin*, $Kp._{32}$ 85,2°, $Kp._1$ 123—130°, 196—198°. — *Tris-*, *Bis-* u. *3-Aminopropylphosphin*, $Kp._{36}$ 168°, 162—168°, $Kp._{52}$ 58,5—62°. — *3-Chlorpropylphosphin* → *3-Chlorpropanphosphonsäure.* — *Mono-* u. *Bis-(2-methylthioäthyl)-phosphin.* — *2-Phenyläthylphosphin.* — *3-(Dibutylphosphono)-propylphosphin.* — *2-Acetyläthylphosphin.* — *2-Methoxycarbonyläthylphosphin*, $CH_3OOCCH_2CH_2PH_2$, $Kp._{56}$ 74 bis 75°. — *Bis-(2-Methoxycarbonyläthyl)-phosphin*, $Kp._6$ 95°. — *2-Methoxyäthylphosphin*, $CH_3OCH_2CH_2PH_2$, Kp. 78—85,5°. *Bis-* bzw. *Tris-(2-methoxyäthyl)-phosphin*, $Kp._{51}$ 113—125 bzw. 162—166°. Vgl. E. P. 660918. (**E. P. 673 451** vom 26/4. 1950, ausg. 4/6. 1952. A. Prior. 30/4. 1949.) KRAUSS. H 980

Badische Anilin- & Soda-Fabrik, Ludwigshafen/Rh. (Erfinder: **Willi Oettinger, Wilhelm von Füner,** Ludwigshafen/Rh., und **Helmut Nonnenmacher,** Mannheim), *Dehydrierung naphthenischer Kohlenwasserstoffe* (I) oder solche enthaltender I-Gemische durch katalyt. Behandlung mit H_2 unter Druck bei Tempp. >4CC°, dad. gek. daß man die Ausgangsstoffe in dampfförmigem Zustand zusammen mit H_2 zweckmäßig unter Drucken von 5—100 at über akt. Tonerde leitet, die durch Ausfällen von Tonerdehydrat aus einer Al-Salzlsg. bei Tempp. >80° u. einem p_H-Wert zwischen 7 u. 10 u. nachträgliches Erhitzen hergestellt ist u. die mit einer kleinen Menge Pt oder Pd, u. gegebenenfalls Verbb. der Metalle der 5.—7. Gruppe des Period. Syst. versehen ist, u. zweckmäßig die den Reaktionsraum verlassenden H-haltigen Gase mindestens teilweise wieder in diesen zurückführt. Zwecks gleichzeitiger, mindestens partieller Spaltung etwa vorhandener paraffin. I neben der Dehydrierung von naphthen. I bei I-Gemischen wird die Tonerde durch akt. SiO_2, künstliche Silicate oder Bleicherden ersetzt. Auch Verbb. der Metalle der Fe-Gruppe, bes. Co, können Anwendung finden. (**D. B. P. 839 936** Kl. 12o vom 27/8. 1950, ausg. 26/5. 1952.) G. KÖNIG. H 1010

Phillips Petroleum Co., übert. von: **Benton L. Graham,** Cactus, Tex., V. StAael *Fraktionierte Kristallisation.* Man läßt eine Komponente der zu trennenden Mischung ausfrieren, läßt die Mutterlauge ablaufen u. schm. den gefrorenen Teil. Dadurch erhält man die eine Komponente in reiner Form. Nach verschied. Wiederholungen zieht man diese Komponente völlig aus dem Gemisch heraus. — Beispiel: Trennen eines bin. Gemisches, z. B. *m-* u. *p-Xylol.* (**A. P. 2 651 922** vom 2/9. 1949, ausg. 15/9. 1953.) NEBELSIEK. H 1010

Standard Oil Development Co., Elizabeth, N. J., übert. von: **Reuben F. Pfennig,** Baytown, Tex., V. St. A., *Herstellung von p-Xylol* (I) aus m-Xylol (II); o-Xylol (III) ist für die nachst. Umlagerung nicht geeignet. Eine II-haltige Fraktion von C_8-Aromaten, aus denen I durch Kristallisation bei niederen Tempp. (—50 bis —110° F) entfernt wurde, wird bei 800—1150° F mit einer Flüssigkeitsraumgeschwindigkeit von 1—5 zusammen mit 50—2500 Kubikfuß H_2 pro Barrel KW-stoff bei 50—500 lbs./sq.in. über Katalysatoren geleitet, welche aus Oxyden oder Sulfiden der Metalle der VI. Gruppe des Period. Syst. bestehen. Aus dem Reaktionsprod. werden niedriger u. höher sd.

KW-stoffe entfernt u. aus dem Rest I durch Kristallisation gewonnen; die Mutterlauge wird zur Isomerisierung zurückgeleitet. — Ein Konzentrat mit 96 Vol.-% **II** wird mit einer Raumgeschwindigkeit von 1 bei 940° F u. 215 lbs./sq.in. zusammen mit H_2 im Mol.-Verhältnis I : H_2 = 1 : 2 über MoO_3 auf Al_2O_3-Träger geleitet. Das Reaktionsprod. in Höhe von 96,4 (Vol.-%) des eingesetzten **II** enthält 4,1 Toluol u. 2,4 höhere Aromaten neben 89,9 C_8-Aromaten, welche in Mol-% aus 5,2 Äthylbenzol, 5,3 **III**, 74,2 **II** u. 15,3 **I** bestehen, so daß 59,3% des umgesetzten **II** in **I** umgewandelt sind. (**A. P. 2 632 779** vom 29/5. 1950, ausg. 24/3. 1953.) W. HEROLD. H 1010

Niagara Alkali Co., New York, übert. von: **Francis Earl Lawlor** und **Maynard B. Brodbeck**, Niagara Falls, N. Y., V. St. A., *Chlorieren aromatischer Verbindungen* (I), die in fl. Cl_2 lösl. sind, erfolgt mittels fl. Cl_2 unter solchen Reaktionsbedingungen, daß das Cl_2 in fl. Phase bleibt. *Kernchlorierung* findet bei Tempp. von —34 bis ca. 80° u. vorteilhaft in Ggw. bekannter Chlorierungskatalysatoren, wie $AlCl_3$, $SbCl_3$, $FeCl_3$, in Mengen von ca. 1% statt. Es werden z. B. hergestellt: *Hexachlorbenzol*, F. aus Bzl. 224—228°; *p-Dichlorbenzol*, aus A. F. 51—53°; *Äthylpentachlorbenzol*, aus Aceton F. 51—55°; *2.3.5.6-Tetrachlor-p-xylol*, aus Toluol F. 218—222°; aus 3-Chlor-4-methylbenzolsulfonylchlorid mit NH_4OH erhält man *3-Chlor-4-methylbenzolsulfonamid*, F.123 bis 130°. — *Seitenkettenchlorierung* von **I**, die im Kern durch Cl_2 vollständig substituiert sind, wird wie bei der Kernchlorierung durchgeführt, die obere Temperaturbegrenzung jedoch liegt bei 90°. Es werden z. B. hergestellt: *Pentachlorbenzylchlorid*, roh F. 97 bis 102°, Tetrachlor-p-xylylchlorid, sek.-Butylpentachlorbenzol, sek.-Chlorbutylpentachlorbenzol. *Seitenkettenchlorierung* von I ohne Veränderung des Kernes bis 80° unter Belichtung. Es werden z. B. hergestellt: aus Tetrachlorxylol $Cl_2HC \cdot C_6Cl_4 \cdot CHCl_\alpha$. (**A. PP. 2 608 591** vom 7/12. 1948, **2 608 592** u. **2 608 532** vom 24/12. 1948, alle ausg. 26/8. 1952.) G. KÖNIG. H 1010

May & Baker Ltd., Dagenham, Essex, England, *Aryloxy- und Arylthiomethylhalogenide* der Zus. $R(X \cdot CH_2 \cdot Y)_n$ (X = O oder S, Y = Cl oder Br, n = nicht >3, R = substituiertes oder nichtsubstituiertes Aryl oder, wenn X = S u. = 1 Aralkyl) erhält man durch Rk. einer Sulfonsäure der Zus. $R(X \cdot CH_2 \cdot SO_3H)_n$, deren Alkali- oder Erdalkalisalz mit PCl_5, PBr_5, $POCl_3$ oder $POBr_3$ in An- oder Abwesenheit eines Lösungsmittels. — Beispiel: 2,75 (g) 2.4-Dichlorphenoxymethan-Na-sulfonat werden im Mörser mit 4,15 PCl_5 gemischt, wobei Rk. unter Verflüssigung eintritt, man läßt dann 10 Min. stehen, zers. $SOCl_2$ u. P-Chloride mit Eis, extrahiert mit Ae., wäscht den Extrakt mit soviel eiskalter verd. NaOH, bis die Lsg. mit Phenolphthalein eine dauernde Färbung zeigt, u. dann mit kaltem W. bis zur Lackmusneutralität. Man erhält daraus 90% rohes *2.4-Dichlorphenoxymethylchlorid*, Reinigung durch Sublimieren bei 50—60°/0,05 mm u./oder Umkristallisieren aus PAe., F. 53—54° (korr.). — *4-Methoxyphenoxymethylchlorid*, $Kp._{0,08}$ 74—76°. — *2-Chlorphenoxymethylchlorid*, $Kp._{11}$ 113 bis 115°. — *2.4.5-Trichlorphenoxymethylchlorid*, F. 83—84°. — *2.4.6-Verb.*, F. 34—35°; $Kp._{0,1}$ 80—90°. — *4-Chlorphenoxymethylchlorid*, $Kp._{0,02}$ 35—45°; F. 27,5—30°. — *4-Cyanphenoxymethylchlorid*, $Kp._{0,05}$ 90°; F. 36—37°. — *2.4-Dichlorphenoxymethylbromid*, $Kp._{0,1}$ 60°; F. 52—53°. — *Phenylen-1.4-bis-(oxymethylchlorid)*, F. 91,5—94,5°. — *4-Methylphenylthiomethylchlorid*, $Kp._{15}$ 126—129°. — *4.6-Dichlorphenylen-1.3-bis-(thiomethylchlorid)*, F. 87,5—88,5°. — *4-Chlorphenylthiomethylchlorid*, $Kp._{22}$ 147,5 bis 148,5°; F. 19,0—21,5°. — *Benzylthiomethylchlorid*, $Kp._{15}$ 120—125°. — Zwischenprodukte. (**E.P. 647215** vom 7/10. 1947, ausg. 6/12. 1950.) MÜLLER-MEININGEN. H 1070

Ruhrchemie Akt.-Ges., Oberhausen-Holten, *Herstellung von Alkylarylsulfonaten* aus aliphat. Alkoholen u. aromat. KW-stoffen, dad. gek., daß man aliphat. Alkohole mit HCl zunächst in Alkylmonochloride überführt, diese unter Verwendung von $AlCl_3$ oder von ähnlichen Kondensationsmitteln mit aromat. KW-stoffen, bes. mit Bzl., kondensiert u. die entstehenden alkylaromat. KW-stoffe sulfoniert, neutralisiert u. auf Fertigprodd. verarbeitet, während der bei der Kondensation entstehende HCl von neuem zur Monochlorierung der zu verarbeitenden aliphat. Alkohole verwendet wird. (**Oe. P. 173 251** vom 24/8. 1951, ausg. 10/12. 1952. D. Prior. 19/6. 1951.)

M. F. MÜLLER. H 1090

Farbwerke Hoechst Akt.-Ges., vormals Meister Lucius & Brüning (Erfinder: **Gottfried Bandel** und **Friedrich Sinn**), Frankfurt/M., *Herstellung von Sulfinsäuren* erfolgt durch Red. von Sulfochloriden mit Fe in neutralem bis schwach saurem Medium. — Aus Methansulfochlorid + Fe + konz. HCl → *Methansulfinsäure*, gibt beim Erhitzen mit 2.4-Dinitrochlorbenzol in A. 2.4-Dinitrophenylmethylsulfon, schwach gelbe Kristalle, F. 183—185°. — Äthansulfochlorid → *Äthansulfinsäure* → 2.4-Dinitrophenyläthylsulfon, F. 156°. — Benzolsulfochlorid → *Benzolsulfinsäure*, F. 82—84°. *Na-Salz*. — p-Chlorbenzolsulfochlorid → *p-Chlorbenzolsulfinsäure*, F. 96 bis 98°, → *Na-Salz* → 2.4-Dinitro-4'-chlordiphenylsulfon, aus Eisessig, F. 168—168,5°.

Polymerisationskatalysatoren, Zwischenprodd. für Photographie, Farbstoffe, Pharmazeutica u. Schädlingsbekämpfungsmittel. (**D. B. P. 912 092** Kl. 12o vom 2/8. 1951, ausg. 24/5. 1954. Anmeldung bekanntgemacht 29/1. 1953.) KRAUSS. H 1090

Farbenfabriken Bayer Akt.-Ges., Leverkusen (Erfinder: **Ernst Tietze, Siegfried Petersen**, Leverkusen, und **Gerhard Domagk**, Wuppertal), *3-Oxy-4-carboxyphenylisothiocyanate*. Man läßt $CSCl_2$ u. 4-Amino-2-oxybenzoesäure (I) bzw. ihre Derivv. im Molverhältnis ca. 1 : 1 in saurem Medium u. in Ggw. von W. aufeinander einwirken. — I → *3-Oxy-4-carboxyphenylisothiocyanat*, F. 195—197° (Zers.). — *3-Oxy-4-carbomethoxyphenylisothiocyanat*, F. 74°. — Zwischenprodukte. (**D. B. P. 912 693** Kl. 12o vom 3/8. 1950, ausg. 3/6. 1954. Anmeldung bekanntgemacht 31/7. 1952.) BRÖSAMLE. H 1290

Pest Control Ltd. (Erfinder: **Denis William Pound**), Harston, England, *Ester der Phosphor-, phosphorigen- oder Thiophosphorsäuren* der nachst. Formeln erhält man bei der Rk. von wss. Lsgg. oder Suspensionen der Metall- oder NH_4-Salze des Phenols oder p-Nitrophenols mit Säurehalogeniden, bes. Chloriden oder Bromiden, der Dialkoxyhalogenphosphine, Dialkoxyhalogenphosphinoxyde oder der Dialkoxyhalogenphosphinsulfide, wobei das Halogenatom durch eine Phenoxy- oder p-Nitrophenoxygruppe ersetzt wird.

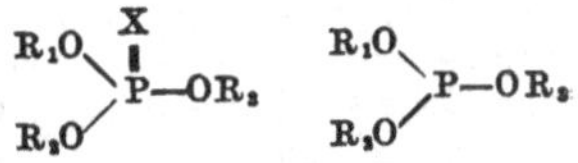

In den allg. Formeln bedeuten: R_1 eine durch die p-Nitrogruppe substituierte oder unsubstituierte Phenoxygruppe, R_2 u. R_3 = Alkyl- oder substituierte Alkylgruppe u. X = O oder S. Die Ggw. eines mit W. mischbaren Lösungsm. ist vorteilhaft. — In eine wss. NaOH-Lsg. trägt man Phenol ein u. fügt Diäthylthiochlorphosphonat zu u. hält die Temp. während einer Std. auf 75°; man erhält *Phenyldiäthylthiophosphat*, Kp.$_{10}$ 162°. Man stellte ferner her: *p-Nitrophenyldiäthylphosphat* u. *p-Nitrophenyldiäthylthiophosphat*, Kp.$_2$ 196°. (**E. P. 668 536** vom 13/9. 1948, ausg. 19/3. 1952.) G. KÖNIG. H 1380

Chemische Werke Hüls G. m. b. H. (Erfinder: **Franz Broich** und **Hanns Brunotte**), Marl, *Katalytische Dehydrierung von Kohlenwasserstoffen* erfolgt in der Gas- oder Dampfphase bei erhöhter Temp., bes. in Ggw. von Wasserdampf, in Anwesenheit eines feinverteilten Dehydrierungskatalysators, der durch in den Reaktionsraum eingeblasene Gase oder Dämpfe in auf- u. abwirbelnde Bewegung gebracht wird, wobei der frei werdende H_2 mit eingeführten, äquivalenten Mengen O_2 zu W. umgesetzt wird. — Äthylbenzol → *Styrol*. — Vorr., Zeichnung. (**D. B. P. 886 908** Kl. 12o vom 9/9. 1951, ausg. 17/8. 1953.) KRAUSS. H 1410

International Standard Electric Corp., New York, N. Y. (Erfinder: **Arthur James Warner**, Glen Ridge, N. J., **Theodore Howard Talbot**, Wilmington, Del., und **Bernard Hiram Kress**, Summit, N. J.), V. St. A., *Reine dimere α-Alkyl-p-alkylstyrole*. Monomeres α-Alkylstyrol mit höchstens 5 C-Atomen im α- oder p-Substituenten werden mit $^1/_2$—10 Gew.-%, bes. 2—5%, aktivierter Bleicherde (die zweckmäßig auf 200—400° erwärmt wurde, bis sie wasserfrei wurde) auf 60° bis zum Kp. des Monomeren erhitzt, bis der Brechungsindex stabil geworden ist. — Monomeres α-Methyl-p-methylstyrol, n_D^{20} 1,5337, gibt nach dem Erhitzen mit 2% aktivierter Fullererde zuerst auf 100° u. dann auf 141° nach 5 Min. u. anschließender Dest. in 81%ig. Ausbeute das *fl. Dimere*. Dieses kann in das *feste Dimere* übergeführt werden, wenn man das Monomere oder das fl. Dimere zuerst bei n. Druck auf 150° erhitzt, dann den Katalysator zusetzt u. die Mischung auf mindestens 200° u. höchstens 250° hält, wobei ein kristallines Prod. $C_{20}H_{24}$, F. 40—41°, Mol.-Gew. 264°, entsteht. — α-Methyl-p-äthylstyrol, n_D^{20} 1,5130 → *Dimeres*. Die *fl. Dimeren* dienen als *Plastifizierungsmittel*, bes. für *Vinylharze* u. *Polystyrole*, als *Imprägniermittel* für *Kondensatoren, Kabelöle, Wärmeaustausch-Fll., Transformatorenöle* u. *Lösungsmittel*, da sie mit allen organ. Lösungsmitteln mischbar sind; das *feste Dimere* als *Überzugsmaterial*. (**D. B. PP. 897 557** vom 1/10. 1950, ausg. 23/11. 1953. A. Prior. 21/12. 1943 u. **902 380** Kl. 12o vom 1/10. 1950, ausg. 21/1. 1954. Anmeldungen bekanntgemacht 5/3. 1953. A. Prior. 13/3. 1945.) KRAUSS. H 1410

Velsicol Corp., übert. von: **Simon H. Herzfeld** und **Morton Kleiman**, Chicago, Ill., V. St. A., *Epoxyde des Diels-Alder-Addukts aus Hexahalogencyclopentadien* (I) u. *Cyclopentadien* (II) (= 4.5.6.7.8.8-Hexahalogen-4.7-endomethylen-3α.4.7.7α-tetrahydroinden-1.2-epoxyd) der Formel III erhält man durch Oxydation des Addukts aus I + II mit einer organ. Persäure (Perbenzoe-, Peressig-, Monoperphthalsäure) bei ca. 50°. — Chlordane gibt in Essigsäure mit 40%ig. Peressigsäure (in der die freie H_2SO_4 mit Na-Acetat neutralisiert wurde) *4.5.6.7.8.8-Hexachlor-4.7-endomethylen-3α.4.7.7α-tetrahydroinden-1.2-epoxyd*, $C_{10}H_6OCl_6$, F. 231—233°. Vgl. A. P. 2 528 654; C. **1951**. II. 2795. Verwendung

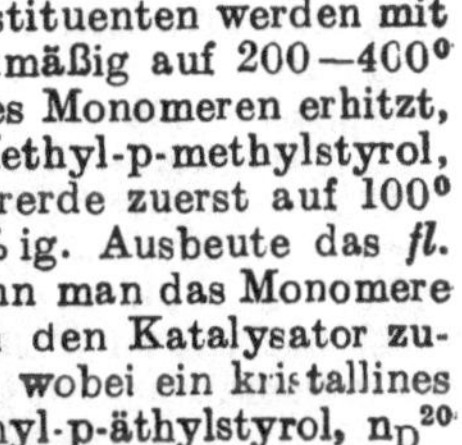

III X = Cl, Br

als *Insekticide* u. Zwischenprodd. für diese, als *Imprägnier-* u. *Feuerschutzmittel.* (**A. P. 2 583 569** vom 28/6. 1950, ausg. 29/1. 1952.) KRAUSS. H 1810

VEB Farbenfabrik Wolfen, Wolfen, Kr. Bitterfeld (Erfinder: **Alfred Rieche,** Wolfen, und **Albert Weissenborn,** Dessau), *Kontinuierliche Herstellung von aliphatischen und hydroaromatischen Sulfochloriden* in zwei oder mehr hintereinandergeschalteten Umsetzungsgefäßen durch Behandlung der KW-stoffe mit SO_2 u. Cl_2 unter Belichtung. Nach der Zeichnung wird mit vier kaskadenförmig hintereinandergeschalteten Reaktionsgefäßen gearbeitet. (**D. P. [DDR] 2 596** Kl. 12o vom 14/12. 1940, ausg. 3/1. 1953 [Wirtschaftspatent].) M. F. MÜLLER. H 1890

Phillips Petroleum Co., übert. von: **Gardner C. Ray,** Bartlesville, Okla., V. St. A., *Gewinnung von Cyclopentanol* (**I**) *und/oder Cyclopentanon* (**II**) aus ihren wss. Lösungen. Diese werden dest., wobei als Kopffraktion eine azeotrope Mischung aus 43 (Vol.-%) **I** u. 57 W. mit $Kp._{748}$ 96,1° bzw. 64 **II** u. 36 W. mit $Kp._{740}$ 92,6° erhalten wird, die sich nach dem Abkühlen in eine **I** bzw. **II** reiche u. eine wasserreiche Phase trennt. Jene wird in gleicher Weise einer weiteren Dest. unterworfen, wobei als Bodenprod. wasserfreies **I** bzw. **II** gewonnen wird. Die wasserreiche Fraktion wird in die 1. Dest. zurückgegeben (Tabellen). — Vorr., Zeichnung. (**A. P. 2 623 072** vom 27/9. 1946, ausg. 23/12. 1952.) KRAUSS. H 1960

Purdue Research Foundation, übert. von: **Earl T. McBee** und **Jack S. Newcomer,** West Lafayette, Ind., V. St. A., *2.3.4.4.5.5-Hexachlor-2-cyclopenten-1-on,* F. 28°, Cl-Geh. 73,6%, erhält man durch Erhitzen von Octachlorcyclopenten mit mindestens 50%ig., bes. 70%ig. überschüssiger H_2SO_4 auf ca. 60—150°. Zwischenprod. zur Herst. von *Perchlorindon,* das in Tetrachlorphthalsäureanhydrid übergeführt werden kann. (**A. P. 2 650 939** vom 1/10. 1948, ausg. 1/9. 1953.) KRAUSS. H 1960

Heinz Hunsdiecker, Köln-Braunsfeld, *Cyclische β-Ketosäureester* erhält man durch intramol. Kondensation von Metallverbb. der Halogenacylessigester unter Abspaltung von Metallhalogenid, z. B. nach dem Reaktionsschema **I** (Hal = Halogen, n = ganze Zahl). 13-Bromtridecansäurechlorid gibt mit Na-Acetessigester in Ae. 13-Bromtridecanoylacetessigester, der mit Na-Methylat 13-Bromtridecanoylessigester, F. 46—47°, liefert. 13-Jodtridecanoylessigester, F. 56°, gibt in sd. Methyläthylketon mit K_2CO_3 *Cyclotetradecanon-(1)-carbonsäuremethylester-(2),* $Kp._6$ 178°, der sich durch Ketonspaltung in *Cyclotetradecanon,* F. 52°, überführen läßt. *Semicarbazon,* F. 198°. — β-Methylglutarsäuremonomethylester + 11-Methoxyundecansäure (Elektrolyse) → 14-Methoxy- bzw. 14-Brom-3-methyltetradecansäure → 16-Brom- bzw. Jod-5-methylhexadecanon-(3)-säure-(1)-methylester → *opt. inakt. Musconcarbonsäuremethylester* → *rac. Muscon,* $Kp._{0,8}$ 132—134°. *Semicarbazon,* F. 133—133,5°. — Aleuritinsäure + CH_3COOH + HBr → 9.10.16-Tribrompalmitinsäuren → 16-Bromhexadecen-9-säuren (F. der trans-Form 42°) → 18-Bromoctadecen-11-on-(3)-säure-(1)-methylester → *trans-Zibetoncarbonsäuremethylester,* $Kp._{0,3}$ 153° → *trans-Zibeton,* F. 37,5—38,5°, $D.^{40}_{4}$ 0,9135. *Semicarbazon,* F. 190—191°. *cis-Zibetoncarbonsäuremethylester,* $Kp._1$ 160° → *cis-Zibeton,* F. 30,5—31,5°. *Semicarbazon,* F. 186—187°. (**D. B. P. 857 638** Kl. 12o vom 21/3. 1942, ausg. 1/12. 1952.) KRAUSS. H 2070

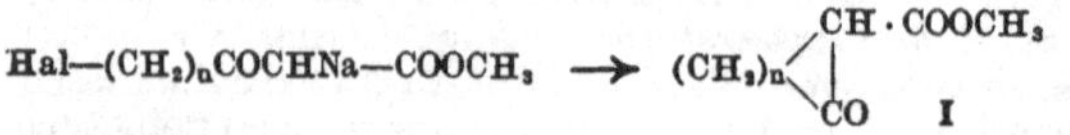

Monsanto Chemical Co., St. Louis, Mo., übert. von: **Robert A. Heimsch** und **William S. Emerson,** Dayton, O., V. St. A., *Ester des 1.2-bis-(Carboxyphenyl)-äthans der* Zus. **II** erhält man durch Erhitzen eines Esters der Zus. **I** (R = Alkyl C_1—C_8) mit einer wss. Suspension von RANEY-Ni auf 40—150°. — Beispiel: p-(Chlormethyl)-benzoesäuremethylester $\xrightarrow[\text{Ni}]{90-100^\circ}$ *1.2-bis-(3'.4''-Carbomethoxyphenyl)-äthan,* F. 118,5—119° (aus CH_3OH). — Weichmacher, Zwischenprodd. zur Herst. von oberflächenakt. Prodd., Schmiermitteln u. dergleichen. (**A. P. 2 612 516** vom 25/3. 1950, ausg. 30/9. 1952.) MÜLLER-MEININGEN. H 2420

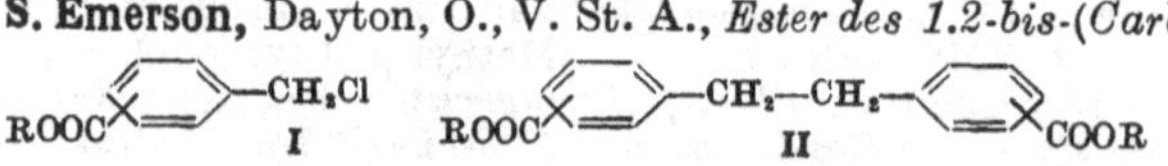

Phillips Petroleum Co., übert. von: **Francis E. Condon,** Bartlesville, Okla., V. St. A., *9-Halogendekaline.* Das durch Hydrierung von Naphthalin gewonnene Dekalin (**I**) wird durch Dest. in cis-**I**, Kp. 196,48°, n_D^{20} 1,4820, u. trans-**I**, Kp. 187,8°, n_D^{20} 1,4690, getrennt u. das cis-**I** mit tert. Butylhalogeniden in Ggw. von Al-Halogeniden behandelt. — *9-Chlordekalin.* — *9-Bromdekalin.* — Reaktionsbedingungen: Tabelle. Zwischenprodukte. (**A. P. 2 629 748** vom 23/12. 1948, ausg. 24/2. 1953.) KRAUSS. H 2700

Imperial Chemical Industries Ltd., London, England, *Herstellung von substituierten Anthrachinonen* (**II**). Man gibt z. B. zur Mischung aus 10 (Teilen) 1,5-Dichloranthrachinon u. 100 Dimethylformamid (**I**) unter Rühren bei 140° innerhalb 1 Std. 10 $NaNO_2$

u. rührt bei dieser Temp. dann 7—8 Std. weiter, kühlt ab, gießt in 500 heißes W. u. säuert die erhaltene Suspension mit HCl an. Man rührt dann noch bei 85—90°, filtriert, wäscht mit W. säurefrei u. krist. das trockene gelbe *5-Nitro-1-oxyanthrachinon* aus I um; F. 200°; lösl. in konz. H_2SO_4 mit sherryroter Farbe. — 1.5-Dichlor-4.8-dinitro-II → *4.5.8-Trinitro-1-oxy*-II, F. 245° (aus C_6H_5Cl). — 1.4-Dichlor-II → *1-Nitro-4-oxy*-II. — 1-Brom-II (mit Nitriersäure) → *1-Brom-4-nitro*-II, F. 258° (aus I). — 2.3-Dichlor-II, → *2-Nitro-3-oxy*-II F. 232—234°. — 1.8-Dichlor-II → *1-Nitro-8-oxy*-II, F. 221—223° (aus I oder C_6H_5Cl). — 1.5-Dinitro-II → *1-Nitro-5-oxy*-II. F. 201—202° (aus I). — 1.8-Dichlor-4-nitro-II → *5-Chlor-4-nitro-1-oxy*-II, F. 254 bis 256° u. *5-Chlor-1-nitro-4-oxy*-II, F. 298°. — 1.3-Dichlor-II → *3-Nitro-1-oxy*-II, F. 238 bis 240°. — 4.10-Dibrom-anthanthron (III) → *4-Nitro-10-oxy*-III. — 2.6-Dichlor-II → *2-Nitro-6-oxy*-II u. andere. Ausgangsprodd. für Farbstoffe, Pharmazeutica u. dergleichen. (**E. P. 670 720** vom 13/4. 1949, ausg. 23/4. 1952.) Müller-Meiningen. H 2800

Petrocarbon Ltd., London, England (Erfinder: **Edward Teggin Borrows, Herbert M. E. Steiner** und **Isaac Goodman**), *Umwandlung von Phenanthren in Anthracen.* Phenanthren (I) wird (z. B. bei 100—150° an Ni unter Druck) hydriert zu symm. *Oktahydrophenanthren* (II), welches bei 5—15° (bes. 15—35°) durch feinverteiltes (bes. wasserfreies) $AlCl_3$ in Mengen von 2,5—5% des II zu symm. *Oktahydroanthracen* (III) isomerisiert wird; die Umlagerung erfordert ca. 10—24 Stunden. III wird dann (z. B. bei 300—350° an Pt oder Pd) dehydriert zu Anthracen (IV). Zur Erzielung hoher Isomerisierungsausbeuten ist ein hoher Reinheitsgrad von II erforderlich (90%ig. II gibt 70%ig. u. 99%ig. II gibt 80%ig. Umwandlung zu III), was durch fraktionierte Dest. oder besser durch Sulfonieren mit konz. H_2SO_4 bei 70° u. Desulfonieren des aus der wss. Lsg. mittels NaCl abgeschiedenen Na-Salzes der Sulfosäure durch Kochen mit 50%ig. H_2SO_4 u. Abtreiben des gebildeten III im Wasserdampfstrom erreicht werden kann. Nicht isomerisiertes II kann späteren Isomerisierungsansätzen in Mengen bis zu 10% zugesetzt werden. Vor der Dehydrierung zu IV wird aus dem Isomerisierungsgemisch III isoliert, indem das Prod. in Toluol oder dergleichen gelöst, das $AlCl_3$ mit verd. HCl freigesetzt u. der KW-stoff mit W. gewaschen, getrocknet u. im Vakuum dest. wird. Eigg. von II: $Kp._{13}$ 165°, F. 16,4—16,5°, n_D^{25} 1,5640. (**E. P. 694 961** vom 15/5. 1950, ausg. 29/7. 1953.) W. Herold. H 2800

Harpener Bergbau-Akt.-Ges., Dortmund, und **Martin Kröger**, Essen (Erfinder: **Martin Kröger**, Essen), *Befreiung des aus dem Benzolvorlauf gewonnenen Dicyclopentadiens* (I) *von S-haltigen organ. Verbb.*, dad. gek., daß I bei Temp. bei seinem oder in der Nähe seines Kp. in Ggw. von Schwermetallverbb., wie Hg- oder Pb-Verbb. (bes. Acetaten oder Oxyden), unter Ausschluß von O_2 einer Wärmebehandlung u. anschließend einer Wasserdampfdest. unterworfen wird. (**D. B. P. 910 890** Kl. 12o vom 21/10. 1951, ausg. 6/5. 1954. Anmeldung bekanntgemacht 24/9. 1953.) Krauss. H 2950

I. G. Farbenindustrie Akt.-Ges., Frankfurt/M. (Erfinder: **Mathias Pier**, Heidelberg, und **Leo Boente**, Ludwigshafen/Rh.), *Gewinnung von 1.12-Benzoperylen oder Coronen.* Das im D. R. P. 699 306; C. **1941**. I. 3621, beschriebene Verf. zur Darst. von 1.12-Benzoperylen (I) u./oder Coronen (II) aus den Druckhydrierungsprodd. von Steinkohle wird erfindungsgemäß auf Braunkohle (III) angewandt. — Rhein. III wird mit 2% $(NH_4)_2S$ getränkt, mit gleichen Teilen Schweröl angepastet u. nach Zugabe von 0,2 Teilen Abschlamm aus der III-Hydrierung mit 3000 m^3 H_2 je t III unter 600 at auf 468° erhitzt. Das Reaktionsprod. wird in einem Abscheider bei 450° in Schweröl u. Bodenschlamm getrennt, ein Teil des Abschlammes einer frischen Kohlepaste zugegeben u. der Rest zusammen mit dem Schweröl u. dem später beschriebenen Schwelölrest ausgeschleudert. Das Schleuderöl dient zum Anpasten von frischer III. Der Schleuderrückstand wird bei 550° geschwelt u. fraktioniert, wobei je t III 3 kg Pyren, 0,14 kg II u. 0,05 kg I erhalten werden. Das von diesen Stoffen befreite Schwelöl wird, wie oben beschrieben, dem Abschlamm vor dem Zentrifugieren zugesetzt. (**D. R. P. 764 528** Kl. 12o vom 7/1. 1938, ausg. 9/11. 1953.) W. Herold. H 2950

General Aniline & Film Corp., New York, N. Y., übert. von: **Frederick W. Sullivan jr.**, Summit, N. J., V. St. A., *Alkylenoxyde* gewinnt man bei der Oxydation einer mindestens 50% Olefine enthaltenden Gasmischung, die noch mindestens 5% unbeständige Verbb., wie CO u./oder C_2H_2, aufweisen, mittels freiem O_2 im Verhältnis von 0,4—1 Vol. für 1 Vol. Olefine bei 200—300° in Ggw. eines bewegten Ag-Katalysators. Dem akt. Katalysator können inerte pulverförmige Stoffe, wie Graphit oder „Carborundum", zugesetzt werden. Eine Mischung, enthaltend C_2H_4 u. C_3H_6, ergibt *Äthylen-* u. *Propylenoxyd.* — Zeichnung. (**A. P. 2 628 965** vom 20/8. 1946, ausg. 17/2. 1953.) G. König. H 3030

United States of America, übert. von: **Wilson A. Reeves, Georg L. Drake** und **Caroll L. Hoffpanir**, New Orleans, La., V. St. A., *Äthylenimine.* Man gibt allmählich eine 25—50%ig. Lsg. aus Alkalihydroxyd (I) u. einem 2-Aminoalkylhydrogensulfat (II; 1,5—2,5 Mol I je Mol II) zu einer sd. 5—40%ig. wss. I-Lsg., so daß das Gemisch gleichmäßig weitersiedet. II soll nicht mehr als 4 C-Atome enthalten. Anschließend wird das Äthylenimin mit I unterhalb 30° aus dem Destillat ausgesalzen. (**A. P. 2 636 880** vom 9/7. 1951, ausg. 28/4. 1953.) SIEVERS. H 3030

Sun Oil Co., Philadelphia, Pa., übert. von: **Carl E. Ockert**, Chicago, Ill., V. St. A., *Gewinnung von Furfurol* (I) aus seinen Mischungen mit weniger flüchtigen KW-stoff haltigen Materialien u. sauren I-Derivv. erfolgt durch extraktive Dest., wobei als Kopffraktion reines I abgetrennt wird. — Vorr., Zeichnung. (**A. P. 2 613 174** vom 13/8. 1949, ausg. 7/10. 1952.) KRAUSS. H 3061

Phillips Petroleum Co., übert. von: **Nelson J. Leonard**, Urbana, Ill., V. St. A., *Oxacycloalkane* der Formel I (R = Alkyl mit 1—4 C-Atomen, R' = H oder Alkyl mit 1—3 C-Atomen, die Summe der C-Atome in R u. R' = 1—4, A = Acetoxy oder Formoxy, n = 3 oder 4) erhält man durch Rk. eines Cycloalkanhydroperoxyds der Formel II mit HCOOH oder Essigsäure bei ca. 40—150° u. ca. 0 bis 500 lbs./sq.in. u. höher. — 58%ig. Methylcyclohexanhydroperoxyd (erhalten durch Luftoxydation von Methylcyclohexan) gibt beim Erwärmen mit Essigsäure auf 65° nach 18 Std. *2-Acetoxy-2-methyloxepan* (III), Kp.$_4$ 98—104°, das beim Behandeln mit wss. Semicarbazidhydrochlorid unter Hydrolyse *7-Oxy-2-heptanonsemicarbazon*, F. 129°, liefert. — *2-Formoxy-2-methyloxacyclohexan*. — Zwischenprodd. zur Herst. von *Oxyketonen*, 2-wertigen *Alkoholen* oder *Glykolen* durch Hydrolyse. (**A. P. 2 594 322** vom 9/6. 1950, ausg. 29/4. 1952.) KRAUSS. H 3061

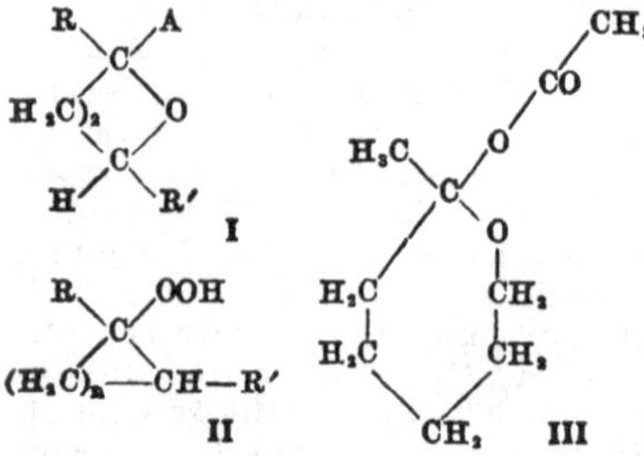

Universal Oil Products Co., Chicago, übert. von: **Julian M. Mavity**, Hinsdale, Ill., V. St. A., *Alkylfurane und -thiophene*. Furane oder Thiophene der Formeln I u. II (wenigstens eines der R = H, die übrigen = H, Alkyl-, Cycloalkyl-, Aryl-, Aralkyl-, Alkaryl-, Naphthyl-, Alkylthio-, Alkoxysäure oder Halogen) werden mit Alkylierungsmitteln (Propylen, Butylene, Amylene, Methylcyclohexen, Cycloparaffine, Mercaptane, Alkylhalogenide, Ester, Alkoxyverbb., Styrol) in Ggw. eines aus Borsäure u. einem Metallhalogenid vom FRIEDEL-CRAFTS-Typ unter Entw. von Halogenwasserstoff hergestellten Katalysators bei —20 bis +150° unter Druck behandelt. — Wasserfreies $AlCl_3$ wird mit Borsäure in der Kugelmühle gemischt u. dann 1 Std. unter 20 at N_2 auf 200° erhitzt. Mit diesem Katalysator wird Thiophen in n. Pentan mit Isoamylenen bei 36° zu *Isoamylthiophen* alkyliert. — *Isoamylfuran*. Zwischenprodukte. (**A. P. 2 639 286** vom 29/7. 1948, ausg. 19/5. 1953.) KRAUSS. H 3071

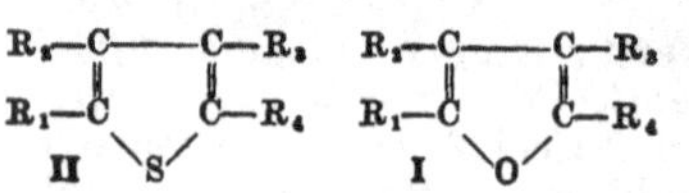

Farbwerke Hoechst Akt.-Ges., vormals Meister Lucius & Brüning (Erfinder: **Walter Schmidt**), Frankfurt/M., *Herstellung von 1-Aryl-3-methylpyrazolonen-(5)* nach Patent 747 734, dad. gek., daß die Kondensation von Acetessigsäureamid (I) oder dessen Substitutionsprodd. mit Arylhydrazin oder einem Salz oder Substitutionsprod. desselben unter Luftabschluß durchgeführt wird. Auch das I soll unter Luftabschluß dargestellt werden. Nach dem Beispiel wird techn. Diketen mit NH_3 in N_2 zu I umgesetzt u. dieses mit Phenylhydrazinchlorhydrat in N_2 kondensiert. Das Phenylmethylpyrazolon fällt mit größter Reinheit an. (**D. B. P. 907 527** Kl. 12p vom 29/6. 1941, ausg. 25/3. 1954. Anmeldung bekanntgemacht 13/5. 1943. **Zusatz zu D. R. P. 747 734; C. 1945. I. 1300.**) SCHINDLER. H 3122

Dr. F. Raschig G. m. b. H. (Erfinder: **Wilhelm Mathes** und **Walter Sauermilch**), Ludwigshafen/Rh., *Sulfitverbindungen der Pyridinaldehyde* (I), dad. gek., 1. daß man I, SO_2 u. W. aufeinander einwirken läßt oder daß die Na-Bisulfitverbb. der I in Substanz oder Lsg. mit verd. Säuren zersetzt werden; 2. daß die sauren Salze oder die schwach sauren Lsgg. der I mit SO_2 u. W. umgesetzt werden; 3., daß die Umsetzung des I mit SO_2 u. W. in Ggw. organ. Lösungsmittel durchgeführt wird. — Beim Einleiten von SO_2 in ein I-Gemisch, das in wss. Lsg. von ca. 90% W. vorliegt u. aus β-, γ- u. 6-Methyl-α-I besteht, fallen die schwerlösl. Sulfitverbb. in guter Ausbeute aus u. werden abgesaugt. Durch Kühlen steigert sich die Ausbeute auf über 90%. Weiße Kristalle. Aus α-I (F. 210°), aus γ-I (F. 243°), aus 6-Methyl-α-I (F. 185°). (**D. B. P. 906 333** Kl. 12p vom 13/3. 1951, ausg. 11/3. 1954.) SEIZ. H 3231

G. D. Searle & Co., Chicago, übert. von: **John W. Cusic**, Skokie, Ill., V. St. A., *Acridan-10-carbonsäureester* der allg. Formel **I** (Alkylen = 2-wertiger aliphat. KW-stoffrest; R_1, R_2 = niederes Alkyl oder N-freier Teil eines N-heterocycl. Restes) erhält man durch Umsetzung von Acridan (**II**) mit einem Chlorameisensäureester, bes. dem eines Halogenalkohols, dessen Halogen anschließend durch Umsetzung mit Aminen durch eine Dialkylaminogruppe ersetzt werden kann. — Chorameisensäure-β-chloräthylester + **II** → *Acridan-10-carbonsäure* (**III**)-*β-chloräthylester* (**IV**), F. 106 bis 108°. — **IV** + Dimethylamin → **III**-*Dimethylaminoäthylester* (**V**), *Hydrochlorid*, F. 204—205°. — **III**-*Diäthylaminoäthylester*, Öl. — **V** + CH_3Br → *Acridan-10-carboxylat* des *Diäthylmethyl-(β-oxyäthyl)-ammoniumbromids*, F. 220—221° (Zers.). — **III**-*β.β-Dimethyldiisopropylaminopropylester*. — **III**-*N-(β-Oxyäthyl)-N-methylaminoäthanolester*, *Hydrochlorid*, F. 174—175°. — **III**-*β-Morpholinoäthylester*, F. 124—125°. — Zwischenprodd. für organ. Synthesen, *Pharmazeutica*, *Insekticide*. (**A. P. 2 623 046** vom 7/2. 1951, ausg. 23/12. 1952.)

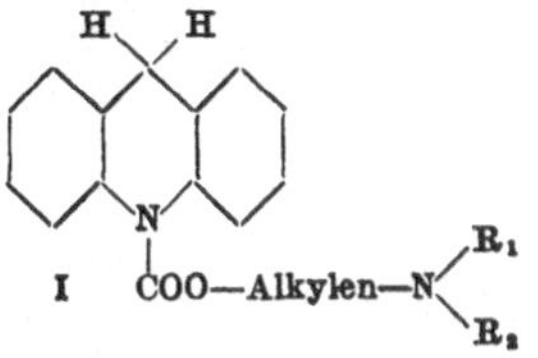

I

Sievers. H 3231

Beecham Research Laboratories Ltd., Betchworth, Surrey, England (Erfinder: **Ian Morris Heilbron** und **Arthur Herbert Cook**), *Purine* der Formel **I** oder **II** (R_1, R_2,

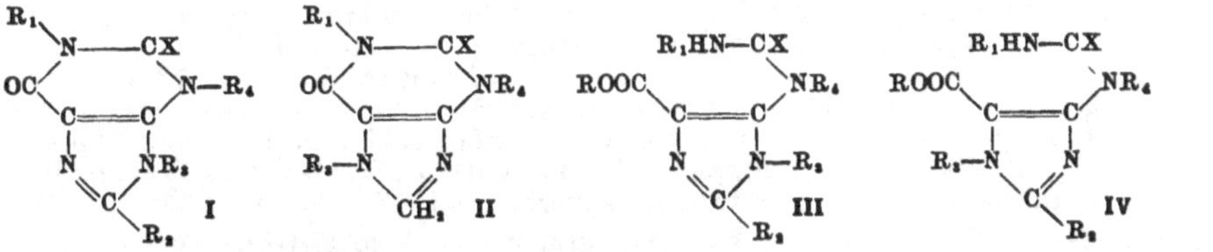

R_3 u. R_4 = gleiches oder verschied. H, Alkyl, Aryl, Aralkyl, X = O oder S) erhält man durch Behandeln einer Verb. der Formel **III** oder **IV** mit einer anorgan. oder organ. Base (Alkalien, Pyridin). **III** oder **IV** wird durch Kondensation eines Isocyanats, Isothiocyanats, Harnstoffs oder Thioharnstoffs mit Verbb. der Formeln **V** oder **VI** gewonnen, die man durch Rk. von Aminocyanessigsäurederivv. mit Iminoäthern, Thioiminoäthern oder Amidinen, z. B. der Formeln $R_2C(OC_2H_5){=}NH$, $R_2C\cdot(SC_2H_5){=}NH$ (oder R_3) oder $R_2C(SCH_2C_6H_5){=}NH$ (oder R_3), erhält. — Äthylaminocyanacetat + Formamidinhydrochlorid → 4-Amino-5-carbäthoxyimidazol, F. 180 bis 181°, + Methylisothiocyanat → 4-N'-Methylthioureido-5-carbäthoxyimidazol, F. 163°, → *2-Thio-1-methylxanthin*. — Äthylaminocyanacetat + Thioacetiminobenzyläther-hydrochlorid → 4-Amino-5-carbäthoxy-2-methylimidazolhydrochlorid, F. 213—214° (Zers.), freie Base, F. 167°, → 4-N'-Methylthioureido-5-carbäthoxy-2-methylimidazol, F. 194°, → *2-Thio-1.8-dimethylxanthin*. — 4-Amino-5-carbäthoxy-2-methylimidazol → *2.8-Dimethylxanthin*.—Thiobenziminobenzylätherhydrochlorid + Aminocyanessigsäureäthylester → 4-Amino-5-carbäthoxy-2-phenylimidazolhydrochlorid, F. 216°, + Methylisothiocyanat → 4-N'-Methylthioureido-5-carbäthoxy-2-phenylimidazol, F. 245°, → *2-Thio-8-phenyl-1-methylxanthin*. — *1-Methyl-8-phenylxanthin*, F. ca. 360°. — 4-Ureido-5-carbäthoxy-2-phenylimidazol, F. 193—195°, → *2.6-Dioxy-8-phenylpurin*. — *2.4-Dioxy-9-methyl-8-phenylpurin*, F. 340° (Zers.). — *2-Thio-8-phenylxanthin*, Zers. über 360°. — 4-Amino-5-carbäthoxy-2-benzylimidazolhydrochlorid, F. 196° (Zers.), + Phenylisocyanat → 4-N'-Phenylureido-5-carbäthoxy-2-benzylimidazol, F. 187°, → *8-Benzyl-1-phenylxanthin*, F. 318° (Zers.). — *2-Thio-1-phenyl-8-benzylxanthin*, F. ca. 360°. — 4-Amino-5-carbäthoxy-1-methyl-2-benzylimidazol, F. 145°, + Methylisothiocyanat → *2-Thio-1.7-dimethyl-8-benzylxanthin*, F. oberhalb 360°. — 4-Amino-5-carbäthoxy-2-phenyl-1-methylimidazol, F. 140—142°, → 4-N'-Methylthioureido-5-carbäthoxy-2-phenyl-1-methylimidazol, F. 185—189°, → *2-Thio-8-phenyl-1.7-dimethylxanthin*, F. > 370°. — 4-Amino-5-carbäthoxy-2-(p'-nitrobenzyl)-imidazolhydrochlorid, F. 226° (Zers.), → 4-N'-Methylureido-5-carbäthoxy-2-(p'-nitrobenzyl)-imidazol, F. 241°, → *8-(p'-Nitrobenzyl)-1-methylxanthin*. Vgl. E. PP. 683 593 u. 683 594; **C. 1954.** 1595. (**E. P. 683 523** vom 18/8. 1948, ausg. 3/12. 1952.)

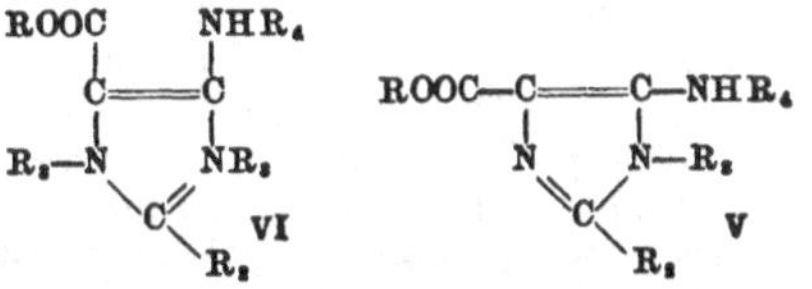

Krauss. H 3272

Haco-Ges. Akt.-Ges., Gumlingen, übert. von: **Cyril Grob**, Basel, Schweiz, *Herstellung von 5-Keto-1.3.4.5-tetrahydrobenz-(cd)-indol* (**I**). Man erhitzt 5-Oxy-benz-(cd)-indolin in Ggw. von Lösungsmitteln, wie Bzl., Toluol, oder Xylol, u. Katalysatoren, die für die Transposition von H bekannt sind, wie Pt, Pd, Ni, Co, z. B. einem Pd-Kohlekatalysator, längere Zeit, z. B. 40—50 Std. unter Rückfluß. I wird durch chromatograph. Absorption an Al_2O_3 oder Hochvakuumdest. gereinigt u. hat F. 162—164°. Ausgangsmaterial für die Herst. von *Lysergsäure*. (**A. P. 2 621 186** vom 6/9. 1950, ausg. 9/12. 1952. Schwz. Prior. 3/4. 1950.) DERSIN. H 3500

X. Färberei. Organische Farbstoffe.

—, *Die Bedeutung der Farbstoffwahl für den Verwendungswert der Textilfasern.* Nach einigen allg. gehaltenen Ausführungen weist Vf. darauf hin, daß die infraroten Strahlen des Sonnenlichtes derart absorbiert werden können, daß 2 Materialien scheinbar gleichen Farbtons in der Sonne eine Temperaturdifferenz von 14° aufweisen. So reflektieren saure- u. Farbstoffe für Acetatreyon 60—80%, saure Chromierfarben 20—40%, substantive Entwicklungsfarben 60—90%, Küpenfarbstoffe 30—50%. Da S-Farben nur 5—20% reflektieren, sind sie für die Färbung von Sommerbekleidung ungeeignet. (Rev. gén. Teintures, Impress., Blanchiment, Apprêt [Tiba] **30.** Nr. 3. 21—23. April/Mai 1953.) POLLAK V. EMHOFEN. 7000

—, *Neue Farbstoffe und Hilfsmittel.* Prodd. der CIBA AG., Basel: *Neolanblau FR* gibt auf Wolle Färbungen von gleicher Lichtechtheit, aber besserer Schweiß-, Wasch- u. Alkaliechtheit als Neolanblau 2R. Die Färbungen sind sehr gut carbonisier-, schwefel- u. dekaturecht. Der Farbstoff reserviert Effekte auf Baumwolle, Viscose- u. Acetatreyon. Eignet sich auch für den Direktdruck (Zirkular Nr. 736). — *Chromechtgrün FG* gibt im Nachchromierungsverf. auf Wolle gut lichtechte, sehr gut wasch- u. schweißechte sowie walk- u. pottingechte Grünfärbungen. Es reserviert Effekte aus Baumwolle u. Viscosereyon. Eignet sich auch gut zum Färben von Polyamidfasern. Die Färbungen auf Wolle sind infrarot absorbierend (Zirkular Nr. 735). — *Cibanongelb LGR* Ⓟ. Mikropulver für Färbung, gibt gelbstichige Rottöne von vorzüglicher Lichtechtheit u. guten bis sehr guten Allgemeinechtheiten. Eignet sich in Kombination mit anderen lichtechten Marken der CII-Gruppe (Zirkular Nr. 732). — *Cibanondruckblau CB* Ⓟ gibt im Druck auf Baumwolle u. regeneriertem Cellulosegewebe neutrale Blautöne von vorzüglicher Lichtechtheit, sehr guten Allgemeinechtheiten u. ausgezeichneter Cl-Echtheit (Zirkular Nr. 728). — *Coprantinorange 2GL* färbt native u. regenerierte Cellulose in gut lichtechten gelbstichigen Orangetönen von guter Waschechtheit. Das Egalisiervermögen ist gut. Eignet sich zur Herst. von Fondfärbungen für Buntätzen (Zirkular Nr. 734). — *Lyofix DM* ist ein Melaminharzpräp. für die Knitterfest- u. Schrumpffestausrüstung von Cellulosetextilien sowie für die waschechte Fixierung von Stärke- u. anderen Griffappreturen (Zirkular Nr. 2117). — *Uvitex WGS* konz. gibt auf Wolle, Naturseide, Acetatreyon, Polyamidfasern u. Orlon-Flocke bläuliche Weißeffekte. Die Anwendung erfolgt im neutralen, sauren oder schwach alkal. Medium allein oder in Kombination mit Wasch-, Bleich- oder Färbeoperationen (Zirkular Nr. 2113). — Prodd. der J. R. GEYGY AG., Basel: *Farbstoffe für Kunstseide.* Musterkarte Nr. 1220. — Prodd. der DURAND & HUGUENIN AG., Basel: *Panduran-Türkis* ist ein Phthalocyaninfarbstoff von guter Lichtechtheit (Zirkular Nr. 130). — Prodd. der BADISCHEN ANILIN- & SODA-FABRIK AG., Ludwigshafen/Rh.: *Vialon-Echtfarbstoffe* zum Färben von Wolle. Sortiment walkechter Farbstoffe. — *GFN-Inhibitor BASF* zur Verhütung von Farbtonbeeinflussung durch Industriegase. Dieses Prod. wird zusammen mit den Acetatfarbstoffen angewandt. — *Palatin-Echtfarbstoffe*, bes. geeignet zum Färben von einfarbiger Wollstückware. — *Helizarin-Leuchtfarbstoffe.* Die entsprechenden Färbungen zeichnen sich durch bemerkenswerte Leuchtkraft aus. (Textil-Rdsch. [St. Gallen] **9.** **420**—21. Aug. 1954.) P. ECKERT. 7018

—, *Hochdruck- und Hochtemperaturfärben.* Um den Anforderungen zum Hochdruck- u. Temperaturfärben zu entsprechen, sind in den USA Apparaturen entwickelt worden, die es erlauben, alle Arten von Textilmaterial bis zu einer Temp. von 250° F (121° C) u. einem Druck von ca. 80 lbs./sq.in. zu färben. Bei dieser Meth. im geschlossenen App. in dem in Pack- oder Strangform gefärbt wird, hat sich der Nachteil ergeben, daß sich bei Ware aus synthet. Fasern bleibende Falten bilden. In neuerer Zeit sind von der DU PONT NEMOURS COMP. (Barotor) u. JAMES FARMER NORTON & CO. (Jiggertyp) Apparaturen zum Färben in voller Breite erstellt worden. (Skinner's Silk Rayon Rec. **28.** 264—65. März 1954.) SCHOENMANN. 7020

Alessandro Bolgiani, *Neuzeitliche Färbemethoden. Versuch mit Hochfrequenzwellen.* Darlegung der kontinuierlich arbeitenden Systeme zum Färben mit Dispersionsküpenfarbstoffen („Electro-Fixer"-, Metallschmelz-, Heißölmeth.), Hochdruck- u. Temperaturfärben, Färbeverss. mit Hochfrequenzwellen, photochem. Entw. des Farbstoffes mit Hilfe radioakt. Katalysatoren. (Textile Weekly **53.** 1676—80. 4/6. 1954.) SCHOENMANN. 7020

Gerd Nitschke, *Zur Technologie der Wollfärberei.* Es wird über Maßnahmen zur Vorbereitung der Wolle für den Färbeprozeß sowie über den Einfl. von Fettrückständen auf die Anfärbbarkeit von Wolle u. Echtheit von Wollfärbungen auf Grundlage von Verss. wie auch bekannter Veröffentlichungen berichtet. Als bemerkenswert kann dabei hervorgehoben werden, daß die unter anderem von HIRSBRUNNER für Mineralöle bes. im Verschnitt mit ungesätt. Verbb. festgestellte Beeinflussung der Anfärbbarkeit der Wolle u. Trübung der Farbnuance bei nachträglicher Belichtung auch für das Wollfett bestätigt werden konnte. (Textil- u. Faserstofftechn. **4.** 308—11. Mai 1954.) P. ECKERT. 7020

Heinrich Schönefeld, *Das Färben von Polyacrylnitril- und Polyvinylchloridfasern.* Es wurde gezeigt, daß sich Polyacrylnitril- u. Polyvinylchloridfasern mit einer Reihe sogenannter Oxydationsfarbstoffe auch in tiefsten Farbtönen ausfärben lassen. Verwendet wurden carbocycl. Basen, die nach Vorbeize des Materials im Bad zu diazinartigen Verbb. oxydiert werden. Unter gleichen Bedingungen ließen sich noch einige sogenannte Perlfarbstoffe u. Chromotropabkömmlinge, sowie Oxynaphtholsulfosäuren u. die Na-Salze der Leukoküpenfarbstoffe auf der Faser fixieren. (Textil- u. Faserstofftechn. **4.** 302—08. Mai 1954.) P. ECKERT. 7020

J. Häusermann, *Zur Kenntnis der Drucktechnik von Mischungen aus Naphtholen und Entwicklern und der dazu geeigneten Verdickungsmittel.* Behandelt wird der Druck mit Mischungen von Naphtholen u. abgewandelten Entwicklern. Auf die verschied. Entwicklungsmöglichkeiten, die zur Bldg. des Azopigments führen, wird nicht bes. eingegangen. Beschrieben werden dabei allg. wichtige Momente beim Drucken, bes. das Verdickerproblem. Unter den bekannten Verdickern wird das hochveredelte modifizierte *Carubin* (Meypro-Gum) als speziell geeignet für den Druck von Gemischen aus Naphtholen u. Entwicklern genannt. Es wird als nicht reduzierende Verdickung mit Vorteil entweder allein oder in Stärke-Tragant-Mischungen an Stelle von Tragant angewandt. Die Empfindlichkeit gegenüber Cu ist im Druck von Naphtholentwicklergemischen von zweierlei Art. Einmal wirken Cu u. Cu-Salze als Kupplungsgifte, u. ferner sind manche Verdickungsmittel in Lsg. Cu-empfindlich, wobei entstehende Koagulate den einwandfreien Druckvorgang benachteiligen. Durch geeignete Zusätze zur Druckpaste kann die Cu-Empfindlichkeit vermieden werden. Anwendungsbeispiele werden gebracht. (Textil-Rdsch. [St. Gallen] **9.** 395. Aug. 1954.) P. ECKERT. 7022

General Aniline & Film Corp., New York, N. Y., übert. von: **Clemens Streck,** Loudonville, N. Y., V. St. A., *Färben von Nylon oder Acetatseide mit Eisfarben.* Man imprägniert die Fasern mit einer Aminbase u. einer Naphthol-AS-Kupplungskomponente (I) in Ggw. einer Guanidinverb. (II) mindestens im mol. Verhältnis zu I, aber mit nicht $>$1—5% des Fasergewichtes, u. diazotiert, wobei Kupplung eintritt. II besitzt die Formeln $R_1R_2N—C(:NH)—NH_2$, $R_1R_2N—C(:NH)—NH—C(:NH)—NH_2$ oder $NH_2 \cdot NH \cdot C(:NH)—NH_2$, in welchen R_1 u. R_2 Alkyl, Aryl, Aralkyl u. Cycloalkyl bedeuten. — Beispiel: Guanidin, -carbonat, -sulfat, -nitrat, Aminoguanidin, β-Diphenylbiguanid, Methylguanid u. dergleichen. (**A. P. 2 649 353** vom 23/2. 1950, ausg. 18/8. 1953.) V. SCHILLER. 7021

I. G. Farbenindustrie Akt.-Ges., Deutschland, *Fixieren wasserlöslicher organischer Stoffe auf Trägern,* bes. Geweben. Man behandelt mit organ. Verbb., die die Gruppe $—SO_2 \cdot NH \cdot R \cdot O \cdot X$ (R = Kette von 4 oder 5 Gliedern, davon mindestens 3 C-Atome; X = Säurerest mit wasserlöslichmachender Gruppe) enthalten, u. erhitzt in Ggw. von Alkalien. — Man druckt z. B. mit einer Druckpaste, die den durch Rk. des Chlorids einer Kupferphthalocyaninpolysulfonsäure mit 1.4-Butanolamin u. Überführung der OH-Gruppen in $O—SO_3H$-Gruppen erhaltenen, Farbstoff u. ca. 6% NaOH (36° Bé) enthält. Nach dem Dämpfen bei 1 atü erhält man ein klares, ausgezeichnet waschechtes Blau. Analog können waschechte Drucke mit entsprechenden Farbstoffderivv. der Azo- oder Anthrachinonreihe erhalten werden. Mit der Verb. $C_{18}H_{37} \cdot SO_2 \cdot NH(CH_2)_4 \cdot O \cdot SO_3 \cdot Na$ erhält man ein wasserdichtes Gewebe, mit dem sauren Schwefelsäureester des 3.4-Dichlorbenzolsulfonmonobutanolamids ein selbst nach mehrfachem Waschen mottensicheres Wollgewebe. (**F. P. 976 047** vom 26/3. 1942, ausg. 13/3. 1951.) HOPPE. 7023

Maria Levinger (Erfinder: **Maria Levinger,** Düsseldorf, und **Hans Hollos,** Wien), *Photographisches Verfahren zum Bemustern von Textilien.* Die Gewebe werden mit einer Lsg. von $AgNO_3$+ Zucker lichtempfindlich gemacht, das Negativ des gewünschten

Musters darauf kopiert u. die Kopie in der üblichen Weise entwickelt u. fixiert. Das so erhaltene Schwarzbild kann noch nach bekannten Verff. mit U-, Fe-, Se- oder S-Verb. getont werden. (**D. B. P. 901 495** Kl. 57b vom 21/12. 1951, ausg. 11/1. 1954.)
KALIX. 7023

General Aniline & Film Corp., New York, N. Y., übert. von: **Albert Bloom**, Summit, N. J., V. St. A., *4-Chlor-2.5-dialkoxyaniline* dienen als Zwischenprodd. für Farbstoffe. — *2.5-Dimethoxy-4-chloracetanilid* (I). Man acetyliert 2.5-Dimethoxyanilin u. behandelt mit H_2O_2 in HCl. — *4-Chlor-2.5-dimethoxyanilin.* Aus I u. sd. HCl in Methanol, F. 118°. — Analog: *4-Chlor-2.5-diäthoxyanilin.* (**A. P. 2 649 482** vom 15/12. 1950, ausg. 18/8. 1953.)
LANGER. 7049

Polymerisable Products Ltd., London, England (Erfinder: **Ernst Bergmann**), *Aminoalkohole* der allg. Formel I (R_1 u. R_2 = aliphat., araliphat. oder alicycl. Rest; R_1 u. R_2 können auch einen alicycl. Ring bilden; R_3 = H oder = R_1 u. R_2; Ar = Arylrest, dessen Aminoverb. mit Diazoniumsalzen kuppeln kann) erhält man durch Rk. von Ketonen der Zus. II (R_1 u. R_2 = wie vorst.) mit prim. aromat. Aminen in Ggw. eines Lösungsm., welches ein azeotropes Gemisch mit W. bildet u. so die laufende Entfernung des bei der Rk. gebildeten W. erlaubt, u. katalyt. Hydrierung der gebildeten Anile. — Methylbutanolon + Anilin in Toluol → *2-Anilino-3-methyl-3-butanol*, Anil, Kp.$_{28}$ 142°; $n_D^{21,5}$ = 1,5234; $\alpha^{21,5}$ = 0,9885. — *2-(o-Methylanilino)-3-methyl-3-butanol*, Kp.$_{26}$ 148°; Anil, Kp.$_{26}$ 144—145°; n_D^{30} = 1,5234; α^{25} = 1,0276. — *2-(o-Methoxyanilino)-3-methyl-3-butanol*, Kp.$_{22}$ 165°; Anil, Kp.$_{23}$ 160—162°; n_D^{30} = 1,5234; α^{25} = 1,0276. — *2-(p-Methoxyanilino)-3-methyl-3-butanol*, Kp.$_{24}$ 173°; Anil, Kp.$_{23}$ 174°, n_D^{30} = 1,5284, α^{30} = 1,0386. — *2-(o-Chloranilino)-3-methyl-3-butanol*, Kp.$_{23}$ 160°; Anil, Kp.$_{20}$ 155°, n_D^{28} = 1,5305, $\alpha^{27,5}$ = 1,1009. — *Zwischenprodd.* für *Azofarbstoffe.* (**E. P. 689 162** vom 14/1. 1949, ausg. 25/3. 1953.)
SIEVERS. 7049

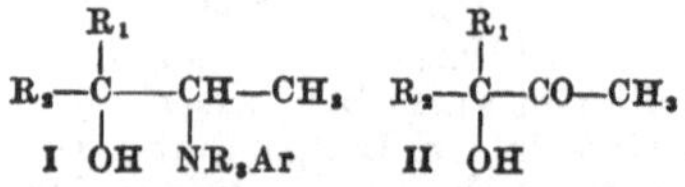

Badische Anilin- & Soda-Fabrik Akt.-Ges., Ludwigshafen/Rh. (Erfinder: **Tim Toepel**, Ludwigshafen/Rh., und **Hans Krzikalla**, Heidelberg), *Azofarbstoffe*, die acylierte Sulfonamidgruppen enthalten. Man behandelt Monooxyazofarbstoffe, die mindestens eine unsubstituierte Sulfonamidgruppe enthalten, mit solchen aliphat. oder aromat. Acylierungsmitteln, die keine wasserlösl. machenden Gruppen tragen, u. läßt auf diese acylierten Farbstoffe in Substanz oder auf der Faser metallabgebende Mittel einwirken. — 1 Aminobenzol-4-sulfonamid (**I**) → 2-Oxynaphthalin (**II**) + Acetanhydrid + konz. H_2SO_4, 1 Std. zum Sieden erhitzt; Wolle (**B**) aus schwach saurem Bad orangerot. — **I** → **II** + Propionsäureanhydrid + konz. H_2SO_4; **B** aus saurem Bad orangerot. — **I** + 1-Phenyl-3-methylpyrazolon-(5) + Acetanhydrid + konz. H_2SO_4; **B** aus saurem Bad gelb. — 1-Amino-4-chlorbenzol → 2-Oxynaphthalin-6-sulfonamid + Acetanhydrid + konz. H_2SO_4; **B** aus saurem Bad orangerot. — 1-Aminobenzol-3-sulfonamid → **II** + Trichlorbenzol + Benzoylchlorid bei 130°; **B** orangerot. — Die erhaltenen Farbstoffe eignen sich zum Färben von **B**, Baumwolle, Fasern aus regenerierter Cellulose, Papier, Leder oder von Lacken, metallisiert liefern sie sehr echte Färbungen, bes. auf mit Metallsalzen vorgebeizten Fasern. (**D. B. P. 892 809** Kl. 22a vom 14/7. 1951, ausg. 12/10. 1953.)
SIEVERS. 7053

Sandoz Akt.-Ges. (Erfinder: **Hans Ischer**), Basel, Schweiz, *Disazofarbstoffe* erhält man durch Kuppeln der Diazoverbb. von Aminoazofarbstoffen der Zus. **I** (R = Rest einer 1-Oxybenzol-2-carbonsäure, die in p-Stellung zur OH-Gruppe kuppelt) mit Aminooxynaphthalinsulfonsäuren der Zus. **I a** (X = NO_2, —NH-Acyl; der Naphthalinkern kann noch eine weitere SO_3H-Gruppe enthalten) u. Behandeln derjenigen Disazofarbstoffe mit acylierenden Mitteln, in denen X = NH_2. — Die erhaltenen Farbstoffe färben Baumwolle (**A**) u. Fasern aus regenerierter Cellulose (**G**) scharlach- bis blaurot u. werden durch Nachbehandlung mit Cu-Salzen wasch- u. lichtecht. Farbstoffe mit externer freier NH_2-Gruppe geben mit 2-Oxynaphthalin (**II**) rote, waschechte u. rein weiß ätzbare Färbungen. — **I** (R = 4-Oxybenzol-5-carbonsäure) → 2-Carbäthoxyamino-5-oxynaphthalin-1.7-disulfonsäure; **A** u. **G** scharlachrot. — **I** (R = 3-Methyl-4-oxybenzol-5-carbonsäure) (**III**) → 2-(4'-Aminobenzoyl)-amino-8-oxynaphthalin-6-sulfonsäure; **A** u. **G** blaurot. — **I** (R = **III**) → 2-Amino-5-oxynaphthalin-7-sulfonsäure → 4-Nitrobenzoylchlorid; **A** u. **G** gelbstichigrot. — **I** (R = 1-Oxybenzol-2-carbonsäure) (**IV**) → 2-Benzoylamino-5-oxynaphthalin-7-sulfonsäure; **A** scharlachrot. — **IV** →

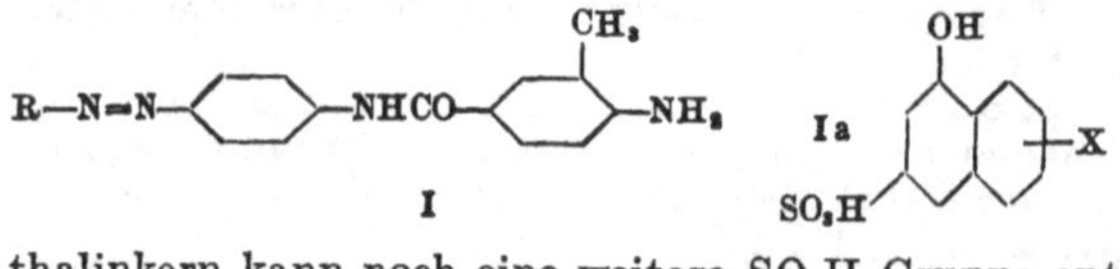

2-Acetylamino-5-oxynaphthalin-7-sulfonsäure; A scharlachrot. — IV → 2-Cinnamoylamino-5-oxynaphthalin-7-sulfonsäure; A scharlachrot. — IV → 2-(2'-Carboxybenzoyl)-amino-5-oxynaphthalin-7-sulfonsäure; A scharlachrot. — IV → 2-(4'-Aminobenzoyl)-amino-5-oxynaphthalin-7-sulfonsäure; A scharlachrot. — IV → 2-(3'-Aminobenzoyl)-amino-5-oxynaphthalin-7-sulfonsäure; A scharlachrot. — IV → III; A rot. — IV → 2-(3'-Aminobenzoyl)-amino-5-oxynaphthalin-1.7-disulfonsäure, A scharlachrot. — IV → 2-Benzoylamino-8-oxynaphthalin-6-sulfonsäure; A rot. — IV → 1-Benzoylamino-8-oxynaphthalin-6-sulfonsäure; A blaurot. — IV → 1-(4'-Aminobenzoyl)-amino-8-oxynaphthalin-6-sulfonsäure; A blaurot. — IV → 1-(4'-Aminobenzoyl)-amino-5-oxynaphthalin-7-sulfonsäure; A scharlachrot. — IV → 1-(4'-Aminobenzoyl)-amino-8-oxynaphthalin-4.6-disulfonsäure; A blaurot. — IV → 2-(3'-Methyl-4'-aminobenzoyl)-amino-8-oxynaphthalin-6-sulfonsäure; A blaurot. — IV → 2-(4'-Methyl-3'-aminobenzoyl)-amino-5-oxynaphthalin-7-sulfonsäure; A rot. — IV → 2-(3'-Methyl-4'-aminobenzoyl)-amino-5-oxynaphthalin-7-sulfonsäure; A rot. — IV → 2-(3'-Methyl-4'-aminobenzoyl)-amino-5-oxynaphthalin-1.7-disulfonsäure; A rot. — 1-(3'-Methyl-4'-aminobenzoyl)-amino-5-oxynaphthalin-7-sulfonsäure; A rot. — IV → 2-(4'-Benzoylaminobenzoyl)-amino-5-oxynaphthalin-1.7-disulfonsäure; A scharlachrot. — IV → 1-(4'-Benzoylaminobenzoyl)-amino-8-oxynaphthalin-4.6-disulfonsäure; A blaurot. — IV → 2-Carboxyamino-5-oxynaphthalin-7-sulfonsäure; A scharlachrot. — IV → 2-Benzoylamino-5-oxynaphthalin-1.7-disulfonsäure. — IV → 2-Cinnamoylamino-8-oxynaphthalin-6-sulfonsäure; A rot. — Farbstoffe mit ähnlichen Eigg. werden aus I (R = 1-Oxy-5-methylbenzol-2-, 1-Oxy-5-methoxybenzol-2-, 1-Oxy-6-methylbenzol-2-, 1-Oxy-6-chlorbenzol-2-, 1-Oxybenzol-6-sulfonsäure-2- oder 1-Oxy-3-methylbenzol-2-carbonsäure) erhalten. (**D. B. P. 881 092** Kl. 22a vom 1/7. 1951, ausg. 25/6. 1953. Anmeldung bekanntgemacht 31/7. 1952. Schwz. Prior. 6/7. 1950.) Sievers. 7055

I. G. Farbenindustrie Akt.-Ges., Frankfurt/M., *Chromierbare Farbstoffe der Phthaleinreihe.* Zur Verbesserung der Wasserlöslichkeit der nach dem Hauptpatent erhältlichen Farbstoffe behandelt man diese mit sulfonierenden Mitteln. — Die erhaltenen sulfonierten Farbstoffe färben die tier. Faser in roten Tönen, die durch Nachchromieren wesentlich echter werden. So können Farbstoffe erhalten werden durch Sulfonieren der Phthaleine aus 5-Oxytrimellitsäure oder ihrem Anhydrid u.: 3 Oxydiphenylamin; 3-Oxy-2'.3'-dimethyldiphenylamin (erhältlich durch Erhitzen von 1-Amino-2.3-dimethylbenzol u. 1.3-Dioxybenzol (I) in Ggw. von Borsäure auf 160—170°, farblose glänzende Blättchen aus Ligroin, F. 78—80°); 3-Oxy-2'.4'-dimethyldiphenylamin (aus I u. 1-Amino-2.4-dimethylbenzol, farblose Verb., F. 55—56°); 3-Oxy-4'-n-butyldiphenylamin (aus I u. 1-Amino-4-n-butylbenzol, F. 66—67°). (**D. R. P. 766 227** Kl. 22b vom 27/3. 1936, ausg. 29/3. 1954. **Zusatz zu D. R. P. 692 708; C. 1940. II. 3742.**) Roick. 7057

Farbenfabriken Bayer Akt.-Ges. (Erfinder: **Josef Singer, Otto Bayer** und **Heinz-Werner Schwechten**), Leverkusen, *Pigmentfarbstoffe*, die im Gegensatz zu den Ausgangsverbb. in allen Lösungsmitteln prakt. unlösl. sind u. für die verschied. Anwendungsgebiete als Violett-, Blau- u. Grünpigmente anfallen können, erhält man in der Weise, daß man Anthrachinonderivv. der allg. Zus. I, worin R u. R_1 organ. Reste bedeuten, einer der Reste aber auch H sein kann, u. worin die Reste R u. R_1 zusammen mindestens 2 Aminogruppen enthalten müssen, mit solchen polyfunktionellen Verbb. umsetzt, die mit den externen Aminogruppen oder ihren funktionellen Derivv. reagieren, z. B. aliphat. oder aromat. Diisocyanate; Pyromellitsäuredianhydrid, bis-Äthylenoxydverbb., Phenylester von Dicarbonsäuren, Oxalester, Diphenylcarbonat (II), Methantricarbonsäureester, Melaminhexamethylolmethyläther, Benzoldisulfonäthylenimid, Benzoldisulfochlorid, Cyanurchlorid, Terephthaloylchlorid (II a) oder Triacryloylperhydrotriazin (III). — 32 (Gewichtsteile) 1.4-Bis-aminoäthylaminoanthrachinon (IV) (aus Leuko-1.4-diaminoanthrachinon (IV a) u. der 10fachen Menge Äthylendiamin) werden gelöst in 300 Nitrobenzol (a) in der Hitze mit 20 II vermischt. Der erhaltene Polyharnstoff, ein blauer Nd., in heißem a sehr schwer lösl., löst sich in konz. H_2SO_4 violett. Ferner können Pigmentfarbstoffe erhalten werden aus: IV u. Oxalsäuredimethylester; IV u. II a; dem Farbstoff der Zus. V (aus IV a u. der 10fachen Menge Hexahydro-p-phenylendiamin) u. einem Gemisch von 2.4- bzw. 2.6-Toluylendiisocyanat, glänzend blau, gut lichtecht; V u. III (Erhitzen der mit Soda neutralisierten essigsauren

I 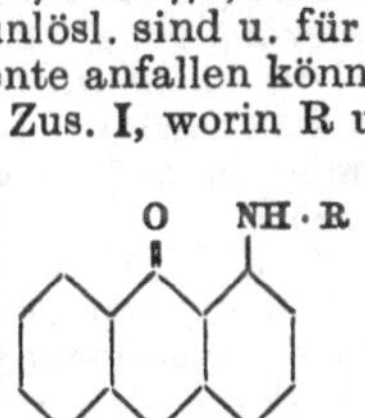

V 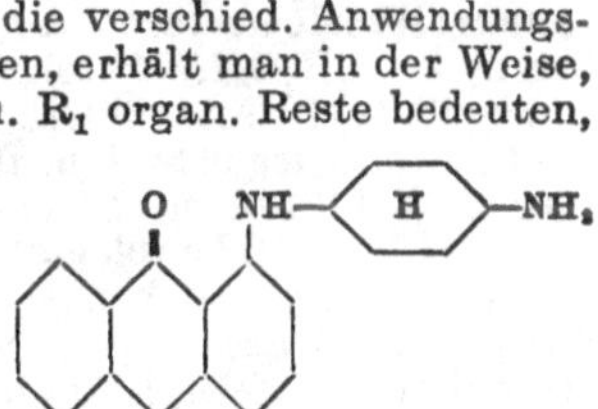

wss. Lsg. auf 50—80°), blau, in organ. Lösungsmitteln sowie in konz. H_2SO_4 unlöslich. (**D. B. P. 911 531** Kl. 22b vom 2/8. 1951, ausg. 17/5. 1954. Anmeldung bekanntgemacht 1/10. 1953.) ROICK. 7059

XIa. Farben. Anstriche. Lacke. Naturharze.

J. Remond, *Die Verwendung des Lecithins zur Herstellung von Anstrichen und ähnlichen Produkten.* Allg. Ausführungen. — 21 Literaturhinweise. (Rev. Produits chim. 56. 425—26. 31/12. 1953.) WINIKER. 7096

Heinrich Koch, *Polyvinylacetat und Polyvinylacetale in ihrer Bedeutung für die Lackindustrie, speziell Dispersionsfarbenanstriche.* Vortrag. (Prakt. Chem. [Wien] **5.** 153—57. Juli 1954. Frankfurt/M.-Hoechst.) WINIKER. 7096

G. Simon, *„Welche Vorteile bieten synthetische Latex-Anstrichmittel?“* Latex-Anstrichmittel, deren Hauptbestandteil Kolloiddispersionen von Styrol–Butadien-Copolymeren sind, zeichnen sich durch bes. leichte Verarbeitung, guten Verlauf u. mechan. Stabilität sowie rasche Trocknung, Geruchlosigkeit, gute Waschbarkeit u. chem. Widerstandsfähigkeit aus. (Farbe u. Lack **60.** 26. Jan. 1954. Düsseldorf-Gerresheim, Industrielackwerke G. m. b. H., Forschungsabt. für Anstrichstoffe.) WINIKER. 7106

Conrad W. Schmidt, *Die neuen Weißlacke.* Vf. behandelt die Vorzüge (geringe Verschmutzung, gute Glanzerhaltung) von Leichtemaillen auf Basis Leinölphthalatharz oder Copolymerisate hochungesätt. fetter Öle. (Farbe u. Lack **60.** 72—73. Febr. 1954. Merken.) WINIKER. 7106

E. I. du Pont de Nemours & Co. (Erfinder: **Oswin Burr Willcox**), Wilmington, Del., V. St. A., *Herstellung von Titanpigmenten.* TiO_2, bes. durch Oxydation aus $TiCl_4$ gewonnen, wird mit 0,5—5%, bes. 1—2%, eines Aerogels, wie von SiO_2 oder Al_2O_3, vermahlen. Größere Widerstandsfähigkeit gegen Vergilben in Anstrichen u. Lacken. (**E. P. 702 867** vom 13/2. 1952, ausg. 27/1. 1954.) GRÄGER. 7093

Beckacite Kunstharzfabrik G. m. b. H. (Erfinder: **Herbert Hönel**), Wien, Österreich, *Herstellung harzartiger Kondensationsprodukte* aus Harnstoff (I), CH_2O u. Alkoholen, dad. gek., daß man 1 (Mol) I mit mindestens 2,5 wss. CH_2O bei p_H 5—10 u. 60—100° solange aufeinander einwirken läßt, bis der CH_2O fast ganz bzw. bis zu einer Grenzmenge von 4 Mol gebunden ist, das Reaktionsgemisch dann, bes. beim Neutralpunkt, solange im Vakuum dest., bis das Gewicht des Rückstandes die Summe des I u. des gebundenen CH_2O nicht wesentlich überschreitet, worauf das Kondensationsprod. mit Alkoholen bei erhöhter Temp. u. p_H 5—6 umgesetzt wird. Als Alkohole sind in den Mengenbeispielen A., Propyl-, Butyl-, n-Hexyl- u. Amylalkohol genannt. — *Lackrohstoffe.* (**D. R. P. 758 561** Kl. 39c vom 10/12. 1939, ausg. 29/3. 1954.) SCHINDLER. 7097

Leach Brothers, Inc., übert. von: **Owen S. Eckhardt,** Columbia, Miss., **Don F. Cook,** South Bend, Ind., und **Ismond E. Knapp,** Columbia, Miss., V. St. A., *Verhinderung der Kristallisation von Harzsäuren* (I) aus ihren Gemischen mit höhermol. Tallölfettsäuren (II) erfolgt durch Veresterung der II mit 1- oder mehrwertigen niedermol. Alkoholen, wie CH_3OH, Glykol, Glycerin, bei nicht über 200° u. Erhitzen des Reaktionsprod. mit 4—12 Gew.-% CH_2O, berechnet auf I, bei 160—210°. Das Endprod. enthält 40 bis 95% unveresterte I u. findet in der *Lackindustrie* Verwendung. (**A. P. 2 659 718** vom 22/8. 1951, ausg. 17/11. 1953.) MÜLLER-MEININGEN. 7097

Standard Oil Development Co., Elizabeth, N. J., V. St. A., *Herstellung trocknender Öle.* Ein im wesentlichen gesätt. lineares organ. Polymer mit über die Kette verteilten Carbonylgruppen, wie es durch Mischpolymerisation eines aliphat. Olefins mit 3—10 C (Isobutylen, 2-Methyl-1-buten oder Isoocten) mit einer polymerisierbaren cycl. Verb. (Styrol, p-Methylstyrol oder Inden) u. einem Acylierungsmittel (Acetyl- oder Phthalylchlorid) in Ggw. eines FRIEDEL-CRAFTS-Katalysators ($AlCl_3$ oder Methylchlorid) bei 10 bis —60, bes. 0 bis —40°, erhalten wird, wird mit einem ungesätt. KW-stoff mit einer akt. Methylengruppe, gegebenenfalls mit konjugierten Doppelbindungen, mit 3—10 C (Cyclopentadien, 2-Methylcyclopentadien, Pentadien-(1.4), Inden, Propylen, Amylen, Dimethyl-, Äthyl- oder Chlorstyrol, Acrolein, Methylvinylketon oder Isopropenylmethylketon) in Mengen von 0,5—1,2 Mol auf 1 Carbonylgruppe in Ggw. von 1 Mol Metallalkoholat (Na-Octoat) auf 1 Mol ungesätt. KW-stoff bei 10—50, bes. 15 bis 30°, kondensiert. (**E. P. 700 711** vom 1/6. 1951, ausg. 9/12. 1953. A. Prior. 1/12. 1950.) GRÄGER. 7097

Dow Chemical Co., übert. von: **Walter A. Henson** und **Franklin G. Edwards,** Midland, Mich., V. St. A., *Herstellung homogener Dispersionen von Polymeren in trocknenden Ölen,* wie Oiticica-, Lein-, Sojabohnen-, Tung- oder Perillaöl. Im Öl wird ein Emulgiermittel (Glycerinmonoricinusölsäureester) gelöst u. ein durch Emulsionspolymerisation gewonnenes Mischpolymeres (Styrol–Butadien, Vinylidenchlorid–Acrylnitril, Butadien–Acrylnitril), bes. aus 50—90 (75) % Vinylchlorid u. 50—10 (25) % Vinylidenchlorid, in Latexform in Mengen von 10—50% des verwendeten Öles eingerührt. Zur Entfernung des W. wird Luft bei 50—110° durch die Emulsion geblasen oder dieser ein mit W. mischbares koagulierendes organ. Lösungsm., das jedoch nicht auf die Polymeren lösend wirkt, (Methanol) zugesetzt u. das sich abscheidende W. entfernt. (**A. P. 2 606 164** vom 25/11. 1949, ausg. 5/8. 1952. **E. P. 703 443** vom 14/6. 1951, ausg. 3/2. 1954.) Gräger. 7097

E. I. du Pont de Nemours & Co., Wilmington, Del., V. St. A., *Kaschierverfahren.* Polyäthylen bzw. Chlorpolyäthylen mit einem Antioxydans, wie N.N'-Diphenyl-p-phenylendiamin, oder Polyamide bzw. ihre Mischungen werden geschmolzen u. durch eine Schlitzdüse, die sich unmittelbar über dem annähernden Berührungspunkt zweier sich entgegengesetzt drehender Walzen (1. Stahl, 2. Kautschuk) befindet, als Film mit einer fortlaufenden, ebenfalls von oben in den Walzenschlitz laufenden Papier-, Gewebebahn oder Papier–Al-Folie verpreßt bis zu einer Dicke von z. B. 0,02 mm. Der Film kann anschließend auch wieder als selbsttragender Film abgezogen oder beiderseitig aufgebracht werden. Verwendung als Verpackungsmaterial, Behälterfutter, Isolierfolie, Badevorhang, Regenmantel, Kunstleder, Boden- oder Wandbelag, Bucheinband u. für Behälter aller Art. (**E. P. 688 637** vom 23/3. 1950, ausg. 11/3. 1953. A. Prior. 23/3. 1949.) Salzmann. 7107

American Cyanamid Co., New York, N. Y., übert. von: **John C. Petropoulos**, South Norwalk, und **Leonard E. Cadwell**, Stamford, Conn., V. St. A., *Herstellung eines Überzugsmittels*, das im Endprod. 30—50 (%) eines ölmodifizierten Alkydharzes (I) u. 3—17,5 (6—12) einer monomeren Vinylverb. (II) in einem organ. Lösungsm. (Kerosen, Naphtha) enthält. I entsteht durch Veresterung eines Gemisches einer Polycarbonsäure (Oxal-, Malon-, Sebacin-, Bernstein-, Adipin-, Wein- oder Phthalsäure), eines mehrwertigen Alkohols (Glycerin, Pentaerythrit, Mannit, Sorbit, Glykole, Trimethylolpropan oder -äthan) u. eines nichtkonjugierten Öls oder dessen Fettsäure mit der JZ. 120—190 (Lein-, Menhaden-, Perilla-, Walnuß-, Hanfsamen-, Mohn-, Saflor- oder Sonnenblumenöl). I enthält bes. 15—45 Polycarbonsäure u. 30—65 Öl bzw. Ölsäure. Das inerte Lösungsm. sd. mindestens bei 100°. Für II wird bes. Diallylfumarat u./oder Diallylmaleat, auch Allylalkohol, β-Allyläthylalkohol, Allylacetat, -acrylat oder -butyrat verwendet. Geeignete Polymerisationskatalysatoren sind 2.2-Bis-(tert.-butylperoxy)-butan, tert.-Butylhydroperoxyd, Di-tert.-butylperoxyd, tert.-Butylpropylperoxyd oder tert.-Butylpentamethyläthylperoxyd. (**A. P. 2 626 250** vom 13/5. 1950, ausg. 20/1. 1953.) Gräger. 7107

Phillips Petroleum Co., übert. von: **John F. Howe**, Bartlesville, Okla., V. St. A., *Überzugsmittel* für Holz, Papier oder Textilien, bestehend aus einem Harz, das durch Behandeln eines Olefins mit 4—8 C (Buten, Octen) mit SO_2 im Überschuß bei ca. 77 bis 86° F. bis zur Rk. von 70—97% des Olefins u. Vertreiben der nicht umgesetzten Teile in Latexform erhalten wird. Nach Einstellung auf einen p_H-Wert von 3—9 (4—8) mittels NaOH kann noch ein Weichmacher (Acrylnitril-1.3-Butadien) bis zu 66% zugesetzt werden. Nach dem Auftragen des Latex auf die zu behandelnden Oberflächen wird bei 150—210° F. getrocknet u. bei 230—275° F. während 1 Min. bis zu 1 Std. eingebrannt. (**A. P. 2 637 664** vom 23/6. 1949, ausg. 5/5. 1953.) Gräger. 7107

Farbenfabriken Bayer, Deutschland, *Kunstwachs.* Man verwendet Halogenäthylen- oder Äthylenpolymere, -mischpolymere oder deren Halogenierungsprodd. als Zusatz zu in der Wärme erweichenden Kunstwachsen. Genannt sind die Polymeren von Äthylen, Trifluoräthylen, Tetrafluoräthylen, deren Mischpolymere mit Isobutylen, Styrol, Vinylchlorid, Vinylidenchlorid. — Man rührt 200 (Gewichtsteile) Polyäthylen (Mol.-Gew. 100000) in 800 einer Schmelze aus einem Gemisch von Chlornaphthalinisomeren mit 59% Gesamt-Cl-Gehalt. Verwendung für *Überzüge*, die noch bei 110° ihre Form behalten. (**F. P. 1 042 230** vom 15/9. 1951, ausg. 29/10. 1953. D. Prior. 16/9. 1950.) Pankow. 7107

E. I. du Pont de Nemours & Co., Wilmington, Del., V. St. A., *Herstellung von Überzügen.* Eine wss. Suspension eines Polymerisats von Tetrafluoräthylen oder dessen Mischpolymerisats, bes. mit Äthylen, wird mit einer wss. H_2CrO_4-Lsg., die noch $Zn_3(PO_4)_2$ enthalten kann, gemischt, auf Oberflächen von Glas, keram. Stoffen oder Metallen aufgetragen u. Tempp. von 330—390° ausgesetzt. Feststoffgeh. der Suspension 35—55%. Größte Haftfähigkeit bei CrO_3-Geh. von 45—55% der Feststoffe. (**Schwz. P. 292 414** vom 3/7. 1950, ausg. 2/11. 1953. A. Prior. 8/7. 1949.) Gräger. 7107

British Cellophane Ltd. (Erfinder: **William Berry, Charles Robert Oswin** und **John Boyd**), Bridgwater, England, *Herstellung wasserdichtmachender Überzüge*, bes. für *Filme* oder *Packmaterial* aus hydrophilem nichtfaserigen organ. Material, wie regenerierter Cellulose. Einer wss. Dispersion von Vinylidenchlorid, das z. B. mit Methylmethacrylat oder Acrylsäurenitril im Verhältnis 4:1 oder mit Vinylchlorid 2:1 copolymerisiert ist, wird ein saures Sulfat eines n. aliphat. Alkohols mit 12—24 C-Atomen in Mengen von 0,01—5,0 (%) der Monomeren, z. B. ein saures Hexadecyl- oder Octadecylsulfat, zugesetzt. Außerdem ist noch zuzufügen eine kleine Menge (0,05—0,3) eines im wesentlichen wasserunlösl. anorgan. Stoffes, wie SiO_2, $MgCO_3$, $CaCO_3$, $BaSO_4$, Talkum, Kaolin oder Bentonit, u. 0,1—2,5 einer sauren Äthylenverb., wie Citracon-, Itacon-, Mesacon- oder Acrylsäure, bzw. deren Anhydride oder Gemische. (**E. P. 692 154** vom 15/6. 1950, ausg. 27/5. 1953.) GRÄGER. 7107

Chemische Werke Albert (Erfinder: **Gerhard Ruzicka** und **Georg Fink**), Wiesbaden, *Anstrichmittel*, gegebenenfalls mit flammschützender u./oder fungicider u. insekticider Wrkg., bestehend aus nach dem Trocknen zu amorphen, koll., wasserunlösl. Filmen auftrocknenden ammoniakal. Lsgg., die durch Auflösen von mit NH_3 Komplexsalze bildenden Metalloxyden oder -oxydhydraten u. H_3PO_4, H_3AsO_4, H_2CrO_4 u./oder Citronensäure (auch von den aus diesen Verbb. gebildeten Metallsalzen) oder den NH_4-Salzen dieser Säuren in NH_4OH hergestellt sind, gegebenenfalls in Ggw. von Pigmenten, Füllstoffen u./oder Netzmitteln. Bes. verwendbar sind die Zn-, Cu- u. Cd-Amminsalze. Die Anstrichmittel enthalten zweckmäßig noch Emulsionen aus Asphalten oder Asphaltgemischen, die arm an Spezialpechen, gesätt. Körpern sind u. keine wesentlichen Mengen von Stoffen enthalten, die durch Chlf. fällbar sind (Selektivasphalt aus Mineralölen oder Teeren, Peche der Tieftemperaturschwelung bzw. der Spülgasschwelung oder Rückstände aus der Druckspaltung von Teerdestillaten), für sich allein oder in Mischung mit anderen Stoffen. Auch als *Rostschutzmittel* geeignet. (**D. B. P. 911 998** Kl. 22g vom 15/10. 1942, ausg. 24/5. 1954. Anmeldung bekanntgemacht 3/1. 1952.) GRÄGER. 7107

Goodlass Wall & Lead Industries Ltd. (Erfinder: **Edward John Bond** und **John Roberts Taylor**), London, England, *Überzüge oder Anstrichmittel* mit wenigstens 2 Gew.-% eines Erdalkali-(Ba-), Pb- oder Zn-Benzoats (nur wenig wasserlösl.) als *Fe-Korrosionsschutzmittel*. (**E. P. 704 861** vom 30/6. 1950, ausg. 3/3. 1954.) GRÄGER. 7107

Sherwin-Williams Co., Cleveland, O., übert. von: **Howard L. Bewick** und **Kenneth R. Brown**, Chicago, Ill., V. St. A., *Mattierungs-Lack*. Als Mattierungsmittel dient ein feinverteiltes, synthet. Na–Ca–Mg–Al-Silicat, welches frei von wasserlösl. Salzen ist. (**A. P. 2 627 478** vom 3/2. 1947, ausg. 3/2. 1953.) LAASS. 7107

XIb. Plaste (Kunstharze. Plastische Massen).

T. E. Atkinson und **D. G. Owen**, *Einige Gesichtspunkte beim Schneckenstrangpressen von thermoplastischen Kunststoffen*. Die Konstruktionsmerkmale von Einschnecken-Spritzmaschinen werden eingehend im Hinblick auf die Eigg. der zu verarbeitenden Thermoplaste (Polyvinylchlorid, Polyäthylen u. Nylon) u. die gewünschte Form der Endprodd. erörtert. Über Unterss. mit verschied. Schneckenformen wird berichtet. — Diskussionsbemerkungen. (Plast. Inst., Trans. **21.** Nr. 44. 40—60. April 1953. Imp. Chem. Ind. Ltd., Plastics Div.) SCHÄFF. 7170

Arthur N. Skeels, *Das Mustern und Markieren von Kunststoffartikeln*. (Plastics Ind. **11.** Nr. 5. 22—23. 26. Mai 1953.) — C. **1953.** 9329. WINIKER. 7170

H. G. Henry, *Das Zusammenfügen von Teflon durch Schmelzverbindung*. Teflonteile können bei 350° ± 6° unter einem Druck von ca. 5 at je nach ihren Dimensionen in 4—48 Std. verschmolzen werden. Bei der Verschmelzung geht das vorher feste, undurchsichtige Material in ein durchscheinendes Gel über (Umwandlungspunkt bei ca. 330°). Die mechan. Eigg. der durch Verschmelzen verbundenen Teflonteile sind gut. (Materials and Methods **38.** Nr. 4. **114**—15. Okt. 1953. General Electric Co., Hanford Atomic Products Operation.) CANTOW. 7172

H. Beduneau, *Organosole, Plastisole und Plastigele. Herstellung, Eigenschaften und Verwendungen*. Zusammenfassender Überblick. — 30 Literaturhinweise. (Rev. Produits chim. **56.** 446—47. 31/12. 1953. 24—25. 31/1. u. 69—72. 28/2. 1954.) WINIKER. 7172

E. I. du Pont de Nemours & Co., übert. von: **Arthur W. Barry,** Wilmington, Del., V. St. A., *Äthylenpolymerisate*. Die bei 50—1000 at u. bis 400° in Ggw. von freie Radikale bildenden Katalysatoren u. W. entstehenden Polymerisate werden von nicht umgesetztem C_2H_4 in 2 Stufen getrennt, wobei in der 1. Stufe unter den Reaktionsbedingungen das W. u. in der 2. Stufe unter Entspannung, jedoch oberhalb des F. des Polymerisates nicht umgesetztes C_2H_4 abgetrennt wird. — Schema. (**A. P. 2 646 425** vom 23/3. 1951, ausg. 21/7. 1953.) MÖLLERING. 7173

B. F. Goodrich Co., New York, N. Y., übert. von: **Vernon L. Folt** und **Earl J. Carlson,** Akron, O., V. St. A., *Herstellung von Zwischenpolymerisaten*. Ein Monomerengemisch aus 25—45 (Mol-%) Butadien-1.3, 33—55 Difluordichloräthylen u. 10 bis

35 Vinylidenchlorid wird in wss. Emulsion in Ggw. von $K_2S_2O_8$ als Initiator polymerisiert. Man erhält plast.-thermoplast. klare, flammenfeste Harze, die ohne Weichmachungsmittel zu Filmen, Überzügen u. Preßmassen verarbeitet werden können. (**A. P. 2 657 199** vom 3/6. 1952, ausg. 27/10. 1953.) MÖLLERING. 7173

Shell Development Co., Emeryville, übert. von: **Frank H. Dickey,** Berkeley, Calif., V. St. A., *Ester* von aromat. substituierten aliphat. Alkoholen mit nichtaromat. Peroxycarbonsäuren sind ausgezeichnete *Polymerisationskatalysatoren* für *Vinylmonomere.* Die Darst. der Ester ist nicht durch Rk. der Persäuren mit den Alkoholen möglich, vielmehr werden Hydroperoxyde mit den entsprechenden Säurechloriden in alkal. Medium umgesetzt. — *Triphenylcarbinylperoxyacetat* wird z. B. durch Rk. von CH_3COCl mit Triphenylcarbinylhydroperoxyd erhalten. — *α.α-Dimethyl-p-butylbenzylperoxyacetat.* — *α.α-Dibutyl-p-isopropylbenzylperoxycaproat.* — *Di-(phenyldimethylhexyl)-diperoxychloradipat.* — *α.α-Dimethylbenzylperoxylaurat.* (**A. P. 2 661 363** vom 18/1. 1952, ausg. 1/12. 1953.) BRÖSAMLE. 7173

Armstrong Cork Co., Lancaster, Pa., V. St. A., *Webstuhlpicker.* Herst. aus Polyvinylalkohol, der mit 1—3% eines Erdalkalistearats, bes. Mg-Stearat, Glycerin u. W. bei 139—171° geknetet u. geformt wird. (**E. P. 687 318** vom 30/4. 1951, ausg. 11/2. 1953. A. Prior. 9/9. 1950. **Zusatz zu E. P. 643 040.**) SALZMANN. 7173

Novacel Soc. An., Seine, Frankreich, *Verarbeitung netzartiger Gele wie Polyvinylformalgele oder Cellulosetriestergele* für Schrumpfkapseln oder Dialysemembranen. Man läßt die heißen Polyvinylformallsgg. in nur in der Hitze akt. Lösungsmitteln bei Raumtemp. vergelen, wäscht u. trocknet bei Raumtemp. oder bei 30° u. Unterdruck. Die trockenen Kapseln können in W. oder einem 8—10% Methylglykoladipat, das 5% Glykoldiacetat enthält, enthaltendem W. gequollen u. verwendet werden. (**F. P. 1 034 145** vom 19/3. 1951, ausg. 20/7. 1953.) PANKOW. 7173

Naphthol-Chemie Offenbach, Deutschland, übert. von: **Otto Fritz Schulz** und **Percy Hans Fickel,** *Färben von Schichten aus Polymerisatdispersionen.* Man läßt in ihnen wasserunlösl. oder schwerlösl. Azofarbstoffe entstehen. Z. B. kann eine eine Azokomponente enthaltende Dispersion ausgestrichen werden u. der trockene Film mit einer Diazoniumsalzlsg. behandelt werden. Man kann auch eine alkal., die Azoverb. u. eine als Antidiazotat (I) oder Diazoaminoverb. (II) stabilisierte Diazoverb. enthaltende Lsg. auf den Film streichen, wobei sich bei Anwendung des I von selber oder unter Lichteinfl., bei II durch Nachbehandlung mit verd. Säuren der Farbstoff bildet. — Man streicht eine Dispersion von 300 (Gewichtsteilen) *Polyvinylacetat,* 400 Barytin, 300 W. u. 70 einer 6%ig. schwach alkal. Lsg. von 2.3-Oxynaphthoesäure zu einem 1—2 mm starken Film aus, trocknet u. bringt nebeneinander Muster aus schwach verdickten 2%ig. Diazolsgg. von 1-Amino-2-methoxy-4-nitrobenzol u. 4-Amino-2.5-dimethoxy-4'-nitroazobenzol auf u. erhält rote u. schwarze Muster. (**F. P. 1 048 310** vom 21/6. 1951, ausg. 21/12. 1953. D. Prior. 22/6. 1950.) PANKOW. 7173

United States of America, übert. von: **Chessie E. Rehberg,** Glenside, und **Charles H. Fisher,** Abington, Pa., V. St. A., *Vergütung von thermoplastischen Kunstharzen,* die aus olefin. Monomeren mit mindestens einer Gruppierung ≡C—O—C≡ erhalten sind, erfolgt durch Erhitzen in Ggw. von freiem O_2 u. in organ. Lösungsmitteln lösl. Co-, Ni-, Mn-, Zn- oder Pb-Salzen organ. Säuren. — Aus β-Äthoxypropionsäure u. Vinylacetat erhaltenes Vinyl-β-äthoxypropionat ($Kp._5$ 44°) wird in Toluollsg. unter Zusatz von Benzoylperoxyd in 8 Std. bei 100° polymerisiert. Bezogen auf den Harzgeh. werden der Lsg. 0,02% Co-Octoat oder -Naphthenat zugesetzt u. Filme gegossen, die bei 110° im Ofen vergütet werden. — Für die Vergütung ferner geeignet sind Polymerisate aus Vinylbutyläther, Tetrahydrofurfurylacrylat u. -methacrylat. (**A. P. 2 654 717** vom 29/10. 1948, ausg. 6/10. 1953.) MÖLLERING. 7173

Eastman Kodak Co., übert. von: **Delbert D. Reynolds** und **William O. Kenyon,** Rochester, N. Y., V. St. A., *N-Substituierte Polyvinylamine* erhält man durch Rk. von Polyvinylalkansulfonaten (Geh. von 2—50% Polyvinylalkohol) mit mindestens 2 Mol prim., sek. aliphat. oder heterocycl. Aminen bei 20—200°. Geeignet sind Mono- oder Dimethyl-, -äthyl-, -propyl-, -butylamin, Cyclohexylamin, Morpholin oder Piperidin (I). Die Prodd. sind nur in angesäuertem W. lösl. u. dienen als *Beizmittel.* — 30 (g) Polyvinylbenzolsulfonat mit 10% Geh. an Vinylalkoholeinheiten werden über P_2O_5 im Vakuum getrocknet u. mit 150 I 6 Tage verschlossen bei 50° gehalten. Der beim Eingießen in W. erhaltene gelbe Nd. wird mit Ae. aufgenommen, filtriert u. in W. gegeben. Der Nd. ist in 1%ig. wss. HCl löslich. (**A. P. 2 632 757** vom 24/8. 1950, ausg. 24/3. 1953.) MÖLLERING. 7173

United States Rubber Co., New York, N. Y., V. St. A., *Thermoplastisches Kunstharz* mit einem Geh. an Novolak stellt ein Gemisch aus 30—70 (%) Polyvinylchloridharz, 20—45 Weichmachungsmittel u. 5—50 Phenolaldehydharz dar. Dabei dient als

Weichmacher ein kautschukähnliches Mischpolymerisat aus Acrylnitril u. Butadien, während als Novolak ein mit Cashewnußöl modifiziertes Phenolharz zweckmäßig ist. (**E. P. 698 020** vom 31/10. 1951, ausg. 7/10. 1953. A. Prior. 10/1. 1951.)

MÖLLERING. 7173

E. I. du Pont de Nemours & Co., übert. von: **James Arthur Bittles jr.**, Wilmington, Del., V. St. A., *Herstellung neuer polymerisierbarer Ester perfluorierter primärer Alkohole.* Man verestert α-Methylencarbonsäuren, deren Alkenylrest 2—3 C-Atome enthält, bes. Acryl- u. Methacrylsäure, mit geradkettigen Fluoralkanolen, die ausschließlich des endständigen C-Atomes der CH_2OH-Gruppe eine ungerade Zahl von 5—13 C-Atomen, jedes mit 2 F-Atomen, haben, bes. Oktafluorpentanol, $H(CF_2CF_2)_2CH_2OH$, in Benzollsg. mit konz. H_2SO_4 als Katalysator. Man erhält *Oktafluorpentylacrylat*, $Kp._{21}$ 69—70°, n_D^{25} 1,3431, lösl. in Ae., A., CCl_4, Bzl., unlösl. in W., bzw. *Oktafluorpentylmethacrylat*, $Kp._{24}$ 83—85°, n_D^{25} 1,3553. Die Prodd. sind *leicht polymerisierbar*. — *Zusatz zu Schmiermitteln, Anstrichmitteln, Kautschuk.* (**A. P. 2 628 958** vom 3/5. 1950, ausg. 17/2. 1953.)

LÜTTGEN. 7173

Imperial Chemical Industries Ltd., London, England, *Herstellung von Polymerisaten.* Man polymerisiert Ester der Acryl- oder Methacrylsäure des 4-Methyloldioxolans oder seiner Derivv., die 1 oder 2 Alkyl- oder Arylsubstituenten in 2-Stellung enthalten, z. B. 2.2-Dimethyl-4-methyloldioxolan oder 2-Phenyl-4-methyloldioxolan, in üblicher Weise, z. B. in Ggw. von Benzoylperoxyd oder in Emulsion. Man erhält glasklare, in Aceton lösl. Polymerisate, die mit W. ausgefällt werden können. (**E. P. 695 633** vom 24/4. 1951, ausg. 12/8. 1953.) DERSIN. 7173

Monsanto Chemical Co., St. Louis, Mo., übert. von: **Harold F. Park**, East Longmeadow, Mass., V. St. A., *Emulsionspolymerisation von aromatischen Vinylverbindungen*, z. B. Styrol, erfolgt in Ggw. von 0,05—0,8 (%) H_2O_2 als Katalysator, 0,05 bis 0,5 Alkalisalz alkylierter Arylsulfonsäuren (Alkyl mit 12—22 C) als Emulgator u. 0,5 Monoalkanol (1—20 C), z. B. A., als Beschleuniger. Sehr reine (Misch-) Polymerisate. (**A. P. 2 643 995** vom 25/3. 1949, ausg. 30/6. 1953.) MÖLLERING. 7173

Dow Chemical Co., übert. von: **Elmer L. McMaster, Robert M. Wheaton** und **James Russell Skidmore**, Midland, Mich., V. St. A., *Anionenaustauscherharz.* Ein halogeniertes, 1—3 Methylgruppen aufweisendes Mischpolymerisat (I) aus vinylaromat. u. arylalkylmonovinylaromat. KW-stoffen wird mit einem tert. Amin umgesetzt. — 30 (Teile) eines I aus 90 Dimethylstyrol, 6 Äthylvinylbenzol u. 4 Divinylbenzol in 150 CCl_4 werden unter Zugabe von 0,3 PCl_3 bei 56° mit Cl_2 behandelt. Man erhält ein Harz mit einem Cl-Geh. von 51,58%, das mit der 5fachen Menge einer 25%ig. Trimethylaminlsg. behandelt wird. Leistung: 1,605 kg $CaCO_3$/28,32 dm³ Harz. (**A. P. 2 632 001** vom 29/12. 1948, ausg. 17/3. 1953.) SALZMANN. 7173

British Resin Products Ltd., London, übert. von: **Edward Michael Evans**, Tonbridge, und **John Edward Seager Whitney**, Penarth, England, *Mischpolymerisate aus Oxystyrolen und Diolefinen.* m- u. p-Vinylphenol bzw. ihre kernalkylierten Derivv. werden mit Butadien, Isopren, Dimethylbutadien oder Chloropren in Block oder in Dispersion bei Ggw. von Polymerisationsaktivatoren, wie Acetylperoxyd, H_2O_2, $K_2S_2O_8$, Perboraten, $SnCl_2$ oder starken Mineralsäuren, oder unter Bestrahlung mit UV-Licht zweckmäßig unter O_2-Ausschluß mischpolymerisiert. Ebenso können die monomeren Gemische der Redoxpolymerisation unterworfen werden. Die Mischpolymerisate können für die Herst. *plast. Massen*, als *Klebmittel* u. als *Lacke* verwendet werden. Die zu polymerisierenden Monomerengemische sollen wenigstens 2% des Oxystyrols enthalten. (**A. P. 2 647 883** vom 10/1. 1950, ausg. 4/8. 1953. E. Prior. 13/1. 1949.)

HERBST. 7173

C. D. Patents Ltd., London (Erfinder: **Morris Kaufman** und **Alan Fowler Williams**), *Thermoplastisches Kunstharz.* Acenaphthylen wird mit einer mindestens eine $CH_2{=}C{<}$-Gruppe enthaltenden Verb., z. B. Styrol, Acryl- oder Methacrylsäure oder einem ihrer Ester in Ggw. eines Beschleunigers u. Emulgiermittels polymerisiert, in Bzl. gelöst u. mit A. ausgefällt; Erweichungspunkt 110°. (**E. P. 685 844** vom 3/11. 1949, ausg. 14/1. 1953.)

SALZMANN. 7173

Dynamit Akt.-Ges. vormals Alfred Nobel & Co. (Erfinder: **Hans Orth**), Troisdorf (Bez. Köln), *Blasenfreie transparente Gießharze.* Statt der im Hauptpatent für die Rk. mit ungesätt. cycl. Diacetalen beschriebenen polyfunktionellen Alkohole werden hexavalente Zuckeralkohole vorgeschlagen. — Z. B. werden 212,2 (Teile) Diallylidenpentaerythritacetal bei 70° mit 60,7 d-Sorbit in Ggw. von 0,8 p-Toluolsulfonsäure kondensiert. Das viscose Harz wird verformt u. 20 Std. bei 80° ausgehärtet. (**D. B. P. 881 108** Kl. 39c vom 13/1. 1951, ausg. 29/6. 1953. **Zusatz zu D. B. P. 852 301; C. 1954. 434.**)

MÖLLERING. 7177

Phrix-Werke Akt.-Ges. (Erfinder: **Otto Moldenhauer,** Hamburg, und **Helmut Bock,** Hirschberg), *Polykondensationsprodukte* erhält man durch Rk. von α, *ω-Diharnstoffen* mit *Diaminen* oder mit Dicarbonsäuren bzw. deren Anhydriden, Estern oder Amiden oder mit sich selbst. Die Polykondensation soll bei höherer Temp. im Vakuum oder die Einleitung der Rk. unter Druck durchgeführt werden. — Z. B. werden Äthylendiharnstoff mit Sebacinsäure, Oktamethylendiharnstoff u. Tetramethylendiharnstoff mit sich selbst polykondensiert. — Glasige Massen, Filme, Fäden. (**D. B. P. 909 042** Kl. 39c vom 20/7. 1939, ausg. 12/4. 1954. Anmeldung bekanntgemacht 20/8. 1953.) SCHINDLER. 7181

Farbwerke Hoechst Akt.-Ges., vormals Meister Lucius & Brüning (Erfinder: **Herbert Bestian**), Frankfurt/M., *Herstellung stickstoffhaltiger polymerer Stoffe* nach D. R. P. 737 199, dad. gek., daß Diharnstoffe der allg. Formel **I,** worin R ein zweiwertiger aliphat. oder araliphat. KW-stoffrest bedeutet, gegebenenfalls in Ggw. von Katalysatoren, polymerisiert werden.

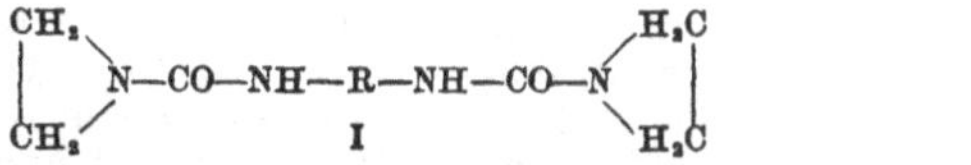

I

Nach den Beispielen steht für R = $(CH_2)_4$, $(CH_2)_6$, $(CH_2)_8$ oder $CH_2 \cdot C_6H_4 \cdot CH_2$. — Kunststoffe, Lackrohstoffe u. Folien. (**D. B. P. 907 699** Kl. 39c vom 18/2. 1939, ausg. 29/3. 1954. Anmeldung bekanntgemacht 25/6. 1953. **Zusatz zu D. R. P. 737 199; C. 1943. II. 2332.**) SCHINDLER. 7181

Farbenfabriken Bayer Akt.-Ges., Leverkusen (Erfinder: **August Höchtlen,** Leverkusen, und **Walter Droste,** Hamburg), *Herstellung von hochporösen festen oder elastischen Kunststoffkörpern,* wie *Bau-* u. *Isolierstoffen, elast. Füllstoffen,* wie *Polsterungen* usw., dad. gek., daß 1. Diisocyanate oder wie Diisocyanate reagierende Verbb. mit Stoffen, welche mindestens 2 austauschbare H-Atome im Mol. enthalten, unter solchen Bedingungen zur Rk. gebracht werden, daß eine Gasentw. erfolgt; — 2., daß man die Gasentw. mit Hilfe eines sich unter Gasentw. zers. Treibmittels bewirkt, das den Reaktionskomponenten hinzugesetzt wird; — 3., daß man die Gasentw. durch den Zusatz leicht verdampfbarer Lösungsmittel bewirkt; — 4., daß man die Gasentw. durch Verwendung solcher Ausgangskomponenten bewirkt, die unter Abspaltung von gasförmigen Stoffen reagieren. — Z. B. werden 9 (Teile) eines Kondensationsprod. von 3 Mol Adipinsäure mit 4 Mol Trimethylolpropan, 6 Toluylendiisocyanat u. 1,6 Aceton ca. 30 Min. auf 130° erwärmt. Leichtstoff von hoher Festigkeit u. einem Raumgewicht von 0,08. Die verfahrensgemäßen Leichtstoffe können als *Isoliermaterial für Wärme, Kälte u. Schall* benutzt werden. (**D. B. P. 913 474** Kl. 39b vom 20/4. 1941, ausg. 14/6. 1954. Anmeldung bekanntgemacht 5/11. 1953.) HERBST. 7181

— (Erfinder: **Paul Schlack,** Bitterfeld), *Herstellung von hochmolekularen, linearen Polyamiden* durch Hitzekondensation von bifunktionellen Verbb. mit Amino- oder COOH-Gruppen bzw. kondensierbaren Derivv. von solchen, wie Urethanverbb., Formylaminoverbb., Estern, Amiden, Isocyanaten, wobei man zumindest anteilig bifunktionelle Komponenten verwendet, deren gegebenenfalls substituierte Ketten durch Amidgruppen unterbrochen sind u. zwischen je 2 CO-Gruppen den Rest eines prim. oder sek. Diamins mit einer Kette von 2 oder 3 C-Atomen zwischen den N enthalten, wobei außerdem noch an beliebiger Stelle zwischen je 2 durch H oder KW-stoffresten substituierte Ketten-C-Atome Heteroatome oder -gruppen wie O, S, SO_2, eingefügt sein können. — In eine Aufschlämmung von Piperazinhydrochloridpulver in $C_6H_5 \cdot Cl$ leitet man bei 120° u. 50 mm Hg Überdruck so lange $COCl_2$, bis kein HCl mehr entweicht, dest. einen Teil des Lösungsm. ab, mischt die Piperazin-N.N'-dicarbonsäurechlorid (1 Mol) enthaltende Lsg. mit einer Benzollsg. von ε-Aminocapronsäureäthylesterhydrochlorid (2 Mol), kocht unter Rückfluß, bis kein HCl mehr entweicht, u. erhält Piperazin-bis-carbonyl-ε-aminocapronsäureester, der als solcher oder als Säure mit Hexamethylendiamin zu einem Polyamid kondensiert werden kann. Weitere Kondensationen von Diaminen, z. B. mit einer Verb. der Formel $[C_2H_5 \cdot OOC \cdot (CH_2)_5 \cdot NH \cdot CO \cdot CO]_2\,N\langle{}^{CH_2—CH_2}_{CH_2—CH_2}\rangle N$ (aus Piperazino-N.N'-bis-oxalsäuredimethylester u. Aminocapronsäureäthylester), mit dem Piperazin-N.N'-dicarbonsäuredimethylester, dem aus Piperazin u. Sebacinsäureäthylestersäurechlorid erhaltenen Dicarbonsäureester, dem Trimethylendiamin-N.N'-bis-oxalylaminocapronsäurediäthylester, dem Äthylen-bis-methylcarbaminsäurephenylester sowie von Sebacinsäure mit Di-ω-aminocaproyldimethyläthylendiamin werden beschrieben. (**D. P. [DDR] 2 674** Kl. 12o vom 12/5. 1939, ausg. 9/1. 1953 [Ausschließungspatent].) PANKOW. 7181

Badische Anilin- & Soda-Fabrik Akt.-Ges. (Erfinder: **Heinrich Hopff** und **Wilhelm Münster,** Ludwigshafen/Rh.), *Herstellung von Superpolyamid-Umwandlungsprodukten,* dad. gek., daß man die Amide mit so viel Alkylenoxyd umsetzt, daß sie wasserlösl. werden. — Z. B. werden 10 (Teile) eines durch 5std. Erhitzen einer 80%ig. wss. Lsg. von 1 Mol ε-Caprolactam in Ggw. von $^1/_{50}$ Mol Essigsäure erhaltenen Superpolyamids nach Abdest. des W. mit 50 Äthylenoxyd 12 Std. auf 100—120° erhitzt. — Klebstoff, Weichmacher, Verdickungsmittel für Druckpasten. (**D. B. P. 907 701** Kl. 39c vom 21/5. 1940, ausg. 29/3. 1954. Anmeldung bekanntgemacht 23/7. 1953.) SCHINDLER. 7181

XII. Kautschuk. Guttapercha. Balata.

K. F. Heinisch und **R. M. Wargadiwidjaja**, *Markierungsfarben für Kautschukballen.* Vff. geben neuartige Farben zum Kennzeichnen von Kautschukballen an, welche in organ. Lösungsmitteln lösl. Farbstoffe enthalten. Sie sind gegen mechan. Einflüsse wesentlich beständiger als die üblichen Anstrichfarben auf Pigmentbasis, da sie gut in den Kautschuk eindringen u. sehr farbkräftig sind. Wegen ihrer starken Fluorescenz sind sie nach Übermalen mit anderen Farben noch unter UV-Beleuchtung sichtbar. (India Rubber Wld. **130.** 63—64. April 1954. Bogar, Indonesien, Indonesian Rubber Res. Inst.) CANTOW. 7222

Kurt Wassull, *Praktische Heizzeitbestimmung.* Beschreibung einer Meth. zur Ermittlung der für die Druckvulkanisation dicker Kautschukschichten erforderlichen Heizzeiten. (Gummi u. Asbest **7.** 288. 290. 292. 1/6. 1954.) WINIKER. 7228

Julius Kruse, *Über Verteilungsstrukturen in Aktivruß-Vulkanisaten.* (Vortrag.) Vf. berichtet über licht- u. elektronenmkr. Unterss. an mit Aktivruß gefüllten Laufflächenvulkanisaten, die geeignet sind, die bekannten Vorstellungen vom netzartigen Aufbau des Ruß–Kautschuk-Gels zu unterstützen. (Kautschuk u. Gummi **6.** WT 140 bis 141. Juli 1953. Hamburg-Harburg.) WINIKER. 7230

H. Westlinning, *Korreferat zu „Über Verteilungsstrukturen in Aktivruß-Vulkanisaten“.* Ergänzende Ausführungen zu dem Vortrag von KRUSE (vgl. vorst. Ref.). (Kautschuk u. Gummi **6.** WT 141. Juli 1953. Degussa, Werk Kalscheuren.) WINIKER. 7230

Wilhelm Späth, *Physikalische Grunderscheinungen beim Belasten von Vulkanisaten.* In Vulkanisaten u. anderen Werkstoffen müssen in schwachen Bereichen örtliche Zerstörungen angenommen werden. Hierbei entziehen sich diese Bereiche dem auf sie entfallenden Lastanteil durch innere Relaxationserscheinungen. Anschließend findet eine Regeneration der zerstörten Bindungen statt. Die Auswirkungen dieser Elementarvorgänge auf das phänomenolog. Verh. von Prüfstücken werden mit Hilfe von Modellverss. untersucht. Vf. kommt zu dem Schluß, daß zumindest das Anfangsstadium von Kriecherscheinungen durch elast. Nachverformungen der gesunden Bereiche bedingt ist. Nach Entlastung werden Eigenspannungen wirksam, durch deren allmähliche Auflösung eine Rückbldg. der elast. Verspannungen (Erholung) erfolgt. Diese Art des Fließens wird als „Fließen erster Art“ bezeichnet. Die dadurch bedingten „bleibenden Deformationen“ werden „elast. bleibende Verformungen“ genannt. Daneben sind unter Belastung weitere wesensverschied. Deformationsvorgänge zu erwarten, die ebenfalls bleibende Deformationen verursachen. Neben der rein elast. Verformung sind also zwei Arten von bleibenden Deformationen zu unterscheiden, die durch zwei verschied. Arten des „Fließens“ verursacht werden. Zur systemat. Trennung der verschied. Arten von bleibenden Verformungen ist die Unters. des Kriechverh. im Dauerstandvers. bes. geeignet. — 29 Literaturhinweise. (Gummi u. Asbest **7.** 382. 384. 386. 388—92. 1/8. 430—31. 433—34. 436. 438. 440. 1/9. 1954.) WINIKER. 7230

H. Bürnheim, *Der Werkstoff Weichgummi in der Konstruktion.* Allg. Ausführungen. (Konstruktion **2.** 13—17. 1950. München.) WINIKER. 7230

Louis R. Pollack, *Sauerstoffabsorption im Vergleich zur konventionellen Alterung handelsüblicher Vulkanisate.* Vf. untersucht die Alterungsbeständigkeit von 34 handelsüblichen Vulkanisaten nicht exakt angegebener Zus. (Naturkautschuke, Chloroprene, GR–S-Vulkanisate u. Nitrile) nach 3 Methoden: 1. Alterung in der Hochdruckbombe unter O_2 bei ca. 20 at u. 70° (Bombentest), 2. im zirkulierenden Luftofen bei 90° (Ofentest), 3. Best. der O_2-Absorption bei 120°. Vor u. nach der Behandlung werden Dehnungskraft u. Zerreißdehnung gemessen. Vf. zeigt, daß der Ofentest unspezif. für die Alterung ist, weil in der Regel die Probe erst weitervulkanisiert u. ihre physikal. Eigg. verbessert werden. Erst nach mehreren Tagen treten Degradationseffekte auf. Der Bombentest ist brauchbar, wenn man ihn erst nach Abschluß der Nachvulkanisation (etwa nach 4 Tagen) auswertet. Der O_2-Absorptionstest zeigt am besten die

Alterung von Elastomeren an, da er durch die Periode der Nachvulkanisation nicht beeinflußt wird, u. eine Symbasie zwischen dem Nachlassen der physikal. Eigg. u. der O_2-Aufnahme besteht. (India Rubber Wld. **130**. 53—57. April 1954. Vallejo, Calif., Industrial Labor., Mare Island Naval Shipyard.) CANTOW. 7248

R. Ecker, *Dynamische Dämpfung und E-Modul im kautschukelastischen Bereich.* (Vortrag.) Nach einem kurzen Überblick über die derzeitigen die Hochelastizität makromol. Substanzen betreffenden theoret. Vorstellungen u. die wichtigsten dynam. Schwingungsprüfmethoden beschreibt Vf. ein neues Prüfgerät (schemat. Darst. u. Photo). Dasselbe gestattet es, mittels erzwungener Schwingungen unter Zug–Vorspannungen das plast.-elast. Verh. von Hochpolymeren im kautschukelast. Bereich zu studieren. In umfassenden Verss. wurde mit Hilfe dieses Geräts untersucht: das Kristallisationsverh. der Polymerisate, die Verstärkerwrkg. von Füllstoffen, Polymerisationseinflüsse, die Modifizierung von Neopren W durch Beschleuniger, das elast. Verh. von Butyl- u. Siliconkautschuk, der Einfl. von Aktivatoren auf die Verstärkereigg. von Tonerdegel sowie die Wrkg. von Weichmachern in PVC. (Kautschuk u. Gummi **6**. WT 127—39. Juli 1953. Leverkusen, Farbenfabriken Bayer AG., Kautschuk- u. Kunststoff-Abt.) WINIKER. 7248

Ernst-August Hampe, *Korreferat zu „Dynamische Dämpfung und E-Modul im kautschukelastischen Bereich“.* Ergänzende Ausführungen zu dem Vortrag von ECKER (vgl. vorst. Ref.). (Kautschuk u. Gummi **6**. WT 139. Juli 1953. Hannover.) WINIKER. 7248

B. F. Goodrich Co., New York, N. Y., übert. von: **William D. Stewart,** Brecksville, O., V. St. A., *Redoxkatalysator für Emulsionspolymerisationen* von Vinylidenverbb. in alkal. Lsg., gek. durch die Kombination einer Peroxyverb. u. eines in W. lösl. Alkylenpolyamins, in dem mindestens 2 NH-Gruppen durch 2 C-Atome getrennt u. eine endständige NH_2-Gruppe enthalten ist, sowie einer ionisierbaren Verb., die SO_3''-Ionen liefert. — Gemische aus Butadien-1.3 u. Styrol oder Acrylnitril werden in Ggw. von einer Aminbisulfitverb. aus Tetraäthylenpentamin u. von Diisopropylbenzolmonohydroperoxyd polymerisiert. Durch das Redoxsyst. erfolgt die Rk. bei niedrigerer Temp. oder bei höherer Temp. schneller. (**A. P. 2 631 997** vom 14/7. 1950, ausg. 17/3. 1953.) MÖLLERING. 7225

Phillips Petroleum Co., Del., übert. von: **Izaak M. Kolthoff,** Minneapolis, Minn., und **Avrom I. Medalia,** Brookhaven, N. Y., V. St. A., *Redox-Katalysator für Emulsionspolymerisation* ungesätt. organ. Verbb., bestehend aus einem organ. Peroxyd, einem in W. lösl. Fe-Salz u. Pyrophosphat sowie einem Gemisch, das in wss. Lsg. aus Zucker u. H_2O_2 (Molverhältnis von 0,3 : 1 bis 5 : 1) in Ggw. eines in W. lösl. Fe-Salzes (Verhältnis Zucker : Fe-Salz wie 1 : 1 bis 10 : 1) erhalten wird. — Geeignet sind: Glucose, Fructose u. Saccharose, die in Ggw. von $FeSO_4 \cdot 7\,H_2O$ mit H_2O_2 bei 43—44° umgesetzt werden. — Zur Herst. eines Mischpolymerisates aus Butadien u. Styrol in wss. Emulsion wird ein Redoxsyst. aus *Cumolhydroperoxyd*, $Fe(NO_3)_3$, $K_4P_2O_7 \cdot 3\,H_2O$ u. in der angegebenen Weise behandeltem Zucker verwendet. (**A. P. 2 647 109** vom 27/2. 1950, ausg. 28/7. 1953.) MÖLLERING. 7225

Badische Anilin- & Soda-Fabrik, Ludwigshafen/Rh. (Erfinder: **Claus Heuck,** Mailand, Italien, **Konrad Jost,** Lützelsachsen, und **Walter Gumlich,** Marl, Kr. Recklinghausen), *Polymerisation von Diolefinen* in Mischung mit einer weiteren polymerisierbaren Verb. in Ggw. von $\leqq$5% Acrylsäurenitril oder Methacrylsäurenitril. — *Kautschukartige Produkte.* (**D. B. P. 883 654** Kl. 39b vom 20/6. 1942, ausg. 20/7. 1953.) OVERBECK. 7225

Standard Oil Development Co., übert. von: **Marvin H. Mahan,** Elizabeth, N. J., V. St. A., *Polymerisatgemisch,* bestehend aus 80—90 (%) eines Copolymerisates aus 65—85 Butadien u. 35—15 Styrol oder Acrylsäurenitril u. 10—20 eines Styrol-Isobutylen-Copolymerisates mit 50—60 Styrolgeh. mit einer Eigenviscosität von 0,6—3,0. — Verwendung bes. für *ölfeste Transparentfolien.* (**A. P. 2 631 139** vom 4/12. 1945, ausg. 10/3. 1953.) OVERBECK. 7225

Farbenfabriken Bayer (Erfinder: **Hermann Wolz, Hermann Holzrichter** und **Richard Ludwig**), Leverkusen, *Ölfeste Vulkanisate* erhält man bei Verwendung von Emulsionsmischpolymerisaten aus Butadien-KW-stoffen mit Styrol u. Acrylsäurenitril, bei denen der Butadien-KW-stoff zu $\geqq$50% vorhanden ist. (**D. B. P. 883 339** Kl. 39b vom 29/11. 1940, ausg. 16/7. 1953.) OVERBECK. 7225

Siemens-Schuckertwerke Akt.-Ges., Berlin und Erlangen (Erfinder: **Franz Zeplichal,** Berlin), *Thermischer Abbau von kautschukartigen Emulsionspolymerisaten von Butadien mit Acrylsäurenitril* durch oxydative Behandlung bei erhöhter Temp.

unter Luftumwälzung, dad. gek., daß der Abbau bei erhöhtem Druck von ca. 8 atü u. mehr vorgenommen wird. (**D. R. P. 764 845** Kl. 39b vom 27/11. 1940, ausg. 24/5. 1954.) OVERBECK. 7225

Deutsches Hydrierwerk Rodleben VEB, Rodleben (Erfinder: **Wilhelm Rittmeister,** Rodleben, und **Rudolf Endres,** Dessau-Roßlau), *Lösungs-, Gelatinierungs- und Weichmachungsmittel* für Hochpolymere, wie Cellulosederivv., Polyvinylverbb., Pheno-, Aminoplaste, Superpolyamide, Polyurethane, Kautschuk, bestehend aus den aus Dekahydronaphthalin (**I**) oder seinen Homologen durch Behandlung mit Luft oder anderen O_2-haltigen Gasen u. Red. der erhaltenen Prodd. unter hohem H_2-Druck erhaltenen OH-Verbb., ihrer Ester oder Äther oder sonstigen Derivate. Man oxydiert **I** bei 100 bis 170° mit O_2 zu einem Gemisch von Säuren, Alkoholen, Ketonen, Estern u. Peroxyden u. hydriert das Gemisch in der bei der Hydrierung von Fettsäuren oder deren Estern zu Alkoholen üblichen Weise u. verwendet die bei Kp_9 100—250° übergehenden Prodd., bes. Dekahydronaphthalin. — In 30 (Gewichtsteile) Butadienkautschuk, 50 Ruß, 5 Zn-Weiß, 2 Stearinsäure, 1 S u. 1 Vulkanisationsbeschleuniger gibt man 11 des Hydrierungsgemisches vom $Kp._9$ 140—200° (OH-Zahl 510). (**D. P. [DDR] 2 836** Kl. 39b vom 6/6. 1943, ausg. 27/10. 1952 [Wirtschaftspatent].) PANKOW. 7227

Titangesellschaft m. b. H., Leverkusen (Erfinder: **Peter Tillmann,** Köln, und **Friedrich Raspe,** Leverkusen), *Aufhellen von Stoffen wie Kautschuk, Kunststoffen, Kunstfasern, Papier und Linoleum* mit Rutiltitandioxyd mit möglichst gleichmäßiger Teilchengröße, dad. gek., daß man ein Rutiltitandioxyd zusetzt, das eine Teilchengröße von ca. 0,2—0,4 μ Radius hat u., nach der REYNOLD-Meth. gemessen, eine Farbkraft von ca. 1600 zeigt. — 2 Mikroaufnahmen. (**D. B. P. 911 911** Kl. 39b vom 18/11. 1938, ausg. 20/5. 1954. Anmeldung bekanntgemacht 10/9. 1953.) OVERBECK. 7227

International Latex Processes Ltd., St. Peter Port, Guernsey, England (Erfinder: **Arthur Schwerdle,** Chatham, N. J., und **Claude Dodds Mason,** Mishawaka, Ind., V. St. A.), *Herstellen von Schwammkautschuk* aus einer Kautschukmilchmischung (**I**), der eines der Metalle Al, Zn oder Mg zugesetzt wird, um auf Grund einer gegenseitigen Einw. zwischen Bestandteilen der **I** u. dem Metall H_2 freizusetzen, dad. gek., daß durch Zusatz des Metalls zu einer Alkalihydroxyd enthaltenden **I** zunächst ein unkoagulierter Schaum erzeugt wird, der dann verformt u. koaguliert wird. Das restliche Alkalihydroxyd kann nach dem Verschäumen mit z. B. $(NH_4)_2CO_3$ neutralisiert werden. Vor dem Verschäumen kann Wärmesensibilisierung erfolgen. (**D. B. P. 911 431** Kl. 39b vom 3/3. 1939, ausg. 13/5. 1954. Anmeldung bekanntgemacht 24/9. 1953. A. Prior. 3/3. 1938.) OVERBECK. 7231

N. V. de Bataafsche Rubber Industrie, Holland, *Herstellung von Kautschukschwamm.* Man stellt aus Kautschukmilch in bekannter Weise durch Schlagen, Gelatinieren, Formen u. Vulkanisieren einen Schwamm her. Die gleiche Kautschukmilchmischung wird durch weniger Schlagen oder Pressen des Schaumes in einen feinerporigen Schaum gebracht, gelatiniert, zu einer Platte geformt u. vulkanisiert u. diese Platte mit Kautschuklsg. um den genannten Schwamm geklebt oder der gelatinierte feinporige Schaum um den vulkanisierten Schwamm als Platte gelegt u. vulkanisiert. — Verwendung als Fensterleder. (**F. P. 1 063 472** vom 19/9. 1952, ausg. 4/5. 1954. Holl. Prior. 24/10. 1951.) PANKOW. 7231

Standard Oil Development Co., übert. von: **Addison W. Hubbard,** Elizabeth, und **Winthrope C. Smith,** Westfield, N. J., V. St. A., *Verbinden von „Butyl"-Kautschuk mit Metall.* Zur Bindung dient eine Doppelschicht, deren dem Metall aufliegender Teil aus Chlorkautschuk, Cyclokautschuk oder Kautschukhydrochlorid u. deren anderer Teil aus einem Copolymerisat von 60 (Volumenteilen) Isobutylen, 40 Styrol u. 3 Isopren besteht, das bei niedriger Temp. erhalten wurde. (**A. P. 2 631 953** vom 12/3. 1949, ausg. 17/3. 1953.) OVERBECK. 7231

Wingfoot Corp., übert. von: **Gardner L. Brown** und **Theodore A. Johnson,** Akron, O., V. St. A., *Refinern von Regenerat.* Regenerierter u. von Textilien befreiter Altkautschuk (**I**) wird ohne vorherige Mastikation durch einen Siebkopf gespritzt u. ein- oder mehrmals refinert. Der **I** kann vorher mit Weichmacheröl vermischt werden. (**A. P. 2 645 817** vom 22/9. 1950, ausg. 21/7. 1953. **E. P. 703 087** vom 3/4. 1951, ausg. 27/1. 1954. A. Prior. 22/9. 1950.) OVERBECK. 7233

XIII. Ätherische Öle. Parfümerie. Kosmetik.

Tommaso Sacco, *Biochemische Untersuchungen über die ätherischen Öle von in Piemont angebauter Mentha piperita L. (Var. Italo-Mitcham).* 1. Mitt. *Über den Ertrag an ätherischem Öl und seine Konstanten in Beziehung zum Vegetationscyclus.* Die Unterss.

erstreckten sich über die Vegetationszeit vom 30/4. bis 20/9. Das Öl wurde durch Wasserdampfdest. der Pflanzen gewonnen. Bis etwa zum 20/7. nahm der Pflanzenertrag zu, danach rasch ab. Parallel dazu ging die Ölausbeute mit einem Maximum von 2,755‰ der Pflanzen am 20/7. Der Höchstgeh. an Gesamt-*Menthol* (freiem + gebundenem) wurde vorher erreicht, betrug am 30/6. 55,79% des Destillats u. blieb ~15 Tage ziemlich konstant. *Menthylacetat* (I) u. *Menthon* (II) traten in wesentlichen Mengen erst im Juli auf; Höchstgeh. **I** 11,88% am 20/7.; **II** 21,6% im Öl am 10/8. — Konstanten des Pfefferminzöls: Die D. nahm bis zum Ende der Vegetationszeit zu ($D.^{15}$ 0,9192 am 20/9.). $[\alpha]_D^{20}$ zeigte Maxima am 10/6. (—24,2°) u. 20/7. (—23,7°). n_D^{20} zeigte ein schwaches Maximum am 30/7. (1,4696). — 21 Literaturhinweise. (Riv. ital. Essenze, Profumi, Piante officin., Olii veget., Saponi **33.** 211—16. 15/5. 1951. Villafranca Piemonte, To., Ist. Speriment. Agrario „Pignatelli".)

EBERHARD MÜLLER. 7262

Tommaso Sacco, *Biochemische Untersuchungen über die ätherischen Öle von in Piemont angebauter Mentha piperita L.* (*Var. Italo-Mitcham*). 2. Mitt. *Ausbeuten und physikochemische Konstanten bei der ersten und zweiten Ernte.* (1. vgl. vorst. Ref.) Das Versuchsfeld hatte eine Düngung mit Stalldung u. K–P–N-Dünger erhalten. Der Ertrag an rohem Pfefferminzöl pro ha betrug bei der 1. Ernte (12/8.) 58,53 kg, bei der 2. Ernte (18/10.) 7,99 kg/ha. Zwischen beiden Ernten zeigten sich ausgeprägte Unterschiede in der Zus. u. den physikal.-chem. Eigg. (für die 2. Ernte in Klammern): $D.^{15}$ 0,9266 (0,9184); $[\alpha]_D^{20}$ —22° (—18°); n_D^{20} 1,4683 (1,4613); Löslichkeit in 70grädigem A. 1 : 3,8 (1 : 2,8); gebundenes *Menthol* 8,32% (13,52); freies Menthol 44,87% (40,35); Gesamtmenthol 53,19% (53,87); *Menthon* 25,50% (8,20). Das Öl der 2. Ernte zeichnet sich durch größere Feinheit des Aromas u. organolept. Charakteristiken aus. Von prakt. Bedeutung ist seine größere Löslichkeit in 70grädigem A. infolge des viel geringeren Geh. an Menthon gegenüber dem Prod. der 1. Ernte. (Riv. ital. Essenze, Profumi, Piante officin., Olii veget., Saponi **33.** 339—42. 15/7. 1951.)

EBERHARD MÜLLER. 7262

Tommaso Sacco, *Biochemische Untersuchungen über das ätherische Öl von Mentha piperita L.* (*Var. Italo-Mitcham*). 3. Mitt. *Untersuchung des ätherischen Öls der Blüten und Blätter.* (2. vgl. vorst. Ref.) Getrennte Wasserdampfdest. der Blüten u. Blätter gibt Pfefferminzöl mit den Eigg. (Blätteröl in Klammern) $D.^{15}$ 0,9256 (0,9111), $[\alpha]_D^{20}$ + 12,0° (—17,3°), n_D^{20} 1,4682 (1,4716), freies Menthol 32,58% (57,16), Gesamtmenthol 34,65% (55,60), Menthylacetat 2,262% (1,56), Menthon 42,12% (9,70), lösl. in 11 (2,8) Teilen 70%ig. A., Aroma herb (mild). Diagramme u. Tabellen erläutern den Siedeverlauf. Das Blätteröl ist wertvoller. Vf. empfiehlt, nur möglichst blütenfreie Pflanzen zu verarbeiten, da mit der Entw. der Blüten der Menthongeh. steigt. (Riv. ital. Essenze, Profumi, Piante officin., Olii veget., Saponi **33.** 386—91. 15/8. 1951.)

MÜHLMEISTER. 7262

Tommaso Sacco, *Biochemische Untersuchungen über die ätherischen Öle von in Piemont angebauter Mentha piperita L.* (*Var. Italo-Mitcham*). 4. Mitt. *Einfluß der Bodenbeschaffenheit auf die Ausbeute und die physikalisch-chemischen Kennzahlen.* (3. vgl. vorst. Ref.) Es werden die Grüngewichte an auf verschied., zuvor analysierten u. näher beschriebenen Böden gewachsenen Pflanzen, die Mengen an äther. Öl, die aus den verschieden kultivierten Pflanzen erhalten wurden, u. die Kennzahlen bzw. die Zus. der Öle mitgeteilt. — Feld a: sandreich, schlammig, humusreich; Feld b: sandreich, tonhaltig, wenig Humus; Feld c: tonhaltig u. sandig, wenig Humus; Ölausbeute (kg/ha): 65,50 (a), 57,64 (b), 51,09 (c). Kennzahlen der Öle: $D.^{20}$ 0,9085 (a), 0,9056 (b), 0,9111 (c); $[\alpha]_D^{20}$ —21,4° (a), —19,3° (b), —19,7° (c); n_D^{20} 1,4676 (a), 1,4631 (b) 1,4598 (c). Zus. der Öle (%): gebundenes *Menthol* (**I**): 4,16 (a), 4,68 (b), 5,20 (c); freies **I**: 46,18 (a), 47,51 (b), 52,19 (c); Gesamt-**I**: 50,34 (a), 52,19 (b), 57,39 (c); *Menthon*: 27 (a), 24,4 (b), 18,75 (c); Löslichkeit in 70%ig. A.: 1 : 3,5 (a), 1 : 3,2 (b), 1 : 3 (c). — Die teilweise recht unterschiedlichen Ergebnisse, die vor allem die Zus. der Öle betreffen, werden diskutiert. (Riv. ital. Essenze, Profumi, Piante officin., Olii veget., Saponi **33.** 538—41. 15/11. 1951.) H. P. FIEDLER. 7262

A. Fayaud und **S. Rivera,** *Sizilianisches Thymianöl.* Äther. Öl von Coridothymus capitatus hatte $D.^{15}$ 0,948, $[\alpha]_D$ 0,53, n_D^{20} 1,5048, 60—67% Carvacrol. Aus diesem wurde durch katalyt. Hochdruckhydrierung Carvomenthol hergestellt ($D.^{15}$ 0,9032, $[\alpha]_D$ 0°, n_D^{20} 1,4629, $Kp._{760}$ 216,5—217,5°, $Kp._7$ 80—90°, lösl. in 2,5 Voll. 70%ig. Alkohol). Seine Anthranil- (**I**) u. Salicylsäureester (**II**) eignen sich bes. gemeinsam als Hautschutz- u. Bräunungsmittel. Sie sind in allen mineral. u. pflanzlichen Ölen lösl., **I** von schwachem Orangenblütengeruch u. sehr viscos, **II** geruchlos u. wenig viscos, auch pharmazeut. wirksam gegen Neuralgie u. Rheuma. Ihre Eigg.: $D.^{20}$ 1,044 bzw.

1,0504, $[\alpha]_D$ 0°, n_D^{20} 1,5422 bzw. 1,5188, $Kp._1$ 192 bzw. 180°, lösl. in 4 Voll. 80- bzw. 3,5–4 Voll. 95%ig. Alkohol. (Ind. Parfumerie **9.** 91–92. März 1954.) MÜHLMEISTER. 7262

Nicolas Nicolov, *Bulgarisches Rosenöl, Ernte' 1953.* Die meteorolog. Verhältnisse während der Entw. u. Blütezeit, die Tageszeit u. das Wetter bei der Ernte (bei Hitze am besten von 5–7 Uhr) u. sorgfältiger Behandlung durch Bespritzen mit frischem W. bis zur Dest. sind ausschlaggebend für die Güte des Öls. Abschluß der App. von der Außenluft durch Zusammenführung der Destillate in großen Vorlagen u. Entlüftung durch akt. Kohle verhindern Verluste durch Verdunsten u. verbessern das Öl, das 1953 sehr gut ausfiel: $[\alpha]_D$ durchweg über 3,3°, freie Alkohole als Geraniol >65,5%, gebundene Alkohole >2,9%, Citronellol >40%. (Ind. Parfumerie **9.** 122–24. April 1954. Sofia, Entreprise de l'État „Bulgarska Rosa".) MÜHLMEISTER. 7262

Danske Medicinal- & Kemikalie-Kompagni Aktieselskab, København, Dänemark, *Hautschutzmittel.* Die Salbe enthält Seife u. feinverteiltes SiO_2-Gel, das aus Alkalisilicat durch Ansäuern erhalten wurde; z. B. versetzt man 40 (Teile) Seife aus Talg mit 30 W., 10 Glycerin u. 30 Kieselsäuregel mit ca. 5% SiO_2. (**Dän. P. 75 090** vom 28/7. 1949, ausg. 8/12. 1952.) JÜRGEN SCHMIDT. 7285

Imhausen & Co. G. m. b. H., Witten/Ruhr (Erfinder: **Günther Weitzel,** Göttingen), *Hautschutzmittel,* bestehend aus oder enthaltend synthet. Wachse, d. h. Ester aus höheren einwertigen Alkoholen u. höheren Fettsäuren, von denen wenigstens eine Komponente eine verzweigte Kette von C-Atomen besitzt. Die geradkettige Komponente soll zweckmäßig eine größere Anzahl von C-Atomen, z. B. 18, u. die verzweigtkettige weniger, z. B. 9, enthalten. — Die Herst. der Wachse erfolgt nach an sich bekannten Methoden. (**D. B. P. 906 371** Kl. 30i vom 29/11. 1951, ausg. 11/3. 1954. Anmeldung bekanntgemacht 2/7. 1953.) E. PETERSEN. 7285

Morris Frankiel, Manchester, England, *Haar- und Kopfhautpflegemittel,* bestehend aus einem inerten Träger, z. B. einem Gemisch aus Vaseline u. fl. Paraffin, Thiopropionaldehyd (I) u. Calamin, das im Träger dispergiert ist. — Zur Herst. werden z. B. 1440 (Teile) Petroleumgallerte auf 180° erhitzt, mit 240–480 Zwiebeln, die **I** enthalten, versetzt, wobei die Rückstände der Zwiebeln anschließend entfernt werden; dann werden 1920 fl. Paraffin zugesetzt, die M. zum Sieden erhitzt u. unter Rühren 20 gepulvertes Calamin hinzugefügt. (**E. P. 705 016** vom 22/4. 1952, ausg. 3/3. 1954.)

E. PETERSEN. 7285

Wilhelm Treibs, Zur Biochemie und Biogenese der Inhaltsstoffe ätherischer Öle. Berlin: Akademie-Verl. 1954. (18 S.) = Sitzungsberichte der Deutschen Akademie der Wissenschaften zu Berlin. Klasse f. Math. u. allg. Naturwiss. Jg. 1953. Nr. 6. DM 1,—.

XV. Gärungsindustrie.

Borge Roed, *Neue Apparatur zur Hefegewinnung im Laboratorium.* Beschreibung u. Anwendung einer Laboratoriumsapp. zur Hefezüchtung. (Ind. agric. aliment. **71.** 119–22. Febr. 1954. Kopenhagen, Dansk Goering-Ind., S. A.) KRUSEN. 7506

Walter Deckenbrock, *Zur Frage der Verzuckerung stärkehaltiger Brennereirohstoffe durch Getreidemalz- und Pilzenzyme.* Best. der CO_2-Ausbeute zu verschied. Zeiten (3–48 Std.) aus gärenden Maischen, die aus reiner *Stärke* (I) von Mais, Roggen, Weizen, Reis, Milo u. Kartoffel stammten, unter Verwendung von 10% eines Pilzenzympräp. oder von 10% Gerstendarrmalz zeigte, daß wesentliche Unterschiede in der Verzuckerung von reiner **I** verschied. Herkunft nicht bestehen. Dagegen ergaben verschied. Verzuckerungsmittel Unterschiede. Im Gegensatz zu reiner **I** zeigen **I**-haltige Rohstoffe, wie Verss. mit Roggen-, Mais-, Milokorn u. Kartoffelvollmehl ergaben, mehr oder weniger große Unterschiede. Hefe findet bei Kartoffelmaischen die günstigste Nahrung von Anfang an, es folgt Mais, in einigem Abstand Roggen u. zuletzt die Milomaische. Bei Pilzenzymen folgt auf die Kartoffelmaische zunächst Roggen, dann Mais u. zuletzt Milo. Unter den angewandten Versuchsbedingungen vergären Maischen, die mit Pilzenzymen verzuckert wurden, schneller als solche, deren Verzuckerung mit Getreidemalzenzymen erfolgte. (Stärke **6.** 41–44. März 1954. Lüdinghausen, Westf., Fachlabor. für die Spiritusind.) ULMANN. 7536

Luciano Lanfranconi, *Die aromatischen Stoffe zur Herstellung von Brausen und Likören.* Vf. weist auf die verschied. Methoden zur Herst. von Aromen u. Essenzen hin u. gibt zahlreiche Rezepte zur Herst. verschied. Aromentypen an. (Riv. ital. Essenze, Profumi, Piante officin., Olii veget., Saponi **33.** 392–400. 15/8. 1951.) H. P. FIEDLER. 7536

G. A. Howard und **A. R. Tatchell,** *Weitere Beobachtungen über Vorkommen und Isolierung von Cohumulon.* Vff. untersuchten die α-Weichharzfraktion von 18 Hopfensorten auf die Ggw. von *Cohumulon* in einer App. aus rostfreiem Stahl u. einer aus Glas gefertigten. In der Mehrzahl der untersuchten Hopfen lag der Cohumulonanteil unter 10% des α-Weichharzes, in 2 Fällen bei 30—40%. (J. Inst. Brewing **59** ([N.S.]**50**). 491—98. Nov./Dez. 1953. Nutfield, Surrey, Brewing Ind. Res. Foundat.) HAEVECKER. 7540

I. A. Preece, R. A. Aitken und **R. T. Potter,** *Über Gerstezusammensetzung und Mälzverhalten.* Obwohl Gerste mit mäßiger bis hoher Cellulaseaktivität u. nur mäßigem Gummigeh. gutes Mälzverh. zeigt, ist die Cellulaseaktivität kein Maß für die Mälzeignung. Das autolyt. Verh. des Kornes bzgl. der Gummiproduktion kann zu weitgehenden Extremen für guten u. schlechten Mälzverlauf führen. Auch die Viscositäten von Würze erlauben keine weit genug auseinanderliegende Unterteilung. (J. Inst. Brewing **60** ([N. S.] **51**). 142—49. März/April 1954. Kirkcaldy, Fife, Robert Hutchinson & Co. Ltd.) HAEVECKER. 7540

Sigrid Strese, *Der Wuchsstoffbedarf verschiedener tetradenbildender Kokken.* Tetrakokken benötigen Pantothensäure, Nicotinsäure u. Biotin, sind aber (bis auf wenige Ausnahmen) auf Aneurin, Riboflavin u. Pyridoxin nicht angewiesen. Die Hemmwrkg. der Bierhefen auf Tetrakokken wird vom Vf. nicht auf einen Entzug von Wuchsstoffen, sondern auf die Abscheidung echter Antibiotica zurückgeführt. (Brauerei, wiss. Beilage **7.** 39—45. April 1954.) HOPPE. 7544

H. Esch, *Zur Kenntnis der Melanoidine.* (Vgl. C. **1953.** 7960.) Nach der Definition der Melanoidine (**I**) u. der zu ihrer Bldg. führenden Rk. zwischen Carbonyl- u. Aminogruppen wird ihre Ähnlichkeit mit den Huminsäuren (**II**) diskutiert. Die Aufklärung des Aufbaues der **I** wurde mit Hilfe physikochem. Methoden versucht. Die Inkohlung von **I** u. **II** beginnt bei ca. 125°. Die Inkohlungs-Rk. ist heterogen, 1. Ordnung u. besitzt eine Aktivierungswärme von ~12,8 kcal/mol. Sie führt zu einer Annäherung der Zus. der Inkohlungsprodd. an die der Kohlen, wobei Porosität u. D. abnehmen. Nach dem Verlauf der bei der Inkohlung stattfindenden Decarboxylierung nimmt die Carboxylgruppe im Mol. eine Sonderstellung ein. Aus dem Verhältnis Mol.-Refr./Mol.-Gew. berechnet Vf. die Mol.-Refr. des Standard-**I** zu 354. Die Unters. der Zähigkeitseigg. an hochviscosen **I**-Lsgg. legte die Existenz langgestreckter Fadenbündel heteropolarer Moll. in solchen Lsgg. nahe, welche sich mit fortschreitender Kondensation u. Entfernung des Lösungsm. zu Makromoll. vereinigen. Die Wasserbindefähigkeit dieser Körperklasse kommt derjenigen der **II** sehr nahe u. nimmt mit fortschreitender Inkohlung stark ab. (Z. Lebensmittel-Unters. u. -Forsch. **96.** 410—18. Juni 1953. München, Wiss. Stat. für Brauerei.) KATTENHORN. 7550

John G. B. Castor, *Die freien Aminosäuren der Moste und Weine.* 1. Mitt. *Mikrobiologische Bestimmung von 14 Aminosäuren in kalifornischen Traubenmosten.* Im Most von 7 kaliforn. Traubensorten wurde mittels verschied. Lactobacillusarten (Literaturangaben) der Geh. an Arginin (**I**), Cystin (**II**), Glutaminsäure (**III**), Glycin (**IV**), Histidin, Isoleucin, Leucin, Lysin, Methionin, Phenylalanin, Tryptophan, Tyrosin u. Valin bestimmt. Der Geh. an **II** u. bes. **I** ist am höchsten (bis 113 mg%), wobei zwischen den einzelnen Traubensorten beträchtliche Unterschiede bestehen, an **III** u. **IV** am geringsten (<1 mg%). Andere Mostbestandteile beeinträchtigen die Best., bes. Tannin. (Food Res. **18.** 139—45. März/April 1953. Davis, Calif., Univ. Coll. of Agricult., Dep. of Viticult.) KIELHÖFER. 7554

J. G. B. Castor, *Die freien Aminosäuren der Moste und Weine.* 2. Mitt. *Das Schicksal der Aminosäuren des Mostes während der alkoholischen Gärung.* (1. vgl. vorst. Ref.) 11 der 14 im Most gefundenen Aminosäuren werden weitgehend (75—90%) von der Hefe aufgenommen, 3 in kleinster Menge vorhandene Aminosäuren (Glycin, Cystin u. Lysin) veränderten sich nicht. Valin, Isoleucin, Leucin, Tryptophan u. Tyrosin traten nach Abschluß der Zellvermehrung aus der Hefe in kleinster Menge wieder in den gärenden Most über. Wiedergabe der Veränderung des Geh. der einzelnen Aminosäuren durch Kurven. (Food Res. **18.** 146—51. März/April 1953.) KIELHÖFER. 7554

Ildefonso Mareca Cortés, *Der heutige Stand der Kenntnis der Oxydations- und Reduktionserscheinungen bei Weinen.* Zusammenfassende Darst. der Unterss. über Redoxerscheinungen bei Weinen, ihre Bedeutung für die Weinpflege, bes. für die Entw. des Buketts u. ihr vermutliches Formelschema. — 28 Literaturhinweise. (Rev. Ci. apl. **7.** 223—30. Mai/Juni 1953.) R. K. MÜLLER. 7554

G. Wilharm und **G. Holz,** *Beitrag zur Kenntnis des Acroleins in Obstbränden, Maischen und Mosten.* 3. Mitt. *Eine Methode zur quantitativen Acroleinbestimmung.*

(2. vgl. C. **1952.** 8058.) Nach der Meth. von TIEMANN wird Acrolein wie Aldehyde allg. mit Natriumsulfit umgesetzt u. das frei gewordene Alkali gegen Phenolphthalein titriert. Vff. stellen dazu den Alkoholgeh. auf 10% ein. Für den Kontrollvers. werden Feinbrände als acroleinfrei angesehen, die mit NESSLERs Reagens nicht reagieren. Bei Branntweinen liegen die Werte zwischen 1,12 u. 2,6 g/Liter 40% ig. Alkohols. Bei der Dest. von A. aus der 10% ig. wss. Lsg. mit 0,04% Acrolein hält auch ein Birektifikator nur wenig mehr als 50% des Acroleins zurück. Dagegen hält eine Dest. nach Zusatz von $Ca(OH)_2$ das Acrlein unter Verharzung bis auf 0,28% der ursprünglichen Menge zurück, allerdings unter Geschmacksverschlechterung u. Aromaminderung der Obstbrände. (Z. Lebensmittel-Unters. u. -Forsch. **92.** 96—99. Febr. 1951. Hohenheim, Technol. Inst. der landwirtschaftl. Hochschule.) GUDE. 7596

K. Silbereisen, *Aktuelle Fragen zur Malzanalyse.* Allg. Ausführungen. (Brauerei, wiss. Beilage **6.** 125—29. Nov. 1953. Berlin, Versuchs- u. Lehranst. für Brauerei, Analyt. Labor.) HAEVECKER. 7598

XVI. Nahrungs-, Genuß- und Futtermittel.

M. Meslier, *Anwendungsmöglichkeiten für Propangas in der Lebensmittelindustrie.* Erwähnt werden: Gebäckherst., Getreide-, Ölfrucht-, Nuß-, Kartoffel-, Hülsenfrucht- u. Obsttrocknung. (Ind. agric. aliment. **71.** 131—33. Febr. 1954.) KRUSEN. 7630

P. F. Djatschenko, *Ein neues Verfahren zur Gewinnung von Milcheiweiß für Nahrungszwecke.* Beschreibung eines Verf. zur Abscheidung des Proteins aus frischer Magermilch mittels $CaCl_2$ als Ca-Phosphatkomplex u. Erhitzen bis 85—95°, wobei eine sichere Pasteurisierung stattfindet. Die Zus. des Prod. u. die Beziehungen zwischen Teilchengröße, Ca-Ionenkonz., p_H u. Temp. werden eingehend diskutiert. Vf. empfiehlt eine 10% ig. Zugabe des so gewonnenen Milcheiweißes zum Mehl für Makkaronierzeugnisse. (Вопросы Питания [Fragen d. Ernähr.] **12.** Nr. 3. 65—72. Mai/Juni 1953. Moskau, Allunions-Wiss. Forschungsinst. für Milch-Ind.) SCHMEISS. 7672

J. Groeneveld, *Die Industriekartoffel.* Die Kartoffelmehlindustrie hat in den letzten Jahren größere Fortschritte als der Landbau gemacht. Der Stärkeertrag je ha ist noch wenig verbessert worden; doch ist eine Ertragssteigerung sicherlich möglich, weil individuelle Unterschiede vorhanden sind. Für die Kartoffelmehlindustrie sind große Stärkekörner u. niedriger Eiweißgeh. erwünscht. (Landbouwkund. Tijdschr. **65.** 664—70. Nov. 1953. Foxhol, N. V. W. A. Scholten's Aardappelmeelfabrieken.) WESLY. 7678

H. T. Hartmann und **David Van Hook,** *Frostschäden bei Oliven.* Zwischen gefrorenen u. n. Oliven (I) besteht kein Unterschied im Ölgeh.; sie sind zwar zur Ölextraktion, nicht aber zum Einsalzen verwendbar. — Nach Verss. im Kühlraum lassen sich I erheblich unterkühlen, bevor sich Eiskristalle bilden. Trockene bzw. schwarzreife I sind bedeutend frostresistenter als grüne I. Durch Schütteln (Windbewegung) u. Wärmeausstrahlung (kalte, klare Nächte) wird das Auftreten von Frostschäden bei I gefördert. (Calif. Agric. **6.** 4. 15—16. Okt. 1952. Davis, Calif., Univ. of California, Coll. of Agric.) RANG. 7688

Harriette R. Thomas und **Martha N. Lewis,** *Natriumwerte von 7 Gefriergemüsen.* Durch flammenphotometr. Unterss. fanden Vff. als Mittelwerte von 6 Bestimmungen in Spargel 1,89, Broccoli 19,94, Blumenkohl 16,22, grünen Bohnen 1,26, Limabohnen 151,49, Erbsen 129,95 u. in Spinat 42,41 mg% *Na.* Die hohen Werte bei Limabohnen u. Erbsen sind auf die in der Industrie übliche Sortierung von Hülsenfrüchten mittels NaCl-Lsgg. zurückzuführen. Die Befunde werden hinsichtlich Na-armer Diätverordnungen diskutiert. (J. Amer. dietet. Assoc. **30.** 327—28. April 1954. Columbus, O., Ohio State Univ., Hosp., Dep. of Diet.) KRUSEN. 7690

M. Ingram und **K. Vas,** *Vereinigung von Schwefeldioxyd mit konzentriertem Orangensaft.* 2. Mitt. *Die Reaktionsgeschwindigkeit.* (Vgl. C. **1951.** II. 3387.) Die Unterss. sind von prakt. Bedeutung bzgl. der Sulfitierung von konz. Orangensaft zur Konservierung. Aus den Messungen der Reaktionsgeschwindigkeit von SO_2 mit Glucose, Glucose + Acetaldehyd u. Orangensaft bei verschied. p_H bzw. Temp. geht hervor, daß der reagierende Bestandteil im Saft hauptsächlich Glucose ist, jedoch sind Spuren anderer aldehyd. Verbb. mit größerer Reaktionsfähigkeit an der SO_2-Bindung beteiligt, wahrscheinlich ähnliche Verbb. wie Methylglyoxal oder Oxyfurfurol. Die Saftveränderungen in der ersten Std. der Rk. lassen sich noch nicht definieren mangels einer genauen Schnellmeth. zur Best. von freiem SO_2 im Saft. Ferner variiert der Anteil des gebundenen SO_2 von Saft zu Saft. (J. Sci. Food Agric. **1.** 63—66. Febr. 1950. Cambridge,

Univ., Dep. of Sci. and Ind. Res., Low Temperature Stat. for Res. in Biochem. and Biophys.) LIEBNER. 7706

Cosimo Martino, *Über Trockensubstanzverlust orientalischer Tabake während der Trocknung.* Bericht über prakt. Verss. mit 3 verschied. Zigarettentabaksorten: Xanthi Yaka (I), Herzegowina (II) u. Perustitza (III). Bei der ersten Trocknung ergab I eine Ausbeute von 16,97% Trockensubstanz, II lieferte 14,55%, III 13,98%. Der Verlust an Trockensubstanz war am größten bei III (9,97%), geringer bei I (8,95%) u. am kleinsten bei II (7,83%). (Tabacco **58.** 111—26. April 1954. Lecce.) GRIMME. 7734

G. Ring Nilssen, *Konservierung von Fischen mit Aureomycin.* Überblick über neuere Unterss. von TARR, DEATHERAGE u. Mitarbeitern u. ihre Bedeutung, z. B. für die Hochseefischerei in den Tropen, wo aureomycinhaltiges Eis die Haltbarkeit verbessert. (Tidsskr. Hermetikind. **40.** 291—94. 297—98. Juni 1954.) R. K. MÜLLER. 7752

J. M. Jensen und **G. A. Claybaugh,** *Wirksamkeit moderner Reinigungsmittel beim Auswaschen von Milchkannen.* Auf Grund einiger Unterss. von Kannenwaschmitteln weisen Vff. darauf hin, daß diese meist nicht ausreichend Phosphate enthalten. Der korrodierende Einfl. der Phosphate kann durch höhere Zusätze von Na-Metasilicat weitgehend vermindert werden, während derjenige von *Na-Versenat* (Na-Salze von Äthylendiamintetraessigsäure) nicht verändert wird. Mit einem Reinigungsmittel aus 75% höheren Phosphaten, 10% Na-Versenat, 6% Netzmitteln u. 9% Na_2SO_4 wurden gute Reinigungserfolge erzielt. (Proc. 44th annu. Convent. Milk Ind. Foundat., Plant Sect. 36—42. Okt. 1951. East Lansing, Mich., Michigan State Coll., Dairy Dep.) KRUSEN. 7756

J. Keilling und **J. Casalis,** *Die Neigung der Milch, zu gerinnen. Untersuchung der Ursachen und der Gegenmittel.* Inhaltlich ident. mit der C. **1953.** 8476 referierten Arbeit. (Lait **32.** 486—89. Sept./Okt. 1952. Inst. Nat. Agron. u. École Nat. des Ind. Agricoles.) RUTKOWSKI. 7756

Robert G. Morey, *Mit Fermenten versetzte Milch.* Vortrag mit gekürzter Wiedergabe der C. **1954.** 8004 referierten Arbeit. (Proc. 45th annu. Convent. Milk Ind. Foundat., Plant Sect. 84—87. Okt. 1952. Chicago, Ill., Brook Hill Farms, Inc.) KRUSEN. 7756

Mike Hales, *Kulturprobleme: Antibiotica-Bakteriophagen.* Die Beeinflussung der mikrobiol. Milchverwertung durch Antibiotica u. Bakteriophagen wird kurz besprochen. (Proc. 45th annu. Convent. Milk Ind. Foundat., Plant Sect. 88—91. Okt. 1952. (Milwaukee, Chr. Hansen's Labor., Inc.) KRUSEN. 7756

Karl Koenen, *Das Alfa-Butterungsverfahren und Verbesserungen der Struktur und Konsistenz der Alfa-Butter.* Durch die Entw. des Buttereiwesens gewann die Frage der Konsistenz der Butter (I) an Bedeutung, da nach kontinuierlichen Verff. gewonnene I bisher im Sommer zu weich war u. stark ausölte, im Winter dagegen sich als zu hart u. nicht streichfähig erwies. Die Festigkeit des Butterfettes (II) u. damit die I-Konsistenz werden durch folgende Faktoren beeinflußt: Menge u. chem. Zus. des auskrist. II; Art u. Größe der Kristalle, ihre Anwendung u. Orientierung; Eigg. des verbleibenden Butteröls. Die genannten Faktoren überlagern einander u. sind stark temperaturabhängig. Der Einfl. der Herstellungstechnik auf die I-Konsistenz wurde mittels Konsistenzmessungen untersucht. (Ausführliche Beschreibung u. Kritik der Methoden.) Hierbei wurde neben dem *Alfa-* u. FRITZ-Butterungsverf. auch das Butterfestigerverf. berücksichtigt. An Hand von Butterungsverss. wird schließlich gezeigt, daß Konsistenzmängel bei *Alfa*-I auf falscher Verfahrenstechnik beruhen. Es werden prakt. Hinweise zur Herst. von *Alfa*-I gegeben. Abgesehen von der I-Herst. ist die *Alfa*-Anlage auch zur Herst. von Margarine u. zum Regenerieren von I geeignet. — 56 Literaturhinweise. (Kieler milchwirtsch. Forschungsber. **6.** 173—96. 349—66. 527—59. 601. 1954. Kiel, Bundesversuchs- u. Forschungsanst. für Milchwirtschaft, Physikal. Inst.) WINIKER. 7758

H. Baumgärtner, *Über Lagerung von Butter und die ihre Lagerfähigkeit beeinflussenden Faktoren.* Allg. Ausführungen. (Dtsch. Milchwirtsch. **1.** 160—61. Sept. 1954. Potsdam-Rehbrücke.) WINIKER. 7758

K. H. Meewes und **Sl. Milosevic,** *Über die Verkäsbarkeit penicillinhaltiger Milch zu Camembertkäse.* Bei Verwendung gewöhnlicher Milch war die Käse (I)-Ausbeute größer als bei Verwendung von Milch, die Penicillin (II; 0,1 I.E./cm^3) enthielt. Höhere II-Gehh. (1,0 u. 10,0 I.E./cm^3) bewirkten ein Verderben der I. Gesamtkeimzahl u. Menge der Milchsäurebakterien nahmen zunächst mit steigendem II-Geh. ab. Später wurde der starke Keimzahlrückgang durch bes. starkes Bakterienwachstum abgelöst. Ähnliches wurde bzgl. der Coli aerogenes-Gruppe festgestellt. Anaerobe Sporenbildner wurden durch II kaum beeinflußt; Streptokokken wurden in stärkerem Maße gehemmt als Langstäbchen. In reifendem I wurde II in zunehmendem Maße unwirksam gemacht. II hatte keinen wesentlichen Einfl. auf das p_H. Hingegen verlangsamte II den Milchzuckerabbau u. bewirkte einen Abfall der Trockenmassewerte. Letztere glichen sich jedoch mit zunehmendem Alter der I aus. Die Gesamt-N-Menge war bei n. I fast ausschließlich größer als bei solcher, die II enthielt. Der Geh. an lösl. u. formaltitrierbarem N nahm im Verlauf der Reifung bei allen I zu, bei stärkeren II-Konzz. war der Anstieg jedoch geringer. (Kieler milchwirtsch. Forschungsber. **6.** 393—407. 1954. Kiel, Bundesversuchs- u. Forschungsanst. für Milchwirtschaft, Bakteriol. Inst.) WINIKER. 7760

S. L. Tuckey, *Zeitgemäße Ratschläge zur Herstellung von Cottage-Käse.* Einfll. der Milchzus., Pasteurisation, Art der Dicklegung, Acidität, Quarkerhitzung u. -waschung u. der Mikroflora werden besprochen. (Proc. 45th annu. Convent. Milk Ind. Foundat., Plant Sect. 66—74. Okt. 1952. Urbana, Ill., Univ. of Illinois, Dep. of Food Technol.) KRUSEN. 7760

C. J. Little, A. J. Norden und **A. R. Wolcott,** *Ballenheu (im Freien getrocknet) im Vergleich mit Heusilage als Winterfutter für Milchkühe.* Fütterung mit beiden Heuarten abwechselnd bzw. nur mit Ballenheu zeigte keinen Unterschied im Hinblick auf Milchproduktion, Butterfettest u. Gewicht des Tieres. (Michigan State Coll., agric. Exp. Stat., quart. Bull. **36.** 212—18. Nov. 1953. Dep. of Dairy and Farm Crops and Upper Peninsula Exp. Stat.) JANICKE. 7782

Brynmor Thomas und **R. H. Armstrong,** *Die Eiweißqualität von Gras bei Bestimmung nach der Methode von Osborne und Mendel.* Der Wert des Eiweißes von Gras wird nach der Meth. von OSBORNE, MENDEL u. FERRY (J. biol. Chemistry **37.** [1919.] 223) an Meerschweinchen geprüft. Als Grassorten werden „Cocksfoot" (I) u. „Italian ryegrass" (II) entweder von einem nur zeitweilig als Wiese genutzten Gelände (Fall a) oder von einer Dauerwiese (Fall b) verwendet. Die Eiweißqualität wurde ermittelt aus dem Verhältnis der Zunahme des Körpergewichts zum einverleibten Eiweiß (E_1) bzw. zum verdauten Eiweiß (E_2). Beide Wege sind gangbar. Das Gras im Fall a hatte einen höheren Eiweißgeh. als im Fall b. I war nach E_1 II überlegen, nach E_2 unterlegen. (Empire J. exp. Agric. **18.** 31—40. Jan. 1950. Newcastle-upon-Tyne, King's Coll.) FRESENIUS. 7782

P. von Polheim, K. Jungermann und **A. E. von Mettenheim,** *Über die katalytische Wirkung des Selenreaktionsgemisches nach Wieninger im Vergleich zu der von Kupfersulfat + Kaliumsulfat beim Aufschließen von Futtermitteln nach Kjeldahl.* Der KJELDAHL-Aufschluß mit dem Selenreaktionsgemisch nach WIENINGER ist für die sichere N-Best. in Futtermitteln nicht allg. geeignet, da meist zu niedrige Werte gefunden werden. Bei Verwendung von $CuSO_4 + K_2SO_4$ hingegen wird der N-Geh. nach halbstd. Kochen nach dem Hellerwerden meist, nach einstd. Kochen immer mit befriedigender Genauigkeit erfaßt. (Landwirtsch. Forsch. **6.** 194—99. 1954. Darmstadt, Landwirtsch. Versuchsanst., u. Augustenburg, Landwirtsch. Versuchs- u. Forschungsanst.) WINIKER. 7788

N. Drosdow und **N. Shurawskaja,** *Eine Schnellmethode zur Bestimmung von Glykogen im Fleisch.* Man bringt 2—4 g zerkleinertes Fleisch u. 4—8 cm^3 30%ig. KOH in ein Zentrifugenglas mit Stöpsel, erhitzt 30 Min. im Wasserbad, indem man alle 5—10 Min. durchschüttelt, verrührt mit 10 cm^3 90%ig. A., kocht auf u. zentrifugiert. Ist der Nd. gefärbt, wiederholt man die Behandlung. Man wäscht mit 10 cm^3 96%ig. A., dann mit Ae., trocknet auf dem Wasserbad, nimmt mit 6 cm^3 sd. W. auf, neutralisiert mit HCl gegen Lackmus, hydrolysiert nach Zusatz von 20 cm^3 2,2%ig. HCl 3 Std. im Wasserbad, neutralisiert gegen Lackmus, füllt auf 50 cm^3 auf u. filtriert. 5 cm^3 Hydrolysat (oder weniger u. entsprechend viel W.) u. 5 cm^3 Reagens erhitzt man 20 Min. im Wasserbad, kühlt, gibt ohne Rühren 1 cm^3 2,5%ig. KJ-Lsg., dann unter kräftigem Rühren 3 cm^3 n H_2SO_4 zu u. titriert nach 3 Min. mit 0,005 n $Na_2S_2O_3$ (I). Der Glykogengeh. ist $[0{,}927 \cdot 0{,}135 \cdot (a - b) \cdot 50 \cdot 100]/A \cdot B$; es ist a — b die Differenz des I-Verbrauches bei Haupt- u. Leervers., A die Einwaage in g, B das verwendete Hydrolysevol. in ml. Das Reagens stellt man her durch Lösen von 28 g Na_2HPO_4 u. 40 g Seignettesalz in ca. 500 cm^3 W., Zusetzen von 100 cm^3 n NaOH, 80 cm^3 10%ig. $CuSO_4 \cdot 5H_2O$-Lsg., 180 g Na_2SO_4, Lösen, Zugeben von 50 cm^3 0,1n-Jodatlsg. u. Auffüllen auf 1 Liter. (Мясная Индустрия СССР [Fleisch-Ind. UdSSR] **23.** Nr. 5. 72—74. Sept./Okt. 1952. Moskau, Chem.-Technol. Inst. für Fleischind.) SCHMEISS. 7850

John Ansel Anderson and A. W. Alcock, eds., Storage of cereal grains and their products. St. Paul 1. Minn.: Amer. Assn. of Cereal Chemists, University Farm. 1954. (524 S. m. Abb., Diagr.) $ 11,—.

—, VIIIe congrès International de Laiterie, La Haye, juin 1953. IV. Comptes rendus. La Haye: Secrét. du Congrès. 1953. (707 S. m. Abb., 11 Pl. u. Taf.)

XVII. Fette. Seifen. Wasch- u. Reinigungsmittel. Wachse. Bohnermassen usw.

A. M. Sharski und **T. Je. Romanowa,** *Über die Raffination von Rapsöl.* Rapsöl wird zunächst bei 30—60° gedämpft. Hierauf wird 1% NaCl-Lsg. zugegeben u. nach Abtrennung der in 1½ Std. abgeschiedenen Flocken mit NaOH (120—150 g/Liter) in 50%ig. Überschuß bei 60° neutralisiert. Nach 8 Std. wird der Soapstock abfiltriert, das Öl gewaschen u. bei 95—100° mit aktivierter Bleicherde (0,5—1,5%) behandelt. Die Hydrierung wird bei 230—240° unter Verwendung von Ni-Formiat durchgeführt. Das hydrierte Rapsöl hat einen F. 32—33°, eine reinweiße Farbe u. eine SZ. von 1 mg KOH. (Маслобойно-Жировая Промышленность [Öl- u. Fett-Ind.] **19.** Nr. 2. 35—36. 1954. Charkow, Fettkombinat.) R. RICHTER. 7894

M. N. Saliopo, L. M. Baranow und **G. A. Borodina,** *Seife für Meerwasser.* Die Hälfte des Cocosöls wird mit der entsprechenden Menge 40%ig. NaOH (I) verseift. Nachdem ³/₄ des Öles verseift sind, wird 20%ig. NaCl (II)-Lsg. in einer solchen Menge zugegeben, daß die fertige Leimseife 1% II enthält. Hierauf wird die 2. Hälfte des Cocosöles u. die entsprechende Menge 40%ig. I zugegeben u. weiter verseift. Die fertige Leimseife enthält 42—45% Fettsäure. Die Leimseife wird auf Späne verarbeitet, indem die fl. Seife mit einer Temp. von 90—95° auf gekühlte Walzen (11°) gebracht wird. Die Späne haben eine Stärke von 0,2 mm u. werden anschließend in einer Trockenkammer bis auf einen Fettsäuregeh. von 62—65% gebracht. Lufttemp. am Anfang der Kammer 90°, in der Mitte 65°, beim Ausgang 50—52°. Die getrockneten Späne werden unter Zusatz von synthet. Fettsäuren (Fraktion C_{10}—C_{16}) als Plastifizierungs- u. Neutralisationsmittel u. Duftstoffen piliert. (Маслобойно-Жировая Промышленность [Öl- u. Fett-Ind.] **19.** Nr. 2. 16—18. 1954.) R. RICHTER. 7910

Yutaka Tsunoda, *Synthetische organische Phosphorverbindungen als oberflächenaktive Mittel.* Übersicht über organ. P-haltige Netzmittel u. Entschäumer mit 20 Angaben, vorwiegend über Patentliteratur. (J. Soc. org. synth. Chem., Japan **11.** 105—07. März 1953. [Orig.: japan.]) SCHULER. 7912

Sigurd Köhler, *Untersuchungen über die Wirkungen der Waschtemperatur und -dauer sowie der Konzentration der Waschmittel beim Waschen in der Maschine.* Gewebe aus gebleichter Baumwolle sowie Leinen wurden mit Ruß, Paraffinöl, Talg, Ultramarin u. Rotweinfarbe angeschmutzt u. die Zunahme des Weißgeh. wurde nach 3 Wäschen mit Seife u. Alkali in der Wäscherei eines Krankenhauses als Maß der Waschmittelwrkg. gemessen. Nach 10, 25, 50 u. 100 Wäschen wurde die Abnahme der Reißfestigkeit u. des Gewichts sowie der Aschegeh. ermittelt. Es wurde gefunden, daß Erhöhung der Waschtemp. von 65 auf 95°, Verlängerung der Waschdauer von 2 auf 30 Min. den Wascheffekt verbessern, daß Erhöhen der Seifenkonz. über ein bestimmtes Maß ohne Wrkg. bleibt. Der p_H-Wert der Waschlauge sollte bei 20° 10,5—11 betragen. Nach 100 Wäschen hatte die Reißfestigkeit des Gewebes aus Baumwolle um 15%, die aus Leinen um 25% abgenommen. (Textile Res. J. **24.** 173—96. Febr. 1954. Stockholm, Inst. för Tvättelenisk.) ZAHN. 7912

M. P. Besspjatow, *Die Löslichkeit von Calcium- und Bariumsalzen von Sulfonaphthasäuren des Petrow-Kontaktes in Wasser.* Die Löslichkeit der Salze steigt mit sinkendem Mol.-Gew. der Sulfonaphthasäuren (I). Die der Ca-Salze ist größer als die der Ba-Salze. Die Löslichkeit der Ba-Salze steigt mit der Temp.; die der Ca-Salze hat bei 60—80° ein Maximum, danach ein Minimum. Die I des PETROW-Kontaktes werden zweckmäßig auf Grund der Löslichkeit fraktioniert. Die hochmol. I eignen sich als fettspaltende Katalysatoren, die niedrigmol. I als Emulgatoren sowie Wasch- u. Netzmittel für die Textilindustrie. (Маслобойно-Жировая Промышленность [Öl- u. Fett-Ind.] **18.** Nr. 7. 21—22. Juli 1953. Charkow, Polytechn. Inst.) SCHMEISS. 7912

F. Ss. Oneltschenko, *Die Bestimmung der Säurezahl der dunklen Baumwollsamenöle unter Verwendung des Indicators Bromthymolblau.* Die Best. erfolgt durch Neutralisation in alkoh.-äther. Lsg., in homogener Phase mit Bromthymolblau. Der Umschlag ist durch Blaufärbung festzustellen. Bei Verwendung von Phenolphthalein als Indicator in Ggw. von Bromthymolblau geht beim Umschlag die rote Farbe in eine rotviolette über. Einwaage 1—3 g. (Маслобойно-Жировая Промышленность [Öl- u. Fett-Ind.] **19.** Nr. 2. 27—28. 1954. Krasnodar, Inst. für Lebensmittelind.) R. RICHTER. 7932

B. Ja. Sterlin, *Untersuchung der Glyceridzusammensetzung gehärteter Fette.* Da eine Isolierung u. Identifizierung der einzelnen individuellen *Glyceride* (I) äußerst kompliziert, in vielen Fällen sogar unmöglich ist, entwickelte Vf. eine relativ einfache Meth., bei der die Fette hinsichtlich der Löslichkeit ihrer I in Aceton charakterisiert werden. Das Fett wird nacheinander bei 0 u. 15° u. nochmals bei 0° in Aceton gelöst u. 24 Std.

bei 0° stehengelassen. Hierauf wird der ausgefallene Nd. von den in Lsg. gebliebenen fl. I abfiltriert. Das 3. Filtrat wird mit dem 1. Filtrat (0°) vereinigt. Nach Abdestillieren des Lösungsm. erhält man aus dem Filtrat u. den Ndd. bei 0 u. 15° 3 Fettfraktionen, von denen die erste die fl. I (lösl. bei 0° in Aceton), die zweite die niedrigschm. festen I (lösl. bei 15°, unlösl. bei 0° in Aceton) u. die dritte die hochschm. festen I (unlösl. bei 15° in Aceton) umfaßt. Der prozentuale Anteil der einzelnen Fraktionen gibt zusammen mit deren JZ. u. F. einen guten Überblick über die Zus. des Fettes, der für die meisten in der Praxis auftretenden Probleme völlig ausreichend ist. (Маслобойно-Жировая Промышленность [Öl- u. Fett-Ind.] **17.** Nr. 7. 9—11. Juli 1952. Allunions-Wiss. Fettforschungsinst.) H. v. PEZOLD. 7934

Johs. Wurziger, *Nachweis von raffiniertem Schweineschmalz.* Auf Grund der Unterss. des Vf. ist anzunehmen, daß zum Nachw. raffinierter tier. Abfallfette in Schweineschmalz die Neutralrot–Fluorescenz-Fettprobe in Verbindung mit dem Zahlenwert aus den korr. Anilinpunkt u. der JZ. herangezogen werden kann. (Fleischwirtschaft **6.** 329—30. 335—36. Aug. 1954.) WINIKER. 7934

Wilhelm Steinmann, Vevey, Schweiz, *Kontinuierliches Verfahren zum Ausschmelzen von Fett.* Man erhitzt das zerkleinerte Rohmaterial vor, mischt es mit fl. Fett u. pumpt es in eine in einer geschlossenen Kammer befindliche, rotierende Siebtrommel, in der mit überhitztem Dampf der Ausschmelzprozeß stattfindet. — Zeichnung. (**E. P. 705 726** vom 30/11. 1951, ausg. 17/3. 1954. Schwz. Prior. 4/12. 1950.) LÜTTGEN. 7873

Aktiebolaget Separator, Schweden, *Kontinuierliche Raffination von fetten Ölen.* Man red. den Säuregeh. der Öle durch Neutralisation u. vermischt die Öle rasch mit einer im feinverteilten Zustand befindlichen anorgan. Säure (z. B. HCl, Chlorsulfonsäure, bes. mehr als 60%ig. H_2SO_4), bei einer Temp., bei welcher die Öle eine Viscosität von 5—17° ENGLER besitzen. Dann trennt man die Öle durch Zentrifugieren vom Säureschlamm u. neutralisiert sie mit einem Alkalicarbonat oder $(NH_4)_2CO_3$. — Zeichnung. (**F. P. 1 044 645** vom 5/4. 1951, ausg. 19/11. 1953. Schwed. Prior. 5/4. 1950.) OPPERMANN. 7875

Cayrol Frères & Co., Frankreich (Erfinder: **Pierre Cayrol**), *Herstellung von Reinigungsmitteln in Pastenform,* dad. gek., daß man eine laugenartige Lsg. verschied. Substanzen mit dem gleichen pulverisierten Stoffgemisch einer vorangegangenen Herst. versetzt. Man stellt z. B. aus 40 (Gew.-%) wasserfreiem Na_2CO_3 10 Na-Silicat von 38° Bé, 2 Na- oder K-Resinat, 1,5 Fett- u. Harzsäuren u. genügend W. eine Lauge her u. vermischt diese mit 40 des gleichen pulverisierten Prod. einer vorangegangenen Fabrikation. (**F. P. 988 593** vom 14/1. 1944, ausg. 29/8. 1951.) OPPERMANN. 7911

Ladislas Veiner und **André Varga,** Frankreich, *Verbesserung des Schaumbildungsvermögens von Seifen* mit hohem Geh. an höheren gesätt. Fettsäuren, dad. gek., daß man ihnen z. B. einen geringen %-Satz an Olein-, Ricinol-, Linolsäure u. ähnliche Verbb. zusetzt. (**F. P. 995 488** vom 12/3. 1945, ausg. 3/12. 1951.) OPPERMANN. 7911

Lever Brothers & Unilever Ltd., Port Sunlight, England, *Kontinuierliches Verfahren zur Trennung von Seife und Unterlauge beim Waschen von Seife.* Der Seifenstrom wird mit einem Laugenstrom kontinuierlich vermischt, u. die Seife wird mit der Lauge durch Rühren dieser Mischung gewaschen. Nach dem Waschen wird für ein im wesentlichen ruhiges Fließen der Mischung Sorge getragen, so daß sich die Lauge von der gewaschenen Seife absetzt. Danach werden die gewaschene Seife u. die abgesetzte Lauge, welche das ausgewaschene Glycerin enthält, voneinander getrennt abgezogen. — Dieses Verf. kann in zwei oder mehr Stufen durchgeführt werden, wobei die aus einer späteren Stufe abgeführte Lauge in die Seifenkernschicht einer früheren Stufe eingespritzt wird u. die aus einer früheren Stufe abgeführte Seife in die Lauge einer späteren Stufe eingespritzt wird. — Zeichnung. Vgl. F. P. 941 206; C. **1950.** I. 636. Schwz. P. 271 119; C. **1951.** I. 3582. Oe. P. 169 351; C. **1952.** 7591. Schwz. P. 260 311; C. **1949.** E. 639. (**Oe. P. 178 684** vom 7/10. 1949, ausg. 10/6. 1954. E. Prior. 21/1. 1946.) M. F. MÜLLER. 7911

Colgate-Palmolive-Peet Co., Jersey City, N. J., übert. von: **Peter T. Vitale,** Brooklyn, N. Y., und **Ralph Spencer Leonard,** East Orange, N. J., V. St. A., *Flüssiges Reinigungsmittel,* bestehend aus einem wasserlösl. anionogenen Mittel, wie Triäthanolaminlaurysulfat oder einem Alkylbenzolsulfonat mit 8—22 C in der Alkylgruppe, wie Monoäthanolamindodecylbenzolsulfonat, u. einem Dialkylolamid mit der allg. Formel $R—CO—N=(R')_2$, in der R—CO— ein Fettsäurerest mit 10—14 C u. R' eine Oxyalkylgruppe mit 2—5 C ist, wie Myristin-, Laurin- oder Caprylsäurediäthanolamid, im Mischungsverhältnis von 10:1 bis 1:2 gelöst zu 40% in W. oder dessen Gemischen mit A., Ae. oder Diäthylenglykol. (**A. P. 2 607 740** vom 3/5. 1950, ausg. 19/8. 1952.) GRÄGER. 7913

Colgate-Palmolive-Peet Co., Jersey City, übert. von: **Hans George Kirschenbauer**, Allendale, N. J., V. St. A., *Nichtbackende Reinigungsmittel* in frei fließender Pulverform aus Seife, Alkylarylsulfonaten oder Schwefelsäureestern mehrwertiger Alkohole u./oder scheuernd wirkenden Gemischen mit SiO_2, Feldspat, Bimsstein werden erhalten durch Zusatz eines synthet. pulverigen Mg-Silicats mit $MgO:SiO_2$ zwischen 1:2 u. 1:3, bes. 1:2,5 ($MgO \cdot 2{,}5 SiO_2 \cdot H_2O$) in Mengen bis zu 20%. (**A. PP. 2 625 513** vom 22/11. 1949, u. **2 625 514** vom 24/12. 1949, beide ausg. 13/1. 1953.) GRÄGER. 7913

Colgate-Palmolive-Peet Co., Jersey City, N. J., V. St. A., *Wasch- und Reinigungsmittel.* Man mischt pulverförmigen Waschrohstoff (I) mit einem wasserfreien hydratisierbaren anorgan. Salz, gibt W. zu u. versprüht. Man erhält ein Prod., dessen einzelne Partikel aus einem Kern von I bestehen. — Zeichnung. (**E. P. 706 720** vom 13/8. 1951, ausg. 7/4. 1954. **Belg. P. 503 827** vom 8/7. 1951, ausg. 10/10. 1952. Beide A. Prior. 28/11. 1950.) LÜTTGEN. 7913

Colgate-Palmolive-Peet Co., Jersey City, N. J., V. St. A., *Von anorganischen Salzen freie oberflächenaktiv wirksame organische Schwefelsäureeinwirkungsprodukte* als *Reinigungs-, Netz- und Emulgiermittel.* Das saure Sulfonierungsgemisch aus Sulfonsäure u. nicht umgesetzten Sulfonierungsmitteln wird turbulent in ein fl. 2-Phasensyst. eingeführt, das Neutralisationsmittel enthält, wobei die eine Phase aus einem organ. Lösungsm. für das Sulfonat u. die andere Phase eine wss. Lsg. eines anorgan. Salzes enthält. — Die Neutralisation eines Sulfonierungsgemisches aus Cocosnußölmonoglycerid mit Oleum erfolgt in einer Mischung aus 95%ig. A. u. gesätt. wss. Na_2SO_4-Lösung. Aus der oberen Schicht wird z. B. durch Zerstäubungstrocknung das Sulfonat gewonnen. — *Na-Dodecylsulfat.* — *Alkylbenzolsulfonat.* (**Schwz. P. 292 049** vom 10/1. 1951, ausg. 16/10. 1953. Can. Prior. 10/1. 1950.) KRAUSS. 7913

Standard Oil Co., Chicago, Ill., übert. von: **Jerome W. Arkis**, Hammond, Ind., und **Donald Irvine Walker**, Evanston, Ill., V. St. A., *Reinigungsmittel*, bes. für Fußböden u. Fahrwege, das in W. emulgiert zur Entfernung von Fetten, Ölen, Farbe, Teer oder Asphaltrückständen verwendet wird, bestehend aus einem Gemisch von 10—25 (Vol.-%) einer Na-Seife einer Erdölsulfonsäure („Mahogany") mit einem Mol.-Gew. von 400—410 oder einer solchen mit einem Mol.-Gew. von 450—470 in Verb. mit einer Na-Harzseife, 5—85 eines hochsd. Naphtha-Hydrierungsprod. (Kp. 400—750° F) u. gegebenenfalls bis zu 85 eines Petroleumdestillats mit Kp. 300—750° F. (**A. P. 2 607 741** vom 26/12. 1947, ausg. 19/8. 1952.) GRÄGER. 7913

Standard Oil Development Co., Del., übert. von: **David W. Young**, Roselle, **William H. Smyers**, Westfield, und **William J. Sparks**, Cranford, N. J., V. St. A., *Emulgier- und Reinigungsmittel.* Mischpolymerisate mit einem Geh. von 3—60 (%) (Alkal-) Styrol u. 97—40 Monoolefin mit 3—5 C-Atomen werden bei 20—100° in $^1/_3$ —2 Std. mit 95—120%ig. H_2SO_4 zu hochmol. Sulfonsäuren sulfoniert. Die Mischpolymerisate sollen Mol.-Gewichte >2000, zweckmäßig 4000—50000, u. JZ. <10, zweckmäßig <6, aufweisen. — Zu 400 (Teilen) einer 20%ig. Lsg. eines Styrol–Isobutylen-Mischpolymerisates in CCl_4 setzt man 50 H_2SO_4 u. erhitzt 2 Std. auf 50°. Man neutralisiert mit NH_4OH u. dest. CCl_4 ab. Das erhaltene gelbe Sulfonat ist in W., Diisobutylen u. in dem Ausgangspolymerisat löslich. (**A. P. 2 638 445** vom 5/5. 1945, ausg. 12/5. 1953.) MÖLLERING. 7913

Henkel & Cie. G. m. b. H. (Erfinder: **Winfried Hentrich** und **Werner Reuss**), Düsseldorf, *Schäumende Waschmittel*, bestehend aus Seife, wasserlösl. Salzen der Polysaccharidäthersäuren u. gegebenenfalls üblichen Waschmittelzusätzen. (**D. B. P. 889 958** Kl. 23e vom 4/7. 1936, ausg. 14/9. 1953.) C. LÜTTGEN. 7913

J. R. Geigy Akt.-Ges., Basel, Schweiz, *Herstellung eines basischen Polyglykoläthers.* Man setzt 2.4-Di-tert.-amylphenyldodecaglykolätherschwefelsäureester in alkal. Medium bei erhöhter Temp. mit Dimethylamin (I) um. — 329 (Teile) des Kondensationsprod. aus 2.4-Di-tert.-amylphenol u. 12 Mol Äthylenoxyd werden in Chlf. gelöst, mit der Mischung aus 64 Chlorsulfonsäure u. 100 Chlf. bei 0—5° langsam versetzt u. das Ganze wird noch 4 Std. bei Raumtemp. gerührt. Man rührt in eine 6%ig. wss. Na-Carbonatlsg. ein, trennt die wss. Lsg. ab u. dampft zur Trockene ein. 400 des so erhaltenen Na-Salzes werden mit 310 einer 40%ig. wss. Lsg. von I im Autoklaven 8 Std. auf ca. 150° erhitzt. Der bas. Äther wird mit Bzl. extrahiert, worauf man die Lsg. mit KOH trocknet u. das Lösungsm. abdestilliert. Man erhält eine ölige Fl. mit Netz- u. Wascheigg., die als *Egalisiermittel* dient. Der Äther besitzt die Zus. II.

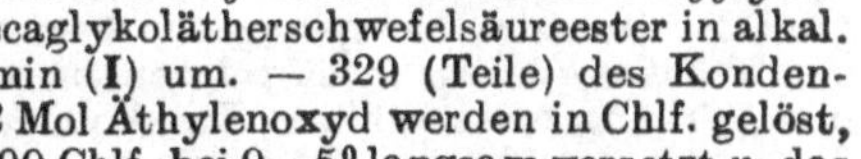

II

(**Schwz. P. 288 634** vom 23/6. 1950, ausg. 16/10. 1953. **Zusatz zu Schwz. P. 285 749; C. 1954. 7059.**) SCHWECHTEN. 7913

Deutsche Hydrierwerke Akt.-Ges., Rodleben (Erfinder: **Winfried Hentrich** und **Alfred Kirstahler**, Dessau), *Herstellung capillaraktiver Kondensationsprodukte*, dad. gek., daß man olefinhaltige Fraktionen eines aus CO u. H_2 gewonnenen synthet. KW-stoffgemisches mit aromat. Oxyverbb. (I) kondensiert u. auf die Kondensationsprodd. Alkylenoxyde in beträchtlichem, zur Erzielung der Wasserlöslichkeit ausreichendem Überschuß einwirken läßt. Als I eignen sich neben Phenolen u. Kresolen auch Naphthole sowie Oxyderivv. des Anthracens, Diphenyls u. Diphenylmethans. Gegebenenfalls kann man die Verbb., die noch freie OH-Gruppen besitzen, noch mit mehrbas. Säuren, wie H_2SO_4, verestern. Die Prodd. besitzen ein gutes *Emulgier-* u. *Dispergiervermögen* sowie *Wascheigenschaften*. (**D. R. P. 763 559** Kl. 12q vom 17/6. 1937, ausg. 5/7. 1954.)
R. SCHWECHTEN. 7913

Badische Anilin- & Soda-Fabrik Akt.-Ges., Ludwigshafen/Rh. (Erfinder: **Mathias Quaedvlieg**, Leverkusen), *Reinigung von Paraffinsulfonaten*. Das durch Sulfochlorierung langkettiger Paraffin-KW-stoffe mit anschließender Verseifung gewonnene Paraffinsulfonatgemisch wird mit W. versetzt [auf 1 (Teil) 100%ig. Sulfonat 0,5—1,5 W.]. Die Trennung der sich abscheidenden NaCl- u. Sulfonatlsg. erfolgt bei Tempp. über 40°. Aus der abgetrennten NaCl-Lsg. wird das restliche Sulfonat durch weiteres Abkühlen abgeschieden. Zweckmäßig verwendet man ein Paraffinsulfonatgemisch mit niedrigem Disulfonatgehalt. (**D. B. P. 885 543** Kl. 12o vom 18/5. 1944, ausg. 6/8. 1953. **Zusatz zu D. B. P. 859 452; C. 1953. 6169.**)
KRAUSS. 7913

Badische Anilin- & Soda-Fabrik Akt.-Ges., Ludwigshafen/Rh., *Netzmittel*. Verwendung des durch gleichzeitige Einw. von SO_2 u. Cl_2 u. anschließende Verseifung zu Sulfonaten aus dem aus gesätt. KW-stoffen durch rektifizierende Dest. erhaltenen Anteil vom Siedebereich 230—300° hergestellten Prod. als Netzmittel. (**D. B. P. 913 410** Kl. 8o vom 10/6. 1939, ausg. 14/6. 1954. Anmeldung bekanntgemacht 7/2. 1952.)
LÜTTGEN. 7913

Sandoz Akt.-Ges., Basel, Schweiz, *Reinigungsmittel*, bestehend aus einem wasserlösl. Salz einer Alkylbenzolsulfonsäure u. eines sauren H_2SO_4-Esters eines Monoalkyläthers des Äthylen- oder Polyäthylenglykols, dessen Alkylrest 10—22 C-Atome enthält. (**E. P. 704 288** vom 5/12. 1951, ausg. 17/2. 1954. Schwz. Prior. 8/12. 1950.)
C. LÜTTGEN. 7917

—, Bibliographical abstracts of methods for analysis of synthetic detergents. Philadelphia: Amer. Soc. for Testing Materials. 1953. (15 S.) $ 1,25.

XVIIIa. Holz. Cellulose. Zellstoff. Papier. Papierdruck. Celluloid. Linoleum.

Wilhelm Sandermann und **Gerd-Zeno Jones**, *Studien auf dem Gebiete der Holzschutzchemie. 4. Mitt. über die Imprägnierung von Hölzern mit öligen Schutzmitteln, unter besonderer Berücksichtigung der Fichte*. (3. vgl. C. **1952.** 6150.) Die besondere Rolle der Tüpfel bei der Imprägnierung von Früh- u. Spätholz der Fichten mit öligen Schutzmitteln u. die Beseitigung der durch Tüpfel verursachten Verklebung durch eine Vorbehandlung der Hölzer mit geeigneten chem. Mitteln wird untersucht u. die erzielte Verbesserung der Durchlässigkeit bei der Tränkung durch prakt. Erfolge belegt. Vff. beschreiben die Versuchsanordnung für eine Durchlässigkeitsprüfung mit CO_2 an Fichtenholzproben (axial 10 mm dick bei 0,5 at; tangential 5 mm dick bei 15 at) mit 59,8 u. 10% Feuchtigkeit u. berichten über den Einfl. einer Vorbehandlung mit W., CH_3OH, Ca-Acetat, Oxalsäure, Ammonoxalat, HCl, Na-Sulfit u. NaOH, die sich sehr unterschiedlich auswirkte. CH_3OH (kalt) u. Ca-Acetat (heiß) ergaben beste, NaOH (kalt) die schlechteste Durchlässigkeit (Membranquellung) in axialer Richtung (tangential keine oder nur geringe Verbesserung). Die Zweckmäßigkeit der Verwendung von Tränkungsmitteln mit polaren carbophilen Gruppen wird bes. hervorgehoben u. ihre Wirkungsweise erklärt. Die Boucherisierung von saftfrischem Fichtenholz mit Steinkohlenteeröl nach Saftentfernung durch CH_3OH u. Fuselöl ergab eine Eindringtiefe von 5—7 cm bei 35 cm Stammdurchmesser. Günstige Resultate bei saftfrischem Fichtenholz wurden auch mit einem geänderten Vapor-Drying-Verf. u. verschied. Entwässerungsmitteln erreicht (Gemisch Teeröl u. Toluol/Xylol; Fuselöl Kp. 120°, dann Teeröl; Gemisch Teer- u. Fuselöl, keine Schaumbldg.; CH_3OH, 6 Monate Lagerung im geheizten Raum u. Tränkung mit Teeröl = Aufnahme 390 kg/cm³). Einzelheiten über beide Anlagen u. Holzvorbehandlung. (Holz Roh- u. Werkstoff **10.** 305—11. Aug. 1952. Reinbek, Bundesanst. für Forst- u. Holzwirtschaft.)
WINGCHEN. 7952

Wilhelm Klauditz und **Irmgard Stolley**, *Entwicklung und Herstellung pilz- und termitenfester Holzspanplatten*. Da Holzspanplatten nicht pilz- oder termitenfest sind, untersuchten Vff. die verfahrenstechn. Möglichkeiten bei der Holzplattenfabrikation, mit Hilfe von Pentachlorphenol als Schutzmittel pilz- u. termitenfeste Erzeugnisse herzustellen. Ausreichend geschützte Platten konnten mit 1,5% Pentachlorphenol in Form der wss. Lsg. des Na-Salzes gewonnen werden. Verfahrenstechn. ist die Suspendierung freien Pentachlorphenols (in Pastenform) in der Kunstharzbindemittellsg. vorzuziehen. Der Verdampfungsverlust an Pentachlorphenol während des Verleimvorgangs beträgt nur 1% der eingesetzten Menge. Durch die Einlagerung des Pentachlorphenols in die Bindemittelschicht wird eine lange Schutz- u. Abschreckwrkg. gewährleistet. (Holz Roh- u. Werkstoff **12.** 185—89. Mai 1954. Braunschweig, TH, Inst. für Holzforschung.) SEIFERT. 7952

Sten T. Henriksson, *Holztränkung nach der Wechseldruckmethode.* Beschrieben wird ein neues Tränkverf., die sogenannte Wechseldruckmethode. Die Behandlung besteht darin, daß der angewandte Flüssigkeitsdruck, dem das Holz ausgesetzt wird, wechselweise höher u. niedriger als der im Holz herrschende Luftdruck sein muß. Es wird ein Diagramm angeführt, aus dem die erforderlichen Daten für den Tränkprozeß ersichtlich sind. Genaue Angaben über die Versuchsergebnisse werden gemacht u. diese diskutiert. — 17 Literaturangaben. (Holz Roh- u. Werkstoff **12.** 233—41. Juni 1954. Skelleftehamm, Schweden, Bolidens Gruvaktiebolag.) P. ECKERT. 7952

Elfriede Husemann, *Über den sauren, fermentativen und oxydativen Abbau von Cellulose und Cellulosederivaten.* Der heterogene u. homogene saure u. oxydative Abbau von Cellulose erfolgt nicht statist., sondern bevorzugt an Lockerstellen, die period. in Abständen von 500 Glucoseresten angeordnet sind. Bei der Vorreife von Natroncellulose durch Luft treten bei Zimmertemp. neue Lockerstellen im Abstand von 250 Einheiten in Erscheinung. Der fermentative Abbau erfolgt statistisch. Der saure Abbau von Fasern erfolgt in Ebenen senkrecht zur Faserachse. Durch Verätherung der Cellulose wird die Abbaugeschwindigkeit durch Säuren u. Oxydationsmittel nicht beeinflußt. Der fermentative Abbau wird mit steigendem Substitutionsgrad in zunehmendem Maße verlangsamt. Veresterung der Cellulose mit H_2SO_4 erhöht die Spaltungsgeschwindigkeit durch Säure. Das Verh. gegen Oxydationsmittel wird nicht beeinflußt. Der fermentative Abbau wird erheblich verlangsamt bzw. ganz gehemmt. (Papier **8.** 157—62. 5/5. 1954. Freiburg/Br., Univ., Chem. Labor. u. Staatl. Forschungsinst. für makromol. Chem.) P. ECKERT. 7954

Ss. I. Andaburski und **T. W. Afanassjewa,** *Über den Einfluß des alkalischen Mediums auf die Bleichung der Cellulose.* Wie prakt. Verss. mit der Hypochloritbleiche von Zellstoffen (Zugabe von NaOH oder CaO) nach vorheriger Chlorierung zeigten, ist eine Pufferung des Bleichmediums nicht unbedingt zur Erzielung guter mechan. Eigg. des gebleichten Materials notwendig. Wichtig ist ein schnelles Wegwaschen von Chlorierungsprodd. vor der nachfolgenden Hypochloritbleiche. (Бумажная Промышленность [Papier-Ind.] **29.** Nr. 1. 18—21. Jan./Febr. 1954. Ssolikam, Cellulose-Papier-Kombinat.) ULMANN. 7956

Francesco Pancirolli und **Giorgio Ceragioli,** *Gewinnung halbchemischer Cellulosen aus Eucalyptus saligna.* Bei Verss. zur Verarbeitung des Holzes von *Eucalyptus saligna* auf Papier werden im neutralen Sulfitverf. (Na-, Mg-, NH_4-Sulfit) halbchem. Stoffe erhalten, die bei 80% Ausbeute eine Helligkeit von 35—37%, bei 70—72% Ausbeute eine solche von unter 28% aufweisen. Im sauren Sulfitverf. (Na-, NH_4-, Ca-Sulfit) ist ebenfalls bei 70% Ausbeute die Helligkeit besser als bei 65%; die erreichbare Helligkeit von 42—45% muß für Druckpapier noch durch Bleichmittel (Peroxyde, Hypochlorit) verbessert werden. In der mechan. Festigkeit sind die gebleichten Pülpen denjenigen aus Pappelholz gleichwertig, besser als bei Buchenholz, u. etwa guter Kraftpappe zu vergleichen. (Cellulosa e Carta **5.** Nr. 3. 8—21. März 1954. Mailand, Stat. sperim. p. l. Cellulosa, Carta e Fibre tess. veg. art.) R. K. MÜLLER. 7962

Torsten Jakobson, *Tallöl oder flüssiges Harz. Eine Literaturübersicht.* (Vgl. C. **1954.** 1149.) (Svensk Papperstidn. **56.** 456—61. 30/6. 491—97. 15/7. 1953.) P. ECKERT. 7966

M. Cogan, *Wasserlösliche Cellulosederivate.* Ausführliche Übersicht über die Darst., Verwendungsmöglichkeit u. Nachweis-Rkk. von *Carboxymethylcellulose, Methylcellulose* u. *Oxyalkylcellulose.* (Ind. chimique **40.** 287—92. Okt. 1953.) SPEYER. 7970

Heinz Corte, *Über die Kürzung von Zellstoffasern während der Mahlung.* An Hand einiger Laboratoriumsverss. wird gezeigt, daß es für die Beurteilung der Faserkürzung bei Zellstoffmahlung nicht nur auf die Änderung der mittleren Faserlänge ankommt, sondern vor allem auf die Änderung der Faserlängenverteilung. Es wird ein statist. Verf. angegeben, mit dessen Hilfe man die Änderung der Faserlängenverteilung ausrechnen kann, wenn für jede Faserlänge die Kürzungswahrscheinlichkeit bekannt ist. Weitere Einzelheiten hierüber werden besprochen. (Papier **8.** 163—72. 5/5. 1954.) P. ECKERT. 7976

E. F. Kurth und **G. M. Tokos,** *Die chemische Zusammensetzung der Rinde der großen Küstentanne.* Rindenproben von *Abies grandis* aus verschied. Höhen, Krone, Mitte u. Fuß des Stammes, von 10 Bäumen, die in 3 Jahresgruppen von 165—170, 196—225 u. 245—257 Jahre eingeteilt waren, wurden hintereinander mit Hexan (**I**), Bzl., Ae., heißem W. (**II**) u. A. extrahiert. Die in den einzelnen Lösungsmitteln gelösten Extraktstoffe wurden analysiert. Der Gesamtextrakt der einzelnen Rindenproben belief sich auf 18,26—29,02%. Es war jeweils in den Proben aus den Kronen am höchsten u. nahm mit dem Alter der Bäume ab. Es zeigte sich, daß nur die in **I** u. **II** lösl. Anteile in größeren Mengen anfielen. Ihre nähere Unters. ergab, daß in **I** Öle, Fette u. Wachse, in **II** Tannin u. lösl. Kohlenhydrate vorlagen. Der Tanningeh. betrug 13,7%, bezogen auf die bei 105° getrocknete, nichtextrahierte Rinde. Der Kohlenhydratanteil enthielt 17,7% Tannin, 8,2% amorphe, unlösl. Substanz, 15,6% Uronsäureanhydrid, 15,72% Pentosane, 1,1% Mannan u. andere Hexane. Eine zusätzliche Extraktion mit 0,5%ig. Ammoniumoxalatlsg. der schon mit **II** ausgezogenen Rinde ergab eine gallertartige Substanz, die 14% Mannan u. 48,3% Polyuronide, wahrscheinlich Galakturonsäureanhydrid, aufwies. Der Rückstand der extrahierten Rinde bestand aus 40,4% Lignin u. 59,5% Holocellulose. (Tappi **36.** Nr. 7. 301. 1953, referiert nach Papier **8.** 141. 5/5. 1954.) P. ECKERT. 8004

Bror Olof Häger, Stockholm, Schweden, *Herstellung von Konservierungsmitteln für Holz und andere organische Materialien.* Wss. Lsgg. von Ca-, Sr- oder Ba-Chromat werden mit wss. Lsgg. der Sulfate oder Carbonate des Cu, Zn, Al, Mg, Fe, Hg, Cr oder Ni u. Arsensäure versetzt u. unter Rühren auf 60—70° erhitzt. Das ausgefällte Sulfat oder Carbonat des Ca, Sr oder Ba wird abfiltriert, die Lsg. nach Verdünnung direkt zur Imprägnierung von Holz verwendet oder konz. oder zur Trockene gebracht u. vor Gebrauch verdünnt. Bes. geeignet zur Vernichtung von *Fungi, Termiten, anderen Insekten* oder *Holzbohrern.* (**E. P. 673 032** vom 23/6. 1947, ausg. 28/5. 1952. Schwed. Priorr. 7/2. u. 9/5. 1947.) KARST. 7953

Blum Akt.-Ges., Winterthur, Schweiz, *Imprägnieren von Holzmasten in Trögen.* Mittels Saftverdrängung wird den zu imprägnierenden, weißgeschälten Masten eine Imprägnier-Fl., z. B. eine 0,75%ig. Lsg. aus einem Gemisch von NaF, $Na_2Cr_2O_7$, Na-Arsenat u. Dinitrophenol, unter Druck zugeleitet, die mittels Vakuum abgesaugt wird. Die Imprägnierung erfolgt in einer 1,5%ig. Bad-Fl. der gleichen Zus., wobei die Imprägnier-Fl. den Mast in axialer Richtung durchströmt, während die Bad-Fl. quer dazu in den Mast eindringt. Die Imprägnierung des Holzes erfolgt gleichmäßig mit hoher Tiefenwrkg. über den ganzen Querschnitt mit Ausnahme des Kerns. (**Schwz. P. 295 761** vom 24/9. 1951, ausg. 16/3. 1954.) KARST. 7953

Imhausen & Co. G. m. b. H. und **Karl-Heinz Imhausen,** Witten/Ruhr (Erfinder: **Konrad Schmidt,** Bonn, und **Karl-Heinz Imhausen,** Witten), *Holzimprägnierungsmittel* mit einem Geh. an einem niedrigchlorierten Naphthalin u. an Stoffen, die eine die Verdunstung des Chlornaphthalins verhindernde Schutzschicht bilden, dad. gek., daß als Schutzschichtbildner die hochmol. Fettsäuren enthaltenden Destillationsrückstände des bei der Paraffinoxydation anfallenden Reaktionsgemisches, gegebenenfalls nach Überführung der hochmol. Fettsäuren in Salze einer flüchtigen Base, z. B. des NH_3, oder nach ihrer Veresterung, verwendet werden. Die Filme folgen dem Arbeiten u. Reißen des Holzes, so daß der Zusammenhalt der wasserabweisenden Schutzschicht ständig gewahrt bleibt. (**D. B. P. 909 149** Kl. 38h vom 30/10. 1948, ausg. 15/4. 1954. Anmeldung bekanntgemacht 5/7. 1951.) KARST. 7953

Monsanto Chemical Co., St. Louis, Mo., übert. von: **Morris L. Nielsen,** Dayton, O., V. St. A., *Flammenfestmachende Mittel.* Cellulosehaltige, brennbare Materialien, z. B. *Holz, Baumwolle,* Kunstseide oder dgl., werden zunächst mit Lsgg. eines Gemisches aus Sb- u. Ti-Chloriden imprägniert u. mit Alkali neutralisiert, dann mit einer ca. 1%ig. Lsg. eines Reaktionsprod. aus $POCl_3$ u. NH_3 (**I**) u. schließlich mit wss. Lsgg. von wasserlösl. Harnstoff–Formaldehyd-, Melamin–Formaldehyd-, Harnstoff–Furfurol- u. Melamin–Furfurol-Kondensationsprodd. imprägniert u. getrocknet. **I** wird durch Erhitzen von 1 (Mol) $POCl_3$ u. 5 NH_3 auf 55—100° u. dann auf 110—150° hergestellt. Es ist in NH_3 unlösl., hat ein Mol.-Gew. von 180—300 u. in gesätt. wss. Lsg. ein p_H von 7,0—8,5. Die behandelten Materialien sind flammenfest u. glühen nicht nach. (**A. P. 2 661 263** vom 21/6. 1950, ausg. 1/12. 1953.) KARST. 7953

Institut International Financier, Eschen, Liechtenstein, *Aufbereitung der beim Aufschluß von cellulosehaltigen Materialien anfallenden Ablaugen.* Die Menge des zum Entsulfonieren der beim Bisulfitverf. anfallenden Ablauge benötigten Alkalihydroxyds ist so zu bemessen, daß das *Lignin* (**I**) vollständig u. in einem mindestens in sd. W.

schmelzbaren Zustand ausfällbar wird u. andererseits nicht so groß ist, daß ein seine Fällbarkeit beeinträchtigender Abbau des I eintritt. Darauf wird die alkal. Lsg. des entsulfonierten I mit solchen Mengen SO_2 bei fallender Temp. behandelt, daß ein Zusatz von H_2SO_4 zu der vom ausgefällten I abgetrennten Lsg. keine verharzbare organ. Substanz mehr ausfällen läßt. (**Oe. P. 177 650** vom 30/5. 1950, ausg. 25/2. 1954. Schwz. Prior. 1/6. 1949.) GLAFEY. 7967

Phrix-Werke Akt.-Ges., Deutschland, *Hydrolyse einjähriger Pflanzen* mit verd. Säuren zur Entfernung der Pentosane u. ähnlicher Stoffe. Man behandelt die Pflanzenteile (I; Köpfe, Stengel, Schalen) von Mais, Stroh, bes. von Sonnenblumen, im Autoklav bei 130° mit verd. H_2SO_4 (0,5%). Der Rückstand kann zur Herst. synthet. Fasern oder von Estern nach bekannten Verff. dienen oder mit Säure verzuckert werden. Die Lsg. der Pentosane kann zur Hefezucht verwendet oder auf Furfurol verarbeitet werden. Will man die Pektinstoffe ebenfalls gewinnen, so werden I einer gemäßigten Vorhydrolyse bei 55—60° unterworfen. (**F. P. 1 000 254** vom 22/11. 1949, ausg. 11/2. 1952.) HEYNE. 7969

Kodak Ltd., London, England, übert. von: **Edwin Harrison Hilborn,** Rochester, N. Y., V. St. A., *Tranparente matte Folien.* Gegebenenfalls TiO_2-enthaltende Folien aus *Celluloseestern, -mischestern* oder *Polyvinylchloridacetat* werden mit einem Lack aus dem gleichen Material wie der Grundstoff überzogen, der noch ein Treibmittel, wie $(NH_4)_2CO_3$ oder NH_4HCO_3, enthält; nach dem Trocknen wird die Folie auf 66° erwärmt u. durch ein mit Methanol angefeuchtetes Walzenpaar geführt, Bei der Herst. von *Pausleinwand* setzt man dem Lack Glaspulver zu. Ein mit Gelatine, Lein u. Nitrocellulose überzogener *Photofilm* wird entsprechend veredelt — Zeichnung (**E. P. 691 833** vom 18/6. 1951, ausg. 20/5. 1953. A. Prior. 17/6. 1950.) SALZMANN. 7971

American Viscose Corp., Wilmington, Del., übert. von: **William O. Brillhart,** Fredericksburg, Va., V. St. A., *Feuchtigkeitsbeständiges Verpackungsmaterial.* Filme aus regenerierter Cellulose oder Cellulosederivv. werden mit einer wss.-alkal. Lsg. eines wasserlösl. Ammonium- oder Aminsalzes eines Styrol–Maleinsäureanhydrid (1:1)-Polymerisats behandelt, getrocknet u. 5 Min. auf 80° erwärmt; dann folgt ein Cellulosederiv.–Harz–Weichmacher-Überzug. (**A. P. 2 650 172** vom 21/1. 1949, ausg. 25/8. 1953.) SALZMANN. 7971

American Viscose Corp., Pa. (Erfinder: **David R. Milne,** Fredericksburg), V. St. A., *Ausfällen von in wässerigen Medien gelösten Kolloiden,* dad. gek., daß das Koll., ein Celluloseäther, z. B. Oxyäthylcelluloseäther gelöst in 2—10%ig. NaOH, in ein wss. Fällbad ausgefällt wird, das mindestens 10 (%), vorzugsweise 15, H_3PO_4 u. mindestens 25 eines hydrierten alkal. Salzes der H_3PO_4, vorzugsweise 30, NaH_2PO_4 enthält. — Andere geeignete Ausgangsmaterialien sind saure oder alkal. Lsgg. oder Dispersionen von Alginaten, Cellulosexanthaten bzw. -ätherxanthaten, Cuproxamcelluloselsgg., Gummi arabicum, Stärke, Agar-Agar, Gelatine, Albumin, Lecithin, Polyvinylalkohol, Harnstoff- u. Melaminharzen. Die Fällbäder sind bes. brauchbar in Verbindung mit koll. Imprägnierungsmitteln, neutralisierenden, säureabsorbierenden Mitteln, Anstrichmitteln, Kleistern, Klebstoffen u. dgl., für Textilien, Papier, nicht gewebte Stücke, Verbundgewebe, auf die die Kolloide aufgetragen sind. Herst. von Lebensmittelbehältern, Flaschen, Tuben, Fäden, Filme u. dergleichen. (**D. B. P. 908 194** Kl. 39b vom 25/7. 1950, ausg. 1/4. 1954. Anmeldung bekanntgemacht 13/8. 1953. A. Prior. 16/11. 1949.) SALZMANN. 7971

Hercules Powder Co., übert. von: **Julian L. Azorlosa,** Wilmington, Del., V. St. A., *Verfahren zur Herstellung von Druckpapier.* Das Papier wird mit einer M. überzogen, die ein Pigment enthält, das dispergiert ist in der wss. Lsg. eines Bindemittels, bestehend aus einem hydrolysierten Mischpolymerisat von Vinylverbb., das die Formel $CH_2{=}C(R_1, R_2)$ aufweist, worin $R_1 = H$, einen CH_3- oder C_2H_5-Rest u. R_2 einen NH_2-, CN-, Carbmethoxy- oder Carbäthoxyrest bedeuten. (**A. P. 2 661 308** vom 18/11. 1948, ausg. 1/12. 1953.) ZIERHOLD. 7987

Soc. AMAI und **R. Tripet,** Frankreich, *Überzugs- und Imprägnierungsmittel zum Wasserdichtmachen von Papier, Geweben oder dergleichen.* Den Überzugs- oder Imprägnierungsmitteln können, ohne die Qualität des Erzeugnisses zu verringern, größere Mengen an Pigmenten zugesetzt werden, wenn den Pigmenten, wie z. B. Oxyden (Magnetit) oder Silicaten (Talk), u. dem Bindemittel, z. B. trocknende Öle, Anthracenöl, Phthalate oder Phosphate von Alkoholen oder Phenolen oder Mischungen dieser organ. Polymere mit hohem Mol.-Gew. zugesetzt werden. Als Weichmacher können synthet. Kautschuk oder Mischpolymerisate von Vinylchlorid Verwendung finden. — Beispiel: Man tränkt ein Papier von 600 g/m² in einem Bade aus 1000 g Eisenoxyd, 500 g Dioctylphthalat, 500 g Sojaöl u. 500 g Polyvinylchloracetat so lange, bis das

Gewicht des Papiers 2000 g/m² erreicht hat. (**F. P. 1 019 478** vom 3/6. 1950, ausg. 22/1. 1953.) GLAFEY. 7987

United States Rubber Co., V. St. A., übert. von: **W. W. Cowgill**, *Papier mit glänzender Oberfläche.* Eine Papierbahn wird mit einer Dispersion eines thermoplast. Mischpolymerisats überzogen, dessen Umwandlungstemp. 2. Ordnung (T_2) bei 55 bis 125° liegt. Zur Entfernung des W. wird diese Bahn auf eine Temp. erwärmt, die 20—60° oberhalb T_2 liegt, u. dann unter Druck einer elast. Walze mit der Schichtseite auf einen geheizten hochglanzpolierten Zylinder, der mit einer Schicht aus Cd, Ni, nichtrostendem Stahl oder mit einer nichtmetall. Schicht aus Glas oder Emaille überzogen ist, auflaufen gelassen. Die Temp. dieses Zylinders liegt zwischen T_2 +40 minus 0,4° xP bis T_2 +80 minus 0,4° xP, worin P der prozentuale Geh. des Plastifizierungsmittels ist, bezogen auf die Gesamtmenge des Imprägnierungsmittels zuzüglich des Weichmachers. Nach Abzug der Papierbahn von dem Zylinder in tangentialer Richtung wird die Papierbahn zwecks Abkühlung eine längere Strecke ohne Berühren der gestrichenen Fläche mit einem festen Teil durch die Luft bewegt u. dann aufgewickelt. — Beispiel für ein Streichmittel: 65—80 Gew.-% Styrol, 35—20% Acrylnitril. Als Weichmacher kann ein Mischpolymerisat aus 50—95% Butadien u. Acrylnitril u. 50—5% eines Kautschukpolymerisats dienen. (**F. P. 1 026 506** vom 25/10. 1950, ausg. 28/4. 1953. A. Prior. 15/12. 1949.) GLAFEY. 7987

Wilhelm Ritzerfeld, Berlin, *Herstellung abdruckfähiger Spiegelbildoriginale.* Das Spiegelbild wird auf der Rückseite eines mit gerbbaren Stoffen präparierten Trägers, z. B. eines mit lichtempfindlicher Chromatgelatine überzogenen Papiers oder einer Al- oder Kunststoffolie, durch Aufkopieren des Originals erzeugt, ausgewaschen u. mit einer fetthaltigen Farbe eingefärbt, worauf der Abdruck mit Hilfe farblösender Mittel, z. B. A., bis zur Erschöpfung der Farbe erfolgt. Nach dem Anfeuchten u. Einfärben kann das Spiegelbild weiter bis zur erneuten Erschöpfung der Farbe zum Drucken verwendet werden, usw. (**D. B. P. 899 044** Kl. 15k vom 14/2. 1943, ausg. 7/12. 1953.) LAASS. 7989

Wilhelm Ritzerfeld und **Gerhard Ritzerfeld**, Berlin, *Vervielfältigen von Druckformen auf Zettel oder Karten*, dad. gek., daß als Druckform mindestens aus zwei Teilen bestehende Druckformfolien verwendet werden, wovon der eine Teil aus einer Hoch-, Flach- oder Rasterdruckform besteht, die beim Vervielfältigen jeweils mit Druckfarbe eingefärbt wird, u. der andere Teil aus einem abdruckfähigen Spiegelbildoriginal besteht, dessen Farbvorrat in bekannter Weise durch Hinterlegen eines hektograph. Farbblattes beim Beschriften erzeugt wurde. Die beiden Druckformteile, z. B. Aluminiumrasterfolie u. Kunstdruckpapieroriginal, werden zusammen durch Beschriftung mit einer Schreibmaschine hergestellt. (**D. B. P. 911 977** Kl. 15k vom 23/12. 1951, ausg. 24/5. 1954. Anmeldung bekanntgemacht 8/10. 1953.) LAASS. 7989

Emil Rupp und **Annemarie Klug**, Leipzig, *Abziehbilder- und Schiebebilderpapier* unter Verwendung einer Streichmasse in Form einer wss. Lsg. von Polyvinylalkohol, wobei das Rohpapier gegebenenfalls ohne Verwendung eines Grundstriches unmittelbar bestrichen wird. Man verwendet einen Polyvinylalkohol von mittlerem Polymerisationsgrad, dessen Auflösung, z. B. in warmem W., durch Zusatz von geringen Mengen alkal. Salze, wie Soda oder Borax, beschleunigt wird. — Das Rohpapier wird z. B. mit einem Grundstrich von Stärke, Dextrin oder Gummi arabicum versehen u. mit einer 10%ig. wss. Lsg. von Polyvinylalkohol überzogen. Der Strich aus Polyvinylalkohol eignet sich bes. gut für keram. Abziehbilder, da er nach dem Einbrennen keine Spuren auf dem Scherben hinterläßt. (**D. P. [DDR] 1897** Kl. 15k vom 14/9. 1951, ausg. 14/11. 1952 [Wirtschaftspatent].) M. F. MÜLLER. 7989

Gustave Jean Pignoux, Frankreich, *Fixierungsmittel*, das das Bild auf dem Stein oder der Zn-Platte fixiert u. die nichtdruckenden Stellen gegen die Einw. von Fettsubstanzen unempfindlich macht. Es ist eine orangefarbene Fl. von der Zus.: 150 g einer 40%ig. Lsg. des Handelsprod. „*Habrias R. T. Z.*" der Formel $C_{10}H_{14}N_2$ u. 350 g Wasser. (**F. P. 1 008 019** vom 6/1. 1950, ausg. 13/5. 1952.) OPPERMANN. 7989

American Cyanamid Co., New York, N. Y., übert. von: **Alfred F. Schmutzler**, Teaneck, N. J., V. St. A., *Drucktinten* mit Pigmenten (TiO_2, Chromgelb, Ruß, Phthalocyaninblau oder Benzidingelb) u. dampftrocknenden Farbträgern, die im wesentlichen bestehen aus dem Reaktionsprod. von Phthalsäureanhydrid (I) mit einer gesätt. einwertigen aliphat. Säure mit 8—18 C (Stearin-, Capryl-, n-Nonyl-, Caprin-, Laurin-, Tridecyl-, Myristin-, Pentadecyl-, Palmitin- oder Margarinsäure) u. Pentaerythrit oder Dipentaerythrit, das eine SZ. von 100—190 aufweisen soll u. in dem die Monocarbonsäure mit 13,5—35,6% des I enthalten ist. Das Prod. wird in einem 2wertigen Alkohol, wie Dipropylenglykol oder einem Alkandiol, gelöst. (**A. P. 2 631 986** vom 2/7. 1949, ausg. 17/3. 1953.) GRÄGER. 7991

American Cyanamid Co., New York, N. Y., übert. von: **Alfred F. Schmutzler**, Teaneck, N. J., V. St. A., *Drucktinten* mit dampftrocknenden Farbträgern, bestehend aus einem Mischpolymer einer monomeren organ. Verb. mit der Gruppe $CH_2{=}C\langle$ (Styrol oder dessen Ringsubstitutionsprodd., Acrylnitril, Cyclopentadien, Isopren, Vinylpyridin oder -naphthalin) u. einem Oxyalkylester einer α.β-ungesätt. Carbonsäure [Bis-(2-oxyäthyl)-maleat, Bis-(2.3-dioxypropyl)-maleat, 5-Oxyamylacrylat, 7-Oxyheptylcrotonat, Di-(4-oxybutyl)-fumarat] in einem Mischungsverhältnis von 0,3:1 bis 3,0:1, welches Gemisch in einem mehrwertigen Alkohol mit 2—6 C- u. 2—4 OH-Gruppen (Butan-, Pentan- oder Hexandiol, Propylen-, Dipropylen-, Di- oder Triäthylenglykol, Pentaerythrit, Trimethyloläthan oder -propan) dispergiert ist. Peroxydkatalysatoren (Benzoyl-, Acetyl-, Di-tert.-butyl-, Cyclohexanol- oder Oxycyclohexylperoxyd) können zugesetzt sein. (**A. P. 2 636 015** vom 6/10. 1950, ausg. 21/4. 1953.) Gräger. 7991

F. Ruckelshaussen & Co. (Erfinder: **Ludwig Schäfer**), Eppstein, *Herstellen ölfreier Tiefdruckfarben.* Es wird Sulfitablauge (I) verwendet, der eine koll. Kieselsäurelsg. zugesetzt wird, die einen Geh. von mindestens 10% SiO_2 besitzt, um der I die Neigung zum Kleben zu nehmen. Das so erhaltene Bindemittel wird mit unlösl. u./oder lösl. Farbstoffen angerieben. (**D. R. P. 753 137** Kl. 151 vom 8/2. 1942, ausg. 1/2. 1954.) Laass. 7991

Badische Anilin- & Soda-Fabrik Akt.-Ges. (Erfinder: **Hans Scheuermann**, Ludwigshafen/Rh.), *Veredlung der Oberflächen von Pappe, Holzfaser-, Holzspan- und Sperrholzplatten oder dergleichen flächigen Faserstofferzeugnissen.* Zur Vermeidung des Reißens der Deckschichten beim Altern oder der Bldg. von Haarrissen werden die Platten mit einer Harzschicht, z. B. aus Thermoplasten, härtbaren Kunstharzen mit klebenden Eigg., überzogen, darauf eine Schicht losen Fasermaterials gebracht u. das Ganze heiß verpreßt. Auf die Faserschicht wird eine zweite Harzschicht durch Übersprühen aufgebracht. (**D. B. P. 895 524** Kl. 39a vom 13/9. 1951, ausg. 2/11. 1953.) Schlitt. 7993

Mosinee Paper Mills Co., übert. von: **Henry C. Crandall**, Mosinee, Wis., V. St. A., *Verstärktes Packpapier.* An Stelle von Jute arbeitet man verzwirnte Glasfäden (Durchmesser <0,8 mm), die zuvor mit Alkyd-, Cumaron-Inden-Harz oder Harzsäureestern vom F. <100° getränkt worden sind, in Natronpapier, möglichst parallel, ein. (**A.P. 2 653 090** vom 13/5. 1948, ausg. 22/9. 1953.) Salzmann. 7993

Consolidated Water Power & Paper Co., Wisconsin Rapids, Wis., V. St. A., übert. von: **Harry C. Fischer**, Cincinnati, und **Brainard E. Sooy**, Middletown, Ohio, V. St. A., *Nichtglänzender Karton zum Bedrucken mit Glanzfarbe.* Der fertige Karton wird mit einem Plastifizierungsmittel in einem wss. Träger überzogen u. der Überzug durch Hindurchführen des Kartons durch Walzen plastifiziert. Danach werden Pigmente (I) u. Stärke (II) in einem wss. Träger aufgetragen, wobei einer der Aufträge ein Harz enthält, das mit der II derart reagiert, daß sie unlösl. wird, während dem anderen Auftrag ein Katalysator beigemischt ist, um diese Rk. zu beschleunigen. Durch Erhitzen des Kartons wird die Rk. eingeleitet u. die II unlösl. gemacht, worauf der Karton durch einen Kalander hindurchgeführt wird unter gleichzeitiger Behandlung der überzogenen Oberfläche mit der wss. Lsg. einer M., enthaltend Stärke, Methylcellulose, Carboxymethylcellulose, Carboxyäthylcellulose, Polyvinylalkohol, Protein oder Alginat, die den Trägern der Druckfarbe widersteht u. genügt, die Poren des Stärke–Mineralstoff-haltigen Überzuges zu schließen, ohne die Wrkg. der nichtglänzenden Eigg. desselben zu beeinträchtigen. (**A. P. 2 656 286** vom 29/8. 1945, ausg. 20/10. 1953.) Zierhold. 7993

Aktiebolaget Statens Skogsindustrier, Stockholm, Schweden, *Imprägnieren von Faserstoffen,* z. B. *Pappe, Wandverkleidungen* u. *Spanplatten.* Zu Oe. P. 175 704; C. **1954.** 1152 ist nachzutragen: Die mit der Kunstharzemulsion oder dgl. imprägnierte Pappe usw. wird mit der Schichtseite unter hohem Druck gegen eine polierte Platte gepreßt, nachdem die Schicht auf saure Rk. eingestellt wurde. Durch den Preßdruck dringt das Harz in der gewünschten Tiefe unter Entfernung der Hauptmenge des W. in die Pappe ein. Das Trocknen des Prod. erfolgt bei erhöhter Temp. von 150—200°. (**E. P. 704 097** vom 11/7. 1951, ausg. 17/2. 1954. Schwed. Prior. 14/7. 1950.) G. Vogel. 7993

Joseph R. Ehrlich, New York, N. Y., V. St. A., *Herstellung einer Mischung aus Wasser und Zeinlösung,* dad. gek., daß Zein in einem wasserfreien Glykol, das bei n. Druck bei 130° nicht flüchtig ist u. dessen maximale krit. Peptisationstemp. bei —40° liegt, gelöst wird, wobei eine klare u. bei 21° mindestens 6 Wochen stabile Fl. entsteht, die unter Vermeidung der Ausfällung von Zein langsam unter Rühren mit mindestens 10% W. gemischt wird. Zweckmäßig wird dem Glykol eine dessen Wasserverträglichkeit steigernde zweite Fl., die mit polaren u. unpolaren Lösungsmitteln mischbar ist, bes. Hexylenglykol oder Tetrahydrofurfurylalkohol, zugesetzt. Das Prod. eignet sich bes. als *Bindemittel bei der Herst. von Korkplatten* u. nach Zusatz von Kunstharzemulsionen zum Überziehen bzw. Imprägnieren von naßfesten Papieren, z. B. für Dichtungen. (**A. P. 2 657 148** vom 9/7. 1947, ausg. 27/10. 1953.) G. VOGEL. 7999

Armstrong Cork Co., übert. von: **James E. Hazeltine**, Lancaster, Pa., V. St. A., *Herstellung von bedruckten Fußboden- oder Wandbelägen.* Auf einer aus Filz bestehenden Grundschicht wird aus einem Gemisch von Klebemitteln (z. B. Styrol–Butadien-Polymeren, Acryl–Butadien-Polymeren, Isobutyl–Isopren-Polymeren) u. Verstärkungsmitteln (z. B. Polyvinylchlorid, Polymeren von Polyvinylchlorid u. Polyvinylacetat), ein Überzug hergestellt u. darauf mit üblichen Druckverff. eine auch zur Verzierung dienende Deckschicht aufgebracht, die im wesentlichen aus einer Vinylharzdispersion, Plastifiziermitteln u. Farbpigmenten (z. B. TiO_2, $PbCrO_4$) besteht. (**A. P. 2 624 682** vom 24/1. 1951, ausg. 6/1. 1953.) DEMMLER. 7999

Rottweiler Kunstseidefabrik Akt.-Ges. (Erfinder: **Heinrich Fink**), Rottweil, *Feinstporige Viscoseschwammschichten mit homogener Oberfläche.* Die M. aus niedrigviscoser Viscose (Kugelfallviscosität nicht wesentlich über 50 Sek.), Salz mit einer Korngröße von 0,1—0,6 mm u. Fasern von höchstens 10 mm Länge wird in flache Formen in nicht ganz der doppelten Dicke der gewünschten fertigen Platte ausgestrichen, mittels Warmluft unter langsamer Temperatursteigerung schonend koaguliert u. dann mit entspanntem Sattdampf zu Hydratcellulose zersetzt. Herst. von Einlegesohlen, Filterschichten, saugfähigen Unterlagen u. dergleichen. (**D. B. P. 910 334** Kl. 39b vom 10/11. 1951, ausg. 29/4. 1954. Anmeldung bekanntgemacht 17/9. 1953.) SALZMANN. 8001

XVIIIb. Textilfasern.

Bengt Jiewertz, *Radioaktive Isotope in Textilindustrie und Textilforschung.* Als Anwendungsgebiete für radioakt. Isotope in der Textiltechnik werden genannt: Messung von Materialmengen; Ionisierung der Luft; Messung des Wirkungsgrades bei verschied. Prozessen mit Spurenelementen, z. B. beim Waschen u. Färben. (Textil och Konfektion **2.** Nr. 2. 30—31. 34. März 1954.) R. K. MÜLLER. 8038

Walter J. Hamburger, Milton M. Platt und **Henry M. Morgan**, *Mechanik der elastischen Veränderung von Textilien.* 10. Mitt. *Einige Gesichtspunkte über das elastische Verhalten bei geringen Belastungen.* (9. vgl. Textile Res. J. **22.** [1952.] 641.) In einer ausführlichen Arbeit werden an Hand von 24 Abbildungen u. 15 Tabellen der Einfl. von Faserart u. Gewebestruktur auf die Vorgänge beim Erholen der behandelten Textilien nach dem Knittern studiert. Hierbei ergab sich, daß hohe Elastizität bei geringen Belastungen eine wichtige Eig. darstellt, um die Erholung nach dem Knittern vorauszusagen. Weiter hat sich gezeigt, daß solche Gewebestrukturen, welche auf sie einwirkende Belastungen bzw. Spannungen verringern, verbesserte Erholungen nach dem Knittern zeigen. Ferner beeinflussen Kräuselung u. Bindung der zur Gewebeherst. verwendeten Garne die Erholung nach dem Knittern sehr stark. — 19 Literaturhinweise. (Textile Res. J. **22.** 695—729. Nov. 1952. Boston, Mass., Fabric Res. Labor., Inc.) H. G. FRÖHLICH. 8040

Lawrence L. Heffner, *Ultraviolett abschirmende Eigenschaften gewisser Pigment-Hilfsmittel-Kombinationen.* Im Rahmen einer Diskussion der Eigg. von mit additiven Hilfsmitteln gegen Entflammung, Bewetterungsschäden, Pilzbefall, Lichtschädigung geschütztem Baumwollzelttuch („duck") werden natürliche u. beschleunigte Bewetterungsverss. an Geweben beschrieben, welche mit einem Mittel aus halogeniertem Paraffin, Sb_2O_3, $CaCO_3$, anorgan. Pigmenten u. Fungiciden auf Basis Cu-Seifen ausgerüstet waren. Das behandelte Tuch hatte nach 1 jähriger Bewetterung nur 3—20% Festigkeit verloren. Hierbei schützen die Zusätze wie gelbes Eisenoxyd, Lampenruß, $CaCO_3$ u. Sb_2O_3 das Tuch u. das Halogen im halogenierten Paraffin sowie das fungicide Mittel gegen Abbau durch UV-Licht. In der Praxis halten sich die ausgerüsteten Gewebe 5—10 Jahre. (Textile Res. J. **24.** 272—78. März 1954. Baltimore, Md., Wm. E. Hooper & Sons Co.) ZAHN. 8044

Grace R. F. Rose und **C. H. Bayley**, *Beständigkeit einiger Textilfungicide auf Feuerwehrschläuchen aus Flachs gegen das Auswaschen mit Wasser.* Unbeschichtete Feuerwehrschläuche aus Flachs wurden mit folgenden fungiciden Schutzmitteln imprägniert: Cu-Naphthenat (I), Dodecyldimethylbenzylammoniumnaphthenat, Cu-8-Oxyisochinolin (II), lösl. gemachtes **II**, Kunstharz + 2,5% Salicylanilid. Hierauf wurden die Schläuche 30 u. 60 Tage mit W. ausgelaugt (10 Liter Leitungswasser je Std.), auf Reißfestigkeit u. Verrottungsbeständigkeit u. Geh. an fungiciden Mitteln geprüft. Die Cu-haltigen Verbb. zeigen die größte Auswaschbeständigkeit bei größter Schutzwrkg. gegen den mikrobiol. Angriff im Erdvergrabungsvers. nach langem Wässern. **II** erwies sich als noch wirksamer als **I** u. eignet sich für den Schutz von Feuerwehrschläuchen. (Textile Res. J. **24.** 229—34. März 1954. Ottawa, Can., Nat. Res. Labors., Textile Res. Sect.) Zahn. 8050

A. J. Hall, *Schützen von Wolle gegen Abbau.* Die Möglichkeiten zur Erhöhung der Widerstandsfähigkeit von Wolle gegen chem. Einw., bes. durch Alkali, werden an Hand der Literatur erläutert. Es kommt darauf an, die verhältnismäßig unbeständigen Disulfidbindungen der Wolle durch stabilere zu ersetzen, z. B. durch Methylen- oder Dimethylenbrücken. Durch reduktive Aufspaltung der —S—S-Bindungen u. Rk. mit Dibromäthan können Dimethylenbrücken erzeugt werden. Durch alkal. Red. in Ggw. von Formaldehyd können Methylenquerverbb. entstehen. (Textile Mercury Argus **129.** 470—72. 11/9. 1953.) O. Engel. 8060

André Renaud, *Praktische Auskünfte über künstliche und synthetische Fasern bei deren Verarbeitung zu Siebgeweben.* Es werden die Hauptvertreter der künstlichen u. synthet. Faserarten besprochen unter Anführung physikal., mechan. u. gewisser chem. Eigg. im Hinblick auf den Gebrauchszweck. Besondere Beachtung finden Dehnung, hygroskop. Eigenarten, Gleitfähigkeit u. Reibfestigkeit. Die künstlichen Fasern kommen wegen der geringen Bruch- u. Reibfestigkeit u. der großen Dehnung kaum für Siebgewebe in Frage. Vf. glaubt, daß die synthet. Fasern die bisher auf Grund empir. Feststellungen bevorzugte Naturseide ablösen werden. *Orlon* mag infolge des flachen Faserquerschnittes u. der geringen Reibfestigkeit noch nicht günstig sein, etwas vorteilhafter *Terylene.* Die besten für Siebgewebe erforderlichen Eigg. werden der *Nylon*-Faser zugesprochen, geringe Gleitfähigkeit, große Schmiegsamkeit, geringes Feuchtigkeitsaufnahmevermögen u. außergewöhnliche Gebrauchsfestigkeit. Der Aufladung mit stat. Elektrizität kann geeignet abgeholfen werden. Nachteilig können die Elastizitätseigenarten sein. Vf. schlägt vor, dem Gewebe mehr Spannung zu geben, ca. 4% gegenüber 3% bisher oder 2% bei Seide. (Bull. anciens Élèves École franç. Meunerie **1954.** 20—28. Jan./Febr. Établissements Tripette et Renaud.) E. Wagner. 8070

Heinrich Sulser, *Die Prüfung der Scheuerfestigkeit von Textilien.* Nach einer allg. Einführung wird die Best. der Dauerhaftigkeit von Textilien durch Tragverss. u. durch Laboratoriumsprüfungen beschrieben. Behandelt werden dann der Verarbeitungszustand sowie der Prüfzustand. In Verlauf dieser Ausführungen werden die einzelnen Prüfvorgänge besprochen. Abschließend wird eine Bewertung der Ergebnisse gebracht. (Textil-Rdsch. [St. Gallen] **9.** 285—307. Juni 1954.) P. Eckert. 8096

Lyman Fourt, Ruth M. Howorth und **Marjorie B. Rutherford,** *Verbesserung des Glanzes von Baumwolle.* 3. Mitt. *Beziehung zwischen den visuellen und physikalischen Gesichtspunkten des Glanzes.* (2. vgl. C. **1953.** 4793.) Das Kontrastverhältnis (Reflexion bei 45° bei Einfall im Winkel 45° geteilt durch Reflexion bei 45° bei Beleuchtung senkrecht zur Gewebeoberfläche) wird als physikal. Index des Glanzes verwendet. Glanz ist jedoch keine absol. Eig. der Baumwolle (I) oder des Garnes, sondern hängt von der Transparenz des Gewebes u. dem Gewebemuster ab. Bei dicken I-Geweben verringert die Lichtstreuung aus den tieferen Schichten den Glanz. Der Beitrag der Faktoren Transparenz u. Lichtstreuung wird an zahlreichen Messungen belegt. Im allg. erwiesen sich Glanzmessungen an Garnen als zuverlässiger als an Geweben. (Textile Res. J. **24.** 61—66. Jan. 1954. Washington, D. C., Harris Res. Labors.) Zahn. 8102

Lyman Fourt und **Marjorie B. Rutherford,** *Verbesserung des Glanzes von Baumwolle.* 4. Mitt. *Wirkung des Webmusters auf den Glanz an einer Serie gebleichter Baumwolle.* (3. vgl. vorst. Ref.) Das Webmuster beeinflußt den Glanz durch seine Wrkg. auf die an der Oberfläche liegende Garnstrecke, ihre Krümmung u. die Zahl der Unterbrechungen. Die einzelnen Faktoren werden auf Grund von Reflexionsmessungen an verschied. Geweben erforscht. (Textile Res. J. **24.** 67—72. Jan. 1954.) Zahn. 8102

Lyman Fourt, Ruth M. Howorth, Marjorie B. Rutherford und **Pauline Streicher,** *Verbesserung des Glanzes von Baumwolle.* 5. Mitt. *Beziehungen zwischen Fasergestalt und Glanz.* (4. vgl. vorst. Ref.) Die abgeflachte verdrehte Bandgestalt der Baumwollfaser (I) mit zahlreichen kleinen Oberflächen führt zu charakterist. Unterschieden in der Lichtreflexion unbehandelter u. mercerisierter I im Vgl. zu runderen Fasern. Vergleichsmessungen wurden an Reyon durchgeführt. Die Wechselwrkg. zwischen einfallendem Licht u. I (Streuung, Reflexion, Korrektion der Verschiebung des Reflexionsmaximums mit Hilfe des Fresnelschen Gesetzes wird an Garnen durch Messungen geklärt. Der Glanz von I wird erhöht, wenn man den Anteil der Streuung durch geeigneten Garn- u.

Gewebeaufbau herabsetzt. Bei Geweben führt das Syst. der gekreuzten Garne zur Streuung. Der Einfl. des Färbens auf die Reflexion mercerisierter Nähfäden wird gezeigt. (Textile Res. J. **24**. 156—63. Febr. 1954. Washington, D. C., Harris Res. Labor. ZAHN. 8102

Th. N. Kleinert, V. Mößmer und **W. Wincor,** *Einige Beobachtungen über chemische Veränderungen und Inkrustationen an in Tragversuchen lange gebrauchten Textilien aus Viscosezellwolle.* Aus den vorliegenden Unterss. geht hervor, daß beim Gebrauch der untersuchten Zellwolltextilien mehrere Erscheinungen gleichzeitig einhergehen: Neben rein morpholog. Änderungen, wie Aufspleißungen der Fasern, ergeben sich erhebliche chem. Änderungen an der Cellulosesubstanz selbst, charakterisiert durch DP-Abnahme u. Carboxylgruppenzunahme, sowie auch eine erhebliche Mineralisierung der Fasern durch Zunahme der Aschenbestandteile. (Textil-Rdsch. [St. Gallen] **9**. 393—95. Aug. 1954. Montreal, Can., Pulp & Paper Res. Inst., u. Lenzing, Oberösterreich, Zellwolle Lenzing AG.) P. ECKERT. 8112

Farbenfabriken Bayer Akt.-Ges., übert. von: **Heinrich Gold** und **Siegfried Petersen,** Leverkusen, *Optische Bleichmittel* für *Textilien,* Papier usw. Als solche verwendet man bes. die Alkalisalze der 4.4'-Bis-[5'-sulfonaphtho-1'.2':4.5-triazolyl-(2)]-stilben-2.2'-disulfonsäure. (**A. P. 2 668 777** vom 5/10. 1949, ausg. 9/2. 1954. Schwz. Prior. 16/10. 1948.) BRÖSAMLE. 8033

Monsanto Chemical Co., St. Louis, Mo., übert. von: **Ralph F. Nickerson,** V. St. A., *Kunstharzausrüstung für Textilien.* Als Vergütungskatalysator setzt man zu den wss. Lsgg. von Harnstoff–CH_2O-Kondensaten eine Mischung von in W. lösl. Salzen von Monoäthanolamin (I) u. Diäthanolamin (II) u. freies **I** u. **II**, wobei das Verhältnis von **I** : **II** bei 3 : 1 bis 1 : 3 liegen u. das p_H in einer wss. 35%ig. Lsg. 7—9 betragen soll. Zweckmäßig werden als Salze von **I** u. **II** die Phosphate verwendet. (**E. P. 705 608** vom 18/7. 1951, ausg. 17/3. 1954. A. Prior. 29/7. 1950.) MÖLLERING. 8033

Lazarus Seff, Frankreich, *Undurchlässig-, Glänzendmachen und Glätten von Textilien und Papier.* Durch Vermischen von Kolophonium, Naphthalin u. Tetrachlornaphthalin mit 10—20% Ceresin, Paraffin oder anderen Mineralwachsen sowie mit Lösungs- oder Plastifizierungsmitteln u. Zusatz von feinst gesiebtem $Ca(OH)_2$ u. Erhitzen auf 150 bis 200° unter gutem, kräftigem Mischen wird ein nicht klebendes kautschukähnliches Prod. erhalten. Dieses wird den zu behandelnden Stoffen, gegebenenfalls in wss. Emulsion, einverleibt oder auf die Oberfläche aufgetragen. Außerdem schützt es gegen Stockflecke u. Textilschädlinge. (**F. P. 1 006 406** vom 9/1. 1948, ausg. 23/4. 1952.) WITTHOLZ. 8037

Dynamit Akt.-Ges. vormals Alfred Nobel & Co., Deutschland, *Verbesserung der Eigenschaften von Textilien,* z. B. der Widerstandsfähigkeit, der Knitterfestigkeit. Man imprägniert sie mit einer Lsg. oder Dispersion der in W. lösl. Salze von Mischpolymerisaten ungesätt. Polycarbonsäuren oder ihrer Derivv. (z. B. Malein-, Aconit-, Itacon-, Citracon-, Mesaconsäure sowie ihre Ester u. Anhydride) mit Vinylverbb. (Vinylacetat, Styrol), gegebenenfalls in Ggw. von Hexamethylentetramin, CH_2O, Paraformaldehyd usw. — Z. B. behandelt man ein Gewebe aus Zell- oder Baumwolle mit einer wss. 3%ig. Al-Acetatlsg. bei n. Temp., drückt es aus u. trocknet es bei 60—80° derart, daß der Feuchtigkeitsgeh. mehr als 10% beträgt. Dann läßt man das Gewebe bei 80° langsam eine 10%ig. Lsg. eines Mischpolymerisats aus gleichen Teilen Styrol u. Maleinsäureanhydrid passieren, welches man mit NH_4OH auf ein p_H von 6—7 u. einen NH_4-Geh. von 6% eingestellt hat. Das ausgedrückte Gewebe trocknet man bei 100—105°. (**F. P. 1 047 825** vom 15/6. 1951, ausg. 17/12. 1953. D. Priorr. 16/8. 1950 u. 11/1. 1951.) OPPERMANN. 8037

Charles Maxime Gorce, Saint-Imier, und **Léopold Louis Houriet,** Lausanne, Schweiz, *Textiles Erzeugnis.* Auf ein endloses Band wird fortlaufend ein plast. Prod., z. B. eine Polyvinylharzemulsion, aufgebracht, dann beflockt man mit Fasern beliebiger Länge im elektrostat. Feld u. führt dann durch einen mittels Dampf, Infrarotstrahlung oder Kurzwellen geheizten Tunnel, worauf das Gut kalandert werden kann. Man kann gegen Luft u./oder W. durchlässige oder undurchlässige Prodd. herstellen, die sich für Bekleidungen, Bodenbeläge, als Dämmaterial, Kunstleder oder dgl. eignen. (**Schwz. P. 290 859** vom 30/9. 1952, ausg. 17/8. 1953.) MÖLLERING. 8039

Monsanto Chemical Co., St. Louis, Mo., V. St. A., *Waschen von Wolle* erfolgt erst mit einer wss. Alkalilsg. u. anschließend mit einer wss. Lsg. von Alkali u. dem Kondensat, das aus 1 (Mol) tert. Dodecylmercaptan u. 7—9 Äthylenoxyd erhalten ist. (**E. P. 702 930** vom 18/4. 1951, ausg. 27/1. 1954. A. Prior. 20/4. 1950.) MÖLLERING. 8061

Aktiebolaget Separator, Stockholm, Schweden, *Waschen von Rohwolle.* Der Waschvorgang mit einem Lösungsm. (**I**) wird in mehreren Behältern im Gegenstrom durchgeführt, wobei das I ganz oder teilweise durch Zentrifugieren gereinigt wird, bevor es von einem Behälter zum nächsten geführt wird. — Schema. (**E. P. 705 805** vom 9/6. 1952, ausg. 17/3. 1954. Schwed. Prior. 20/6. 1951.) LÜTTGEN. 8061

Thüringisches Kunstfaserwerk „Wilhelm Pieck" Schwarza VEB, Rudolstadt/Thür. (Erfinder: **Jürenus Harms,** Berlin-Wilmersdorf, und **Heinrich Knapp,** Bad Blankenburg/Thür.), *Verwendung von Na_2CO_3, $NaHCO_3$ und Neutralsalzen in wässeriger Lösung als Fällbad für die Abscheidung von künstlichen Gebilden aus Viscose.* Man koaguliert weit gereifte Viscose mit einer NH_4Cl-Reife unter 4, vorzugsweise unter 2, oder Viscose aus nicht oder nur wenig gereifter Alkalicellulose in einem Gemisch von Alkalicarbonat u. Bicarbonat bei einem p_H 8—10 vorzugsweise in Ggw. von Neutralsalzen u. zers. das abgeschiedene Xanthogenatgebilde in heißen Salzlsgg. zu Hydratcellulose. Das aus der Viscose hinzutretende NaOH wird aus dem Koagulationsbad nach dem Eindampfen durch CO_2 oder CO_2-haltige Gase als $NaHCO_3$ ausgefällt, zu NaOH kaustifiziert u. so in das Verf. wieder eingeführt. — Z. B. koaguliert man eine Viscose mit einer NH_4Cl-Reife von 2,5 bei 45° zu Fäden von 1,5 Denier in einem Fällbad, welches 5% Na_2CO_3 u. 25% Na_2SO_4 enthält (Badstrecke 50 cm). Nach Verstrecken der Fäden um 40% wird das Kabel durch ein Bad geleitet, das 2% Na_2CO_3 u. 5% Na_2SO_4 bei einer Temp. von 95° enthält. Ein Teil der Bad-Fll. wird bis fast zur Sättigung im Vakuum eingedampft u. durch Einleiten von CO_2 so viel $NaHCO_3$ ausgefällt, daß in der Gesamtbad-Fl. wieder die ursprüngliche Zus. erreicht wird. (**D. P. [DDR] 2 048** Kl. 29b vom 16/5. 1943, ausg. 6/10. 1952 [Wirtschaftspatent].) OPPERMANN. 8075

Thüringisches Kunstfaserwerk „Wilhelm Pieck" Schwarza VEB, Rudolstadt/Thür. (Erfinder: **Ehrhart Franz,** Rudolstadt, und **Jürgen Steimmig,** Berlin), *Herstellung von Viscosefäden oder -fasern mit guten elastischen Eigenschaften.* Man behandelt die nicht oder nur schwach verstreckten Fäden, deren Trockendehnung > 30%, bes. > 45% liegt, bes. vor dem ersten Trocknen mit bi- oder polyfunktionellen Verbb., die mit 2 oder mehr OH-Gruppen der Cellulose zu reagieren vermögen. Man kann auch Viscosen anwenden, die aus einer nicht oder wenig vorgereiften Alkalicellulose hergestellt sind. Polyfunktionelle Verbb. sind z. B. Disäurechloride oder -anhydride, Dihalogenide, Dipyridiniumsalze von Alkyl-bis-chlormethyläthern, Diisocyanate, Aldehyde. — Der frischgesponnene Faden wird zur Wasserverdampfung mit Pyridin behandelt, überschüssiges Pyridin entfernt, dann 4 Std. bei 130—140° in einer Lsg. von Oktamethylen-1.8-diisocyanat in Bzl. oder Pyridin erhitzt u. gewaschen. Erhöhte Naßfestigkeit u. Elastizität. (**D. P. [DDR] 2 912** Kl. 29b vom 20/3. 1942, ausg. 12/1. 1953 [Wirtschaftspatent].) PANKOW. 8075

Thüringisches Kunstfaserwerk „Wilhelm Pieck" Schwarza VEB, Rudolstadt/Thür. (Erfinder: **J. Reitstötter,** Berlin-Nikolassee, und **Franz Steimmig,** Berlin-Tempelhof), *Herstellung von durch Pigmente mattierten Kunstseiden.* Zur Herst. von mattierten Kunstseiden aus Viscose verwendet man einen mit Ba-Salz getränkten u. dann durch H_2SO_4-Behandlung pigmentierten Zellstoff. Man schlägt z. B. 5 kg Zellstoff in 200 Liter W. auf, welches 1 kg $BaCl_2$ gelöst enthält, u. fällt das Ba-Ion in dieser Suspension durch Zugabe von H_2SO_4. Die neutral gewaschene Suspension wird zu Bögen geformt, 40 Std. bei 22° mit 18%ig. KOH behandelt, abgepreßt, zerkleinert u. mit 30% vom Zellstoffgewicht CS_2 2½ Std. sulfidiert. Es bildet sich eine Viscose, welche z. B. in MÜLLER-Bädern versponnen eine matte Kunstseide liefert. Das aus einem solchen Zellstoff hergestellte Xanthogenat fällt in wesentlich gleichmäßigerer u. weniger klumpender Form aus als das übliche Xanthogenat. (**D. P. [DDR] 2 050** Kl. 29b vom 22/2. 1941, ausg. 15/10. 1952 [Wirtschaftspatent].) OPPERMANN. 8075

N. V. Onderzoekingsinstituut Research, Holland, *Herstellung wasserunlöslicher, aber in schwachen Alkalien löslicher Fäden aus Na-Carboxymethylcellulose* (**I**) mit einem Substitutionsgrad von 0,3—1, bes. 0,4—0,6. Man löst sie in NaOH-Lsg., verspinnt in ein Bad, das neben Salzen mit osmot. Wrkg. alkalibindende Stoffe enthält, behandelt die Fäden mit einer Lsg. eines härtenden Metallsalzes, wobei das p_H höchstens 3 sein darf, wäscht u. trocknet. — Man löst **I** mit 0,41 Substitutionsgrad, 11% Feuchtigkeitsgeh. u. 11% NaCl in verd. NaOH zu einer Lsg. mit 8% **I** u. 4,8% NaOH, spinnt in ein Bad von 50°, das pro Liter 100 g H_2SO_4, 175 g Na_2SO_4 u. 50 g $MgSO_4$ enthält, reckt den Faden um 10%, schleudert, behandelt mit einer Lsg. von 25% Na_2SO_4 mit etwas $NaHCO_3$, schleudert erneut u. härtet 5 Min. in einer Lsg. mit 300 g $Al_2(SO_4)_3$ pro Liter von 40° u. p_H bis 4. Verwendung der Fäden als Hilfsfäden bei der Herst. von Gewebe. (**F. P. 1 043 548** vom 8/10. 1951, ausg. 10/11. 1953. Holl. Prior. 11/1. 1951.) PANKOW. 8077

Courtaulds Ltd. (Erfinder: **Robert Louis Wormell** und **Emlyn Williams**), London, England, *Herstellung von Proteinfäden,* dad. gek., daß man ein verestertes Eiweißgebilde mit einem cyansäureanionbildende Verbb. enthaltenden Bad behandelt, wobei die anionbildende Verb. auf dem Formling das Äquivalent der Säurerückstände des Proteins nicht wesentlich übersteigt, u. daraufhin das so behandelte Gebilde bei erhöhter Temp., bes. bei 50—90°, trocknet. (**D. B. P. 905 306** Kl. 29b vom 12/12. 1951, ausg. 22/3. 1954. Anmeldung bekanntgemacht 2/7. 1953. E. Prior. 13/12. 1950. **Zusatz zu D. B. P. 898 658; C. 1954. 6865.**) SALZMANN. 8079

Wolfgang Griehl, Schwarza/Saale, *Erzeugung von zu Fäden, Fasern, Folien, Bändern und dergleichen verspinnbaren synthetischen linearen Hochpolymeren.* Man läßt p-substituierte aromat. Dicarbonsäuren bzw. deren Mono- oder Diester u. aliphat. Monoaminoalkohole mit mindestens 3 in der Kette befindlichen Methylengruppen miteinander reagieren. — 100 (Teile) des Salze aus äquimol. Mengen Terephthalsäuremonomethylester u. Propanolamin werden mit 0,1 MgO, CaO usw. in indifferenter Atmosphäre unter Abdest. von Methanol auf 150—200° u. dann im Vakuum auf 280—290° einige Std. bis zur gewünschten Viscosität erhitzt. Aus der Schmelze lassen sich Fäden vom F. > 265° spinnen, die kalt verstreckbar sind. (**D. P. [DDR] 1 895** Kl. 39c vom 5/8. 1950, ausg. 27/9. 1952 [Wirtschaftspatent].) PANKOW. 8081

Hermann Klare und **Horst Sauer**, Rudolstadt, *Erzielung einer viscositätsstabilen Schmelze beim Verspinnen von synthetischen linearen Hochpolymeren.* Das Polymere wird in 8—10 mm breite Bänder gegossen, die Bänder werden noch plast. glatt in Schnitzel von ca. 10 mm Länge geschnitten, die in bekannter Weise mit W. oder organ. Lösungsmitteln extrahiert u. dann zum Verspinnen aufgeschmolzen werden. (**D. P. [DDR] 1 943** Kl. 29b vom 14/3. 1950, ausg. 11/10. 1952 [Wirtschaftspatent].) PANKOW. 8081

Bobingen Akt.-Ges. für Textil-Faser (Erfinder: **Paul Schlack**), Bobingen, *Wiedergewinnung von Lactamen aus verdünnten wässerigen Lösungen.* Man behandelt die Lsgg. mit in W. schwer lösl. oder unlösl. ein- oder mehrwertigen Phenolen (4.4'-Dioxydiphenylsulfon, Phenol) oder mit deren Lsgg. in organ. Lösungsmitteln, bes. Estern oder Halogen-KW-stoffen, u. trennt dann die Lactame, bes. *ε-Caprolactame*, ab, z. B. durch Destillation. (**D. B. P. 913 172** Kl. 12p vom 19/8. 1942, ausg. 10/6. 1954. Anmeldung bekanntgemacht 3/7. 1952.) FABEL. 8081

Dunlop Rubber Co. Ltd., London (Erfinder: **James William Illingworth**, Sutton Coldfield, und **George Stephen Deutsch**, Fort Dunlop, Erdington), England, *Verringerung der Dehnbarkeit kaltgezogener Polyamidfäden*, bes. aus Polyhexamethylenadipinat. Man imprägniert das Gut mit einem lösl., sich in der Wärme verfestigenden Kunstharz (oder dessen Komponenten) mit anschließender Erwärmung zur Verfestigung, dad. gek., daß das Erwärmen in gespanntem Zustand der Fäden erfolgt. (**D. B. P. 910 284** Kl. 8k vom 3/10. 1950, ausg. 29/4. 1954. Anmeldung bekanntgemacht 10/4. 1952. E. Priorr. 26/4. 1946 u. 15/4. 1947.) MÖLLERING. 8081

Badische Anilin- & Soda-Fabrik Akt.-Ges., Ludwigshafen/Rh. (Erfinder: **Fritz Müller**, Cesano Maderno, Italien), *Mattieren und Kräuseln von synthetischem linearpolymerem Textilgut.* Textilien aus Polyamiden oder -urethanen werden in Ggw. eines Kalkseifendispergiermittels u. eines Polyäthylenimins mit einer wss. Lsg. von Harnstoff-CH_2O-Harze bildenden Komponenten bei < 60° behandelt. — Als Behandlungsbad geeignet ist z. B. eine wss. Lsg. mit einem Geh. von 0,2 (%) Polyäthylenimin, 1 Harnstoff, 0,5 $AlCl_3 \cdot H_2O$, 1,8 CH_2O-Lsg. (30%ig) u. 0,1 Kondensat aus je 1 Mol Äthylenoxyd u. Octadecylalkohol; Verfahrenstemp. 30°, p_H 5,5. (**D. B. P. 912 085** Kl. 8k vom 18/12. 1943, ausg. 24/5. 1954. Anmeldung bekanntgemacht 15/5. 1952.) MÖLLERING. 8081

Wingfoot Corp., übert. von: **Charles W. Taylor**, Akron, O., V. St. A., *Plastifiziertes Mischpolyamid.* Zum *Ausrüsten* von Textilien, bes. aus *Polyamidfäden*, ist ein Mischpolyamid aus 19% Hexamethyldiamin, 25% Adipinsäure u. 56% ε-Caprolactam, dem als Weichmacher 5—20% Diacetin zugefügt worden sind, heranzuziehen. Ebenso können solche Massen zur Präparation von Verpackungsfilmen aus Polyamiden Verwendung finden. (**A. P. 2 646 413** vom 24/6. 1946, ausg. 21/7. 1953.) HERBST. 8081

Joseph Bancroft & Sons Co., Wilmington, Del., übert. von: **Robert Comey Squier** und **William Ralph Macintyre**, V. St. A., *Ausrüsten von Nylon- und Perlongewebe besonders für Wäsche* erfolgt durch Beladen mit 0,5—15%, bes. 0,5—2%, eines in W. unlösl. gemachten, hitzehärtbaren Harzes. — Man imprägniert Gewebe mit einer Lsg. von 34 (lbs.) Harnstoff–CH_2O-Harz u. 5 NH_4-Thiocyanat in 100 Gal. W., quetscht aus 42% ab u. trocknet bei 93°. (**E. P. 700 755** vom 19/9. 1950, ausg. 9/12. 1953. A. Prior. 6/3. 1950.) MÖLLERING. 8081

Monsanto Chemical Co., St. Louis, Miss. (Erfinder: **Costas H. Basdekis**, Dayton, und **George L. Wesp**, Englewood, Ohio), V. St. A., *Herstellung eines Polymeren von 85 bis 98 Gewichts-% Acrylonitril und 2 bis 15% eines Vinylmonomeren*, in dem eine bas.

NH_2-Gruppe substituiert ist, dad. gek., daß eine allmähliche Zugabe der Monomeren zu einem wss. Medium in Ggw. von 0,05—0,5% des Monomerengewichts eines wasserlösl. Salzes einer formaldehydkondensierten aromat. Sulfosäure u. in Ggw. von 0,5 bis 2% eines Alkalipersulfats erfolgt. Als Monomere sind z. B. 2- u. 4-Vinylpyridin, als Sulfosäure Naphthalinsulfonsäure u. als Katalysator K-Persulfat genannt. Das *Harz* läßt sich zu *Fasern* verspinnen. (**D. B. P. 901 594** Kl. 39c vom 29/7. 1950, ausg. 14/1. 1954. A. Prior. 20/8. 1949.) SCHINDLER. 8081

Kurashiki Rayon Kabushiki Kaisler, Sakatsu, Japan, *Fäden aus Polyvinylalkohol* (**I**). In dem Spinnschacht befindet sich ein Rohr, in dem das Fällmittel (400 g Na_2SO_4 im Liter) aus einer Ringdüse zugleich mit der wss. Lsg. des **I** von unten nach oben strömt; am Ende des Rohrs befindet sich ein Überlauf u. Ablauf für den Fällbadkreislauf. — Zeichnung. (**E. P. 697 097** vom 10/7. 1950, ausg. 16/9. 1953. Jap. Prior. 26/7. 1949.) G. SALZMANN. 8081

Paul Halbig, Freiburg, Schweiz, *Polyacrylnitrillösung.* Als Lösungsm. dient eine Mischung von Chloralhydrat (46—69%) u. Nitromethan (51—31%); Herst. von *Fäden* u. *Filmen.* (**Schwz. P. 293 440** vom 21/2. 1951, ausg. 16/12. 1953.) G. SALZMANN. 8081

Chemstrand Corp., Del., übert. von: **George E. Ham,** Dayton, O., V. St. A., *Fäden und Filme aus Polyacrylnitril.* Als Lösungsm. bes. für Mischpolymerisate mit 25% Vinylacetat oder Vinylpyridin wird Dimethylphosphit verwendet. Beim Naßspinnen dienen Aceton, Dioxan, $C_2H_2Cl_2$, Tetrahydrofuran, Bzl., Xylol u. Toluol als Fällmittel. (**A. P. 2 641 585** vom 21/11. 1950, ausg. 9/6. 1953.) SALZMANN. 8081

American Cyanamid Co., New York, N. Y., übert. von: **Edward L. Kropa,** Old Greenwich, Conn., und **Earl W. Malmberg,** Dublin, O., V. St. A., *Polymerisierbare Gemische,* bestehend aus Acrylnitril (**I**) u. 0,4—35% einer Verb. der allg. Formel **II** (R = H oder CH_3-Rest, R′ = zweiwertiger KW-stoffrest, Z = O oder Imingruppe u. Y = O oder S), z. B. *N-Allyl-N′.N′-äthylenharnstoff* u. *-thioharnstoff* (erhalten aus Äthylenimin u. Allylisocyanat), *Allyl-N.N-äthylencarbamat* als farblose Fl. mit $Kp._{22}$ 83—86° (mit 79% Ausbeute aus Allylchlorcarbonat u. Äthylenimin) u. *N-Isopropenylphenyl-N′.N′-äthylenharnstoff* als weißes Pulver. Die Mischpolymerisation mit **I** erfolgt in wss. Emulsion mit z. B. $K_2S_2O_8$ u. führt zu leicht anfärbbaren, zu *Fäden verspinnbaren Harzen* mit bas. Gruppen, die durch Behandlung mit Aminen animalisiert werden. (**A. P. 2 655 494** vom 29/12. 1951, ausg. 13/10. 1953.) MÖLLERING. 8081

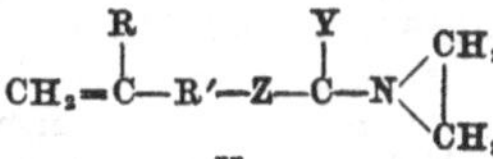

II

Phrix-Werke Akt.-Ges., Deutschland, *Trockenspinnen von Polyacrylnitril.* Um die Spinndüsen sind Kanäle angeordnet, aus denen nicht zu heiße Luft oder ein anderes Gas um die frischen Fäden in deren Bewegungsrichtung geblasen wird; erst in einiger Entfernung von der Düse trifft der Faden auf die im Gegenstrom fließende heiße Trockenluft oder ein anderes Trockengas. Dadurch wird eine Depolymerisation der Polymeren u. ihre Verfärbung vermieden. (**F. P. 1 046 392** vom 13/12. 1951, ausg. 7/12. 1953. D. Prior. 23/12. 1950.) PANKOW. 8081

Chemstrand Corp., V. St. A., übert. von: **David W. Chaney** und **Howard M. Hoxie,** *Naßspinnen von Polyacrylnitrillösungen* in Dimethylformamid, -acetamid, Sulfolan oder N-Formylmorpholin in ein Bad mit wenigstens 50% aromat. KW-stoffen oder hydrierten oder alkylsubstituierten aromat. KW-stoffen, wobei die restlichen % aus aliphat. KW-stoffen bestehen können. Als Aromaten nimmt man Bzl., Toluol, Xylol, deren Hydrierungsprodd. u. Alkylderivv. oder Solvesso 100, als Aliphaten Kerosin oder Sinclair Solvent. Das Koagulationsbad kann bei der Spinndüse 50—100°, dahinter 20—45° warm sein. Man spinnt z. B. eine 15%ig. Lsg. von Acrylnitril–Styrol–2 Vinylpyridin (80 : 10 : 10)-Mischpolymerisat in Dimethylformamid in ein 40° warmes Bad von Solvesso 100. Durchsichtige, biegsame, oberflächlich harte, blasenfreie Fäden. (**F. P. 1 048 381** vom 27/7. 1951, ausg. 22/12. 1953. A. Prior. 2/8. 1950.) PANKOW. 8081

Phrix-Werke Akt.-Ges., Hamburg, *Leicht verspinnbare Lösungen aus Polyacrylnitril oder deren Mischpolymerisaten.* Man steigert u. senkt die Temp. während des Lösungsvorganges period. kurzfristig, verarbeitet die erhaltene Spinnlsg. zweckmäßig bis unmittelbar vor dem Verspinnen bei der durch die jeweilige Viscosität der Lsg. gegebenen geringstmöglichen Temp. von ca. 70—80° weiter u. erhitzt sie erst (z. B. im Spinnkopf) auf die Spinntemp. von 100°; bes. erfolgt die Förderung der Spinnlsg. durch Pumpen. Eine blasenfreie Spinnlsg. erhält man, wenn man die Lsg. kurz vor dem Eintritt in die Düse noch einmal in dünner Schicht schnell auf ca. 100° erhitzt. Das Schmelzen u. Weiterverarbeiten soll zweckmäßig unter Ausschluß von O_2 stattfinden. Man erhält so in kurzer Zeit homogene, gelfreie, gut filtrier- u. verspinnbare hellfarbige Lsgg., die helle Fäden von ausgezeichneter Beschaffenheit liefern. — Beispiel.

(**Oe. P. 175 012** vom 7/12. 1951, ausg. 26/5. 1953. **F. P. 1 046 391** vom 13/12. 1951, ausg. 7/12. 1953. Beide D. Prior. 23/12. 1950.) RAETZ. 8081

American Viscose Corp., Philadelphia, Pa., V. St. A., *Kunstseide aus Polyacrylnitril.* Das Fällbad besteht zu mindestens 50% aus aromat. KW-stoffen (Bzl., Xylol, Toluol), gegebenenfalls mit einem Zusatz von Kerosen, die mit dem als Lösungsm. dienenden Dimethylformamid oder -acetamid mischbar sind. Geeignet ist auch ein Gemisch von bei 152—173° sd. KW-stoffen (Anilinpunkt 12°; Flammpunkt 100°). (**Schwz. P. 294 348** vom 19/6. 1951, ausg. 16/1. 1954.) SALZMANN. 8081

Vereinigte Glanzstoff-Fabriken Akt.-Ges., Wuppertal-Elberfeld, *Herstellung von nichtgelatinierenden Spinnlösungen aus Polyacrylsäurenitril oder dessen Mischpolymerisaten.* Man entzieht den zum Lösen des Polyacrylsäurenitrils (I) zu verwendenden organ. Lösungsmitteln, wie Dimethylformamid, Butyrolacton, Tetramethylensulfon oder N-Methylpyrrolidon, das W. bis auf höchstens 1,5%, bes. 0,2%, z. B. durch Behandeln der Lösungsmittel mit wasserfreiem $CuSO_4$ oder Na_2SO_4 u. darauffolgende azeotrope Dest. unter Verwendung von CH_2Cl_2, CCl_4, Chlf., Bzl. oder $C_6H_5 \cdot CH_3$. Die Neigung der I-Lsg. zum Gelatinieren wird auf diese Weise vermieden, u. das Verspinnen der Lsg. kann bei wesentlich niedrigeren Tempp. als bisher erfolgen. — Beispiele. (**Oe. P. 176 631** vom 21/8. 1951, ausg. 10/11. 1953. D. Prior. 19/10. 1950.) RAETZ. 8081

Badische Anilin- & Soda-Fabrik Akt.-Ges., Ludwigshafen/Rh. (Erfinder: **Herbert Rein**, Frankfurt/M.), *Fäden und Fasern aus Lösungen von sauerstofffrei hergestellten Dichloräthylenpolymerisaten* mit einem Geh. von mindestens 75% asymm. $C_2H_2Cl_2$ in Tetrahydrofuran, wobei diese Lsgg. Zusätze von reduzierenden oder die Einw. von mol. O unterbindenden Stoffen (Hydrochinon) enthalten. (**D. B. P. 906 744** Kl. 29b vom 8/5. 1943, ausg. 18/3. 1954. Anmeldung bekanntgemacht 23/7. 1953.) SALZMANN. 8081

Courtaulds Ltd., London, übert. von: **Clement Henry Bamford** und **William Edward Hanby**, Maidenhead, **Frank Happey**, Bingley, England, *Künstliche Fäden aus synthetischen Polypeptiden* durch Polymerisieren von Anhydrocarboxyaminosäuren der Formel I, worin R_1, R_2 u. R_3 H oder gegebenenfalls substituierte Alkyl-, Aryl- oder Aralkylreste bedeuten. — dl-β-Phenylalanin oder dessen Mischpolymerisat mit dl-Leucin bzw. γ-Methyl-l-glutamat wird in $CHCl_2COOH$, CCl_3COOH oder m-Kresol gelöst u. trocken oder naß (in W. oder A.) versponnen. Die Fäden werden 1—3 Min. mit einer am α-C-Atom durch Br, eine Phenyl- oder Mercaptangruppe substituierten niedrigen aliphat. Carbonsäure behandelt. (**A. P. 2 628 886** vom 12/4. 1951, ausg. 17/2. 1953. E. Prior. 12/5. 1950.) SALZMANN. 8081

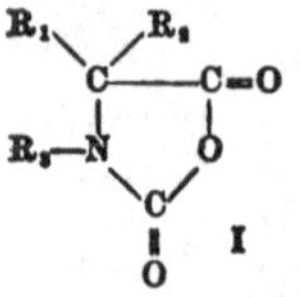
I

B. F. Goodrich Co., New York (Erfinder: **Chester Bernard Budd**, Brecksville, O.), V. St. A., *Biegsamer Glasfaden.* Ein an sich biegsamer Glasfaden von einem Durchmesser von z. B. 0,00892 mm wird mit einem seine gesamte Oberfläche bedeckenden, einheitlichen, geschlossenen metall. Überzug versehen, der eine Dicke von zwei Molekularschichten bis zu 0,25 mm hat. Mehrere Fäden dieser Art können zu einem biegsamen Garn zusammengedreht werden, aus dem dann wiederum ein biegsames Gewebe hergestellt werden kann. — Zeichnungen. (**D. B. P. 883 949** Kl. 32a vom 1/1. 1952, ausg. 11/2. 1954. Anmeldung bekanntgemacht 13/11. 1952. A. Prior. 29/3. 1951.) HANS HOFFMANN. 8083

Max-Planck-Institut für Silikatforschung (Erfinder: **Adolf Dietzel** und **Friedel Oberlies** geb. **Kauth**), Ostheim/Rhön, *Glasfaserherstellung.* Zur Herst. von Glasfasern werden Gläser verwendet, die einen linearen Ausdehnungskoeff. von mindestens $80 \cdot 10^{-7}$ u. einen Transformationspunkt von wenigstens 550° besitzen. — Beispiel für eine Glaszus.: 60(%) SiO_2, 12 Al_2O_3, 10 CaO, 12 Na_2O u. 6 K_2O. (**D. B. P. 905 421** Kl. 32b vom 2/10. 1948, ausg. 1/3. 1954.) HANS HOFFMANN. 8083

—, *Herstellung von Kunstfasern, Filmen und Folien* aus hochmol. Paraffinen nach dem Lösungs-, Schmelzspinn- oder Ziehverf. oder durch Abdrehen von Blöcken unter kalter Streckung der Fäden. Man verwendet hierfür die durch Druckhydrierung von Kohle oder CO gewonnenen Paraffine mit mehr als 400 C-Atomen in der Kette. Die Fasern können thermoplast. zu Filtern, Kabelisolierungen, Fischnetzen, Seilen, Segeln, Verdeckstoffen für Kraftwagen, nach Kräuselung als Wollaustausch verwendet werden. Die Folien dienen als Verpackungsmaterial für Lebensmittel, Schichtträger für Photofilme, Kabel-, Kondensatorisolierung, Wurstschläuche, Zwischenschicht für Sicherheitsglas. (**D. P. [DDR] 2 314** Kl. 29b vom 4/8. 1939, ausg. 13/4. 1953 [Ausschließungspatent].) PANKOW. 8091

Kurt Leonhardt, Papierstoffgarne. Zellulongarne nach dem Naß-Spinnverfahren Türk-Issenmann. Berlin: Akademie-Verl. 1954. (93 S. m. 27 Abb. u. 8 Tab., 6 Taf.) — Veröffentlichungen auf dem Gebiete der Faserforschung und Textiltechnik, Nr. 3. DM 14,50.

L. Wormell New fibres from proteins. New York: Academic Press. 1954. (228 S. m. Abb.) $ 5,80.

XIX. Brennstoffe. Erdöl. Mineralöle.

W. Gumz, *Der Schwefel in Brennstoffen und der Taupunkt der Verbrennungsgase.* Ausgehend von der bekannten Tatsache der Erhöhung des Taupunktes in Verbrennungsgasen durch korrosiv wirkende H_2SO_4-haltige Kondensate bei Verfeuerung schwefelhaltiger Brennstoffe, wird eine Darst. der thermodynam. Verhältnisse gegeben, unter denen die Bldg. der H_2SO_4 stattfindet. Die Lage des Gleichgewichts $2\ SO_2 + O_2 \rightleftharpoons 2\ SO_3$ ergibt mit fallender Temp. u. steigendem O_2-Überschuß einen erhöhten Umsatz zu SO_3. Bei einem gegebenen SO_2-Geh. jedoch bildet sich mit steigendem Luftüberschuß u. Steigen der Temp. durch Verdünnung des Rauchgases ein Maximum der absol. SO_3-Konz. aus, so daß die ungünstigeren Verhältnisse bei der Rostfeuerung gegenüber der Staubfeuerung verständlich werden. An der SO_3-Bldg. können ferner katalyt. Effekte durch Fe_2O_3, V_2O_3 u. Fe_3O_4 u. Adsorptionseffekte durch Ruß, SiO u. Flugasche beteiligt sein. Unter 200° kann auch eine vollkommene Überführung des SO_3 in H_2SO_4 angenommen werden. Taupunkte nach H_2SO_4-Partialdruckmessungen von FRANCIS werden kurvenmäßig wiedergegeben. Nach prakt. Erfahrungen soll jedoch bei Heizölen bis 1% S u. bei Kohlen bis 2% S in der Trockensubstanz die SO_3-Bldg. kleiner als erwartet sein u. erst darüber hinaus zu Taupunktserhöhungen bis 140° Anlaß geben. Wahrscheinlich haben die Brennerbauart, die Ofentemp. u. die Gasmischung größeren Einfluß. Bei der Konstruktion von Öfen soll von einer Mindestwandtemp. ausgegangen werden, doch erfordern hohe S-Gehh. nicht notwendig hohe Gasaustrittstempp. u. niedere Kesselleistungen. Luftvorwärmer u. Heizflächen sind entsprechend anzuordnen. (Combustion [New York] **25.** Nr. 5. 53—54. Nov. 1953.) EYBER. 8128

R. Drouvin, *Beladung von Kokereigas mit Benzol in Hesdin.* Zur Verringerung der Verteilungsverluste durch Undichtigkeiten nach Umstellung auf entbenzoltes Gas wurde dieses Gas wieder mit Bzl. beladen. Zu diesem Zweck wurde ein vollkommen automat. u. kontinuierlich arbeitender App. gebaut, der auch zum Odorieren von Gasen benutzt werden kann. (J. Usines Gaz **78.** 176—80. Mai 1954.) F. SCHUSTER. 8156

A. E. Fruhwirth, *Entwicklungstendenzen der Erdölverarbeitung.* Kurze Darst. des gegenwärtigen Standes einiger katalyt. Verff. der amerikan. Erdölindustrie. (Erdöl-Ztg. **70.** 43—46. Juni 1954.) SYDOW. 8186

Ss. I. Mironow, *Einige Fragen zum Problem der Erdölentstehung.* Inhaltlich ident. mit der C. **1954.** 7783 referierten Arbeit. (Вестник Академии Наук СССР [Nachr. Akad. Wiss. UdSSR] **22.** Nr. 8. 33—40. Aug. 1952.) TROFIMOW. 8188

Ss. R. Ssergijenko und **A. A. Michnowskaja,** *Über die chemische Natur hochmolekularer Erdölkohlenwasserstoffe.* Aus den über 200° sd. Bestandteilen des Erdöls von Romaschkino wurde die Leuchtpetroleumfraktion (200—325°) (I) im Vakuum abdest.; der Rest wurde durch Silicagel in ein helles (II) u. ein dunkles Öl (III) getrennt. I enthält 75% paraffin-naphthen. KW-stoffe, 11% einer Fraktion von überwiegend monocycl. aromat. KW-stoffen, 10% bicycl. aromat. KW-stoffe u. 0,8% Teer; tricycl. aromat. KW-stoffe sind nicht vorhanden. II enthält 46% paraffin-naphthen. KW-stoffe, 19% aromat. KW-stoffe, 28% bicycl. aromat. KW-stoffe u. 0,8% Teer; tricycl. aromat. KW-stoffe sind nicht vorhanden. III enthält 1% paraffin-naphthen. KW-stoffe, 6% monocycl. aromat. KW-stoffe, 76% bicycl./aromat. KW-stoffe u. 17% Teer; tricycl. aromat. KW-stoffe sind nicht vorhanden. Beim Cracken von II bei 400° über Al-Silicat wird eine bei 200—370° sd. Fraktion erhalten, die 14% monocycl. aromat. KW-stoffe, 17% bicycl. aromat. KW-stoffe u. 17,4% polycycl. aromat. KW-stoffe enthält. In den Prodd. der direkten Dest. des Erdöls ist der größte Anteil an S-Verbb. (mit 4,3% S-Geh.) in den Fraktionen bicycl. Aromaten enthalten. (Доклады Академии Наук СССР [Ber. Akad. Wiss. UdSSR] [N. S.] **91.** 103—06. 1/7. 1953.) R. RICHTER. 8192

Costante Fabris, *Eine katalytische Spaltanlage für Naturgas.* Beschreibung einer nach dem Verf. der CHEMICAL CONSTRUCTION CORP. arbeitenden Anlage zur Gewinnung eines 75% H_2 enthaltenden Gases, entsprechend der Rk. $CH_4 + H_2O \rightarrow CO + 3H_2$. (Calore **24.** 532—37. Nov. 1953.) R. K. MÜLLER. 8196

Rick, *Untersuchung von plastischen Straßenmarkierungen.* Bericht über ein vom engl. ROAD RES. LABORATORY aufgestelltes Prüfverf. zur Unters. einer aus weichgemachtem Kunstharz, Weißpigment u. Zuschlägen bestehenden elast. M., die zu Markierungszwecken in die Fahrbahnen der Verkehrswege eingearbeitet wird u. in der Haltbarkeit Markierungsanstrichen stark überlegen sein soll. (Strassen- u. Tiefbau, Strassenbau u. Strassenbaustoffe **8.** 113—14. März 1954.) F. HEINRICH. 8236

Karel Bartoň, Milan Dočkal und **Sylvie Střížová,** *Vorschlag einer Schnellmethode zur Analyse der Asche fester Brennstoffe.* Es wird eine Analysenmeth. für feste Brenn-

stoffe angegeben, die 8—10 Arbeitsstd. beansprucht. Die Verkürzung der Arbeitszeit wird durch eine neue *SiO_2-Best.-Meth.* (Abscheidung von Al u. Fe u. Fällung mit NH_3) erzielt. Es wird nachgewiesen, daß die SiO_2-Ausfällung quantitativ u. genügend genau ist. Die weiteren Bestandteile werden meist durch Titrationsmethoden (Al u. Mg über Oxychinolate) erfaßt. Eingehende Beschreibung der gesamten Ascheanalyse. 12 Probeanalysen, in welchen die klass. Meth. mit der neu vorgeschlagenen verglichen wird. (Paliva **32.** 50—54. März 1952. Ústav pro výzkum a využití paliv.)
ROTTER. 8242

J. G. King, *Internationale Methoden der Kohlenuntersuchung.* Im Jahre 1953 wurden internationale Normen für die Unters. von Kohlen ausgearbeitet. Die Methoden zur Best. der Gesamtfeuchtigkeit in Kohle u. Koks, zur Herst. von Analysenproben, zur Immediat- u. Elementaranalyse, zur Heizwertbest., zur Ermittlung des Geh. an P, Cl u. As sowie der S-Bindungsformen, zur Best. der Backfähigkeit u. des Blähgrades sowie die Vorschriften zur Probenahme werden kurz gekennzeichnet. (Coke and Gas **16.** 55—60. Febr. 1954.) F. SCHUSTER. 8246

Jan Lenc, *Richtlinien zur Festellung der maximalen Verbrennungsgeschwindigkeiten von Gemischen der Gase CH_4, CO und H_2 nach einem beigefügten Diagramm.* Dreiecksdiagramm, das für jede Mischung von *CH_4, CO* u. *H_2* das Ablesen der Verbrennungsgeschwindigkeit gestattet. — 4 Anwendungsbeispiele. (Paliva **32.** 50. März 1952.) ROTTER. 8250

Miloslav Kolář, *Die Feststellung maximaler Verbrennungsgeschwindigkeiten von Gemischen verschiedener Gase.* (Vgl. vorst. Ref.) Nomogramm nach dem BUNTE-LITTERSCHEIDTschen Dreieck zur Feststellung der Verbrennungsgeschwindigkeiten von CH_4, H_2 u. CO in Ggw. von CO_2 u. N_2. — Anwendungsbeispiele. (Paliva **32.** 112—13. Mai 1952.) ROTTER. 8250

Économia, Seine, Frankreich, *Verbesserung von Brennstoffen.* Ein Gemisch aus 40 $CaCO_3$, 40 NaCl, 19 Fe_2O_3 u. 1 CaF_2 soll durch katalyt. Beeinflussung den Heizwert erhöhen u. die Entzündung erleichtern. (**F. P. 1 061 147** vom 31/7. 1952, ausg. 25/11. 1953.) HOLM. 8121

Maurice Labouré, Seine, Frankreich, *Brikettierung von Feinkohle.* Man stellt zuerst je nach gewünschter Viscosität u. Wassergeh. des Kohlenstaubs bei 60—70° ein Hydrosol aus ca. 20—33(%) Knochen- oder Hautleim u. 67—80 W. her, versetzt davon 97,5 mit 1,8 CH_2O u. 0,7 $Na_2Cr_2O_7$ u. vermischt 98,6 Petrolpech (Sorte „C_3" von SHELL) mit 1,4 des Leim–Bichromat–CH_2O-Produktes. 35 dieses Petrolpechprod. vermischt man bei 100—110° 2—3 Min. mit 65 ca. 50° warmem gewaschenem oder ungewaschenem Staub (z. B. von Steinkohle, Braunkohle, Torf) u. hierauf 1 Min. bei 50—60° mit ca. 1,3% von obigem Leim–Bichromat–CH_2O-Produkt. Die entstandene Paste stampft man leicht, kühlt sie rasch mit W. auf n. Temp. ab u. zerteilt die Masse. (**F. P. 59 313** vom 24/5. 1949, ausg. 24/5. 1954. **Zusatz zu F. P. 978 117; C. 1952. 2450.**) OPPERMANN. 8137

Paul Lechler (Erfinder: **Robert Mezger** und **Eberhard Schmid**), Stuttgart, *Verfahren zur Verhinderung von Störungen durch Flugstaub, Rost und dergleichen im Innern von gasführenden Leitungen,* dad. gek., daß man in die Feuchtzone u. die Feucht–Trocken-Zone dieser Leitungen korrosionsverhindernde Fll., z. B. Lsgg. von mineral. Öl, Teeröl oder sonstigen geeigneten Lösungsmitteln u. Bitumen, Asphalt, Pech, Harz u. dgl. feinstverteilt eindüst, derart, daß die Trockenzone der Leitungen im wesentlichen von dem eingedüsten Material frei bleibt. Den Lsgg. kann ein Emulgator zugefügt werden, oder es wird eine Wasseremulsion obiger Lsgg. mit beschränktem Wassergeh. eingedüst, wobei die Lsgg. unter Druck in einem Überhitzer so stark erwärmt werden können, daß sie nach dem Austritt aus der Düse in Dampfform übergehen. (**D. B. P. 886 710** Kl. 75c vom 18/12. 1949, ausg. 17/8. 1953.) LAASS. 8149

Dr. C. Otto & Co. G. m. b. H. (Erfinder: **Walter Oppelt, Hubert Schmitt,** Hattingen, und **Fritz Leithe**), Bochum, *Auswaschen von Schwefelwasserstoff aus Kohlendestillationsgasen mittels Ammoniakwassers* sinkender Konz. in mehreren Stufen, wobei die Wäsche mit W. mittlerer Konz. (2—8% NH_3) begonnen wird u. Eingangs- u. Ausgangsgas etwa gleichen NH_3-Geh. haben, nach D. B. P. 891 128, dad. gek., daß in der, im Gasweg gerechnet, 1. Stufe die Wasch-Fl. im Kreislauf geführt wird. (**D. B. P. 904 580** Kl. 26d vom 16/3. 1943, ausg. 22/2. 1954. **Zusatz zu D. B. P. 891 128; C. 1954. 8487.**)
DEMMLER. 8173

F. J. Collin Akt.-Ges., Dortmund, *Destillation von Teer, Teerprodukten oder Erdöl,* bes. in ununterbrochenem Verf., wobei das zu destillierende Prod. in einem Röhrenofen erhitzt wird, wobei die Beheizung des Destillationsofens indirekt durch eine in einem geschlossenen Syst. angeordnete, in bestimmter Weise hergestellte Heiz-Fl. erfolgt, die bes. aus Teerprodd. von hohem Kp. besteht, dad. gek., daß die Heizbad-Fl. aus hochmol. aromat. Teerprodd., bes. Chrysen oder einem Gemisch von Anthracen u. Carbazol, bes. in techn. reiner bzw. gereinigter Form, durch Absättigung der in diesen Körpern vorhandenen chinoiden Bindungen, auch bei hohen Tempp. strukturell beständig gemacht wurde. — Die Absättigung der chinoiden Bindungen erfolgt durch Zusatz von Heterocyclen, z. B. Carbazol, oder einem Gemisch im Verhältnis von 1 Mol Anthracen zu 1 Mol Carbazol oder bes. 2 Mol Carbazol oder durch oxydative Behandlung, bes. mit Halogenen, z. B. durch Chlorieren — oder durch einen Reduktionsvorgang, z. B. durch Einw. von H_2 — oder durch Zusatz anorgan. Salze, bes. Sulfate oder Halogenide, bes. der Cu-Gruppe. — Der Heiz-Fl. werden Metalle oder Metalloxyde in Pulverform, z. B. Al-Pulver, zugesetzt. (**Oe. P. 173 232** vom 20/1. 1950, ausg. 25/11. 1952. D. Prior. 24/12. 1949.) M. F. MÜLLER. 8177

California Research Corp., San Francisco, übert. von: **Gilson H. Rohrback**, Whittier, **Dwite M. McCloud**, Buena Park, und **Willard R. Scott**, Alhambra, Calif., V. St. A., *Korrosionsschutzmittel*, bes. für Rohrleitungen u. metall. *Vorrichtungen bei Ölquellen*, bestehend aus einem halbfesten bis festen Gemisch von Alkalihydroxyd, bes. NaOH, As_2O_3 u. W., das sich in einer dünnwandigen (0.01—0,05 Zoll Wandstärke) Metallkapsel aus einem Metall mit einem Oxydations–Reduktions-Potential zwischen 0,5 u. 2,5 V befindet. Die Metallhülse besteht z. B. aus Mg, Al, Zn oder deren Legierungen. Sie wird in die Ölquellen möglichst tief eingeführt. Auch andere Rostinhibitoren, wie Na_2CO_3, $NaHCO_3$, $Na_2Cr_2O_7$ oder Na-Polyphosphate, können auf diese Weise in die Quellen eingeführt werden. (**A. P. 2 635 996** vom 16/3. 1951, ausg. 21/4. 1953.) GRÄGER. 8191

California Research Corp., San Francisco, übert. von: **Gilson H. Rohrback**, Whittier, **Dwite M. McCloud**, Buena Park, und **Willard R. Scott**, Alhambra, Calif., V. St. A., *Korrosionsschutzmittel*, bes. für *Vorrichtungen in Ölquellen* u. Rohrleitungen für Rohöl, bestehend aus einem harten, festen u. makroskop. homogenen Reaktionsgemisch von 1,5—6,0 (1,5—3,5) (Teilen) W. u. 15 As_2O_3 u. NaOH im Mischungsverhältnis 1:2—1:14 oder 1:1—2:1 (1,1:1—1,5:1), das auch in dünnwandige Metallkapseln aus leichtkorrodierenden Metallen (Mg, Al, Zn oder deren Legierungen) eingeschmolzen sein kann, die bis auf den Boden der Ölquellen eingeführt werden. (**A. PP. 2 635 997** u. **2 635 998** vom 21/5. 1951, ausg. 21/4. 1953.) GRÄGER. 8191

California Research Corp., San Francisco, übert. von: **Gilson H. Rohrback**, Whittier, **Dwite M. McCloud**, Buena Park, und **Willard R. Scott**, Alhambra, Calif., V. St. A., *Korrosionsschutzmittel*, bes. für *Vorrichtungen in Ölquellen* u. Rohrleitungen für Rohöl, in denen sich auch Salzwasser u. CO_2 befinden, bestehend aus einem harten u. festen Gemisch von 15 (Teilen) As_2O_3 u. KOH im Mischungsverhältnis von 1,8:1 bis 5:1 (2:1—4,25:1) bzw. 1:1,2—1:6,5 u. 1—3 (1—2,25) W. oder eines Gemisches von W. mit 10—50% Äthylenklykol Bes. bei period. Produktionsunterbrechungen wird das Mittel, gegebenenfalls in leicht korrodierenden Metallkapseln (Mg, Al, Zn) bis auf den Boden der Ölquellen eingeführt. (**A. PP. 2 635 999** u. **2 636 000** vom 22/12. 1951, ausg. 21/4. 1953.) GRÄGER. 8191

Oil Well Chemical & Materials Co., Inc., Los Angeles, übert. von: **Todd Michael Doscher**, West Los Angeles, Calif., V. St. A., *Bohrflüssigkeit*, bestehend aus einer Aufschlämmung von Ton in W., der 4—6% der Alkalisalze von Alkylarylsulfonsäuren, die durch Einw. von konz. H_2SO_4 u. SO_3 auf California-Rohöl erhalten u. öllösl. sind, u. ferner 5—20% eines Mineralöls als Antischaummittel zugesetzt sind. (**A. P. 2 568 992** vom 22/10. 1947, ausg. 25/9. 1951.) DERSIN. 8191

Phillips Petroleum Co., übert. von: **Herman H. Kaveler**, Bartlesville, Okla., V. St. A., *Bohrschlamm für die Wellen von Gesteinsbohrern*, bestehend aus einer mit Bentonit u. $CaSO_4$ verdickten Öl-in-W.-Emulsion, der als Stabilisierungsmittel Alkalisalze von Carboxymethylcellulose zugesetzt sind. (**A. P. 2 578 888** vom 18/8. 1947, ausg. 18/12. 1951.) DERSIN. 8191

American Cyanamid Co., New York, N. Y., übert. von: **Earl E. Post**, Pomona, und **Wilbur N. Oldham**, Monrovia, Calif., V. St. A., *Bohrschlamm für Ölsonden*, bestehend aus einer wss. Emulsion von Ton unter Zusatz von wasserlösl. Kondensationsprodd., die durch Erhitzen von Quebrachoextrakt mit CH_2O in Ggw. von Alkali ($p_H \leqq 8$) auf 70—80° erhalten werden. Durch den Zusatz soll der Austritt von W. in der Sonde aus dem Bohrschlamm in das umgebende Gestein verhindert werden. (**A. P. 2 579 453** vom 31/1. 1947, ausg. 25/12. 1951.) DERSIN. 8191

National Lead Co., New York, N. Y., übert. von: **Raymond W. Hoeppel**, Arcadia, Calif., V. St. A., *Behandlung von Bohrflüssigkeiten*. Verwendet man beim Bohren wss., ton- u. stärkehaltige Bohr-Fll., die durch Stärke abbauende Bestandteile verunreinigt werden, so behandelt man die nichtgelatinierte Stärke mit einer wss. Salzlauge (Konz. 16%) bei einer Temp., die unterhalb der des frischen W. liegt, aber hoch genug ist, um sowohl die Stärke zu gelatinisieren als auch den Abbau der Stärke in der Bohr-Fl. zu verhindern (t zwischen 60 u. 165° F). (**A. P. 2 600 404** vom 13/7. 1948, ausg. 17/6. 1952.) UNGER. 8191

National Lead Co., New York, N. Y., V. St. A., *Bohrflüssigkeit.* Man stellt die Öl-Wasser-Emulsion unter Verwendung eines in W. dispergierbaren Emulgators aus der Gruppe der Humate, Lignite, Gerbstoffe oder Lignine in Ggw. von Kalk her. Die Bohr-Fl. mit einem p_H 8,5—13 kann mit NaOH, Na_2CO_3 oder Zement behandelt werden u. Ton, Bentonit oder Fullererde u. auch ein Emulsionskoll., wie Stärke, Gummi oder Seetang, u. Beschwerungsstoffe, wie $BaSO_4$, $CaCO_3$ oder feinzerkleinerte, von Öl benetzbare Eisenlegierungen, wie Ferrochrom, Ferromangan, Ferromolybdän, Ferrowolfram. Ferrosilicium oder dgl., enthalten. (**E. P. 685 563** vom 3/4. 1950, ausg. 7/1. 1953.) W. HAUSWALD. 8191

Anglo-Iranian Oil Co. Ltd., London, übert. von: **Frederick William Bertram Porter** und **Roy Purdy Northcott,** Sunbury-on-Thames, England, *Katalytische Entschwefelung von Erdölkohlenwasserstoffen,* die naphthenhaltig sind, durch Behandlung in einer Reaktionszone bei höherer Temp. unter Druck mit H_2 in Ggw. eines Dehydrierungs-Hydrierungs-Katalysators, der schwefelfest ist, u. die Dehydrierung der Naphthene zu Aromaten u. die Hydrierung organ. gebundenen S zu H_2S zu bewirken vermag. Der Prozeß wird so geleitet, daß der H_2-Bedarf gedeckt wird u. das Prod. mit Ausnahme eines niedrigeren S-Geh. dieselben Eigg. (Siedebereich) aufweist wie das Einsatzgut. Man leitet das Öl in die Reaktionszone, wo es mit dem Katalysator u. H_2 aus dem Prozeß in Berührung kommt. Man hält die Temp. auf 650—800° F, bei der sich fortlaufend H_2 aus dem Öl entwickelt. Den Druck in der Reaktionszone läßt man so hoch ansteigen, daß der H_2-Verbrauch der H_2-Erzeugung gleich ist. Man trennt ein H_2-reiches Gas aus der Reaktionszone ab u. leitet es in die Reaktionszone zurück. Der H_2 dieser Gasfraktion bildet die Gesamtmenge des in die Reaktionszone eingespeisten H_2. Das gewünschte Prod. gewinnt man aus dem Rückstand in der Reaktionszone, aus dem das H_2-reiche Gas abgetrennt wurde. Katalysator vom Kobaltmolybdattyp. H_2-Geh. der abgetrennten Gasfraktion höher als 76 Mol-%. — Zeichnung. (**A. P. 2 648 623** vom 1/4. 1950, ausg. 11/8. 1953. E. Prior. 8/4. 1949.) UNGER. 8195

Anglo-Iranian Oil Co. Ltd., London, **Stanworth Wills Adey** und **Frederick William Bertram Porter,** Sunbury-on-Thames, England, *Katalytische Entschwefelung von Erdölkohlenwasserstoffen.* Man leitet die KW-stoffe in der Dampfphase, gemischt mit H_2 u. einem körnigen Dehydrierungs-Hydrierungs-Katalysator (K) in eine Reaktionszone (Z), in der K ein festes, bewegtes Bett bildet. In der Z kommen die KW-stoffe mit dem K bei Tempp. u. unter solchen Drucken in Berührung, daß die Dehydrierung der vorhandenen Naphthene nur so weit erfolgt, daß genügend H_2 geliefert wird, um die organ. S-Verbb. in H_2S umzuwandeln u. in der Z den erforderlichen Druck aufrechtzuerhalten. Man zieht fortlaufend behandelte KW-stoffe aus der Z ab, trennt H_2S u. H_2-reiches Gas davon ab u. leitet letzteres zur Z, um dort die ganze H_2-Menge konstant zu halten. Verbrauchten K zieht man fortlaufend aus der Z ab u. leitet ihn in eine Regenerationszone, von wo der regenerierte K in die Z zurückgeleitet wird. — Zeichnung. (**E. P. 697 727** vom 4/1. 1951, ausg. 30/9. 1953.) UNGER. 8195

Anglo-Iranian Oil Co. Ltd., London, **John Norman Haresnape** und **John Edward Morris,** Sunbury-on-Thames, England, *Katalytische Entschwefelung von Kohlenwasserstoffen,* die organ. gebundenen S enthalten. Man leitet die KW-stoffe bei hoher Temp. u. unter Druck in Ggw. von H_2 über einen Katalysator, der P u. die Oxyde von Co u. Mo, verteilt auf einem Metalloxydträger, enthält, z. B. als NH_4-Phosphormolybdat oder dessen Gemische mit NH_4-Molybdat. (**E. P. 701 217** vom 17/12. 1951, ausg. 23/12. 1953.) UNGER. 8195

N. V. de Bataafsche Petroleum Mij., Den Haag, Holland, *Entschwefelung von Kohlenwasserstoffen.* Man läßt die KW-stoffe oberhalb 200° unter einem Druck von mehr als 10 at als Film über einen unbeweglichen stückigen Katalysator (bestehend aus einer O- oder S-haltigen Verb. eines Metalls der VI. u. VIII. Gruppe des Period. Syst.) in Ggw. einer Gasphase, die 20—60 Vol.-% H_2 enthält, laufen. — Beispiele für Katalysatoren: Co-Salz der Molybdänsäure oder der Molybdänsulfosäure auf einem Al_2O_3-Träger. Gasphase: Gase aus Spalt-, Reformierungs- oder Hydroformierungs-Rkk., die von CO u. ungesätt. KW-stoffen befreit sind. (**E. P. 699 455** vom 19/5. 1950, ausg. 11/11. 1953. Holl. Prior. 20/5. 1949.) UNGER. 8195

Phillips Petroleum Co., Del., übert. von: **Alvin H. Friedman,** Kansas City, Mo., V. St. A., *Regenerieren eines Fischer-Tropsch-Katalysators* erfolgt durch Behandeln des Katalysators mit einem inerten Gas (H_2, N_2) oder mit Luft oder Synthesegas, sofern die Behandlung bei Tempp. durchgeführt wird, die unterhalb der Reaktionstempp. liegen. Durch die wirbelnde Bewegung der Katalysatorteilchen tritt ein Abreiben der C-haltigen Ablagerungen ein. Der Katalysatorkern bleibt unverändert. Die C-haltigen Ablagerungen verlassen mit dem inerten Gasstrom den Reaktionsraum. (**A. P. 2 605 234** vom 1/12. 1947, ausg. 29/7. 1952.) G. König. 8201

Phillips Petroleum Co., übert. von: **John Paul Hogan,** Bartlesville, Okla., und **Alvin H. Friedman,** Kansas City, Mo., V. St. A., *Regenerieren eines bei der CO-Hydrierung deaktivierten Katalysators* erfolgt mit den Restgasen der Synth., bis die Ablagerungen (C, Wachse) von den Katalysatoren entfernt sind. Es wird bei Reaktionstemp. im Reaktionsgefäß regeneriert. — Zeichnung. (**A. P. 2 608 568** vom 12/4. 1948, ausg. 26/8. 1952.) G. König. 8201

Phillips Petroleum Co., übert. von: **Bertrand J. Mayland** und **S. Grant Stewart,** Bartlesville, Okla., V. St. A., *Herstellung von Synthesegas.* CH_4 u. O_2 werden in einem Molverhältnis von 1 : 1 bis 1,5 : 1 bei 2000—2700° F während einer Kontaktzeit von 0,02—2 Sek. zur Rk. gebracht u. die Reaktionsprodd. schnell auf 1200° F abgekühlt, damit eine Rk. zwischen dem entstehenden Wasserdampf u. CH_4 nicht erfolgen kann. — Zeichnung. (**A. P. 2 638 452** vom 18/10. 1948, ausg. 12/5. 1953.) Demmler. 8201

Standard Oil Development Co., Del., übert. von: **William J. Mattox,** Baton Rouge, La., V. St. A., *CO-Hydrierung* mittels Fe-Katalysatoren im Wirbelschichtverfahren. Der Katalysator wird, vorteilhaft im red. Zustand, mit CO oder CO-haltigen Gasen bei 500—900° u. bis 400 lbs./sq.in. behandelt, wobei ein Teil des Fe in Carbide übergeführt wird. Die unter 20 μ liegenden Teilchen werden fast restlos entfernt. (**A. P. 2 601 121** vom 29/4. 1948, ausg. 17/6. 1952.) G. König. 8201

Phillips Petroleum Co., Bartlesville, Okla., V. St. A., *CO-Hydrierung* wird mittels eines Katalysators ausgeführt, der bei 450—550° aus Fe_3O_4 zu metall. Fe red. wird u. geringe Mengen K_2O u. Al_2O_3 sowie 1,3—13 Gew.-% CaO, auf Fe bezogen, enthält. (**E. P. 669 831** vom 2/12. 1948, ausg. 9/4. 1952. A. Prior. 5/12. 1947.) G. König. 8201

Standard Oil Development Co., Del., übert. von: **Kenneth K. Kearby,** Cranford, und **James F. Black,** Roselle, N. J., V. St. A., *CO-Hydrierung* wird in Ggw. eines Katalysators, der aus einer Mischung der Oxyde von 3wertigem Fe u. 2wertigen Metallen außer Fe besteht, ausgeführt. Vorteilhaft sind Kombinationen des Spinelltyps der allg. Formel $Me^{\cdot\cdot}Fe_2^{\cdot\cdot\cdot}O_4$. Me = Mg, Zn, Mn, Cd, Be, Cu, Erdalkalien. Als Beschleuniger (0,1—10%) kommen K-, Na-, Li-, Ba-, Ca-Verbb. oder die Oxyde von Al, Si, Cu, Mn oder Cr, als Stabilisatoren (1—20%) kommen die Oxyde von Metallen der rechten Seite der 1., 2. u. 3. Seite des Period. Syst. oder gewisse nichtsaure Oxyde in Betracht. Die Katalysatoren werden nach bekannten Methoden vermischt, getrocknet, geformt u. zur Bldg. der Oxyde bei 800—1600° F geröstet. Anschließend wird bei 600—1800° F mit reduzierenden Gasen (H_2) behandelt. Eine vorteilhafte Katalysatorzus. besteht aus ca. 40% Fe_2O_3, 54% MgO, 5% CuO u. ca. 1% K_2O, die bei 600—1800° mit H_2 red. wurde. (**A. P. 2 605 275** vom 23/10. 1948, ausg. 29/7. 1952.) G. König. 8201

Standard Oil Development Co., Del., übert. von: **Charles E. Hemminger,** Westfield, N. J., V. St. A., *Regenerieren von Katalysatoren,* die im Wirbelschichtverf. Anwendung gefunden haben, z. B. bei der *CO-Hydrierung,* erfolgt durch Ableiten von Ablagerungen enthaltenden Katalysatoren in ein Abscheidegefäß, wobei eine Trennung der Bestandteile nach dem spezif. Gewicht stattfindet. Die leichteren Teile sondern sich von den schwereren im oberen Teil des Gefäßes ab u. werden abgeleitet. Die schwereren Katalysatorteilchen enthalten keine oder geringe C-haltige Ablagerungen u. gelangen mit frischem oder regeneriertem Katalysator in den Reaktionsraum. — Zeichnung. (**A. P. 2 608 569** vom 22/8. 1946, ausg. 26/8. 1952.) G. König. 8201

Standard Oil Development Co., Elizabeth, N. J., V. St. A., *Kohlenwasserstoffsynthese.* Man leitet CO u. H_2 in eine Reaktionszone unter Synthesebedingungen ein u. bringt sie mit hohlen mikrokugeligen (0—200 μ) Metallkatalysatoren (Fe, Co, Ni), die mit KF aktiviert sein können u. durch ein aufströmendes Gas fluidisiert sind, in Berührung. Man stellt die Katalysatoren durch Aufsprühen von geschmolzenem Metall auf eine gekühlte, gekrümmte Prallplatte her, von der die Teilchen in ein Kühlmedium abgelenkt werden. — Zeichnung. (**E. P. 650 794** vom 14/8. 1947, ausg. 7/3. 1951. A. Prior. 27/11. 1946.) Unger. 8201

Hydrocarbon Research, Inc., New York, N. Y., übert. von: **Percival C. Keith,** Peapack, N. J., V. St. A., *Katalytische Umwandlung von Kohlenwasserstoffen in*

Gegenwart von Regeneriergasen. Beim Behandeln von KW-stoffen mit Katalysatoren lagert sich Koks auf letzteren ab, der von Zeit zu Zeit entfernt werden muß. Dies geschieht durch Regeneriergase bei 300—650 lbs./sq.in., die man nahe am Ende der Katalysatormasse als Gemisch von Dampf u. O_2 von 95%ig. Reinheit im Verhältnis 3 : 1 bis 7 : 1 einführt, um die Entfernung des kohligen Belages bei ca. 1600—2500° F durch Umwandlung zu einem gasförmigen Regenerierungsprod. zu bewirken, das vorwiegend aus H_2 u. CO besteht. Man leitet dieses Gasgemisch durch die Katalysatormasse zu deren gegenüberliegendem Ende u. düst gleichzeitig KW-stoffe in dieses Gasgemisch an einer Stelle ein, die zwischen den Enden der Kontaktmasse liegt. Man hält die Temp. zwischen 850 u. 950° F, der H_2-Partialdruck des Gasgemisches u. der KW-stoffe soll bei ca. 100—200 lbs./sq.in. liegen. Man zieht das Gemisch am entgegengesetzten Ende der Katalysatormasse ab u. kehrt die Strömungsrichtung des Gemisches zeitweilig um. Die Zuführung von Regeneriergas u. die Abnahme des Gasgemisches erfolgen an entgegengesetzten Enden der Katalysatormasse, *Bzn. usw.* — Zeichnung. (**A. P. 2 606 862** vom 20/1. 1950, ausg. 12/8. 1952.) UNGER. 8201

Gulf Research & Development Co., Del., übert. von: **Joseph C. Easly** und **Hugh L. Kellner**, Oakmont, Pa., V. St. A., *Regenerieren eines fest angeordneten Fischer-Tropsch-Katalysators*, bes. Fe-Katalysators, unter Verwendung einer Gasmischung, bestehend aus inerten Bestandteilen u. Luft, wobei das Gas auf 650—850° F vorerhitzt wird u. die maximale Regenerationstemp. höchstens 300° F höher als die Eingangstemp. beträgt. Man regelt dieses Verhältnis durch den Anteil O_2 (Luft) in der Gasmischung. (**A. P. 2 609 345** vom 14/7. 1949, ausg. 2/9. 1952.) G. KÖNIG. 8201

Metallgesellschaft Akt.-Ges. (Erfinder: **Wilhelm Herbert**), Frankfurt/M., *Erzeugung heizkräftiger Gase neben flüssigen Kohlenwasserstoffen* aus gereinigten, CO u. H_2 enthaltenden Gasen, zweckmäßig solchen, die durch Dest. oder Vergasung fester Brennstoffe, bes. der Druckvergasung mit Luft, O_2 oder O_2-angereicherter Luft u. Wasserdampf oder dgl. hergestellt sind, durch katalyt. CO-Hydrierung unter Verwendung von Co- oder Ni-Katalysatoren bei erhöhtem Druck von z. B. 10—25 at oder mehr in Kontaktöfen mit eng beieinanderliegenden, zweckmäßig mit sd. Druckwasser gekühlten Kühlelementen u. mit Gasdurchsätzen, die wesentlich mehr als 1 Normalliter Gas je g akt. Metall in der Kontaktmasse, zweckmäßig 2—5 Normalliter Gas je g akt. Metall u. Std. betragen, dad. gek., daß Ausgangsgase verwendet werden, die wesentlich mehr als 2 Volumenteile H_2 auf 1 Teil CO enthalten, vorteilhaft unter Anwendung eines Gaskreislaufes, der so bemessen wird, daß beim Eintritt dieses Gases in die Kontaktmasse ein Verhältnis H_2 : CO von wenigstens 3, zweckmäßig 5—10, vorhanden ist. Man arbeitet vorteilhaft mehrstufig, wobei in der letzten Stufe der Gaskreislauf unterbleibt. Ni-Kontakte wendet man in den nachgeschalteten oder nur in der letzten Stufe an. Vor Eintritt in mit Ni-Kontakten arbeitenden Stufen werden W., Bzn. u. höhersd. KW-stoffe aus dem Gas entfernt. Das erzeugte Gas wird mit Druckwasser behandelt. (**D. B. P. 871 146** Kl. 12o vom 9/12. 1943, ausg. 19/3. 1953.) G. KÖNIG. 8201

Standard Oil Development Co., übert. von: **Charles N. Kimberlin jr.**, **Clark E. Adams**, **Robert W. Krebs** und **Roger W. Richardson**, Baton Rouge, La., V. St. A., *Umwandlung von getoppten Rohölen in Gegenwart von Benzin.* Man leitet einen Strom der Rückstandsöle in ein fluidisiertes Bett feinverteilter Feststoffe in einer Reaktionszone bei 1050—1150° F. Einen Strom der Feststoffe leitet man im Kreislauf von der Reaktionszone zu einem außerhalb angeordneten Erhitzer u. zurück, um die Temp. aufrechtzuerhalten. Man beläßt das Behandlungsgut so lange mit den Feststoffen in der Reaktionszone, bis mindestens 40% (Vol.) des Rückstandsöles in Leichtbenzin (Gasolin) umgewandelt sind u. leitet einen Strom von Rohbenzin (Kp. 250—430° F) in den unteren Teil des fluidisierten Bettes, u. zwar in genügender Menge, um das Bett in fluidisiertem Zustand zu erhalten. — Zeichnung. (**A. P. 2 636 844** vom 29/8. 1950, ausg. 28/4. 1953.) UNGER. 8201

Standard Oil Co., übert. von: **Llewellyn Heard**, Hammond, Ind., und **Marvin J. Den Herder**, Chicago, Ill., V. St. A., *Löslicher Platinsulfid-Reformierungskatalysator.* Man mischt eine Pt-Verb. (z. B. H_2Pt-Cl_6) mit der Lsg. eines Sulfides einer Stickstoffbase [$(NH_4)_2S$], [$(NH_4)_2S_2$], wobei man eine stabile Lsg. von Platinsulfid erhält. Man mischt diese stabile Lsg. mit Al_2O_3, trocknet u. calciniert die entstehende Katalysatormischung. (**A. P. 2 659 701** vom 29/6. 1951, ausg. 17/11. 1953.) UNGER. 8201

Gulf Research & Development Co., übert. von: **Joseph B. McKinley**, Pittsburgh, Pa., V. St. A., *Destruktive Hydrierung eines Kohlenwasserstofföles* bei höherer Temp. ($>$750° F) u. hohen Drucken (1000—5000 lbs./sq.in.) wird in Ggw. eines 0,5—4% MoO_3 enthaltenden SiO_2–Al_2O_3-Spaltkatalysators durchgeführt. (**A. P. 2 585 337** vom 15/2. 1949, ausg. 12/2. 1952.) G. KÖNIG. 8201

Houdry Process Corp., Wilmington, übert. von: **Roger H. Newton,** Bowling Green, Pa., V. St. A., *Herstellung von Fliegerbenzin* aus dem Spaltprod. von KW-stoffen, welches einen Kp. bis zu 450—500° besitzt. Dieses Ausgangsprod. wird durch Dest. zerlegt in einen niedrigersd. Anteil mit einem Kp. bis zu 125—210° F u. in einen höhersd. Anteil. Der niedrigsd. Anteil, welcher bes. aus Olefinen besteht, wird durch milde katalyt. Spaltung in gesätt. KW-stoffe übergeführt, während der höhersd. Anteil, welcher bes. Naphthene u. aromat. KW-stoffe enthält, unter stärkeren Bedingungen katalyt. gespalten wird unter Bldg. von niedrigsd. KW-stoffen, welche mit den anderen niedrigsd. Prodd. vereinigt werden. — Zeichnung. — Vgl. A. P. 2 424 997; C. **1948.** II. 264. (**Can. P. 472 659** vom 17/9. 1943, ausg. 3/4. 1951. A. Prior. 21/10. 1942.) M. F. MÜLLER. 8201

Universal Oil Products Co., übert. von: **Vladimir Haensel,** Riverside, Ill., V. St. A., *Platinkatalysator* zur Reformierung von Benzin. Weniger als 0,1 (Gew.-%) Cl-Ionen enthaltendes Al_2O_3 wird mit verd. HCl, bis 0,5—5 Cl, bezogen auf Al_2O_3, darin enthalten sind u. mit einer Pt-Lsg., bis 0,01—1 aufgenommen sind, behandelt. Weiter kann noch H_2S-Lsg. zugegeben werden. Hierauf wird die M. auf 425—650° erhitzt. Die Reformierung wird bei 315—540°, 3,4—68 at u. einer Raumgeschwindigkeit von 0,5—10 durchgeführt u. ergibt Octanzahlen bis zu 80. (**E. P. 657 565** vom 23/11. 1948, ausg. 19/9. 1951. A. Prior. 28/11. 1947.) STEIL. 8201

Universal Oil Products Co., Chicago, übert. von: **Julian M. Mavity,** Hinsdale, Ill., V. St. A., *Herstellung eines harten, calcinierten Phosphorsäureträgerkatalysators,* z. B. zur KW-stoffumwandlung, bes. zum *Polymerisieren von Olefinen.* Der vorcalcinierte Phosphorsäureträgerkatalysator wird mit dem Dampf oder der Lsg. einer flüchtigen B- oder Al-Verb. (Äthylaluminiumsesquibromid), die mit der Phosphorsäure ein Phosphat bildet, in solchen Mengen getränkt, daß 1—10 Gew.-% in der fertigen Mischung enthalten sind. Hierauf wird die M. $^1/_4$—10 Std. bei 100—550° calciniert. (**A. P. 2 596 497** vom 13/10. 1949, ausg. 13/5. 1952.) STEIL. 8201

Standard Oil Development Co., Elizabeth, N. J., übert. von: **Sam R. Bethea,** Baytown, Tex., V. St. A., *Katalytische Kohlenwasserstoffumwandlung* mit einem fl. Phosphorsäurekatalysator in einem Eisenkessel mit mindestens einem Einlaß u. einem Auslaß u. durchgehendem Kupferfutter auf der inneren Oberfläche des Kessels. Direkt über dem Kupferfutter befindet sich eine Kohleausfütterung, die das Kupferfutter bedeckt u. porös ist, so daß die Phosphorsäure hindurchfließen kann. — Zeichnung. (**A. P. 2 660 520** vom 28/5. 1951, ausg. 24/11. 1953.) UNGER. 8201

Sinclair Refining Co., New York, N. Y., übert. von: **Don A. Wagner,** Highland, Ind., V. St. A., *Leichtölgemische,* die aus Gasolin, Kerosin u. leichten Brennölen bestehen, enthalten auf 1000 Barrel 1—50, bes. 3—12 lbs. sulfuriertes Rohtallöl mit 5—25% S als *Korrosionsschutzmittel.* (**A. P. 2 646 349** vom 26/7. 1949, ausg. 21/7. 1953.) GRÄGER. 8205

Standard Oil Development Co., Elizabeth, N. J. (Erfinder: **Pharis Miller,** Elizabeth, und **August Y. Mottlau,** Clark Township, N. J.), V. St. A., *Klopffeste Motortreibstoffe mit hoher Octanzahl* auf Basis von Erdölbenzinen mit Zusätzen von Tetraäthylblei u. aromat. Aminen, dad. gek., daß diese 1. aus geringen Mengen von N-Monoalkyl- oder N-monoarylsubstituierten aromat. Aminen bestehen, deren N-Alkylgruppen 1—5 C-Atome mit verzweigter Kette enthalten; 2., daß die 5 H-Atome des Benzolkerns der Amine ganz oder teilweise durch verzweigte Alkylreste substituiert sind. — Geeignet sind z. B. N-Äthyl-, N-Phenyl-, N-Isopropyl-, N-Isoamyl-, N-tert.-Amylaminobenzol, N-tert.-Butylaminoisobutyl-, N-Isoamylaminoisoamyl- oder N-Phenylamino-p-tert.-amylbenzol. (**D. B. P. 912 277** Kl. 46a[6] vom 3/11. 1939, ausg. 28/5. 1954. Anmeldung bekanntgemacht 8/10. 1953. A. Prior. 25/11. 1938.) DERSIN. 8207

Robert Stanton, Denver, Colo., V. St. A., *Alkyl-Pb, insbesondere Tetraäthyl-Pb.* Eine geschmolzene Alkalimetall-Pb-Legierung wird nach dem Verfestigen in warmem Zustand in möglichst runde Stücke zerteilt u. diese mit Leichtpetroleum abgeschreckt, wobei sie mit einem Schutzfilm überzogen werden. Diese spröde Legierung wird dann mit unter hoher Geschwindigkeit eingepreßten fl. Alkylchloriden umgesetzt. — Vorr., 3 Zeichnungen. (**A. P. 2 619 496** vom 7/8. 1951, ausg. 25/11. 1952.) KRAUSS. 8209

Gebrüder Sulzer Akt.-Ges., Winterthur (Schweiz), *Reinigung schwerer Brennöle,* wobei man am Verbrauchsort den Ölen das W. durch Verdampfung (Abwärme) entzieht u. sie anschließend bei der gleichen Temp. durch Zentrifugieren von den aus dem W. ausgeschiedenen Stoffen u. von festen Verunreinigungen befreit. Während der Verdampfung bringt man das Öl auf große Oberfläche, z. B. durch Zersprühen. (**Schwz. P. 296 672** vom 14/11. 1951, ausg. 1/5. 1954.) UNGER. 8211

Standard Oil Development Co., übert. von: **John G. McNab,** Cranford, N. J., V. St. A., *Zusatzmittel für Dieselöle* mit hohem S-Geh. von $>0,5$ (%), bestehend aus einem Gemisch von 70 Ba-Diisobutylphenolsulfid u. 30 Ca-Petroleumsulfonat. Verhinderung der Korrosion. Zusatzmenge 0,01—1%. (**A. P. 2 612 439** vom 8/7. 1948, ausg. 30/9. 1952.) DERSIN. 8213

Autol-Mineralöl-G. m. b. H., Hannover-Wülfel, *Zusatzmittel zum Treibstoff von Brennkraftmaschinen,* bestehend aus 5—10 (Gew.-%) einer Fettsäure u. bzw. oder mindestens eines Polyalkoholesters, bes. Glycerin–Fettsäure-Esters, 5—10 eines Esters aliphat. Alkohole mit niederen aliphat. Säuren, bes. Essigsäureesters, u. ca. 0,5—1,0 eines Korrosionsinhibitors, zweckmäßig eines öllösl. Erdalkali–Phenylfettsäure-Salzes, bes. Erdalkali–Phenylstearat, gelöst in einem Petroleumraffinat. Dem Treibstoff werden 2—10 Vol.-% zugesetzt. — Anwendung für Dieselkraftstoff, Vergaserkraftstoff u. auch wegen seiner reinigenden u. antikorrosiven Wrkg. für Gemische bei Zweitaktmotoren. (**Oe. P. 177 595** vom 30/8. 1952, ausg. 10/2. 1954. D. Priorr. 30/8. 1951 u. 31/7. 1952.) M. F. MÜLLER. 8213

Friedrich Erich Freitag, Freudental (Kr. Konstanz), *Gewinnung von zündwilligen Dieselkraftstoffen* aus Steinkohlenteerölen, die aus der Tieftemperaturschwelung, also aus der langsamen Verkokung der Steinkohle unterhalb von 600° stammen, dad. gek., daß der unterhalb 240° sd. oder unterhalb einer noch niedrigeren Temp. sd., ca. 20% der gesamten Ölmenge betragende Teil des in bekannter Weise aus dem Teer gewonnenen Neutralöls einer unterhalb von 240°, z. B. bei ca. 200°, u. Atmosphärendruck vorgenommenen katalyt. Hydrierung im H_2-Strom oder in H_2-Atmosphäre in an sich bekannter Weise unterzogen u. dann dem restlichen Teil des Neutralöls wieder zugesetzt oder überhaupt einem Tieftemperaturteeröl zugemischt wird. (**D. B. P. 912 159** Kl. $46a^6$ vom 21/2. 1943, ausg. 24/5. 1954. Anmeldung bekanntgemacht 8/10. 1953.) DERSIN. 8213

Shell Development Co., San Francisco, Calif., übert. von: **Charles Henry Braithwaite jr.,** Wood River, und **Reid Edward Sutton,** East Alton, Ill., V. St. A., *Stockpunkterniedriger für Heizöle,* bestehend aus N-alkylierten Harnstoff- oder Thioharnstoffverbb., z. B. N-Phenyl-N-n-butyl-N'-phenylharnstoff, N-Phenyl-N-n-propyl-N'-phenylharnstoff, Phenylthioharnstoff, symm.-Di-n-butylthioharnstoff, Benzyl- oder Octylharnstoff. Zusatzmenge 0,01—1%. (**A. P. 2 657 984** vom 20/10. 1950, ausg. 3/11. 1953.) DERSIN. 8217

Standard Oil Development Co., Del., übert. von: **Lester Marshall Welch,** Madison, N. J., V. St. A., *Alkylierung von Polystyrol* (I). I mit Mol.-Geww. von 25000—40000 wird in einem inerten polaren Lösungsm. in Ggw. eines FRIEDEL-CRAFTS-Katalysators bei —1 bis 24° mit einem aliphat. Monoolefin mit 16—20 C-Atomen behandelt, bis 75—100% I alkyliert sind. Man erhält *Additive für Schmieröle.* — 25 (Teile) I mit Mol.-Gew. 30000 werden in 400 CCl_2CCl_2 gelöst, mit 25 gepulvertem $AlCl_3$ versetzt, auf 7,2° gekühlt u. 2 Std. mit 60 Octadecen-1 umgesetzt; Ausbeute 65%. (**A. P. 2 651 628** vom 26/9. 1950, ausg. 8/9. 1953.) MÖLLERING. 8221

Standard Oil Development Co., Del., übert. von: **William C. Hollyday jr.,** Fanwood, und **Marvin H. Mahan,** Roselle, N. J., V. St. A., *Alkylierung von Mischpolymerisaten.* 1 (Teil) Mischpolymerisat mit Mol.-Gew. >2000, das aus einem (Alkyl-) Styrol u. einem Olefin mit 3—5 C-Atomen erhalten ist, wird mit 0,2—2 Octadecen bei —50 bis 50°, zweckmäßig gelöst in der 3—10fachen Menge eines inerten Lösungsm. u. in Ggw. eines FRIEDEL-CRAFTS-Katalysators, alkyliert. Geeignet sind aus Styrol u. Isobutylen oder anderen Isoolefinen erhaltene Mischpolymerisate. Die Prodd. dienen als *Additive für Schmieröle.* (**A. P. 2 658 872** vom 5/3. 1949, ausg. 10/11. 1953.) MÖLLERING. 8221

Standard Oil Development Co., Del., übert. von: **Robert H. Jones,** Kenilworth, N. J., V. St. A., *Additiv für Schmieröle oder Kraftstoffe für Verbrennungsmotore.* Das Reaktionsprod. aus Phosphorsulfid oder einem P–S-Gemisch u. einem flüchtigen KW-stoff wird mit (Thio-)Semicarbaziden zu einem aschefreien Reinigungs- u. Antioxydationsmittel umgesetzt. Geeignet sind z. B. 1-Äthyl-, 2-Propyl-, 4-Phenylsemicarbazid, 4-Methylthio-, 4-Äthylthio-, 2-Methyl-4-phenylthio- oder 1.2-Dimethyl-4-phenylthiosemicarbazid einerseits u. Paraffine, (Poly-) Olefine, cycl. KW-stoffe, Schmieröle, Crackprodd., Wachse oder dgl. anderseits. — 1200 (g) Polyisobutylen (Mol.-Gew. 1200) u. 125 P_2S_5 werden 2 Std. auf 204° erhitzt, 5 Std. mit N_2 bei 204° geblasen u. filtriert. Zu 250 Prod. wird eine Aufschlemmung von 18 Semicarbazidhydrochlorid in in 15 W. gelösten 9,1 KOH bei 66° zugesetzt u. unter N_2-Durchleitung 3,5 Std. auf 154° erhitzt. Nach dem Filtrieren erhält man das Additiv. (**A. P. 2 658 062** vom 17/9. 1949, ausg. 3/11. 1953.) MÖLLERING. 8221

Standard Oil Development Co., übert. von: **Samuel B. Lippincott**, Springfield, **Frederick Neil Baumgartner**, Plainfield, und **Howard L. Yowell**, Westfield, N. J., V. St. A., *Zusatzmittel für Schmieröle* mit „detergent"-Wrkg., bestehend aus Verbb. der allg. Formel I, in der R' einen Alkylenrest mit 1 bis 10 C-Atomen, R u. R'' Alkylreste mit zusammen wenigstens 15 C-Atomen u. X ein Alkali-, Erdalkali- oder Erdmetall oder den Rest einer N-Base bedeuten. R, R' u. R'' sollen zusammen nicht mehr als 42 C-Atome enthalten. Geeignet sind z. B. die Ca- oder Na-Salze der Bis-(dodecylphenyl)-methan- oder Bis-(nonylphenyl)-methansulfonsäure. Zusatzmenge 0,1—10%. (**A. P. 2 659 694** vom 8/9. 1952, ausg. 17/11. 1953.) DERSIN. 8221

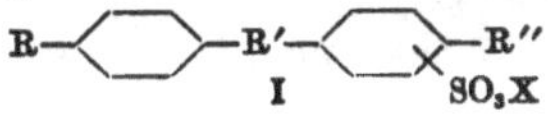

I

Standard Oil Development Co., Del., übert. von: **Forrest H. Blanding**, Cranford, N. Y., V. St. A., *Herstellung von Schmierölen.* Man crackt katalyt. eine Erdölfraktion vom Kp. 650—1100° F u. entparaffiniert das erhaltene Produkt. Eine aus diesem entparaffinierten Prod. herausgeschnittene Fraktion vom Kp. 700—1100° F wird mit selektiven Lösungsmitteln bzw. Adsorbentien für Aromaten behandelt, z. B. mit Silicagel oder Phenol. Die Entparaffinierung kann auch nach der 2. Dest. erfolgen. Man erhält hochviscose Schmieröle mit einem Viscositätsindex >100. — Zeichnung. (**A. P. 2 660 552** vom 30/9. 1950, ausg. 24/11. 1953.) DREWS. 8221

Standard Oil Development Co., Elizabeth, N. J., V. St. A., *Korrosionsschutzmittel*, bes. als Zusatz (0,01—10%) zu *Schmierölen* in Verbrennungskraftmaschinen, Turbinenölen, Schmiermitteln für Feuerwaffen, bestehend aus einem Reaktionsprod. eines Oxyalkylamins der allg. Formel I, in der wenigstens 2 der R Reste mit der allg. Formel II sein sollen, in der R' H oder ein aliphat. KW-stoffrest mit 1—12 C mit oder ohne eine oder mehrere Oxygruppen ist, während in I das restliche R H oder ein aliphat. KW-stoffrest mit 1—8 C mit oder ohne eine oder mehrere Oxygruppen ist, u. einer aliphat. oder cycloaliphat. Carbonsäure mit 6—24 C, eines Säureanhydrids oder eines Säurehalogenids. — Z. B. setzt man Di- oder Trimethylolaminomethan mit Ölsäure bzw. Oleylchlorid bei 160—190 bzw. 50—60° um. Hierbei muß das gebildete W. aus der Reaktionszone entfernt bzw. HCl mittels Pyridin neutralisiert werden. (**E. P. 681 554** vom 14/9. 1949, ausg. 29/10. 1952. A. Prior. 30/10. 1948.) GRÄGER. 8221

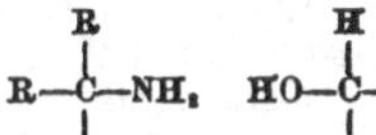

I II

Standard Oil Development Co., Elizabeth, N. J., V. St. A., *Fließpunktverbesserer für Schmieröle.* Man polymerisiert ungesätt. Dicarbonsäuren, z. B. Maleinsäure, mit O-haltigen Derivv. von KW-stoffen, die eine Olefinbindung oder eine Vinylgruppe enthalten u. deren Alkylkette 10—20 C-Atome enthält, z. B. mit Vinyllauryläther, Vinyltetradecyläther, Vinyldecyläther, Vinyllaurat, -caproat oder den Vinylestern der Cocosnußfettsäuren, in Ggw. von Benzoperoxyd als Katalysator. Viscose, braune Öle; Zusatz 0,05—1% zu Mineralschmierölen. (**E. P. 686 384** vom 28/6. 1949, ausg. 21/1. 1953. A. Prior. 2/8. 1948. **Zusatz zu E. P. 686 381; C. 1954. 5914.**) DERSIN. 8221

Standard Oil Development Co., Elizabeth, N. J., V. St. A., *Geschwefelte Terpene in Schmierölkompositionen.* Man setzt elementaren S mit einem Terpen oder einem Gemisch von Terpenen, z. B. Dipenten, in Ggw. eines Vulkanisationsbeschleunigers für Gummi (Mercaptobenzthiazol u. Diphenylguanidin) um, befreit das Reaktionsprod. von unerwünschten Beimengungen, indem man es in fl. Phase mit festen Adsorbentien (Kieselerde, Floridaerde, Fullererde, Montmorillonit) behandelt, die flüchtigen Prodd. können vorher mit Wasserdampf abdest. werden. Die Schmierölkomposition besteht aus mineral. Schmieröl mit einem kleinen Zusatz (ca. 5 Gew.-%) des obigen Reaktionsproduktes. (**E. P. 703 631** vom 2/11. 1951, ausg. 10/2. 1954.) UNGER. 8221

American Cyanamid Co., New York, N. Y., übert. von: **Edwin O. Hook**, New Canaan, und **Lindley C. Beegle**, Stamford, Conn., V. St. A., *Schmiermittel auf Mineralölbasis*, enthaltend <1% einer Verb. der allg. Formel I. Hierin bedeutet T ein sulfuriertes Terpen (II) u. R C_{1-22}-KW-stoffreste. Beispiele für II: mono- u. bicycl. Terpene, z. B. α- u. β-Pinen, Dipenten, Camphen. — Beispiel: Zu 544 (g) β-Pinen werden langsam bei 40—50° 206 SCl_2 gegeben. Nach 1 Std. Erhitzen auf 120—130° werden 1600 einer wss. Lsg. di-(4-methyl-2-pentyl)-dithiophosphosphorsaures Na (1,6 Mol) u. 53 Na_2CO_3 in 200 cm³ W. zugegeben u. 10 Min. im Dampfbad erhitzt, von der wss. Schicht abgetrennt, mit Na_2CO_3 gewaschen u. im Vakuum destillert. Man erhält eine braunrote, viscose, öllösl. Flüssigkeit. (**A. P. 2 657 900** vom 10/5. 1952, ausg. 3/11. 1953.) DREWS. 8221

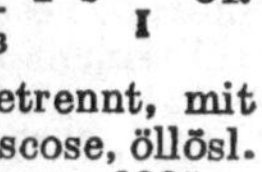

I

American Cyanamid Co., New York, N. Y., übert. von: **John J. Padbury**, Stamford, und **Edward L. Kropa**, Old Greenwich, Conn., V. St. A., *Herstellung von polymerem Chlortrifluoräthylen.* Das monomere C_2F_3Cl u. 0,5—10 Gew.-% eines Katalysators, Di-(tert.-butyl)-peroxyd, 2.2-Bis-(tert.-butylperoxy)-butan oder deren Gemisch, werden mit einem Inertgas, z. B. N_2, durch eine Reaktionszone von 150—450° geleitet. *Schmiermittel.* (**A. P. 2 602 824** vom 31/3. 1949, ausg. 8/7. 1952.) DREWS. 8221

American Cyanamid Co., New York, N. Y., V. St. A., *Schmiermittelzusatz*, bestehend aus dem bei 160°, oder am Rückfluß unter Druck, hergestellten Reaktionsprod. von mindestens 4 (Mol) eines bicycl. Terpens (I), 0,5 P_2S_5 u. 0,25—1 Schwefel. Bei der Herst. kann I als Lösungsm. verwendet werden. Zusatzmenge 0,25—3%, bes. 0,5 bis 1,25%. I z. B. α- u. β-Pinen, Camphen. — Beispiel: 408 (g) Pinen, 111 P_2S_5 u. 8 S werden bis 143° erhitzt. Nach 2½ Std. wird das erhaltene Prod. mit leichtem Mineralöl zu einem 50%ig. Konzentrat verdünnt. Man erhält 375 g eines in Mineralschmierölen leicht lösl. Produktes. *Inhibitor* u. *Antikorrosionsmittel.* — Tabellen. (**E. P. 700 303** vom 11/12. 1950, ausg. 25/11. 1953. A. Prior. 14/12. 1949.) DREWS. 8221

Henkel & Cie. G. m. b. H. (Erfinder: **Franz Gieser**), Düsseldorf, *Herstellung von Schmierölemulsionen* nach D. B. P. 871 047, dad. gek., daß man statt der Mg-Salze von Fettsäuren mit mindestens 16 C-Atomen Mg-Salze von Roherzeugnissen der Oxydation von Paraffin-KW-stoffen mittels O_2 oder O_2-enthaltenden Gasen oder Fraktionen derselben mit einer SZ. von mindestens 50 verwendet. (**D. B. P. 879 274** Kl. 23c vom 26/3. 1943, ausg. 11/6. 1953. **Zusatz zu D. B. P. 871 047; C. 1954. 9201.**) DERSIN. 8221

Henkel & Cie. G. m. b. H., Düsseldorf (Erfinder: **Ludwig Mannes**, Düsseldorf, und **Hans Frauenhof †**, Hilden), *Gleitmittel für das Ziehen von Drähten und Blechen sowie zum Kalttauchen.* Verwendet werden Alkali-, Erdalkali-, Zn- oder Al-Salze von Carbonsäuren, die durch Oxydation von Hartparaffinen mit einem F. >60° mittels O_2 oder solchen enthaltenden Gasen erhalten worden sind, gegebenenfalls im Gemisch mit den übrigen bei der Oxydation anfallenden Bestandteilen bzw. Gemische derartiger Salze. (**D. B. P. 905 875** Kl. 23c vom 31/1. 1942, ausg. 8/3. 1954. Anmeldung bekanntgemacht 22/1. 1953.) DREWS. 8221

Henkel & Cie. G. m. b. H. (Erfinder: **Ludwig Mannes**), Düsseldorf, *Klauenölersatz*, bestehend aus Estern, Estergemischen aus Fettsäuren bzw. Fettsäuregemischen (I) mit verzweigter, mindestens 10 C-Atome enthaltender Kette mit mindestens 2 OH-Gruppen enthaltenden organ. Verbindungen. I werden erhalten durch Abtrennen der geradkettigen Säuren aus synthet. Fettsäuregemischen durch Auskochen der Na-Seifen mit Alkohol. — Beispiel: Aus einem Rohoxydationsprod. von FISCHER-Gatsch wird aus dem nach Abtrennen des Unverseifbaren erhaltenen Fettsäuregemisch eine C_{10-18}-Fraktion geschnitten, in Na-Seifen übergeführt u. durch Auskochen mit A. die verzweigten Fettsäuren abgetrennt. Nach der Spaltung mit H_2SO_4, Abtreiben des W. u. A. wird mit Glycerin verestert. — Große Haft- u. Schmierfähigkeit. Mit Mineralschmierölen in jedem Verhältnis mischbar. (**D. B. P. 908 174** Kl. 23c vom 30/9. 1944, ausg. 1/4. 1954. Anmeldung bekanntgemacht 13/8. 1953.) DREWS. 8221

Henkel & Cie. G. m. b. H. (Erfinder: **Hans Rogner** und **August Kettenbach**), Düsseldorf, *Bohrölemulsion auf Wasser–Öl-Basis*, enthaltend wasserlösl. Salze von Äthercarbonsäuren (I) der allg. Formel $(R\cdot O)_x\cdot R'\cdot COOH$, worin R einen beliebigen wenigstens 4 C-Atome enthaltenden organ. Rest, R' einen gegebenenfalls substituierten Alkylenrest u. x Zahlen 1 oder 2 bedeuten, nach D. R. P. 747 972, gek. durch einen weiteren Zusatz der gleichen Mengen wie I an wasserlösl. Alkalisilicaten u. gegebenenfalls -nitriten. (**D. B. P. 908 901** Kl. 23c vom 13/12. 1940, ausg. 12/4. 1954. **Zusatz zu D. R. P. 747 972; C. 1947. 165.**) DREWS. 8221

N. V. de Bataafsche Petroleum Mij., Den Haag, Holland, *Gegen Wasser resistentes Schmierfett*, bestehend aus 1—20 (%) Schmieröl, 1—20 eines anorgan. Gels, bes. koll. SiO_2, 2—10 einer aliphat. Oxy- oder Mercaptoverb. mit mindestens 8 C-Atomen im Mol., bes. 12-Oxystearinsäuretriglycerid, u. 0,2—10 einer alkyl- oder alkylensubstituierten aliphat. Dicarbonsäure oder deren Anhydrid oder Amid, bes. Octadecenylbernsteinsäure. (**E. P. 695 309** vom 25/1. 1951, ausg. 5/8. 1953. A. Prior. 27/1. 1950. **Zusatz zu E. P. 685 146; C. 1954. 6153.**) LÜTTGEN. 8223

N. V. de Bataafsche Petroleum Mij., Den Haag, Holland, *Schmierfett*, bestehend aus einem fl. Fett, einem hydrophilen festen anorgan. Stoff u. einer öllösl. kationakt. Verb., z. B. einem Kondensationsprod. von einem Halogenhydrin u. NH_3, prim. oder sek. Aminen. (**E. P. 703 169** vom 19/12. 1950, ausg. 27/1. 1954. **Zusatz zu E. P. 672 650; C. 1953. 9717. Belg. P. 500 080** vom 16/12. 1950, ausg. 29/2. 1952. Beide A. Prior. 19/12. 1949.) LÜTTGEN. 8223

Standard Oil Development Co., Elizabeth, N. J., V. St. A., *Schmierfett für hohe Temperaturen.* Bei dem Verf. des E. P. 669 947 sollen die C_{12}—C_{22}-Fettsäuren durch Tallölfettsäuren ersetzt werden. Man vermischt z. B. eine Lsg. von Furfurol in Mineralöl mit 38%ig. NaOH, setzt Tallöl zu u. neutralisiert. (**E. P. 684 697** vom 27/3. 1950, ausg. 24/12. 1952. A. Prior. 9/4. 1949. **Zusatz zu E. P. 669 947; C. 1954. 7102.**) Dersin. 8223

Dortmunder Paraffinwerke G. m. b. H. (Erfinder: **Hellmuth Weittenhiller,** Essen, und **Ewald Schuth**), Dortmund, *Kühl- und Schleifmittel* für Schwermetalle, bes. zum Schleifen u. Honen von Gußeisen u. Stahl, bestehend aus synthet. Ölen der CO-Hydrierung nach Fischer-Tropsch (Mitteldruck-Verf.) mit mehr als 75% Paraffin vom Kp. 230—320°. (**D. B. P. 900 739** Kl. 23c vom 11/3. 1944, ausg. 4/1. 1954. **Zusatz zu D. B. P. 878 431; C. 1954. 6634.**) Drews. 8223

„Shell" Refining and Marketing Co. Ltd. (Erfinder: **Philip James Garner** und **Sidney Edgar Miles**), London, England, *Thermische Spaltung von Kohlenwasserstoffwachs in Dampfphase bei 500—600° unter vorhergehender Verdampfung in einer Schnellverdampferanlage unterhalb 500°.* In der Schnellverdampferanlage nicht verdampftes Material wird im Kreislauf über eine Vorbehandlungsanlage geführt, in der es während einer $^1/_4$—4 Std. auf 390—450° gehalten wird. Dadurch wird der endgültig verbleibende Rückstand auf unter 60% herabgesetzt. (**D. B. P. 841 142** Kl. 12o vom 18/8. 1950, ausg. 13/6. 1952. E. Priorr. 28/7. 1949 u. 21/6. 1950.) v. Huhn. 8227

Shell Development Co., Emeryville, Calif., übert. von: **Charles F. Sacra,** Alton, Ill., V. St. A., *Entparaffinieren von Mineralöl,* welches ca. 7,5 Gew.-% Paraffin enthält, durch Abkühlen eines Gemisches des Mineralöls u. eines Paraffinfällungsmittel (Methyläthylketon/Propan 7 : 3), wobei das Verhältnis Öl : Fällungsmittel ca. 4 : 1 beträgt u. festes Paraffin aus dem Öl gefällt wird, welches man abtrennt. (**A. P. 2 654 693** vom 27/2. 1951, ausg. 6/10. 1953.) Unger. 8227

Heinrich Rätzel, Berlin (Erfinder: **Conrad Mohr,** Hamburg-Hochkamp), *Paraffingewinnung aus Mineralölgatsch* durch Auspressen unter Druck. Der Mineralölgatsch wird erforderlichenfalls zunächst z. B. durch Dest. in die krist. Form übergeführt, danach mit einem saug- bzw. quellfähigen Hilfsstoff, wie Sägemehl, vermischt u. bei einer Temp. von ca. 25° der Pressung unterworfen. Der zurückbleibende Preßrückstand wird als Ausgangsstoff für die z. B. durch Ausdämpfen oder Extraktion mit einer Lsg. durchgeführte Paraffingewinnung verwendet. — Der Mineralölgatsch wird mit Sägemehl im Verhältnis ca. 80 : 20 vermischt. Der Preßdruck beträgt ca. 30 at. (**D. P. [DDR] 2260** Kl. 23b vom 17/3. 1943, ausg. 1/10. 1953 [Ausschließungspatent].) M. F. Müller. 8227

Franz Schussl, Italien, *Gewinnung von wasserfreiem Teer bei der Vergasung von Brennstoffen mit hohem Wassergehalt.* Die Vergasungsmittel, Luft (oder O_2) u. Wasserdampf, werden vor dem Eintritt in den Gaserzeuger erhitzt; beim Austritt haben die Gase eine Temp. über dem Taupunkt (ca. 120—130°). Bei der Trennung des Teers vom Gas (z. B. durch ein Elektrofilter) fällt der Teer wasserfrei an. Die Vergasungsmittel werden durch Abhitze oder durch Teilverbrennung des Gases u. eines Teils des Teers vorgewärmt. (**F. P. 1 016 122** vom 7/4. 1950, ausg. 3/11. 1952. It. Prior. 11/4. 1949.) Holm. 8229

N. V. de Bataafsche Petroleum Mij., Den Haag (Erfinder: **Folkert Dijkstra,** Amsterdam), Holland, *Herstellung von Straßenbaumassen.* Bei der Herst. von aus Sand, Ton, Gesteinssplitt, W. u. Bitumen bestehenden Straßenbaumassen werden 2—6% (bezogen auf die Feststoffe) eines aus Erdölrückständen stammenden Bitumens oder eines Teeres mit mindestens 2 bzw. 1% festem Paraffin, gemessen nach dem Holde-Verf., verwendet. (**D. B. P. 878 624** Kl. 80b vom 4/4. 1940, ausg. 5/6. 1953. Holl. Prior. 5/4. 1939.) Hans Hoffmann. 8231

Jean Ferdinand Boiry, Seine-et-Oise, Frankreich, *Straßenbaumasse aus bituminösen Massen im Gemisch mit Kautschuk und Zuschlagstoffen.* In einem mit Feuer oder Dampf beheiztem Bottich löst man, etwa bei 220—230° in 30—60 Min., 12 kg Rohkautschuk in 120 kg Bitumen (Erweichungspunkt 45—60°). Das Prod. wird im Mischer für Teermakadam mit Kies gemischt (65—75 kg bituminöse M. für 1 t Kies). Man mischt weiter 30—40 Min. bei 140°, dann fügt man 5 kg S u. 5 kg gelöschten Kalk hinzu. Die M. kann zur Herst. von Straßendecken, Plätzen u. Höfen dienen. Sie kann auch zur Herst. von Emulsionen Verwendung finden. (**F. P. 994 073** vom 15/12. 1944, ausg. 12/11. 1951.) Bewersdorf. 8237

—, 1953 bituminous coal annual. Washington: Bituminous Coal Inst., Southern Bldg. 1954. (164 S. m. Abb., Diagr.)

XXI. Leder. Gerbstoffe.

Ss. A. Kuraitiss, *Eine rationelle Methode zur Entfettung der Halbfabrikate von Schaffellen, Chromschweinehäuten und Schafspelzen.* Die Entfettung wird mit 5% Petroleum u. 1–2% Netzmittel OP–10 (keine näheren Angaben) gleichzeitig mit der Chromgerbung im Faß vorgenommen. (Легкая Промышленность [Leicht-Ind.] **14.** Nr. 5. 19–21. Mai 1954.) v. SCHROEDER. 8332

Ss. M. Bressler und **A. N. Michailow,** *Die Anwendung von Urotropin bei mineralischer und vegetabilischer Chromgerbung.* 1,5% *Urotropin* erhöhen die Hitzebeständigkeit von chrom-, chrom-aluminiumgarem u. vegetabil. chromgegerbtem Leder um ca. 10°. Diese Wrkg. wird auf Komplexbldg. zurückgeführt. Bei vegetabil. chromgegerbtem Leder wird auch die Menge des Auswaschbaren im Leder verringert. (Легкая Промышленность [Leicht-Ind.] **14.** Nr. 5. 33–35. Mai 1954. Zentr. Wiss. Forschungsinst. für Leder- u. Schuhind.) v. SCHROEDER. 8336

G. I. Kutjanin, *Die Abhängigkeit der volumenmäßigen Ausbeute an Leder von der Festigkeit der Bindung der Gerbstoffe durch das Kollagen.* Das Volumenrendement des Leders wird in der Hauptsache durch die unauswaschbar gebundenen Gerbstoffe bedingt. Die auswaschbaren Gerbstoffe u. die Nichtgerbstoffe sind von wesentlich schwächerer Wirkung. Ebenso sind für die Festigkeit des Leders die festgebundenen Gerbstoffe von ausschlaggebender Bedeutung. (Легкая Промышленность [Leicht-Ind.] **14.** Nr. 2. 45–47. Febr. 1954.) v. SCHROEDER. 8336

A. Staib, *Beitrag zur Bestimmung des isoelektrischen Punktes von Kollagen.* Auf Grund weiterer Unterss. (C. **1954.** 3247) mit der früher beschriebenen Meth. der Best. des isoelektr. Punktes wurde gefunden, daß Kollagen eine isoelektr. Zone zwischen p_H 5,7 u. 8,1 hat. Die Änderung der p_H der Lsgg., in die das Kollagen bei den Messungen gebracht wird, zeigt, daß es auch in der isoelektr. Zone Säure bzw. Alkali bindet. Für die Reinigung von Kollagen ergibt sich daraus nach Meinung des Vf. die Folgerung, daß es nicht genügt, es isoelektr. zu machen. Es ist unerläßlich, auch die gebundenen Elektrolyten zu entfernen. Durch Zugabe von NaCl wird die isoelektr. Zone nach der sauren Seite hin verschoben u. mit Erhöhung der Konz. verengt. In mol. NaCl-Lsg. liegt sie zwischen 4,4 u. 4,5. — 5 Tabellen, 1 Abbildung. (Bull. Assoc. franç. Chimistes Ind. Cuir Doc. sci. techn. Ind. Cuir. **Suppl.:** Rev. techn. Ind. Cuir **15.** 17–21. Jan. 1953.) O. ENGEL. 8336

A. I. Schapowalowa, *Abkürzung des Herstellungsprozesses bei der Gewinnung von Kunstleder.* Der in 4 Einzelgängen erfolgende Trocknungs- u. Vulkanisationsprozeß bei Kunstleder kann durch Red. der Trocknungsgänge auf 2 u. gleichzeitiger Erhöhung der Temp. (erste Trocknung bei 50–60°) wesentlich abgekürzt werden. Eine Trocknung in einem Gang verringert die Qualität der Produkte. Verss. von Bestrahlung mit Infrarot gaben gute Ergebnisse; die Trocknungsdauer konnte auf 17 Std. herabgesetzt werden. (Легкая Промышленность [Leicht-Ind.] **14.** Nr. 4. 7–11. April 1954.) v. SCHROEDER. 8352

Henkel & Cie. G. m. b. H., Düsseldorf (Erfinder: **Ludwig Mannes,** Düsseldorf, und **Friedrich Schmitt,** Chemnitz), *Lederfettungsmittel* nach D. R. P. 749 427, bestehend aus Estern, die aus Alkoholen mit mindestens 6 C-Atomen, die aus Oxydationserzeugnissen von Paraffin-KW-stoffen (**I**) mit mol. O- (**II**) oder solchen enthaltenden Gasen (**III**) erhalten worden sind, u. Fettsäuren aus den in den Waschwässern der Roherzeugnisse der Oxydation von **I** mit **II** oder **III** enthaltenen Säuregemischen, gegebenenfalls nach Entfernen der mit Wasserdampf flüchtigen Anteile, hergestellt worden sind, gegebenenfalls im Gemisch mit anderen nichtsauren Prodd. der Paraffinoxydation. — Diese Ester werden zusammen mit sulfoniertem Spermöl zum Fetten von Boxcalf oder in Mischung mit Talg, Tran u. Mineralöl zum Fetten von Fahlleder verwendet. (**D. B. P. 888 742** Kl. 28a vom 28/1. 1943, ausg. 3/9. 1953. **Zusatz zu D. R. P. 749 427; C. 1949. E. 2206.**) SEIZ. 8339

Herausgeber u. verantwortlich für den Inhalt: Prof. Dr. Maximilian Pflücke, Berlin NW 7, Schiffbauerdamm 19, Fernsprecher: 42 55 71. Redaktion: Chefredakteure Dr. Eugen Klever und Prof. Dr. Maximilian Pflücke. Verlag: Akademie-Verlag GmbH, Berlin W 8, Mohrenstraße 39 (Fernsprecher 20 03 86, Postscheckkonto Berlin 350 21), u. Verlag Chemie GmbH, Weinheim/Bergstraße (Postscheckkonto Frankfurt/M. 1453 14 u. Berlin [West] 7430, Fernsprecher: Weinheim 2017). Bestell- u. Verlags-Nr. dieses Heftes: 1007/125/48. Das Chemische Zentralblatt erscheint wöchentlich. Satz u. Druck: VEB Leipziger Druckhaus, Leipzig, III/18/203. XI. 54.
Veröffentlicht unter der Lizenznummer 1212 des Amtes für Literatur und Verlagswesen der Deutschen Demokratischen Republik.
Printed in Germany. DDR.

Kolibri 360 GmbH
Ferdinand-Jühlke-Straße 7
99095 Erfurt, Deutschland
produktsicherheit@kolibri360.de